TRAITÉ

D'AGRICULTURE PRATIQUE

ET

D'HYGIÈNE VÉTÉRINAIRE GÉNÉRALE

OUVRAGES DE M. MAGNE :

HYGIÈNE VÉTÉRINAIRE APPLIQUÉE. Étude de nos races d'animaux domestiques et des moyens de les améliorer, suivie des règles relatives à l'entretien, à la multiplication, à l'élevage du cheval, de l'âne, du mulet, du bœuf, du mouton et du porc.
3ᵉ édition, revue et augmentée avec des gravures qui représentent les races françaises et les principales races étrangères. . 16 fr.

Ouvrage divisé en 4 parties, comme suit, et se vendant séparément :

Races chevalines et leur amélioration. Entretien, multiplication, élevage, éducation du cheval, de l'âne et du mulet. Ouvrage précédé de considérations générales sur l'améliorntion des animaux domestiques. 1 fort vol. gr. in-18 jésus . . . . 8 fr.

Races bovines et leur amélioration. Entretien, multiplication, élevage, engraissement du bœuf. 1 vol. grand in-18 jésus . 5 fr.

Races ovines et leur amélioration. Entretien, multiplication, élevage, engraissement du mouton. 1 vol. grand in-18 jésus 3 fr.

Races porcines et leur amélioration. Entretien, multiplication, élevage, engraissement du porc. 1 vol. grand in-18 jésus. 2 fr.

Nourriture des chevaux de travail. Importance relative des divers principes immédiats qui entrent dans la composition des substances alimentaires. *Rations normales. Rations économiques.* (Extrait des *races chevalines et leur amélioration,* du même auteur.) Br. grand in-18 jésus. . . . . 1 fr.

CHOIX DES VACHES LAITIÈRES, ou Description de tous les signes à l'aide desquels on peut apprécier les qualités lactifères des vaches. 6ᵉ édition, revue et augmentée, ornée de gravures intercalées dans le texte. 1 vol. in-18 . . . . 1 fr. 25

CHOIX DU CHEVAL, ou Appréciation de tous les caractères à l'aide desquels on peut reconnaître l'aptitude des chevaux aux divers services. 1 vol. in-18 avec planches lithographiées. . . . 2 fr.

EVREUX, IMPRIMERIE DE CHARLES HÉRISSEY

TRAITÉ

D'AGRICULTURE PRATIQUE

ET

D'HYGIÈNE VÉTÉRINAIRE GÉNÉRALE

PAR

J.-H. MAGNE

Ancien Directeur de l'École vétérinaire d'Alfort,
Membre de l'Académie nationale de médecine,
De la Société centrale d'agriculture de France, de la Société centrale de médecine
vétérinaire, etc.

QUATRIÈME ÉDITION

REVUE ET CONSIDÉRABLEMENT AUGMENTÉE, AVEC LA COLLABORATION

DE

C. BAILLET

Professeur d'hygiène, de zoologie et de botanique
à l'École vétérinaire d'Alfort.

TOME PREMIER

AGROLOGIE ET CLIMATOLOGIE

PARIS

P. ASSELIN, LIBRAIRE-ÉDITEUR

PLACE DE L'ÉCOLE-DE-MÉDECINE

ET A LA LIBRAIRIE G. MASSON

Place de l'École-de-Médecine

1873

PRÉFACE

Dans les premières éditions de cet ouvrage, nous disions, après les plus célèbres agronomes, que l'agriculture et l'hygiène vétérinaire, quoique distinctes en théorie, ne sauraient être séparées dans la pratique; et nous ajoutions que pour compléter leur instruction professionnelle, les vétérinaires ont un grand intérêt à étudier l'agriculture.

Ce que l'étude des Maîtres nous avait appris nous a été démontré par les faits. Plus nous avons cherché à élucider les questions vétérinaires, à trouver dans les diverses régions de la France et dans les différentes positions agriculturales, la cause de la réussite des uns et de l'insuccès des autres dans le gouvernement des animaux, plus nous nous sommes convaincu que la perfection des races, et même la constitution, la force et la santé des individus, sont liées à la manière dont on pratique les travaux de la ferme.

Et ce ne sont pas seulement les questions fondamentales, le choix de l'assolement, l'extension des cultures fourragères, l'entretien du bétail à l'étable... qui intéressent au point de vue de la production et de la conservation des animaux; ce sont les détails de la culture : la forme de la charrette, la profondeur des labours, la nature des engrais, la manière de moissonner, les procédés de battage, etc., etc.

Le succès dans l'entretien du bétail, dans l'amélioration des races, ne tient pas à quelques opérations particulières, — croisement, appareillement — ni à quelques dépenses faites en vue exclusive des animaux — achat d'étalons, construction d'étables ; — il ne peut être qu'une conséquence de la manière dont on conduit l'ensemble des opérations de la ferme.

Pour réussir, le cultivateur doit, en pratiquant ses travaux, songer à les rendre moins pénibles pour ses attelages ; en soignant ses récoltes, songer à donner aux fourrages un goût agréable et des qualités alimentaires bien développées ; en préparant et en distribuant la nouriture, réfléchir aux effets que produisent les aliments et aux besoins des animaux selon les produits qu'il veut en obtenir.

Le chef d'exploitation qui donne cette tendance à ses travaux obtient des succès assurés, parce qu'il ne néglige rien de ce qu'il faut faire pour réussir ; tandis que celui qui croit avoir tout fait pour son cheptel quand il a distribué des rations et bien ou mal pratiqué le pansage, échoue constamment.

Les soins donnés au bétail ne sont assez suivis, assez réguliers pour être efficaces, qu'autant qu'ils sont la conséquence d'un plan général de conduite suscité par l'étude de l'hygiène, et j'ajoute par un sentiment de bienveillance envers les animaux.

Dans l'ouvrage que nous publions aujourd'hui, nous avons cherché, à l'occasion de chaque opération rurale, à indiquer en quoi elle se rattache à l'hygiène vétérinaire : en cela notre livre diffère, croyons-nous, des Traités d'agriculture publiés jusqu'à ce jour.

Quant aux sentiments que l'homme doit ressentir pour

les êtres qui lui sont inférieurs, nous ne saurions les communiquer à celui qui ne les possède pas.

Mais nous pouvons prédire au cultivateur qui abuse de sa force envers ses animaux, ou qui même néglige d'appliquer son intelligence à diminuer les fatigues qu'il est obligé de leur imposer et à augmenter le bien-être qu'il peut leur donner, nous pouvons lui prédire qu'il échouera dans l'entretien de son cheptel, et, partant, qu'il exploitera sa ferme sans profit et travaillera sans fruit.

Nous venons de reproduire la préface de notre troisième édition, parce qu'elle fait connaître le but vers lequel nous tendions quand, après avoir publié cet ouvrage sous le titre de *Principes d'hygiène vétérinaire*, nous l'avons transformé en un traité d'agriculture pratique et d'hygiène vétérinaire général[1]. Rien ne sera changé dans l'édition que nous publions aujourd'hui quant au plan de l'ouvrage, mais de nombreuses améliorations y seront introduites.

M. le professeur Baillet, qui nous a succédé à l'Ecole d'Alfort dans la chaire que nous avons occupée pendant vingt ans, a bien voulu devenir notre collaborateur, et, grâce à son concours, il nous a été facile de mettre cette quatrième édition au courant des progrès réalisés depuis quinze ans dans les diverses branches des sciences sur lesquelles s'appuie l'enseignement méthodique de l'agriculture et de l'hygiène.

La réputation de notre distingué confrère est trop bien

---

[1] La première édition avait pour titre *Hygiène vétérinaire générale*. La géologie y occupait une très minime place. Dans la seconde, qui a pour titre *Principes d'agriculture et d'hygiène vétérinaire*, une partie de l'ouvrage est consacrée aux plantes et à la manière de les cultiver. J'ai introduit dans la troisième des notions sur la géologie, des observations sur la météorologie et des détails sur l'agriculture, qui ont permis de donner à l'ouvrage le titre qu'il porte aujourd'hui.

établie pour qu'il soit nécessaire de chercher à faire valoir auprès de nos lecteurs l'importance de son concours. Nos éloges n'ajouteraient rien à la juste considération que lui ont acquise ses travaux scientifiques. Nous nous bornerons donc à dire que nous lui devons les augmentations et les améliorations qui ont été faites aux chapitres traitant des terrains, des engrais, des saisons, des climats, etc.

De plus en plus on reconnaît que la pratique de l'agriculture, l'entretien des animaux, l'étude des maladies peuvent tirer d'utiles secours des connaissances géologiques et météorologiques; il y a vingt ans à peine, beaucoup d'hommes autorisés mettaient en doute leur utilité pour le vétérinaire comme pour l'agriculteur, et aujourd'hui ces sciences forment la base de toute étude sérieuse de l'agronomie et de la médecine.

Depuis plus d'un quart de siècle nous cherchons, par nos écrits et nos communications aux sociétés savantes, comme par notre enseignement, à accélérer le progrès dans cette voie, et nos convictions raisonnées sur l'importance de l'étude des sciences naturelles nous font mieux apprécier encore le concours de notre savant confrère.

De nombreuses gravures, des cartes géologiques et météorologiques, ont été ajoutées à l'ouvrage. M. Asselin, notre éditeur, a fait largement les sacrifices nécessaires pour seconder nos efforts, pour que le texte soit complété par tout ce qui peut donner de la clarté aux descriptions orales ou écrites. M. Baillet et moi nous lui adressons de sincères remercîments.

J.-H. Magne.

Avril 1873.

TABLE DES MATIÈRES

FIN DE LA TABLE DES MATIÈRES.

INTRODUCTION

Ce n'est pas seulement à produire d'abondantes récoltes et à élever des animaux irréprochables, au double point de vue des formes et du rendement, que doit tendre le cultivateur ; il faut surtout qu'il subordonne toutes ses opérations aux règles de l'économie rurale, afin de les rendre lucratives.

De là résulte la nécessité de rattacher les travaux de la terre à l'hygiène vétérinaire, et l'hygiène vétérinaire aux diverses cultures pratiquées dans les exploitations rurales ; car, de même que pour connaître le prix de revient d'un champ de blé ou de betteraves, il faut tenir compte du travail des animaux employés aux labours, de la nourriture qu'ils consomment, du fumier qu'ils produisent ; de même pour pratiquer avec méthode l'élevage des chevaux et l'engraissement des bœufs, il faut rattacher ces opérations au produit des diverses cultures, et en particulier des cultures fourragères.

Pour le vétérinaire, les deux grandes branches de la richesse publique que nous étudions dans cet ouvrage ont entre elles d'autres rapports ; la plupart des maladies qu'il est appelé à traiter sont produites par le travail et par la nourriture, de sorte qu'il ne peut pas espérer d'en trouver les causes et de les faire cesser, sans connaître le jeu des instruments aratoires assez bien pour apprécier la fatigue qu'ils occasionnent aux animaux, et sans avoir étudié l'influence que la composition du sol, la nature des engrais, les procédés de récolte exercent sur les qualités des plantes employées à la nourriture du bétail.

Du reste, l'agriculture et l'hygiène vétérinaire ont entre elles

les plus intimes connexions et nécessitent les mêmes connaissances scientifiques : l'étude du sol, de l'air, de l'eau, des météores, que fait le vétérinaire pour se mettre à même de traiter les maladies, est absolument celle que doit faire, de ces agents, l'agriculteur pour être en état de raisonner la production des denrées végétales; de même le cultivateur qui cherche à connaître son terrain et ses récoltes pour savoir quels sont les engrais les plus appropriés à ses cultures, fait des études semblables à celles que doit faire le vétérinaire pour apprécier les propriétés nutrives des plantes fourragères.

Nous n'avons pas même à faire, pour la distribution de nos matières, une classification autre que celle que nous adopterions si nous nous occupions exclusivement, ou d'agriculture, ou d'hygiène vétérinaire. Nous commencerons par étudier les sols, l'atmosphère, les climats et les saisons : cette première partie, que nous intitulons *Agrologie* et *Climatologie*, est une préparation à l'étude de l'hygiène comme à celle de l'agriculture; nous traiterons ensuite des instruments aratoires et des travaux dont la pratique constitue l'*Agriculture* proprement dite : enfin, dans notre troisième partie, *Hygiène vétérinaire*, nous étudierons les agents — aliments, boissons, étables, pansage — qui exercent une action directe sur les animaux.

Nous ferons remarquer, ce que du reste démontreront tous les chapitres de ce livre, que les questions qui paraissent le plus exclusivement agricoles intéressent le vétérinaire, et que celles qui semblent ne se rapporter qu'à la conservation de la santé des animaux et au perfectionnement des races, se rattachent aussi à l'agriculture.

TRAITÉ

D'AGRICULTURE PRATIQUE

ET

D'HYGIÈNE VÉTÉRINAIRE GÉNÉRALE

AGROLOGIE ET CLIMATOLOGIE

CHAPITRE PREMIER.

DES TERRAINS ET DES SOLS QUI EN RÉSULTENT.

Le mot *terrain* est synonyme en géologie des mots *couche, formation,* et désigne un ensemble de matières formées pendant une certaine période et occupant une certaine épaisseur de l'écorce du globe terrestre. Il est quelquefois employé aussi en agriculture pour désigner des parties de terre limitées, et caractérisés par la nature des éléments qui les constituent : ainsi on dit indistinctement : *terrain, terre,* ou *sol argileux; terrain, terre ou sol calcaire.*

Dans ce dernier cas, nous emploierons de préférence le mot *sol,* qui pour nous sera synonyme du mot *terre :* on dit *sol arable* ou *terre arable.* Il désignera particulièrement la couche de terre qui, remuée par la charrue et engraissée par le fumier, reçoit les racines des plantes et leur fournit les principaux éléments de leur nutrition. Nous donnerons la dénomination de *sous-sol* aux couches qui supportent les sols, et nous en parlerons quand nous aurons étudié ces derniers.

Le sol proprement dit agit sur les êtres organisés qui vivent à la surface par les éléments qui entrent dans sa composition, par ses propriétés physiques, par la direction de sa surface, par l'altitude à laquelle il est situé, et par les propriétés particulières du sous-sol sur lequel il repose. Nous aurons à l'envisager successivement sous chacun de ces points de vue.

SECTION PREMIÈRE.

COMPOSITION DU SOL.

Les sols sont utiles à la végétation, comme soutien pour les racines ; comme récipient destiné à contenir l'eau et les engrais ; comme aliment, en fournissant quelques-uns de leurs principes à la nutrition des végétaux ; enfin comme laboratoire : c'est là que se produisent les phénomènes chimiques de la germination, et la transformation des engrais en principes susceptibles d'être absorbés. Ils agissent sur les animaux, d'abord par les qualités, la composition des plantes qu'ils produisent ; ensuite par l'humidité qu'ils retiennent ou qu'ils dégagent dans l'atmosphère avec plus ou moins de facilité ; enfin par les eaux qui, en y séjournant ou en les traversant, se chargent des matières qui les constituent.

Les sols ont pour base, ou des matières terreuses qui proviennent des couches qui les supportent et qui ont été désagrégées par la chaleur, les agents atmosphériques et la main de l'homme ; ou des terres, des sables, du limon déposés par les eaux et différant, quelquefois d'une manière complète, des terrains sous-jacents.

Quelle que soit leur origine, ils ont une composition chimique fort compliquée. Nous classerons les substances qui les composent dans trois groupes. Le premier renferme les substances minérales insolubles ou peu solubles qui forment la base du sol arable, ce sont : le *sable*, le *calcaire* et l'*argile*. Le second comprend les matières organiques qui sont dans un état de décomposition plus ou moins avancé, et qui fournissent aux plantes une partie des éléments nécessaires à leur développement. Dans le troisième enfin se rangent toutes les substances minérales salines ou autres plus ou moins solubles qui, bien qu'elles n'existent qu'en faible proportion, n'en ont pas moins une action marquée sur la végétation à laquelle elles sont même indispensables.

§ Iᵉʳ. — **Matières minérales qui forment la base du sol arable.**

Pour l'étude particulière des diverses espèces de sol, nous les diviserons en ayant égard principalement aux matières terreuses insolubles ou peu solubles — silice, chaux, sable, argile — qui les constituent en grande partie.

Même en faisant abstraction des corps qui, comme les phosphates, les nitrates, les composés ammoniacaux, sont en très petite quantité et n'impriment pas des caractères saisissables aux terres arables, on trouve que la composition de ces terres varie à l'infini. Mais nous ne pensons pas qu'il soit nécessaire de tenir compte de toutes les variétés ; il suffit, au point de vue pratique, d'avoir égard aux types. Les différences dans la salubrité et la fécondité des terres de chaque espèce, dépendent plutôt des propriétés physiques, de l'orientement, de la pente, du climat, de la distance des mers, et du sous-sol, que de quelques centimètres de plus ou de moins d'argile, de silice ou de calcaire.

Nous rapporterons les divers terrains que nous avons à étudier aux roches dont ils dérivent ; premièrement pour en faciliter la connaissance, car en remontant à l'origine d'une terre arable dont les éléments minéraux sont difficiles à déterminer, on peut mieux en constater la nature ; et ensuite parce qu'on ne peut bien s'expliquer l'action d'une terre sur les plantes et sur les animaux, qu'en tenant compte de l'influence exercée, sur cette terre, par les terrains qui la supportent et l'avoisinent.

Les études géologiques sont d'ailleurs, en agriculture, d'une grande importance ; elles font connaître d'une manière positive quelles sont les améliorations que chaque sol réclame et quels sont les moyens les plus propres à produire ces améliorations ; elles indiquent s'il existe, dans le voisinage, des amendements appropriés au sol que l'on cultive ; enfin, elles fournissent sur l'eau souterraine, sur sa nature, son abondance et sa profondeur, des données d'où l'on peut déduire les moyens de la faire parvenir à la surface de la terre, ou de la faire écouler au loin, si cela était nécessaire.

Tous ces sujets, d'un si grand intérêt au point de vue de l'agriculture et de la zootechnie, supposent la connaissance des roches qui constituent la partie solide du globe terrestre. Cela nous amène tout naturellement à faire une excursion dans le domaine de la *géologie*.

On sait qu'on appelle *minéraux* les matières homogènes qui sont en masses trop peu considérables pour agir sur la forme extérieure de la terre ; *roches*, celles qui sont composées de plusieurs minéraux et forment des masses considérables adhérentes ; *étages*, toutes les matières constituant des couches qui ont la même position relativement à d'autres ; *formation*, tous les produits qui se sont formés pendant une certaine durée de temps ; *terrain* est synonyme, ou bien il a une signification plus générale et s'applique à l'ensemble des formations qui correspondent à une longue période.

Ainsi, un grenat est un minéral, le granite, une roche, et la craie supérieure, un étage ; les diverses couches jurassiques sont une formation, et toutes les formations comprises entre les terrains houillers et le terrain parisien constituent les terrains secondaires.

Les roches sont simples ou composées. On appelle roches simples celles qui sont formées d'une seule matière dans le sens géologique du mot, et roches composées celles qui sont formées de plusieurs matériaux associés entre eux de telle manière qu'il est encore facile de les reconnaître à la vue simple. Le quartz qui est uniquement formé de silice ou acide silicique, est une roche simple. Il en est de même du feldspath, de l'amphibole, du mica, du calcaire, du gypse, etc. Le granite, qui est formé de quartz, de feldspath et de mica, est une roche composée.

Les roches qui composent un terrain ou une formation géologique sont *essentielles* ou *subordonnées*. Elles reçoivent la première de ces deux qualifications, lorsqu'elles forment la plus grande partie du terrain auquel elles appartiennent ; elles sont dites subordonnées, au contraire, lorsqu'elles n'entrent dans un terrain que pour une faible proportion relativement à l'ensemble de la masse au sein de laquelle elles se trouvent. C'est ainsi par exemple que le *gneiss* ou *granite stratifié* est la roche essentielle de l'*étage des gneiss*, et que la *leptynite*, la *pegmatite*, l'*amphibolite*, la *diorite* ne figurent dans ce terrain qu'à titre de roches subordonnées.

Comme nous l'avons dit plus haut, c'est par la désagrégation des roches qui forment la croûte solide du globe que se sont constituées les couches meubles artificielles qui sont aujourd'hui cultivées. Il est donc utile que nous recherchions, avant d'aller plus loin, quelle est l'origine et la constitution de ces roches, ainsi que leur disposition dans les couches où elles sont superposées.

I. — Origine et constitution des couches solides du globe.

On admet généralement aujourd'hui que la matière qui constitue le globe terrestre a d'abord existé dans l'espace sous forme d'une masse entièrement gazeuse, et que c'est en perdant peu à peu par voie de rayonnement une partie du calorique dont elle était pénétrée, qu'elle est arrivée à se trouver dans l'état où nous la voyons. Plusieurs phases se sont nécessairement succédé pour amener cette transformation. La masse gazeuse s'est d'abord condensée en partie en un sphéroïde maintenu à l'état liquide par la haute température à laquelle il était encore porté, et environné d'une atmosphère très différente, par sa composition, de celle au sein de laquelle nous vivons. La terre est probablement restée dans cet état pendant une longue suite de siècles. Il est arrivé un moment cependant où, par suite du refroidissement qui se continuait, les couches les plus superficielles de cette masse incandescente ont cristallisé et ont constitué la première croûte solide du globe. C'est de cette manière que ce sont formées les couches auxquelles on donne le nom de *terrains primitifs* ou *primordiaux*. Ceux-ci ne présentant d'abord qu'une épaisseur peu considérable, se sont accrus insensiblement par l'addition de nouvelles couches à la face interne de celles qui s'étaient primitivement formées ; mais cette période de la formation des *terrains primitifs*, que l'on appelle aussi *terrains de cristallisation*, ne s'est pas accomplie sans perturbation : la croûte solide, encore peu résistante, a été en effet, à cette époque, fréquemment rupturée par suite du retrait que le refroidissement déterminait dans les matières compactes qui la constituaient, et par suite des mouvements de la masse incandescente liquide qu'elle contenait, et de la force expansive des gaz qui tendaient à se dégager de la masse. Ces ruptures ont eu pour conséquence de permettre souvent aux matières contenues dans l'intérieur du globe de s'épancher à la surface de celles qui s'étaient primitivement cristallisées, ou de s'introduire sous forme d'injections dans les fissures qui résultaient de leur dislocation. Parfois aussi les terrains primitifs ont été simplement soulevés sans être rupturés. C'est à ces causes (nous nous bornons à les indiquer sommairement) qu'il faut attribuer l'état de dislocation dans lequel on trouve le plus ordinairement les terrains anciens.

Les TERRAINS PRIMITIFS formés presque en entier de granit constituent la première assise du globe. On évalue leur puissance aux 19/20ᵉ environ de l'épaisseur de l'écorce terrestre. C'est à leur surface que se sont déposées toutes les couches qui se sont formées depuis au sein des eaux et qui reçoivent dans leur ensemble le nom de *terrains de sédiment*.

L'atmosphère qui environnait la terre à l'époque primitive contenait à l'état de vapeur la plus grande partie de l'eau qui existe actuellement sous forme liquide à la surface du globe. Dès que le refroidissement fut assez marqué pour permettre leur condensation, les vapeurs atmosphériques se précipitèrent en pluies torrentielles sur le sol. La température élevée des couches dont la cristallisation était encore toute récente ne permettait pas à l'eau des pluies d'y séjourner longtemps. Réduite en vapeur, elle revenait à l'atmosphère où elle se condensait de nouveau pour retomber en pluies abondantes. Le phénomène se produisit sans doute un grand nombre de fois, et comme on l'a fait obser_ver, il dut concourir puissamment au refroidissement des couches superficielles du sol en leur enlevant à chaque volatilisation nouvelle d'énormes quantités de calorique. Aussi arriva-t-il bientôt que la terre fut assez refroidie pour permettre aux eaux de persister à l'état liquide et de former des mers d'une vaste étendue.

Si les terrains primitifs sur lesquels se déposaient les eaux des pluies avaient offert partout une surface horizontale en rapport avec la forme générale du globe terrestre, il est évident que les eaux se seraient distribuées partout également, et qu'elles auraient constitué une mer unique présentant à peu près dans toute son étendue la même profondeur. Il n'en fut pas ainsi, parce qu'en raison des perturbations qui s'étaient produites à l'époque de la formation des terrains primitifs, certains points de la croûte solide du globe étaient plus élevés. Ces points restèrent au-dessus du niveau des eaux et constituèrent des iles plus ou moins étendues. On les reconnaît aujourd'hui à ce caractère, que la superficie du sol y est formée par des terrains primitifs qui ne sont recouverts par aucun des *terrains de sédiment* dont la présence est partout ailleurs facile à constater. Quant aux lieux bas, alors les plus nombreux, ils furent entièrement recouverts par les eaux des mers primitives.

Tout le monde connaît l'action qu'exercent à l'époque actuelle sur les roches les plus dures, les eaux des mers, des fleuves, des rivières, des torrents, etc. En raison de leurs mouvements et des propriétés chimiques que leur donnent les substances qu'elles tiennent en solution, elles concourent à dissocier les éléments des roches, qui se désagrègent aussi plus ou moins lentement sous l'influence de l'air. Les eaux entraînent avec elles les fragments qui résultent de cette désagrégation, puis, après les avoir tenus en solution ou en suspension pendant un temps plus ou moins long, elles finissent par les laisser déposer dans les lieux où elles sont tranquilles et même dans les points où leur cours est simplement ralenti.

Ce qui se fait aujourd'hui a dû se faire d'une manière plus marquée encore dans l'ancien monde, alors que la puissance chimique des eaux était augmentée par une température plus élevée et par la présence de substances actives que l'on n'y rencontre plus aujourd'hui, en même temps que leur action mécanique était favorisée par des soulèvements qui changeaient fréquemment et d'une manière violente la configuration du fond des mers. On comprend d'après cela que, partout où les terrains primitifs ont été recouverts par les eaux, il s'est déposé à leur surface de nouvelles couches constituées par les éléments que celles-ci ont abandonnés, surtout pendant les périodes où elles ont été tranquilles ou peu agitées.

Les terrains qui se sont ainsi formés au sein des eaux reçoivent le nom de TERRAINS DE SÉDIMENT. Il est évident qu'à l'époque où leurs éléments se sont déposés, ils ont dû s'étendre en couches horizontales, et qu'ils auraient indéfiniment conservé cette disposition, si l'effort de la masse centrale incandescente n'était venu troubler de temps à autre la régularité de leur formation. C'est à cette action, qui s'est fait sentir aussi bien pendant le dépôt des éléments des terrains de sédiment qu'à l'époque de la cristallisation des couches primitives, que sont dus les soulèvements auxquels les géologues attribuent l'apparition des chaines de montagnes et l'élévation au-dessus du niveau des eaux de la plus grande partie des îles et des continents actuels. C'est à elle encore qu'il faut rapporter les *phénomènes volcaniques* dont on trouve des traces à toutes les périodes géologiques, les *épanchements* ou les *injections de granit* au sein des couches des terrains de sédiment rupturées et redressées, et enfin le *métamorphisme* de quelques-unes des roches de ces derniers terrains, par suite de leur contact, à une époque reculée, avec des matières incandescentes provenant du centre de la terre.

Des soulèvements dus à la cause que nous venons d'indiquer ont eu lieu à toutes les époques de la formation des terrains de sédiment. On reconnaît les plus anciens à ce caractère qu'ils n'ont redressé que les couches les plus anciennement constituées, et qu'autour de celles-ci on retrouve, en assises horizontales, les terrains qui se sont formes postérieurement. Les plus récents, au contraire, ceux par exemple qui ont fait surgir en Europe les Pyrénées ou les Alpes avec leur relief actuel, ont nécessairement provoqué le redressement d'un plus grand nombre de couches. C'est là un fait de la plus haute importance à constater en géologie, car il permet de reconnaître avec certitude l'âge relatif des soulèvements qui ont, à différentes époques, changé la configuration des mers et des continents, et de rattacher à l'un d'eux le début de chacune des grandes périodes qui ont été distinguées par les géologues.

En même temps que l'action de la masse centrale dérangeait par les soulèvements les éléments qui se déposaient au fond des eaux, elle associait fréquemment à ceux-ci des produits étrangers de même nature que ceux qui se trouvaient alors en fusion au-dessous de l'écorce du globe. On trouve en effet très souvent, au milieu des formations qui constituent les terrains de sédiment, des matières analogues à celles que fournissent aujourd'hui encore les volcans en activité. Ces matières se sont quelquefois simplement épanchées, de manière à recouvrir les couches superficielles antérieurement formées. D'autres fois, au contraire, elles se sont infiltrées dans les fissures qui se sont produites dans les terrains de sédiment, par suite des ruptures et des dislocations que les soulèvements avaient déterminées. On donne le nom de TERRAINS D'ÉPANCHEMENT ou de TERRAINS VOLCANIQUES à ceux qui se sont formés de cette manière. Composés par des éléments cristallisés de même nature que ceux des roches primitives, ils constituent par leur désagrégation des sols qui ont parfois, à l'égard des plantes cultivées, à peu près les mêmes propriétés, mais qui souvent aussi peuvent acquérir, par suite de circonstances particulières, une haute fertilité.

Nous n'avons pas besoin de faire observer qu'au moment où les éléments qui constituent les terrains d'épanchement se sont répandus en dehors des volcans, ou se sont infiltrés dans les fissures, ils étaient en fusion et par conséquent à une haute température. La grande quantité de calorique dont ils étaient alors pourvus a eu souvent pour résultat de ramollir ou de faire entrer en fusion jusqu'à un certain point les roches des terrains avec lesquels ils ont été mis en contact. Il en est résulté que celles-ci ont pris parfois en se refroidissant un aspect cristallisé plus ou moins net, plus ou moins confus, qui pourrait tromper un observateur superficiel sur leur origine primitive. On désigne sous le nom de MÉTAMORPHISME ce changement produit dans la texture des roches, et l'on dit de celles qui l'ont subi qu'elles sont métamorphisées.

Les circonstances que nous venons d'indiquer ont, comme il est facile de le comprendre, puissamment concouru à donner aux terrains de sédiment l'aspect et la disposition sous lesquels ils se présentent actuellement à notre observation. Mais si elles les ont fréquemment bouleversés, elles n'ont pas, dans la plupart des cas, fait disparaître les caractères qui leur sont propres, ni modifié d'une manière profonde leur composition. Il semble au premier abord que les terrains de sédiment, constitués par des débris arrachés par l'action des eaux aux roches primitives ne peuvent être composés, comme celles-ci, que de silice libre ou combinée à des bases alcalines ou terreuses. C'est là, en effet, ce qui a lieu pour quelques-uns d'entre eux, surtout pour ceux qui appartiennent aux formations les plus anciennes. Mais c'est un fait qui est bien loin d'être général, car très souvent, parmi les couches qui se sont déposées sous les eaux, on en trouve qui sont remarquablement riches en éléments à peu près étrangers à la composition des roches primitives, et particulièrement en calcaire ou carbonate de chaux. Pour expliquer la présence de ces substances, les géologues admettent assez généralement que, dans les temps qui ont suivi l'époque primitive, des sources chaudes, chargées de principes minéraux, ont surgi du sein de la terre, et ont laissé déposer, sous l'influence du refroidissement ou de réactions chimiques, les éléments qu'elles tenaient en solution. Cela paraît être arrivé principalement à l'époque de la formation des terrains secondaires, qui offrent souvent des assises de carbonate de chaux d'une énorme puissance.

Pendant toute la période de la formation des terrains primitifs, la température était trop élevée pour que la vie fût possible sur la terre. Mais dès que les eaux se furent rassemblées de manière à constituer des mers, des êtres organisés commencèrent à apparaître. Ceux qui se sont développés les premiers paraissent avoir été, dans le règne végétal comme dans le règne animal, des êtres essentiellement destinés à vivre au sein des eaux. Des plantes cryptogames, des zoophytes, des mollusques, des crustacés, des poissons, ont d'abord apparu. Puis les deux règnes organiques se sont successivement perfectionnés au fur et à mesure que les conditions se sont montrées plus favorables à l'existence des espèces supérieures, de telle sorte que, pour nous en tenir aux animaux vertébrés, les reptiles ne se sont montrés qu'après les poissons, les oiseaux après les reptiles, les mammifères après les oiseaux, et enfin l'homme lui-même après les mammifères les plus avancés en organisation.

Les végétaux et les animaux des âges anciens, le plus souvent très différents de ceux qui existent aujourd'hui, ont laissé, dans les terrains qui se sont formés aux époques où ils ont vécu, des traces de leur passage qui permettent de reconstituer jusqu'à un certain point les caractères que devaient avoir les êtres qui peuplaient la terre avant la naissance de l'homme. Ces traces constituent ce que l'on appelle des FOSSILES.

Les FOSSILES sont de différentes natures. Ce sont quelquefois des coquilles calcaires, des carapaces, des ossements, des dents, des polypiers, etc., qui se sont conservés dans les différentes couches du globe à peu près avec la composition et l'aspect qu'ils présentaient au moment où ils se sont séparés après la mort des corps organisés dont ils faisaient partie. D'autres fois, la composition de ces débris organiques s'est plus ou moins profondément modifiée, sans que leur aspect extérieur ait changé. Dans certains cas le corps organisé a simplement laissé sur des terres qui étaient molles alors, mais qui depuis ont pris une dureté pierreuse, des empreintes qui répètent fidèlement tous ses caractères extérieurs, et permettent de lui assigner la place qu'il doit occuper dans une classification. De ce nombre sont les empreintes des feuilles de fougères que l'on trouve sur les schistes des terrains houillers, les traces des pas du Laby-rinthodon, les moules qui se sont formés dans différentes coquilles dont le test a aujourd'hui disparu. Enfin on a même rencontré dans les glaces de la Sibérie des cadavres entiers d'éléphants et de rhinocéros dont les espèces ont aujourd'hui et depuis longtemps cessé d'exister sur la terre.

Les fossiles déposés uniquement dans les terrains de sédiment offrent souvent les meilleurs caractères que l'on puisse invoquer pour assigner à certaines couches de la croûte solide du globe leur âge relatif. Aussi leur étude offre-t-elle, au point de vue de la géologie, la plus haute importance. Nous verrons plus loin que certains gisements de coquilles fossiles, de coprolithes (excré-ments fossiles de diverses espèces de reptiles ou d'autres ani-maux), etc., fournissent à l'agriculture des matières qui peuvent être employées avec avantage à fertiliser les terres cultivées.

L'exposé succinct que nous venons de faire du mode suivant lequel se sont formés les terrains suffit pour faire comprendre que la croûte solide du globe, qui se compose de matières mi-nérales et de débris organiques, est constituée par trois sortes de terrains d'origine différente, qui sont : les TERRAINS PRIMITIFS, les TERRAINS DE SÉDIMENT, et les TERRAINS VOLCANIQUES OU D'ÉPAN-CHEMENT (fig. 1).

TABLEAU *indiquant la superposition des couches qui composent la croûte du globe.*

Terrains quaternaires. — Premiers débris de l'industrie humaine. — Deux étages.

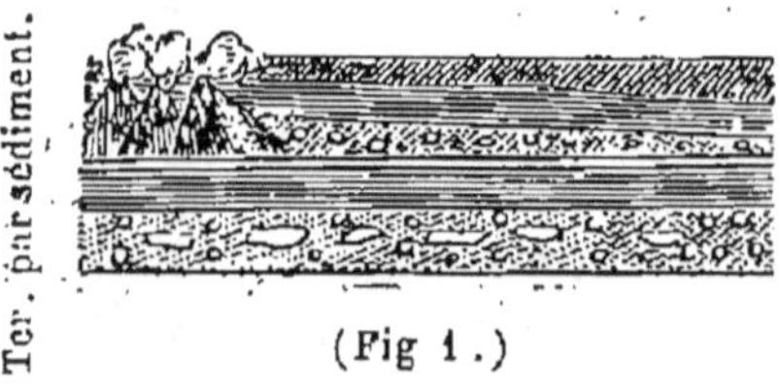

(Fig 1.)

Terrains tertiaires. — Multiplication des mammifères, des oiseaux et des végétaux supérieurs. — Trois étages.

FORMATION PLIOCÈNE ou *étage du crag* ou *terrain subapennin*.
Sables des Landes, sables de la Bresse, cailloux roulés du Rhône.

FORMATION MIOCÈNE ou *étages des molasses*.
Faluns de la Touraine.
Calcaire d'eau douce, meulière, lignite.
Grès de Fontainebleau.

FORMATION ÉOCÈNE ou *étage parisien*.
Marne et gypse à ossements.
Calcaire grossier ; pierre de taille.
Argile plastique ; lignites du Soissonnais.

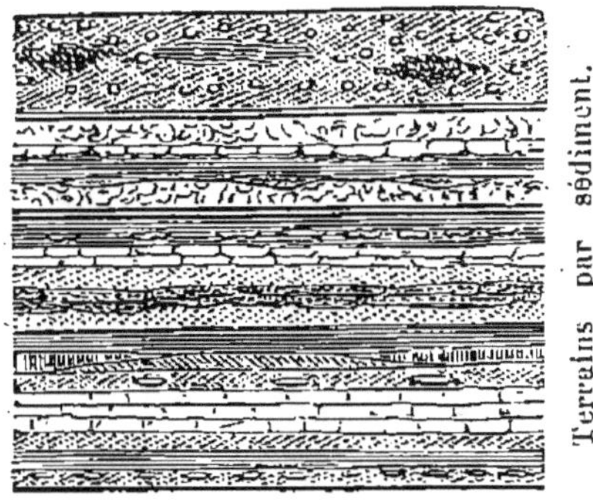

Terrains secondaires. — Riches en calcaires ; renfermant beaucoup de débris de reptiles ; quelques débris de mammifères didelphiens et d'oiseaux. — Quatre étages.

TERRAIN CRÉTACÉ. *Terrain crétacé supérieur*.

Assise danienne.

Assise sénonienne.

Assise turonienne.

Terrain crétacé inférieur.

Grès vert.

Sables ferrugineux.

Dépôt néocomien.

TERRAIN JURASSIQUE.
Oolithe supérieure. — Argile de Kimmeridge et groupe portlandien.
Oolithe moyenne.
Groupe corallien.
Groupe oxfordien.
Oolithe inférieure.
Marnes, argiles, calcaires divers.
Lias.
Calcaire à gryphées arquées.
Grès du lias.

TERRAIN TRIASIQUE.
Marnes irisées ou *terrain saliférien.*
Muschelkalk ou *calcaire conchylien*.
Grès bizarré.

TERRAIN PERMIEN ou PÉNÉEN.
Grès vosgien.
Zechstein ou *calcaire pénéen*.
Nouveau grès rouge ou *pséphite*.

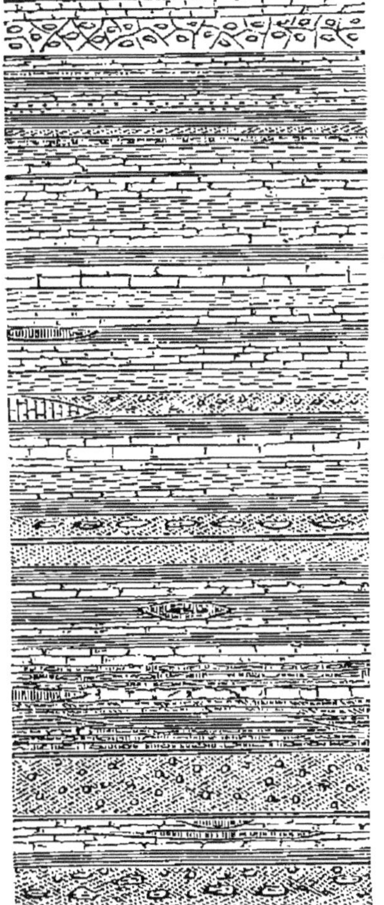

(Fig. 1.)

Terrains de transition.—Apparition des êtres organisés; cryptogames; cycadées; conifères; zoophytes; mollusques, crustacés insectes; poissons. — Quatre étages.

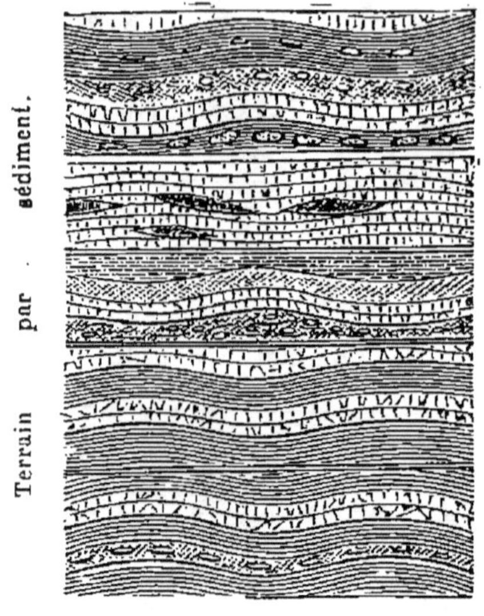

TERRAIN CARBONIFÈRE.
   Grès houiller. Grès et schistes renfermant beaucoup de fougères.
   Calcaire carbonifère. Calcaire grisâtre, blanchâtre ou noirâtre. Anthracite.

TERRAIN DÉVONIEN. Vieux grès rouge. schistes, calcaires, anthracite.

TERRAIN SILURIEN. Schistes ardoisiers. ampélite graphique, calcaires divers.

TERRAIN CUMBRIEN. Schistes ardoisiers phyllades, grauwackes, grès divers, calcaires.

Terrains primitifs. — On n'y trouve aucune trace d'êtres organisés. — Quatre étages

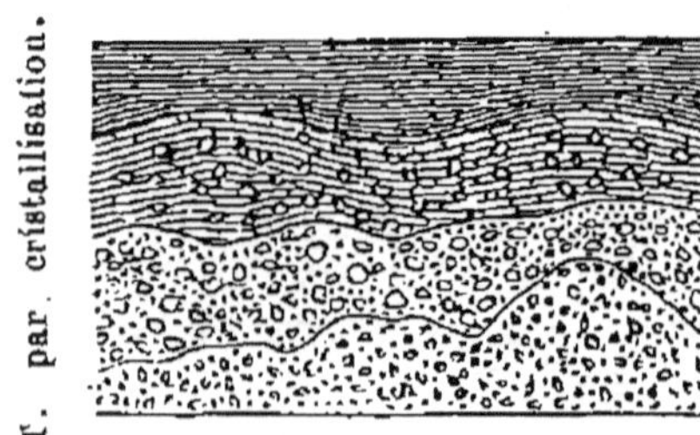

TALCSCHISTE.

MICASCHISTE.

GNEISS.

GRANITE.

MATIÈRES INCONNUES.

Les TERRAINS PRIMITIFS constituent comme la première assise de l'écorce du globe terrestre, celle sur laquelle se sont successivement déposées tous les autres. Dans les couches les plus profondes où l'on ait pu arriver jusqu'à présent, ils sont toujours essentiellement formés par du *granite*. On ignore absolument quelle est la nature des matières qui sont situées au-dessous du granite. On a quelque raison de supposer cependant que ces matières sont analogues à celles qui ont été ramenées à la surface du sol par les éruptions des volcans des temps anciens ou de l'époque actuelle. D'après cela, il y aurait au-dessous du granite et de la *syénite*, des *porphyres*, des *trachytes*, des *basaltes*.

Quant aux couches primitives qui surmontent le granite, on les divise en trois étages qui sont les GNEISS, les MICASCHISTES et les TALCSCHISTES.

Le GNEISS OU GRANITE STRATIFIÉ est, comme le granite proprement dit, formé de *feldspath*, de *mica* et de *quartz*. Seulement ce dernier élément ne s'y trouve en général qu'en faible proportion. Le gneiss constitue la roche essentielle de l'étage inférieur des terrains primitifs, et l'on trouve associées à lui comme roche subordonnées, la *leptinite*, la *pegmatite*, l'*amphibolite*, et la *diorite*, qui sont des roches siliceuses.

L'ÉTAGE DES MICASCHISTES emprunte ce nom à la roche qui le compose essentiellement, et à laquelle se trouvent associés, comme roches subordonnées, de la *quartzite*, de la *macline*, du *calcaire*, de la *diorite* et de la *dolomie*.

Enfin l'ÉTAGE DES TALCSCHISTES, que l'on subdivise en *talcschistes cristallifères* et *talcschistes phylladyformes*, comprend également comme roches subordonnées du *calcaire*, du *gypse* et surtout des roches formées de silice combinée à diverses bases, parmi lesquelles on distingue la *protogyne*, le *petrosilex* la *serpentine*, l'*euphotide*, la *variolite*, la *selagite*, etc. Nous reviendrons plus loin, sur la composition des roches de nature siliceuse et sur les sols arables qu'elles ont formés par leur désagrégation. Nous devons nous borner à indiquer ici simplement l'ordre dans lequel elles sont le plus ordinairement superposées. Nous ne devons pas manquer de faire observer en passant que les terrains primitifs ne sont pas absolument dépourvus de calcaire, mais que cet élément ne s'y trouve qu'en très faible proportion.

Les terrains primitifs ne contiennent point de fossiles. On doit supposer que les points où ils affleurent n'ont jamais été recouverts par les eaux des mers les plus anciennes. Ils sont en général riches en filons métalliques que l'on exploite avec plus ou moins d'avantage pour les besoins de l'industrie.

En France (voir la carte géologique ci-jointe), les terrains primitifs ont formé la totalité du plateau central qui comprend l'Auvergne, le Limousin, le Rouergue, les Cévennes, le Forez et le Morvan. On les retrouve sur le littoral nord et sud de la Bretagne et jusque dans la Vendée. Enfin ils existent sous forme d'îlots plus ou moins étendus dans les Pyrénées, dans les Alpes, dans les Vosges, et se font remarquer encore dans le département du Var, à Saint-Tropez dans le voisinage de Toulon.

Les terres qui résultent de la désagrégatian des roches primitives sont en général peu propres à la culture des céréales, à cause de l'absence du calcaire. Le seigle et le sarrasin peuvent

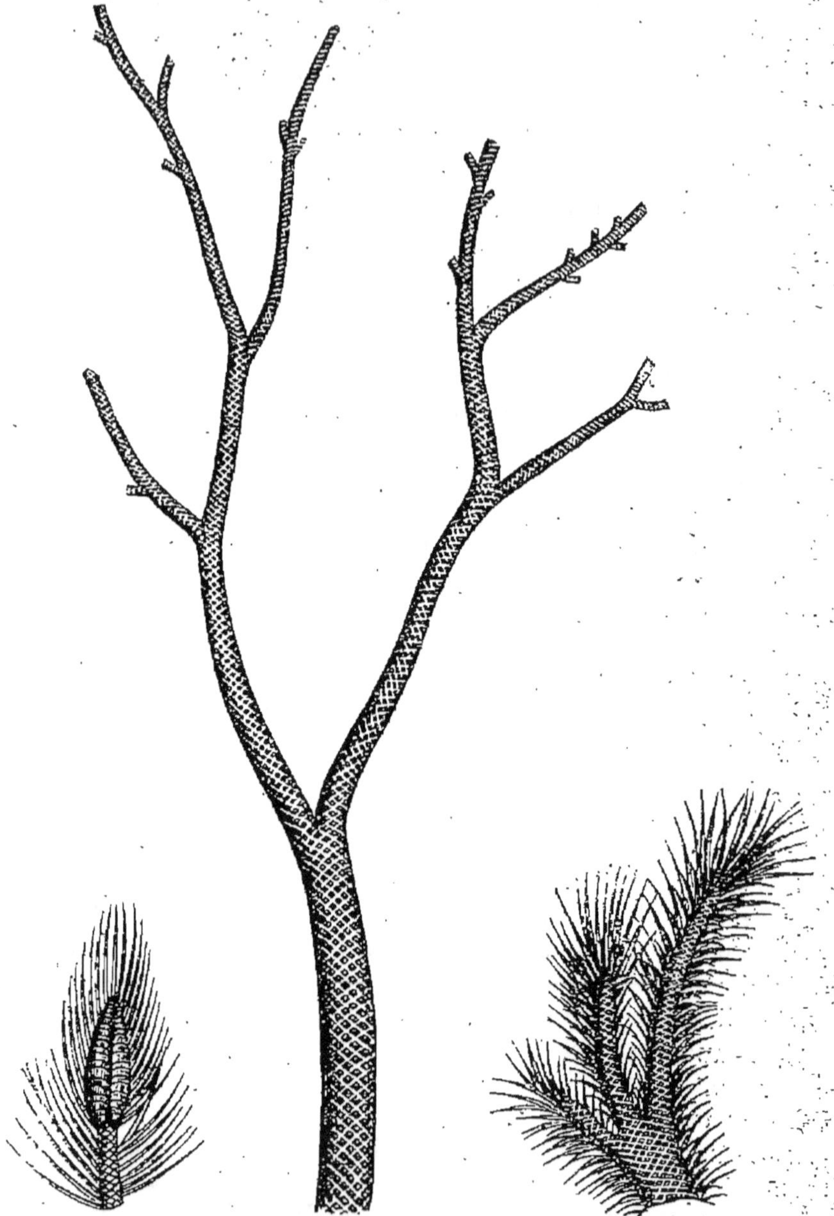

(Fig. 2.) — Lepidodendron Sternbergii (terrain carbonifère).

cependant encore y prospérer. Elles forment assez souvent des pâturages de qualité variable, où l'on se livre avec plus ou moins de succès à la production et à l'élevage du bétail. Le châtaignier, le chêne, le hêtre sont les arbres qui y réussissent le mieux .

Les TERRAINS DE SÉDIMENT, plus variés dans leur composition et dans leurs caractères que les terrains primitifs, ont été partagés par les géologues en TERRAINS DE TRANSITION, TERRAINS SECONDAIRES, TERRAINS TERTIAIRES et TERRAINS QUATERNAIRES.

Les TERRAINS DE TRANSITION ont été ainsi nommés, parce qu'à l'époque où ils se sont formés, l'action de la masse centrale encore toute-puissante s'est fréquemment produite, et a mêlé des roches d'origine ignée aux couches qui se sont déposées dans les mers *silurienne* et *carbonifère*, qu'elle a parfois profondément modifiées par voie de métamorphisme. On y reconnaît l'existence de quatre étages qui sont, le *terrain cumbrien*, le *terrain silurien*, le *terrain dévonien* et le *terrain carbonifère*.

Les roches d'origine ignée qui appartiennent aux terrains de transition sont des *porphyres* colorés de diverses manières par des oxydes métalliques. Quant à celles qui ont pris naissance au sein des eaux et qui souvent ont été métamorphisées, ce sont des *schistes argileux ardoisiers*, des *schistes micacés* connus sous le nom de phyllades, des *grès divers*, parmi lesquels on signale le *vieux grès rouge*, et le *grès houiller*, des *poudingues*, constituant avec des brèches et des grès de cette époque les roches que l'on appelle les grauwackes, de l'*ampélite graphique*, du *gypse*, des *calcaires* parfois *magnésiens*, de l'*anthracite*, du *bitume*, des *schistes bitumineux* et de la *houille*.

La silice et les silicates sont encore ici les éléments qui dominent. Aussi les sols qui résultent de la désagrégation des terrains de transition ont-ils, au point de vue agricole, beaucoup d'analogie avec ceux auxquelles les roches primitives ont donné naissance. Cependant le calcaire qui commence à apparaître donne parfois à ces terres une composition qui permet la culture du froment.

Les terrains de transition renferment des fossiles qui nous permettent de nous faire une idée des premières espèces organisées qui ont vécu sur la terre. Le règne végétal fut d'abord représenté uniquement par des plantes cryptogames, appartenant aux diverses familles des Algues, des Lycopodiacées (fig. 2), des Équisétacées (fig. 3), des Fougères (fig. 4) auxquelles s'ajoutèrent à l'époque de la formation carbonifère des arbres dicotylédonés gymnospermes, des deux familles des Cycadées et des Conifères. Il est indubitable que la végétation a dû être très puissante pendant la période des terrains de transition et surtout à la fin de cette période. Les anthracites et les houilles que l'on exploite aujourd'hui pour les besoins de l'industrie se sont formées des débris de cette végétation qui se sont modifiés sous l'influence de différentes causes dans le sein de la terre.

(Fig. 3.) — Calamites canvæformis (terrain carbonifère).

Les animaux dont les restes se retrouvent dans les terrains de transition sont des espèces aquatiques appartenant aux différentes classes ou embranchements des Zoophytes (Encrines (fig. 5), Polypiers (fig. 6); des Mollusques (Lingules); Lituites (fig. 7), Pentamerus (fig. 8), Orthoceras; etc.) des Crustacés (Trilobites (fig. 9); des Insectes et des Poissons (fig. 10). Ce n'est qu'à la fin de la période carbonifère que l'on commence à trouver dans le grès houiller le premier représentant de la grande classe des reptiles, l'*Archegosaurus minor*.

Les terrains de transition constituent en France (voir la carte géologique) le centre de la Bretagne, et s'étendent en Anjou et dans toute la partie ouest de la Normandie. On les retrouve en outre au pied des Pyrénées, sur quelques points des Cévennes, à l'est du plateau central, dans le Lyonnais et dans les Ardennes. Les terrains houillers proprement dits, qui ont une si grande importance, existent tout autour du plateau central, puis dans le Var, l'Aude, la Vendée, la Bretagne, le Nord, le Haut-Rhin et le Bas-Rhin. La Belgique et la Prusse rhénane offrent aussi d'importants gisements de houille appartenant à la même formation.

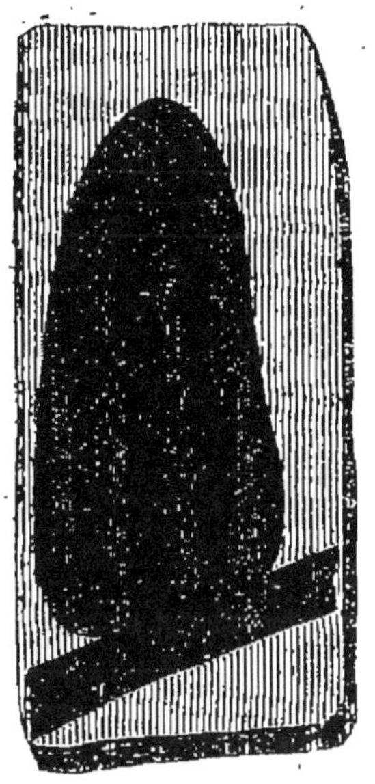

Les TERRAINS SECONDAIRES qui se sont formés après les terrains de transition présentent à un plus haut degré que ceux-ci les caractères qui résultent du dépôt tranquille au sein des eaux des éléments par lesquels ils sont constitués. On voit que la stratification des couches qui les composent a été moins troublée que dans les époques précédentes, et l'on peut ju-

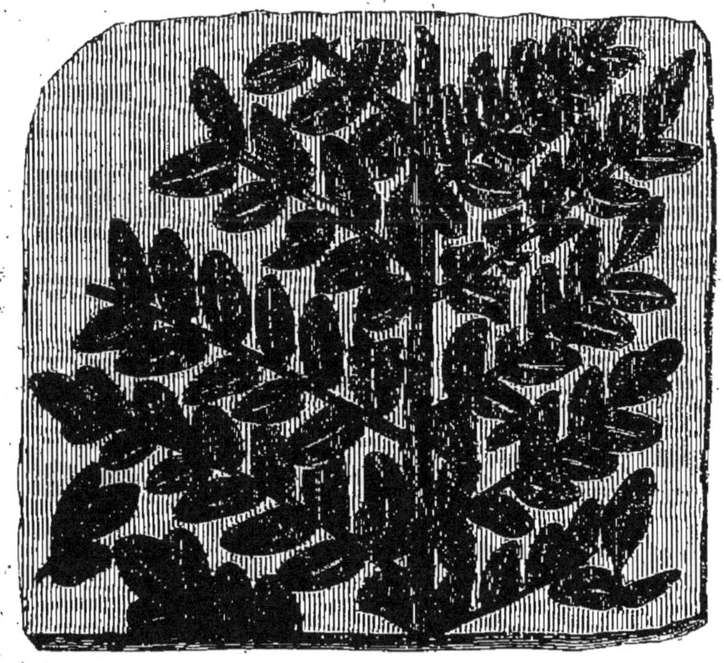

(Fig. 4.)—Neuropteris heterophylla (terrain carbonifère).

ger par la puissance énorme que présentent certains étages de cette formation, des longues périodes de tranquillité dont la terre a joui dans ces temps reculés. Les terrains secondaires se sont formés pour la plupart au sein de vastes mers. Ils sont en

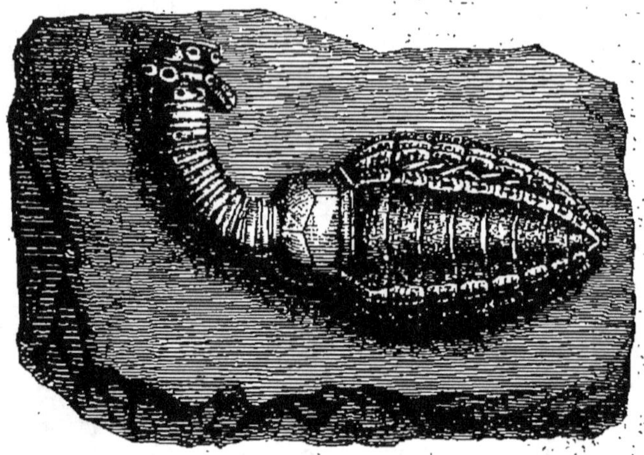

(Fig. 5.)— Cupressocrinus crassus (terrain dévonien).

général riches en calcaire et particulièrement remarquables par les débris des grands reptiles que l'on y rencontre, et qui appartiennent à des espèces que l'on ne retrouve ni dans les terrains

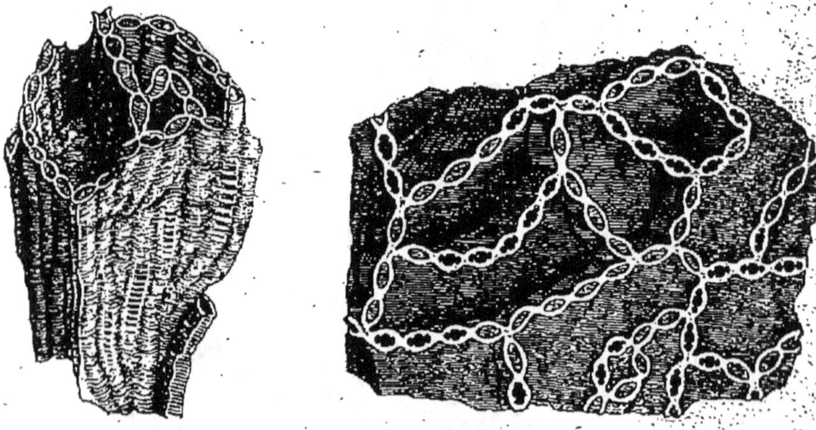

(Fig. 6.) — Halysites labyrinthica (terrain silurien).

de transition, ni dans les terrains tertiaires. Les oiseaux et les mammifères n'apparaissent encore qu'en petit nombre, et comme par exception, à l'époque secondaire.

On divise les terrains secondaires en quatre groupes qui sont le *terrain permien*, que quelques géologues rapportent aux terrains de transition, le *terrain du trias*, le *terrain jurassique* et le *terrain crétacé*.

Le TERRAIN PERMIEN OU PENÉEN, dont la formation a été précédée par le soulèvement auquel les géologues donnent le nom de *soulèvement du nord de l'Angleterre*, offre trois étages qui sont : le *nouveau grès rouge* ou *pséphite*, le *zechstein* et le *grès vosgien*.

De ces trois étages, le *zechstein* (pierre de mine) seul est essentiellement constitué par des *calcaires magnésien, argilifère* ou *bitumineux*, auxquels sont associés, comme roches subordonnées, des *marnes*, de la *dolomie*, du *gypse*, du *sel gemme*, et des *schistes calcaires* ou *bitumineux*. Le *grès rouge* et le *grès vosgien*, presque

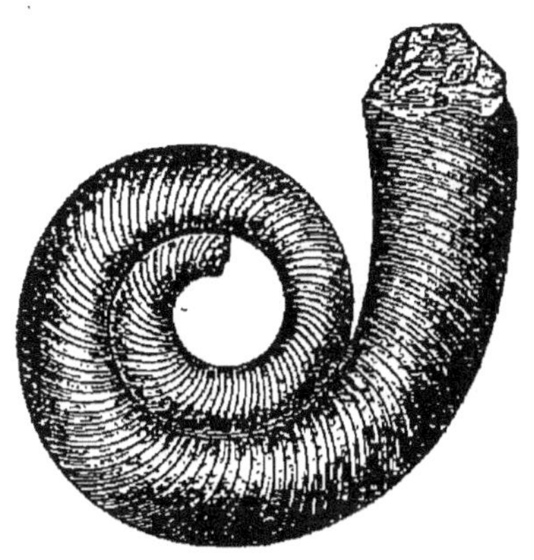

(Fig. 7.) — Lituites cornu-arietis (terrain silurien).

entièrement formés de fragments de quartz, de granite, de porphyre, liés entre eux par une sorte de ciment ou de pâte argilo-

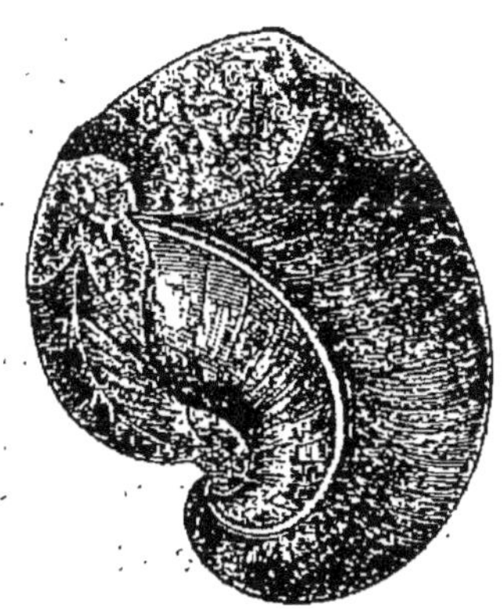

(Fig. 8.)— Pentamerus Knightii (terrain silurien).

ferrugineuse, ont, au point de vue agricole, les plus grands rapports avec les terrains de transition. Les fossiles des terrains permiens appartiennent aux mêmes classes dans les règnes organiques que ceux de l'époque précédente (fig. 11). Les reptiles deviennent cependant plus nombreux, et l'on signale dans cette classe l'apparition des quelques espèces du genre Protorosaurus.

Le *zechstein* manque à peu près complètement en France. Le *grès rouge* existe surtout dans le département des Vosges, autour de Saint-Dié. Quant au *grès vosgien*, il constitue la presque totalité de la chaîne des Vosges, et s'étend hors de France jusque dans la Bavière rhénane.

Le TERRAIN DU TRIAS, qui s'est déposé au sein des eaux de la mer triasique, à l'époque qui a suivi le *soulèvement du système du Rhin*, a été porté au-dessous du niveau des eaux par le *soulèvement du Thuringerwald*. Le nom qu'on lui donne dérive de ce que les géologues l'ont longtemps considéré comme présentant trois étages, les *grès bigarrés*, le *muschelkalk* ou *calcaire conchylien*, et les *marnes irisées* ou *terrain saliférien*. Aujourd'hui on réunit assez volontiers les grès bigarrés et le muschelkalk en un seul étage sous le nom de *terrain conchylien*.

L'étage des *grès bigarrés* se compose d'un *grès quartzeux argilifère*, renfermant du mica, et d'*argile schisteuse*, contenant comme roches subordonnées du *gypse*, du *calcaire magnésien* et du *sel gemme*.

Le *muschelkalk* comprend des calcaires riches en coquilles qui alternent avec des couches de *marne* et d'argile.

(Fig. 9.) — Ogygia Gueltardi (terrain silurien).

Enfin l'étage des *marnes irisées* est constitué par des couches de *calcaires* plus ou moins marneuses, diversement colorées, et des couches d'*argiles* alternant avec du *grès quartzeux* plus ou moins friables. On y rencontre comme roches subordonnées du *gypse*, de l'*anhydrite*, du *sel gemme*, l'*arkose* et des *houilles maigres pyriteuses*.

Les plantes cryptogames dominent encore parmi les fossiles

végétaux du trias. Elles sont accompagnées, comme celle des terrains précédents, de Conifères et de Cycadées, mais de plus on trouve aussi avec elles des végétaux monocotylédonés qui témoignent d'un progrès dans l'évolution du règne végétal. La même marche ascendante se fait observer dans la population animale, représentée par de nouvelles espèces de Zoophytes (fig. 12), de

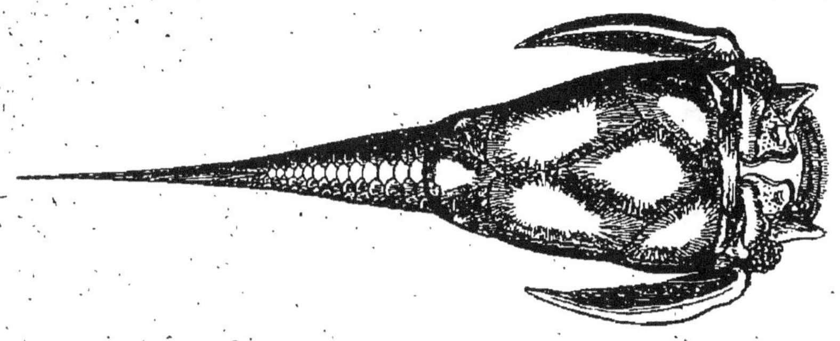

(Fig. 10.) — Ptericthys cornutus (terrain dévonien).)

Mollusques, de Crustacés, de Poissons et de Reptiles. Quelques-uns de ces animaux ont appelé plus particulièrement l'attention des paléontologistes : tels sont les Cératites (fig. 13), dans l'embranchement des Mollusques. le *Labyrinthodon* (fig. 14); dans la classe des Batraciens, et les *tortues* et les *Nothosaurus*, dans la

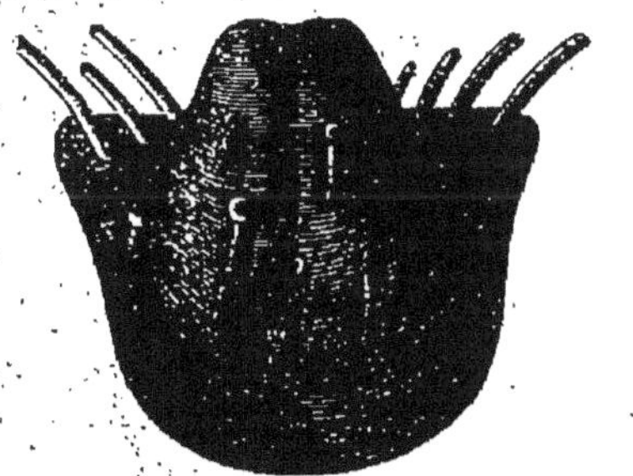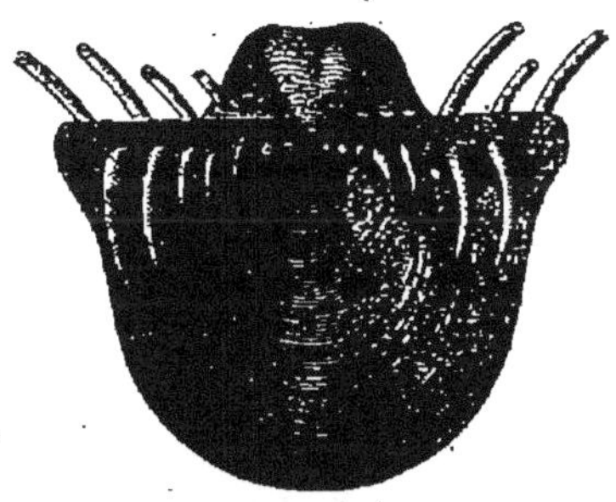

(Fig. 11.) — Productus horridus (terrain permien).

classe des Reptiles. On a même signalé dans les grès bigarrés des empreintes de pas que l'on a rapportées avec doute à des oiseaux.

Les terrains du trias se font observer en France (voir la carte géologique) sur divers points de la chaîne des Pyrénées, dans les départements du Var et des Alpes-Maritimes, autour du plateau central dans les départements de l'Aveyron, de la Corrèze, de l'Indre, du Cher, de l'Allier, de la Nièvre, de Saône-et-Loire. Enfin ils constituent le sol d'une grande partie des départements des Vosges, de la Meurthe et de la Moselle dans la Lorraine, et se retrouvent encore sur quelques points du Doubs, du Bas-Rhin et de la Manche.

La FORMATION JURASSIQUE, ainsi nommée parce que les terrains qui la constituent se font observer dans la plus grande partie des montagnes du Jura, est d'une importance considérable tant par l'étendue du pays qu'elle occupe en France, que par la puissance des couches qui la composent. Elle s'est formée au sein des eaux de la *mer jurassique* à l'époque qui a suivi le *soulèvement du Thuringerwald* et pendant une longue période de tranquillité. Les couches qui la composent, émergées à la suite du *soulèvement de la Côte-d'Or*, peuvent se partager en deux étages qui sont le *système du lias* et la *formation oolithique*.

Les *terrains du lias* présentent dans leurs couches les plus profondes des *grès* qui sont surmontés par des *calcaires* de diverses

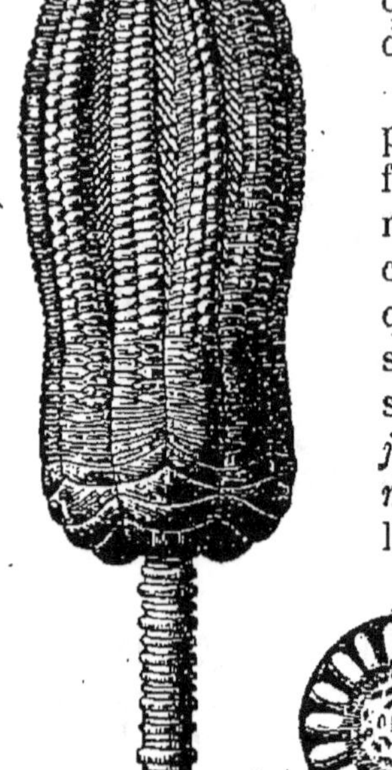

Fig. 12.) — Encrinus liliiformis (terrain triasique).

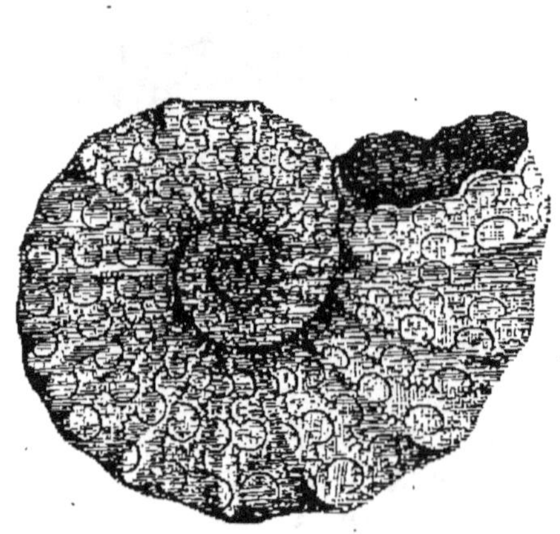

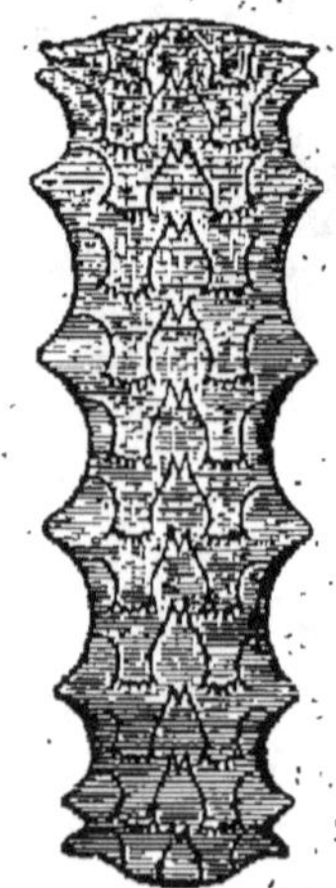

(Fig. 13.) — Ceratites nodosus (terrain triasique).

sortes, alternant avec des *marnes souvent putrides*, parfois em-

ployées en agriculture à titre d'a-
mendements. De nombreux fossiles se trouvent dans les diverses
couches du lias. La plupart appartiennent encore, dans le règne végétal, à l'embranchement des Aco-
tylédonées et aux familles des
Conifères et des Cycadées. Des
fruits que l'on rapporte à des Palmiers ont été également signalés
dans le lias. Quant aux animaux,
ce sont pour la plupart des espèces nouvelles appartenant aux
mêmes classes que celles des ter-

(Fig. 14.) — Empreintes fossiles du Labyrinthodon (terrain triasique).

rains précédents. On signale néanmoins d'une manière particu-

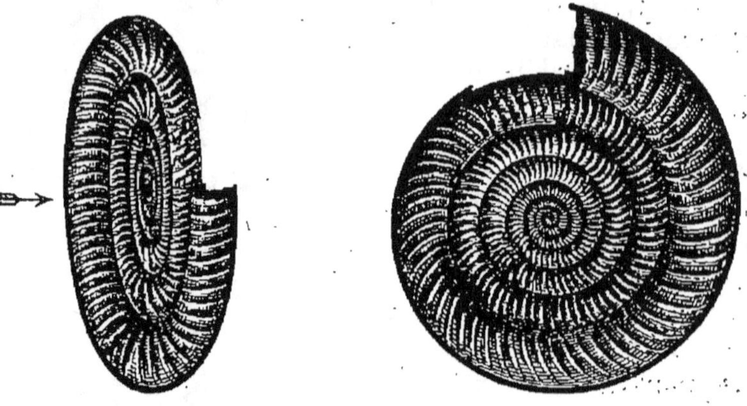

(Fig. 15.) — Ammonites Nodotianus (lias).

lière, les Ammonites (fig. 15), qui avaient déjà commencé à apparaître dans les terrains tria-
siques ; la *Gryphée arquée*
(fig. 16), qui a donné son nom
à un calcaire particulier dans
lequel elle abonde; les *Bélemnites* (fig. 17), qui donnent également leur nom à une autre
variété de calcaire; des *Poissons*

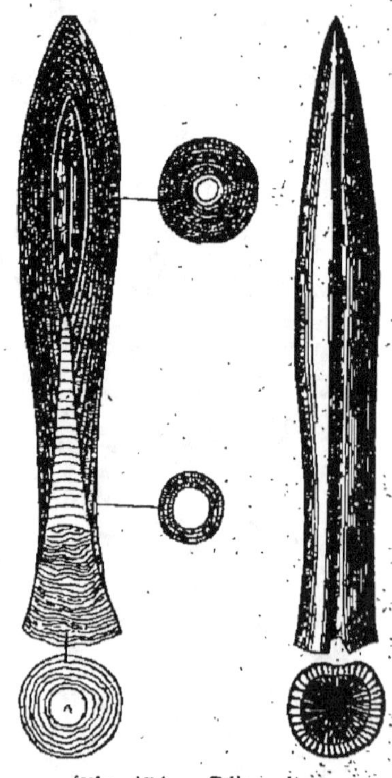

(Fig. 17.) — Bélemnites.

A. B. Acutus (lias).
B. B. Hastatus (oolithe moyenne).

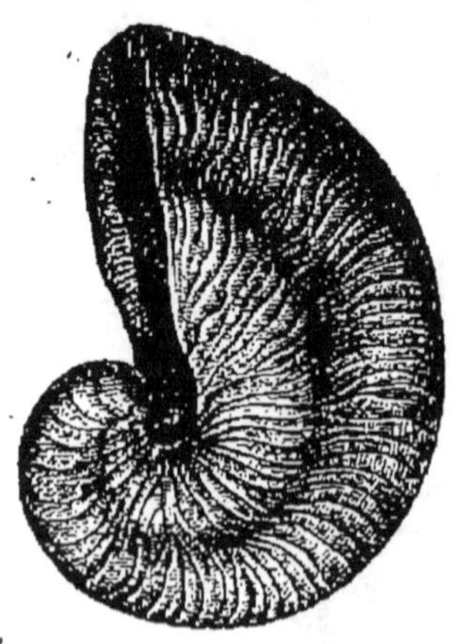

(Fig. 16.) — Griphea arcuata
(lias).

ganoïdes, et surtout d'énormes reptiles appartenant aux genres

Icthyosaure (fig. 18), *Plesiosaure* (fig. 19), *Ptérodactyle* (fig. 20), *Mégalosaure*, qui étaient alors forts nombreux, et qui, après avoir régné encore pendant la période suivante, ont disparu sans re-

(Fig. 18.) — Icthyosaurus communis (terrain du lias).

tor avant la formation des terrains crétacés. Leurs fèces, connues sous le nom de *Coprolithes* (fig. 21 et 22), sont très abondantes dans certains terrains liasiques. Elles renferment des débris qui permettent de reconnaître de quelles substances se nourrissaient ces singuliers animaux. Le phosphate de chaux

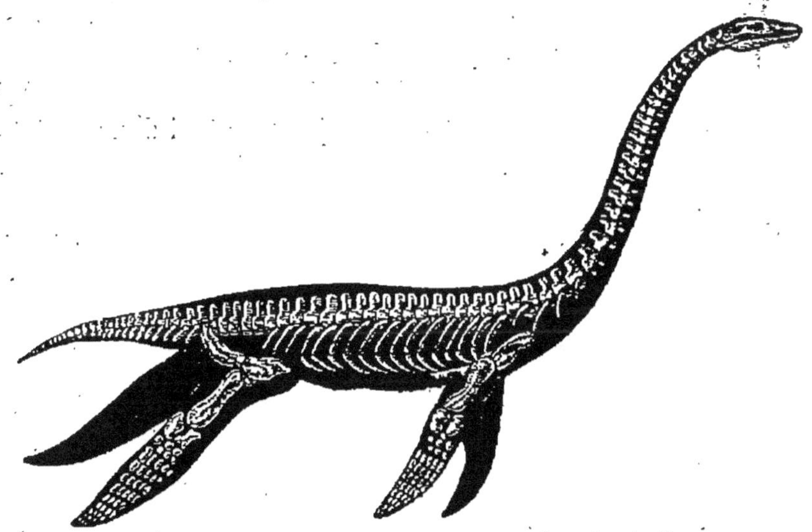

(Fig. 19.) — Plesiosaurus dolichodcirus (terrain du lias).

qu'elles contiennent en abondance en fait d'excellents engrais que l'agriculture commence à utiliser avec beaucoup d'avantage.

Les terrains du lias se rencontrent en France sur un grand nombre de points, mais n'y revêtent nulle part de vastes surfaces. Ils forment au nord et à l'est des terrains de la formation oolithique dont nous aurons à parler tout à l'heure, une bande étroite qui part du département des Ardennes, traverse du nord au sud la Moselle, la Meurthe, la Haute-Marne, et de l'ouest à l'est la

Haute-Saône, en bordant les terrains du trias. On les retrouve

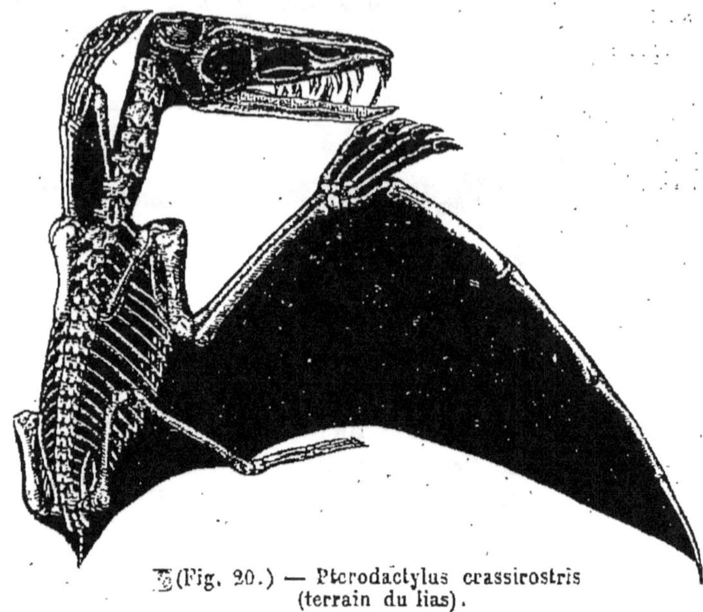

(Fig. 20.) — Pterodactylus crassirostris
(terrain du lias).

ensuite presque partout autour du plateau central dans la Côte-

(Fig. 22.) — Coprolithe des lias renfermant des écailles de poisson.

(Fig. 21.)— Coprolithe du lias.

d'Or, l'Yonne, la Nièvre, le Cher, l'Indre, la Dordogne, le Lot, le

Tarn-ét-Garonne, l'Aveyron, la Lozère, l'Hérault, le Gard et l'Ardèche. Enfin on les retrouve encore en bandes étroites, au sud et à l'ouest des terrains primitifs, dans la Vendée et les Deux-Sèvres, et presque sur le littoral de la Manche, dans les départements du Calvados et de la Manche.

Au point de vue agricole, leur étude peut se confondre avec celle des terrains oolithiques qui vont maintenant nous occuper.

La *formation oolithique*, remarquable par la puissance des couches qui la composent, est partagée par les géologues en trois sous-étages qui sont : *l'oolithe inférieure* ou *grande oolithe*, *l'oolithe moyenne*, et *l'oolithe supérieure*.

L'oolithe inférieure se compose principalement de couches de *marne*, ou même *d'argile* plus ou moins pure, qui alternent avec des *calcaires* variés souvent riches en coquilles.

L'oolithe moyenne, dans laquelle on distingue les terrains du *groupe oxfordien* et ceux du *groupe corallien*, présente avec de puissantes couches *d'argile*, des *marnes*, des *sables*, du *grès calcarifère*, et surtout de nombreuses assises de *calcaires*, qui reçoivent les qualifications de *calcaires corallien*, *oolithique*, *compacte*, *crayeux*, *marneux*, etc.

Enfin *l'oolithe supérieure*, que l'on divise en *argile de Kimmeridge* et *groupe portlandien*, se compose, dans sa partie inférieure, de couches nombreuses *d'argiles* qui alternent avec des *marnes* des *marnolithes coquillières*, des *conglomérats coquilliers*, et des *calcaires arénacés* ou *magnésiens ;* et dans sa partie supérieure de *calcaires compactes*, *grossiers*, *marneux*, *oolithiques* ou *sableux*.

Les terrains de la formation oolithique sont très riches en fossiles. Dans le règne végétal, les Cryptogames (fig. 23) deviennent moins nombreuses que dans les terrains précédents. Ce sont alors les Conifères et les Cycadées qui dominent. Puis apparaissent des Pandanées, des Naïadées, des Palmiers. Dans le règne animal, les Bélemnites (fig. 17 B.), les Ammonites (fig. 24), les grands Reptiles du lias auxquels s'ajoutent de nouvelles espèces, existent encore. Mais on trouve de plus dans l'oolithe inférieure des mâchoires de *Didelphe* (fig. 25), qui signalent l'apparition des Mammifères sur la terre, et dans l'oolithe supérieure l'*Archæopteryx* (oiseau de Solenhofen) avec de nouvelles traces de Marsupiaux.

Les terrains oolithiques sont fort répandus à la surface de la France, et MM. Élie de Beaumont et Dufresnoy ont fait ressortir toute l'importance de leur étude dans leur *Explication de la carte géologique de la France*. Unis au lias, ils dessinent à peu près à la surface du pays (voir la carte géologique) un 8 ouvert vers le nord ; ils présentent en effet d'abord une large bande qui s'étend de la Rochelle vers Poitiers, Bourges et Nancy, en formant de larges plateaux ; dans la Côte-d'Or, cette bande se divise et se courbe, d'un côté vers Metz et Mézières, de l'autre vers Dijon, Lyon, Privas ; à l'ouest, elle s'étend du côté du nord vers Alençon et Caen ; entre Valognes et Honfleur, et du côté du sud vers

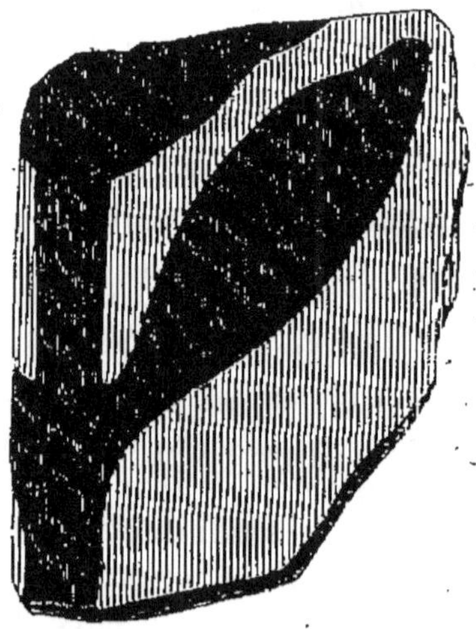

(Fig. 23.) — Pachypteris lanceolata (oolithe inférieure).

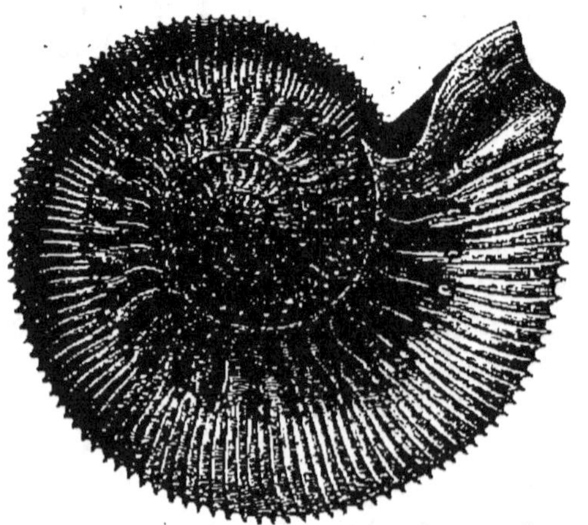
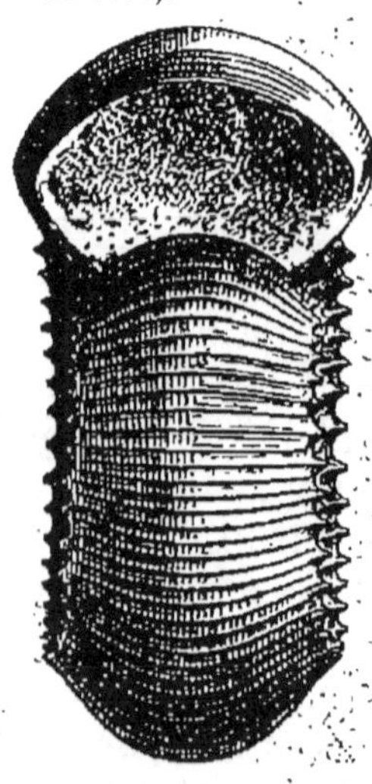
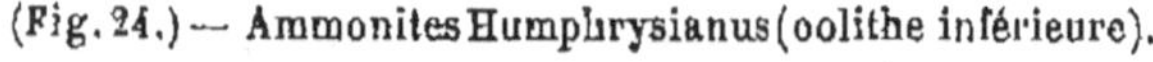

(Fig. 24.) — Ammonites Humphrysianus (oolithe inférieure).

Cahors, Milhau, Montpellier, où elle tourne les Cévennes pour

aller rejoindre la branche que nous avons laissée à Privas. La boucle septentrionale de ce 8 est creuse, forme le bassin de Paris, et supporte le terrain parisien ; l'autre est en relief et s'appuie contre le plateau central de la France qui la remplit ; l'une, font remarquer les auteurs de la carte géologique de la France, attire : les routes comme les rivières convergent vers son centre ; et l'autre repousse : les hommes et les animaux, comme les routes et les cours d'eau, s'éloignent de son milieu.

(Fig. 25.)—Mâchoire de Thylacotherium Prevosti (oolithe inférieure).

Dans le trajet que nous venons d'indiquer, les terrains oolithiques embrassent la presque totalité des Ardennes et de la Moselle, et constituent la totalité du sol de la Meuse, une partie de la Meurthe, une petite portion des Vosges, la Haute-Marne et plus de la moitié de la Côte-d'Or. Ils se répandent ensuite dans la Haute-Saône, le Doubs, le Jura, l'Ain, l'Yonne, la Nièvre, le Cher, l'Indre, la Vienne, la Charente, la Charente-Inférieure, les Deux-Sèvres et la Vendée. A l'ouest, dans la Normandie, ces mêmes terrains existent sur le littoral dans la Manche et le Calvados, où ils constituent les contrées si renommées au point de vue de la production et de l'élevage de la campagne de Caen et du pays d'Auge. Ils se continuent ensuite dans l'Orne, dans les arrondissements d'Argentan et d'Alençon, dans la Sarthe et dans la Mayenne, où ils se terminent à une certaine distance des bords de la Loire. Enfin vers le sud ils fournissent une branche qui contourne le plateau central, traverse la Dordogne, entre dans l'Aveyron, la Lozère, l'Hérault et remonte vers le nord par une bande étroite jusque sur les bords du Rhône à Valence, après avoir passé par les départements du Gard et de l'Ardèche.

Indépendamment de la bande remarquable dont nous venons de parler, on trouve encore en France des terrains de la formation oolithique, dans le Pas-de-Calais, dans les Pyrénées et dans les Alpes.

Dans le Pas-de-Calais, le terrain oolithique constitue autour de la ville de Boulogne un îlot remarquable qui correspond à peu près à la petite province du Boulonnais, à laquelle l'une de nos meilleures races de chevaux emprunte son nom.

Dans les Pyrénées, le terrain jurassique se trouve sur quelques points du versant français dans les Hautes-Pyrénées, la Haute-Garonne et l'Ariège.

Enfin dans les Alpes, on observe le terrain jurassique sur de vastes étendues dans la partie montagneuse des Alpes-Maritimes, des Basses-Alpes, des Hautes-Alpes, de la Drôme, de l'Isère, de la Savoie et de la Haute-Savoie.

Les pays où le sol arable est constitué par la désagrégation des roches du terrain jurassique sont en général d'une bonne fertilité moyenne, lorsque l'altitude ne s'oppose pas à la culture. La présence du calcaire y rend possible et profitable la culture des céréales du froment et des plantes fourragères de la famille des Légumineuses. La vigne prospère sur les calcaires de la Bourgogne, et sur divers points du midi et des provinces de l'ouest renommées pour la production de leurs eaux-de-vie. Enfin plusieurs des contrées où le sol appartient à la formation jurassique, produisent et élèvent avec succès des animaux remarquables dans les espèces du bœuf, du cheval et du mouton.

Les TERRAINS CRÉTACÉS terminent la série des couches qui composent les terrains secondaires. On les divise en deux étages principaux, qui sont les *terrains crétacés inférieurs* et les *terrains crétacés supérieurs*. Les premiers se sont formés dans la *mer crétacée* après que le *soulèvement de la Côte-d'Or* eut élevé au-dessus des eaux les terrains de la formation jurassique. Ils ont été eux-mêmes émergés par le *soulèvement du mont Viso*. Les terrains crétacés supérieurs se sont déposés à la suite de ce dernier soulèvement, et n'ont apparu au-dessus de l'eau qu'à l'époque du *soulèvement des Pyrénées*, qui établit la limite entre l'époque secondaire et l'époque tertiaire.

Le *terrain crétacé inférieur* se compose de trois étages, qui sont le *dépôt néocomien*, l'*étage des sables ferrugineux*, et l'*étage glauconnieux* ou *grès vert*.

Le *dépôt néocomien*, qui reçoit son nom de la ville de Neufchâtel en Suisse (Neocomum), offre une succession de couches de *marne*, de *calcaire arénifère*, de *sable* et de *grès quartzeux* souvent *ferrugineux*.

L'*étage des sables ferrugineux* se compose de *calcaire arénifère pétri de Paludines (calcaire de Purbek)*, alternant avec des couches de *marnes* plus ou moins *schisteuses;* de *sables (sables de Hastings)* surmontés de *grès*, de *marnes* et de *conglomérats ferrugineux*, et enfin d'*argile (argile Waldienne)* alternant avec des *sables marins* et des *calcaires coquilliers*.

L'*étage glauconnieux* ou *grès vert* est formé de *sables quartzeux* plus ou moins chargés de *glauconie* (silicate de fer, de *grés quartzeux coquilliers*, d'*argiles*, de *marnes*, et de *calcaires* qui reçoivent les noms de *craie verte* ou *chloritée, glauconie crayeuse*, et *craie tuffeau*.

Les Fougères, les Conifères, les Cycadées sont encore très répandues dans les terrains crétacés inférieurs. Mais déjà apparaissent plusieurs espèces de palmiers et même des végétaux ligneux dicotylédonés angiospermes. Les embranchements inférieurs dans le règne animal sont toujours largement représentés par des Polypiers, des Échinodermes, des Mollusques (fig. 26) Mais les Ammonites dont on voit apparaître de nouvelles espèces y prennent des proportions gigantesques. Les poissons revêtent des formes qui se rapprochent davantage de celles que présentent les espèces des mers actuelles, et les Iéthiosaures, les Plésiosaures, les Ptérodactyles qui ont cessé d'exister sont rem-

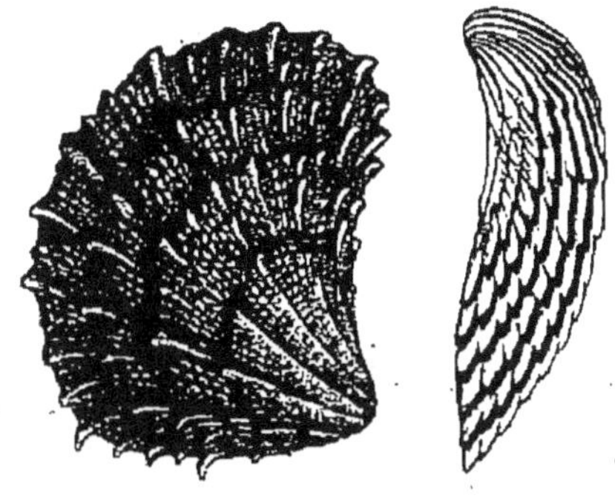

(Fig. 26.) — Plicatula placunea (grès vert).

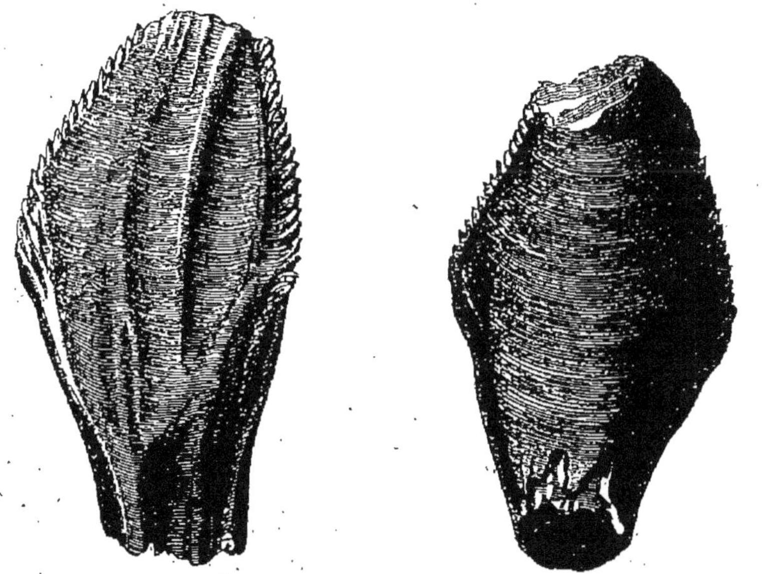

(Fig. 27.) — Dent de l'Iguanodon (terrain crétacé inférieure).

placés par les *Mégalosaures* que l'on avait déjà vus dans les terrains jurassiques, et par les *Iguanodons* (fig. 27). Ajoutons que l'on signale avec doute des traces d'oiseaux de rivage dans les terrains crétacés inférieurs.

Les *terrains crétacés supérieurs* se divisent en trois assises, qui portent les noms d'assise *turonienne* (du pays de Tours), *assise sénonnienne* (pays de Sens), *assise danienne* (Danemark). Toutes trois se composent en grande partie de couches plus ou moins puissantes de *calcaires* particuliers auxquels on donne le nom de *craie*, et qui souvent sont très remarquables par la grande quantité de fossiles microscopiques (Foraminifères) qu'ils renferment.

Dans l'*assise turonienne* on trouve, avec la *craie* proprement dite (*craie marneuse, craie blanche, craie tuffeau*), du *calcaire* dit *calcaire à hippurites* (fig. 28) ou à *radiolites* en raison des fossiles qu'il renferme.

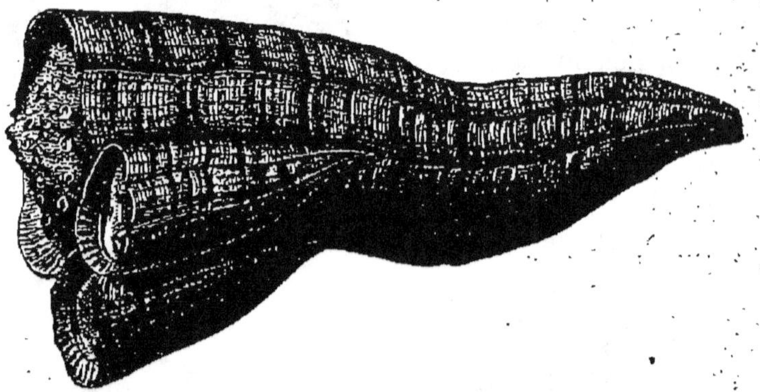

(Fig. 28.) — Hippurites Toucasianus (terrain crétacé supérieur).

Dans l'*assise senonnienne*, la *craie* (*craie blanche, craie marneuse, craie chloritée*) alterne avec des couches de *silex en rognons*, des *argiles noirâtres*, des *grès ferrugineux*.

Enfin dans l'*assise danienne* le calcaire est compacte, jaunâtre ou blanc, et prend parfois un aspect particulier qui l'a fait désigner sous le nom de *calcaire pisolithique*.

La faune et la flore des terrains crétacés supérieurs rappellent assez celles de la période précédente; le nombre des dicotylédonées angiospermes, parmi lesquelles on signale déjà beaucoup d'Amentacées, s'élève manifestement. De nouveaux reptiles se font également observer. L'un d'eux, le *Mosasaure* (fig. 29), dont les restes ont été trouvés auprès de Maestreich, a acquis dans la science une certaine célébrité en raison des études et des discussions auxquelles il a donné lieu.

Les terrains crétacés existent en France (voir la carte géologique) presque partout sur la lisière des terrains jurassiques et

bordent les bassins de la Seine, du Rhône et de la Garonne, dont
le sol se rattache en grande partie à la formation tertiaire. On
les trouve par conséquent : 1° autour du bassin parisien dans
l'Aisne, les Ardennes, la Marne, l'Aube, l'Yonne, la Nièvre, le
Cher, l'Indre, l'Indre-et-Loire, la Vienne, le Maine-et-Loire, la

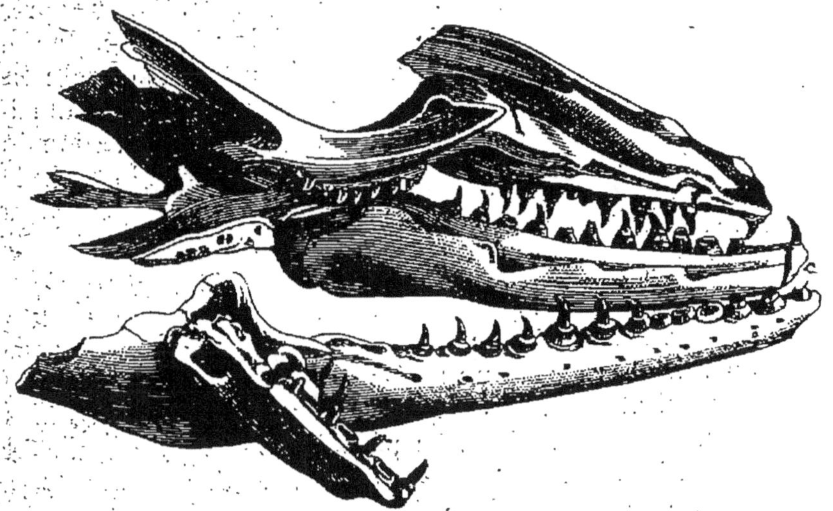

(Fig. 29.) — Tête du Mosasaurus Kamperi (terrain crétacé supérieur).

Sarthe, l'Eure-et-Loir, l'Orne le Calvados, l'Oise, et la Seine-Inférieure, où ils constituent le pays de Bray, et par lambeaux
très multipliés plus ou moins reliés les uns aux autres dans la
Somme, le Pas-de-Calais et le Nord ; 2° autour du bassin de la
Dordogne et de la Garonne, dans la Charente-Inférieure, la Charente, la Dordogne, l'Aude, l'Ariège, la Haute-Garonne, les
Hautes-Pyrénées et les Basses-Pyrénées ; 3° enfin autour du bassin du Rhône dans l'Ain, la Haute-Savoie, la Savoie, l'Isère la
Drôme, la Vaucluse, les Hautes-Alpes, les Basses-Alpes, le Var,
les Bouches-du-Rhône, le Gard et l'Ardèche.

Envisagés au point de vue agricole, les terrains de la période
crétacée peuvent se partager en deux groupes : ceux qui ont été
métamorphisés participent en général des caractères que nous
avons constatés dans les terrains jurassiques. La présence du
calcaire souvent associé à des sables et à des argiles, les rend
propres à la plupart des cultures. Ceux au contraire dans lesquels le calcaire prédomine, comme dans la Champagne Pouil-
leuse, formée exclusivement de la craie des terrains crétacés
supérieurs, constituent le plus souvent des sols d'une stérilité

désespérante. Sur d'autres points cependant la craie, en se mélangeant à des argiles, des marnes, des matières organiques, se prête merveilleusement à la culture des céréales ou de la vigne. On sait assez quelle est la réputation des vins qui sont produits en Champagne sur des terrains de cette nature.

Les TERRAINS TERTIAIRES se sont déposés au sein des eaux après le *soulèvement des Pyrénées*, qui a mis fin à la période crétacée. A cette époque, une grande partie du sol de la France actuelle était déjà émergée au-dessus des eaux. Cependant il existait encore un vaste bassin au nord, un grand golfe dans la région du sud-ouest, et une partie des bassins du Rhône, de la Loire et de l'Allier qui étaient ensevelis sous les eaux de la *mer tertiaire* ou des grands lacs de cette époque. Un des caractères essentiels de cette formation c'est d'offrir souvent des terrains qui paraissent s'être disposés simultanément sur des points différents, les uns dans des eaux salées, les autres dans des eaux douces. Parfois même on voit alterner sur un même point des couches d'origine différentes qui attestent les perturbations qui se sont produites pendant qu'elles se formaient. La période tertiaire a été en effet traversée par les *soulèvements du système de la Corse* et des *Alpes occidentales*, et s'est terminée à l'époque du *soulèvement des Alpes principales*. On la partage en trois formations qui sont la *formation éocène* ou *étage parisien*, la *formation miocène* ou *étage des molasses*, et enfin la *formation pliocène* ou *étage du crag*, que l'on appelle encore quelquefois *terrain subapennin*.

Les dépôts qui se sont constitués pendant la période tertiaire sont de nature infiniment variée et sont loin d'être constamment stratifiés dans le même ordre dans les différents lieux où ils se font observer. Les éléments qui entrent dans leur composition sont des *argiles* associées à des substances diverses, des *marnes*, des *sables*, des *grès*, des *poudingues*, des *brèches*, des *meulières*, des *calcaires marins*, des *calcaires d'eau douce*, du *gypse*, des *lignites*, des *schistes inflammables*, des *dépôts coquilliers* qui portent le nom de *faluns*. Nous ne saurions, sans entrer dans des détails qui nous mèneraient trop loin, nous arrêter à faire connaître la composition géologique particulière de chacun des étages des terrains tertiaires. Nous nous bornerons à citer parmi les roches de cette formation qui sont les plus connues, les *calcaires à nummulites* (fig. 30), à *Milliolites* et à *Cérithes* (fig. 31), qui constituent le calcaire grossier des environs de Paris ; les *calcaires d'eau douce* et les *grès* de la formation éocène ; les *calcaires lacustres*, la *molasse*, la *meulière* et les *faluns* de la formation miocène ; et les *sables des Landes* et les *alluvions de la Bresse* de la formation pliocène.

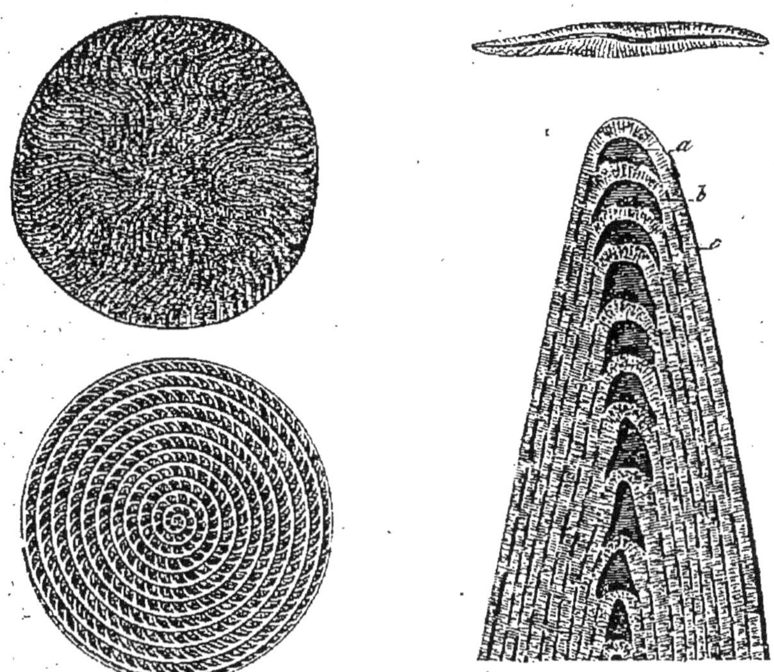

(Fig. 30.) — Nummulites lævigata (terrain éocène).

Les fossiles des terrains tertiaires appartiennent, dans l'un et l'autre règne organique, à des espèces qui se rapprochent de plus en plus de celles qui vivent encore actuellement. Tous les embranchements, toutes les classes, tous les ordres et un très grand nombre de familles se sont représentés par ces fossiles.

Nous nous bornerons à citer quelques-uns de ceux qui offrent le plus d'intérêt soit parce qu'ils sont très répandus et caractéristiques des étages où ils se trouvent, soit encore parce qu'ils ont révélé l'existence d'espèces aujourd'hui perdues, mais plus ou moins voisines par leur organisation de celles qui font actuellement partie des richesses de l'agriculture. De ce nombre sont indépendamment des Nummulites, des Milliolites et des Cérithes dont nous avons déjà parlé, ee nombreux Mollusques appartenant aux genres Cyprœa (fig, 32), Tere-

(Fig. 31.)
Cerithium hexagonum (terrain éocène).

bellum, Cardium, Cardita (fig. 33), Hélix (fig. 34), Physa (fig. 35), Lymnea (fig. 36), Planorbis, Balanus, Pecten, Cyclostoma (fig. 37),

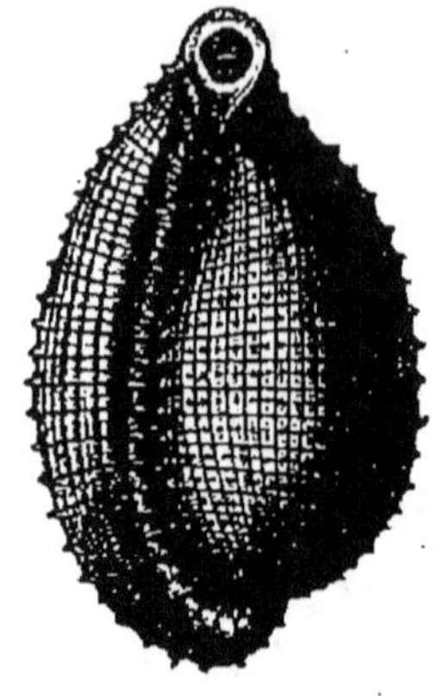

Voluta, Ostrea, etc.; des poissons des genres Rhombus, Platax (fig. 38, Smerdis (fig. 39), Lebia, Perca, etc.; des reptiles tels que l'Alligator de l'île de Wight, le Trionyx; des couleuvres, des grenouilles la grande salamandre connue sous le nom d'Andrias Scheuchzeri (fig. 40); divers oiseaux et un grand nombre de mammifères très remarquables tels que les Anoplotherium, les Paleotherium, les Xiphodon de l'étage éocène, les Dinotherium (fig. 41), les Mastodontes, les Hipparions (fig. 42 et 43), le Sus Erymanthius (fig. 44), les chiens et quelques autres carnassiers, le Mesopithecus Pentelici et le Pithecus antiquus de

(Fig. 32.) — Cyprea elegans (terrain éocène).

l'époque miocène; et enfin les Rhinocéros, le Sivatherium, les

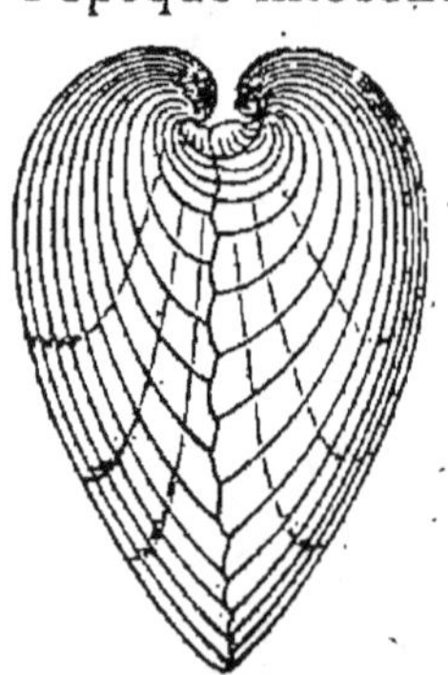
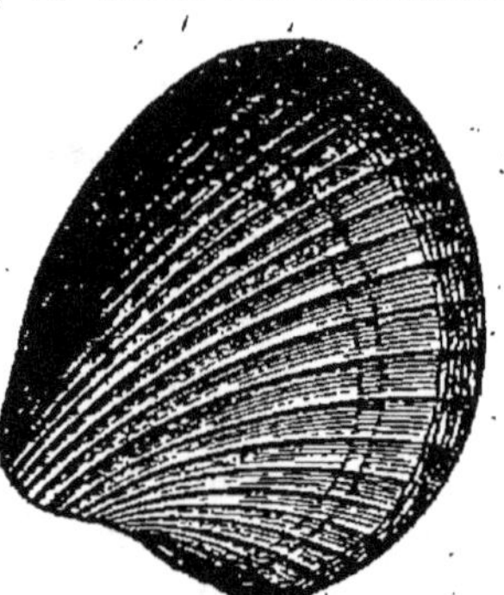
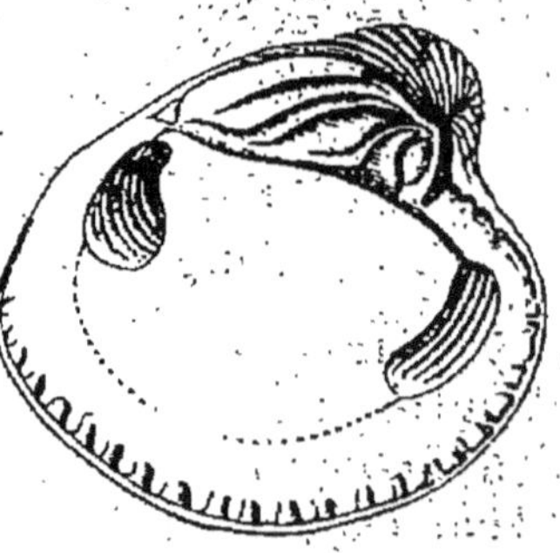

(Fig. 33.) — Cardita planicosta (terrain éocène).

Hippopotames, les bœufs, les chevaux, les carnassiers et les quadrumanes de l'époque pliocène. Mais ce qui donne un caractère particulier à la flore et à la faune de cette époque, c'est d'une part la multiplicité des végétaux dicotylédonés et de l'autre l'extension que

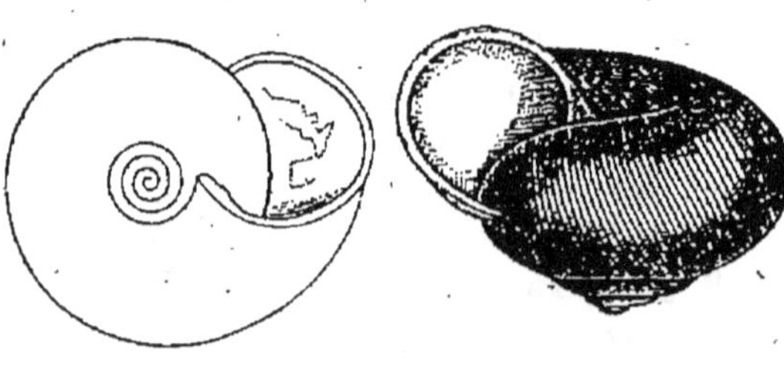

(Fig. 34.) — Helix hemispherica (terrain éocène).

prennent les vertébrés supérieurs, c'est-à-dire les oiseaux et les mammifères. On observe d'ailleurs comme dans les âges précédents, une marche générale ascendante dans l'apparition des êtres organisés. Pour nous borner aux mammifères, par exemple, nous ferons remarquer que les herbivores et particulièrement les pachydermes ont dominé sur la terre pendant la période éocène ; que les carnassiers ne sont venus qu'après eux, et n'ont commencé à être nombreux que pendant la période miocène ; qu'enfin la classe des mammifères semble se compléter à l'époque pliocène par l'apparition de nombreuses espèces dans l'ordre des quadrumanes.

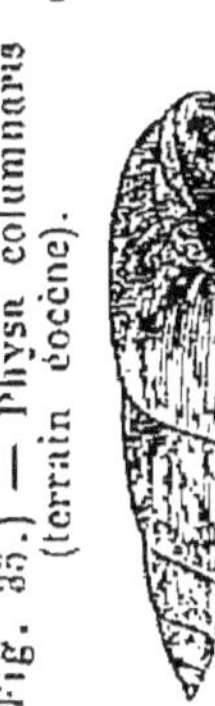

Les terrains tertiaires se trouvent en France (voir la carte géologique) : 1° dans tous les départements qui s'étendent de la frontière nord aux rives du Cher d'une part et de l'autre, du littoral de la Manche et de l'Océan aux confins de la Champagne et de la Bourgogne (bassin parisien) ;

2° Dans la presque totalité du pays qui correspond aux bassins hydrographiques actuels de l'Adour, de la Garonne et de l'Aude au sud-ouest ;

3° Dans une assez grande portion du bassin du Rhône et de la Saône, dont ils occupent surtout la rive gauche et la partie méridionale jusqu'au littoral méditerranéen ;

4° Enfin dans une petite partie des bassins de la Loire et de l'Allier, un peu au-dessous de la source de ces cours d'eau, où ils constituent surtout le pays que l'on appelle la Limagne d'Auvergne.

Presque partout où existe le terrain tertiaire, le sol arable, constitué par la désagrégation d'éléments très variés, est d'une remarquable fertilité. C'est à ces terrains qu'appartiennent les plaines de la Beauce et de la Brie, de la Flandre et de la Picardie ; les champs qui bordent la Seine et ses principaux affluents dans l'Île-de-France ; ceux de la Touraine, de la Limagne d'Auvergne ; les riches plaines et les coteaux des bords de la Garonne dans le pays toulousain, dans l'Agenais et dans la Guyenne, quelques parties de la Bourgogne, sur les bords de la Saône ; la plaine du Dauphiné, etc., pays où l'on cultive généralement avec succès les

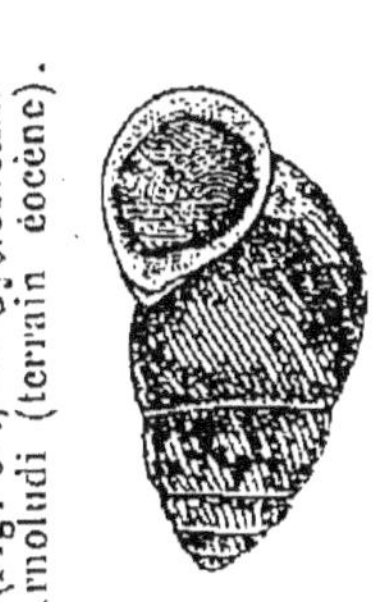

céréales, les plantes fourragères et la vigne lorsque le climat ou
'altitude ne s'oppose point à sa végétation. Malheureusement à

(Fig. 38.) — Platax altissimus (terrain éocène.)

côté de ces contrées privilégiées, il en existe d'autres qui appartiennent également à la formation tertiaire et qui ont acquis
une triste célébrité à cause de leur stérilité et des mauvaises

conditions dans lesquelles se fait l'agriculture. De ce nombre sont les landes des bords de l'Océan, la Sologne, la Brenne, où le sol est constitué par des sables qui reposent le plus ordinairement sur un sous-sol imperméable et où manque le calcaire. On sait que des essais tentés dans ces pays à l'aide d'amendements calcaires ont démontré qu'il ne serait pas impossible de leur donner une certaine fertilité.

On donne le nom de TERRAINS QUATERNAIRES OU D'ALLUVION aux

(Fig. 39.) — Smerdis Isabellæ (terrain miocène).

dépôts qui se sont formés sur des régions plus ou moins étendues du globe, après que les terres émergées eurent pris le relief et la configuration générale qu'elles présentent encore actuellement. Ces terrains se partagent en deux étages, comprenant, le premier, les *alluvions anciennes* ou *formation pleistocène*, et le second, les *alluvions modernes*.

Des perturbations violentes, dües sans doute au *soulèvement des montagnes de la Scandinavie* et au *soulèvement des Alpes principales*, semblent avoir forcé les eaux à se répandre à cette époque en courants rapides sur les continents qui sont devenus le théâtre d'un épouvantable cataclysme. C'est à ces courants que l'on attribue la formation des alluvions anciennes. Le phénomène paraît avoir été de courte durée. Mais il n'en a pas moins eu pour résultats d'amener des modifications souvent très profondes dans la configuration de certaines vallées, et de déterminer en beaucoup de lieux le dépôt de couches plus ou moins épaisses, formées d'éléments parfois hétérogènes, arrachés aux roches les plus voisines, ou même à des roches très éloignées.

Les couches formées sous l'influence de la cause que nous venons d'indiquer reçoivent dans leur ensemble le nom de DILUVIUM ou de TERRAIN DILUVIEN. Elles sont essentiellement consti-

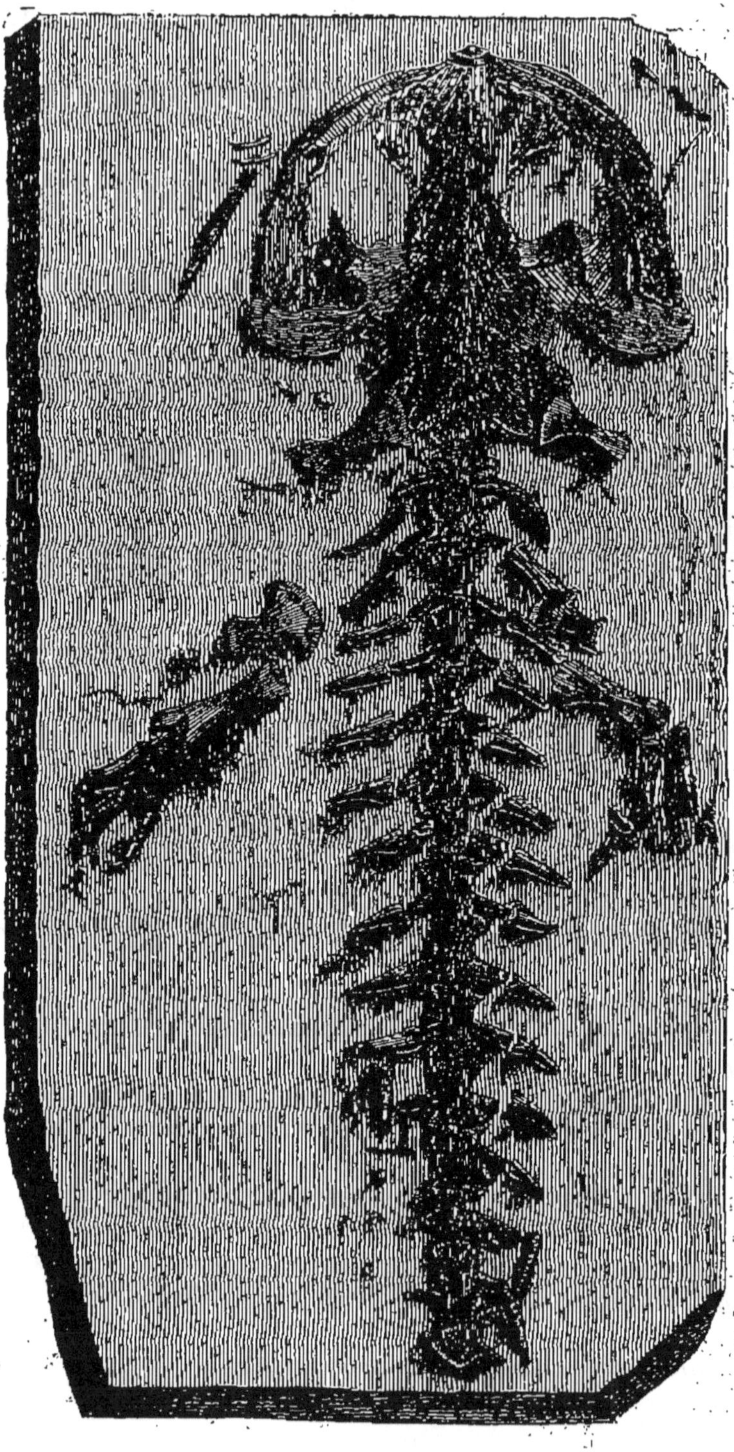

(Fig. 40.) — Andrias Scheuchzeri (terrain pliocène).

tuées par des *sables*, des *marnes*, des *argiles*, des *cailloux roulés*, des *fragments de roches* appelés *blocs erratiques* et des *couches meubles de terre végétale*. La plupart des géologues s'accordent aujourd'hui à attribuer à des transports de *glaciers* quelques-uns. des dépôts de la formation pleistocène, et surtout la dissémination. des blocs erratiques.

Les fossiles des terrains quaternaires inférieurs se rapportent les uns à des espèces qui existent encore sur divers points du globe, les autres à des espèces éteintes parmi lesquelles nous signalerons surtout l'*Elephas primigenius*, le *Bos primigenius*, le *Cervus mega-ceros* (fig. 45), le *Rhinoceros ticho-rhinus*, l'*Ursus spelœus* (fig. 46), l'*Hyena spelœa*, le *Felis spelœa*, etc. Quelques faits récemment étudiés semblent même indiquer qu'il faut rapporter aux derniers temps de la période pleistocène l'apparition sur la terre de l'homme, dont l'existence est révélée par des dé-bris d'une industrie primitive, et

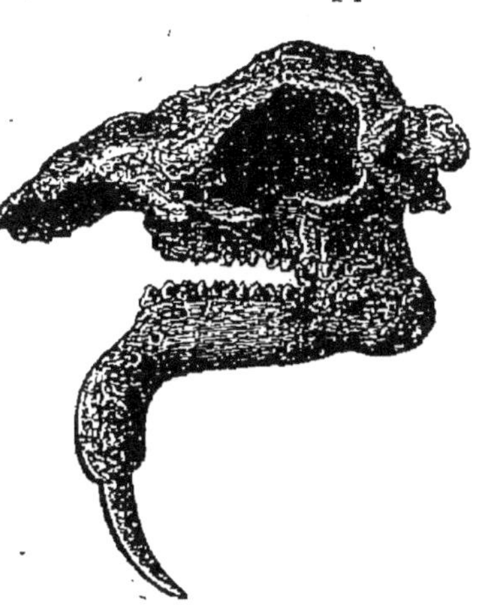

(Fig. 41.) — Tête de Linotherium (terrain miocène).

même par des ossements dont l'authenticité ne peut plus guère être révoquée en doute.

Les terrains qui constituent les ALLUVIONS MODERNES sont ceux qui se forment depuis les temps historiques les plus reculés et qui se déposent encore journellement sous nos yeux. Ils doivent leur origine aux actions érosives très lentes de l'époque actuelle, aux inondations, aux atterrissements qui ont lieu sur les rives des cours d'eau ou sur le bord de la mer, aux éboulements, aux phénomènes volcaniques, et à toutes les causes qui peuvent amener la désagrégation des roches, et le transport de leurs éléments par les eaux dans les points où ceux-ci sont ensuite déposés. On comprend d'ailleurs qu'au fond des mers actuelles, il se forme sans cesse de nouvelles couches, comme il s'en est formé dans les âges antérieurs au fond des mers qui couvraient alors le sol des contrées que l'homme habite aujourd'hui. Les alluvions modernes sont donc constituées par des produits très variés auxquels s'associent des débris organiques empruntés aux êtres organisés de la flore et de la faune de notre époque. En général, lorsqu'elles offrent assez d'épaisseur, les alluvions

modernes constituent des sols d'une grande fertilité. Tous les
agriculteurs savent que le limon déposé par les eaux équivaut

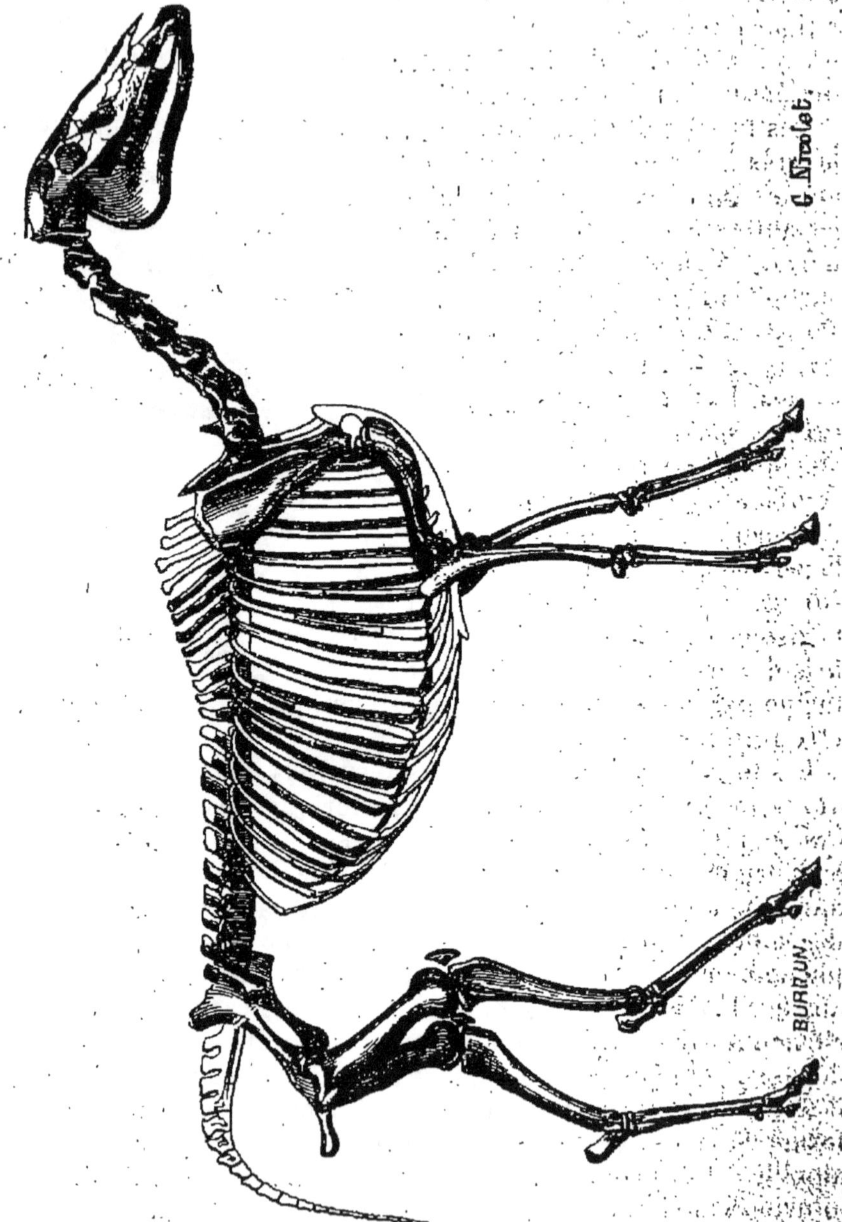

(Fig. 42.) — Hipparion gracile (terrain miocène).

dans la plupart des cas à de véritables engrais, et que certaines contrées, comme les bords du Nil par exemple, doivent à des inondations périodiques une remarquable fertilité.

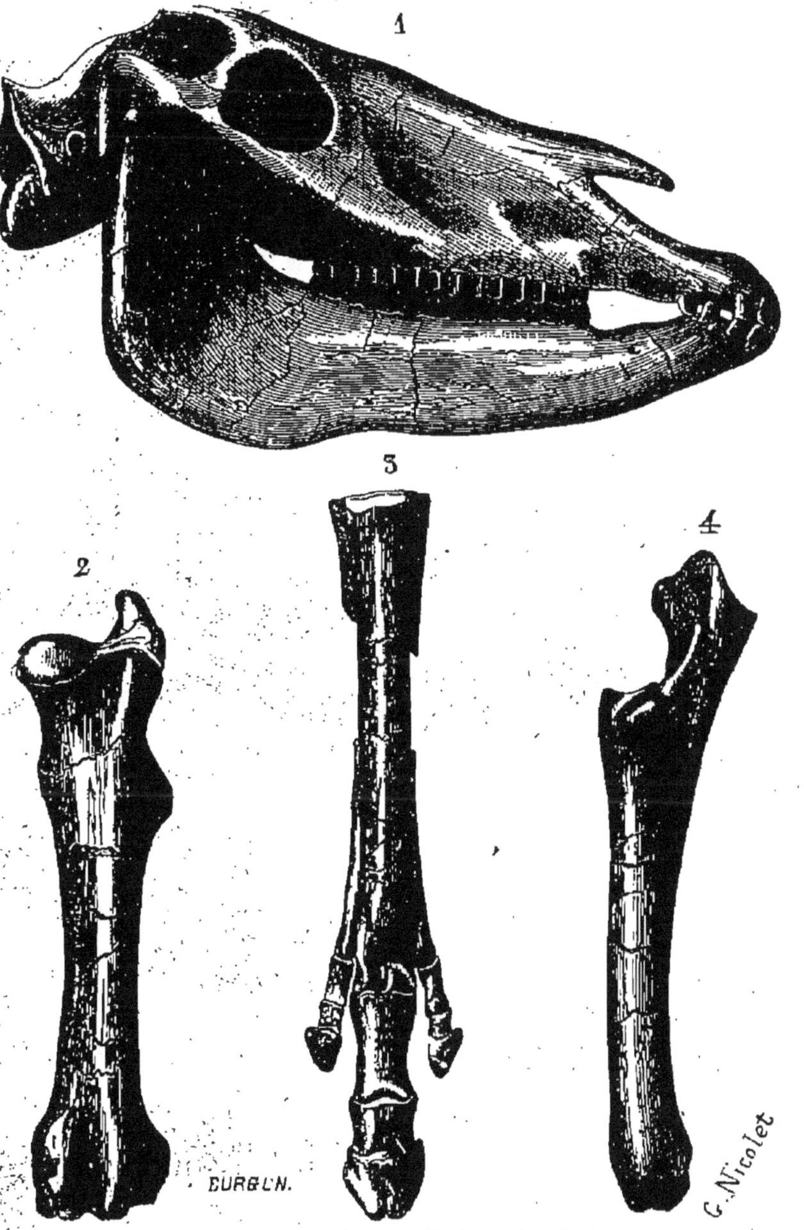

(Fig. 43.) — Hipparion gracile (terrain miocène).
1. La tête. — 2. Le fémur. — 3. Le pied. — 4. Radius et cubitus.

TERRAINS D'ÉPANCHEMENT ET D'ÉRUPTION. — Ainsi que nous l'avons dit au début de cette étude, il existe toujours au sein de la

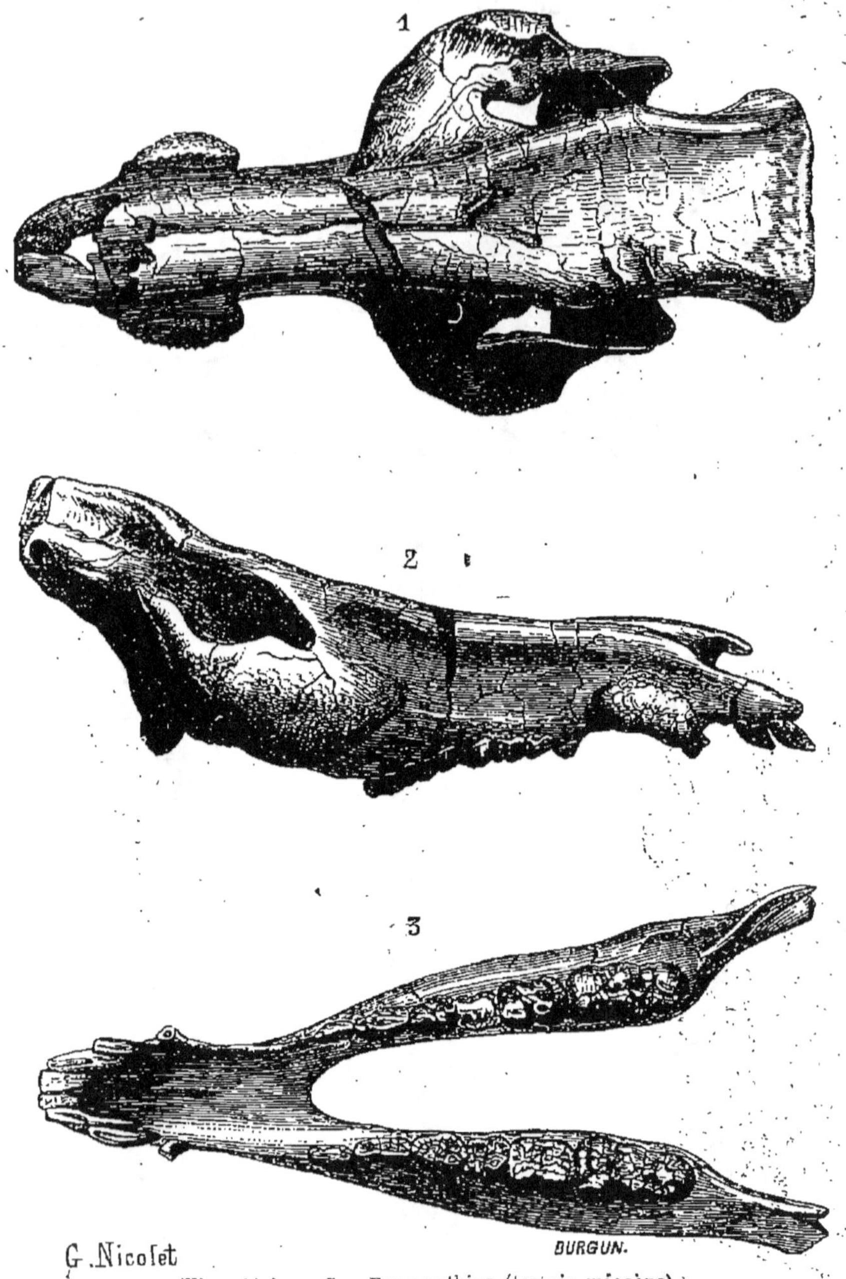

(Fig. 44.) — Sus Erymanthius (terrain miocène).
1. La tête vue en dessus. — 2. La tête de profil. — 3. La mâchoire inférieure.

terre, et au-dessous des couches consolidées de l'écorce terrestre, une énorme masse de matières qui sont maintenues incandescentes par suite de la haute température à laquelle elles sont portées. Ce sont les efforts de cette masse, sous l'influence de causes que nous avons déjà succinctement indiquées, qui ont

(Fig. 45.) — Cervus megaceros (époque quaternaire).

provoqué pendant les différents âges du globe les soulèvements par lesquels l'étendue des terres émergées a été plusieurs fois modifiée. Ce sont eux aussi qui, à différentes reprises, ont porté et portent encore dans les fissures de l'écorce terrestre et jusqu'à sa surface la matière incandescente du centre de la terre sous forme d'injections, d'infiltrations et d'épanchements de produits volcaniques. On trouve de ces produits dans les terrains primitifs et dans toutes les couches des terrains de sédiment. On les reconnait à leur nature plus ou moins cristalline, à leur composition chimique, dans laquelle prédomine la silice combinée à différentes bases, à l'absence de toute espèce de fossiles, et aux phénomènes de métamorphisme qu'ils ont souvent déterminés dans les roches environnantes.

Les terrains d'épanchement et d'éruption se divisent en quatre

(Fig. 46.) — Tête d'Ursus spelœus (époque quaternaire.)

groupes, qui correspondent approximativement à l'ordre dans lequel ils ont apparu. Ces quatre groupes portent les noms de *terrains granitoïdes, terrains porphyroïdes, terrains trachytobasaltiques* et *terrains volcaniques.*

Les *terrains granitoïdes* sont ceux qui ont rempli les larges fissures des couches stratifiées des terrains primitifs et qui souvent se sont épanchés à leur surface. Parfois même ils ont pénétré jusque dans les premières couches des terrains de sédiment. Ils sont essentiellement formés de *granite* offrant des aspects un peu différents, et de quelques autres roches granitoïdes telles que la *syénite,* la *pegmatite,* la *diorite,* le *kersauton,* la *sélagite,* la *fraidonite,* etc. En France, les terrains granitoïdes se voient presque partout où existent de hautes montagnes, dans les Alpes, les Pyrénées, les Vosges, en Auvergne, dans le Limousin et dans la Bretagne.

Les *terrains porphyroïdes* ont apparu à l'époque des terrains de transition et se sont continués jusque dans les grès bigarrés du trias, et même jusque dans les terrains jurassiques. Indépendamment des *porphyres* de différentes natures qui en forment la base, on y rencontre encore de la *diorite*, de la *syénite*, des *pyromérides* et des *roches pyroxéniques*. Les terrains porphyroïdes forment des montagnes assez élevées et en général de forme conique. Ils existent aussi assez fréquemment sous forme de filons.

Les terrains *trachyto-basaltiques* sont les terrains d'épanchement et d'éruption de l'époque tertiaire. Ils ont ordinairement une texture cristalline moins nettement caractérisée que ceux des époques précédentes. On les divise en trois systèmes qui sont : le *système feldspathique* ou *trachytique*, le *système mixte feldspathique et pyroxénique*, et le *système pyroxénique* ou *basaltique*.

Le *système feldspathique* ou *trachytique* se compose de *trachyte*, de *porphyre trachytique*, de *phonolite*, de *pierre ponce*, de *rétinite*, d'*obsidienne*, de *conglomérats trachytiques*, etc. Toutes ces roches qui se sont épanchées en coulées plus ou moins épaisses, se rencontrent le plus souvent à la base des volcans éteints ou en activité. Il en existe en France, en Auvergne et dans le Vivarais.

Le *système mixte feldspathique et pyroxénique* participe, par les roches qui le composent, des caractères du système qui précède et de celui qui va suivre : on le trouve en Auvergne, au Puy-de-Dôme et au Mont-Dore.

Enfin le *système pyroxénique* ou *basaltique* se compose de *basalte*, de *basanite*, de *mimosite*, de *dolérite*, d'*amphigénite*, de *péridotite*, de *scories*, de *vakes*, de *tufa*. Ces roches revêtent quelquefois d'assez vastes étendues et cela fait supposer qu'elles étaient dans un état de fluidité assez prononcé lorsqu'elles se sont épanchées du sein de la terre. Très souvent elles ont pris en se solidifiant la forme de colonnes prismatiques. C'est ce que l'on observe à la grotte de Fingal aux îles Hébrides et à la Chaussée des Géants en Islande. En France, on cite la montagne de la Coupe dans le Vivarais, et la Chaussée des Géants au bord de la rivière du Volant, dans l'Ardèche, comme offrant de beaux exemples de basalte en colonnes prismatiques. D'autres points de cette même province offrent d'ailleurs des roches d'origine basaltique parfaitement caractérisées.

Les *terrains volcaniques* ou *laviques* sont ceux qui se sont épanchés du sein de la terre par les cratères des volcans de l'époque quaternaire, que ces volcans soient aujourd'hui éteints comme ceux de l'Auvergne, ou qu'ils soient encore en activité comme l'Etna et le Vésuve. Les éléments qui composent ces terrains sont de même nature que ceux de l'époque précédente. Ce sont toujours des roches ou des laves feldspathiques, basaltiques, péridotiques et vitreuses qui ne diffèrent de celles des systèmes trachyto-basaltiques que parce qu'elles sont moins intimement unies entre elles ou aux couches du sol dans l'intérieur desquelles elles ont pénétré. Les anciens volcans du Velay, du Vivarais, de l'Auvergne et particulièrement la chaîne des Puys se rattachent à la formation volcanique ou lavique.

Au point de vue agricole, les terrains d'éruption et d'épanchement n'ont pas tous les mêmes caractères ni la même valeur. Les plus anciens ont une certaine analogie avec les terrains primitifs. Comme ces derniers, ils sont composés de silice libre ou combinée à l'alumine, et, en plus faibles proportions, à des bases terreuses ou alcalines. Par leur désagrégation qui s'opère lentement, ils fournissent des sols qui trop souvent manquent de calcaire. Mais lorsque les terrains volcaniques appartiennent à l'époque actuelle ou même aux premiers temps de l'époque quaternaire, ils se désagrègent plus facilement et fournissent, comme nous le verrons plus loin, des terres d'une remarquable fertilité.

II. — Superposition des différentes couches solides du globe.

Les différentes couches dont nous venons d'étudier la formation et la constitution géologique représentent, dans leur ensemble et dans l'ordre où ils se sont superposés, tous les terrains qui ont été signalés jusqu'à présent dans la croûte solide du globe. Seulement il est bon de faire observer qu'on ne les rencontre jamais tous dans une même localité, et que le plus souvent on ne voit affleurer, sur une surface plus ou moins étendue, qu'un seul de ces terrains, ou tout au plus un très petit nombre d'entre eux. Ainsi, dans le bassin de Paris, les terrains tertiaires cachent ceux qui s'étaient formés antérieurement : dans la Champagne, la Lorraine, la Bourgogne, les étages crétacés et oolithiques sont seuls apparents ; tandis que dans l'Anjou et dans une partie de la Vendée, on ne voit que les formations intermédiaires, et que le gneiss et le granite seuls s'aperçoivent dans les environs de Saint-Brieuc, de Cherbourg, de Limoges, de Guéret, au ballon des Vosges, au sommet des Pyrénées et dans la Creuse, comme sur la montagne de la Margeride (Lozère).

Les connaissances que l'on possède aujourd'hui sur l'ordre dans lequel se sont déposés les divers étages géologiques, permettent, lorsqu'on connaît la formation à laquelle appartient la surface du sol, de présumer sur quelle autre formation un terrain repose. Mais si l'on peut avoir une présomption à cet égard, on ne saurait avoir une certitude, car il arrive souvent que des lacunes existent dans la série des couches superposées. C'est ainsi, par exemple, que l'on voit dans certaines localités le gneiss et le micaschiste recouverts immédiatement par le terrain crétacé. Cela résulte évidemment de ce que des contrées qui avaient été émergées d'abord aux époques les plus reculées, ont été de nouveau ensevelies sous les eaux, sous l'influence de cataclysmes locaux ou généraux, pour reparaître encore plus tard à la surface.

Il ne faudrait donc pas croire que, parce qu'un terrain constitue le sol d'une pièce de terre, le terrain qui lui est inférieur dans la fig. 1, se trouve immédiatement au-dessous du sol arable. On ne peut déduire de la présence d'un terrain l'existence d'un autre terrain, que lorsqu'on connait bien la structure du pays où on les observe.

Une autre cause peut apporter des perturbations plus profondes encore dans l'ordre suivant lequel sont superposés les terrains. Nous voulons parler des interversions qui se font observer quand des terrains récents sont recouverts par des terrains d'origine plus ancienne. L'action des soulèvements qui, dans certains cas, ont pu être assez violents pour renverser sur une étendue limitée des couches déjà constituées, explique quelques-unes de ces interversions, mais le plus souvent on observe qu'elles sont le résultat de roches qui, s'étant formées par épanchement, ont coulé, alors qu'elles étaient encore liquides, sous des terrains plus anciens.

Nous ne saurions sans nous écarter des limites dans lesquelles nous devons rester, insister davantage sur ces faits importants à connaître au point de vue de la constitution du sol arable et du sous-sol. Mais il nous suffit de les avoir signalés. Nous avons à voir maintenant comment a pu se former, aux dépens des différentes roches que nous avons indiquées, le sol meuble dans lequel les végétaux implantent leurs racines et puisent les éléments nécessaires à leur développement.

III. — Désagrégation des roches et formation de la terre végétale.

La plupart sinon même la totalité des roches offrent à la pénétration des racines une telle résistance que la végétation des plantes un peu exigeantes est à peu près impossible à leur surface. Aussi a-t-il fallu que, dès les temps les plus anciens, les roches fussent en partie désagrégées pour former des couches plus ou moins épaisses de terre végétale. Cette désagrégation s'est produite, et se produit encore de nos jours, sous l'influence de causes

physiques ou chimiques, et sous l'influence de la végétation elle-
même. Elle a donné lieu à la formation de *sols d'origine détritique*
et à des *sols constitués par des matériaux apportés par les eaux.*

Les *sols d'origine détritique* sont ceux qui se constituent sur
place par l'accumulation à la surface de la roche elle-même, des
fragments qui s'en détachent. Ils se forment à peu près exclusivement sur les points où la surface est peu inclinée et dans les lieux
d'où les eaux ne peuvent point emporter les parcelles divisées au
fur et à mesure qu'elles apparaissent. Les variations de température, l'action de l'oxygène et de l'acide carbonique de l'air
atmosphérique, l'action de l'eau et de l'acide carbonique qu'elle
tient en solution sont ici les principales causes qui déterminent
la désagrégation des roches. Celles-ci sont en effet composées,
comme nous le verrons plus loin, d'éléments divers, qui se dilatent
ou se rétractent inégalement sous l'influence d'élévations ou
d'abaissements de température, et cela suffit pour désunir les
molécules de la surface. Parfois elles renferment des éléments
susceptibles d'entrer en combinaison avec l'oxygène ou l'acide
carbonique, et de former des corps nouveaux qui se détachent en
parcelles de la masse générale. Souvent elles offrent des fissures
et de petites cavités dans lesquelles l'eau des pluies pénètre et où
elle exerce, en se congelant ou en se volatilisant, suivant la température, des actions mécaniques dont le résultat est facile à
prévoir. Enfin par l'acide carbonique qu'elle contient, l'eau des
pluies agissant chimiquement sur quelques-uns des phosphates,
des carbonates, des silicates des roches les plus dures, dissout
et entraîne une partie de leurs molécules, et désunissant ainsi
celles qui restent, les fait tomber en poussière. Ces actions s'accomplissent avec lenteur, mais si lentes qu'elles soient elles
finissent par déterminer à la surface de la roche attaquée une
légère couche meuble suffisante aux besoins d'une première
végétation. Les petites plantes qui apparaissent alors agissent à
leur tour par leurs racines qui pénètrent dans les fissures et font
effort contre les molécules qui s'opposent à leur trajet. D'après
Ebelmen, elles auraient même la puissance de hâter la désagrégation, en absorbant au fur et à mesure qu'ils sont mis en liberté,
la silice, les bases alcalines ou terreuses, l'oxyde de fer, etc., que
l'eau contenant de l'acide carbonique dissout dans les réactions
que nous avons indiquées plus haut. Mais leur action ne se borne
pas là, car après avoir vécu pendant un certain temps, après
avoir attiré à elles des insectes ou d'autres animaux, elles meurent
avec les hôtes qu'elles ont abrités, et leurs débris qui se décom-

posent fournissent un premier terreau qui enrichit la couche formée et la rend propre à une végétation plus puissante. On conçoit, sans qu'il soit besoin que nous insistions davantage, que des couches de terre végétale d'une épaisseur plus ou moins grande aient pu se former à la surface de certains terrains sous l'influence des causes que nous venons d'indiquer.

Les terrains d'origine détritique présentent. dans la plupart des cas, la plus grande analogie, quant à leur composition, avec la roche de laquelle ils dérivent. Ils sont constitués en effet par des éléments de la roche sous-jacente, auxquels s'ajoute l'humus qui résulte de la végétation spontanée, ou celui qui provient des engrais quand ces sols sont mis en culture. Il est des cas cependant où la composition des sols d'origine détritique diffère sensiblement de celle des terrains qui par leur désagrégation les ont constitués. Cela arrive surtout lorsque, parmi les éléments désagrégés, il en est qui sont plus ou moins facilement entraînés par les eaux mécaniquement ou à l'état de solution. Le sol qui reste alors est parfois peu favorable à la culture, parce qu'il ne renferme plus des éléments d'une composition assez variée, et qu'il est privé précisément de ceux qui, en raison de leur solubilité plus grande auraient été plus facilement utilisés au profit de de la végétation. Il ne faut pas cependant s'exagérer cette conséquence, car il n'est pas rare de voir la désagrégation qui se continue sans cesse, reconstituer des éléments solubles assez rapidement et en assez grande proportion pour que les plantes cultivées n'aient point à souffrir de la condition que nous venons d'indiquer.

Les éléments qui entrent dans la composition des sols formés par des matériaux transportés par les eaux sont de même nature que ceux que l'on trouve dans les sols d'origine détritique. Ce sont toujours des fragments plus ou moins volumineux, plus ou moins ténus qui se sont détachés des roches sous l'influence des causes que nous avons exposées plus haut. Seulement comme les roches dont ils sont séparés offrent des pentes plus ou moins rapides, ils ont été facilement entraînés par les eaux et sont venus se déposer dans les plaines ou les vallées. Nous avons à peine besoin d'ajouter que l'action mécanique des eaux sur les terrains qu'elles parcourent, concourt à augmenter la somme des matériaux qu'elles transportent. Il se produit ici en effet des phénomènes analogues à ceux qui, dans l'ancien monde ont amené la formation des terrains de sédiment dans les eaux douces ou dans les bassins des mers, et la seule différence à signaler réside uniquement dans l'intensité moins grande des actions qui se manifestent. Mais le fait important sur lequel nous devons insister, c'est la diversité des éléments qui sont le plus souvent mélangés entre eux dans les dépôts laissés par les eaux à l'époque actuelle. Il en résulte pour les plantes d'abondantes provisions de tous les matériaux qu'elles ont besoin d'absorber pour se développer. Aussi ces terrains, que l'on connaît sous le nom d'ALLUVIONS, sont-ils en général d'une fertilité remarquable. Il nous suffira de citer à l'appui de notre assertion, les limons qui résultent des inondations périodiques du Nil, les polders de la Hollande, les créments du bord du Rhône et les alluvions des bords de la Loire et de la Garonne.

Quel que soit le mode de formation d'un sol arable, sa composition dépend toujours de la nature des roches qui ont fourni par leur désagrégation les éléments dont il est formé. Nous avons vu jusqu'à présent quelle est la disposition des divers terrains qui constituent la croûte solide du globe; il nous reste à étudier maintenant les roches en elles-mêmes et à déterminer quelle est la nature et quelles sont les propriétés des terres arables qui résultent de leur désagrégation.

Les roches, envisagées dans leurs rapports avec les sols qu'elles ont formés par leur désagrégation, peuvent se diviser en *roches de nature siliceuse, roches de nature calcaire* et *argiles.*

A. — ROCHES DE NATURE SILICEUSE

Sous le titre de roches de nature siliceuse nous comprendrons: 1° les roches formées par le refroidissement de la surface du globe; 2° celles qui se sont produites par épanchement ou infiltration des matières tenues en fusion sous les roches consolidées; 3° celles qui résultent du métamorphisme sous l'influence de la chaleur des roches siliceuses qui s'étaient primitivement formées par sédiment; 4° les roches volcaniques; 5° les roches arénacées; 6° les sables; 7° enfin les graviers et les cailloux roulés. Les roches de nature siliceuse des trois premiers groupes parmi ceux que nous venons d'indiquer appartiennent en grande partie aux terrains primitifs et aux terrains de transition. Les sols arables auxquels elles donnent naissance offrent à peu près les mêmes propriétés et la même composition. Cela nous amène naturellement à étudier d'abord ces roches, pour parler ensuite d'une manière générale des terrains qui en dérivent.

1. — Roches formées par refroidissement.

Nous avons vu que le globe terrestre, d'abord en état de fusion, a produit, en se refroidissant, le talcschiste, le micaschiste, et le gneiss. Quelques auteurs pensent que les deux premières de ces roches ont été formées par sédiment, mais qu'une fois à l'état solide, elles ont été soulevées et fondues par des matières sorties en fusion du sein de la terre, d'où est résultée la disposition cristalline qu'elles offrent très généralement.

Quoi qu'il en soit, ces roches qui reposent sur le granite et constituent les *terrains primitifs*, sont caractérisées par une disposition cristalline, quoique souvent confuse, et par l'absence de fossiles. Elles ont été produites avant l'existence des êtres organisés et n'en offrent aucuns débris. En France, elles sont superficielles dans beaucoup de localités; elles constituent une partie des montagnes et des collines du Limousin, de la Lozère (voir la carte géologique).

Talcschistes.—Ces roches sont composées de talc, de quartz, d'un peu de feldspath et de mica; elles ont éprouvé de grandes variations de forme, sont très sensiblement stratifiées, et présentent de nombreuses variétés. Elles s'appuient contre les roches de micaschiste, de gneiss, et quelquefois de granite. Il s'en trouve dans la Vendée et la Bretagne.

Tenaces, flexibles même quand elles forment des lames d'une certaine épaisseur, elles sont onctueuses : la craie de Briançon, appelée *savon des bottiers*, est formée par le talc.

D'une décomposition difficile, elles constituent des sels pauvres, ayant tous les défauts des terres siliceuses légères.

Micaschistes. — Roches composées de mica, de quartz et de très peu de feldspath. Le mica y domine et les rend feuilletées.

Formées par refroidissement et d'une manière irrégulière, elles présentent une disposition stratifiée très prononcée.—On les trouve appuyées contre les montagnes formées par le gneiss et par le granite, qui, en s'élevant, les a redressées, fondues, modifiées. Comme les précédentes, elles sont formées en partie par le feu. Il ne faut pas confondre les roches homogènes, plus ou moins cristallisées que nous étudions avec les *schistes micacés* dont nous aurons à parler.

Ces roches sont d'une structure fissile, même feuilletée, ou compacte, lisse, mais non onctueuse: elles ne prennent pas de poli et ne se désagrègent pas : elles se fléchissent si elles sont en lames minces. A cause des parcelles brillantes de mica qu'elles renferment, le vulgaire les prend, selon leur couleur, pour de l'or ou de l'argent dont elles ne renferment pas un atome. Elles sont ordinairement noires ou brunes. et offrent plusieurs variétés.

Les micaschistes sont dits *quartzeux* quand le quartz y domine, comme dans le Finistère, *phylladiens*, quand ils se divisent en feuillets, comme on le remarque dans le Lyonnais; *granitoïdes*, s'ils ont l'aspect du granite; *talqueux*, quand ils renferment du talc, comme dans la Bretagne.

Ils diffèrent des talchistes en ce qu'ils ne contiennent que peu de talc, par conséquent peu de magnésie. Du reste, les éléments qui constituent ces deux roches sont en proportion variable, et souvent, du micaschiste au talcschiste, il n'y a pas de transition sensible.

Le sol qui provient de la désagrégation des micaschistes renferme des lamelles brillantes. Il se dessèche avec facilité; mais il est très humide après une légère pluie.

Gneiss.—Cette roche forme des masses d'une grande épaisseur. Elle est composée de feldspath et de beaucoup de mica qui la rend feuilletée et l'avait fait appeler *granite schisteux;* elle a de la ressemblance avec le granite dont elle diffère en ce qu'elle ne contient pas de quartz ou qu'elle en contient très peu. Elle est souvent en rapport avec cette roche qui même l'a quelquefois recouverte par épanchement. Très commune en France, elle forme les cimes, les crêtes aiguës, les pointes anguleuses des plus hautes montagnes; avec la protogyne, elle constitue les parties les plus élevées de la chaine des Alpes.

Le gneiss est plus dur, plus résistant que le granite; on le reconnaît à ses escarpements, à sa structure anguleuse, déchiquetée, aux pentes abruptes des montagnes qu'il forme. Il se trouve dans la Bretagne, la Vendée, le Limousin, le Rouergue, les Pyrénées, le Var, les Vosges.

Composé de mica et de feldspath, il donne, par sa décomposition, un sol léger et peu fertile. Placé au sommet des hautes montagnes, il ne saurait recevoir les débris des autres roches. Aussi est-il presque toujours recouvert exclusivement par la terre qui résulte de sa désagrégation. Légère et peu fertile, cette terre ne peut pas, en raison de son élévation, être améliorée par les phénomènes naturels: les pluies, les orages, tendent à l'entrainer et à la priver des matières fertilisantes qui s'y produisent.

Toutes les roches que nous venons de passer en revue renferment de la potasse, de la soude, de la chaux, de l'alumine;

mais comme elles se décomposent très lentement, elles ne sauraient fournir, à l'absorption des plantes, la quantité de ces principes sans laquelle il ne peut pas y avoir une agriculture active. Il faut, par la jachère, laisser aux agents atmosphériques le temps d'agir sur le mica, le feldspath, le talc, l'amphibole, et de dégager la potasse, le fer, la chaux, l'alumine contenus dans ces minéraux. Nous verrons que l'on peut hâter ces réactions par l'emploi des amendements.

2. — Roches formées par épanchement.

Provenant de matières sorties fluides de l'intérieur du globe, ou soulevées en masses après la solidification, ces terrains sont disposés en couche épaisses, en filons et souvent en montagnes considérables; les roches précédentes, qu'ils cachent dans quelques localités, s'appuient sur leur base. Ils se sont produit pendant la formation de tous les autres terrains : dans la Bretagne, la Vendée, ils sont contemporains des premières formations, et dans les Pyrénées comme dans les Alpes, ils appartiennent à la seconde et même à la troisième période géologique. Quoique relativement assez récents, ils ne présentent jamais des êtres organisés, ce qui s'explique par la manière dont ils se sont formés.

GRANITE. — Cette roche si connue est formée, en parties à peu près égales, de mica, de quartz et de feldspath en paillettes et en petits grains. Quoique pauvre en filons métalliques, elle contient un grand nombre de minéraux : des grenats, de la tourmaline, des topazes, de la chaux fluatée, de la chaux phosphatée, du plomb, du zinc, de l'argent, du molybdène, du fer et de l'étain ; les silicates forment la base de sa composition.

Elle est en rapport le plus souvent, avec les gneiss et le micaschiste, cependant quelquefois avec des schistes et même avec diverses roches calcaires.

En masses plutôt qu'en couches, elle s'altère à l'air avec plus ou moins de rapidité ; ses angles s'usent ; aussi ne constitue-t-elle que des montagnes à sommet arrondi et à pente peu rapide. Elle est très commune en France : elle forme des chaînes de montagnes au sud de la Bretagne, et des mamelons au nord, s'étend en large bande de Pornic à Chollet, constitue presque le département de la Creuse, une grande partie de celui de la Lozère, se retrouve dans le Limousin, les Pyrénées, l'Auvergne, les Alpes, le Morvan, les Vosges...

Le granite offre de nombreuses variétés ; il est à grains fins, à gros grains, à grains moyens. On appelle *commun* celui dont les éléments sont en grains à peu près uniformes ; *porphyroïde*, celui qui, par la grosseur des cristaux de feldspath, ressemble à un porphyre.

Le granite le plus riche en alcalis, en chaux, forme les sols les moins mauvais ; celui qui contient beaucoup de quartz, qui est coupé par des filons quartzeux, ne donne qu'un sol caillouteux infertile et même un sable graveleux, si le granite est grossier comme dans quelques parties du Morvan, celui qui contient beaucoup de feldspath se désagrège, se pulvérise plus rapidement sous l'influence de l'acide carbonique et de l'humidité : la potasse de ce minéral se sépare, la roche s'émiette, et donne une terre alumineuse plus consistante.

Cette roche est susceptible de prendre un beau poli, mais elle se ternit à l'air plus ou moins rapidement. Les variétés les moins susceptibles de se désagréger se reconnaissent à ce que, en place elles ont conservé leur structure anguleuse, à ce qu'elles forment des pentes abruptes, des rocs pointus.

ROCHES GRANITOÏDES. — On rapportait anciennement au granite des roches que l'on considère aujourd'hui comme formant des espèces particulières. Les principales sont les suivantes :

Syénite. Composée de quartz, de feldspath lamelleux et d'amphibole avec très peu de mica, cette roche est disposée en masses ou en strates. Elle constitue quelquefois des montagnes qui sont arrondies. Le ballon d'Alsace et celui de Servance sont formés par une syénite porphyroïde. La syénite est intercalée dans des schistes argileux du Lyonnais et se mêle au granite de la Bretagne.

Leptynite. Cette roche, composée de quartz et de feldspath grenus, est à grains fins. On la trouve soit en masses, soit en filons, dans les Vosges, la Bourgogne, le Lyonnais, l'Ardèche où elle est mêlée au granit, au grès ou au micaschiste. Elle est souvent schistoïde.

Pegmatite. Le quartz qui entre dans la composition de cette roche est disposé en lignes brisées qui entourent du feldspath, ce qui la fait ressembler à une carte géographique. De là le nom de *granite graphique* qu'on lui donnait. Elle se trouve en masses à côté du granite, dont elle diffère en ce qu'elle contient peu de mica et beaucoup de feldspath, ce qui explique la désagrégation qu'elle éprouve rapidement à l'air, et la nature fortement argileuse du terrain qu'elle produit. Il y a des pegmatites dans le

Lyonnais, la Bourgogne, la Corrèze, les Pyrénées : à Limoges, l'argile qui en provient, appelée *kaolin*, sert à faire la porcelaine.

Protogyne. C'est une roche composée de feldspath, de quartz, de talc, de chlorite en lamelles, et quelquefois, de mica : on l'appelle *granite talqueux* à cause du talc qu'elle contient. Elle est grenue et à cristallisation confuse. On lui avait donné le nom de *protogyne*, parce qu'elle constitue le Mont-Blanc, que l'on considérait comme la plus ancienne de nos montagnes : on sait aujourd'hui qu'il appartient aux plus récentes.

On trouve encore la protogyne au Mont-Cenis, au Saint-Gothard, dans le Dauphiné, l'Auvergne, les Vosges, elle est beaucoup plus ancienne que celle du Mont-Blanc.

Pour le cultivateur, elle diffère du granit en ce qu'elle fournit aux terres arables de la magnésie par la décomposition du talc.

Amphibolite. En masses, et quelquefois schisteuse, cette roche est formée de quartz, de feldspath, de mica, et d'une grande quantité d'amphibole. Elle constitue des montagnes dans le centre de la France et des amas ou des filons dans le Lyonnais et dans la Bretagne. Elle est employée pour les constructions, et par sa décomposition, elle donne une terre dans laquelle se trouvent de la chaux, de la magnésie, du fer avec beaucoup de silice et d'alumine.

A ces roches granitoïdes que nous venons d'indiquer et qui sont les plus répandues, peuvent s'ajouter encore la *diorite*, la *quartzite*, le *pétrosilex*, la *serpentine*, l'*euphotide*, la *variolite*, la *sélagite*, etc., que l'on trouve comme roche subordonnées dans les terrains de cristallisation de l'époque primitive et qui sont aussi des roches de nature siliceuse, dans lesquelles la silice est le plus souvent unie à l'alumine, la magnésie, la potasse, la soude, la chaux, l'oxyde de fer. Mais quelles que soient les variétés de composition et d'aspect qu'elles peuvent présenter, elles ne modifient pas très sensiblement les propriétés des sols dans lesquels leurs éléments entrent comme parties constituantes après leur désagrégation.

Sauf les particularités que nous avons indiquées, toutes les *roches granitoïdes*, en y comprenant le type, se ressemblent d'ailleurs au point de vue de l'agriculture. Les terrains qu'elles forment ne sont cependant pas complètement identiques. Ils offrent plusieurs variétés : si le quartz à grains fins domine dans les roches, on a un sol léger, perméable, *terre à bruyère* : s'il est à grains volumineux, si la roche contient des filons de quartz le terrain est graveleux plus ou moins rocailleux, Si le feldspath

est en grande quantité, la désagrégation de la roche produit une
terre argilo-siliceuse : la potasse du silicate se transforme en
carbonate qui est entraîné par l'eau avec un peu de silice, et
l'argile devient prédominante.

3. — Roches siliceuses formées par sédiment et par fusion.

Ces roches se sont produites par sédiment, par le dépôt de matières qui étaient tenues en dissolution ou en suspension dans
un liquide ; mais après leur dépôt formé horizontalement, elles
ont été soulevées et fondues par des masses sorties incandescentes du sein de la terre. La chaleur les a profondément modifiées ; quelques-unes sont difficiles à distinguer des roches
cristallines.

Les roches que nous étudions sont quelquefois apppelées *roches
schisteuses ;* elles sont très anciennes et correspondent à ce qu'on
appelle terrains de transition ou intermédiaires (fig. 1). Les
principales sont les phyllades, les grauwackes et les schistes.

Les terrains de transition se sont formés quand il y avait déjà
sur la terre des êtres organisés, on y trouve une grande quantité de cryptogames vasculaires et peu de plantes dicotylédonées : la grande production houillière correspond à leur étage
supérieur. Il y a de nombreuses coquilles dans ces terrains,
mais les animaux vertébrés n'y sont représentés que par quelques poissons.

PHYLLADES. — Composées de mica dont les paillettes adhèrent
entre elles, ces roches sont foliacées mais disposées en couches
épaisses, dures, luisantes, rougeâtres ou brunes, et à surfaces
irrégulières. Elles sont formées de dépôts qui ont été métamorphisés sous l'influence de la chaleur, et s'appuient sur les roches
cristallisées, avec lesquelles elles se sont plus ou moins mêlées.

Elles varient par la couleur, la consistance, l'épaisseur, des
lames et leur direction : elles sont contournées ou droites. Il en
existe en lames assez minces et assez unies pour être employées
comme ardoises sans surcharger les charpentes.

Se divisant mal, les phyllades forment une terre très peu fertile,
pierreuse, feuilletée, souvent parsemées de paillettes brillantes.

GRAUWACKES. — Ces roches sont composées de fragments de
quartz, de granite, de porphyre et de schiste micacé d'un volume très varié, et incorporés dans un ciment formé d'argiles
ou d'un schiste argileux. Elles contiennent quelquefois du mica
ou du talc.

Les grauwackes se trouvent dans les terrains de transition, et quelques-uns ne diffèrent pas des grès métamorphisés. Il n'est pas rare de rencontrer des roches qui passent graduellement du grauwacke au grès, selon qu'elles ont éprouvé une fusion plus ou moins forte, sous l'influence des matières incandescentes qui les ont soulevées.

Souvent granitoïdes et sablonneux, les grauwackes ne renferment pas les principes nécessaires pour former de bonnes terres arables ; mais comme ils sont stratifiés avec des calcaires et des argiles, ils se mêlent en se divisant, à des produits qui les rendent fertiles. A cause de leur position au fond des vallées, ils donnent, surtout ceux qui sont argileux, des sols assez favorables à l'établissement des prairies.

SCHISTES. — Roches fissiles, tabulaires, disposées par couches feuilletées ; d'un aspect terne, terreux, d'une cassure à grains fins ; molles, tendres, mais n'étant pas susceptibles de se délayer dans l'eau et de former pâte comme l'argile.

Les schistes présentent souvent des empreintes de fougères et de poissons. Les variétés de formes et de composition en sont nombreuses.

Schiste ardoisé. Se divise en feuillets qu'on emploie pour couvrir les bâtisses; il en existe dans les Ardennes, et dans l'Ouest, entre Carhaix et Langonnet, et entre Rennes et Nantes. Du côté d'Angers, sur une surface de 4,000 mètres carrés, se trouvent des carrières exploitées à ciel ouvert; il en est qui ont plus de 100 mètres de profondeur.

Schiste argileux. Moins dur que le précédent, il se divise en feuillets très petits. Il contient beaucoup de carbone et peut servir de crayon noir. Dans la Vendée, on exploite de ces roches qui fournissent des ardoises de qualité inférieure.

Schiste siliceux. Il est plus ou moins riche en silice, ce qui le rend propre à faire des pierres à repasser; le schiste coticule est une argile à grains fins qui sert, selon sa finesse, de pierre à affûter, de pierre à rasoir, de pierre à faux, de pierre de touche tendre.

Schiste marneux. Il contient du carbonate calcaire et fait effervescence avec les acides.

Schiste micacé. On appelle ainsi celui qui contient du mica; il présente des paillettes brillantes.

Dans les environs d'Autun, l'étage supérieur des terrains de transition renferme des *schistes bitumineux* d'où l'on retire du bitume.

Les schistes constituent en France des montagnes et même des contrées entières ; on les trouves appuyés contre les gneiss, le micaschiste, le granite ; ils sont même souvent mêlés à ces roches, à des grès et à des marbres.

On a trouvé dans des roches schisteuses :

Silice............	67,50	Chaux	2,24
Allumine	15,89	Potasse	1,23
Magnésie	3,67	Soude...........	2,11

Plus : de la strontiane, du manganèse, du fer, du phosphore et du fluor en minime quantité. Quoique riches en alumine, les terres schisteuses sont maigres parce que l'alumine a perdu, par l'action de la chaleur, la faculté de retenir l'eau et de former pâte avec ce liquide.

Sols formés par les roches siliceuses des terrains primitifs et des terrains de transition.

Pour le cultivateur, les diverses roches comprises dans ce paragraphe diffèrent peu les unes des autres. Les minéraux qui les constituent renferment :

Le quartz, de la silice, quelquefois colorée par des oxydes métalliques :

	Silice.	Alumine.	Potasse ou soude.	Chaux.	Fer.	Manganèse.	Magnésie.
Le feldspath,	64 à 65	15 à 20	14 à 15	2 à 5	»	»	»
Le mica,	48	33	11	»	7	1	»
Le talc,	62	»	3	»	3	»	30
L'amphibole,	50	20	»	7	20	»	3

Aux corps qui résultent de la décomposition de ces minéraux, s'ajoutent assez souvent, mais en très petite quantité, du phosphore et du soufre à l'état de phosphates et de sulfates ou de sulfures.

Les sols siliceux ont tous à peu près la même composition chimique, soit parce que les roches qui les produisent diffèrent peu les unes des autres, soit parce qu'elles ne sont jamais isolées et que leurs débris se mêlent en se produisant. Maigres, peu tenaces et légers, ils renferment un assez grand nombre de substances pour constituer de bonnes terres arables ; mais ces substances sont combinées et forment des composés insolubles, incapables de nourrir les plantes ; en outre les morceaux de schiste, du phyllade, de gneiss, de granite se désagrègent difficilement, d'où résulte encore que le mélange ne renferme pas assez de matière ténue pour être fertile.

Ces sols agissent tous de la même manière et réclament les mêmes moyens d'amélioration : ils manquent de chaux et d'alumine, ne fournissent aux plantes qu'une nourriture incomplète, ne les préservent pas de la sécheresse, et ne les garantissent pas suffisamment contre les froids rigoureux. Ils éprouvent une grande amélioration de la jachère et du chaulage, qui hâtent la désagrégation des roches et la décomposition des minéraux.

La direction des roches influe sur la fertilité de leurs débris. Si elles sont horizontales ou peu inclinées, elles produisent des sols plus fertiles. La désagrégation et la décomposition chimique des minéraux par les agents atmosphériques, par l'humidité, mettent à nu les éléments nutritifs des plantes ; et celles-ci, à leur tour, en se décomposant au contact de l'oxygène, donnent du terreau et dégagent de l'acide carbonique qui hâte ces phénomènes. En restant sur place, les produits de ces diverses réactions donnent un mélange favorable à la production de la matière organisée végétale et animale.

Dans les lieux en pente, les pluies, en entraînant les principes solubles à mesure qu'ils se forment, retardent ces effets. Les éclats des roches, constamment délayés par les orages, y sont nus et presque inaltérables. Ainsi s'explique en partie l'utilité des murs de soutènement que l'on construit sur les coteaux du Tarn, du Lot, du Rhône.

Pour se rendre compte de la fertilité de certaines terres siliceuses, il faut encore avoir égard à la *direction des bancs de roche* et au cours des eaux.

La pluie, en pénétrant dans la terre, suit les interstices des rochers et va sortir quelquefois à de grandes distances ; mais au lieu de former des sources, elle suinte sur de larges surfaces et y entretient une végétation vigoureuse : si la terre arable a une épaisseur suffisante, ces localités présentent de riches récoltes ; si le sol est peu profond, il est couvert d'un peu de gazon toujours vert. On y voit assez souvent quelques arbres vigoureux.

Pour apprécier les sols qui proviennent des roches siliceuses, il faut considérer aussi leur *position*. C'est quand ils se trouvent sur les lieux où ils se sont formés qu'ils offrent les caractères qui leur sont propres. Lorsqu'ils ont été déplacés, ils constituent presque toujours des terrains tout différents. En général, ils s'améliorent en se déplaçant : les éclats se brisent, et se mêlent à de la chaux et à de l'alumine provenant d'autres roches ; il se forme aussi de la matière impalpable, du limon, qui donne de la consistance au mélange. En même temps, les matières terreuses s'imprègnent de substances résultant de la décomposition des êtres organisés. Le fond des vallées, dans les contrées siliceuses, possède souvent une grande fécondité.

Les *eaux* qui surgissent des montagnes granitiques sont fraiches et bonnes pour servir de boisson, mais elles sont peu favorables à l'accroissement des plantes. Telles sont du moins celles des ruisseaux, qui coulent sur les gneiss, le granite, le micaschistes de nos montagnes incultes. Mais si ces montagnes sont bien cultivées et bien fumées, les eaux de pluie se chargent de principes fertilisants et améliorent celles qui suintent des roches. Ainsi s'expliquent les grandes différences que l'on remarque entre les eaux des divers ruisseaux qui coulent sur les terrains granitiques, différences que nous avons remarquées dans le Morvan et dans le Lyonnais, comme dans le Rouergue.

Avant d'employer aux irrigations les eaux qui sortent des roches primitives, il faut les laisser séjourner au contact de l'air, et, si cela est possible, dans des bassins qui contiennent de la chaux, des cendres ou des plâtras. Elles sont ensuite aussi favorables aux légumineuses qu'aux graminées, tandis que naturelles, elles favorisent le développement de ces dernières et des cypéracées, plus chargées d'alcalis et de silice que de chaux.

Les *plantes* des sols granitiques sont en général peu riches en principes alibiles. Le foin y est rarement de première qualité, et les pailles y sont moins bonnes que celles des contrées calcaires.

Le *sarrasin*, la *pomme de terre*, le *seigle*, sont les récoltes des contrées siliceuses. Les *pois* y jouissent d'une bonne réputation. On n'y cultive le froment et les légumineuses fourragères qu'après le chaulage.

Il faut y faire les semailles à bonne heure, et parce que le pays est en général élevé, et parce que le sol, trop léger, protège mal les plantes contre le froid : il importe qu'elles soient bien enracinées avant l'hiver.

Les essences à feuilles larges, le *hêtre*, le *chêne*, le *châtaignier* surtout, y réussissent. Indépendamment des châtaigniers si communs dans le Limousin, le Quercy, le Rouergue, les Cévennes, nous citerons ceux des coteaux siliceux des bords du Rhône, de Givors, de Condrieux, qui fournissent les châtaignes appelées à Paris *marrons de Lyon;* ceux de la montagne des

Maures dans le Var, d'où proviennent les châtaignes appelées *marrons de Luc*.

Les arbres verts réussissent mal dans les contrées siliceuses. En France cela se remarque souvent, et la même observation a été faite en Allemagne. Dans les Karpathes se trouvent de belles forêts d'arbres verts, de pins et de sapins ; tandis que dans les contrées siliceuses de la Bavière, ne viennent que des hêtres et des chênes. De Saussure a donné la raison de cette distribution des végétaux ligneux, en démontrant que les feuilles des arbres verts ne contiennent que 4 ou 5 parties d'alcalis, tandis que celles du chène, du hêtre en renferment 24 ou 25 parties.

Mais les arbres des sols granitiques et schisteux portent souvent l'empreinte de l'infertilité de la terre qui les nourrit. Les châtaigniers sont petits, rabougris. On ne les trouve beaux, sauf quelques exceptions, que dans les vallées, dans des bas-fonds, et sur les versants occidentaux où le soleil donnant tard, enlève lentement la rosée.

Dans les contrées siliceuses, les *animaux* sont sobres, rustiques et légers, vifs, mais petits, si le pays est sec, l'herbe rare ; assez forts, trapus, mais plus chargés de tissus mous et d'os que de muscles, si le climat est humide et l'herbe abondante.

Les troupeaux y prospèrent peu et y sont exposés à la pourriture. Le mouton y est sobre, mais de peu de valeur. Celui des bruyères du Rouergue, du Quercy, ne diffère pas beaucoup, à cet égard, de celui des landes de la Bretagne et des chaumes des Vosges. On dit que cette nature de terain n'est pas favorable à la production des belles laines. Cette opinion provient de ce que les moutons y donnant peu de profit, sont mal soignés.

AMÉLIORATION. — Les sols siliceux ne peuvent même produire du seigle, des pommes de terre, que de loin en loin. Dans leur état naturel, ils ont besoin d'être laissés en jachères pendant trois ou quatre années après avoir donné deux ou trois récoltes.

Pendant ces années de repos, les agents atmosphériques décomposent les minéraux et rendent les éléments qui les constituent. Ces phénomènes chimiques sont facilités par l'humus que le pâturage, la végétation introduisent dans la terre, et par l'écobuage qu'on fait intervenir au commencement de chaque rotation de culture.

Quelques vallées des contrées granitiques, quelques coteaux en pente très douce ou relevés de distance en distance par des murs, jouissent d'une grande fertilité et produisent du chanvre, des haricots, du maïs en abondance.

Mais en général, les terres silicieuses ont besoin d'être amendées par l'emploi de la chaux, de la marne, des plâtras, des sables marins : ces amendements les rendent propres à produire le froment, le trèfle, et à nourrir de plus forts animaux. A cet égard, les exemples sont trop nombreux sur le bœuf et le cheval pour qu'il soit nécessaire de les citer.

Les engrais et les amendements qu'on répand sur les terres siliceuses n'activent pas seulement la végétation en fournissant des aliments aux plantes, ils agissent aussi en hâtant la décomposition des silicates; ils rendent libres la potasse, la soude, la magnésie, l'alumine, les phosphates, les chlorures, les sulfates renfermés dans les roches. La silice elle-même devient susceptible d'être absorbée par cette décomposition : elle passe à l'état gélatineux. Sans doute, ces corps divers deviennent libres spontanément, sous l'influence de l'acide carbonique, de l'acide nitrique et de l'ammoniaque fournis par la pluie et par l'air; mais ils le deviennent beaucoup plus lentement que si la décomposition des minéraux est provoquée par des amendements et des engrais.

EMPLOI COMME AMENDEMENT. — Les roches silicieuses peuvent être utilisées pour améliorer certaines terres. En général, toutes les roches riches en feldspath, en potasse, peuvent amender les argiles, les terres calcaires, et même certaines terres siliceuses, celles qui sont trop exclusivement schisteuses. Tel sous-sol qui, ramené à la surface du terrain qui le recouvre, y produit la stérilité pour plusieurs années, fertilise une autre terre où se trouvent des corps qui provoquent sa décomposition.

4. — Des roches et des sols volcaniques.

Ces roches dont le nom indique suffisamment l'origine, sont encore appelées *roches par éruption*. Quelques-unes, les moins anciennes, diffèrent beaucoup des roches granitoïdes, de même que les éruptions des volcans contemporains diffèrent des épanchements qui ont produit nos hautes montagnes. Mais les phénomènes volcaniques se sont modifiés graduellement, et leurs produits passent, presque sans transition, des laves, des scories qui se forment de nos jours, aux basaltes, à la serpentine, au porphyre, et à certaines roches granitoïdes.

LES PORPHYRES sont des roches formées d'une pâte de feldspath compacte, dans laquelle sont intimement incorporés des morceaux de quartz et de feldspath colorés d'une nuance différente. Ils sont en masses ou en filons qui se sont introduits dans l'épaisseur des roches antérieures. Nous en trouvons des exemples dans les Vosges, dans le Lyonnais, dans la Nièvre et dans l'ouest.

Les variétés de porphyre sont nombreuses; la plupart prennent un beau poli et servent à divers usages.

SERPENTINE. —Formée en grande partie de talc, la serpentine est colorée, souvent verte, quelquefois soyeuse ou nacrée, à cassure cireuse ou résinoïde. Elle tire son nom de la ressemblance que ses nuances ont avec celles de quelques serpents. Elle peut prendre un beau poli.

Cette roche forme des masses dans les terrains anciens du centre de la France, et dans les Cévennes, le Lyonnais, les Vosges; à Firmy dans le Rouergue, elle est en rapport avec le grès, et dans l'est, avec le trias et le terrain jurassique. De même que le porphyre, la serpentine a des rapports, par son mode de formation, avec la diorite, l'amphibolite et les autres roches granitoïdes.

TRACHYTES. — Poreuses, rudes, ces roches sont formées de feldspath contenu dans une masse amorphe; on appelle *domite* le trachyte à grains fins qui constitue le Puy-de-Dôme.

PHONOLITES. — Elles fournissent aussi du feldspath et sont ainsi nommées parce qu'elles jouissent d'une grande sonorité.

BASALTES. — Dures et à cassures grenues, ces roches sont disposées en prismes, en globes, en étoiles, en filons, en masses, en plateaux, mais jamais d'une grande étendue. On voit dans le Cantal, dans l'Aveyron, des rochers de basalte remarquables par la régularité des colonnes prismatiques qui les constituent.

LAVES, SCORIES. — Les produits volcaniques qui se forment de nos jours sont en plus petites masses; ils sont poreux et diversement contournés, tourmentés. On les appelle *laves*, lorsqu'ils sont celluleux, disposés en nappes, en couches peu épaisses, et *scories*, s'ils sont en masses, également peu volumineuses, irrégulières, fragiles, et à cassure vitrée, résineuse.

SOLS VOLCANIQUES.— Les roches volcaniques anciennes tiennent le milieu entre les roches granitoïdes et les produits volcaniques modernes, au point de vue de l'agriculture comme au point de vue du mode de formation : elles sont dures, compactes, tandis que celles qui se forment de nos jours, et même celles qui remontent aux premiers temps des terrains quaternaires, sont poreuses, s'imprègnent plus facilement de principes étrangers, et donnent naissance à des sols plus fertiles.

Les roches volcaniques renferment, outre les minéraux que l'on trouve dans les autres roches siliceuses, l'urite et le pyroxène composés :

	Urite.	Pyroxène.
Silice	57	55
Alumine	24	2
Soude	8	»
Chaux	20	25
Magnésie	»	19
Fer	3	1
Eau	3	»

Les basaltes attirent l'aiguille aimantée, et Gmelin a trouvé 14 p. 100 d'alcalis dans les phonolites, connues du reste comme produisant des terres d'une grande richesse.

L'analyse démontre dans les sols volcaniques, indépendamment des corps indiqués dans ces minéraux, du chlore, du phosphore et du soufre.

Celluleuses et d'une excessive porosité, ce qui les rend fort perméables, les terres formées par les roches volcaniques modernes sont très fertiles. Les agents atmosphériques les pénètrent sans cesse, d'où résultent la décomposition des silicates alcalins, et la production de carbonates solubles et de silice gélatineuse susceptible de se dissoudre et de nourrir les plantes. Cette désagrégation rend libres les silicates d'alumine, et provoque la formation de terres d'une composition fort compliquée.

Nous avons des terres provenant des roches volcaniques dans les Vosges, dans le Forez, dans les Cévennes, et surtout dans l'Auvergne (voir la carte géologique). On cite la grande fertilité des localités qui avoisinent le Vésuve; celle des plateaux de la Haute-Auvergne n'est pas moins remarquable. Sur les terres volcaniques, les herbages sont infiniment supérieurs à ceux qui sont établis sur les schistes et les micaschistes de la même province.

Quand les matières volcaniques sont mêlées à l'alumine, à la magnésie, aux sels calcaires provenant d'autres terrains, elles semblent encore plus fertiles. Rien n'égale la fécondité des plaines de la Limagne d'Auvergne, celle de quelques vallées de la Charente et de la Gironde, formées par le mélange des terres volcaniques charriées par l'Allier et par la Dordogne, avec d'autres terres fournies par les contrées que traversent ces rivières.

La composition des roches volcaniques, qui nous explique la fécondité de ces sols, nous rend compte également des qualités des herbages de la Haute-Auvergne. Les sels nombreux fournis par les produits des volcans, mêlés au terreau formé par l'exis-

tence séculaire des gazons, poussent vigoureusement la végétation et rendent les plantes sapides, alibiles, en même temps que
la perméabilité du sol prévient les inconvénients d'une trop
grande humidité.

Sur les terrains volcaniques, les animaux sont robustes et fortement constitués; on y cultive, lorsque l'altitude le permet,
toutes les plantes, économiques et alimentaires, propres aux
meilleurs sols, et elles y sont aussi vigoureuses que les fourrages
y sont alibiles.

5. — Des roches arénacées et les sols qui en résultent.

On appelle roches arénacées celles qui sont composées de
fragments réunis au moyen d'un ciment. Comme les schistes,
elles ont été produites par sédiment : quelques-unes sont antérieures aux terrains secondaires et ont été soulevées et métamorphisées par des matières sorties du sein de la terre. Elles présentent alors les caractères des roches schisteuses, et comme
elles leur ressemblent, autant par leur composition chimique
que par leur aspect, il n'y a aucun inconvénient à leur appliquer ce que nous avons dit de ces dernières.

Fort hétérogènes quant à leurs caractères et à leur composition, les autres roches arénacées dont nous avons encore à parler varient par le volume et la nature des fragments comme par
le ciment qui les réunit. Nous les diviserons en deux groupes.

I.— *Conglomérats, brèches, tufs.*

Les CONGLOMÉRATS sont formés d'un ciment ou plutôt d'une
pâte qui, à l'état de fusion, a pénétré entre des fragments de
roches et les a réunis, empâtés, en se solidifiant. Les fragments
et la matière qui les empâte sont de même nature, ou diffèrent
par leur composition; mais, de leur union très intime, il résulte
des roches souvent fort dures. Quelques-unes sont très anciennes
et offrent, au point de vue agricole, le même intérêt que les
roches plutoniques et les roches primordiales.

POUDINGUES, BRÈCHES. —Ce sont des masses arénacées dont les
fragments sont imparfaitement unis au ciment. Les *poudingues*
sont formés de cailloux roulés, et les *brèches* de fragments anguleux de roches. On appelle *brèches osseuses*, celles dans lesquelles
on trouve des os, avec des éclats de roches, unis par le même
ciment.

Les masses qui forment les poudingues et les brèches diffèrent le plus souvent par leur nature du ciment qui les réunit.

Il se forme tous les jours des roches arénacées par la filtration, à travers les matières graveleuses, d'eau contenant des sels en dissolution. C'est ce que les cultivateurs appellent TUF. En s'évaporant, le liquide laisse libre le sel qui *cimente*, fait adhérer entre elles les particules terreuses. Ces phénomènes se produisent souvent immédiatement au-dessous de la terre arable. Le tuf est calcaire, siliceux ou ferrugineux. Celui qui se produit de nos jours a pour ciment un sel calcaire.

Les conglomérats et les poudingues se trouvent dans tous les terrains, souvent dans les vallées, quelquefois sur les coteaux, et même sur les montagnes. Que ces roches proviennent d'un ciment fondu ou d'un ciment dissous, elles constituent de mauvais sols; elles forment des masses difficiles à diviser et nuisent aux récoltes par leur imperméabilité à l'eau et aux racines.

II. — *Grès.*

Ces roches diffèrent des précédentes en ce qu'elles sont composées de fragments peu volumineux et à peu près égaux : les grains qui les forment sont quartzeux ou granitiques, réunis par un ciment argileux, siliceux ou calcaire.

Il s'est produit des grès à toutes les époques qui ont suivi la solidification des premières couches (fig. 1); il en résulte qu'ils sont très variés. Les plus anciens se rencontrent dans les terrains de transition. On distingue le *grès caradoc*, du terrain silurien, qui est stratifié avec des schistes en Bretagne; le *vieux grès rouge* des terrains dévoniens, qui se trouve dans les mêmes localités; le *grès houiller*, fin ou grossier, schisteux, micacé quelquefois bitumineux, avec ou sans dépôt d'argile, qui forme une grande partie du terrain houiller; le *grès rouge*, première couche des terrains secondaires; le *grès vosgien*, abondant dans les Vosges et séparé du précédent par un calcaire magnésien: le *grès bigarré*, de diverses nuances, et renfermant souvent de l'argile; enfin, le *grès du lias*, voisin du calcaire à gryphées. Ces quatre derniers font partie des étages inférieurs des terrains secondaires et sont quelquefois métamorphisés, mais beaucoup moins généralement que ceux des terrains de transition.

Ces grès anciens, à l'état naturel ou modifiés par la chaleur, sont abondants; ils forment des collines dans la Normandie, la Bretagne, le Poitou, les Vosges, et constituent une ceinture autour du plateau central de la France : on les trouve dans le Quercy, le Rouergue, les Cévennes, le Lyonnais, la Bourgogne, le Berry. Ils reçoivent des noms particuliers : on rapporte aux grès les *arkoses*, quelquefois granitoïdes, composées de quartz, de feldspath, et que l'on trouve souvent entre les roches anciennes et les roches calcaires ; les *psammites*, composées de quartz, d'argile et de mica, à forme schistoïde, et répandues dans les terrains houillers ; le *macigno*, formé de quartz et de mica contenus dans une roche calcaire ou marneuse, qui se trouve dans les terrains anciens et dans les terrains tertiaires : il donne en se désagrégeant des sols sablonneux.

Dans les étages supérieurs des terrains secondaires et dans les terrains plus récents, les grès sont moins consistants, souvent mêlés à des sables. Méritent d'être cités les *grès ferrugineux*, le *grès vert* ou *grès tufau*, du système crétacé, et le *grès de Fontainebleau*, qui forme des couches étendues dans l'étage moyen des terrains tertiaires.

Il faut attribuer les propriétés si diverses des grès à leur mélange avec d'autres terres et aux modifications qu'ils ont éprouvées par l'action des matières qui, en les soulevant, les ont fondus, leur ont fait souvent perdre leur aspect grenu, et leur ont donné de la consistance : quelques grès sont employés comme pierre de taille ; la cathédrale de Rodez est construite en grès. A côté des grès d'un aspect cristallin, il s'en trouve dont les grains adhèrent à peine les uns aux autres.

III. — *Sols qui résultent des roches arénacées.*

Les roches arénacées anciennes, les conglomérats, les grès métamorphisés constituent des terres qui ont beaucoup de rapport avec celles des autres roches siliceuses ; en Bretagne et dans quelques parties des Vosges où domine le grès rouge, on n'y cultive que le seigle, le sarrasin, la pomme de terre. Il y a cependant quelques grès anciens qui donnent, en raison de l'argile qu'ils renferment ou avec laquelle ils sont stratifiés, des sols assez consistants. Ainsi, le grès bigarré des Vosges, qui est sensiblement argileux, et quelques grès qui, en raison de leur position ou de leur peu d'épaisseur, peuvent se mêler à de la terre plus plastique, constituent des sols tenaces susceptibles d'une culture productive.

Généralement, les grès les plus récents, le grès de Fontainebleau et celui de quelques étages crétacés, produisent des sables

qu'il est difficile de rendre féconds, parce qu'ils sont très grenus
et en couches très étendues, ce qui rend les mélanges naturels impossibles et l'amélioration très coûteuse.

6.—Des sables et des sols sablonneux

Certains sables proviennent de roches brisées ou désagrégées ;
d'autres, comme ceux de l'Arabie et de la Syrie, ont été produits par cristallisation. Ils sont anguleux quand ils n'ont pas
quitté la place où ils se sont formés ou qu'ils n'ont éprouvé que
de légers déplacements, et arrondis, quand ils ont été fortement oulés, ballottés, secoués.

Ils sont le plus souvent calcaires ou siliceux, mais surtout siliceux, et les anciens principalement, parce que les roches les
mieux disposées pour en produire— le granite, le porphyre —
sont siliceuses : les roches calcaires produisent des sables qui,
se réduisant facilement en poussière, se transforment en
marnes et en argiles.

Les sables sont très répandus et ils sont quelquefois en couches d'une grande épaisseur : tantôt ils forment des sablières,
des arènes dans le sein de la terre et à de grandes profondeurs :
tantôt ils sont répandus à la surface du globe comme dans les
landes de la Gascogne, et dans les déserts de l'Afrique. Il existe
de grandes sablières dans beaucoup de nos départements.

Les sables correspondent à diverses formations. Il en existe
dans l'est, dans le bas Boulonnais, dans le Perche, dans la Puisaye,
qui appartiennent aux terrains tertiaires et même aux terrains
secondaires. Ceux des départements des Landes, des Hautes-
Pyrénées, de la Gironde, du Lot-et-Garonne, de même que ceux
du Sahara, sont considérés comme antédiluviens ; ceux qui se
trouvent dans les vallées de la Saône et du Rhône, depuis les
Vosges jusqu'à la Camargue, sont rapportés, comme le gravier
et les cailloux qui l'accompagnent, au dernier déluge ; enfin les
bancs de sable de l'embouchure de nos fleuves, les dunes, se
produisent tous les jours par l'effet combiné de la mer et des
cours d'eau.

Sols sablonneux.—Pour donner naissance à des sols arables,
les sables ont besoin d'être mêlés à du terreau et de se pulvériser en partie.

Ils produisent des terres dont la fertilité varie selon leur
composition et selon les pays, mais qui rentrent dans la catégorie de ce qu'on appelle terres légères, moins en raison de

leur poids, car elles sont plus lourdes que la terre franche et
que les terres argileuses, qu'à cause du peu de résistance
qu'elles offrent aux instruments aratoires.

Les terres sablonneuses soumises à la culture ont une composition très variée. Thaer et Einhoff ont donné, de trois sols
sablonneux, les analyses suivantes :

Sable. 90   95   97,5
Argile.. 9   4   2
Humus. 1   0,75   0,5

Les sols formés de sables sont trop meubles, incapables de
retenir l'eau et de fournir aux plantes les matières dont elles
ont besoin pour se nourrir. Ils ne deviennent fertiles qu'en se
mélangeant avec de l'argile et du limon. La quantité de matière
ténue nécessaire pour les améliorer, varie selon sa nature et le
volume du sable : si celui-ci est gros, il en faut une plus forte
proportion ; dans le Midi et dans les contrées sèches, il en faut
plus aussi que dans le nord et dans les climats maritimes. Les
terres sablonneuses des pays chauds ne sont même fécondes
que lorsqu'elles sont arrosées, tandis que dans les environs de
Bergues, de Dunkerque, des sols de cette nature jouissent d'une
grande fertilité : le climat, le peu d'élévation du sol, l'abondance de l'humus, l'eau qui baigne le sous-sol, préviennent les
conséquences de la perméabilité des couches supérieures.

Quand le sous-sol est arrosé comme à Condé près Douai, ou
formé d'argile imperméable comme dans quelques localités des
landes de Bordeaux, des environs de Versailles, de Saint-Cyr, le
sol sablonneux donne de bonnes récoltes. L'influence du sous-sol
peut même rendre la surface du sol trop humide quoiqu'elle
soit très sablonneuse. La Sologne en offre des exemples. Cela
arrive surtout quand le sol manque d'épaisseur.

AMÉLIORATION. — On améliore les sables avec les argiles, les
marnes grasses, et surtout par les irrigations avec des eaux limoneuses.

L'amélioration offre de sérieuses difficultés quand les terrains
à améliorer occupent de grandes surfaces continues.

Nous avons en France quelques millions d'hectares de terres
siliceuses complètement nues ou couvertes, soit de bruyères,
soit d'ajoncs. Les unes sont formées par des matières déposées
par les eaux ; elles sont propres au Berry, à la Sologne et aux
Landes, et reposent plus ou moins directement sur des couches
de marnes qui fournissent un moyen puissant d'amélioration :

les autres résultent de la désagrégation des roches granitoïdes et des roches schisteuses, et se trouvent dans la Bretagne, le Limousin et le Rouergue, sur des terrains cristallisés ou semi-cristallisés.

On s'est beaucoup occupé, dans ces derniers temps, de la mise en culture des landes sablonneuses et des bruyères siliceuses. La grande difficulté consiste à fournir à de vastes surfaces, d'abord les amendements nécessaires, et ensuite des quantités suffisantes d'engrais.

Mais quand les sols siliceux ont peu d'étendue, quand le sable forme des couches minces stratifiées avec des lits d'argile, l'amélioration est facile et avantageuse : il suffit de défoncer le sol ou de faire des labours profonds. Ainsi dans nos départements du nord, elle est une conséquence naturelle de la stratification qui existe entre les divers terrains tertiaires. Les argiles ou marnes grasses donnent de la consistance aux sables ; il en résulte des sols arables très bons pour la culture : ces sols s'étendent progressivement dans plusieurs départements, sur des terrains sablonneux et argileux de plus en plus mauvais, à mesure que l'on comprend la possibilité, et que l'on a les moyens de pratiquer les améliorations.

Ces alternatives de sable, d'argile et de roche calcaire ne sont pas moins nombreuses ni moins utiles dans la partie sud du bassin parisien que dans la partie nord. On les trouve du côté de Versailles, Houdan, Rambouillet, Maintenon, Nogent-le-Rotrou, Châteaudun, Marchenoir, Orléans, Neuville, Essonne ; elles sont apparentes dans les vallées qui entourent ou traversent le plateau de la Beauce. Partout on reconnaît à la présence des bois ou des prairies, les contrées où le sable et l'argile dominent : le sol y est naturellement moins fécond, mais à mesure que la culture fait des progrès, elle envahit des terres nouvelles en utilisant les ressources en amendements appropriés que le pays fournit à profusion.

Et, en même temps que la culture s'étend, que les mauvais fonds sont amendés pour la production des plantes utiles, les animaux se modifient : ils deviennent plus forts, mais malheureusement plus prédisposés aux maladies qui règnent dans les contrées à sol calcaire ; le sang de rate se montre dans des pays où antérieurement régnait la pourriture.

7. — Des graviers, des cailloux roulés et des sols graveleux.

Ces corps, dont le volume est si varié, sont siliceux, quartzeux, granitiques, schisteux ou calcaires.

Les sables, le gravier et les galets sont souvent entraînés par les mêmes courants qui laissent d'abord les galets, ensuite le gravier, et enfin le sable. Ces produits sont de la nature des roches parcourues par les courants d'eau : la haute Seine roule du gravier calcaire provenant des terrains jurassiques de la Côte-d'Or, et l'Yonne, du gravier siliceux fourni par les terrains cristallisés du Morvan. Après la jonction des deux cours d'eau, les produits sont mêlés.

Les fragments de roches balancés par les vagues de la mer ou roulés par les rivières, se transforment tous les jours en gravier ou en galets; mais ils ne forment que des couches peu épaisses et heureusement peu étendues. Les plus grandes couches de gravier que nous connaissons sont antédiluviennes ou diluviennes. Nous en avons qui s'étendent d'Alkirch, par la vallée de la Saône, jusqu'à la Méditerranée, et forment, dans les Bouches-du-Rhône, d'Arles à Salons et de Mouriès à la mer, une couche qui, dans quelques endroits, a plus de 15 mètres de puissance.

Sols graveleux. — Plus que le sable, les terrains graveleux sont stériles; ils ne deviennent fertiles qu'en s'émiettant et en se mêlant à du terreau. Dans le midi on appelle *boulbènes maigres, graveleuses*, des terres où le gravier est plus ou moins mêlé à des matières ténues et peu perméables. Leur fertilité est en rapport avec la nature et la quantité de ces matières.

En étudiant le terrain de la grande vallée de la Saône et du Rhône, on voit que l'influence des graviers peut être neutralisée, comme cela a lieu en général sur les parcours de la Saône, par la grande épaisseur de la couche terreuse qui les recouvre, ou par la nature compacte, argileuse, de cette couche. Dans les plaines du Rhône, cette heureuse disposition existe du côté de Bron, de Saint-Symphorien, tandis que dans d'autres localités, près de Villeurbanne et du côté du Péage, de Montélimart, on voit souvent des plages stériles à cause des galets qui forment la base du sol.

Comme pour les sables, les irrigations avec des eaux bourbeuses forment, surtout quand ces eaux sont fournies par des terrains argileux, le moyen d'*amélioration* le plus économique et le plus efficace. C'est ainsi qu'il s'est formé sur les rives de l'Isère, la vallée de Grésivaudan, un des plus riches sols de la France. Nous avons vu, près d'Épinal, les frères Dutacq transformer en excellentes prairies, des amas de galets, en les arrosant avec de l'eau de la Moselle.

Nous trouvons dans toutes nos vallées, au pied des Pyrénées, sur les rives de la Seine, dans les plaines du Rhin, sur quelques plateaux de la Champagne et de la Lorraine, comme dans le Dauphiné, des localités où le sol quoique de bonne nature et malgré les soins bien entendus des cultivateurs, laisse souffrir les plantes de la sécheresse, à cause des graviers qui contribuent à le former ou qui le supportent. Les effets nuisibles de cette disposition géologique se font plus ou moins sentir selon la profondeur des galets, la nature du sol labouré, l'humidité de l'air et la chaleur du climat. Dans le midi, à moins d'arrosages fréquents, on ne peut pas y cultiver les récoltes d'été et on y place de préférence le mûrier et la vigne ; dans le nord, si le sol est gras et un peu épais les plantes estivales y réussissent quand la sécheresse de juillet, d'août et du commencement de septembre n'est pas très forte. Dans toute la France, les terres ainsi disposées conviennent mieux pour les plantes qui se sèment en automne ou au commencement du printemps, que pour les cultures d'été.

B. — DES ROCHES DE NATURE CALCAIRE ET DES SOLS QU'ELLES FOURNISSENT.

Quoique très variées, les roches calcaires ont été toutes formées par sédiment, mais les plus anciennes ont été fondues, métamorphisées par la chaleur, et ont pris un aspect cristallin. On trouve des calcaires dans trois formations.

1. — Calcaires des terrains de transition.

Ce sont ces calcaires qui ont été surtout modifiés, métamorphisés par la chaleur des matières qui les ont soulevés. Ils forment des couches en général peu épaisses. Ils sont durs, compacts, blancs, jaunes, gris, noirs, bleus, d'ordinaire veinés, à grains fins ou à gros grains, mais pouvant prendre la plupart un beau poli. On donne le plus souvent à ce calcaire le nom de *marbre*, et l'on appelle *saccharoïde* celui dont la cassure ressemble à du sucre : c'est le marbre statuaire.

Ces calcaires renferment quelquefois de l'argile, de la magnésie, et assez souvent des coquilles. Le marbre saccharoïde est du carbonate de chaux pur ; il ne contient pas de fossiles.

Quelques roches de cette formation sont bitumineuses : elles brûlent quand on les chauffe, et répandent une odeur de bitume quand on les frotte. On les rencontre avec de la houille et des lignites.

On trouve le calcaire compact, squilleux, le calcaire des environs de Brest dans les terrains cambrien et silurien. Le calcaire carbonifère fait partie de l'étage supérieure des terrains de transition.

Ces calcaires se rencontrent dans toutes les contrées formées par les terrains anciens. Nous citerons le Finistère, les Côtes-du-Nord, la Manche, le Calvados, la Sarthe, le Poitou, la Haute-Vienne, la Creuse, la Dordogne, le Cantal le Puy-de-Dôme, le Beaujolais, le Forez, la Montagne-Noire, les Hautes-Pyrénées, l'Ariège, pour ne nommer que les points de la France où l'on trouve de grandes surfaces formées par le gneiss, le micaschiste, le porphyre, les schistes, et où il est intéressant de chercher la roche calcaire : la chaux y est chère et cependant très utile pour amender les terres. Le calcaire a été longtemps méconnu dans les terrains de transition parce que, en raison de sa consistance et souvent de sa couleur, il diffère des calcaires que l'on a de tout temps exploités pour la préparation de la chaux.

En se désagrégeant, les calcaires de transition ont produit des terres en général fertiles ; quelques-unes sont remarquées par la qualité du blé qu'on y récolte et qui se vend quelquefois 1 fr. 50, 2 fr. de plus l'hectolitre, que celui qui est venu dans le même pays, mais sur d'autres natures de sol. Même quand elles étaient inconnues, les roches calcaires étaient utiles en contribuant, soit par les eaux qui en surgissent, soit par les matières entraînées par les orages, à fertiliser les vallées inférieures à leur gîte. Aujourd'hui elles sont de plus en plus exploitées.

2. — Calcaires des terrains secondaires.

Les calcaires sont fort abondants dans les terrains secondaires. Indépendamment des coquilles, des poissons et des reptiles fossiles qui les caractérisent, ils diffèrent encore de ceux des terrains de transition en ce qu'ils n'ont été fondus que par exception, dans le voisinage des montagnes, et en ce qu'ils sont presque toujours en rapport avec des grès, des argiles et des marnes, circonstance qui permet fort souvent de les améliorer.

L'étage inférieur des terrains secondaires appelé PÉNÉEN ren

ferme quelques couches de calcaire magnésien, rares ou inconnues en France. Cet étage n'offre pour nous qu'un minime intérêt, quoiqu'il contienne le grès vosgien dont nous avons parlé.

Le TRIAS ou deuxième étage des terrains secondaires renferme
du calcaire, surtout dans sa couche moyenne qui porte le nom
de muschelkalk ou calcaire conchylien. Ce calcaire, qui alterne
avec des couches de marne et d'argile, produit, lorsqu'il sé désagrège, des terres qui sont de bonne qualité bien qu'elles soient
un peu fortes.

Mais c'est surtout dans le TERRAIN JURASSIQUE que l'on trouve
les calcaires les plus importants de l'époque secondaire. Il s'en
trouve tout à la fois, comme nous l'avons vu, dans le lias et
dans l'oolithe.

La formation du LIAS, appelée encore supertriasique comprend
ainsi que nous l'avons dit, des grès, des dépôts métallurgiques, des couches marneuses et des bancs de roches calcaires.
Ces roches, le plus souvent d'une teinte bleue qui a fait appeler
le terrain *lias bleu*, sont de divers sortes. Parmi les plus intéressantes, l'une, pétrie de crustacés, de lumachelles, d'ammonites,
de bélemnites, constitue en partie le Mont-d'Or lyonnais ; l'autre,
fort répandue dans la Bourgogne, porte le nom de calcaire à
gryphées arquées, parce qu'elle contient, avec des ammonites,
une forte quantité de ces mollusques.

Les marnes, comme quelques roches de cette formation, sont
bitumineuses, et les grès ont été dans quelques parties rendus
semblables aux roches cristallines : ils sont presque toujours
alors en rapport avec le granite.

Les calcaires de l'OOLITHE n'offrent pas moins d'intérêt que ceux
du lias.

Celui de l'*oolithe inférieure*, qui est souvent en strates fort
épaisses, est quelquefois bitumineux de même que les marnes
qui l'accompagnent. Ceux de l'*oolithe moyenne* et de l'*oolithe supérieure*, dont nous avons indiqué les principales variétés, sont
en couches nombreuses, alternant le plus souvent avec des
marnes, dressables et des argiles.

Le terrain oolithique est très intéressant. Il comprend le calcaire de Caen, l'argile de Dives, le calcaire de Lisieux, l'argile
de Honfleur, l'argile d'Oxford : ces argiles sont marneuses et
concourent puissamment à constituer la base des sols si remarquablement féconds de ces localités. Dans l'est, il présente également des alternatives de roches calcaires et de bancs d'argile
qui, se mêlant sur les pentes nombreuses que présentent le Ni-

vernais et le Charollais, constituent le sol argilo-calcaire sur lequel se trouvent les excellents herbages de Saint-Julien, d'Oyé, où a pris naissance la belle race charolaise, et de Châtillon-en-Bazois, de Saint-Saulge, de Saint-Christophe, où l'on engraisse les meilleurs bœufs de la Nièvre et de Saône-et-Loire.

Les calcaires jurassiques sont gris, blancs, le plus souvent jaunâtres. Ils servent à différents usages. Dans la Meurthe on exploite une variété de ces roches pour faire de la chaux hydraulique, et près de Pouilly, il s'en trouve qui sert aux mêmes usages, et d'autres qui donne un *ciment* dit *romain*. Près des montagnes siliceuses, où le calcaire jurassique a été soulevé et fondu par des masses granitiques, il est assez dense pour pouvoir être utilisé comme marbre. Le *marbre de Carrare* lui appartient, il est à grains fins. A Châteauroux le terrain jurassique fournit de la pierre lithographique; dans toute la France, il est employé comme pierre de taille, pierre à bâtir, pierre à chaux.

Nous traiterons dans le paragraphe suivant des roches **crétacées** qui constituent l'étage supérieur des terrains secondaires et qui, quoique à base de carbonate de chaux, se distinguent des roches calcaires par des caractères particuliers.

3. — Calcaires des terrains tertiaires.

Les divers éléments qui constituent les terrains tertiaires sont loin d'être aussi régulièrement superposés que ceux des formations précédentes. Ils sont souvent disséminés en masses désordonnées ; et, suivant les localités, ce sont tantôt les uns tantôt les autres qui dominent. C'est ce qui arrive pour les sables dans les environs de Bruxelles, pour les argiles autour de Londres, et pour la roche calcaire dans le bassin de Paris.

On trouve du calcaire dans les deux étages inférieurs (*éocène* et *miocène*) des terrains tertiaires. Celui de la formation éocène porte le nom de *calcaire grossier*. Dans le département de la Seine, il est situé entre l'argile et les gypses à ossements des buttes de Montmartre et du Mont-Valérien. Il comprend des roches jaunes, grises ou blanchâtres, formant des bancs d'une épaisseur variable et séparés les uns des autres par des couches d'argile marneuse. On y distingue : le *liais*, couche inférieure, prenant assez de poli pour faire un beau dallage, la roche qui fournit les belles pierres d'*appareil* employées pour construire les édifices; le *moellon*, qui est poreux, léger, incapable de prendre un beau poli. Les ouvriers distinguent dans ces types de nombreuses variétés : les unes sont dures, d'autres assez tendres pour pouvoir être travaillées avec une scie à dents. Quelques-unes se délitent spontanément à l'air : elles sont plus ou moins marneuses.

Le calcaire grossier est très répandu dans le bassin de Paris, ce qui lui a fait donner le nom de calcaire *parisien*. Il s'étend, sur les rives de la Seine, jusqu'à Louviers, les Andelys. se retrouve dansle département du Nord, dans la Belgique. Il existe aussi dans le bassin de la Loire, et se prolonge vers le sud au delà de ce fleuve. On le retrouve encore sur la rive droite de la Garonne, de Blaye jusqu'à La Réole. Un sondage de 200 mètres entrepris dans la Gironde pour un puits artésien, ne l'a pas traversé.

Les calcaires des terrains tertiaires réunissent au carbonate de chaux terreux qui en forme la base, de l'argile, de la magnésie, du sable calcaire, du sable siliceux, beaucoup de coquilles et un peu de fer. Les plus récents contiennent d'assez fortes proportions de potasse et beaucoup d'alumine; pour en apprécier l'utilité, il faut tenir compte des couches d'argile avec lesquelles ils alternent. Cette roche produit de la mauvaise chaux mais de bonnes terres arables : ses débris se mêlent avec les marnes qui l'accompagnent.

Les principaux calcaires du SECOND ÉTAGE DES TERRAINS TERTIAIRES, associés à des grès, à des sables, des argiles, des marnes, sont le *calcaire lacustre*, auquel on donne quelquefois le nom de molasse, la *pierre meulière* et les *faluns*.

Le *calcaire lacustre* de la Bauce, ainsi nommé parce qu'il forme le sol du plateau de la Bauce, entre la vallée de la Seine et de la Loire; est blanchâtre, en partie siliceux et souvent entremêlé d'argile. A Paris les ouvriers désignent sous le nom de *moellon* ou *mollasse* un calcaire lacustre de la même époque qui repose sur les grès sous forme de roches poreuses formées de carbonate de chaux, de quartz en grain, de mica, d'argile et parfois de coquilles (Lymnées, Planorbes). Dans ce dernier cas, on l'a nommé souvent *meulière coquillière*.

La *pierre meulière*, rapportée par quelques auteurs à l'étage éocène, n'est pas à proprement parler du calcaire. C'est une roche qui paraît avoir été formée par des dépôts qui se sont effectués dans des sources à la fois calcarifères, silicifères et gypsifères. Elle se présente en amas irréguliers plus ou moins volumineux, disséminés dans des couches de sables, elle manque alors de fossiles. Elle est blanche ou jaunâtre, compacte ou plus souvent percillée, ce qui la fait appeler *silex caverneux*. Elle résiste à l'action de l'air et des gaz acides dont l'atmosphère est souvent chargée et s'incorpore très bien avec le mortier. Cette double circonstance la rend propre à construire dans l'humidité et à faire des aqueducs dans lesquels doivent se dégager des vapeurs acides et quelquefois corrosives.

Ces conditions, qui la rendent précieuse au point de vue de l'industrie, nous expliquent pourquoi elle ne forme, par son émiettement, que de la mauvaise terre arable. Elle fournit à cause des ouvertures dont elle est perforée et de ses irrégularités, de la très bonne pierraille pour le drainage en coulisses.

C'est à l'argile mêlée à du calcaire que les terres du côté de Versailles, Villejuif, Petit-Brie, Montigny, où se trouvent de la meulière, doivent leurs qualités au point de vue de l'agriculture.

La vraie meulière est très rare hors du bassin de Paris, et la meilleure, pour faire des meules de moulins, se trouve à la Ferté-sous-Jouarre.

Les *faluns* constituent au point de vue agricole l'un des plus intéressants dépôts de l'époque miocène; ce sont des couches formées de coquilles et des polypiers presque entièrement brisés. Les plus connus parmi ces dépôts sont ceux d'Indre-et-Loire, de Maine-et-Loire, de la Loire-Inférieure et des Landes. Ceux de la Touraine et de la Guyenne sont exploités pour améliorer les terres qui manquent de calcaire.

Enfin le TROISIÈME ÉTAGE DES TERRAINS TERTIAIRES, formé de molasses et de terrains de transport, dont les principaux sont les sables des landes et les alluvions de la Bresse, ne renferme que peu ou point de calcaire.

Sols formés par les roches calcaires.

Toutes les roches calcaires donnent des sols à peu près de même nature, et généralement plus fertiles que ceux dont nous avons déjà parlé. Cela provient de la composition chimique de ces roches, de leur friabilité, de ce que la terre qui résulte de leur désagrégation se modifie facilement sous l'influence des agents atmosphériques et des engrais; cela tient surtout à ce qu'elles forment en général des couches minces, qu'elles sont stratifiées avec des couches d'argile, et que les terres qui résultent de leur désagrégation se mêlent, en se formant, avec des particules argileuses qui leur donnent de la consistance.

Quoi qu'il en soit, nous pouvons étudier les sols calcaires sans nous préoccuper des terrains auxquels appartiennent les roches qui les fournissent. Ils renferment, avec une forte quantité de carbonate de chaux, de l'argile, du sable siliceux, de la potasse, de la soude et des composés ferrugineux, plus rarement du phosphore et du soufre. L'argile y est le plus souvent en assez forte quantité et les rend gluants pendant les temps pluvieux. L'état des routes fait reconnaître la nature des terrains où l'on se trouve. Les routes granitoïdes, quartzeuses, siliceuses, ne sont boueuses qu'au moment où il pleut ; l'eau les traverse facilement, la boue n'en est jamais tenace ; tandis que celles qui sont faites avec des matériaux calcaires retiennent l'eau, deviennent molles, et restent longtemps dans cet état.

Pour apprécier les sols calcaires, il faut tenir compte de la quantité d'argile qu'ils renferment ; s'ils proviennent exclusivement d'une roche calcaire, ils sont légers, maigres, d'un travail facile, se dessèchent facilement ; ils conviennent, s'ils sont profonds, à toutes les récoltes ; mais les plantes y souffrent de la chaleur et on doit y cultiver, surtout dans le Midi, celles qui peuvent être ensemencées en automne. Se présentent avec ces caractères, les causses, les garrigues du Midi, les plateaux de l'Aveyron, de la Lozère, du Gard, de l'Hérault, de l'Aude, du Tarn : nous en trouvons même dans la Côte-d'Or, l'Aube, la Haute-Marne. La plupart de ces sols produisent d'excellent blé ; mais dans les climats à été sans pluie, ils sont impropres aux cultures d'été.

La *disposition des roches calcaires* aggrave ces inconvénients. Elles forment de larges plateaux entourés de vallées profondes. L'eau traverse les terres, suit les *failles*, descend entre les bancs, et ne sort que vers les couches les plus basses. Le fond des vallons est arrosé par des sources abondantes, tandis que les plateaux, nous en voyons des exemples dans le causse de Rodez comme dans la Bourgogne et la Champagne, manquent d'humidité durant une grande partie de l'année : on n'y trouve souvent qu'avec peine l'eau nécessaire pour abreuver les animaux. Même dans la Brie, dans la Beauce, quelquefois dans la Picardie et dans le pays de Caux, la sécheresse rend les cultures sarclées de l'été chanceuses, malgré la fraîcheur du climat et la fertilité du sol.

Mais quand les terres calcaires sont assez riches en argile, qu'elles ont assez de consistance pour retenir l'eau, elles sont propres aux plus riches cultures : le *froment*, les *légumineuses* les plus précieuses comme fourrages et comme appropriées à notre nourriture, y réussissent très bien. Cependant il faut encore tenir compte de l'action du climat : les terres excellentes en Angleterre, dans le Pas-de-Calais, dans la Somme, deviennent moins bonnes dans la Beauce et la Bourgogne, et sont trop sèches dans l'Aveyron, le Tarn, le Tarn-et-Garonne, et surtout en Afrique.

C'est quand on compare les terres argilo-siliceuses à celles qui sont argilo-calcaires, qu'on remarque l'influence salutaire de la chaux. Les premières, riches en silicates, sont froides et produisent des plantes peu savoureuses, des herbages médiocres ; tandis que celles où l'élément calcaire domine jouissent d'une grande fécondité, donnent de belles récoltes et forment d'excellents herbages. Nous pouvons constater en France, dans un grand nombre de localités, cette différence. Ainsi, quand on va de la Normandie vers le Maine, des plaines du Poitou vers les collines du Limousin, du causse de Rodez vers le ségalas, de la Bourgogne vers le Morvan, des rives de la Loire vers les terrains de transition de la Clayette et de Chauffailles, on voit les riches cultures disparaître, et quelquefois presque subitement.

Les géologues ont depuis longtemps noté ces différences : « Lorsqu'on passe des montagnes calcaires aux montagnes granitiques, disait de Saussure (*Journal de physique*, t. LI, p. 10), on est frappé des différentes influences que ces deux sols exercent sur les végétaux. Le lait des montagnes calcaires est plus chargé de principes butyreux et caséeux que celui des montagnes siliceuses, et les vaches en donnent davantage pour une égale quantité des mêmes plantes. »

On trouve le même contraste en faveur des terres calcaires, dans la richesse des moissons et la valeur des animaux. Nous voyons souvent dans la même vallée, un côté formé de terrain siliceux, et le côté opposé de terrain calcaire : le plus petit ruisseau sépare seul les deux sols l'un de l'autre ; quelquefois un versant d'une même montagne est siliceux et l'autre calcaire. Eh bien, d'un côté sont des terres à froment, donnant des fourrages riches en principes alibiles, et de l'autre, des terres légères, où l'on est réduit à cultiver le seigle et le sarrasin.

Une différence correspondante peut être observée entre les bestiaux d'un versant et ceux de l'autre. Dans les pays à sol calcaire : moutons forts, trapus ; bœufs lourds. Dans les terres siliceuses : animaux vifs, forts, rustiques, mais petits, sobres, légers. Les bestiaux passent toujours avec avantage d'un sol granitique dans un sol calcaire, tandis qu'ils n'éprouvent jamais impunément le changement inverse.

Ces différences doivent être attribuées à la nature des terrains et non à l'époque de leur formation ; car ainsi que l'a signalé M. Dufrénoy, les mêmes phénomènes s'observent dans la Montagne-Noire où les roches calcaires appartiennent comme les schisteuses aux terrains de transition.

Les terres calcaires sont appropriées à l'*élevage du mouton*. Elles ne sont pas moins aptes à favoriser le développement des *bêtes bovines* : les races de la Suisse, du Doubs, du Calvados, le démontrent ; les bœufs d'Aubrac acquièrent dans les causses de l'Aveyron, du Tarn, des dimensions qu'ils ne prennent jamais même dans les pâturages volcaniques de leur pays natal : ils y deviennent grands, trapus, épais, comme cela ne se voit que dans les plus riches herbages. La race équestre du Perche, comme les chevaux des plaines de Caen, témoigne assez en faveur de l'aptitude des sols calcaires à produire d'*excellents chevaux*.

Mais ces terrains si favorables au développement des meilleures plantes et des animaux les plus précieux, donnent naissance aux *plus graves maladies*, sur les ruminants surtout, peut-être parce qu'ils pâturent plus souvent que les solipèdes. C'est dans les plaines calcaires du centre qu'on remarque les affections charbonneuses les plus meurtrières. Le sang de rate du bœuf comme celui du mouton, vient dans les mêmes circonstances. Il suffit souvent de conduire les troupeaux dans lesquels sévit cette maladie, sur des terres sablonneuses, argileuses, ou schisteuses, pour faire cesser la mortalité ; tandis que la pourriture, si fréquente sur les terres siliceuses et argileuses, disparaît quand on conduit les troupeaux sur les terrains calcaires.

Dans le Languedoc, dans la Provence, on fait la même observation que dans le bassin de Paris. C'est également sur les causses de l'Aveyron plutôt que sur les ségalas que sévit le charbon. De même dans les Pyrénées, c'est plutôt dans les contreforts calcaires de ces montagnes que sur leurs sommets siliceux, que se montre, dans le cheval comme dans le bœuf et le mouton, cette terrible affection.

Sans rechercher les causes de cette funeste propriété des sols calcaires, nous rappellerons que les fourrages y sont très nutritifs, que les *eaux* y sont chargées de principes calcaires et plutôt favorables à la croissance des plantes que propres à servir de boisson ; enfin qu'elles y sont rares, et que l'on emploie souvent pour abreuver les animaux, des eaux corrompues au contact de l'air.

4. — Du terrain crétacé et des sols crayeux.

Le terrain crétacé complète les terrains secondaires. Il est formé de plusieurs couches de grès et de craie.

Comme les roches dont nous venons de parler, la craie est composée en grande partie de carbonate de chaux ; comme elles, elle ne renferme que de petites quantités de silice, de magnésie, d'alumine et de sels alcalins ; mais formée de squelettes d'animalcules, elle est le plus souvent très blanche, tendre, friable, se laisse rayer facilement, et tache au point de pouvoir servir de crayon. Elle se délaye dans l'eau, toutefois sans retenir ce liquide.

Antérieure à la formation des Alpes et des Pyrénées, la craie dans certains points a été soulevée, fondue, métamorphisée, par son contact avec les matières granitoïdes qui ont constitué ces montagnes. Complètement transformée alors, elle ne peut être reconnue que par ses rapports avec les autres terrains, et par la présence des fossiles qui la caractérisent. Le *grand son*, au pied duquel a été construit le couvent de la Grande-Chartreuse, dans l'Isère, est formé de craie métamorphisée.

Dans son état naturel, la craie constitue des collines, des chaînes de montagnes fort étendues mais en général peu élevées. Rarement en assises distinctes, elle est en masses horizontales ou peu inclinées, présentant des fentes verticales ; souvent elle est mêlée à des rognons irréguliers de silex pyromaque, disposés en couches continues ou interrompues.

Elle occupe en France un espace considérable (voir la carte géologique) : vers le nord, des Vosges à la Normandie et du Pas-de-Calais au Limousin. et vers le midi, de l'Océan aux Alpes et des Pyrénées à l'Auvergne. *Aubeterre*, dans la Charente, doit son nom à la couleur blanche de son sol crétacé, composé de grès tufau, de sable et de craie. Elle existe en outre, et sur de larges surfaces, en Espagne, en Angleterre, en Belgique.

La craie forme des couches d'une très grande épaisseur. A Laon, un puits de 300 mètres ne l'a pas traversée, et à Grenelle, près Paris, elle a de 400 à 500 mètres. Heureusement qu'elle a été recouverte généralement par les terrains tertiaires ; qu'elle n'est visible que dans quelques parties de la Champagne où ces terrains ont été enlevés par les eaux ; que celle qui est apparente contre les flancs des Alpes et des Pyrénées a été fondue par les matières qui l'ont soulevée, et qu'elle ne présente plus les propriétés qui en font un si mauvais sol dans les départements de la Marne et de l'Aube.

Sols crayeux. — La craie métamorphisée rentre dans la catégorie des roches calcaires au point de vue de l'agriculture. Nous n'avons donc à parler ici que des sols produits par la craie restée dans son état naturel : on les appelle *sols crayeux*.

La composition de ces sols varie selon la nature des matières auxquelles la craie est mélangée. M. Schweitz a donné l'analyse suivante d'un sol crayeux :

Carbonate de chaux	98,57
Phosphate de chaux	0,14
— de magnésie	0,38
Oxyde de fer et de manganèse	0,14
Silice	0,61
Alumine	0,16

La craie tend à produire des sols poreux, qui deviennent facilement très humides et se dessèchent de même. Ils sont d'un travail aisé, peuvent être labourés presque dans tous les temps et avec de très faibles attelages; les plantes y souffrent du froid et de la sécheresse, et les récoltes y sont chétives ou médiocres, surtout quand le printemps est sec. On ne peut pas y cultiver des récoltes d'été.

Dans les bas-fonds, là où la craie est mêlée à une quantité suffisante d'autres matières, les terres, sans être de première qualité, sont d'une culture avantageuse. Elles restent toujours légères et peuvent être travaillées à peu de frais et par tous les temps.

Cette circonstance est d'une importance très grande et trop méconnue. C'est un immense avantage de pouvoir exécuter les travaux dans toutes les saisons, de faire des labours avec des instruments peu coûteux et légers, de pouvoir même employer une double charrue de manière à creuser deux sillons à la fois avec le même instrument, d'avoir des attelages ne représentant qu'un faible capital et consommant peu de nourriture. Les économies, ainsi réalisées, compensent souvent la perte qui résulte de la moindre quantité de produits donnés généralement par ces sols.

Dans la Champagne, les cultivateurs qui ont des terres passables du côté de Vitry, de Troyes, et qui savent en tirer parti, sont dans d'aussi bonnes conditions que ceux qui travaillent les terres fortes du Perthois et du Barrois.

Comme dans les bonnes terres calcaires, on nourrit sur les sols crayeux un peu fertiles ou améliorés de très bons animaux : des vaches assez fortes, bien conformées et bonnes laitières, de beaux troupeaux qui donnent des laines de première qualité. Quand on sait bien utiliser les fourrages, on y élève même d'excellents chevaux. Les ressources des sols crayeux ont été trop longtemps mal utilisées et sont encore mal appréciées. On a trop jugé de l'ensemble d'après l'état des contrées où la craie forme des couches très épaisses, occupe de très larges surfaces, seule ou mêlée à des matières graveleuses qui accroissent ses défauts.

Le plus souvent la craie a été incomplètement découverte par les cataclysmes qui ont suivi sa formation; généralement elle supporte une couche de terrain tertiaire. Elle se mêle alors avec des argiles, des marnes, des détritus calcaires, des matières organiques, et constitue d'excellents fonds dans la Champagne, la Picardie, l'Ile-de-France, la Bourgogne, la Normandie, etc. Dans quelques localités même, les couches qui la recouvrent sont trop fortement argileuses, et dans cette circonstance elle est un amendement précieux. Dans la Picardie, où elle est mêlée à des rognons d'un silex brun, elle est même d'un emploi fort économique; on n'a qu'à creuser au milieu de la terre que l'on veut amender, un puits souvent peu profond, et l'on en extrait la craie dont on a besoin pour améliorer la surface.

Pour apprécier la valeur des sols crayeux, il faut tenir compte du climat. Quoique toujours sensible, l'influence de la craie est moins grande dans le Nord que dans le Midi; moins dans le parc de Versailles, dans le pays de Bray, dans le Pas-de-Calais et le Boulonnais, que dans l'Aube, la Bourgogne et les Alpes.

C. — DES ARGILES ET DES SOLS ARGILEUX.

L'argile se trouve dans presque toutes les roches que nous venons d'examiner; mais elle y forme des combinaisons qui masquent ses propriétés. Nous ne parlerons ici que de l'argile plus ou moins libre et formant des couches distinctes; la plupart des terrains postérieurs aux terrains de transition en contiennent qui est dans cet état; elle y constitue des roches, quelquefois dures, le plus souvent molles et terreuses : on désigne les dépôts qu'elle forme par la dénomination de roches, lors même qu'ils sont terreux.

Les argiles se délayent dans l'eau et forment une pâte douce qui durcit au feu et qui, sèche, hape à la langue. Elles sont blanches quand elles ne renferment pas de composés métalliques colorés qui leur donnent diverses nuances. Quoique variant par la consistance et la couleur, elles possèdent toujours à peu près les mêmes propriétés agricoles.

Elles sont composées d'alumine, de silice et d'eau. La présence de l'alumime, en quantité prédominante dans les terres argileuses les fait appeler *terres alumineuses, terres glaises.*

Indépendamment de l'alumine, on y trouve de la chaux, de la potasse, de la soude, du fer, du manganèse, du soufre et du phosphore. Beaucoup de ces corps y existent en plus ou moins grande quantité à l'état de silicate, comme l'alumine elle-même, et en font varier les propriétés : le fer et le manganèse les colorent, la chaux les rend fusibles, et la silice anhydre, friables. On appelle *marnes* les argiles mêlées à de fortes proportions de carbonate de chaux.

Il se produit à l'époque actuelle de l'argile, par la décomposition lente que le gneiss, le granite, la syénite, le porphyre, éprouvent au contact de l'air. L'argile qui résulte de cette décomposition, appelée *kaolin*, sert, quand elle est bien blanche comme à Saint-Yrieix, dans la Haute-Vienne, à la fabrication de la porcelaine.

Outre le kaolin, les terrains anciens renferment des argiles qui proviennent d'infiltrations ; mais les grandes masses argileuses se trouvent dans les terrains postérieurs à l'étage houiller. Elles y forment des couches d'une très grande épaisseur, y sont plus ou moins calcaires, alternant avec du grès et avec de la pierre à chaux dans les terrains secondaires. Elles sont souvent mises à nu par des phénomènes naturels ou par le travail de l'homme, et se montrent d'ordinaire sur les penchants des montagnes, où elles conservent la fraîcheur du sol.

Les argiles sont très abondantes aussi dans les terrains tertiaires, et y communiquent leurs propriétés à de grandes surfaces de terrain dans la Sologne, le Berry et l'Ile-de-France. Celle du terrain parisien appelée *argile plastique*, se trouve en très grande quantité dans le département de la Seine, et sert dans Seine-et-Marne à la fabrication de la porcelaine de Montereau.

Sols argileux. — L'argile, malgré sa composition compliquée, est peu propre à la culture ; elle ne renferme des alcalis, des phosphates qu'en très petite quantité, et les retient très fortement ; elle a besoin, pour devenir fertile, d'être mêlée à du sable siliceux, à du carbonate de chaux, à du terreau, et surtout d'être exposée au contact de l'air ; mais elle peut, étant désagrégée et mélangée à d'autres terres et à des engrais, former la

base d'excellents sols, en raison de l'eau qu'elle retient et des
corps nombreux dont elle est formée.

M. Berthier a donné les trois analyses suivantes des sols argileux :

Argile...	75	54	57
Sable quartzeux...............................	17	11	26
Carbonate de chaux.........................	3	15	4
Oxyde de fer....................	5	6	5
Eau....................................	0	14	8

Les terres argileuses sont souvent appelées *alumineuses* parce
que l'*alumine* forme la base de l'argile, qui n'est en définitive
que du silicate d'alumine hydraté. Mais des éléments étrangers
sont souvent associés au silicate d'alumine dans l'argile et cela
fait que l'on trouve parfois des argiles qui ne renferment qu'une
petite quantité d'alumine ; généralement alors, c'est plutôt par
leurs propriétés physiques que par leur composition qu'on les
distingue des autres terres.

On appelle aussi les terres argileuses : *terres humides*, parce
qu'elles s'égouttent lentement; *terres froides*, parce que, en raison
de l'eau qu'elles retiennent, elles s'échauffent difficilement, et
donnent des récoltes tardives; *terres fortes*, *terres grasses*, parce
qu'elles offrent de la résistance à la charrue, qu'elles ont un aspect gluant, et qu'elles adhèrent aux instruments aratoires.

Toutes les terres argileuses se resserrent sous l'influence de
la sécheresse : elles se crevassent et brisent les racines des
plantes; toutes sont peu perméables à l'eau et aux agents atmosphériques; les engrais s'y décomposent lentement faute de
chaleur et d'oxygène. En outre, elles adhèrent aux instruments
aratoires, forment pâte si elles sont humides, et sont dures, ré-
sistantes, quand elles sont trop sèches. On ne peut les travailler
que quand elles sont dans un état moyen d'humidité, et pour
les ameublir, il faut les labourer avant l'hiver afin que les mottes
soient exposées à l'action de la gelée.

Même dans les temps les plus favorables, il faut pour labourer
les sols argileux quatre, cinq chevaux ; on en met jusqu'à six,
huit, dans les terres fortes de la Lorraine et de la Champagne.
Il faut ensuite, pour prévenir les effets de l'humidité, mettre la
terre en billons, ce qui entraîne encore des embarras et des lon-
gueurs dans les travaux. Quand on compare, au point de vue
des frais d'exploitation, les terres fortes aux terres légères, on
trouve une grande différence en faveur de ces dernières.

Certaines plantes sont vigoureuses dans les terres argileuses, et difficiles à détruire. On ne peut débarrasser les récoltes des herbes adventices que par des sarclages nombreux, ce qui contribue encore à rendre les travaux dispendieux.

Si les récoltes sont abondantes dans les terres fortement argileuses, ce qui arrive souvent, elles laissent à désirer quant aux qualités. Les céréales y donnent abondamment la paille, mais elles sont plus exposées à la rouille que sur les autres natures de sol, et le grain en est petit, souvent rongé par le charbon et par la carie. Le seigle y devient ergoté.

Dans ces terres, les fourrages sont de mauvaise qualité et parce qu'il y a beaucoup de mauvaises plantes, et parce que les bonnes espèces y sont aqueuses, insipides et peu nutritives. La betterave a peu de sucre et la pomme de terre manque de fécule.

Aux effets nuisibles des fourrages, se joignent souvent ceux d'un excès d'humidité pour affaiblir les animaux et les prédisposer à diverses maladies.

Si les terres argileuses ont été amendées, que la surface en ait été rendue perméable, elles peuvent être favorables à la culture des plantes herbacées, des céréales, des pâturages, des racines sarclées, et ne pas convenir pour les *arbres* à cause de l'humidité du fonds. Dans quelques parties de la Normandie, les arbres périssent avant qu'ils aient acquis leur complet développement. Pour les conserver aussi longtemps que le comporte leur espèce, on les plante sur des éminences, qu'on a elevées en creusant des fossés.

Par la raison que les argiles nuisent aux terres qu'elles supportent à cause de leur excès d'humidité, elles peuvent être utiles aux terres environnantes : elles agissent comme des *réservoirs*. L'eau qu'elles retiennent en trop grande quantité rafraîchit les contrées par où elle s'écoule. Le pays de Bray repose sur un fond argileux qui alimente plusieurs petits ruisseaux fort utiles en été pour arroser les vallées qui l'entourent.

Pour l'exacte appréciation d'une terre argileuse, il faut tenir compte de sa composition, de son épaisseur et de la température du pays. En France, où le climat est généralement sec, la plupart des bonnes terres sont plus ou moins argileuses : on en a de fréquents exemples dans la Bourgogne et la Champagne, comme dans la Lorraine, la Brie, et la Picardie. Nos meilleurs herbages reposent sur un sol formé en grande partie d'argile. Un mélange d'argile, de sable et de détritus des plantes, constitue la base des pâturages du Danemark, de la Prusse, du Hanovre. C'est encore l'argile mêlée au limon qui constitue les pampas de l'Amérique.

La *stratification* des roches calcaires, des grès et des argiles, communes en France, nous permet d'apprécier l'influence salutaire de ces dernières sur la fertilité des terres. Dans le pays de Caux, la Picardie, comme dans la Drôme et dans les Alpes, les sols qui reposent sur la craie, le calcaire aride, le sable ou le grès, sont pauvres, secs pendant l'été, tandis que sur les bancs de marne, et dans les endroits où l'argile est mêlée à la craie les plantes sont vigoureuses et la récolte assurée. Quand l'argile, la craie et le sable alternent en couches légères, on voit le sol être ici fertile, et là stérile, selon que ces terres sont mélangées en justes proportions ou que l'une d'elle domine.

De même que pour les sols calcaires, la valeur des sols où l'argile abonde ne dépend pas seulement de leur composition, mais aussi des *influences atmosphériques*. Dans les pays où l'air est humide, sur les rives de l'océan comme près de la Baltique, dans la Normandie comme dans le Mecklembourg, les argiles forment de riches herbages; dans les contrées tempérées, comme dans la Lorraine, dans la Vœvre et dans les environs d'Avesnes, elles constituent des plaines à bonne culture ; enfin dans les contrés chaudes, elles sont la base de bonnes terres à blé peu propres cependant aux cultures d'été : telles sont les causses de Castres, de Lavaur, les rives de la Garonne, la vallée d'Auch, et surtout les plaines de l'Algérie où le blé d'hiver lui-même mûrit quelquefois par anticipation.

AMÉLIORATION. — Par des amendements calcaires et des sables de mer, on rend les argiles perméables à l'eau, à l'air, et l'on change leur nature. Les plantes y prospèrent ensuite mieux et y deviennent plus sapides. A l'article *amendements*, nous verrons que l'argile peut servir à améliorer les terres trop légères.

§ II. — Matières d'origine organique qui entrent dans la composition du sol arable.

Comme nous l'avons dit en commençant, des matières d'origine organique sont unies aux matières minérales pour constituer le sol arable. Ces matières proviennent des êtres organisés qui, pendant leur vie abandonnent à la terre des débris, des produits d'excrétions, des détritus de différentes natures, et qui, après leur mort, lui laissent leurs cadavres. Soustraites à l'empire de la force vitale, les matières organiques se décomposent dans le sol avec plus ou moins de rapidité, et rendent à la terre et à l'atmosphère les éléments qui entraient dans leur composition. Elles constituent ainsi une source qui fournit incessamment aux végétaux en voie de développement une partie des éléments dont ceux-ci ont besoin pour s'accroître. Mais elle n'exerce pas sur la végétation des plantes cultivées une action également favorable, suivant qu'elles se décomposent dans les lieux humides et sous les eaux stagnantes, ou simplement dans les couches superficielles de la terre ou à l'abri d'un excès d'humidité. De là la nécessité de distinguer dans l'étude que nous avons à en faire, d'une part la *tourbe* et les *sols tourbeux*, et d'autre part l'*humus* ou *terreau*.

1. — De la tourbe et des sols tourbeux.

TOURBE. — C'est le produit de la décomposition des végétaux submergés. Il s'en forme constamment dans les réservoirs, les étangs peu profonds où l'eau se renouvelle lentement, mais qui ne sont jamais à sec. La tourbe est le plus souvent produite par des plantes herbacées.

Il existe des tourbières sur tous les terrains et à toutes les élévations ; elles sont cependant plus communes et plus étendues dans nos plaines et dans nos vallées que sur nos montagnes.

Quoique toujours noirâtre et très riche en carbone, la tourbe présente des *caractères* très différents : elle est quelquefois homogène, d'autres fois formée de couche de matières carbonée séparée par des substances terreuses.

Elle ressemble au terreau, se dessèche difficilement, se resserre en se desséchant et se crevasse ; elle attire l'humidité, mais elle en absorbe peu, et une petite quantité d'eau la fait paraître très humide.

La tourbe contient : en matières minérales de 4 à 20 p. 100, et en matières organiques, de 80 à 96 ; sa composition varie, non seulement dans les diverses tourbières, mais dans les diverses parties de chaque tourbière. Parmi les substances minérales se trouvent toujours, quoique en diverses proportions, des sels qui expliquent la fertilité des tourbières, et l'efficacité comme engrais des cendres de tourbe.

SOLS TOURBEUX. — Le mode de formation de la tourbe, l'action de l'eau qui entraîne ou qui dissout les composés solubles à mesure qu'ils se produisent ou qu'ils deviennent libres, et les matières terreuses qui se mêlent aux plantes pendant qu'elles se décomposent, expliquent les différences qui distinguent la tourbe du terreau et les caractères divers des sols tourbeux.

Toujours plus ou moins acides et ferrugineux, ces sols possèdent des propriétés qui varient selon la nature des terres que l'eau a mêlées à la tourbe. Si ce sont des marnes, on a des mélanges argilo-calcaires qui, convenablement égouttés et préparés constituent des fonds plus ou moins forts, selon l'abondance de l'argile, mais en général excellents : nous avons sur les bords de l'Océan de très bons pâturages qui se sont formés de cette manière. Si ce sont des parcelles de granite, de mica, les sols sont légers, manquent de consistance, se mouillent facilement quand il pleut, et se réduisent en poussière durant les chaleurs : nous en avons des exemples dans les marais de Bourgoin.

Par elle-même la tourbe est impropre à la culture. Acide, ainsi que l'eau qui la baigne, elle fait pousser des joncs et des carex, et ne produit que de mauvais pâturages (voyez Marais). La *fève des marais*, le *lin*, les *choux*, le *colza*, l'*œillette*, réussissent dans les sols tourbeux. Les plantes fourragères y sont vigoureuses quand l'humidité est convenable, mais de médiocre qualité. Quand ils revêtent les caractères marécageux, qu'ils renferment des matières putrescibles, ils font pousser des pâturages peu nourrissants, et prédisposent les animaux aux affections putrides et charbonneuses.

Quand la tourbe est en partie décomposée et bien égouttée, elle constitue des sols productifs et salubres ; elle se rapproche alors du terreau, et les terres qui en proviennent, des terres que nous appellerons *terres franches*. On hâte cette amélioration par l'emploi des alcalis, de la chaux, qui provoquent la décomposition de la tourbe. Il se produit de l'acide carbonique en même temps que des sols solubles. L'écobuage agit de la même manière.

Comme le terreau, la tourbe divise les terres trop lourdes, rend humides celles qui sont trop perméables à l'eau, et surtout fournit de l'acide carbonique ; mais elle est moins active, parce que les végétaux qui l'ont produite ont été dépouillés par l'eau d'une partie de leurs principes, et qu'elle se décompose plus difficilement ; de là, la nécessité de la traiter par les engrais alcalins et par l'écobuage.

Dernièrement, M. Levacher-Durclé a conseillé d'appliquer aux tourbières ce qu'il appelle l'*écobuage à fond*. Il veut qu'on brûle couche par couche la tourbe d'une partie du marais pour employer les cendres à l'amélioration de l'autre partie ; une moitié du terrain serait la mine qui fournirait l'engrais nécessaire pour fertiliser l'autre moitié. Pour faciliter la combustion de la tourbe on sillonne la tourbière avec desséchement par des tranchées étroites de deux mètres de profondeur; on divise un des intervalles des tranchées en briques que l'on amoncelle sur l'autre. Ces briques, étant convenablement disposées, se dessèchent à l'air, et dès qu'on y met le feu elles brûlent, et font brûler la tourbe qui les supporte.

2. — Du terreau.

Aux substances qui résultent de la désagrégation des roches, à la matière siliceuse, argileuse ou calcaire, s'ajoutent, pour former les terres arables, des débris de plantes et d'animaux. Ces débris constituent cette partie essentielle de tous les sols cultivés qu'on appelle le *terreau*. Les qualités des sols dépendent même, en général, de la quantité de terreau qu'ils renferment.

Le terreau, encore appelé *humus*, est le produit brun, noir, qui résulte de la décomposition des êtres organisés. Il est composé : d'un corps particulier, *alcide ulmique*, soluble dans l'eau et dans les alcalis ; d'un corps insoluble, *ulmine*, de matières organiques incomplètement désorganisées, et de *substances minérales*.

La proportion relative de ces divers produits varie selon les êtres d'où provient le terreau, selon le degré de décomposition qu'ils ont éprouvé, et le temps pendant lequel ils ont été exposés à la pluie; dans les lieux cultivés, elle varie en outre selon les engrais et les amendements qui ont été employés.

Origine. — L'humus s'accumule tous les jours dans les sols par l'effet de certains phénomènes naturels — la végétation et la décomposition des feuilles, des racines — et par l'emploi des engrais; mais il se produit en petites quantités. Les grandes masses que nous en trouvons sont le résultat de phénomènes fort anciens. On attribue à une action diluvienne les amas de terre végétale riche en humus, qui constituent quelques-unes de nos vallées; on rapporte à la même origine les pampas de l'Amérique, les riches herbages des plaines de la Baltique, et le terreau si fertile appelé *terre noire*, qui couvre plus de 80 millions d'hectares dans la Russie méridionale, et qui s'étend presque sans discontinuer, avec une épaisseur de plus de 6 mètres dans quelques endroits, des monts Ourals aux monts Carpathes, et des rives du Don vers le sud, jusque vers la latitude de Moscou.

PROPRIÉTÉS. — Léger, perméable à l'eau, le terreau attire l'humidité et la perd difficilement. En se desséchant, il diminue beaucoup de volume et se crevasse, mais il se boursoufle ensuite de nouveau quand il pleut. Il est gras, noirâtre et très carboné. Quoique insoluble en grande partie dans l'eau, il est favorable à la végétation. Sous l'influence de l'air et de l'humidité, il se décompose, fournit des produits solubles, et dégage de l'acide carbonique.

UTILITÉ. — Seul, le terreau constitue un très mauvais terrain : il est trop léger, trop perméable, s'humecte trop rapidement; mais mêlé aux matières terreuses qui fournissent les roches, il rend hygrométriques celles qui sont sèches; légères, celles qui sont trop compactes, et fournit à toutes la matière organique et les sels solubles sans lesquels les plantes ne sauraient se développer. Associé à l'argile, au carbonate de chaux et à la silice, le terreau constitue des terres arables; la fertilité de ces terres est en général en rapport avec la quantité qu'elles en contiennent. C'est l'humus qui transforme en excellentes terres le sable de la Flandre, le grès du Perche, les terres légères de la vallée de Grésivaudan et les débris argilo-calcaires de la vallée de l'Aisne, du côté d'Attigny, de Charbogne.

D'après M. de Villeneuve, une terre, quelle que soit sa composition, doit être classée parmi les bonnes terres de jardin dès qu'elle renferme 10 p. 100 d'humus.

Tout en cherchant à utiliser le terreau qui existe dans ses terres, le cultivateur doit tendre à en accroître la quantité en fumant abondamment, et en cultivant des plantes qui, comme les féveroles, la luzerne, le trèfle engraissent le sol par les feuilles et les racines qu'elles y laissent.

Uni en grande quantité au sable léger, au granite désagrégé, l'humus constitue la terre de bruyère composée en moyenne de :

> Sable et argile.. 85
> Matières organiques............ 15

Cette terre est mauvaise comme terre arable, mais recherchée par les fleuristes. Dans les endroits humides, l'humus se produit quelquefois assez abondamment, et alors il communique au sol les caractères des sols tourbeux.

Le terreau sert de base à quelques-uns de nos *pâturages*. Les pelouses des montagnes reposent sur quelques centimètres de terreau noir qui résulte de la décomposition des racines du gazon. Ce terreau ne manque pas de fertilité ; mais il est quelquefois le produit d'une longue suite d'années de végétation et il faut le conserver, car on courrait risque. si on défrichait le terrain, de payer les trois ou quatre récoltes qu'on y obtiendrait par de longues années de stérilité; il est plus sage de le conserver en pâture.

Le terreau contribue à la *nutrition des plantes* en fournissant, par la combustion lente qu'il éprouve au contact de l'air, de l'acide carbonique que l'eau transporte dans les radicules ou qui se dégage dans l'atmosphère et que les feuilles absorbent ; en donnant des produits solubles des sels qui contribuent également à la nutrition des plantes ; en hâtant la décomposition des silicates et rendant la silice libre et soluble; en provoquant la formation de carbonates alcalins aux dépens des alcalis renfermés dans les roches ; enfin, en rendant acides des phosphates, des carbonates, et des sulfates, qui à l'état neutre ou de sous-sels, sont insolubles.

Les alcalis, la chaux favorisent la décomposition du terreau et les acides la retardent. On sait que les premiers sont très favorables aux terres arables, tandis que les seconds leur sont nuisibles.

§ III. — Substances minérales salines ou autres qui entrent en petite proportion dans la composition du sol.

Le sol arable, constitué par les substances minérales insolubles ou peu solubles que nous avons étudiées, et par les matières d'origine organique que nous venons de faire connaître, renferme encore des substances salines qui, bien qu'elles soient en faible proportion, n'en jouent pas moins un rôle considérable dans la végétation. Celles de ces substances qui sont répandues à peu près dans tous les terrains et qui, par cela même, offrent le plus d'importance, sont le plâtre ou sulfate de chaux, le phosphate de chaux, la magnésie à l'état de carbonate, de sulfate, d'azotate, de phosphate, la potasse et la soude à l'état de sels ou de chlorures, et des oxydes de fer et de manganèse.

Tous ces produits dérivent de deux sources différentes, c'est-à-dire des roches qui forment les terrains dont nous avons résumé l'histoire, et des corps organisés qui après avoir vécu, se décomposent dans l'intérieur de la terre.

Les roches des terrains de cristallisation sont formées, ainsi que nous l'avons vu, de quartz ou acide silicique, et de silicates à base d'alumine, de potasse, de soude, de chaux, de magnésie, de fer et de manganèse. Les roches des terrains de sédiment offrent dans leur composition de la silice, de l'alumine, de la chaux, de la magnésie, du fer, du manganèse, de la potasse, de la soude et des acides phosphorique, sulfurique et carbonique. Mais quelque nombreux que soient ces corps, ce sont toujours la silice, le silicate d'alumine et le calcaire qui dominent, et qui forment les bases minérales essentielles des roches. Les autres éléments sont, relativement à ces trois corps, en en faible proportion. Ce sont eux cependant qui, dans la plupart des cas, sont le plus facilement attaqués par l'acide carbonique et l'oxygène de l'air, et surtout par l'acide carbonique que les eaux de pluie tiennent toujours en solution.

L'acide carbonique dissous dans l'eau des pluies exerce, en effet, une action puissante sur les silicates alcalins des roches d'origine ignée. Il se substitue à la silice qu'il met en liberté à l'état de silice gélatineuse, susceptible d'être absorbée par les racines des plantes, et transforme peu à peu les silicates en carbonates solubles qui sont absorbés ou qui sont entraînés par les eaux. Cette action lente, qui s'effectue sans cesse sur les roches les plus dures et même sur les argiles désagrégées qui retiennent encore des silicates alcalins, est l'une des sources qui versent d'une manière constante dans la terre la potasse et la soude que les racines des plantes ont besoin de trouver en solution à leur portée.

L'acide carbonique n'agit pas avec moins d'énergie sur le phosphate de chaux, que l'on trouve en proportion notable dans les terrains de cristallisation les plus anciens sous forme d'*apatite*, et dans les terrains de sédiment où il fait partie des *ossements fossiles*, des *coprolithes* et des *nodules phosphatés* que l'on a rencontrés en abondance dans certaines parties de la France et de l'Angleterre. L'acide carbonique dissout lentement ces phosphates et les rend absorbables. Il se produit même dans l'intérieur de la terre, ainsi que l'ont démontré les recherches de MM. Liebig, P. Thenard, Deherain, Bopierre, des réactions qui ralentissent ou qui favorisent, suivant les cas, cette dissolution par laquelle il est mis à la disposition des plantes un des éléments dont elles ont le plus besoin pour la formation de leurs graines.

Nous avons plusieurs fois signalé le carbonate de magnésie dans les divers terrains de l'époque secondaire où il accompagne presque partout le calcaire. Il constitue même avec le carbonate

de chaux une espèce minérale que l'on connaît sous le nom de *dolomie* et qui est assez répandue. C'est à ces sources qu'est puisé le carbonate de magnésie que l'on trouve dans le sein de la terre, et qui pénètre dans les plantes après avoir été dissous, comme le carbonate de chaux lui-même, par l'eau qui contient de l'acide carbonique. Pendant longtemps on a attribué aux terrains qui renferment de la magnésie une action funeste sur la végétation et même sur l'état sanitaire de l'homme et des animaux, mais de nombreux exemples démontrent que cette opinion est erronée et que tout au contraire la magnésie est indispensable à la constitution des tissus dans un très grand nombre de plantes.

Le *sulfate de chaux*, que tout le monde connaît sous le nom de plâtre, est un des éléments qui entrent le plus souvent, au moins en petite quantité, dans la composition du sol *arable*. Il provient du *gypse* et de l'*anhydrite* que l'on trouve dans toutes les formations du globe terrestre. Nous verrons plus loin, en parlant du plâtrage, qu'il favorise la végétation de certaines plantes.

Nous insisterons peu sur l'origine des azotates et des chlorures que renferme la terre. Outre les sources dont les eaux dissolvent ces sels qu'elles ramènent dans les couches superficielles, nous verrons plus loin, en parlant des engrais, qu'il se produit dans l'atmosphère comme dans le sein de la terre des réactions qui font naître de l'acide azotique et des azotates.

Quant aux oxydes de fer et de manganèse, associés à un très grand nombre des roches primitives ou des roches des terrains de sédiment, ils s'en sont séparés par désagrégation de la même manière que les autres éléments, et c'est à ce phénomène qu'est due leur présence dans le sol auquel ils communiquent une couleur rougeâtre ou brunâtre plus ou moins foncée.

Mais ce n'est pas seulement aux roches qui se désagrègent que le sol emprunte les substances salines dont il est pourvu. Les corps organisés qui se décomposent dans son sein lui en fournissent aussi une certaine quantité, car tous les animaux et toutes les plantes contiennent dans leurs solides et dans leurs liquides des substances minérales, qui, par la décomposition des tissus, sont mises en liberté et peuvent être absorbées par de nouvelles plantes. Cette source supplée souvent à l'insuffisance des matières minérales solubles, dans un terrain où la désagrégation se fait avec trop de lenteur pour suffire aux besoins d'une végétation suractivée comme l'est celle des espèces cultivées. Les fumiers que l'on verse dans la terre sont alors tout aussi utiles par les matières minérales qu'ils rendent au sol, que par les éléments organogènes qu'ils mettent en liberté au profit des plantes. Nous aurons même occasion de faire observer plus loin, quand nous parlerons des engrais, que l'emploi des substances minérales de la nature de celles que nous avons indiquées a été tout particulièrement préconisé, pour obtenir de la terre d'abondantes récoltes.

§ IV. — Des sols mixtes.

Les matières qui constituent les sols dont nous venons de parler se présentent mélangées en toutes proportions, et forment des variétés infinies de sols.

Quand on connaît les propriétés des terres siliceuses, des terres argileuses, des terres calcaires et du terreau, on peut savoir quelle influence chacun de ces produits exerce sur le mélange qu'il concourt à former. Indiquons cependant les types les plus répandus des sols mixtes.

1. — Sols marneux ou argilo-calcaires.

Ces sols résultent des marnes qui existent abondamment dans les terrains secondaires et dans les terrains tertiaires (fig. 1), où ils ont été formés par un mélange d'argiles et de roches calcaires également très répandues dans la même formation. Quelle que soit leur origine, ils doivent à la quantité d'argile qu'ils renferment de conserver longtemps l'humidité et de maintenir la vigueur de la végétation. Dans les vallées, cet effet est très sensible : par l'eau qu'elles retiennent ou qui leur arrive, en s'infiltrant dans les terrains supérieurs, les marnes entretiennent la verdure sur les versants ; dans les contrées calcaires, on voit souvent les coteaux verdoyants, et les plateaux où les roches sont peu profondes, très arides. On peut faire cette observation dans la Bourgogne, et même dans la Normandie, malgré la fraîcheur de son climat, comme dans la Drôme et les Hautes-Alpes.

Dans le Midi, cet effet n'est bien marqué que sur les plantes ligneuses : la sécheresse fane l'herbe, même sur l'argile ; les beaux bouquets d'arbres qui ombragent quelques parties des Cévennes, du Quercy, de la Guyenne, ont souvent leurs racines dans des couches marneuses.

Dans les terres marneuses cultivées, l'argile et le carbonate de chaux sont en des proportions diverses et associés avec d'autres

terres, comme le démontre la composition des deux sols dont
nous reproduisons l'analyse.

Carbonate de chaux	42,5	50
— de magnésie	1,0	»
Argile	34,5	48
Sable	7	2
Oxyde de fer	4	»
Eau	11	»
Humus		0,4

Les terres argilo-calcaires sont fortes, grasses, humides, ou
légères, maigres, sèches; elles se confondent, ou avec les terres
argileuses, ou avec les terres calcaires, selon la quantité d'argile
que renferment les terrains d'où elles proviennent.

Sous le climat de la France, les meilleurs fonds sont argilo-
calcaires avec prédominance d'argile. Ces fonds constituent les
magnifiques herbages de la Normandie, du Charolais et du
Nivernais; ils forment nos premières terres à blé; la plaine de
la Wœvre, appelée le grenier de la Lorraine, les plateaux de la
basse Bourgogne, la *forreterre*. C'est sur les terres fortes qu'on
récolte ces blés qui pèsent, quand le temps a été favorable,
c'est-à-dire un peu sec, 85 et 86 kilogrammes l'hectolitre.

2. — Sols argilo-siliceux.

Connaissant les caractères que l'argile et la silice communiquent
aux sols, on comprend facilement quelles doivent être les qualités des terres où ces deux corps entrent pour de fortes proportions. Ces terres sont compactes, si l'argile est en excès, et
légères, si la silice domine. Un mélange en proportions convenables, avec plus d'argile dans le Midi que dans le Nord, donne
une terre qui, pour produire de bonnes récoltes, n'a besoin que
de recevoir de la chaux ou de la marne.

Nous trouvons en France de ces terrains au pied des montagnes
siliceuses, où les pluies ont amené la silice et l'argile résultant de
la décomposition des granites, des micaschistes et des gneiss.
Ils sont communs et quelques-uns jouissent d'un grande fertilité.

Dans le Midi, on appelle ces terres *boulbènes grasses*. Elles sont
fertiles dans la Haute-Garonne, du côté de Villefranche; dans les
Hautes-Pyrénées, du côté de Lourdes; dans l'Isère, du côté de la
Côte-Saint-André, de Saint-Symphorien; et dans le Limousin, le

Rouergue et la Bretagne, le long des ruisseaux qui coulent dans des vallées granitiques.

Nous avons des terres argilo-siliceuses qui se sont formées sur place. Dans l'Aveyron, elles proviennent d'une argile ferrugineuse et de débris de roches de transition. On y cultive du chanvre, du seigle et des raves ; mais ce n'est que par l'emploi de la chaux et de la marne, qu'elles deviennent susceptibles de produire le froment et les prairies artificielles à base de légumineuses.

3. — Sols argilo-sablonneux.

Dans les terres argilo-sablonneuses, les deux principes dominants se trouvent en proportions diverses, ainsi que le démontrent les analyses suivantes :

Argile..	58	60	48	68	38	28	18,5
Sable...............	36	38	50	30	60	70	80
Calcaire............	2	0	0	0	0	0	0
Humus..............	4	2	2	2	2	2	1,5

Le sable tend toujours, quelle que soit sa nature, à rendre les sols légers et trop perméables. Il faut noter seulement que s'il est calcaire il se décompose plus tôt, contribue à nourrir les plantes et à donner de la consistance aux terres.

Les mauvais effets que le sable tend à produire sont neutralisés par l'argile. Dans les environs d'Hazebrouck, l'argile se mêle au sable de Cassel et forme de bons fonds. Nous trouvons également dans plusieurs autres localités du département du Nord, des sols argilo-sablonneux qui produisent des récoltes abondantes. Dans le Bazadais, le sable des landes et l'argile qu'il recouvre forment par leur mélange des sols très fertiles.

Dans le bassin du Rhône, du côté de la Tour-du-Pin, ces terrains sont communs. Dans la Normandie, dans le pays de Caux, nous trouvons aussi des sables et des argiles qui donnent de bonnes ou de mauvaises terres selon les proportions du mélange.

4. — Sols ferrugineux.

Le fer existe dans tous les sols, mais le plus souvent en petite quantité. Il se trouve dans plusieurs minéraux appartenant aux roches siliceuses à l'état de sulfure ou de protoxyde. Sous l'influence de l'air, il se transforme, soit en sulfate, soit en peroxyde, et fait désagréger ainsi les minéraux qui en contiennent. La plupart des roches calcaires n'en renferment que de petites quantités.

Le fer n'est pas nuisible aux plantes, comme on l'a cru longtemps ; il est, au contraire, nécessaire à leur nutrition, et toutes en contiennent. On sait que beaucoup de terres changent de couleur quand elles sont exposées à l'air ; elles deviennent d'une nuance plus foncée. Ce changement est dû presque toujours aux composés de fer qui, ramenés à la surface du sol, absorbent l'oxygène et se colorent. D'après M. Liebig, pendant que ce phénomène se produit, le fer nuit à la végétation en absorbant le gaz oxygène qui est dans la terre, et qui serait nécessaire pour la décomposition du terreau. Ce qui vient à l'appui de cette opinion, c'est que souvent les défoncements ne produisent leurs bons effets que quelque temps après avoir été opérés. alors que la terre ramenée à la surface a reçu suffisamment l'action de l'air.

5.—Sols magnésiens.

Nous trouvons la magnésie dans les terres siliceuses où elle est formée par le *talc*, et dans les terres calcaires qui la tirent des *dolomies*.

La magnésie existe dans les dolomies à l'état de carbonate, et forme des carbonates doubles avec la chaux, le fer et le manganèse. On a longtemps confondu les roches magnésiennes avec les roches exclusivement calcaires, parce qu'elles contiennent de très fortes proportions de carbonate de chaux.

Une dolomie qui fait partie du terrain triasique, dans le département de l'Ain, analysée par M. Itier, membre de la Société d'agriculture de Lyon, renferme :

Carbonate de chaux......	57	Alumine	10
Carbonate de magnésie...	31	Silice. Fer..........	2

La magnésie fait partie de beaucoup de terrains. En France, elle se trouve dans les roches sédimenteuses des Vosges, dans le grès du canton de Thiviers (Drôme) ; dans le lias de la Madelaine (près Figeac, de Villefranche (Aveyron) ; dans les roches calcaires qui forment la base du Larzac, près Sainte-Affrique, etc.

On a longtemps cru que la magnésie nuit aux plantes. Les géologues citent Castellamante et Baldisera, montagnes formées de sels magnésiens, pour démontrer l'influence stérilisante d

ces sels. Mais nous savons aujourd'hui que la magnésie est nécessaire à la composition des plantes, et qu'une certaine quantité de sels magnésiens est utile pour former de bonnes terres.
Les tertains qui proviennent de la dolomie, des talcschistes et de
serpentine sont quelquefois très fertiles. On en a des exemples
dans quelques comtés de l'Angleterre, où les premières de ces
roches occupent des étendues considérables.

Les terres magnésiennes sont souvent par le fait de leur peu
d'épaisseur et de leur position, exposées à la sécheresse, et
maintes fois on a attribué à la préseuce des sels magnésiens,
une stérilité qui provenait de cette circonstance. Du reste, la
magnésie n'entre jamais pour une forte quantité dans la composition des terres arables.

Les sols magnésiens doivent être travaillés et traités comme
les sols exclusivement calcaires. La chaux doit y être portée
avec précaution : un excès de cet alcali, à l'état caustique, peut
décomposer en partie les sels de magnésie, les rendre alcalins
et nuisibles aux récoltes.

6.—Terres franches.

Nos cultivateurs appellent ainsi les terres dans lesquelles la
chaux, l'alumine, la silice et le terreau sont en proportions convenables pour former de très bonnes terres arables. Les Anglais
donnent à ces terres le nom de *loams*. Sans être très consistan-
tes, elles sont fermes, mais perméables à l'eau et aux agents
atmosphériques ; quoique hygrométriques, elles s'égouttent
assez facilement pour être d'un travail peu pénible.

Pour constituer cette terre modèle, il faut une composition
différente selon les climats. Un léger excès de sable, qui forme
en Angleterre, dans la Flandre, dans la Normandie, des sols de
première qualité, est nuisible dans le Sud-Est et surtout dans le
Midi, à cause de la sécheresse ordinaire de l'air.

Nous avons des exemples de ces terres dans les potagers qui
entourent les villages, dans les jardins maraîchers des villes ;
l'homme les a formés en y portant, selon les besoins, tantôt du
sable ou des plâtras, tantôt des marnes grasses ou des engrais
verts. Dans les vallées de tous nos départements, les courants
d'eau en ont constitué en plus ou moins grande quantité ; elles
sont utilisées pour la culture du jardinage ou pour le chanvre,
quelquefois pour établir de riches herbages.

Il arrive souvent que dans ces terres appelées *franches*, ou *l*'ar gile, ou la chaux, ou la silice prédomine; mais les caractères des mélanges sont toujours à peu près les mêmes : le terreau y est très abondant et leur imprime des qualités qui les rendent presque semblables.

SECTION II.

PROPRIÉTÉS PHYSIQUES DES SELS.

Le mélange des divers éléments dont nous avons reconnu la présence dans le sol arable peut se faire suivant des proportions infiniment variées. Il en résulte des sols qui sont très différents les uns des autres par leurs propriétés physiques. Au point de vue agricole comme au point de vue de l'hygiène, l'étude de ces propriétés est de la plus grande importance, car elles exercent une influence considérable sur la fécondité et la salubrité des sols; la valeur d'une terre dépend quelquefois plus, en effet, de l'état des parties qui la constituent que de sa composition chimique.

Les propriétés physiques des sols dépendent beaucoup de celles que présentent les éléments qui entrent dans leur composition; mais elles dépendent aussi de l'état de division et par conséquent du VOLUME des particules qui les constituent.

Un sol de bonne nature sera composé de particules très ténues, de particules graveleuses et même de pierres en de telles proportions que l'eau puisse le traverser, mais difficilement. Si les premières sont en trop forte quantité, comme dans les glaises ou argiles, le sol est imperméable, les plantes y pourrissent; si le gravier prédomine trop fortement, l'eau le traverse comme un crible, et les plantes y souffrent de la sécheresse. Dans les climats maritimes, un excès de sable produit souvent un très bon effet à cause des pluies fréquentes et de l'humidité de l'air; tandis que dans les climats continentaux, on préfère les terres un peu fortes.

Les sols formés d'argile impalpable et de terreau ont encore l'inconvénient de se resserrer trop fortement pendant les chaleurs, à mesure qu'ils se dessèchent ; il en résulte qu'ils se fendillent, se fendent même quelquefois même très profondément, ce qui occasionne la rupture des racines et l'évaporation trop rapide de l'humidité.

Un sol à particules trop ténues s'améliore avec le sol et par le drainage, et un sol trop poreux, par l'arrosage avec des eaux limoneuses, et par la fumure avec des engrais végétaux, avec des feuilles.

Du rapport entre l'argile et le sable ou le gravier résulte la TÉNACITÉ ou la LÉGÈRETÉ des terres. Un sol arable doit être asez consistant pour soutenir les plantes contre les efforts des orages, et assez léger pour être perméable cependant pour se laisser pénétrer facilement par les racines et par les agents atmosphériques, — les brouillards, l'oxygène, l'acide carbonique, — sans lesquels ne sauraient se produire dans le sein de la terre, entre les engrais et les principes constituants du sol, les réactions chimiques d'où naissent les éléments nutritifs des plantes.

Les terres d'une ténacité moyenne sont d'un travail assez facile et ont en général une composition chimique favorable à la végétation : une terre trop légère est ordinairement siliceuse, et une terrre trop compacte se distingue presque toujours par une prédominance d'argile.

Dans ce dernier cas la ténacité est telle que non seulement les molécules adhèrent assez intimement les unes aux autres pour qu'on ne puisse les séparer qu'avec beaucoup de difficulté dans les façons que l'on donne au sol, mais encore qu'elles contractent avec les instruments aratoires une forte adhésion qui rend le travail difficile. Le contraire se fait observer pour les terres où domine la silice, que l'on désigne sous le nom de terres légères, précisément parce qu'elles exigent peu d'efforts de la part des animaux qui les travaillent. Cette propriété, nous devons nous hâter de le dire, n'est nullement en rapport avec la *densité*, car les sables qui constituent les terres essentiellement légères au point de vue agricole sont plus denses que l'argile qui offre des propriétés entièrement opposées.

La CAPILLARITÉ, qui résulte également du rapport entre les particules ténues et les particules volumineuses, joue un grand rôle dans l'action du sol : c'est par elle que l'humidité s'élève des couches inférieures vers la surface. Pour être fertile, une terre doit avoir cette propriété bien développée. On l'augmente en mettant du sable dans un fond limoneux et en déposant du limon dans les sols graveleux. Les façons, en divisant, émiettant les sols compacts, en augmentent la capillarité.

Certaines substances, le terreau, les matières organisées, exercent, par la propriété qu'elles ont d'absorber et retenir l'humidité, une action appelée HYGROSCOPICITÉ, dont il faut également tenir compte.

On appelle *hygrométriques* les substances qui ont la propriété d'absorber l'humidité de l'air. Nous confondons cette propriété avec l'hygroscopicité. Quand les matières hygrométriques dominent, les sols conservent longtemps la fraîcheur. C'est une qualité. On désigne sous le nom de *terres fraîches* celles qui retiennent convenablement l'humidité. A 33 centimètres au-dessous de la surface elles offrent en temps ordinaire de 15 à 23 p. 100 en poids d'eau. Au mois d'août et après huit fours de sécheresse, elles en renferment encore dans la proportion de 10 p. 100.

La COULEUR des terres fournit des indices sur leur composition chimique et sur leur état hygrométrique : brunes, elles contiennent ordinairement beaucoup de terreau ; noires, de la tourbe ; blanches, de la craie ou du gypse ; et rouges, des composés de fer. Les terres blanches réfléchissent les rayons solaires, s'échauffent lentement ; tandis que celles dont la nuance est foncée, rouge ou brune, les absorbent plus rapidement et s'échauffent plus vite : les plantes y sont plus précoces.

RETRAIT. — Les terres éprouvent en se desséchant une diminution de volume appelée *retrait*. Celles qui, comme le terreau, la tourbe, la magnésie, les argiles, diminuent beaucoup par la dessiccation, se crevassent, dilacèrent les racines des plantes, et laissent perdre l'humidité ; si en même temps elles sont tenaces, elles sont impénétrables à l'oxygène, à l'acide carbonique, aux vapeurs aqueuses, retardent l'action des engrais, et pressent les plantes au collet de la racine. On prévient ces effets en donnant, après les pluies, des légers coups de herse au sol, en y mêlant un peu de sable, de la chaux. ou d'autres substances pulvérulentes, dont l'adhérence est presque nulle, et le retrait, par la dessiccation, très peu marqué. C'est par la différence qui existe entre le retrait de l'argile et celui du calcaire et des sables que l'on explique la désagrégation des marnes sous l'influence des variations de température.

PROFONDEUR. — Puisque les sols sont destinés à contenir les engrais, plus ils sont profonds, à fertilité égale, plus est vaste la réserve alimentaire qu'ils mettent à la disposition des plantes. Aussi agissent-ils jusqu'à une certaine limite en raison de leur épaisseur : s'ils sont épais et mauvais, comme les craies de quelques parties de la Champagne, ils sont stériles et presque sans amélioration possible ; s'ils sont épais et de bonne nature, comme quelques alluvions de nos vallées, ils sont d'une fertilité inépuisable.

Cependant la valeur des sols n'augmente en proportion de la

couche de terre arable que jusqu'à une profondeur de 30 à 40 centimètres. D'après Thaer, elle augmente de 8 p. 100 pour chaque accroissement de 3 centimètres de l'épaisseur. Au delà de 35 centimètres, l'augmentation d'épaisseur a moins d'importance, parce que les racines des principales récoltes, du blé, de l'avoine, ne dépassent pas ordinairement cette limite.

Un sol profond absorbe une plus forte quantité d'humidité et la retient plus longtemps : les plantes y craignent moins la sécheresse, et parce que leurs racines descendent plus bas, et parce qu'elles trouvent un milieu plus frais ; elles y souffrent moins aussi des pluies abondantes : l'eau qui tombe dans un temps donné, se mêlant à une plus forte quantité de terre, délaye moins la couche du sol dans laquelle sont plongées les racines.

Les plantes ont moins à craindre du froid dans les terres où elles poussent de longues racines. Elles y sont fortes, vigoureuses, et ne se laissent que difficilement soulever par les gelées. En outre, les racines plongées dans les couches profondes qui se refroidissent moins que la surface, y puisent du calorique qu'elles communiquent au nœud vital.

Plus les racines s'enfoncent profondément dans la terre, moins elles s'étendent horizontalement, de sorte qu'on peut semer plus dru dans les terres profondes.

Pour apprécier l'avantage de la profondeur, il faut tenir compte de la nature du sol et surtout du climat : dans le Nord et dans les contrées maritimes, 35, 40 centimètres de profondeur conservent longtemps des luzernières, tandis que ces prairies auraient peu de durée dans le Midi, sur des terres qui n'auraient que cette épaisseur.

SECTION III.

DIRECTION DE LA SURFACE DES SOLS.

La surface du sol est rarement tout à fait horizontale. Le plus ordinairement, dans sa direction générale, elle est plus ou moins inclinée vers l'un des points de l'horizon. Cette direction de la surface du sol agit sur l'écoulement des eaux, sur la facilité avec laquelle on fait les travaux, sur l'épaisseur de la terre arable et sur la température.

Un sol *horizontal* n'est pas exposé à être dévasté par les orages, tous les produits meubles qui s'y forment en augmen-

tent l'épaisseur, et les travaux y sont faciles. Il n'aurait des inconvénients qu'autant qu'il serait imperméable; les eaux ne
s'écoulant pas facilement rendraient la terre malsaine.

Une légère inclination du sol, de 2 à 5, 6 centimètres par mètre,
sans accroître sensiblement les frais de labour et de charrois,
facilite les desséchements et au besoin les irrigations; mais si la
pente est de plus de 10 à 15 centimètres, les travaux sont difficiles, et si elle dépasse 18 à 20, ils ne sont guère possibles par
les bestiaux.

L'homme cultive à la main des terres ayant une pente beaucoup plus rapide. Le coteau de Saint-Maurice aux environs de
Paris est constamment en blé, en orge, en vesce ou en luzerne,
quoique dans quelques parties la pente dépasse 50 centimètres
par mètre. Nous avons des vignes, notamment dans les environs de Bar-le-Duc, dont le sol est en pente encore plus rapide.
M. Elie de Beaumont a vu, dans le Tyrol, le sarrazin cultivé sur
une terre dont la pente dépasse 60 centimètres.

L'homme peut à peine se tenir sur des terrains aussi fortement
inclinés; il est obligé de faire des labours en travers pour maintenir la terre, et les orages y exercent souvent des ravages considérables.

Dans un sol en pente, *exposé au midi*, les rayons solaires arrivent plus rapprochés de la perpendiculaire et en plus grande
quantité pour une surface donnée : la chaleur y est forte et la
sécheresse à craindre . On doit y mettre des récoltes hâtives, y
faire les semailles en automne, afin que les plantes parcourent
toute leur végétation avant les fortes chaleur de l'été.

Dans les terres tournées *vers le nord*, la température est plus
basse que ne le comporte la latitude. Si le sol est passable, les
arbres sont beaux et vigoureux, les herbes hautes mais fades,
peu nutritives ; elles ont, dans nos climats, moins de valeur pour
l'alimentation des herbivores que celles, moins abondantes, qui
croissent à l'exposition du midi ; en Afrique, au contraire, on
obtient les meilleurs produits sur les versants qui regardent le
nord et le nord-ouest : la végétation languit souvent en regard
du sud. Dans nos contrées, les récoltes souffrent moins de l'hiver à l'exposition nord qu'à l'exposition sud, parce qu'elles sont
moins exposées aux alternatives de gelées et de dégels, si nuisibles aux plantes qui ne sont pas profondément enracinées.

Les coteaux *inclinés à l'est* ou à *l'ouest* tiennent le milieu entre
les précédents pour les effets qu'ils exercent sur la végétation,
mais ils diffèrent beaucoup, du reste, les uns des autres:

échauffés depuis le lever du soleil jusque dans l'après-midi, ceux à l'est sont souvent secs et arides ; tandis que ceux à l'ouest, couverts de rosée jusqu'au milieu du jour, restent frais ; la végétation y est vigoureuse et on y voit de beaux arbres comme sur ceux qui sont exposés au nord. Il y en a dans le Midi qu'on appelle *bois de l'hiver*, pour exprimer que le froid y est intense et de longue durée.

Nous remarquons une très grande différence entre les produits des diverses expositions de nos montagnes : le versant méridional des Alpes, des Pyrénées, des montagnes de la Loire, de la Lozère, du Limousin, mûrit des plantes qui ne fructifient pas sur le revers septentrional.

Mais c'est surtout loin de la mer, vers l'est, où l'été est ardent et l'hiver rigoureux, que la différence de température entre les deux expositions est grande. Ainsi l'olivier et l'amandier, le pêcher, la vigne, qui viennent au sud des montagnes du Dauphiné et de la Comté, de l'Alsace, ne sauraient être cultivés au nord de ces mêmes montagnes. Dans le Charolais, le même terrain, dans les communes de Saint-Christophe, de Semur en Brionnais, est en herbages dans les bas-fonds et à l'exposition ouest et nord, tandis qu'il est couvert de vignes à l'exposition est et sud.

Le même phénomène se remarque sur les deux pentes de nos bassins pour les rivières qui coulent de l'est à l'ouest. Dans toutes ces circonstances, l'exposition exerce plus d'influence que plusieurs degrés de latitude.

Les plantes prospèrent à une plus grande *altitude* du côté sud que du côté nord des montagnes : sur le Montrose, par exemple, l'orge vient à 3,100 mètres d'un côté, et il ne peut pas être cultivé au delà de 2,000 de l'autre. Dans le pays de Bray, quoique les collines soient peu élevées, le blé réussit mieux vers le sud que du côté opposé.

Pour apprécier un pays par rapport à l'agriculture et à l'hygiène, il faut tenir compte aussi de l'*influence exercée par les contrées environnantes*. Il arrive souvent que des coteaux réfléchissent les rayons solaires sur des plaines voisines ou sur d'autres coteaux, et en élèvent la température au delà du degré que comporte la position géographique du lieu ; d'autres fois, les montagnes modifient le climat en arrêtant les courants de l'atmosphère et en préservant le pays de l'action des vents, en condensant les vapeurs et favorisant la formation de la pluie, en se couvrant de neige et fournissant ensuite des vents glacés, etc.

SECTION IV.

ALTITUDE DES SOLS.

La sphère terrestre est légèrement aplatie aux pôles. Elle présente :

A l'équateur, un rayon de   6,376,854 mètres.
Aux pôles,   —   6,355,943 mètres.
Sa surface est de   5,098,857 myriamètres carrés.
Son volume, de   1,082,634,000 myriamètres cubes.

Elle présente de très nombreuses inégalités, des montagnes dont la plus haute, le Thibet, a 8,588 mètres au-dessus du niveau de la mer. On estime que la mer a, dans quelques endroits, une profondeur de 4,000 mètres, de sorte qu'il y aurait une différence de 10 à 12,000 mètres entre les parties les plus rapprochées du centre de la terre et celles qui en sont les plus éloignées.

Cette distance est peu considérable, si on la compare au diamètre de la terre, mais elle paraît énorme quand on étudie les effets que produit l'altitude des lieux au point de vue de l'agriculture et de l'hygiène.

A mesure qu'on s'élève au-dessus du niveau de la mer, l'*air* devient froid, vif et pur. Le vent l'agite sans cesse et en forme un tout homogène, favorable à la santé des animaux. Mais c'est surtout par rapport à la *température* que l'altitude est intéressante à étudier.

L'élévation des lieux produit le même effet que le rapprochement vers les pôles : les habitants des montagnes situées entre les tropiques ressemblent à ceux des contrées septentrionales qui ont la même température ; et les plantes délicates des plaines disparaissent pour faire place à des végétaux rustiques, à mesure qu'on s'élève, comme si on se rapprochait des régions septentrionales.

L'altitude produit des effets plus ou moins marqués selon les contrées, les *latitudes :* la *neige* ne fond jamais à Quito (1° de lat. Sud) à une hauteur de 4,920 mètres ; à Mexico (19° N.) à 4,700 mètres ; sur les Pyrénées (43° N.) à 2,800 mètres ; sur les Alpes (46° N). à 2,740 mètres, et en Norvège (67° N.) à 1,200 mètres.

En Angleterre, une élévation de 100 mètres équivaut à la distance de 1° de plus vers le nord. En France, l'influence, de l'altitude est presque moitié moins grande. Du reste cette influence varie selon les saisons : en allant de Genève au mont Saint-Bernard, le thermomètre baisse de 1° pour une élévation de 197 mètres au printemps, de 185 en été, de 210 en automne, et de 232 en hiver. Sous l'équateur, en raison de la température très élevée des plaines, on traverse dans l'espace de quelques heures les climats les plus variés ; on va des régions brûlantes aux neiges perpétuelles.

En Angleterre le *froment* ne vient pas à 180 mètres d'altitude ou il n'y donne qu'un grain petit, léger, et toutes les autres *céréales* manquent au-dessus de 260 mètres ; tandis que dans les Alpes-Maritimes, le froment est cultivé à 1,700 mètres et le seigle à 2,000. Nous avons vu de magnifique froment dans les environs de Mont-Louis, à plus de 1,600 mètres au-dessus du niveau de la mer.

Fine, sapide, mais en général peu abondante, l'*herbe* des montagnes est assez nutritive (voyez *Climat, région des pelouses*). On doit la faire consommer par des animaux petits, qui puissent prendre leur repas en peu de temps, qui soient assez agiles pour parcourir les lieux escarpés, et assez robustes pour résister aux intempéries. C'est dans les collines boisées et rapprochées des glaciers que les variations de température sont brusques et étendues. Du reste, les animaux qui conviennent pour les pâturages montagneux sont aussi les plus propres à exécuter les labours des terres en pente, et à traîner les tombereaux dans les mauvais chemins.

Les *animaux* des pays élevés ont bien quelquefois la taille, le volume de ceux qui vivent dans les lieux bas, mais il en diffèrent toujours par plusieurs caractères. Les chasseurs qui habitent au pied d'une grande montagne reconnaissent en hiver au pelage à la forme trapue du corps, à la brièveté des membres, les lièvres que le froid a forcés de descendre dans les plaines.

Les contrées montagneuses, pauvres en foin, qui n'ont que de maigres pâturages, doivent s'adonner à l'élevage et à l'entretien du mouton et des bêtes à cornes, quand elles n'ont pas un plus grand avantage à louer les herbages à des propriétaires de troupeaux transhumants. La multiplication du bétail est une industrie précieuse pour ces pays puisque la plus grande partie de l'année, les mères et les élèves peuvent vivre dans des terrains qui ne pourraient pas recevoir de meilleur emploi. En ajoutant à la nourriture prise dans les champs quelques fourrages de médiocre qualité pour hiverner les génisses et les taureaux, on obtient à bon marché des vaches et de jeunes bœufs, qui donnent un bénéfice assuré.

SECTION V.

ÉTUDE DES SOUS-SOLS.

La couche qui supporte le sol arable est appelé *sous-sol*. Elle est parfois à peu près de même nature que le sol proprement dit. Dans d'autres circonstances elle diffère essentiellement de celui-ci par sa composition et par ses propriétés. C'est seulement lorsqu'elle se présente avec ce dernier caractère que M. Gasparin lui donnait le nom de sous-sol. Pour lui le sol s'étendait à une profondeur variable, jusqu'à la couche qui par sa nature différerait essentiellement de la surface. Seulement il distinguait dans le sol deux parties : l'une, correspondant au sol de la plupart des autres agronomes, recevait le nom de *sol actif;* l'autre, placée immédiatement au-dessous de la première, soustraite par sa profondeur à l'action ordinaire des instruments d'agriculture, et ne recevant point les racines des plantes était appelée *sol inerte.*

Les études géologiques permettent, lorsque l'on connaît la couche superficielle du sol, de prévoir, au moins dans quelques cas, quelle est la nature de celle qui est placée immédiatement au-dessous. Nous avons vu cependant lorsque nous nous sommes occupés de la superposition des divers étages qui composent la croûte solide du globe, que souvent, en raison des lacunes qui se font observer, un terrain ne repose pas toujours sur celui qui s'est formé avant lui dans l'ordre géologique. Aussi ne peut-on, comme nous l'avons dit, déduire de la présence d'un terrain l'existence d'un autre terrain qu'autant que l'on connaît bien la structure du pays où l'on observe.

Pour étudier convenablement la topographie d'une contrée sous ce point de vue, pour apprécier l'influence des terrains et des eaux, il faut examiner la succession des couches et leur nature dans les ravins et les vallées, dans les tranchées ouvertes pour les routes et les fouilles faites pour ouvrir des puits ou pour creuser des fondations. On peut considérer les observations faites dans les vallées, sur les penchants d'un plateau comme indiquant la composition du terrain dans toute l'étendue du plateau; car il est bien rare que de grands changements s'opèrent sans qu'il en résulte, à la surface du sol, des accidents qui les indiquent ; du moins par la direction des couches qu'on observe sur les bords des vallées, on peut prévoir les modifications qui ont lieu du côté vers lequel elles se dirigent.

Ces études sont, on le comprend, de la plus haute importance lorsqu'il s'agit d'apprécier l'influence que le sous-sol exerce sur la végétation d'une contrée, et sur les conditions hygiéniques dans lesquelles vivent les hommes et les animaux d'une localité.

Les sous-sols agissent principalement par leur perméabilité, par la facilité avec laquelle l'eau les traverse, par la résistance qu'ils opposent aux racines des plantes, et par la matière qu'ils fournissent au sol, lorsque étant peu profonds ils peuvent être entamés par les instruments aratoires. A ces différents points de vue, le même sous-sol est tantôt favorable, tantôt nuisible, selon la nature du sol qu'il supporte et selon le climat.

En général dépourvus de matières organiques, les sous-sols agissent plutôt par leurs propriétés physiques que par leur composition. Nous aurons à les étudier dans l'influence qu'ils exercent d'après la consistance que présentent les parties qui les composent, et d'après la nature géologique des terrains qui les constituent.

Sous le premier rapport on peut les diviser en *sous-sol terreux* et *sous-sols en roches*. Ajoutons seulement, avant d'aborder l'étude des uns et des autres que l'on trouve souvent immédiatement au-dessous de la terre végétale un *sous-sol*, composé de sable, de cailloux roulés ou de terre glaise, qui repose sur la roche. On désigne alors plus particulièrement par le nom de *très fond* cette roche qui supporte le sous-sol.

1. — Sous-sols terreux.

Ils sont formés de particules peu adhérentes et peuvent être facilement entamés par les instruments aratoires. Nous en distinguerons de trois sortes.

Les uns, SABLONNEUX, formés de gravier de sable, sont perméables à l'eau ; ils facilitent la réussite des récoltes lorsqu'ils sont sous des sols argileux ; mais si la couche superficielle est de même nature ou siliceuse, le sol est trop aride et les récoltes n'y réussissent que dans les années pluvieuses et dans les climats humides.

Dans quelques circonstances, les couches graveleuses supérieures, en s'imprégnant de certaines matières salines qui se produisent dans la terre arable, adhèrent les unes aux autres et forment du *turf*. Alors le sous-sol présente en partie les caractères des sous-sols en roches.

Les sous-sols ARGILEUX sont assez communs, et la couche de glaise qui les forme a une épaisseur très variée. Lorsque le sol est horizontal, ils maintiennent l'eau et rendent souvent les terres assez humides pour qu'il soit nécessaire de pratiquer des labours en billons fortement bombés, et même pour exiger l'emploi des moyens de desséchement.

Il est facile d'établir des étangs dans les localités dont le sol est argileux : mais ainsi que la Dombes nous en présente un exemple, le pays est alors peu salubre.

Le sous-sol argileux, qui nuit pendant la saison des pluies en retenant l'eau de la couche superficielle du sol, peut nuire aussi en été, en empêchant la fraîcheur du sol profond d'arriver aux plantes ; mais il est généralement favorable dans cette dernière saison : cela se remarque dans le Tarn, le Dauphiné, et même dans les climats frais et humides du Nord, dans la Picardie et l'Ile-de-France.

Les sous-sols MARNEUX présentent d'ordinaire les propriétés physiques des sous-sols argileux ; ils sont formés par de la marne grasse ; mais ils sont plus favorables à la végétation : la couche que les labours profonds en soulèvent, augmente la fécondité de la terre labourée.

Il est souvent avantageux que les propriétés des sous-sols diffèrent de celles des sols. Ainsi, sous un sol sablonneux, une couche d'argile peut être utile : l'eau que retient la couche inférieure diminue l'aridité de la surface, et favorise la végétation. De même, une couche de sable produit de bons effets sous un sol argileux en facilitant l'écoulement des eaux, et en rendant le terrain moins compact par les particules du sous-sol qui se mêlent à la terre arable lors des labours.

2. — Sous-sols en roches.

Les roches sont quelquefois tout à fait superficielles ; d'autres fois, elles sont immédiatement couvertes par le sol, ou séparées de celui-ci par un sous-sol terreux. Elles agissent en raison de leur position, de leur direction et de leur nature.

POSITION. — Les roches étant en général insolubles, sont peu propres à la nourriture des plantes : nous rencontrons seulement sur celles qui sont superficielles, quelques chétifs lichens vivant aux dépens de l'air, de la pluie et des substances transportées par le vent. Mais ces cryptogames, par leur présence, par leurs excrétions, par l'humidité qu'ils retiennent, ramollissent le rocher. Après leur mort, ils se décomposent sur la place où ils ont vécu, et y forment une couche de terreau où des plantes plus parfaites viennent ensuite, et trouvent un sol plus approprié à leurs racines et plus riche en principes alimentaires. Ainsi, à la longue, les roches les plus dures peuvent se couvrir d'une couche fertile et d'une belle végétation.

Les localités où les roches sont peu profondes sont ordinairement montagneuses, sèches et favorables à la santé; mais les plantes y sont petites, grêles, rares; elles y souffrent, ou de la sécheresse, ou de l'humidité, selon les temps, parce que la terre arable manque de profondeur. Quoique sapides et bien nutritives, ces plantes ne peuvent généralement alimenter que des bœufs, des chevaux ou même des moutons de petite stature.

Direction. — Si les roches sont horizontales, peu de terre suffit pour y donner d'abondantes récoltes : les inégalités de la surface conservent l'eau et facilitent la croissance des végétaux; les arbres y acquièrent quelquefois une très grande vigueur : leurs racines, suivant les fissures des roches où règne toujours une certaine humidité, ne souffrent jamais beaucoup de la sécheresse. Les froments prospèrent sur les terres qui reposent sur des roches calcaires; ils y donnent des grains de bonne qualité et une paille excellente.

Les roches sont disposées, selon leur nature, par masse ou par bancs : les premières sont plus ou moins siliceuses, et les autres calcaires.

Nature. — Quoique profondes, les couches qui supportent les terres arables agissent par leur nature. Les roches calcaires sont, nous l'avons vu, plus favorables à la végétation que les roches siliceuses, celles des dernières formations sont en général les meilleures : elles se désagrègent plus facilement, ont une composition chimique plus compliquée, et donnent, par leur désagrégation, un sol plus propre à nourrir les plantes. On n'oubliera pas que la craie exerce, à moins qu'elle ne supporte des sols argileux, une influence malfaisante, surtout quand elle est en couches épaisses.

Parmi les roches siliceuses, il faut distinguer celles qui se sont formées par refroidissement, de celles qui ont été produites par sédiment. Les unes et les autres ont à peu près la même composition, mais les dernières, les schistes, les grauwackes, se désagrégeant rapidement et étant plus faciles à entamer que le gneiss et le micaschiste, rendent les défoncements moins dispendieux.

3. — Influence du sous-sol d'après sa nature géologique et la direction
des terrains qui le constituent.

Nous avons signalé les caractères des grandes formations géologiques et les différences qui les distinguent. Il nous reste à résumer en quoi les principaux groupes diffèrent les uns des autres
au point de vue de l'influence qu'ils exercent comme sous-sols.

Les terrains formés par soulèvement et par épanchement, sont
en masses considérables ; ils présentent bien rarement des
couches minces, et les ruptures qu'ils offrent sont plus ou moins
accidentelles. Dans les terrains intermédiaires, les masses sont
moins homogènes, elles sont souvent en bancs, quelquefois horizontales, mais ordinairement obliques. Ces terrains ressemblent
cependant aux précédents, en ce qu'ils occupent de larges surfaces et des masses considérables.

C'est dans les terrains postérieurs aux formations houillères, au
grès vosgien et au grès bigarré (fig. 1), que les matières sont disposées en strates, en couches quelquefois très minces, ce qui facilite les mélanges. Si quelques bancs de grès, quelques couches
d'argile et quelques roches calcaires, notamment la craie, forment
des exceptions, ces exceptions sont rares et limitées. Dans la plupart des contrées à terrains tertiaires et à terrains secondaires,
dans la Picardie, l'Ile-de-France, la Puisaye, le Berry, la Sologne,
la Beauce, les Landes, on trouve à de petites profondeurs ou à de
petites distances, ces terrains divers qui peuvent s'amender les
uns les autres, de sorte que l'amélioration des terres est plus facile
dans ces contrées que dans la Bretagne, le Limousin, la Marche,
le Rouergue, la Lozère, où règnent les terrains anciens.

On tire d'autant mieux parti des stratifications formées par les
divers sols qu'elles sont plus nombreuses et plus apparentes. Quand
les couches de chaque formation sont peu épaisses, les mélanges
se sont même opérés naturellement, et l'homme qui les a observés a bientôt eu l'idée d'en opérer lui-même de semblables. C'est
ainsi que se sont produites, dans l'Oise, dans Seine-et-Marne,
Seine-et-Oise, même dans les localités où la surface du sol était
composée d'éléments peu favorables à la culture, de grandes
étendues d'excellents sols, comme on n'en remarque pas dans
les contrées qui reposent sur les terrains anciens.

Notons encore que les roches siliceuses diffèrent beaucoup par
leur disposition générale de celles qui ont pour base la chaux. Les
premières dont le sommet est arrondi ou anguleux, forment des

collines rapprochées, et les contrées où elles règnent sont parcourues par de nombreux ruisseaux ; tandis que les roches calcaires forment des plateaux, ou plans peu inclinés, quelquefois très étendus et taillés à pic sur les bords. L'eau y manque souvent. Les eaux de pluie se rendent à de grandes distances et surgissent en masses considérables. Il n'est pas rare de voir dans la Provence, le Roussillon, les causses du Rouergue, comme dans la Bourgogne, la Champagne, des sources qui, en surgissant de la terre, sont assez abondantes pour mettre en mouvement des moulins.

Les terrains, à l'exception de ceux de formation toute récente, sont plus ou moins inclinés. Ainsi que nous l'avons vu, les roches par sédiment se sont formées selon une direction horizontale ; mais après leur formation, elles ont été diversement soulevées, souvent même fondues, fléchies et contournées.

Au point de vue de la topographie des lieux, il faut bien observer la direction des terrains. Il faut la connaître pour se rendre compte du mouvement des eaux souterraines, pour concevoir pourquoi tant de montagnes sont fraîches, couvertes de verdure d'un côté, et sèches, arides de l'autre : en pénétrant dans le sol, les eaux de la pluie, de la neige et des brouillards s'infiltrent entre les roches, coulent dans les fissures qui séparent les bancs et vont surgir du côté vers lequel les roches s'inclinent. Ce serait en vain qu'on s'attendrait à trouver des sources, et qu'on ferait des puits, du côté vers lequel les strates se relèvent.

CHAPITRE II.

DE L'AMÉLIORATION DES SOLS.

Les moyens que nous employons pour accroître l'aptitude des sols à donner de bonnes récoltes, sont : les labours, qui influent sur la consistance et la perméabilité des terres; les amendements et les engrais, qui modifient leur ténacité et leur composition ; enfin les dessèchements et les irrigations, dont le but n'a pas besoin d'être indiqué.

Nous parlerons d'abord des dessèchements, des irrigations et des engrais ; nous étudierons les labours quand nous connaîtrons les instruments aratoires.

SECTION PREMIÈRE.

DESSÉCHEMENT.

Nous appelons *desséchement*, *assainissement*, *égouttement*, une opération qui a pour but d'enlever aux terres leur excès d'humidité. Cependant ces trois mots n'ont pas toujours la même signification : *desséchement* s'emploie pour exprimer d'une manière générale l'action de dessécher ; *égouttement* s'applique à l'écoulement des eaux superficielles produit par des raies sur les terres travaillées, et *assainissement*, aux travaux qui ont pour but d'enlever l'humidité du sol et du sous-sol.

§ Ier. — Des moyens de desséchement.

Avant d'entreprendre des travaux de desséchement, il faut autant que possible rechercher les causes qui produisent la surabondance d'humidité. Deux cas peuvent alors se présenter. Ou bien l'eau qui imprègne le sol ou qui recouvre la surface d'un champ provient d'un point plus élevé que celui-ci, ou bien elle provient de la pluie ou des sources que l'on ne peut détourner.

Dans le premier cas, il est facile de remédier au mal. Il suffit en effet d'établir un canal de dérivation qui s'empare de l'eau et la détourne même avant qu'elle soit parvenue dans l'endroit où elle reste stagnante. Il est alors souvent avantageux de la retenir, en pratiquant des réservoirs, pour la faire servir ensuite aux irrigations.

Si elle provient de la pluie ou des sources qu'on ne peut détourner, il faut chercher à la faire écouler. A cet effet, on agit différemment, selon que l'excès d'humidité est dû à la nature du sol, ou à sa position, ou à ces deux causes à la fois. Dans le premier cas, les amendements, les raies d'égouttement suffisent quelquefois pour donner au sol toute sa fertilité ; dans le second, et surtout dans le troisième, il faut, outre ces moyens, établir des puits perdus, des terrassements, des fossés, des drains. Aujourd'hui les drains sont employés presque exclusivement. Parlons-en d'abord.

1. — Drainage.

Le mot *drainage* est d'origine anglaise. Dérivé du verbe Drain,

sécher, *égoutter*, il a, comme notre desséchement, une signification générale. Quand les Anglais veulent désigner le desséchement des terres cultivées, ils disent OF LAND DRAINAGE; ils appellent
AGRICULTURAL DRAINAGE, *drainage agricole*, l'opération considérée
au point de vue de l'agriculture. En France on entend par drainage *le desséchement des terres au moyen de tuyaux de poterie
placés dans le sol.*

DRAINS. — Pour faire égoutter une terre, pour la *drainer*, il
faut presque toujours deux ou trois ordres de tuyaux ou *drains :*
des tuyaux disséminés dans la terre et formant des canaux appelés *saignées, canaux primitifs, fossés d'assainissement, drains* proprement dits, P, P (fig. 58, page 121); des *canaux secondaires*
ou *collecteurs, drains principaux*, auxquels vont aboutir les précédents T, S, S, même figure.

L'eau fournie par les canaux est quelquefois utilisée; d'autres
fois on peut la faire rendre immédiatement dans un ruisseau ou
une rivière. Quand ces circonstances heureuses ne se rencontrent
pas, on fait aboutir les canaux secondaires à un canal dit *canal
de décharge, canal émissaire* ou *d'écoulement*, qui conduit l'eau
là où l'on peut l'abandonner sans occasionner des dommages.
Dans quelques cas, on fait rendre les canaux secondaires dans
un *puits perdu.*

TRAVAUX PRÉPARATOIRES. — Les tuyaux de drainage se placent
au fond des tranchées que l'on ouvre à cet effet. Avant donc
d'entreprendre les travaux définitifs d'un desséchement, il faut
arrêter la direction, la pente et la profondeur des *tranchées*, la
distance à laquelle elles doivent être les unes des autres, et la
longueur qu'on peut leur donner.

On tracera d'abord les lignes selon lesquelles doivent être placés
les divers ordres de canaux, en tenant compte des pentes du
terrain, de sa nature, de l'épaisseur des couches qui le constituent et de leur direction. Dans le cas où il existe plusieurs
couches, on doit s'assurer si elles fournissent une égale quantité
d'eau. C'est en ouvrant des tranchées d'essai et en pratiquant
des sondages dans les endroits où l'on peut supposer qu'il existe
des sources ou d'autres circonstances pouvant particulièrement
influer sur l'humidité du terrain, que l'on acquiert les notions
nécessaires à celui qui doit diriger l'opération.

OUTILS POUR LE DRAINAGE. — On fait les travaux avec des outils
forts variés. S'il y a un gazon à couper, on emploie une hache
(fig. 47); on se sert de bêches (fig. 48-49), planes ou courbes,
de diverses dimensions, quelques-unes étroites (fig. 50). Au be-

soin, on fait usage de pics et de pelles, selon la nature du terrain.
Des dames (fig. 51) et des cuillers en forme de pioche, à longs
manches (fig. 52) servent à tasser le fond de la tranchée, et à

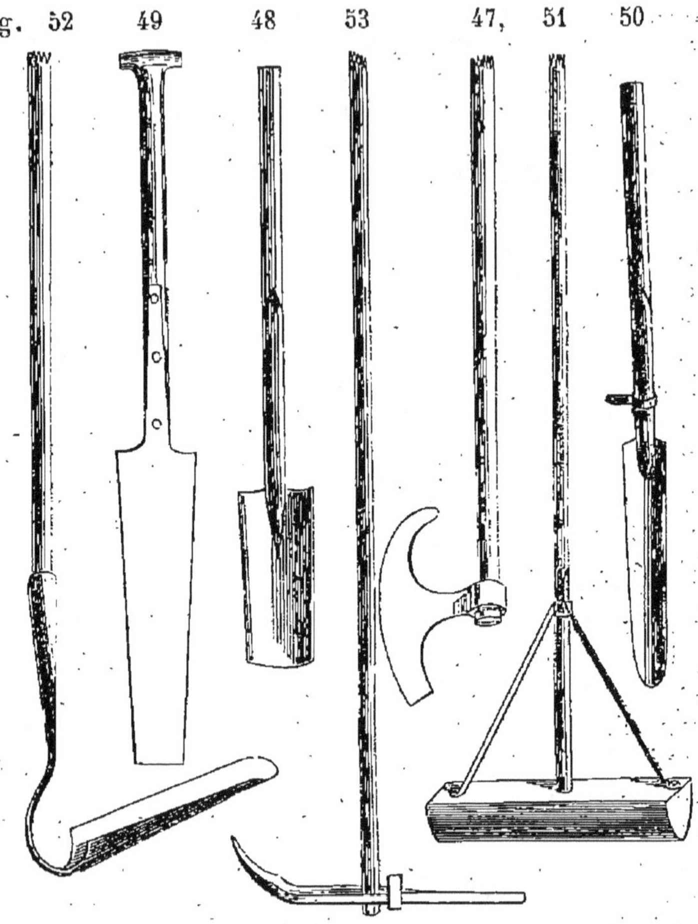

Outils pour le drainage.

enlever au besoin les petites quantités de terre pour compléter
le nivellement. Avec la broche (fig. 53), on pose les tuyaux.

On a cherché à abréger les travaux de drainage en employant
des charrues, *charrues draineuses*, qui creusent des raies de 50 à
80 centimètres de profondeur. On termine ensuite l'opération
avec des instruments à main. On a même construit des charrues
appelées *charrues-taupes*, destinées à faire tout le travail.

Ouverture des fossés. — Quand le plan des travaux est bien

arrêté, on procède à l'ouverture des fossés : on trace les directions des divers ordres de tranchées avec un cordeau, et on les
ouvre en commençant par la partie la plus basse afin de n'être
pas incommodé par les eaux.

Pour économiser sur les frais de fouille et de remblai, on ouvre

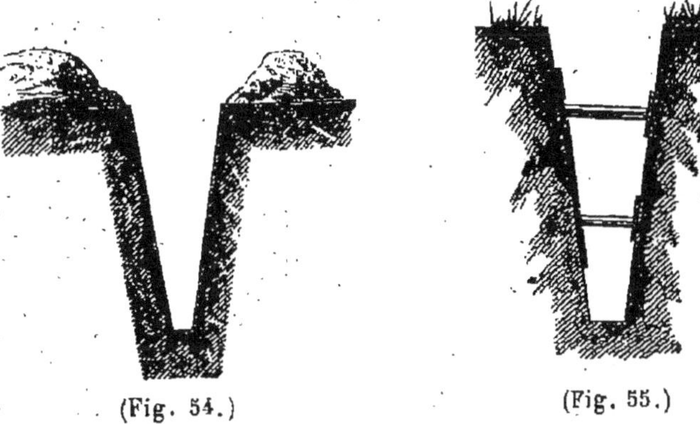

(Fig. 54.)   (Fig. 55.)

des tranchées aussi étroites que possible (fig. 54, 55, 56, 57). Il
suffit qu'on puisse les creuser assez profondément et y loger les
matériaux qui doivent donner passage à l'eau. On fait le fond
arrondi et égal à la grosseur des tuyaux : de 6 à 8 centimètres

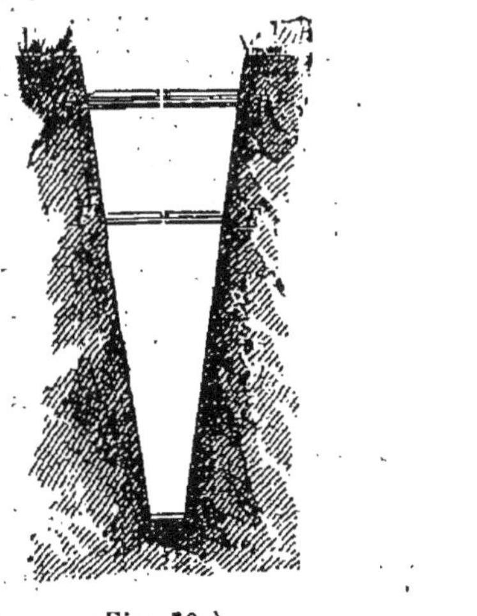
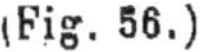
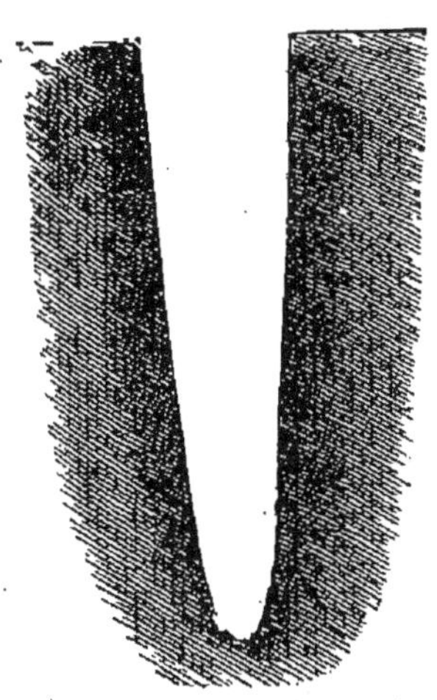

(Fig. 56.)   (Fig. 57.)

pour les drains primitifs, et de 15 à 20 pour les drains secondaires. La largeur au sommet varie de 40 à 70 centimètres ; l'ha-
bileté des ouvriers consiste à déplacer le moins de terre possible.

Exécutée dans des terres fortes, l'ouverture des tranchées nécessite peu de précautions; mais quand on travaille dans des sols qui s'éboulent, on est obligé de soutenir les côtés des tranchées avec des planches (fig. 55, 56).

DIRECTION. — Dans les terres régulièrement inclinées d'un seul côté, il est facile d'établir la position que doivent occuper les drains : si la pente n'est pas très forte, les canaux primitifs sont dirigés parallèlement à cette pente depuis le bord le plus élevé du terrain jusqu'au bord inférieur en ligne droite; le canal secondaire doit être perpendiculaire à la pente et parallèle à ce même bord inférieur (fig. 58). Mais quand les inclinaisons sont multiples, les travaux sont moins réguliers; si par exemple le sol offre deux pentes opposées, on ouvrira le canal secondaire suivant la ligne qui les sépare. Le drainage sera en forme de feuille de fougère.

Dans les terrains irrégulièrement ondulés, les propriétaires qui dirigent eux-mêmes le desséchement de leurs terres sont assez disposés à placer les drains selon le sens des pentes, c'est-à-dire perpendiculairement aux horizontales. Les voies d'écoulement des eaux convergent alors vers le bas des terres : elles sont disposées en pates d'oie et plus rapprochées dans les parties basses. Ce n'est pas un inconvénient si cette disposition n'est pas trop marquée, puisque les drains sont plus rapprochés dans les parties déclives qui sont aussi les plus humides.

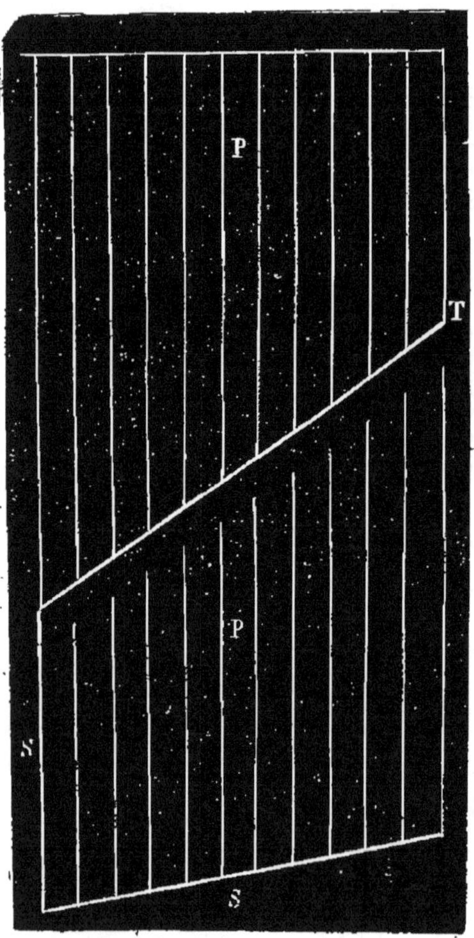

(Fig. 58.) — Plan de drainage.

Cependant il est préférable, surtout quand les ondulations
sont étendues, et qu'on a une large surface à drainer, d'établir

(Fig. 59.) — Drainage d'un terrain accidenté.

plusieurs séries de drains comme dans la figure 59 que nous
empruntons à l'ouvrage de M. Mangon : les lignes ponctuées
représentent les horizontales du terrain; les arcs B, B, repré-

sentent les bouches de décharge, et les points O, O, les regards.

Lorsque le terrain est irrégulier et offre plusieurs ondulations diversement tournées, il est important de dresser un plan complet de l'opération avant de commencer les travaux définitifs. C'est la partie la plus difficile des travaux de drainage. Il est essentiel de placer chaque drain de manière qu'il ait sur toute la longueur la pente voulue, de distribuer tous les drains de telle sorte que toutes les parties *du terrain s'égouttent convenablement*

Les canaux de desséchement doivent se réunir au canal secondaire selon un angle aigu en amont (fig. 60), afin que l'eau continue à couler dans le sens de la pente, sans produire des remous, toujours favorables à la formation des dépôts. S'il y a des canaux des deux côtés du canal principal, ils doivent alterner à leur embouchure, afin qu'il n'y ait pas deux ouvertures en face l'une de l'autre.

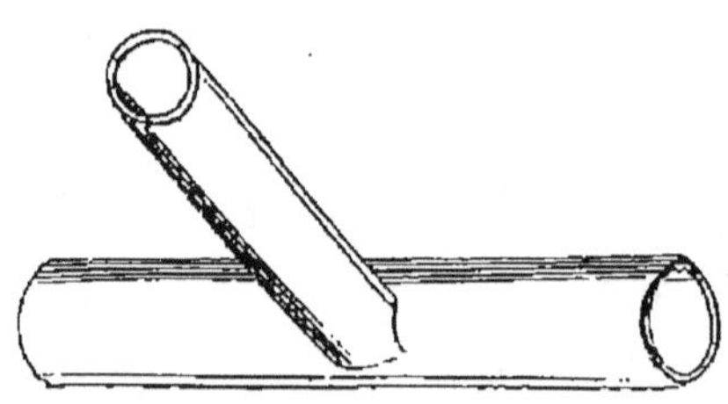

(Fig. 60.) — Tuyaux raccordés.

PENTE.—Dans les tuyaux cylindriques, l'eau s'écoule avec une pente de 2 millimètres par mètre, mais lentement. Il est à désirer que l'on puisse donner une inclinaison de 5 millimètres au minimum, si les drains sont longs et les tuyaux de 0^m,025 de diamètre intérieur seulement.

On a rarement besoin de drainer des terres dont la pente dépasse celle qu'on peut donner aux drains. Lorsque cela arrive on fait les fossés obliques et plus ou moins perpendiculaires à la direction de la pente, ou mieux, on les fait parallèles à cette pente, mais on donne une déclivité différente aux diverses parties de chaque drain : on fait des parties aussi étendues que possible, n'ayant que l'inclinaison normale, et on laisse entre elles des espaces qu'on construit en drains très inclinés et assez solidement établis pour résister à des courants rapides. Dans les cas où les eaux sont calcaires et obstruent les canaux par des dépôts qu'elles forment, ces drains auraient une autre utilité : les matières incrustantes se séparent de l'eau d'autant plus facilement que le mouvement du liquide est plus rapide, de sorte qu'elles se déposeraient principalement dans les parties à pente fortement inclinée; les raccords préserveraient ainsi les tuyaux à pente normale et auraient seuls besoin d'être de temps en temps renouvelés.

Les fossés parallèles à la pente coupent ordinairement d'une manière plus symétrique les diverses couches du terrain et agissent beaucoup plus uniformément sur le sol que des fossés transversaux. Il ne faut pas oublier aussi que l'eau a toujours de la tendance à suivre les terrains inclinés et qu'il peut arriver, s'il s'y rencontre des couches moins denses, qu'elle se creuse des voies et qu'elle coule selon la pente de ces couches. Car dés dépôts qui se forment souvent dans les canaux, mais qui ne produisent qu'un effet passager et peu sensible, parce que l'eau finit par les entrainer quand ces canaux sont selon la plus forte pente des terrains, peuvent, si les drains sont obliques, détourner complètement le courant du liquide.

Quelles que soient la direction et la profondeur des drains, il faut toujours que le fond de la tranchée soit uni et que la pente, le sol présenterait-il des ondulations à la surface, augmente régulièrement à mesure qu'on s'approche de l'extrémité inférieure. Avec cette disposition, les corps étrangers qui s'introduisent quelquefois dans les tuyaux et qui sont toujours plus abondants dans les parties basses, sont entraînés par le mouvement du liquide, et ce dernier, dont la quantité devient de plus en plus considérable, s'écoule plus facilement.

L'inclinaison des drains prévient l'engorgement des tuyaux par les corps solides que l'eau charrie et qui se déposent d'autant plus rapidement que la pente est moins grande et le liquide moins agité, à l'opposé des matières que certaines eaux tiennent en dissolution et qui, comme nous l'avons dit, se déposent plus tôt quand le courant est rapide.

PROFONDEUR. — Une terre trop humide n'est améliorée par le drainage, qu'autant que les racines des plantes cultivées peuvent s'y développer sans rencontrer la couche d'eau stagnante que les tuyaux ne peuvent pas enlever. Cette couche, dans les

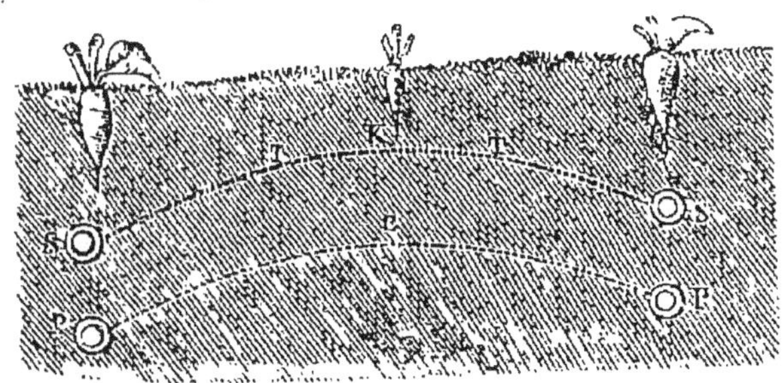

(Fig. 61.) — Profondeur des drains.

terrains drainés, n'est pas horizontale, elle est inclinée selon les lignes K, S et C, P (fig. 61); plus dans les terres qui ont de la tendance à retenir le liquide que dans les terres légères. Il résulte de là que l'épaisseur de la terre assainie n'est pas partout égale à la profondeur des drains. Ainsi les drains P, P n'assainissent que la terre placée au-dessus des lignes P, C ; de même les drains S, S n'assainiraient que selon S, K, S, et laisseraient entré eux un espace M, M, dans lequel les racines ne pourraient pas se développer sans trouver la terre non assainie.

Lorsque des circonstances particulières ne s'y opposent pas, on place généralement les drains à une profondeur de 1 mètre à $1^m,50$. On rapporte qu'en Angleterre on a été obligé de drainer une seconde fois des terres qui n'avaient été drainées qu'à 70 ou 75 centimètres.

EsPACEMENT DES DRAINS.— Des distances de 8 à 10 mètres pour une profondeur de drain de 80 à 90 centimètres; de 12 à 15 mètres pour une profondeur de 1 mètre à $1^m,30$; de 20 à 25 mètres pour une profondeur de $1^m,80$ à 2 mètres, sont les plus favorables. M. Zielinski a trouvé à la ferme-école de la Gorée, qu'un espacement de 30 à 40 mètres avec une profondeur de $1^m,50$ à 2 mètres, donnait un bon résultat et ne coûtait que 102 francs par hectare au lieu de 242 francs, évaluation admise pour le système généralement pratiqué, de profondeur moindre et de drains plus rapprochés.

La LONGUEUR des drains doit être subordonnée à la quantité de pluie qui tombe en vingt-quatre heures, au diamètre des tuyaux, à leur pente, et à la distance qui les sépare les uns des des autres. On admet qu'avec des tuyaux de 25 à 35 millimètres, les drains peuvent avoir de 250 à 350 mètres de longueur. En France, beaucoup de praticiens conseillent de ne pas dépasser 200 mètres. S'il faut assainir des pentes plus longues, on divise les drains primitifs par un canal secondaire transversal (fig. 58).

TUYAUX.—Des tuyaux cylindriques (fig. 62) de 30 à 35 centimètres de longueur et de 25 millimètres de diamètre intérieur sur 10 millimètres d'épaisseur sont les plus usités pour les

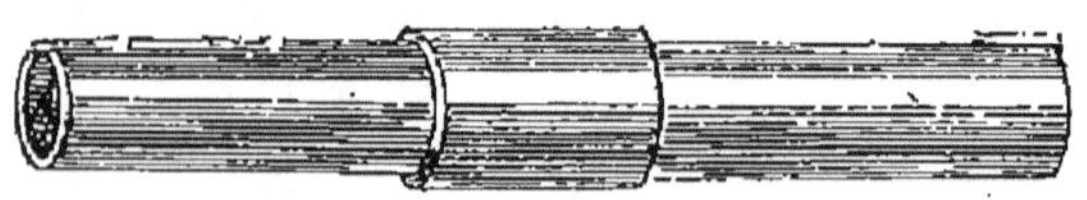

(Fig. 62.) — Tuyaux et manchons.

drains primitifs : ce sont les plus faciles à fabriquer et les moins chers. Les tuyaux à soles, qu'on a conseillés comme plus faciles à fixer, coûtent plus cher, n'offrent aucun avantage sérieux et sont généralement abandonnés.

Pour les canaux secondaires, on prend des tuyaux de 4 à 8

centimètres de diamètre intérieur. Il peut être avantageux de placer dans les mêmes fossés, deux conduits l'un à côté de l'autre au lieu d'un plus gros. Mais il ne faut pas oublier que la surface d'écoulement des tuyaux circulaires diminue comme le carré du diamètre de ces tuyaux ; que si un tuyau de 50 millimètres peut faire écouler les eaux de 2 hectares, un tuyau de 25 millimètres ne pourrait recevoir que celles de 50 ares.

Les tuyaux doivent être assez grands sans l'être en excès. Trop grands, ils occasionnent une dépense inutile, et sont plus exposés à s'obstruer, car le courant y est moins rapide. Il peut être avan-

(Fig 63.) — Tuyaux pour raccordement.

tageux, lorsque les drains sont longs et fortement espacés, de composer chaque conduit avec des tuyaux de 25 millimètres au commencement et de 30 vers la fin, pour que le canal ne soit ni trop spacieux à l'origine, ni trop étroit à la terminaison.

On pratique à quelques tuyaux, avant de les soumettre à la cuisson, une ouverture ronde destinée à recevoir un autre tuyau dans les raccordements (fig. 63). Mais le plus souvent on ne fait ces ouvertures qu'au moment de la *pose*, au moyen d'un marteau pointu.

COLLIERS OU MANCHONS. — Ce sont de gros tuyaux courts qui embrassent les jointures des tuyaux ordinaires (fig. 62). On avait voulu assujettir les tuyaux sans collier, mais il est reconnu que c'est une économie mal entendue.

(Fig. 64.) — Grille.

TERMINAISON DES DRAINS. — Il n'est pas avantageux de faire communiquer directement les canaux primitifs avec le ruisseau ou le canal de décharge, parce qu'on a souvent intérêt à réunir l'eau pour l'utiliser ; parce qu'ensuite il faut prendre des précautions, faire une construction solide, pour que l'extrémité libre du drain ne se dégrade pas : il est plus facile de préserver une seule ouverture que plusieurs. On garnit l'extrémité du dernier ou de l'avant-dernier tuyau avec une grille (fig. 64), ou une plaque de fer percée de petits trous, qui laissent passer l'eau et arrêtent les corps solides volumineux qui voudraient s'introduire dans l'intérieur du canal.

FABRICATION, CHOIX DES TUYAUX. — Nous ne pouvons pas parler ici de la fabrication des drains : nous renvoyons les hommes qui veulent s'en occuper, aux ouvrages spéciaux ; mais nous croyons utile de dire qu'il faut choisir, pour faire ces tuyaux, une terre malléable, tenace, et cependant se desséchant sans se déformer, et surtout ne renfermant pas de carbonate de chaux : pendant la cuisson, ce sel serait décomposé par la chaleur et se réduirait en chaux caustique.

Après la pose dans la terre des tuyaux, la chaux serait dissoute et entraînée par l'eau. Les tuyaux cesseraient de fonctionner et se déliteraient même complètement. Le cultivateur qui achète des drains doit prendre des précautions, ne les acheter qu'avec une garantie bien stipulée, ou après les avoir essayés. On les place dans l'eau, et s'ils sont bien cuits, si la terre employée est exempte d'éléments calcaires, ils restent en bon état et conservent leur dureté ; si au contraire, ils sont défectueux, ils se décomposent.

POSE DES TUYAUX. — La pose des tuyaux au fond des tranchées est effectuée avec l'instrument représenté fig. 53. A l'opposé de ce qui doit être fait pour l'ouverture des tranchées, il est convenable de commencer l'opération par la partie la plus élevée de la pièce que l'on draine, afin que l'eau ne dépose pas dans les tuyaux déjà posés, la terre dont on la charge plus ou moins en travaillant. On *comble* les tranchées en ayant soin de ne pas déranger les tuyaux tout en les fixant solidement. Il faut aussi prendre les précautions nécessaires pour que la terre soit uniformément tassée dans toute la profondeur de la tranchée.

REGARDS. — On doit ménager, de distance en distance, des regards pour plus tard reconnaître les endroits des drains où les tuyaux sont obstrués et, en cas de besoin, abréger les travaux de réparation en facilitant les recherches. Les

(Fig. 65) — Regard.

regards (fig. 65) sont des vases dans lesquels aboutissent les tuyaux qui sont en amont, et d'où partent ceux qui sont en aval. Il est à désirer que l'ouverture qui est en aval soit plus basse que l'autre, afin que l'on puisse s'assurer facilement de la rapidité du courant.

Obstruction des tuyaux. — Elle peut être produite par des racines et par des dépôts. Lorsqu'un conduit est placé auprès d'un arbre, s'il est à une petite profondeur, il est exposé à être obstrué par les racines. Les radicules s'introduisent par les plus faibles fissures et une fois dans le tuyau, elles y produisent un chevelu, *une queue de renard*, qui arrête le passage de l'eau. On ne peut prévenir cet inconvénient qu'en arrachant les arbres et les haies, si l'on n'a pas la possibilité d'en éloigner les drains à une assez grande distance.

Parmi les dépôts qui se forment dans les drains, les uns sont produits par des matières que l'eau tient en suspension, les autres par des sels qui étaient en dissolution dans le liquide. Ces derniers sont beaucoup plus adhérents et sont le plus souvent formés par du carbonate de chaux que l'eau tenait en dissolution à l'aide de l'acide carbonique, et qu'elle abandonne aussitôt que ce gaz se dégage; ils se forment d'autant plus vite que le mouvement du liquide est plus rapide[1].

Nous avons vu, pages 123 et 124, qu'on peut prévenir l'obstruction des drains en provoquant la formation de dépôts en certains endroits limités; M. Mangon a proposé un autre moyen. « Il suffit, dit ce savant ingénieur, pour empêcher leur formation, de s'opposer au dégagement du gaz carbonique. Rien de plus facile que de réaliser en pratique cette condition, en plaçant un regard pneumatique à quelques mètres en amont de la bouche de décharge, et s'il y a lieu, au point de réunion des maîtres drains les plus importants. » Ces regards pneumatiques sont construits comme les regards ordinaires; mais contrairement à ce qui a lieu dans ces derniers, le tuyau d'arrivée débouche à quelques centimètres au-dessous du niveau du tuyau d'écoulement. « A l'aide de cet artifice, les tuyaux de drainage sont séparés de l'air extérieur, et la condition désirée se trouve exactement remplie. »

Ces regards ont aussi pour effet de prévenir la formation dans les drains des dépôts ocreux que produisent les eaux provenant de sols marécageux et de terres riches en composés de fer; dans cette circonstance, les regards agissent en s'opposant à l'entrée dans les drains de l'oxygène de l'air, sans lequel les composés ferrugineux restent solubles.

---

[1] Voyez *Annales des sciences physiques et naturelles d'agriculture et d'industrie*, publiées par la Société d'agriculture de Lyon, année 1840, p. 419.

2. — Desséchement avec des briques

Avant d'employer des tuyaux de drainage, les Anglais avaient construit des conduits sous-terrains avec des *tuiles creuses*, des *tuiles à drain*. Ce moyen est même encore employé et peut être avantageux quand on est éloigné des endroits où se fabriquent les tuyaux, surtout si l'on n'a que des surfaces peu étendues à dessécher.

Pour employer les tuiles, on creuse une tranchée à fond plat (fig. 66); on y place des *semelles*, des *tuiles plates*, ou mieux légèrement en gouttière, pour faciliter l'écoulement des eaux. Les

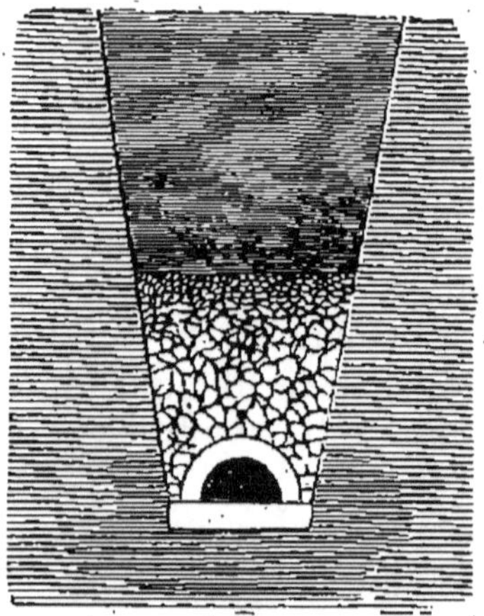

(Fig. 66.) — Drainage en briques.

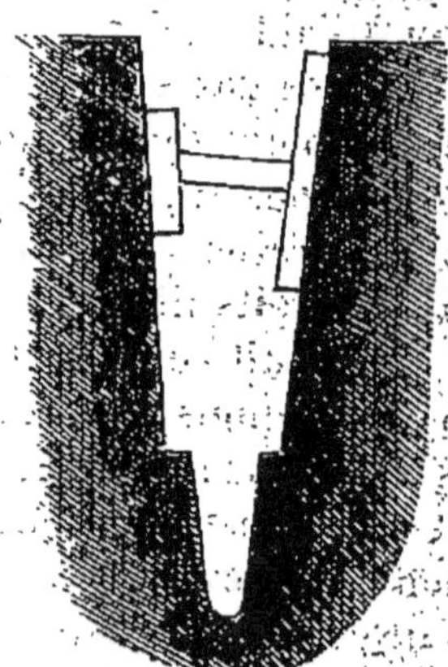

(Fig. 67.) — Tranchée à épaulements.

semelles ont pour but de former un fond résistant qu'on recouvre ensuite avec ses tuiles creuses placées les unes à la suite des autres. Quelquefois on recouvre le canal en tuiles, d'une couche de cailloux ou de graviers de rivière. La figure 66 représente la coupe d'un pareil travail.

3. — Desséchement avec la tourbe.

On a conseillé pour les tourbières deux procédés particuliers. L'un consiste à creuser des tranchées auxquelles on ménage deux épaulements (fig. 67) sur lesquels on pose de grosses mottes de tourbe pour former un aqueduc.

Pour pratiquer l'autre procédé, on enlève d'abord des prismes de tourbe bien solides ; on creuse sur une de leurs faces avec une gouge, une gouttière (fig. 68) ; on les fait sécher et on les applique deux par deux (fig. 69), pour les disposer en tuyau qu'on pose ensuite au fond de la tranchée. Ce drainage est très économique et peut durer longtemps.

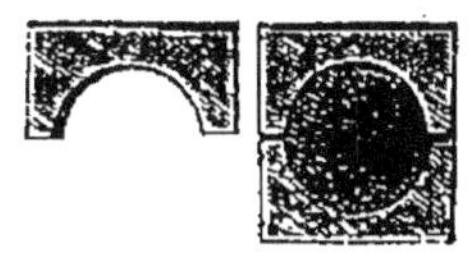

(Fig. 68.) (Fig. 69.)
Conduits en tourbe.

4. — Desséchement par des fossés couverts ou coulisses.

On ne se sert plus de *fossés ouverts* que comme grands canaux de décharge, Ils ont l'inconvénient de répandre de l'humidité et d'altérer l'air, de nécessiter de grands frais d'entretien, d'occasionner des accidents, de rendre improductif l'espace qu'ils occupent, et de gêner les travaux d'exploitation.

On ne saurait plus employer les fossés ouverts qu'à titre d'essai. Nous devons même prévenir que l'eau y coule moins facilement que dans les tuyaux, de sorte que là où ils sont inefficaces, le drainage peut être utile.

On appelle *coulisses*, des fossés garnis intérieurement de pierres cassées ou de branchages recouverts avec de la terre.

On garnit les coulisses d'une couche de 35 à 40 cent. de cailloux, de galets de rivière, de pierres cassées, de tuiles brisées, du volume d'un œuf de poule environ. Ces matériaux recouvrent quelquefois un aqueduc en briques (fig. 66), ou en pierre (fig. 70), et d'autres fois des drains ordinaires ; on couvre les cailloux avec de la paille, des feuilles, des fougères sur lesquelles on remet une partie de la terre qui avait été retirée du fossé. On a soin de rendre solide l'extrémité libre par laquelle l'eau s'écoule dans le canal de décharge, avec de fortes pierres disposées de manière à représenter la bouche d'un aqueduc.

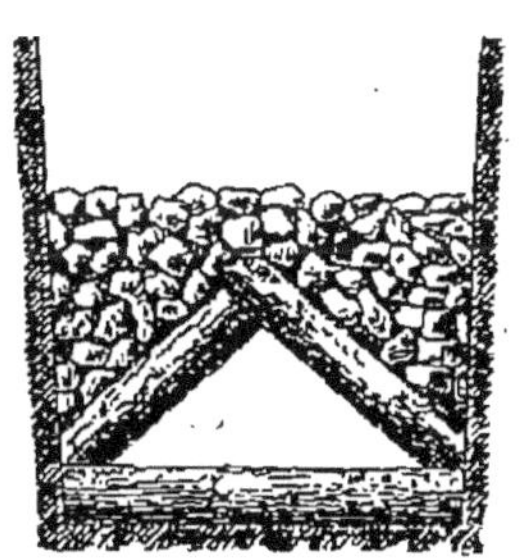

(Fig. 70.) — Aqueduc.

Le *drainage double*, avec de la pierraille et des tuyaux ou des briques, est très efficace : les pierres facilitent la descente de l'eau vers les conduits, et ces derniers en activent l'écoulement En outre les drains sont beaucoup moins exposés à s'obstruer. Mais le travail est dispendieux, et le plus souvent on se borne à employer seulement ou les drains, ou le cailloutage.

Les Anglais, qui avaient beaucoup perfectionné la construction des coulisses avant de pratiquer les travaux auxquels nous avons réservé la dénomination de *drainage*, se servent, pour les établir, de pierres régulièrement cassées en morceaux dont les plus volumineux pourraient passer dans un anneau de 6 à 8 centimètres de diamètre, et soigneusement débarrassées de la terre avec des cribles. Ils séparent même les morceaux selon la grosseur et mettent les plus volumineux au fond et successivement les plus petits ; ils les nivellent soigneusement avec le râteau et les battent avec une *dame* pour ne pas laisser des espaces vides ; il couvrent cette couche perméable de gravier et de sable.

Au lieu de pierrailles, on peut employer pour les fossés couverts, des broussailles, des bourgines, des branches liées ensemble et disposées en cordes, auxquelles on donne une grosseur correspondante à la capacité du fond des tranchées. Ces broussailles sont posées sur le fond du fossé, ou mieux, supportées par de petites pièces de bois disposées en croix, de manière à représenter des X dont l'enfourchure supérieure porte les broussailles.

On recouvre le bois avec des feuilles, du gazon, des branchilles et de la terre. On fait ces coulisses peu profondes, et si elles ne fonctionnent pas longtemps, elles sont d'un établissement peu coûteux.

Employées par les peuples de l'antiquité, les coulisses sont encore usitées. Bien exécutées en pierrailles, elles sont indestructibles, car l'on en trouve qui remontent à l'occupation des Gaules par les Romains et qui fonctionnent encore.

Depuis que l'attention a été appelée sur les dessèchements par le drainage, on s'est rappelé les avantages des coulisses et l'on en a beaucoup pratiqué. Elles peuvent être fort utiles si on fait les tranchées avec soin, si l'on prend bien les niveaux. Beaucoup de travaux, que nous avons vus dans ces dernières années, ne font pas tout le bien que l'on pourrait en attendre parce qu'ils ont été mal faits.

5. — Puits perdus, sondage, drainage vertical.

L'humidité du sol provient quelquefois de ce que la terre arable est supportée par une couche d'argile imperméable, formant un bassin dont les rebords sont relevés de tous les côtés ; d'autres fois l'eau est fournie par un réservoir inférieur, qui, ne pouvant pas se vider, verse constamment son trop-plein à la surface du sol. Dans les deux cas, des travaux de *sondage* sont nécessaires.

Elkington, fermier du Warwick-Shire, a pratiqué le sondage avec un grand succès dans le siècle dernier. Voici comment il fut conduit à adopter ce moyen de desséchement.

Il avait fait creuser des canaux dans une terre qui aurait dû être fertile, sans pouvoir l'assainir. Il visitait un jour ses travaux en se demandant quelle pouvait être la cause de cette humidité, et il était à côté d'un fossé de 1^m,50 de profondeur, lorsqu'un de ses ouvriers, portant un avant-pieu en fer, passa, par hasard, à côté de lui, en allant déplacer un parc dans une terre voisine. Elkington eut l'idée de prendre l'avant-pieu et de sonder le fond du fossé. Ayant enfoncé cet instrument de 1 mètre environ, il vit, en le retirant, l'eau surgir du trou et couler dans le fossé. Il reconnut ainsi que l'humidité provenait du sous-sol et il imagina le procédé d'assainissement qu'on appelle procédé d'Elkington, et qui produit, dans quelques circonstances, de très grands résultats à peu de frais. Le parlement accorda à Elkington une récompense de 1,000 livres sterling (25,000 francs).

Quoique connu en Allemagne depuis longtemps, ce procédé de desséchement n'a été bien apprécié qu'après les succès du fermier du Warwick-Shire. Il a été perfectionné dans ces dernières années. C'est ce qu'on appelle *drainage vertical.*

Pour pratiquer le drainage vertical, on creuse des tranchées horizontales, et c'est du fond de ces tranchées que l'on pratique des sondages, ou

(Fig. 71.) — Drainage vertical.

que l'on enfonce des colonnes de tuyaux, verticalement, dans une profondeur qui varie selon l'épaisseur de la couche à assainir. Les colonnes, formées de tuyaux qui s'emboîtent, laissent pénétrer l'eau dans leur intérieur par les joints et par des ouvertures dont les tuyaux sont pourvus. Elles sont enfoncées directement, ou après qu'il leur a été ménagé un passage à l'aide de la sonde. On pourrait au besoin garnir le fond

de la colonne d'un morceau de bois pourvu d'une pointe en fer,
comme l'extrémité d'un pilotis.

Ce procédé a pour but de donner écoulement à des eaux souterraines répandues dans une couche argileuse (fig. 71, *s*), et provenant des eaux pluviales, ou amenées par une couche aquifère sur

(Fig. 72.) — Puits perdus.

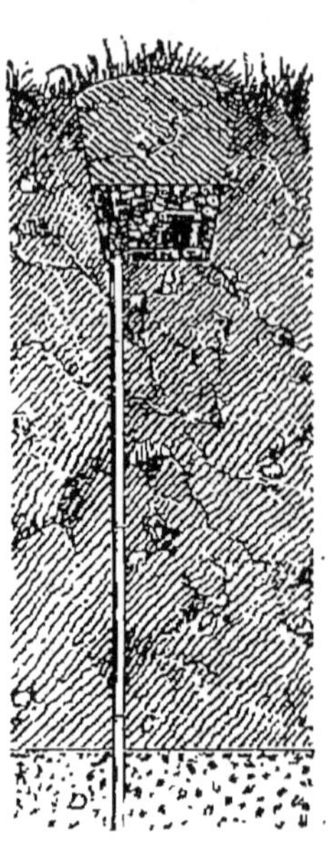

(Fig. 73.) — Trou de
sonde.

laquelle repose l'argile ; de la faire remonter par des tuyaux verticaux dans un drain horizontal qui la mène dans un canal de décharge ou dans un puits perdu (fig. 72), et de tarir ainsi des sources
(fig. 71), qui, en surgissant à la surface du sol produisaient l'insalubrité. C'est ce qui avait lieu dans le cas observé par Elkington.

D'autres fois, le drainage vertical conduit dans une couche
perméable profonde, l'eau d'une couche superficielle, à l'aide
d'un trou de sonde, B, c qu'on garnit de tuyaux au besoin (fig. 73).

Dans le premier cas, les tuyaux placés verticalement font fonction de drains collecteurs, et les tranchées horizontales où ils
aboutissent conduisent l'eau à la décharge ; dans le second, les
drains horizontaux ramassent l'eau, et les drains verticaux la
font arriver dans un sous-sol perméable : ils font fonction de
puits perdus.

Souvent même, lorsque la couche imperméable qui doit être
traversée est peu épaisse, on fait un véritable puits perdu (fig. 72)

que l'on remplit, pour éviter les accidents, avec des branchages,
ou mieux avec de la pierraille.

6. — Colmatage, terrement.

Le desséchement peut être opéré aussi par l'élévation du sol :
on le pratique en transportant des terres avec la brouette, le
tombereau. Un des plus beaux quartiers de Lyon, au confluent
de la Saône et du Rhône, est bâti sur une presqu'île jadis infecte,
qui a été comblée et assainie de cette manière.

On peut produire le même résultat par *atterrissement*, par
terrement, c'est-à-dire en faisant arriver, d'un lieu plus élevé,
des eaux limoneuses sur les emplacements qu'on veut dessécher.
On forme ainsi, tant de l'élévation que du bas-fond qui est au-
dessous, un plan incliné, qui peut toujours être arrosé à l'aide
du canal qui a servi à la conduite des eaux, canal auquel on
donne une solidité suffisante. Nous avons des étangs, des
marais, jadis sources de fièvres pestilentielles, qui ont été ainsi
assainis et livrés à la culture.

Le colmatage se fait souvent sans le secours de l'homme : les
bas-fonds se comblent, et par les matières que l'eau transporte,
et par les herbes qu'elle fait pousser. C'est ainsi que se sont produits beaucoup de riches herbages de l'ouest de la France.

Les alluvions qui se forment à l'embouchure de nos fleuves et
qui comblent les mers, quelquefois aux dépens des ports, nous
démontrent combien nos rivières torrentielles, nos fleuves,
peuvent, lorsque leur action se combine avec celle des marées,
produire de grands résultats en peu de temps. M. Surrell a
trouvé que les eaux du Rhône contiennent, à Beaucaire, pendant
les fortes crues, $18^{kg},068$ de limon par mètre cube ; que
le fleuve charrie annuellement à la mer 21 millions de mètres
cubes de matières solides.

Plus les eaux sont limoneuses, plus souvent elles se renouvellent et plus rapidement elles agissent. Quand on emploie,
comme on le fait assez souvent, les eaux de la mer pour opérer
le colmatage, il faut choisir l'époque à laquelle les marées transportent les matériaux les plus propres à la culture. Sur quelques
parages, elles donnent, tantôt un produit limoneux trop tenace,
tantôt un sable trop mobile. On doit avoir soin de faire arriver
alternativement les uns et les autres de ces produits, de manière
à composer un sol ayant les propriétés des bonnes terres arables.

§ II. — Des effets des desséchements.

Immédiatement après l'établissement des fossés, l'eau surabondante commence à s'écouler, et l'air atmosphérique prend la place laissée vacante par le liquide. De ce double effet résultent des avantages divers que nous allons faire connaître.

Effets physiques. — Après le desséchement, on a toujours remarqué une grande diminution dans la ténacité et dans la consistance du sol. Les terres sont plus légères et plus *faciles à travailler;* les animaux se fatiguent moins, font plus de travail, et peuvent être utilisés presque dans tous les temps, ce qui permet de tirer un meilleur parti des attelages, d'en diminuer le nombre, en distribuant régulièrement les travaux dans toutes les saisons de l'année.

Un des effets les plus remarquables du desséchement, c'est *l'élévation de la température du sol :* elle a été directement constatée à l'aide du thermomètre, et en outre, on a remarqué qu'après le drainage, la végétation commence plus tôt au printemps et finit plus tard en automne. On a vu, en Angleterre et en Écosse, que le froment peut être cultivé dans des localités où il n'avait jamais mûri, que des arbres donnent leurs fruits quinze jours plus tôt qu'avant le drainage, et même que des cerisiers portent de bonnes cerises dans des terrains où ces fruits n'étaient jamais venus à maturité.

Nous devons noter aussi que les plantes supportent mieux le froid comme la sécheresse, parce qu'elles ont des racines plus longues et plus fortes.

On explique facilement l'élévation de la température remarquée après le drainage : elle provient de ce que les terres, étant plus égouttées, absorbent mieux les rayons solaires, et qu'en raison du peu d'eau qu'elles contiennent, l'évaporation y est moins considérable.

Effets chimiques. — Ils résultent principalement de l'introduction dans le sol, d'air à l'état de dissolution dans l'eau, et à l'état de gaz.

L'air pénètre dans l'épaisseur du sol de haut en bas, à mesure que l'eau s'en écoule, et aussi de bas en haut, car celui qui est renfermé dans les drains, rarement remplis par l'eau, se trouvant en hiver plus chaud que l'air extérieur, tend à s'élever à travers les pores de la terre. On a même quelquefois établi des tuyaux pour faciliter la pénétration de ce fluide dans le sol, tellement on est convaincu de l'efficacité de son action.

L'air produit de bons effets par ses composés ammoniacaux, son acide nitrique, par son oxygène et par son acide carbonique. Il facilite aussi la décomposition de l'humus et des minéraux. Ces réactions expliquent le fait généralement observé, à savoir qu'après le drainage, les terres réclament moins d'engrais. Quelques fermiers anglais ont prétendu que les terres drainées donnent de plus riches récoltes sans engrais, que les terres non drainées avec du fumier. Sans hyperbole cela peut être vrai, pendant quelques années pour certaines terres fortement humides.

EFFETS DES DESSÉCHEMENTS SUR LA VÉGÉTATION. — A mesure que la couche d'eau stagnante s'abaisse, les racines prennent plus de développement, les plantes sont plus robustes et donnent des produits plus abondants. On peut cultiver des récoltes à racines profondes : la luzerne, la carotte, les navets, la vigne, là où elles ne pouvaient prospérer. Le desséchement rend même la terre susceptible de produire des plantes qui craignent la sécheresse : en raison du plus grand développement qu'elles prennent au printemps, elles résistent mieux aux fortes chaleurs de l'été.

Le desséchement améliore les fourrages : les bonnes plantes qui craignent l'humidité remplacent, dans les terrains drainés, celles qui, comme les joncs et les carex, recherchent les terres mouillées. Les récoltes sont moins disposées à la rouille, au charbon et fournissent des pailles plus sapides et plus nutritives.

On a remarqué que les troupeaux recherchent de préférence les parties des terres où le drainage a été pratiqué. Les animaux qui vivent sur des terrains assainis ont un développement plus précoce et prennent de plus belles formes.

EFFETS DES DESSÉCHEMENTS SUR LA SALUBRITÉ DU PAYS. — En donnant écoulement à l'eau retenue par le sous-sol, le desséchement fait disparaître les eaux aigres, stagnantes, qui dans beaucoup de localités remontent jusqu'à la surface du sol et altèrent l'atmosphère. Après la pratique de cette opération, on a vu disparaître les maladies de l'homme et des animaux qui tiennent à l'influence des brouillards, à l'insalubrité de l'air, à l'humidité de la terre et à la mauvaise qualité des plantes : la fièvre de l'homme, la pourriture du mouton et le charbon.

Le drainage, au point de vue de la FERTILITÉ DU PAYS, ne peut pas encore être complètement apprécié ; il faut attendre les résultats de l'expérience ; mais nos croyons que ses effets ne seront pas les mêmes dans les terres en pente et dans les plaines.

Dans les *terres en pente*, son action nous paraît devoir être à tous égards salutaire : l'eau qui y tombe s'écoule presque ins-

tantanément et contribue à produire les inondations; tandis
que, après le drainage, trouvant une couche perméable, elle y
pénétrera, y séjournera quelque temps, y laissera quelques-uns
de ses produits, et s'écoulera ensuite graduellement, ou s'éva-
porera et rafraîchera l'air. Le drainage a déjà mis à la disposition de l'homme beaucoup d'eau qui est employée pour arroser
les terres et pour mettre en mouvement des machines.

Mais dans les *plaines*, l'effet salutaire qu'il produira pourrait
bien ne pas être sans inconvénients. Généralement pratiqué,
n'aurait-il pas de mauvaises conséquences? Les plaines humides
ne sont pas très fertiles, c'est vrai ; mais ne contribuent-elles
pas à donner de la fertilité au pays en retenant, pendant les
pluies, des masses d'eau qui rafraîchissent l'atmosphère en
s'évaporant en été? Beaucoup de nos coteaux jadis boisés sont
devenus stériles par suite de défrichements qui d'abord avaient
été favorables à la richesse publique ; le drainage ne produira-
t-il pas un effet semblable sur les plaines de l'Oise, de la
Somme et de l'Aisne?

§ III. — Des terres qui réclament le drainage et des résultats pécuniaires de l'opération.

Nous n'avons pas besoin de désigner les marais, les tourbières,
les terres marécageuses, ni même les terres argileuses, compactes, qui se crevassent en été, qui donnent des récoltes tardives, qui restent humides toute l'année, et se couvrent de prèles,
de persicaires, de carex, de joncs, de consoude, de tussilage, de
menthe, de traînasse, et que l'on appelle *terres fortes, terres
grasses, terres humides, terres froides.*

On sait également qu'il faut drainer toutes les terres qui retiennent l'eau, qui restent humides pendant l'hiver, lors même
qu'elles se dessèchent, comme les argiles peu profondes, pendant
l'été. Les effets de la chaleur sont aussi nuisibles dans ces terres
que ceux de l'humidité, parce que le desséchement s'opère rapidement, tandis que si l'eau s'écoulait insensiblement, la dessiccation serait lente et le resserrement moins considérable.

Dans le cas où l'on ignorerait si l'insuccès des récoltes tient à
un excès d'humidité dans le sous-sol, on ouvrirait des fossés
d'essai, on ferait des trous avec des pieux pour voir si l'eau séjourne
dans les couches profondes, et si cela était, le drainage serait utile.

Il n'est pas difficile de reconnaître les terres dans lesquelles le drainage doit être favorable, mais il est plus difficile de savoir si les résultats qu'on doit en attendre compenseront les frais d'exécution. Dans quelques terres, le drainage a doublé la récolte ; dans d'autres il l'a augmenté de la moitié, du quart.

On a dit que c'est dans les terres les plus fertiles qu'il produit les plus grands avantages, et cela pour démontrer sans doute que ce n'est pas seulement dans les marais incultes qu'on peut le pratiquer avec profit ; car ce n'est pas dans les excellents terrains qui donnent 35, 40 hectolitres de blé par hectare qu'on peut doubler ou tripler la récolte ; c'est dans les terres mauvaises ou médiocres à cause de leur grande humidité, mais susceptibles de produire à cause de leur constitution chimique.

On a parlé de domaines dont le revenu s'était élevé de 6,300 à 10,800 francs par l'effet du drainage. Quant à la dépense, elle a varié de 100 à 400 francs par hectare. Généralement c'est dans les contrées où les produits du sol se vendent cher que le drainage donne les meilleurs résultats pécuniaires, quoique, par suite du prix de la main-d'œuvre, cette opération y soit très coûteuse.

§ IV. — Législation en ce qui concerne le drainage.

Les détails dans lesquels nous venons d'entrer suffisent pour faire valoir combien le drainage peut offrir d'avantages aux cultivateurs intelligents. Malheureusement deux obstacles se rencontrent souvent qui les mettent dans l'impossibilité d'y recourir. Le premier réside dans la difficulté qu'ils éprouvent quelquefois à faire écouler les eaux dont ils voudraient débarrasser leur terrain ; le second se trouve dans les dépenses qu'entraîne l'opération, et que les cultivateurs ne sont pas toujours en état de faire. Deux lois, l'une du 10 juin 1854, l'autre du 17 juillet 1856, ont été rendues dans le but de parer à ces inconvénients.

La loi du 10 juin 1854 est d'une importance tellement capitale que nous croyons devoir citer en entier les sept articles qui la composent.

« Art. 1er. — Tout propriétaire qui veut assainir son fonds, par le drainage ou un autre mode d'assèchement, peut, moyennant une juste et préalable indemnité. en conduire les eaux souterrainement ou à ciel ouvert, à travers les propriétés qui séparent ce fonds d'un cours d'eau ou de toute autre voie d'écoulement.

« Sont exceptés de cette servitude les maisons, cours, jardins, parcs et enclos attenant aux habitations.

« Art. 2. — Les propriétaires des fonds voisins ou traversés ont la faculté de se servir des travaux faits, en vertu de l'article précédent, pour l'écoulement des eaux de leur fonds.

« Ils supportent, dans ce cas, 1° une part proportionnelle dans la valeur des travaux dont ils profitent ; 2° les dépenses résultant des modifications que l'exercice de cette faculté peut rendre nécessaires ; et 3°, pour l'avenir, une part contributive dans l'entretien des travaux devenus communs.

« Art. 3. — Les associations de propriétaires qui veulent, au moyen de travaux d'ensemble, assainir leurs héritages par le drainage, ou tout autre mode d'asséchement, jouissent des droits et supportent les obligations qui résultent des articles précédents. Ces associations peuvent, sur leur demande. être constituées par arrêtés préfectoraux, ou syndicats auxquels sont applicables les articles 3 et 4 de la loi du 14 floréal an XI.

« Art. 4. Les travaux que voudraient exécuter les associations syndicales, les communes ou départements, pour faciliter le drainage ou tout autre mode d'asséchement, peuvent être déclarés d'utilité publique par décret rendu en conseils d'Etat.

« Le règlement des indemnités dues pour expropriation est fait conformément aux § § 2 et suivants de la loi du 21 mai 1836.

« Art 5. Les contestations auxquelles peuvent donner lieu l'établissement et l'exercice de la servitude, la fixation du parcours des eaux, l'exécution des travaux de drainage ou desséchement, les indemnités et les frais d'entretien sont portées en premier ressort devant le juge de paix du canton, qui en prononçant, doit concilier les intérêts de l'opération avec le respect dû à la propriété.

« S'il y a lieu à expertise, il pourra n'être nommé qu'un seul expert.

« Art. 6. La destruction totale ou partielle des conduits d'eau ou fossés évacuateurs est punie des peines portées à l'article 436 du Code pénal.

« Tout obstacle, apporté volontairement au libre écoulement des eaux ; est puni des peines portées à l'article 557 du même Code.

« L'article 363 du Code pénal peut être appliqué.

« Art. 7. Il n'est aucunement dérogé aux lois qui règlent la police des eaux. »

Quant à la loi du 17 juillet 1856, elle a été conçue dans le but de permettre aux cultivateurs de faire drainer leur terres à l'aide d'avances qui leur sont faites par l'Etat (actuellement par le Cré-

dit foncier substitué pour cet objet à l'Etat par une loi du 28
mai 1858) et qu'ils ont la faculté de rembourser en vingt-cinq
annuités de 6,40 p. 100, comprenant l'amortissement et l'intérêt
à 4 p. 100.

Jusqu'à présent cette loi n'a pas produit tous les effets que l'on
en attendait. Peu de cultivateurs se sont décidés à entrer dans
la voie qu'elle leur indique. Peut-être cela dépend-il des forma-
lités qu'ils auraient à remplir pour jouir des avantages qui leur
sont proposés. En général les gens de la campagne éprouvent de
la répugnance à entreprendre des opérations qui nécessitent
qu'ils aient recours aux agents de l'administration. Terminons
en faisant observer cependant que ceux d'entre eux qui veulent
recourir au drainage ont tout intérêt à profiter de la décision
du 30 août 1854 qui les autorise à faire dresser gratuitement
par les ingénieurs des services hydrauliques les projets de drainage qu'ils désirent exécuter.

SECTION II.

IRRIGATION, ARROSEMENT.

Par *irrigation*, on entend les grands travaux de barrage et de
canalisation qui ont pour but l'aménagement des eaux destinées
à la fertilisation des terres ; tandis qu'on appelle plus particulièrement *arrosement*, *arrosage*, la dispersion de l'eau sur les
récoltes.

Il n'entre pas dans notre plan de décrire les grands travaux
que nécessite la pratique des irrigations ; nous nous bornerons
à faire remarquer qu'en France, nous avons, dans l'Est et dans
le Sud, des montagnes élevées qui, par la neige qu'elles conservent une grande partie de l'année, par les nuages et les brouillards qui s'y condensent, forment d'immenses réservoirs admi-
rablement disposés pour arroser nos coteaux et les plaines les
plus exposées à la sécheresse, que dans le Centre ou dans le
nord-est se trouvent des montagnes moins élevées, c'est vrai,
mais assez considérables pour conserver dans leurs flancs, après
les pluies et les neiges, de grandes quantités d'eau d'où proviennent le Gard, le Tarn, le Lot, la Dordogne, la Vienne, l'Allier, la Loire, la Seine, la Marne et la Saône ; que là où ces con-

ditions géologiques et météorologiques n'existent pas, dans la Sologne, la Picardie, la Lorraine, nous trouvons de fortes masses d'argile, des plaines, des marais, qui contribuent aussi à alimenter nos rivières même en été ; que quelques-uns des affluents de nos grands cours d'eau coulent entre des monts escarpés dans des vallées très profondes, ce qui faciliterait l'établissement de réservoirs ; enfin, que presque toutes nos montagnes sont assez élevées et nos rivières assez rapides, pour permettre de dévier facilement les eaux, et de les utiliser sur une grande échelle, pour les irrigations, comme pour le transport des amendements et des produits du sol.

Quoique l'arrosage puisse être utile à toutes nos récoltes nous l'étudierons en particulier au point de vue des prairies naturelles qui le réclament surtout. D'ailleurs il doit être pratiqué à peu près selon les mêmes règles pour toutes les cultures.

§ Ier. — De l'eau, de ses qualités et de son amélioration.

I. — Des diverses eaux employées pour les irrigations.

Les effets de l'arrosage varient selon la composition de l'eau qui sert à l'effectuer.

L'EAU DE PLUIE est toujours chargée de différents corps qui se forment dans l'air, proviennent de la mer ou s'élèvent du sol (voyez *Pluie*) ; cependant elle est moins fertilisante quand elle tombe directement de l'atmosphère que lorsqu'elle a coulé un certain temps sur la surface de la terre.

En traversant le sol, l'eau perd quelques-uns de ses principes et se charge de matières contenues dans les terrains qu'elle traverse, de sorte que l'EAU DE SOURCE est plus variée que celle de pluie ; elle présente une température uniforme qui échauffe la terre pendant l'hiver et la refroidit en été : sous ce rapport elle est toujours favorable à la végétation. Nous ne parlons pas des *eaux thermales* qui, en raison de leur température plus ou moins élevée, rendent précoces les plantes qu'elles arrosent.

Si les eaux de source ont traversé des terrains siliceux, feldspathiques, micacés, elles contiennent de la potasse, de la soude, de l'alumine, qu'elles déposent après avoir été en rapport avec l'atmosphère ; celles qui surgissent des roches quartzeuses, granitiques, sont plus pauvres en matières solubles, mais cependant plus ou moins alcalines et plus favorables à la croissance des graminées qu'à celle des légumineuses : les eaux alcalines sont propres surtout à l'arrosement des terres dans lesquelles la chaux domine.

Les eaux qui proviennent des terrains calcaires tiennent des sels de chaux en dissolution. On les reconnaît aux incrustations qu'elles produisent dans les canaux qu'elles traversent et même sur les plantes qu'elles arrosent. Conduites sur les sols alumineux, siliceux, elles y font pousser des plantes qui n'y viennent pas naturellement, et y rendent le fourrage plus abondant et de meilleure qualité.

Des effets semblables, facilités par les nombreuses variétés de roches qui existent en France, se produisent dans toutes nos vallées, dans le bassin du Lot, du Tarn, de la Durance, de la Creuse, de la Vienne, comme dans ceux des nombreux affluents de la Haute-Loire. En descendant dans les plaines calcaires et de sédiment, les eaux des monts granitiques font pousser les plus belles récoltes sur des terres souvent peu fertiles. Même les plus mauvaises eaux pour les prés, celles des marais, produisent de bons effets sur des terres bonnes par leur composition, mais trop perméables, et manquant d'humidité.

Les EAUX DE RUISSEAUX sont de même nature que celles des sources d'où elles émanent ; le plus souvent cependant, elles sont moins chargées d'acide carbonique et de matières minérales, surtout si elles ont été agitées.

Les EAUX DES FLEUVES et celles de nos grandes RIVIÈRES, formées presque toujours de ruisseaux provenant, les uns de terrains calcaires, les autres de terrains siliceux, sont d'une composition plus variée : elles conviennent à l'irrigation de presque toutes les terres. Toutefois, les meilleures sont celles qui descendent de contrées fertiles, bien cultivées : elles sont aérées, contiennent de l'acide carbonique et des détritus provenant des engrais, particulièrement après les pluies. D'une manière générale, les eaux des rivières produisent moins d'effet sur les terrains qu'elles ont précédemment déposés que sur des terres provenant, soit de la désagrégation d'une montagne, soit de dépôts formés par d'autres rivières.

Les eaux courantes sont bonnes, surtout après de longues sécheresses : en délayant les chemins, les pelouses, les ravins, elles se chargent d'excréments d'animaux, de cadavres d'insectes, de feuilles pourries, qui les rendent fécondantes. Les cultivateurs doivent chercher à utiliser les eaux en automne, quand elles sont troubles, limoneuses.

Toutes les rivières sont plus fertilisantes en aval des villes qu'en amont. Les eaux du *Furens*, ruisseau qui forme des marais du côté du mont Pilat, sont très médiocres près de leur source, et deviennent excellentes en se mêlant à celles des égouts et des rues de Saint-Etienne : les prés se vendent beaucoup moins cher en amont de cette ville qu'en aval.

Eaux grasses. — Les villes et même les villages, les cours des fermes, fournissent toujours d'excellentes eaux qu'on utilise souvent directement, d'autres fois quand elles se sont mêlées à d'autres eaux courantes.

Nous savons tous que les eaux *limoneuses*, chargées de sels ammoniacaux, colorées par des matières organiques en décomposition, sont fertilisantes ; mais il n'est pas si facile d'apprécier les eaux *limpides*. On doit considérer comme bonnes celles qui font pousser des plantes sapides, les berles, les cressons, les véroniques, des plantes douces comme les gramens, et celles qui font gazonner le terrain qu'elles recouvrent ; tandis que les eaux qui font pousser des plantes insipides, des joncs, des carex, sont mauvaises.

Les eaux des marais, les eaux aigres, irisées à la surface, rougeâtres, sont dans ce cas ; elles favorisent la croissance des mauvaises plantes.

On cite des prés du comté de Sommerset, composés de graminées et de légumineuses, qui se couvrirent de carex, de joncs, de bruyères, après avoir été arrosés avec l'eau d'un ravin alimenté par un marécage. L'eau des marais est nuisible à cause de ses propriétés acides ; celle des mares, quoique plus corrompue, est excellente.

2. — Amélioration des eaux pour les irrigations.

L'homme peut en tout temps et en tout lieu corriger facilement les mauvaises eaux, et même leur communiquer des propriétés fertilisantes. Il suffit de laisser reposer dans des réservoirs, de retenir dans des canaux à pente très douce, les eaux trop froides qui proviennent de la fonte des neiges, pour en élever la température. Toutes les eaux crues peuvent être améliorées par ce moyen, surtout si on les fait séjourner sur du fumier, sur des cendres lavées, sur des débris de plantes, sur des mottes de gazon ; on a même proposé d'utiliser les cadavres des animaux morts dans la ferme pour améliorer les eaux.

Les eaux s'améliorent par le simple déplacement. On voit souvent l'eau qui fait pousser des plantes aigres et chétives dans le bas d'une prairie, faire produire, après avoir parcouru quelques centaines de mètres dans un ruisseau, un excellent fourrage dans un second pré qu'elle arrose ensuite.

Il ne manque que le désir d'avoir de bonnes eaux ; on trouve toujours le moyen d'améliorer celles dont on dispose. Les cultivateurs des Vosges, de la Suisse, des Cévennes, remuent la vase, le limon que recèle le fond des ruisseaux ; ils amènent ainsi sur leurs terres d'excellents engrais. J'ai vu mon père créer un pré sur un gravier, avec la vase d'un étang nettoyé quelques kilomètres en amont. Les *Annales agricoles* de l'Ariège ont cité avec éloge Jean Espi, qui, en faisant arriver sur son pré, avec les matières fertilisantes du fond d'un ruisseau, les cendres d'un écobuage, a démontré que l'augmentation des revenus d'une seule année peut payer et au delà les frais nécessaires pour améliorer les prairies. Ce limonage fume les terres, chausse les plantes, détruit les insectes, bouche les galeries des taupes et facilite les arrosages ultérieurs, en empêchant l'introduction de l'eau dans les voies souterraines. On se procure ainsi tous les avantages des inondations, sans en avoir les inconvénients.

Étangs de rassemblement. Pêcheries. — Répandue sur les prés à mesure qu'elle surgit, l'eau des sources peu considérables se volatilise sans produire d'effet sensible. Il y a souvent avantage à la retenir dans des réservoirs : elle s'y évapore en partie et perd peut-être quelques-uns de ses principes, des gaz, si elle en contenait de fortes quantités, mais en général elle s'y améliore ; elle se charge de corps fournis par l'atmosphère et par des insectes qui naissent et meurent dans la vase. On dispose quelquefois ces réservoirs pour y élever du poisson. Près des villages, ils servent de *lavoir* : l'eau est améliorée par les alcalis employés pour laver le fil et le linge. Il ne faut pas négliger, quand cela est possible, d'y faire arriver les eaux des chemins.

Ces réservoirs sont disposés de manière à pouvoir être vidés en partie ou en totalité, selon que l'on veut ou non y élever du poisson. On les vide deux fois par jour, ou tous les deux, trois, quatre jours, selon leur capacité, relativement à la force de la source qui les alimente. On doit chaque fois avoir soin de produire un arrosage complet, en faisant au besoin répandre l'eau sur une surface moindre. Le trop-plein s'écoule par l'*élacier*, et on le dirige là où il peut produire le plus d'effet.

§ II. — De la pratique des irrigations.

I. — Modes d'arrosement.

L'arrosement des terres, et des herbages en particulier, se fait par *infiltration*, par *immersion* et par *déversement*.

Par infiltration. — Pour cet arrosage, on fait rendre l'eau dans des réservoirs et des canaux qui entourent ou sillonnent la propriété : elle parvient aux racines des plantes en s'infiltrant dans la terre de proche en proche ; elle ne recouvre jamais le sol. Ce procédé d'irrigation ne doit pas être employé quand on a des eaux riches et fertilisantes, ni quand on ne dispose que de petites quantités de liquide. Pour le pratiquer on creuse des rigoles sans pente sensible et également larges sur toute leur longueur, afin qu'elles restent constamment pleines. Elle doivent être plus multipliées, plus rapprochées les unes des autres, quand le sol à arroser est peu perméable. Il faut pour cet arrosement un terrain bien disposé et des canaux qui permettent d'élever à volonté le niveau du liquide.

On arrose par **immersion** ou **submersion** quand on couvre d'eau le terrain qui doit être arrosé. Pour pratiquer cet arrosage on rend le sol uni, on lui donne une pente de 0,005 par mètre, et on le divise en compartiments ou carrés, au moyen de petites digues ; on fait ensuite arriver l'eau dans ces compartiments. En Belgique, on met une couche de liquide de $0^m,02$ à 0^m04 sur le bord le plus élevé des carrés. Il est bon que les compartiments ne soient pas trop étendus, pour ne pas avoir à faire des digues trop élevées à leur partie inférieure. On ménage les pentes et les fossés d'écoulement afin de pouvoir opérer des dessèchements complets.

Cet arrosement est pratiqué le plus souvent comme moyen de fertilisation, et rarement pour humecter les plantes, parce que les terres qu'on peut arroser ainsi sont ordinairement en contrebas est généralement fraîches ; il fume le sol, détruit les animaux nuisibles, et donne des fourrages très abondants, mais de médiocre qualité. Les prés arrosés par les grands canaux de la Lombardie fournissent six ou sept coupes par an.

Les inondations sont des arrosages par immersion. Les gazons qui y sont exposés sont les plus recherchés, malgré les inconvénients qu'elles entraînent souvent après elles. Chacun connaît les richesses que le Nil apporte à l'Égypte. En France, les belles prairies qui longent quelques-unes de nos grandes rivières doivent leurs qualités aux inondations qui sont souvent bien intempestives, mais quelquefois aussi trop rares ; si l'on trouve sur les rives de la Saône, de la Seine, de la Meuse, des prairies arrosées par immersion où poussent les joncs et les carex, cela dépend plutôt de l'incurie des cultivateurs qui négligent de relever les lieux bas, que du mode d'arrosage.

Par déversement. — Pour le pratiquer, il faut d'abord niveler le terrain de manière que l'eau puisse le parcourir en couches minces et lentement, y déposer tout ce qu'elle charrie, sans y rester stagnante : si la pente est trop rapide, l'eau au lieu de s'étendre et de déposer son limon, coule en ruisseaux, enlève les sucs fertilisants, déchausse les plantes, et entraîne même la terre ; si elle est trop peu marquée, l'eau séjourne sur le sol, s'alterre, devient aigre, détruit les bonnes plantes, et fait pousser les jons et les carex.

Parmi les canaux que l'on creuse pour arroser par déversement, on distingue la *grande béale, bies* ou *canal principal, canal d'alimentation,* B F (*fig.* 74), qui part de la rivière et conduit l'eau en suivant la ligne culminante du terrain à arroser. A son origine ce canal est pourvu d'une vanne pour modérer l'arrosage et prévenir l'inondation.

De la grande béale partent les *rigoles secondaires* R R R, qui y prennent l'eau et la distribuent selon les besoins du terrain. Dans quelques cas elles se divisent en *rigoles tertiaires.*

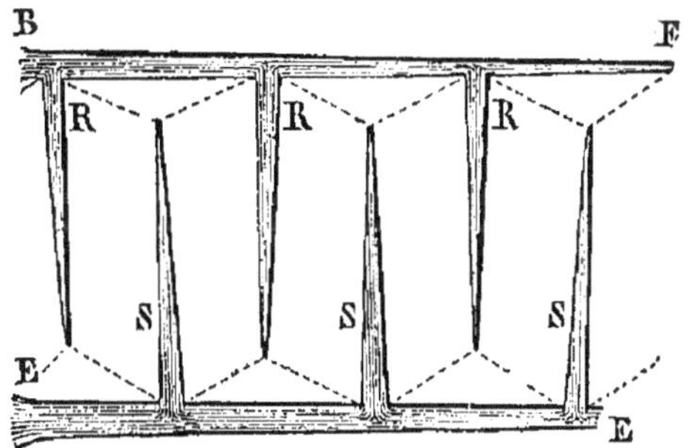

(Fig. 74.) — Arrosage en planches

Les divers canaux peuvent varier beaucoup par le nombre et par leur disposition : le terrain permet rarement de les faire symétriques ; mais ils doivent toujours être étroits afin d'occuper peu de place ; avoir peu de pente, soit 2^{mm} par mètre ; aller en diminuant insensiblement de profondeur, afin qu'ils restent constamment pleins et que l'arrosage se développe uniformément sur toute la longueur. Néanmoins à leur origine les canaux secondaires doivent être plus étroits, mais aussi profonds que ceux d'où ils partent, pour que toute l'épaisseur de l'eau courante se divise à chaque embranchement, et que les matières fertilisantes, toujours plus abondantes au fond du courant, ne soit pas entraînées et réunies à l'extrémité de la rigole principale.

Des canaux particuliers de décharge S S S (*fig.* 74) conduisent l'eau qui a servi aux arrosages hors de la pièce de terre. Ces canaux sont appelés *saignées* quand ils se dirigent de l'intérieur du pré vers les bords. On

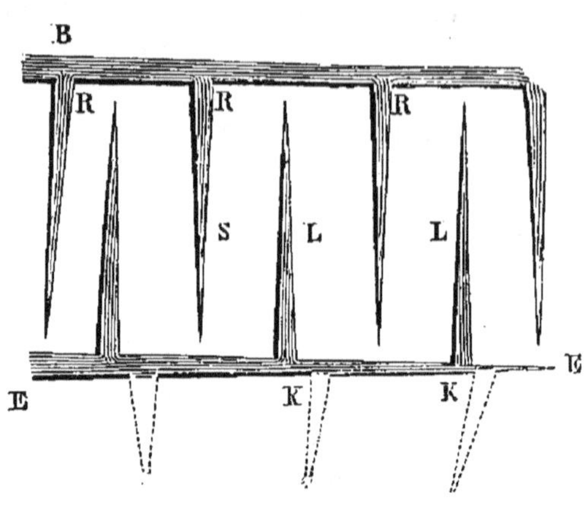

(Fig. 75.) — Arrosage par reprise d'eau.

donne le nom de *colateur, canal de colature,* E E *(fig.* 75) à un canal destiné à ramasser l'eau qui doit être employée à l'arrosage d'une pièce de terre inférieure à celle dans laquelle il est creusé.

ARROSAGE SUR LES TERRAINS DISPOSÉS EN ADOS. — C'est l'arrosage par déversement perfectionné ; on le pratique de nos jours de plus en plus. Pour l'établir, on divise le pré en *planches* en *billons (fig.* 74). (Voyez *Etablissements des prairies.*)

L'arrosage en dos n'est possible que sur des terres planes ou presque planes.

ARROSAGE PAR DÉRIVATION. — Anciennement en pratiquait, et l'on pratique encore mal dans beaucoup d'endroits, l'arrosage par déversement. On fait simplement une rigole d'alimentation qui part d'un ruisseau et suit le bord supérieur du terrain à arroser. L'eau de la rigole s'écoule en nappe sur toute la surface du pré, dont le bord inférieur ne reçoit que l'eau filtrée, dépouillée de ses principes fertilisants par le gazon qu'elle a traversé. Ainsi s'explique pourquoi, dans tant de nos prés, la partie la plus élevée, quoique la plus maigre fournit, un foin abondant et toujours composé de meilleures plantes que celui de la partie la plus basse.

Pour remédier à ce vice de l'arrosage qui se produit toutes les fois qu'on arrose ainsi une surface considérable, il faut diviser le terrain en bandes de 8 à 10 mètres de largeur dans le sens de la pente, par des rigoles horizontales qui s'alimentent directement à la grande béale. Toutes les parties de la prairie reçoivent ainsi de l'eau telle que le ruisseau la fournit.

2. — Règles de l'arrosement.

FRÉQUENCE. — Au point de vue de l'*amendement* des terres, les arrosages, s'ils sont bien conduits, ne sauraient être trop fréquents ni trop prolongés. Il importe donc de tenir constamment en état les prises d'eau, les écluses, les portières et les divers canaux destinés à conduire l'eau dans les prairies et à la faire écouler, afin d'être à même d'utiliser, quand l'occasion se présente, les eaux de l'été et celles de l'automne, qui sont les plus fertilisantes. On dirigera surtout les eaux troubles, limoneuses, sur les terres maigres et sur les sables. On ne doit interrompre l'arrosement, quand les eaux sont grasses, que pour exécuter les travaux dans les prés, et quand on a lieu de craindre, en raison de la pousse de l'herbe, que le limon souille les plantes.

Au point de vue de l'*accroissement des plantes*, l'arrosement nécessite plus de précautions. Il est inutile en hiver ; mais si on arrose dans cette saison, on aura soin que le sol soit entièrement inondé ou parfaitement égoutté quand arriveront les gelées. Lorsque l'eau est en assez grande quantité, elle préserve les plantes du froid ; mais si la terre est seulement humide, la gelée la soulève et détruit les racines.

On visitera souvent les barrages et les canaux trop fréquemment obstrués par les feuilles et dégradés par le piétinement des bestiaux, par la glace et par la gelée.

Dès le printemps, c'est-à-dire quand les plantes commencent à pousser, on peut continuer encore les arrosages de longue durée, de quinze jours à trois semaines, comme lorsqu'on les pratique en vue d'améliorer le sol, surtout si l'on a lieu de croire que l'eau qui cependant doit être limpide, dépose des matières fertilisantes. Mais il faut, quand la température s'élève, commencer à laisser égouter le sol, de loin en loin, et pendant un temps assez long, pour qu'il puisse s'échauffer. La chaleur autant que l'humidité, est favorable à la végétation.

A mesure que l'herbe pousse, que les plantes s'allongent, les arrosages seront plus rares et de moins longue durée : 24 heures et même moins, tous les 4 ou 5 jours, forment une durée moyenne ; il suffit même de la présence de l'eau pendant 5 à 6 heures, tous les 6 ou 8 jours, si le sol est naturellement froid et humide, tandis qu'il n'y a pas de mal à donner de l'eau tous les 2 ou 3 jours aux sols sablonneux, graveleux, aux terres crayeuses, calcaires perméables.

Lorsqu'on ne dispose pas d'une quantité d'eau suffisante pour arroser complètement la totalité de la prairie, il faut n'en arroser qu'une partie un jour, et une autre partie le jour suivant ; car un bon arrosage produit beaucoup plus d'effet que trois, quatre demi-arrosages.

Pendant l'été surtout, il faut arroser le soir, la nuit, ou quand le temps est couvert. Beaucop de personnes croient même que les arrosages pratiqués pendant les heures les plus chaudes du jour nuisent à la végétation. Nous ne le pensons pas. Les irrigateurs de la Toscane, par exemple, malgré l'excessive chaleur de leur climat, arrosent indifféremment à tous les instants du jour. Il en est de même des maraîchers de Paris. Mais l'eau répandue dans la matinée s'évapore promptement et produit peu d'effet ; tandis que celle qu'on verse à la nuit tombante a le temps de pénétrer plus avant dans le sol et maintient les plantes fraîches au moins jusqu'au lendemain. Il y a donc avantage, lors même que les arrosages faits pendant les chaleurs ne sont pas nuisibles aux plantes, à arroser le soir, notamment quand on manque d'eau et qu'on veut la faire pénétrer dans une terre qui, comme celle de nos prairies, est dure et mal disposée pour la recevoir ; c'est le soir seulement qu'on doit débonder les réservoirs, les pêcheries. Le choix d'un moment plutôt que d'un autre est moins important quand on a l'eau à discrétion

Lorsque l'herbe est longue on doit se borner à arroser par imbibition, à entretenir les rigoles pleines, afin de conserver le sol dans un état moyen d'humidité. Plus qu'au printemps, il faut, en été, s'abstenir d'arroser quand il pleut ou que le temps est seulement pluvieux.

Le moment où il faut cesser l'arrosement avant le fauchage ne peut être fixé : on arrose bien avant dans l'été, sur les montagnes, des prés qu'on ne fauche qu'au mois d'août ; tandis qu'on cesse dès le milieu d'avril dans quelques vallons où les plantes sont précoces.

D'après les règlements d'Hofwil, art. 13, on doit arroser, pendant la sécheresse, un peu le matin du jour qui précède le fauchage, afin de rendre l'herbe plus douce et plus facile à faucher : cette précaution peut être utile sur les prés maigres où se trouvent des fétuques à feuilles courtes, grêles, roides ; ces petites plantes ne peuvent être coupées que lorsqu'elles sont mouillées, soit par l'arrosage, soit par la rosée.

Après la récolte des foins, s'il survient des crues avant que l'herbe ait repoussé, on doit chercher à les utiliser. Il existe dans les environs d'Edimbourg des prairies abreuvées d'eaux grasses, qui peuvent être fauchées six fois tous les ans, pourvu qu'on les arrose deux jours après chaque coupe.

Les arrosages d'été font pousser les regains ; mais ils rendent les plantes aqueuses, fades, insipides et même insalubres, pouvant occasionner des maladies ; il faut légèrement arroser après la fauchaison, si l'on veut faire consommer de suite les plantes vertes, à moins qu'on ne veuille en nourrir quelques jours seulement, des bêtes destinées à la boucherie ; mais il n'y a aucun inconvénient à arroser pendant deux ou trois jours, en juillet, un pré qui doit être fauché ou pâturé en automne, car pendant l'été, les végétaux ont le temps d'élaborer les principes aqueux qu'ils ont absorbés.

Quantité d'eau que réclament les terres. — Il faut arroser plus souvent et plus longtemps les terres sablonneuses, légères, absorbantes, qui se dessèchent avec facilité, que celles qui sont fortes, grasses et qui retiennent l'eau ; dans les années pluvieuses, les arrosements doivent être moins nombreux et moins forts que si le temps est sec.

Par conséquent, la quantité d'eau nécessaire pour arroser convenablement une terre ne peut pas être indiquée avec exactitude. Quand on donne à un hectare de pré, par jour, 262 mètres cubes d'eau, dit M. Boussingault, l'irrigation est envisagée comme bonne ; 131 mètres cubes procurent une irrigation moyenne ; elle est imparfaite avec 66 mètres cubes.

Pour une terre qui renferme 80 p. 100 de sable, il faudrait, dans le Midi, selon M. de Gasparin, un arrosage tous les 15 jours, avec 40 de sable, tous les 11 jours ; avec 60 de sable, tous les 6 jours ; et avec 80 de sable, tous les 3 jours, depuis le 1er avril jusqu'au 30 septembre. L'arrosage devant être fait chaque fois avec 800 mètres cubes d'eau par hectare, exigerait donc 9,690 mètres de liquide pour le premier sol ; 13,600 pour le second ; 24,000 pour le troisième, et 28,800 pour le quatrième ; soit par jour 52m,45 pour le premier, 74m,31 pour le second, 131m,14 pour le troisième, et 157m,37 pour le quatrième.

D'après M. Perrey, le conseil des ponts et chaussées admet, pour les canaux d'irrigation du Midi, un débit continu de 1 litre par seconde et par hectare, soit 15,800 mètres cubes pour six mois ou 86m,4 par jour, tandis que, d'après M. Montluisant, ingénieur en chef des ponts et chaussées, il faut en général 1 litre 45 par seconde pour l'arrosage d'un hectare, soit environ les deux tiers en plus, 26,088 mètres cubes pour 6 mois, 142^m,56 par jour.

En Italie, on ne donne pas ordinairement plus de 1 litre par seconde et par hectare.

Pour les terres labourables, Puvis évalue qu'une couche d'eau de 0^m,40 à 0^m,50 forme une moyenne suffisante, et que cette eau doit être distribuée en quatre ou cinq arrosages : lorsque la végétation se réveille et que les tiges se détachent de la racine; à la formation des épis; à la floraison, et à la formation du grain. Il faut aux jardins deux ou trois mètres cubes d'eau par mètre carré en cinquante ou soixante arrosages.

Nous ne croyons pas qu'il soit possible d'indiquer *a priori* la quantité d'eau que réclament nos divers terrains, selon leur nature, leur exposition, leur pente, le genre de culture auquel on les destine. Ce qu'on peut faire de mieux, quand on a des travaux d'irrigation à entreprendre, c'est d'élever autant que possible le niveau des eaux et de se mettre à même d'arroser, ne fût-ce que passagèrement, la plus grande surface possible de terrain, tout en se réservant le moyen de pouvoir profiter des eaux limoneuses comme engrais. Il suffit souvent de deux, trois ou quatre arrosages, soit de quatre à cinq mille mètres cubes d'eau par hectare, pour doubler ou tripler le produit d'une culture.

L'abondance des récoltes, pour une partie de la France, est souvent uniquement subordonnée à la quantité d'eau que reçoivent les terres. Aussi nos cultivateurs sont-ils trop disposés, quand ils le peuvent, à arroser surabondamment leurs prairies. Ils font passer sur leurs terres toute l'eau dont ils disposent. C'est une pratique très nuisible; elle ne produit que du foin souvent vasé, et toujours long, pâle, délavé à la base, dur, insipide et non nutritif.

L'herbe, pour élaborer les principes qu'elle absorbe et posséder toutes les qualités qu'elle est susceptible d'acquérir, a besoin de temps et de chaleur; elle ne trouve ces conditions que lorsque la terre bien égouttée s'échauffe sous l'influence du soleil.

Les arrosements trop fréquents, nous en avons souvent fait la remarque, nuisent même au sol; ils enlèvent les engrais et les sels solubles, détrempent la terre et font verser les plantes, détruisent les bonnes herbes et font pousser les mauvaises, ravinent les terres, forment des marais et altèrent l'atmosphère.

§ III. — Des effets des irrigations.

SUR LE CLIMAT. — Les irrigations seraient favorables au climat dans la plupart de nos départements; elles modifieraient l'aspect aride d'une grande partie de nos coteaux, les couvriraient de verdure, et, disséminant des vapeurs aqueuses dans l'atmosphère, elles feraient diminuer les variations si grandes et si brusques qu'éprouve notre température; les gelées blanches du printemps seraient plus rares, les chaleurs de l'été moins fortes, et les froids de l'hiver moins rigoureux. Il est inutile d'ajouter que le climat plus doux, plus uniforme, les herbages moins secs, du moins en septembre, les eaux plus abondantes et meilleures comme boissons en été, seraient plus favorables à la santé des animaux et rendraient les épizooties plus rares et moins meurtrières.

SUR LE REBOISEMENT DES MONTAGNES ET LES INONDATIONS. — Il est aussi important de considérer que, en facilitant le reboisement des montagnes et la pousse de l'herbe, les irrigations diminueraient les ravages des inondations : les arbres garnis de feuilles et couverts de mousse, les gazons, les feuilles pourries, retiendraient au moment des pluies d'immenses quantités d'eau qui, s'écoulant ensuite lentement, entretiendrait la fraîcheur, tandis qu'elle dévaste le pays quand elle se rend directement dans les rivières. Les canaux, les réservoirs établis pour l'irrigation, et alimentés par les fleuves et les rivières en aval des localités qui auraient reçu les orages, retiendraient aussi ou du moins retarderaient une partie d'autant plus considérable des eaux tombées, que chacun voudrait profiter, pour les arrosages, du moment où elles seraient limoneuses.

En devenant plus rares, les inondations deviendraient moins nuisibles, car les coteaux arrosés se couvriraient de gazon et seraient moins facilement ravinés par les orages ; les eaux moins chargées de gravier feraient moins de dégâts sur les terres qu'elles recouvriraient, et combleraient moins rapidement le lit des rivières, l'embouchure des fleuves.

SUR LES TERRES COMME AMENDEMENT. — Un des plus précieux effets de l'irrigation serait de donner de la consistance aux parages graveleux, aux sables arides, aux coteaux crayeux, si étendus et si multipliés en France; car il suffit de quelques mois d'irrigation, de quelques années au plus, avec des eaux limoneuses, pour rendre compactes, tenaces, fermes, les terres légères et les sables les plus arides. L'eau même la plus limpide charrie des molécules calcaires, argileuses, siliceuses et alcalines, qu'elle dépose à mesure qu'elle s'évapore, quand elle y coule en nappes très minces, L'irrigation constitue un des plus puissants moyens d'amender les sols graveleux.

Les irrigations peuvent, d'un autre côté, avoir pour but, et alors il faut qu'elles soient abondantes, d'enlever du sol des principes nuisibles. Leur emploi à cet égard est efficace toutes les fois que ces principes sont solubles comme le sulfate de fer, le chlorure de sodium. Et les effets salutaires que l'eau produit dans cette circonstance nous démontrent la nécessité d'arroser méthodiquement les bonnes terres, pour ne pas enlever une partie des matières fertilisantes qu'elles renferment.

Sur les terres comme engrais. — L'eau convenablement distribuée dissémine uniformément les engrais répandus sur la terre, dissout les matières nutritives qu'ils fournissent et les charrie dans les organes des plantes. Elle agit elle-même comme matière fertilisante en raison des principes qu'elle tient en dissolution ou en suspension, et qu'elle abandonne aux terres et aux plantes à mesure qu'elle s'évapore. Il suffit d'une petite quantité d'eau de la plupart des rivières, de certains ruisseaux, de quelques sources, et surtout des rues et des basses-cours pour produire les meilleurs effets.

Cependant, malgré son influence fertilisante, l'arrosage ne saurait être considéré comme pouvant remplacer le fumier, excepté dans quelques cas particuliers, lorsque l'eau est fortement chargée de matières organiques. Dans les circonstances ordinaires, il ne peut servir qu'à favoriser l'action des engrais que l'on fournit à la terre.

L'eau réduite à l'état de pureté agit utilement en remplaçant l'humidité que les feuilles perdent par la transpiration et en contribuant elle-même à la formation des tissus végétaux ; elle se dépose en nature dans les organes des plantes et se décompose pour leur fournir ses principes constituants.

Sur la température du sol. — L'eau agit aussi par sa température : celle qui provient des sources, plus chaude en hiver que l'air et que la surface de la terre, échauffe le sol, active la fermentation de l'humus, et fait pousser les plantes. On observe toujours, lorsque le thermomètre est au-dessous de zéro, que la surface des prés submergés et couverts de glace a une températurature plus élevée que celle de l'air ambiant : après la disparition des glaces, le gazon qui en était couvert est plus vigoureux que celui qui était à nu. Au printemps et pendant les temps chauds, l'eau rafraîchit la terre, en absorbe du calorique en s'évaporant, et prévient ainsi les effets du soleil sur les racines superficielles.

Sur les animaux et les plantes nuisibles. — L'eau chasse et détruit les taupes, les mulots, les insectes et les vers. Elle nuit aux plantes aromatiques, aux corymbifères qui croissent principalement sur les cotaux arides et doivent être peu abondantes dans les prés; tandis qu'elle fait pousser celles qui sont inodores, nutritives, et qu'elle rend même les mauvaises espèces plus tendres et plus aqueuses.

Mais pour produire ces effets, les eaux doivent être répandues avec méthode. Une excessive humidité, plus préjudiciable aux herbages que la sécheresse, nuit aux bonnes plantes, les rend aqueuses, insipides et mal nourrissantes; elle les détruit même et favorise la naissance et la propagation des *joncs*, des *scirpes* des *souchets* et des *carex*.

Avantages pécuniaires des irrigations.—L'expérience démontre les bons effets des irrigations. En France, toutes les récoltes prospèrent sous leur influence, les céréales, le jardinage, le trèfle, la luzerne, comme les prairies naturelles. Dans les années de sécheresse, le maïs acquiert sur les terres médiocres, mais arrosées des Hautes-Pyrénées, 2 mètres d'élévation, et porte sur chaque tige plusieurs magnifiques épis, quand sur les terres si fertiles des rives de la Garonne il parvient à peine à 60 ou 70 centimètres et ne porte qu'un ou deux épis grêles.

Il serait difficile d'exprimer par des chiffres les résultats de l'arrosage. Quelques auteurs ont écrit qu'il double, et d'autres qu'il triple, qu'il quadruple le produit brut des terres. Cette évaluation ne paraît pas exagérée à ceux qui ont vu les riches *huertas* de l'Espagne, les campagnes arrosées de l'Italie, les prodiges que l'irrigation a opérés dans les départements des Alpes et des Pyrénées, dans la Provence, à Châteaurenard, à Avignon, à Salon, à Arles, à Cavaillon, sur les garrigues, les sables arides des bords de la Durance et sur les graviers caillouteux du bassin du Rhône. Les effets en sont aussi remarquables sur le blé, le seigle, les betteraves, les melons, les haricots, que sur les prairies naturelles et sur les prairies artificielles.

Les irrigations sont infiniment plus importantes pour notre pays que les dessèchements. Nous avons beaucoup plus de terres improductives faute d'eau que de marais, et ensuite l'arrosement accroîtrait plus le rendement des terres sur lesquelles on le pratiquerait que le drainage ne l'accroît sur celles où il fonctionne. Si nous avions l'esprit pratique des Anglais, il y a longtemps que nous aurions consacré à faire des chaussées et des canaux autant de millions qu'ils en emploient à drainer les terres. Comme l'a dit M. Michel Chevalier, « sous l'ardent soleil du Midi, l'eau est le plus puissant des engrais, et l'irrigation le plus puissant service qu'on puisse rendre à l'agriculture ». Nous avons en France 10 millions d'hectares de terre dont l'arrosage ferait monter le rendement de 12 hectolitres à 30 hectolitres de grains par hectare. Nous récolterions 180 millions d'hectolitres de céréales de plus, presque sans augmentation de frais de culture. Il n'est pas possible d'évaluer quelle serait l'augmentation des récoltes en foin, en betteraves, en pommes de terre, en haricots, en maïs, et partant quelles seraient les conséquences de l'irrigation sur la richesse publique et l'accroissement de bien-être des populations. Aussi serait-il à désirer que la législation qui favorise le drainage favorisât également la pratique des irrigations. Il arrive malheureusement trop souvent que dans les règlements que l'on fait pour l'utilisation des eaux on sacrifie les intérêts des plus modestes cultivateurs à ceux des propriétaires d'usines qni pourraient parfaitement, au moment où les eaux sont rares, recourir à des forces d'une autre nature que celle des chutes d'eau.

SECTION III.

DES ENGRAIS.

On désigne sous le nom d'engrais toutes les substances, de quelque nature qu'elles soient, que le cultivateur ajoute au sol pour en conserver ou pour en augmenter la fertilité. Les engrais agissent sur le sol tout à la fois par leurs propriétés physiques et par leur composition chimique.

Avant d'aborder l'examen particulier de chacun d'eux, nous devons les étudier d'une manière générale, au point de vue de leurs propriétés physiques et de leur composition chimique, afin de déterminer les conditions d'où dépendent les effets qu'ils exercent sur la fertilité des terres, et leur valeur commerciale.

ARTICLE PREMIER.

PROPRIÉTÉS PHYSIQUES ET COMPOSITION DES ENGRAIS.

§ Ier. — Des propriétés physiques des engrais.

TÉNACITÉ, CONSISTANCE, SOLUBILITÉ. — Pour évaluer théoriquement la puissance des engrais, il faut tenir compte de leur consistance, de leur ténacité. Le fumier pailleux, lors même qu'il renfermerait autant d'azote et de phosphore que le fumier bien pourri, n'agirait pas de la même manière : son action serait plus lente ; il diviserait davantage le sol, et ne conviendrait ni pour les mêmes récoltes, ni pour les mêmes terres.

Un engrais, pour produire tout l'effet que l'on peut en attendre, doit être soluble, ou tout au moins susceptible de se transformer en partie et avec plus ou moins de rapidité en substances solubles. Il est utile en outre qu'il puisse se diviser en fragments assez ténus pour être attaqués facilement par les agents qui doivent mettre les éléments dont il est composé en état d'être absorbés ; quand il ne remplit pas ces conditions, il résiste aux agents chimiques et agit très lentement ou même n'exerce qu'une très faible action, comme le phosphate de chaux minéral, par exemple : l'engrais doit alors être employé à plus hautes doses. Il pourrait même arriver qu'il ne fût en état de nourrir des plantes que lorsque la récolte serait enlevée. Les matières impalpables ou liquides produisent des effets très prompts, mais de peu de durée.

Un corps insoluble dans l'eau et dans les liqueurs légèrement alcalines ou acides est sans action comme engrais ; il n'agit qu'autant qu'il est décomposé, qu'il est transformé en corps susceptibles de se dissoudre. C'est ainsi que les silicates, si abondants dans le granite, le gneiss, sont impropres à nourrir les plantes, mais deviennent fertilisants quand la silice passe à l'état gélatineux, et que la potasse, la soude se combinent avec l'acide carbonique.

Il ne faut pas, d'un autre côté, que les engrais puissent être trop facilement dissous par l'eau, car ils seraient entraînés, par les arrosages et les pluies, hors de l'espace occupé par les racines, avant d'être absorbés. Les matières qui jouissent d'une grande solubilité doivent être employées à petites doses, ou incorporées dans des corps susceptibles de les retenir.

VOLATILITÉ.— Cette propriété porte atteinte à l'action bienfaisante des engrais. Les corps volatils qui s'élèvent des engrais que l'on a versés dans le sol se répandent dans l'espace et sont perdus, en grande partie, pour les plantes du lieu où ils prennent naissance. Le sang, la viande, l'urine, qui se décomposent rapidement et fournissent, en peu de temps, beaucoup de matières gazeuses, ne produisent un effet relatif à leur richesse en azote que si on les traite, avant de les répandre, par un corps susceptible de fixer les composés azotés.

§ II.— Des corps simples qui entrent dans la composition des engrais.

Les plantes se nourrissent et se développent aux dépens des éléments qu'elles puisent dans la terre ou dans l'air atmosphérique. Pour bien comprendre l'action que les engrais exercent sur la végétation, il est indispensable de se rappeler que les plantes se composent d'éléments organogènes (oxygène, hydrogène, carbone, azote) et de principes minéraux (phosphore, soufre chlore, brome, iode, silicium, potassium, sodium, calcium, magnésium, fer, manganèse, etc.). Les éléments organogènes peuvent leur être fournis par l'atmosphère sous forme d'eau, d'acide carbonique, d'ammoniaque de sels ammoniacaux volatils, etc. Mais ils peuvent aussi provenir des réactions qui s'accomplissent dans le sol, surtout lorsque celui-ci renferme des substances organiques en voie de décomposition plus ou moins avancée. Quant aux substances minérales, elles sont à peu près, sinon même tout à fait exclusivement puisées dans le sein de la terre.

Dans l'état de nature, les plantes qui croissent spontanément trouvent dans le sol une source suffisamment abondante de principes organogènes et des principes minéraux. Cette source, qui semblerait devoir s'épuiser sous l'influence d'une végétation puissante, se conserve cependant d'une manière indéfinie avec toute sa fécondité; cela résulte de ce que les éléments qui sont puisés dans le sol par les plantes se renouvellent sans cesse par suite de la désagrégation des débris de roches qui constituent la terre végétale, et par suite de la décomposition des corps organisés qu'elle renferme. En somme, la terre ne s'épuise pas parce que la végétation spontanée est toujours parfaitement en rapport avec ea fécondité.

Mais lorsque le sol est cultivé, les conditions sont changées. L'agriculture s'efforce en effet d'obtenir chaque année d'abondantes récoltes qui enlèvent au sol les principes fertilisants qu'il renferme avec beaucoup plus de rapidité qu'ils ne peuvent être reconstitués par la désagrégation des substances minérales et la décomposition des substances organiques. Aussi le cultivateur ne peut-il entretenir la fertilité de la terre qu'en lui restituant de temps à autre, sous forme d'engrais, les éléments dont elle s'est dépouillée au profit des plantes cultivées. Les engrais, qui sont d'ailleurs d'une composition très variée, remplissent ce but d'une manière plus ou moins parfaite. Parfois il ne fournissent au sol que l'un des éléments dont il a été épuisé. D'autres fois, au contraire, ils lui restituent la plupart ou la totalité de ces éléments. Lorsqu'ils sont de nature organique, ils peuvent en effet mettre à la portée des plantes, en se décomposant, non seulement leurs éléments organiques, mais encore les principes minéraux qui faisaient partie de leurs liquides ou de leurs tissus. C'est de cette manière qu'ils activent la végétation, qui profite alors tout à la fois des éléments que lui fournit l'atmosphère et de ceux qui se forment pour elle dans le sol par la désagrégation des substances minérales et par la décomposition des engrais.

Les plantes que le cultivateur confie à la terre n'ont pas toutes les mêmes besoins. Aussi ne l'épuisent-elles pas toutes de la même manière. Il est bon, lorsqu'on demande au sol une récolte déterminée, de savoir à l'avance quels sont les principes qui sont particulièrement puisés dans son sein. Cela permet alors de donner à la terre une fumure en rapport avec la composition des produits que l'on désire obtenir. Mais on ne peut atteindre ce résultat qu'autant que l'on connaît bien l'action propre des différents corps simples qui entrent dans la composition des engrais. C'est par la connaissance de cette action propre qu'il est permis d'apprécier l'influence que tel ou tel engrais exerce sur le sol, et la part que prennent à l'accroissement des plantes les principes qui le composent. Ajoutons que la connaissance des corps simples dont l'analyse démontre la présence dans un engrais suffit souvent pour faire apprécier la facilité avec laquelle il se décomposera, et qu'en outre elle donne des notions précieuses sur sa valeur commerciale en ce sens que, dans la plupart des cas, les engrais ont d'autant plus de prix qu'ils fournissent en plus grande quantité les principes, l'azote et les phosphates, que le cultivateur ne peut pas toujours se procurer en abondance et sous une forme convenable.

Nous devons donc, avant d'aller plus loin, passer en revue

les différents corps simples qui entrent dans la composition des engrais, et chercher à apprécier l'action qu'ils peuvent exercer sur la végétation.

Oxygène et hydrogène. — Il n'existe pas de corps simples plus nécessaires à la vie que ces deux gaz ; les plantes en renferment une très grande quantité, mais elles en trouvent en abondance dans l'air, dans le sol et dans l'eau, et le cultivateur n'a pas à se préoccuper de leur en fournir par les engrais.

Carbone. — Ce corps forme la base des tissus végétaux ; il en constitue le squelette, ainsi que le prouve la corbonisation des plantes. Il entre, en outre, pour une grande proportion dans la composition de tous les produits immédiats, la gomme, le sucre, la résine, le ligneux.

Quand il est libre sous forme de charbon, le carbone est très peu propre à nourrir les êtres organisés ; il n'aglt que lorsqu'il est divisé, dénaturé par les combinaisons qu'il subit.

Les plantes le tirent du sol, de l'humus et de l'air ; elles l'absorbent notamment à l'état d'acide carbonique. Les composés qui fournissent ce gaz ne sont pas toujours très commun ; cependant nous ne croyons pas qu'il soit nécessaire de chercher particulièrement à en incorporer dans le sol ; nous lui en fournissons suffisamment sous forme de fumier et d'engrais enfouis verts. En outre, par le chaulage, le marnage, le cendrage, nous provoquons dans les éléments du sol des réactions chimiques d'où résulte de l'acide carbonique qui se dissout dans l'humidité ou se dégage sous forme de gaz.

Il ne faut pas oublier aussi que le carbone, au lieu de diminuer dans les terres boisées ou dans les prés, augmente sans cesse par suite de la végétation, ce qui prouve que les plantes en tirent incontestablement beaucoup de l'atmosphère. Dans tous les cas, le meilleur moyen d'en fournir aux récoltes, c'est d'établir des cultures destinées à être enfouies comme engrais.

Azote. — Ce corps est indispensable à la production de toutes les parties organisées, et il entre pour une forte quantité dans la composition des produits les plus précieux du régime végétal.

Il forme les quatre cinquièmes de l'atmosphère ; mais la plupart des agronomes pensent encore, contrairement à l'opinion de M. Ville, qu'il ne peut être assimilé par les êtres vivants que lorsqu'il est combiné avec d'autres corps, et sous cet état il est assez rare dans la nature. Quelle que soit la quantité d'azote que l'atmosphère fournit à la végétation sous forme d'ammoniaque, de carbonate d'ammoniaque, de nitrate, cette quantité ne saurait suffire à la production de plantes vigoureuses, et nos récoltes sont presque toujours plus ou moins abondantes, selon la quantité d'engrais azotés que nous leur fournissons.

D'un autre côté, l'azote est gazeux, peu fixe, et il forme des combinaisons qui se décomposent rapidement; de sorte que c'est un corps très utile aux plantes, rare sous forme assimilable, et rendant les engrais très actifs. Cette triple circonstance explique pourquoi il donne une grande valeur aux matières fertilisantes qui en renferment. L'inconvénient de la plupart des engrais fortement azotés, c'est qu'ils se décomposent trop rapidement et se perdent en partie dans l'air.

L'azote, qui prédomine en général dans les substances animales, et le carbone, qui est en grande quantité dans les végétaux, expliquent la différence qui existe entre les matières animales et les matières végétales, sous le rapport de la facilité avec laquelle elles se décomposent et de la quantité de principes alibiles qu'elles fournissent : les premières ayant pour base un corps gazeux, s'altèrent facilement et nourrissent beaucoup; les autres sont presque inaltérables, comme l'élément qui prédomiee dans leur composition, et nourrissent médiocrement.

PHOSPHORE. — Le phosphore joue un grand rôle dans la formation de tous les êtres organisés; les parties les plus précieuses des plantes sont celles qui en renferment le plus, et il en est exporté beaucoup lors de la ferme par les denrées que les cultivateurs livrent oreinairement au commerce. D'un autre côté, il ne peut être remplacé par aucun autre corps, et les eaux ordinaires, comme la plupart des terres arables, n'en contiennent que de petites quantités. Les engrais riches en phosphore ont donc une grande valeur. C'est surtout par leur phosphore qu'agissent le noir animal, la poudre d'os, la chaux phosphatée. Les cultivateurs doivent acheter ces engrais non mélangés: les marchands ne les manipulent que pour les sophistiquer en y ajoutant des produits terreux, inertes ou peu actifs. Les coprolithes, les nodules phosphatés que l'on rencontre dans divers terrains et qui sont riches en phosphate de chaux commencent à être employés comme engrais et fournissent à la végétation des espèces cultivées une partie du phosphore dont elles ont besoin.

POTASSE ET SOUDE. — Les composés de potassium et de sodium se trouvent en très grande quantité dans les plantes et le plus souvent à l'état salin. Des composés des deux métaux existent d'ordinaire à la fois dans le même végétal, mais presque toujours en proportions inégales. La potasse et la soude peuvent se suppléer jusqu'à un certain point, car les plantes de la même espèce ont tantôt plus de soude, tantôt plus de potasse, selon la composition du sol ou des eaux qui les ont nourries.

Ces corps ne sont pas seulement utiles comme aliments des plantes; ils agissent puissamment sur la composition des terrains, provoquent la désagrégation des débris organiques et même de certains minéraux, et déterminent la formation de composés que les racines absorbent.

La potasse et la soude ne sont pas rares dans la nature : le feldspath, le mica, les argiles, les roches calcaires, les schistes, les eaux de la mer, et presque toutes les eaux répandues à la surface de la terre, en contiennent; cependant il est presque toujours avantageux d'en donner aux terres arables, parce que les minéraux qui en renferment se décomposent lentement.

Il faut toutefois employer les composés alcalins en petites quantités, quand ils ne sont pas combinés avec d'autres corps qui les retiennent fortement; car mis trop abondamment dans le sol, ils nuisent aux récoltes, et en outre, comme ils sont solubles, ils sont facilement entraînés par les eaux et perdus pour les plantes.

Sels calcaires. — La chaux, qui existe en si grande quantité dans les plantes, a cependant peu d'importance dans les engrais, d'abord parce que nous avons des terres qui sont presque exclusivement composées de matières calcaires, et ensuite parce que nous pouvons nous en procurer à bas prix sous forme de chaux, de marne, et même de plâtre, pour en communiquer à celles qui en manquent. Aussi les sels calcaires sont-ils, à cause de leur prix peu élevé, ajoutés aux engrais industriels, et presque toujours pour les sophistiquer.

Magnésie. — Elle se trouve dans les plantes et semble même être indispensable à la formation des semences, du blé en particulier; mais comme elle existe communément dans les terres, que la dolomie, le talc et les engrais marins en fournissent aux terres calcaires, aux sols siliceux et aux contrées maritimes, que d'ailleurs les plantes n'en absorbent jamais de fortes quantités, elle ne saurait donner une grande valeur aux engrais.

Soufre. — Quoique très commun dans la nature, non seulement à l'état de sulfure et de sulfate, mais encore à l'état natif, le soufre, qui se trouve dans tous les organes des plantes, et surtout dans les parties les plus nutritives, est précieux dans les engrais. Les matières fertilisantes qui en renferment jouissent d'une grande activité, soit parce que ce corps y existe sous des formes qui le rendent susceptible d'être facilement absorbé par les plantes, soit plutôt parce qu'il ne se trouve que dans les composés végétaux et animaux qui, renfermant un grand nombre de corps, sont les plus propres à nourrir les êtres organisés.

SILICE. — On la trouve, à l'état de silicate, très répandue dans la nature; elle constitue une grande partie de quelques-unes de nos montagnes, forme la base de beaucoup de nos terres arables, et recouvre, sous forme de sable, une grande étendue de nos plages maritimes. Elle est donc très abondante; mais les plantes ne peuvent l'absorber que lorsqu'elle se trouve à l'état gélatineux, telle qu'elle existe quelquefois dans l'eau et telle qu'elle est quand elle a été mise en liberté par la décomposition des silicates, sous l'influence des amendements, des agents chimiques et des agents atmosphériques.

Quelques composés de silice, le sable, sont bons comme amendements; mais rien ne prouve que nous devions tenir compte de leur présence dans l'estimation des engrais.

IODE, BROME, ALUMINE, CHLORE, FER, MANGANÈSE. — Des composés de ces corps se trouvent dans les plantes en plus ou moins grande quantité, et le fer a même été employé pour donner de la vigueur à celles qui souffrent. Mais il paraît que les terres ou les engrais en contiennent d'assez fortes proportions pour en fournir aux récoltes autant qu'elles en réclament. Dans tous les cas, l'utilité n'en est pas assez démontrée pour que nous devions accorder une grande préférence aux matières fécondantes qui en renferment.

ARTICLE II.

ÉTUDE DES DIVERS ENGRAIS.

Depuis longtemps on a distingué, et quelques agronomes distinguent encore les diverses substances employées pour améliorer les sols, en amendements, en stimulants et en engrais. On appelle *amendements* celles de ces substances qui modifient la terre et l'améliorent, sans concourir pour une forte proportion à la nutrition des plantes : ainsi agissent le sable, l'argile, les scories. On nomme *stimulants* celles qui, comme le plâtre et certains autres sels, favorisent la végétation, sans modifier sensiblement les propriétés physiques du sol, et en provoquant chez les plantes une nutrition plus active par suite d'une petite quantité de principes particuliers qu'elles fournissent à l'absorption;

enfin on réserve la dénomination d'*engrais* aux substances organiques telles que le sang, le fumier, les composts, etc., qui, en raison de leur composition chimique très compliquée, sont plus particulièrement propres à fournir les éléments nécessaires à la constitution des solides et des liquides dans les végétaux.

Cette distinction avait été établie quand on ne connaissait presque d'autres engrais que la marne et la chaux, le plâtre et le fumier; aujourd'hui, en raison du nombre si considérable de matières fertilisantes que l'on emploie et de leur diversité si grande, elle a beaucoup moins d'importance. Nous employons, et sur une grande échelle, des produits comme les cendres, le noir animal, le noir des raffineries, qui se rapprochent des engrais par leur origine, et des stimulants par leur composition, tandis que, par leur manière d'agir, ils ont de l'analogie et avec les uns et avec les autres.

Du reste, à l'exception peut-être du sable quartzeux et des scories, qui ne produisent sur le sol qu'un effet mécanique, toutes les substances que nous allons étudier contribuent à nourrir les plantes, et toutes, à l'exception de celles qui, comme le plâtre, quelques sels et les tourteaux, sont employées à très petites doses, agissent comme amendements; l'engrais par excellence, le fumier lui-même, amende les terres : s'il est pailleux, il rend légères celles qui sont fortes, et s'il est bien pourri, il donne de la consistance à celles qui sont trop légères; tandis que la marne. chaux, qui sont les plus efficaces des amendements, contribuent puissamment à nourrir les plantes, soit que les racines en absorbent une partie en nature, soit qu'elles ne s'en approprient que quelques éléments.

Les substances qu'on appelle *engrais*, *stimulants*, et *amendements*, se ressemblent donc par leur manière d'agir; elles fournissent des aliments aux plantes, et la plupart peuvent améliorer le sol. Nous les distinguerons cependant, parce que nous croyons cette distinction utile à la pratique, utile pour classer la quantité considérable de matières fertilisantes connues, et utile pour grouper ensemble celles qui se ressemblent le plus par leur manière d'agir, et par les indications, les usages qu'elles peuvent remplir.

§ Ier. — Des engrais dits amendements.

Ces agents sont principalement employés pour modifier les propriétés physiques des terres, et l'on en met alors de fortes doses. Les uns servent à donner de la consistance aux sols trop meubles, à les rendre susceptibles de retenir l'eau ; les autres sont employés pour diminuer la ténacité des terres fortes, et pour les rendre perméables aux agents atmosphériques et aux racines.

1. — Argile, silice gélatineuse, limon.

Les glaises, les argiles (voy. p. 87) conviennent pour amender les sols siliceux, les sables et en général tous les terrains qui manquent de consistance et qui, ne retenant pas suffisamment l'eau, laissent périr les plantes faute d'humidité.

La terre glaise est employée avec avantage quand elle supporte des sols légers, peu profonds : il suffit alors de faire, avant l'hiver, de forts labours pour en ramener à la surface ; on l'expose ainsi à l'action de la gelée qui la délite complètement. Elle est très utile encore quand elle est en suspension dans l'eau employée pour arroser ; elle se mêle alors très intimement à la terre.

L'argile retient l'humidité, absorbe et conserve les gaz, et fournit, en se décomposant, de la potasse, de la soude, de la chaux. On la met à la dose de 250 à 300 hectolitres par hectare. il est avantageux, s'il n'est pas possible de la diviser fortement, d'en mettre peu à la fois et plus souvent.

Comme l'argile contribue très peu à la nourriture des plantes, elle est d'un emploi peu avantageux quand il faut la transporter au tombereau. En outre, elle est difficile à diviser, et si on la dissémine en grosses masses, elle se mêle très difficilement à la terre. Avant de l'employer, les Anglais la font calciner ; ils la placent humide sur un foyer allumé en rase campagne ; elle se pulvérise ensuite très facilement ; mais elle n'est plus propre à donner de la consistance au sol.

Les matières très divisées, la *silice gélatineuse*, le *terreau*, la *tourbe*, la *vase*, et jusqu'au carbonate de chaux, produisent les mêmes effets que l'argile. Ces substances sont d'un emploi plus avantageux en raison des éléments qu'elles fournissent à la nutrition des plantes. Les eaux *limoneuses*, dont les effets sont si puissants pour donner de la consistance au sol, agissent en imprégnant de silice et d'alumine les interstices des terres qu'elles parcourent.

En outre le *limon*, celui de la mer surtout, est riche en matières azotées et agit comme un puissant engrais. L'analyse, en y démontrant de fortes quantités de substances organiques, nous explique pourquoi les inondations sont si favorables à la fertilité des terres, si nuisibles à la salubrité de l'atmosphère, et rendent si malfaisantes les plantes qu'elles recouvrent.

2. — Sables, gravier, scories.

Tous les *sables* sont des amendements pour les terres argileuses, les terres fortes, grasses, tenaces, froides, humides. En les divisant, ils en diminuent la ténacité, les rendent poreuses, légères, perméables; mais ils ne déterminent un effet sensible que lorsqu'ils sont employés à haute dose, et alors c'est un moyen d'amélioration trop dispendieux, à moins que, en raison de leur composition ou des coquillages qu'ils renferment, ils n'agissent à la manière des engrais calcaires.

Comme simple amendement des terres fortes, on ne peut utiliser le sable que s'il forme le sous-sol des terrains argileux, et qu'on puisse en ramener à la surface des labours profonds ou par de légers défoncements.

Le *gravier*, les *scories* pulvérisées, l'*argile cuite*, agissent comme le sable, divisent les terres compactes, sans contribuer sensiblement à nourrir les plantes.

3. — Chaux.

On emploie en agriculture la *chaux caustique*, celle qui résulte de la décomposition du carbonate calcaire par la calcination. Elle contient presque toujours de l'argile, de la magnésie, du fer, de la silice et de la potasse. On se sert souvent de *cendres de chaux*, c'est-à-dire des débris qui se produisent dans les environs des fours à chaux.

Les corps étrangers que contient la chaux lui communiquent des propriétés particulières dont il faut tenir compte en agriculture et qui lui font donner les qualifications de *chaux grasse, chaux maigre, chaux hydraulique* et *chaux magnésienne.*

La *chaux grasse* provient de la calcination d'un carbonate de chaux presque pur. Elle ne contient par conséquent qu'une faible proportion de principes étrangers. C'est la plus active, mais c'est aussi celle qui est le plus recherchée pour les constructions et en raison de cette circonstance elle est d'un prix plus élevé. Cependant comme il en faut moins et qu'elle produit de meilleurs effets, c'est encore celle qu'il est bon de préférer lorsque l'on peut s'en procurer à un prix convenable.

La *chaux maigre* ou *chaux siliceuse* contient du sable dans la proportion d'un dixième et même plus. Elle foisonne moins que la chaux grasse et doit être employée en très grande quantité. Elle convient aux terrains dans lesquels l'argile prédomine.

La *chaux hydraulique* ou *chaux argileuse* renferme de 15 à 25 p. 100 d'argile. Elle est ordinairement jaunâtre, se délite difficilement et foissonne peu. Elle a besoin d'être employée à hautes doses et seulement lorsqu'elle est complètement éteinte. Si on néglige cette précaution, elle se prend dans les terrains humides et forme une sorte de mortier qui met obstacle à l'accomplissement convenable des façons qu'il faut donner au sol. Tout le monde sait que cette variété de chaux est particulièrement propre aux constructions qui doivent séjourner dans l'eau.

Enfin la *chaux magnésienne* contient, ainsi que son nom l'indique, de la magnésie qui résulte de ce que le carbonate de chaux que l'on a calciné contenait du carbonate de magnésie. C'est celle qui exige le plus impérieusement que le sol soit abondamment fumé, car la magnésie agissant avec énergie sur les matières organiques, les rend promptement assimilables et épuise très rapidement le sol.

Effets physiques et chimiques. —De tous les amendements, la chaux est le plus employé. Elle diminue la ténacité des terres glaises, les rend poreuses, perméables et susceptibles de se déliter en s'humectant, tandis qu'elle donne de la consistance aux sols siliceux trop légers.

Mais indépendamment de son action mécanique, elle agit chimiquement; elle attire l'humidité, se réduit en poudre impalpable, se combine avec l'acide carbonique, et repasse ainsi à l'état de carbonate. C'est même à son affinité pour l'eau et l'acide carbonique qu'elle doit de décomposer rapidement les matières organisées avec lesquelles on la met en contact : elle rend les substances animales et végétales contenues dans le sol susceptibles de nourrir immédiatement les plantes, et dans les terrains aigres, elle sature les acides et en prévient la formation en faisant décomposer les matières organiques.

Elle peut même agir sur les minéraux, produire la décomposition des silicates, dégager la potasse, la soude, et rendre la silice susceptible de se dissoudre et d'être absorbée par les racines. Comme tous les alcalis, elle détermine la combinaison de l'oxygène avec l'azote de l'air, et la formation de nitrates propres à l'alimentation végétale; enfin la chaux, combinée à l'acide sulfurique, à l'acide phosphorique ou à l'acide carbonique, entre elle-même pour une assez forte proportion dans la composition de presque toutes les plantes.

Lorsque la chaux est en contact avec l'air humide, avec la pluie et la terre mouillée, elle se dissout insensiblement, et se précipite ensuite sous forme de carbonate de chaux : ce sel en se solidifiant, fait adhérer ensemble les corps sur lesquels il se dépose ; c'est ainsi qu'après le chaulage il se forme au-dessous de la terre labourée une couche qui s'oppose à l'écoulement des eaux. Pour prévenir cet inconvénient, il faut mettre la chaux à petites doses, l'enterrer peu profondément, et quelques années après qu'on l'a employée, donner à la terre un labour profond pour rompre les adhérences qu'elles a produites.

Terres qui réclament l'emploi de la chaux. — C'est dans les terrains acides, qui renferment de la tourbe et de l'humus qu'elle agit le plus efficacement : de ce nombre sont les terres de bruyères qui résultent de la désagrégation des granites, des schistes, des grès siliceux ; les bois nouvellement défrichés : les gazons rompus où se trouvent des débris végétaux non décomposés. Elle est plus nuisible qu'utile dans les terres pauvres en engrais organique. Il faut l'employer avec ménagement et après des essais préalables, dans les sols calcaires, légers, crayeux. Celle surtout qui contient de la magnésie épuise ces sols et en augmente les défauts.

Elle n'agit pas non plus sur les sols trop humides. Le desséchement si généralement pratiqué aujourd'hui, nous permettra d'utiliser ce précieux amendement sur des terres qui, dans leur état actuel, ne peuvent pas en recevoir.

On répand rarement de la chaux sur les prés, on préfère y mettre des cendres : mais elle y produirait de bons effets, surtout si elle était employée à l'état de compost.

Mode d'emploi de la chaux. — Tantôt ou répand la chaux seule, tantôt après l'avoir mêlé à des substances terreuses ou à des matières organiques : on en fait de petits tas dieposés en rangées parallèles, et on les étend ensuite à la pelle quand elle est convenablement délitée. On choisit, pour faire cette opération, un temps calme et sec. Mouillée par la pluie, la chaux forme pâte et se répand difficilement : elle se pelotonne, file surtout si elle renferme de l'argile.

On décharge souvent la chaux par tombereaux et on la recouvre de terre. On la tient ainsi pendant un certain temps et on la répand ensuite d'une manière plus uniforme.

On appelle *faire des composts*, mêler la chaux avec des mottes de terre, des herbes, du terreau, des ràclures de fossés, de la vase des étangs, du limon, etc. La chaux employée vive ne tarde pas à fuser, soulève la masse et quatre ou cinq jours après, forme des crevasses. C'est à ce moment qu'on brise le mélange afin de le rendre homogène. On renouvelle même quelquefois cette opération. C'est avec précaution qu'il faut mêler la chaux avec les matières riches en azote.

On chaule à la fin de l'été pour les récoltes d'automne, au printemps pour les pommes de terre, et vers la fin de l'hiver pour les prés. On donne un léger labour ou un ou deux coups de herse après avoir répandu la chaux. Il faut la mettre quelque temps avant la semence, afin que la terre en soit imprégnée quand elle devra nourrir les jeunes plantes ; mais cette condition est moins nécessaire quand la chaux, depuis longtemps mise en compost, est bien éteinte et mêlée à des matières organiques.

Doses. — Si l'on a des terres argileuses, fortes, mêlées à beaucoup de débris de plantes, des terres que la chaux doit rendre plus meubles, et où elle doit décomposer des racines, nourrir les récoltes, il ne faut pas craindre d'en répandre de fortes quantités. Les Anglais, en pareille circonstance, en mettent jusqu'à 200, 300, 400 hectolitres par hectare.

Un si fort chaulage est rarement nécessaire; mais il peut être utile de mettre 60, 80, 100 hectolitres sur un sol argileux : 30, 40 hectolitres forment un fort chaulage pour les terres légères, pour les sols sablonneux, où le fumier se consume rapidement. En général, dans ces dernières terres, il y a avantage à mettre peu de chaux à la fois et à renouveler le chaulage plus souvent, toutes les fois, par exemple, qu'on voit reparaître les plantes acides, la petite oseille, l'oseille liseron, la bruyère, etc.

On appelle *chaulage foncier* celui que l'on pratique à assez forte dose pour qu'il modifie profondément la nature du terrain.

Dans les chaulages qui le suivent, on ne met que 8, 10, 15 hectolitres de chaux par hectare : ce sont des *chaulages d'assolement*. Leurs effets durent 3, 4, 6 ans.

La *pierraille* que font les sculpteurs et les ouvriers en taillant la pierre calcaire, peut améliorer les argiles et les terres siliceuses ; mais elle est beaucoup moins efficace que la chaux cuite, parce qu'elle est trop imparfaitement divisée. Le sable calcaire est la seule pierre de cette nature qu'il soit avantageux de porter sur les terres.

La *chaux qui a servi à épurer le gaz* destiné à l'éclairage, répandue sur les récoltes peu de temps après avoir été en contact avec les émanations sulfureuses, est nuisible aux plantes : aussi en a-t-on laissé perdre souvent des quantités considérables. Mais il paraît qu'utilisée après être restée plusieurs mois en tas, ou bien répandue sur le sol six ou sept semaines avant les labours, elle est favorable à toutes les récoltes.

Avantages du chaulage. — La chaux *transforme en terres à blé* et *à trèfle* de mauvaises terres qui naturellement ne produiraient que du seigle, des pommes de terre et du sarrasin. Dans presque tous nos départements se trouvent des terres qui rapportaient à peine 14, 15 hectolitres de seigle à l'hectare, et qui, après avoir été chaulées, en produisent 40 ou 50, ou donnent 20, 25 hectolitres de froment, si l'on y sème cette céréale.

Après le chaulage, le trèfle, la luzerne peuvent être cultivés dans des localités où l'on ne récoltait pas même du sainfoin. Mais en même temps qu'on peut varier davantage la culture, l'on obtient des *plantes* plus sapides et *plus riches en principes nutritifs*. Il suffit de chauler les terres d'un domaine dont le bétail souffre de la pourriture, des poux, pendant l'hiver, pour avoir des animaux de belle venue, sains, forts, au poil luisant et à la peau souple, exposés plutôt à avoir un sang trop riche qu'un sang trop aqueux.

L'emploi de la chaux rend la paille forte moins sujette à verser et le grain gros, plein, luisant, riche en farine.

La chaux épuise-t-elle la terre et fait-elle la fortune des pères aux dépens de celle des enfants?

Employée dans les sols qui en réclament, elle les rend ou plus légers ou plus tenaces, et propres à produire de plus fortes récoltes ; mais en même temps, en fournissant à la nutrition des plantes des principes que celles-ci ne trouvaient pas dans la terre, elle fait absorber par les racines des matières fertilisantes qui restaient improductives. Elle produit donc deux ordres d'effets : elle rend le sol capable d'élaborer une plus grande quantité de fumier, et en se combinant avec les éléments de l'humus pour former les organes des plantes, elle excite celles-ci à prendre une plus grande quantité de principes nutritifs ; de sorte qu'une terre qui n'est pas fumée convenablement, s'épuise plus tôt si elle est chaulée que si elle ne l'est pas.

Le chaulage produit un mauvais effet quand on met en excès une chaux sèche, magnésienne, sur des sols arides, sablonneux ; quand on l'emploie à faire produire des céréales, des plantes industrielles qu'on consomme ou qu'on livre au commerce, et qu'on manque de fourrages pour faire les engrais que la culture réclame toujours en quantité proportionnelle aux produits qu'elle rend.

Mais il est améliorant, si on emploie la puissance qu'il communique au sol à produire convenablement du trèfle, des luzernes, des pommes de terre, des betteraves, et qu'on fasse consommer ces produits dans la ferme, pour employer le fumier dans les terres qui ont été chaulées.

Par conséquent, demander s'il est avantageux de pratiquer le chaulage des terres qui le réclament, c'est demander s'il convient de faire travailler une machine dont on peut se servir indéfiniment sans l'user; c'est demander s'il vaut mieux laisser une terre improductive pour en ménager la fertilité, que de la mettre en très bon rapport et d'en tirer indéfiniment de riches produits.

<h3 style="text-align:center">4. — Marne.</h3>

On donne le nom de *marne* à une sorte de terre calcaire résultant d'un mélange intime et en proportions variables d'argile et de carbonate de chaux, auxquels sont constamment associés de la silice, du fer, des alcalis et parfois même d'autres substances qui leur communiquent des qualités spéciales. L'argile et le calcaire divisé qui forment la base de la marne s'y trouvent dans des proportions qui varient entre 10 et 90 p. 100, et cela quelquefois dans la même formation, la même localité. Krocker a trouvé dans différents échantillons de marnes qu'il a analysés :

Argile sable...	60,07	64,22	76,83	84,53	74,32
Carbonate de chaux ...	36,06	32,14	18,80	12,30	20,24
» de magnésie.	1,10	1,55	1,20	1,00	3,24
Potasse..............	0,16	0,10	0,09	0,09	0,09
Eau.................	1,55	1,52	2,12	2,04	2,31
Ammoniaque.........	0,06	0,10	0.10	0,01	0,07

Il existe cependant des marnes qui sont plus riches en calcaire que celles dont nous donnons ici la composition. On réserve le nom de *marnes calcaires* ou de *marnes maigres* à celles qui contiennent au moins 50 p. 100 de carbonate de chaux. La proportion de ce dernier élément peut même s'élever dans quelques-unes d'entre elles jusqu'à 70 ou 80 p. 100. Ce sont celles qui sont le plus recherchées des cultivateurs français, qui les appellent *marnes riches*, et témoignent par cette dénomination de toute l'importance qu'ils attachent à la présence du sel calcaire, si propre à améliorer les terres argileuses ou siliceuses. Elles sont le plus souvent blanches ou de couleur claire, jaunâtres ou plus rarement brunes, sèches, quelquefois dures, et ne se délayent qu'après avoir été pulvérisées.

On appelle *marnes argileuses* ou *marnes grasses* celles qui, pour 50 à 75 p. 100 d'argile, contiennent de 10 à 15 p. 100 de calcaire. Elles se délayent facilement dans l'eau et sont souvent colorées : mais elles se délitent avec lenteur. Elles conviennent particulièrement pour amender les terres légères et siliceuses.

Enfin on donne le nom de *marnes sableuses* à celles qui se composent de 25 à 75 p. 100 de sable et de 10 à 50 p. 100 de calcaire, le reste étant de l'argile. Elles sont rangées dans la catégorie des marnes maigres, et utilisées avec succès à l'amendement des terres argileuses.

Mais à côté de ces variétés de marne qui sont les plus répandues et par conséquent les plus importantes, il convient d'en signaler d'autres telles que les *marnes magnésiennes*, qui contiennent de 5 à 30 p. 100 de carbonate de magnésie ; les *marnes gypseuses*, qui renferment du sulfate de chaux ; les *marnes putrides*, qui doivent leur odeur aux molécules d'origine organique dont elles sont imprégnées ; et enfin les *marnes coquillières*, qui renferment des coquilles. Ajoutons encore qu'il existe des marnes dans lesquelles on trouve du phosphate sous forme de phosphate, et que la présence de ce corps leur communique de précieuses propriétés pour l'amélioration des terres cultivées.

Tantôt en roches dures et compactes comme le marbre, tantôt terreuses et graveleuses, les marnes présentent toutes les nuances. Elles sont ternes, tendres, friables, blanches, grises, brunes, noires, vertes, rougeâtres, et quelquefois irisées ; mais elles jouissent toujours de la propriété de se déliter au contact de l'eau ou de l'air et de se réduire en poussière. Cette dernière propriété est même très intéressante ; il faut donner la préférence aux marnes qui la possèdent à un haut degré et qui jouissent d'une grande activité.

Elle paraît due surtout aux propriétés physiques des éléments constitutifs des marnes. Le calcaire et l'argile se comportent en effet différemment sous l'influence de la chaleur, de l'eau ou de l'air plus ou moins humide. La chaleur dilate inégalement ces deux corps, et l'on comprend d'après cela que, par suite des changements de température, leurs molécules sont désunies et tombent en poussière. Le même effet est produit par l'humidité atmosphérique, que le calcaire et l'argile n'absorbent pas avec la même activité, et par l'eau des pluies, que l'argile retient avec énergie, tandis que le calcaire qui se dessèche facilement revient promptement à la forme pulvérulente. Mais c'est surtout sous l'influence des gelées que les marnes se désagrègent. L'eau qu'elles absorbent à la fin de l'automne et au commencement de l'hiver, retenue par l'argile, se dilate en se congelant, et sépare les molécules les unes des autres. Aussi tous les agronomes s'accordent-ils à reconnaître que c'est avant l'hiver qu'il faut porter les marnes sur les terres que l'on veut amender.

Caractères. — On distingue les marnes grasses des argiles, en ce qu'elles font une vive effervescence quand on les traite par uu acide, et les marnes maigres du carbonate de chaux, en ce qu'elles laissent un dépôt glaiseux quand on les traite par un acide et qu'elles se délitent en grande partie dans l'eau. Tandis que le sel calcaire pur se dissout en totalité dans l'acide et reste grenu dans l'eau, la quantité qui est dissoute par l'acide permet de reconnaître approximativement la richesse de la marne: il suffit de la peser avant de la traiter par l'acide, et de peser le résidu après l'opération.

La différence entre les deux poids indique la quantité réelle de calcaire que renferme l'échantillon sur lequel on a opéré. Mais cela ne suffit pas pour faire connaître le degré d'activité de la marne, car il peut exister dans cette substance des rognons pierreux qui jouissent de la propriété de résister à l'action de l'air, de l'eau et de la chaleur, et qui par conséquent ne se délitent pas lorsqu'ils sont portés à la surface des champs. Il est souvent fort important de reconnaître dans quelle proportion ces rognons sont associés à la matière susceptible de se déliter. Pour être renseigné sur ce point, on fait déliter dans une terrine ou dans un vase muni d'un bec qui facilite la décantation des liquides un échantillon de marne que l'on a préalablement pesé et que l'on met simplement dans de l'eau ordinaire. En présence de l'eau, la marne se délite avec plus ou moins de rapidité; de temps à autre on agite et on décante le liquide, qui entraine avec lui les parties qui se sont désagrégées. En remplaçant le liquide et en répétant l'opération jusqu'à ce que l'eau s'écoule parfaitement limpide, on réussit à n'avoir plus dans le vase que les parties qui ne peuvent pas se déliter. Il suffit alors de les sécher convenablement et de les peser. Les marnes qui renferment une forte proportion de ces rognons pierreux sont nécessairement de qualité inférieure.

Gisements de la marne; signes qui annoncent sa présence. — On peut espérer de rencontrer des marnières dans les couches postérieures au système houiller et jusqu'aux terrains tertiaires inclusivement. Elles existent en grand nombre dans les formations secondaires; le trias possède dans la Lorraine des couches de marne de 4 à 500 mètres d'épaisseur.

Aucun signe particulier n'indique le gîte des marnes. Cependant, comme il y en a presque toujours entre les couches des roches postérieures aux terrains de transition, et qu'elles sont facilement entraînées par l'eau, on peut en supposer la présence quand l'intervalle de ces roches exposées à l'air se dégarnit.

Les marnes, principalement les marnes argileuses, s'annoncent encore par d'autres signes. Le sol est plus humide et les plantes plus vigoureuses dans les environs des marnières, sur le sol même qui les recouvre, et en aval : la marne retient l'eau et la laisse ensuite suinter, ce qui entretient la végétation pendant les sécheresses.

On a même signalé quelques plantes comme s'accroissant plus particulièrement en grand nombre au voisinage des marnières. Les espèces végétales que l'on cite surtout comme caractéristiques sont le *tussilago farfara*, les *ononis*, les *sauges*, le *rubus cæsius*, les *chardons*, les *trèfles à fleurs jaunes*, le *grand plantain*, etc.

EFFETS DES MARNES. — La marne agit par son carbonate calcaire à la manière de la chaux. Elle hâte la décomposition des matières organiques, en neutralisant les acides libres qui peuvent résulter des réactions de ces matières les unes sur les autres, et passe à l'état de bicarbonate soluble, qui peut ensuite être absorbé par les racines des plantes. Elle décompose les combinaisons de fer et les silicates dont elle met en liberté les bases alcalines; enfin elle se mêle aux terres argileuses, les délite et les rend perméables. Plus que le carbonate de chaux elle donne, en raison de son argile, de la consistance aux terres siliceuses et de l'homogénéité aux sables. Parfois aussi elle fournit à la végétation un peu d'ammoniaque et de phosphore dont l'action s'ajoute avantageusement à celle de ces mêmes substances que les engrais ont apportées dans le sol. Elle est préférable à la chaux pour ces terres comme pour certains sols crayeux trop exposés à la sécheresse. Mais elle ne saurait la remplacer pour les tourbières, les vieux gazons et les bruyères défrichées, où il faut un agent actif pour déterminer la décomposition des matières fibreuses.

AVANTAGES. — La marne procure les mêmes avantages que la chaux; comme cette dernière, elle constitue un *amendement en-*

grais, elle donne de l'activité aux terres, fait consommer les engrais, et contribue à nourrir les plantes ; comme elle, elle doit être employée sur des terres riches en humus ou abondamment fumées. C'est perdre son temps que de marner des terres maigres.

Les terres qui réclament le marnage sont : les sols siliceux, ou argileux, dépourvus d'éléments calcaires et se couvrant de plantes acides ; on préférera la marne à la chaux pour les terrains siliceux. Avec 50 p. 100 de sel calcaire, les marnes conviennent à peu près pour toutes les terres ; avec 60 ou 80 p. 100, pour les terres argileuses, et avec 30 ou 40, pour celles qui contiennent naturellement de la chaux. Les marnes grasses sont donc appropriées aux sols maigres, et les marnes maigres aux sols gras.

Mode d'emploi. — La marne est souvent employée dans la saison où les travaux de la ferme pressent peu. On la répand sur la terre et on l'enterre ensuite par les labours sans faire aucun travail particulier. Mais il peut être avantageux d'en faire des composts, comme nous l'avons dit en parlant de la chaux. Quand on la transporte avant la levée de la récolte, près de la terre où elle doit être mise, elle peut sans inconvénient, n'étant pas caustique comme l'oxyde de calcium, être mêlée à des engrais azotés, à du fumier.

De toutes les matières terreuses propres à être employées en guise de litière, la marne est une des plus avantageuses. Au lieu de la mettre en tas dans les champs à mesure qu'on la tire à temps perdu de la marnière, on la dépose dans un endroit convenable près des habitations ; on l'épand ensuite dans les étables et les bergeries à mesure que cela est nécessaire. Si on l'emploie seule, il faut la renouveler très souvent, tous les jours en partie ; si on la stratifie avec de la litière végétale, on peut n'enlever que rarement le fumier. Dans tous les cas, si la marne est maigre, elle retient les gaz et absorbe l'urine sans devenir boueuse ; les animaux sont proprement, la litière est économisée, et on prépare un excellent engrais.

Doses. — Si le sol possède les propriétés physiques d'une bonne terre, qu'il ne lui manque que l'élément calcaire, il peut suffire de 20, 30 mètres cubes d'une marne riche par hectare. Quand la marne contient peu de carbonate de chaux, ou qu'elle renferme des rognons de silex, des pierres réfractaires à l'action de l'air et du sol, on augmente la dose de l'amendement en proportion des matières étrangères qu'il renferme.

Si on voulait changer les propriétés d'une terre, lui donner de la consistance ou la rendre perméable, on ne craindrait pas de mettre 200, 300 mètres cubes d'une marne appropriée, c'est-à-dire maigre, si le sol est argileux, et grasse s'il est graveleux.

On renouvelle l'emploi de la marne, comme celui de la chaux, quand la présence des plantes acides en démontre la nécessité.

Il est généralement avantageux de mettre peu de marne à la fois et plus souvent. On renonce aux forts marnages qu'on pratiquait il y a quelques années.

5. — Dépôts marins.

Indépendamment des végétaux et des poissons, la mer fournit à l'agriculture plusieurs sortes d'engrais : des sables, de la vase, des débris de madrépores, de millepores et des coquillages.

Ces corps se groupent de diverses manières selon leur volume, leur densité et la force de l'eau. Ils reçoivent différents noms. Sur les côtes de l'ouest on appelle généralement :

Grossys, trez, treaz, des mélanges de sables et de coquillages ;

Merl, maerl, des débris de madrépores, de coraux, de coquilles ;

Tangue, cendre de mer, la vase parmi laquelle se trouve, avec quelques coquilles, du sable fin.

CARACTÈRES. — La nature de ces engrais dépend en général de la composition des terrains sur lesquels roulent les eaux qui se rendent à la mer. A l'embouchure des fleuves qui descendent des montagnes granitiques se trouvent des sables siliceux, tandis que les courants qui viennent des contrées calcaires roulent des débris à base de chaux. Cependant on trouve quelquefois des matériaux calcaires sur des rivages schisteux ou granitiques, et des graviers quartzeux sur des terres à base de carbonate calcaire. La tangue, la vase, est portée souvent à de grandes distances et se dépose dans des endroits où les courants sont peu rapides. Sur 102 sablières étudiées sur les côtes de la Bretagne, 63 fournissent des sables calcaires.

On distingue en Bretagne les *coquillages* qu'on emploie en agriculture selon qu'ils sont *morts* ou *en vie.* Les premiers sont grisâtres, pâles, jaunes, tandis que les seconds, d'abord d'un rouge tendre, violacé, prennent une couleur pâle par leur exposition à l'air et par les frottements qu'ils éprouvent. Les uns et les autres n'ont pas exactement la même composition chimique, mais les deux sortes peuvent être comparées au sable, au point de vue de l'agricultnre, et parce que les coquilles agissent par leurs propriétés physiques comme les éclats des roches, et parce qu'elles sont mêlées à des quantités souvent considérables de ces éclats.

La *tangue*, ou vase plus ou moins argileuse, est employée sur une très grande échelle dans le département de la Manche. On appelle *grasse* celle qui est comme argileuse, *maigre* ou *légère* celle qui est plus sablonneuse, et *vive* celle qui est riche en principes calcaires.

Pour avoir ces engrais, on les extrait par une opération appelée *havelage*, s'ils sont peu profonds, et par le *dragage,* s'ils sont recouverts par une forte couche d'eau. On appelle *tanguière* le lieu qui fournit de la tangue, et *tangage* l'extraction et l'emploi de cet engrais.

Le *maerl* présente plusieurs variétés. On distingue le *maerl rameux* et celui qui est *en rognons*. Ils diffèrent peu l'un de l'autre quant à leur composition.

Composition. Le maerl contient en moyenne :

Carbonate de chaux...	77,50	Eau	19,30
Silice	1,90	Fer, manganèse, sulfate	
Matières azotées.......	1,30	de chaux	Traces

Un mélange de sable et de coquillages qu'on appelle *treaz,* pris à la rade de Brest, renferme, d'après M. Besnou :

Sable	70,0
Carbonate de chaux...	29,0
Phosphate de chaux...	1,0

La *vase* ou *tangue* a une composition plus compliquée ; on y trouve en moyenne, d'après les analyses de M. Pierre :

Matières organiques...	4,02	Magnésie, soude, potasse...............	0,83
Carbonate de chaux . .	37,61		
Matières insolubles....	55,72	Chlore	0,45
Acides sulfurique et phosphorique........	0,56	Silice, alumine, fer, perte.	0,62

D'autres analyses ont donné :

Eau et matières azotées.	4,65	Oxyde de fer.........	4,79
Sable..................	20,52	Carbonate de magnésie, phosphate de chaux.	5,32
Argile	22,15		
Carbonate de chaux.....	41,28	Sels solubles, chlorures.	0,56

Les *sables*, aussitôt qu'ils ont été baignés par la mer, ont une composition compliquée : même le sable qui, en raison des roches d'où il provient, devrait être exclusivement siliceux, contient des débris calcaires, des coquilles, des coraux mêlés aux éclats de granite, de gneiss, de quartz, de mica.

Non seulement les sables, les coquillages et les vases de la mer *diffèrent* entre eux, mais encore ils ne sont pas semblables à eux-mêmes quand on les examine dans différentes places, ni probablement quand on les examine à la même place, mais à différentes époques. Les coquilles varient selon les espèces qui les constituent et le temps plus ou moins long qui s'est écoulé depuis qu'elles ont cessé de vivre. Le sable, les vases sont plus ou moins fertilisants selon leur nature : le sable fin et la vase retiennent, enlèvent à l'eau une plus forte quantité d'iodures, de bromures et de chlorures, que le sable grossier que l'eau traverse avec plus de facilité.

EFFETS. — Les sables, les coquillages divisent les terres compactes et les rendent poreuses, tandis que la vase convient pour donner de la consistance aux terres légères ; les uns et les autres fusent à la longue, se décomposent et concourent à la nutrition des plantes : sous l'influence du terreau, des agents atmosphériques et de l'eau de pluie, ils leur fournissent de la chaux, de la soude, de la potasse, de l'iode, du brome, du soufre, du chlore, du phosphore et de l'azote, en même temps qu'ils provoquent, à la manière de la chaux, la décomposition du terreau et un dégagement d'acide carbonique. La tangue la plus riche en sels calcaires est la plus estimée.

EMPLOI. — Avant de répandre les dépôts marins sur les terres, on les laisse, surtout s'ils contiennent beaucoup de chlorure de sodium, exposés au contact de l'air pendant quatre ou cinq mois. Ils sont délavés par la pluie et perdent une partie des matières solubles qu'ils renferment. On a proposé de les calciner pour les rendre plus actifs, mais il n'est pas démontré que la calcination soit avantageuse, à moins que ce ne soit pour diminuer le poids du sable et rendre son transport moins dispendieux. Dans tous les cas, l'opération ne doit être pratiquée que sur les sables pauvres en matières organisées.

En Normandie on forme avec la tangue des *composts* : on mêle les produits marins à de la terre, à des mottes, à des feuilles ou à du fumier.

Les engrais minéraux marins sont employés comme amendements dans les terres fortes à la dose de 25,000 à 35,000 kilogrammes; dans les terres où ils conviennent moins, l'on en met de 12 à 25,000 kilogrammes.

En raison des matières animales qu'ils contiennent et de leur composition chimique compliquée, ils peuvent être employés indéfiniment sur les mêmes terres. M. Pierre cite des champs en Normandie qui en reçoivent par an 25 hectolitres depuis plus de 600 ans. Ils sont devenus, dit-il, de véritables tanguières ; cependant l'action de nouvelles doses se fait toujours sentir.

Le sable marin, les coquillages, la tangue, sont quelquefois intimement mêlés dans les baies ; mais d'autres fois on les trouve en couches distinctes, superposées. Les cultivateurs peuvent, dans ce cas, puiser dans le même bassin pendant la basse mer, ici des éléments terreux, argileux, propres à amender les terres légères, là des débris de roches, de coquilles, ou des coquillages entiers à peine imprégnés de vase, et pouvant rendre perméables les sols trop humides.

L'emploi de la tangue, des sables marins, pour améliorer les terres, est fort ancien en France et en Angleterre, mais pendant longtemps il est resté limité à des localités très restreintes. Des documents du douzième siècle prouvent qu'antérieurement à cette époque, ces engrais étaient employés en Normandie ; dans ces derniers temps, l'usage s'en est considérablement étendu. M. I. Pierre a évalué, en 1851, à 2,000,000 de mètres cubes, à plus de 2 milliards de kilogr. la tangue extraite dans la Manche entre l'embouchure de la Rance, à Saint-Malo, et celle de l'Orne.

6. — Coquilles, faluns.

On a analysé plusieurs espèces de coquilles. On les a trouvées composées en moyenne de :

Carbonate de chaux . . .	85,4	Sels solubles, alumine, fer.	0,5
Phosphate de chaux. . .	1,7	Eau.	10,7
Matières azotées	1,9		

Il résulte des analyses de MM. Marcel de Serres et Figuier, que les coquilles fossiles renferment les mêmes corps que les coquilles contemporaines.

	Coquilles pétrifiées.	Coquilles vivantes.
Matières animales.	0,9	6,2
Carbonate de chaux.	97,1	96,0
Phosphate de chaux.	0,5	0,2
Sulfate de chaux	0,7	0,7
Carbonate de magnésie, fer . .	0,8	0,5

Ces divers engrais ne sont utilisés que dans les contrées maritimes et dans celles où existent des amas de coquilles fossiles.

On appelle ces amas *faluns*; ils se trouvent dans les terrains tertiaires. Les coquilles qui les forment sont tantôt brisées comme dans la Touraine, tantôt entières comme dans le déparment de Seine-et-Oise.

On cite les falunières de Saint-Maur, de Sainte-Catherine, entre l'Indre et la Vienne, de Hauteville (Manche), de Courtagnon (Marne), de Dax (Landes), de Saint-Michel (Vendée), etc.

Les plantes qui poussent dans les terres amendées avec des coquilles et sur des amas de coquillages, jouissent des propriétés qui distinguent celles des riches contrées calcaires. Les moutons doivent y être conduits avec précaution. Ils y contractent le sang de rate.

Les coquilles se rapprochent plus des engrais proprement dits que la chaux et la marne; mais elles agissent lentement, à moins qu'elles n'aient été calcinées, et alors elles ont perdu leurs principes organiques. On les utilise sur les terres argileuses et sur les terres siliceuses.

§ II. — Des engrais minéraux ou engrais chimiques.

Les cultivateurs ont observé depuis bien longtemps déjà que certaines substances employées comme engrais, même à très petites doses, jouissent de la propriété d'activer la végétation et de faire rapporter aux plantes que l'on cultive une plus grande somme de produits. Au commencement de ce siècle on a donné le nom de *stimulants* aux substances qui agissent de cette manière. On supposait que leur action sur les plantes était analogue à celle qu'exercent sur les animaux les *stimulants diffusibles* et les *toniques*, qui par eux-mêmes ne fournissent rien à l'assimilation, et qui cependant suractivent les phénomènes de la nutrition. On a reconnu depuis que la comparaison n'était pas exacte, et en général on a substitué à la dénomination de stimulants celles d'*engrais spéciaux*, d'*engrais minéraux*, d'*engrais inorganiques*, d'*engrais chimiques*.

Les *engrais inorganiques* ou *minéraux* diffèrent des engrais ordinaires et des amendements par leur origine, par leur composition, par leur mode d'action et par leurs effets sur la végétation.

Ainsi que leur nom l'indique, ce sont des substances qui sont empruntées au règne minéral, comme le plâtre et le sel marin, ou qui proviennent de végétaux ou d'animaux dont les parties organiques ont été détruites par le feu, comme les cendres de nos foyers.

Leur composition est infiniment moins complexe que celle des engrais organiques. Dans la plupart des cas, ils n'offrent en dernière analyse que deux ou trois corps simples qui sont combinés sous forme d'une substance saline nettement définie, comme le sulfate de chaux, le chlorure de sodium, l'azotate de soude. Aussi ne fournissent-ils à la végétation, quand ils sont employés suivant les anciennes méthodes, qu'une faible partie des éléments nécessaires au développement des plantes.

Lorsqu'ils sont employés à propos, ils n'en agissent pas moins avec une remarquable énergie. Mais il n'est pas besoin de recourir à l'influence d'une action stimulante qui n'existe pas pour expliquer leurs effets avantageux. Toutes les plantes renferment des substances minérales qui sont indispensables à la constitution de leurs tissus et à l'accomplissement de leurs fonctions. Tant que le sol renferme en quantité suffisante et convenablement préparés les éléments minéraux dont elles ont besoin, elles puisent facilement dans l'atmosphère et dans la terre les principes organogènes qu'elles transforment et qu'elles utilisent dans l'accomplissement de leurs fonctions de nutrition. Mais si l'un ou quelques-uns des éléments minéraux indispensables viennent à manquer ou à se trouver en quantité insuffisante dans le sol, les conditions sont changées. La plante qui manque de potasse, de chaux, d'acide phosphorique, trouve en vain auprès d'elle tous les autres éléments de ses tissus : ses fonctions de nutrition languissent et elle ne donne plus que de faibles produits, si même son existence ne devient pas tout à fait impossible.

On conçoit facilement que si l'on a ajouté à la terre, en prévision de ces circonstances, la petite quantité de substance minérale qui lui fait défaut, la végétation devra s'accomplir d'une manière beaucoup plus favorable. L'effet est alors d'autant plus marqué que le sol est plus riche en principes susceptibles d'être absorbés et de jouer un rôle utile dans les phénomènes de la nutrition en présence du nouvel élément qui a été apporté. On comprend même que cette sorte de surexcitation soit alors assez marquée pour que le sol soit exposé à se dépouiller promptement de la plus grande partie des principes fertilisants qu'il renfermait. L'appauvrissement de la terre est en effet quelquefois la conséquence de l'usage abusif de certains engrais minéraux. Comme la chaux, ils enrichissent les pères et ruinent les enfants, si l'on ne prend pas la précaution de restituer à la terre les éléments dont ils provoquent l'absorption

Tel est le mode d'action des engrais minéraux. Ils agissent uniquement par la petite quantité de substance minérale qu'ils fournissent à l'absorption, et qui suffit, si faible qu'elle soit, pour provoquer l'assimilation d'autres principes dont la présence aurait été inutile ou à peu près inutile en l'absence du principe qui manquait.

On a fait jouer dans ces derniers temps un rôle considérable aux engrais minéraux, auxquels on a donné le nom d'*engrais chimiques*. Liebig, se basant sur ce fait que la terre et l'atmosphère surtout renferment en quantité considérable, sous forme d'eau, d'humus, d'acide carbonique ou d'ammoniaque, les éléments organogènes indispensables à la végétation, avait émis cette opinion que les engrais agissent sur la terre cultivée principalement en lui restituant les principes minéraux qui lui sont enlevés par les récoltes. Il avait même proposé de recourir presque exclusivement à des engrais minéraux dans la grande culture, et plusieurs cultivateurs avaient, dit-on, suivi ses conseils avec plus ou moins de succès.

M. G. Ville a tout récemment repris cette théorie en essayant de la préciser davantage. Pour lui, les substances minérales dont se composent les engrais chimiques sont les agents essentiels de la fertilité du sol. On peut, en les employant rationnellement sur des terres qui sont d'ailleurs, sous tous les autres rapports, dans de bonnes conditions, obtenir les meilleures et les plus abondantes récoltes, et conserver à la terre en quelque sorte indéfiniment sa fécondité sans recourir au fumier de ferme. Pour atteindre ce résultat, il faut seulement remplir deux conditions : connaître exactement la composition du sol que l'on cultive, afin de pouvoir lui donner les éléments qui lui manquent; connaître aussi les besoins des plantes que l'on confie à la terre, afin de leur offrir sous une forme assimilable les principes qui lui sont nécessaires.

La connaissance des besoins des plantes est révélée au cultivateur par l'analyse chimique, qui lui indique les éléments dont sont formés les tissus et les principes minéraux qui prédominent suivant les espèces et les variétés. Les nombreux travaux qui ont été publiés sur ce sujet permettent d'établir que toutes les plantes cultivées ont besoin de trouver dans le sol, pour se développer convenablement, de l'acide phosphorique, de la potasse, de

la chaux et de l'azote sous une forme qui en permette l'absorption et l'assimilation.

Les autres principes sont, d'après M. Ville, moins importants
à considérer, les uns parce qu'ils sont fournis par l'eau et l'acide
carbonique qui se trouve dans la terre et dans l'atmosphère, les
autres parce qu'ils sont en quantité tellement minime dans les
récoltes, que le sol en renferme toujours assez pour suffire aux
besoins de la végétation.

Quant à l'acide phosphorique, à la potasse, à la chaux, à l'a-
zote, ils ne sont pas nécessaires au même titre à toutes les
plantes cultivées; mais chacune de ces dernières a sous ce rapport des besoins spéciaux qu'il est urgent de satisfaire. C'est
ainsi, par exemple, que la culture des navets épuise la terre de
phosphate de chaux, que celle des légumineuses fourragères
réclame surtout de la potasse, et que celle du froment, du colza,
de la betterave, emprunte principalement à la terre de la substance azotée. M. Ville donne le nom de *dominante* à la substance
que chaque culture exige plus spécialement. Dans une terre qui
est riche par des fumures antérieures, et surtout dans une terre
que l'on vient de fumer avec de l'engrais de ferme, on peut se
contenter, pour obtenir une bonne récolte, de donner simplement
à la terre la dominante réclamée par la culture que l'on doit
entreprendre. Le fumier suffira pour lui fournir tous les autres
principes dont elle aura besoin, même en supposant qu'elle
donne la plus grande somme de produits possible. Mais pour
une terre infertile ou épuisée dans laquelle on ne verserait pas
de fumier, il faudrait nécessairement composer un engrais chimique complet, apte à fournir à la plante l'acide phosphorique,
la chaux, la potasse, l'azote qui n'existe dans le sol qu'en proportion insuffisante. Les substances que M. Ville recommande
principalement pour mettre ces corps à la disposition des végétaux sont le phosphate acide de chaux, le sulfate de chaux, le
nitrate de soude, le nitrate de potasse et le sulfate d'ammoniaque.
Les noms de ces sels indiquent assez la substance que chacun
d'eux est chargé de fournir. Le but vers lequel on devrait tendre,
si l'on voulait entretenir la fécondité du sol à peu près exclusivement à l'aide des engrais chimiques, ce serait de lui rendre sans
cesse des quantités d'acide phosphorique, de potasse et de chaux
supérieures à celles qui lui seraient enlevées par les récoltes.
Quant à l'azote, on peut sans inconvénient rester fort au-dessous
de la proportion de ce corps qui entre dans la composition des
plantes cultivées. Celles-ci ne puisent pas en effet uniquement

leur azote dans les corps azotés que renferme la terre. Plusieurs
d'entre elles, comme les légumineuses par exemple, peuvent
l'emprunter à l'atmosphère, où il existe sous forme d'amoniaque,
ou à l'eau des pluies qui ramène dans le sol de l'ammoniaque et
du carbonate d'ammoniaque en quantité appréciable. M. Ville
estime qu'en raison de cette circonstance, on peut, lorsque l'on
suit un assolement rationnel, se contenter de rendre à la terre à
chaque rotation 50 p. 100 environ de l'azote que les plantes ont
assimilé.

On pourrait donc, en suivant les préceptes de l'habile professeur du Muséum, entreprendre sans engrais organiques et sans
fumier de ferme la culture de terres épuisées ou de terres qui
jusqu'alors seraient demeurées peu fertiles. Il serait permis d'arriver ainsi « à renverser l'ordre préconisé jusqu'ici et à commen-
« cer par faire du blé pour avoir un bénéfice d'abord, puis de
« la paille, et enfin du fumier. On pourrait enfin, au moyen des
« engrais chimiques, de la veille au lendemain, faire passer
« une culture précaire au régime le plus intensif, et par con-
« séquent obtenir, au lieu d'un profit médiocre, un bénéfice
« élevé. »

Mais la plupart des agronomes les plus autorisés sont bien loin
de partager les espérances de M. Ville. Pour eux les engrais chimiques ne sauraient encore remplacer le fumier de ferme. Celui-ci n'agit pas seulement en vertu de sa composition chimique
et des éléments qu'il fournit à l'assimilation, il exerce encore
sur la terre une action qui dérive de ses propriétés physiques et
que l'on peut comparer à celle des amendements. En outre il se
décompose lentement, les principes qu'il fournit par sa décomposition sont mis pour ainsi dire à la disposition des plantes au
fur et à mesure qu'elles en ont besoin, et souvent même en
raison de la forme que quelques-unes d'entre eux présentent,
comme l'ammoniaque par exemple ; ils sont retenus, ainsi que
l'ont démontré M. Thénard, M. P. de Gasparin et d'autres auteurs, par l'argile qui les cède aux plantes avec mesure, dans les
moments où, par suite de la présence de l'eau, ils sont facilement
absorbés, et s'oppose par conséquent à ce qu'ils soient entraînés
au dehors du champ où les engrais ont été apportés par le cultivateur.

Avec les engrais chimiques on est exposé à voir les choses se
passer d'une tout autre manière. En raison de leur solubilité, il
peut arriver qu'ils soient absorbés en grande partie pendant les
premières phases de la végétation, et qu'ensuite il n'en reste plus

assez pour fournir aux plantes tout ce dont elles auraient besoin pour achever de former leurs fruits, leurs grains où les autres produits sur lesquels compte le cultivateur. Souvent aussi les corps solubles dont se composent les engrais chimiques peuvent être entraînés par les eaux et ne porter aucun profit à celui qui les emploie. Jamais ils n'agissent comme amendements, et dans les cas où, employés seuls, ils font obtenir d'abondantes récoltes, on peut craindre qu'ils ne déterminent ce résultat qu'aux dépens des éléments organiques que le sol renferme sous forme d'humus et dont ils provoquent la rapide disparition.

Toutes ces circonstances sont de nature à détourner les cultivateurs de l'*usage exclusif* des engrais chimiques, au moins dans la plupart des circonstances; mais elles ne doivent pas les leur faire repousser d'une manière absolue. Il devient au contraire de plus en plus urgent de les faire entrer pour une assez large part dans la pratique des moyens que l'on emploie pour féconder la terre. A moins que le cultivateur ne soit placé dans des conditions tout à fait exceptionnelles, il lui est absolument impossible de maintenir avec avantage la fertilité du sol qu'il exploite, en ne rendant pas à la terre d'autres engrais que ceux qui sont produits dans sa ferme.

Dans la plupart des cas, les produits que l'on obtient à la surface d'une exploitation rurale peuvent se partager en deux groupes. Les uns, comme les grains, les produits des cultures industrielles, etc.. sont exportés sur les marchés, les autres, comme les fourrages, les pailles, les racines, etc., sont consommés dans la ferme. Les éléments qui composent les premiers sont nécessairement perdus pour le sol où ils ont été absorbés. Quant aux autres, ils reviennent en général à la terre sous forme d'engrais, mais ils ne lui reviennent qu'en partie, car indépendamment des engrais qui, pendant le travail, tombent sur des points où ils ne peuvent être recueillis, il y a toujours une certaine quantité de carbone et d'azote qui ne se retrouvent point dans les déjections des animaux.

Une ferme où l'on se contente des engrais que produisent les animaux de l'exploitation perd donc chaque année, sous l'influence des causes que nous venons d'indiquer, une quantité plus ou moins considérable d'azote, d'acide phosphorique, de potasse, de chaux, et de quelques autres éléments qui ont moins d'importance. Il est vrai que, dans bien des cas, une partie de ces pertes se trouve compensée par la désagrégation des éléments du sol qui rend assimilables de nouveaux principes minéraux utiles, et par l'eau des pluies qui ramène dans la terre de l'ammoniaque et même quelque peu de substances organiques et de substances salines. Mais ces acquisitions, quelque avantageuses qu'elles soient, ne suffisent pas à entretenir la fécondité du sol dans le cas de culture ordinaire, et à plus forte raison dans le cas de culture intensive. Il faut de toute nécessité, pour compenser le déficit, que des substances fertilisantes provenant du dehors soient ajoutées à celles que l'on prépare à la surface de l'exploitation. Les agriculteurs qui résident au voisinage des grands centres de population peuvent souvent remplir cette indication en se procurant dans les villes des fumiers ou d'autres engrais; d'autres ont recours aux résidus que laissent certaines industries, au guano, aux engrais de mer, à la poudrette, etc. Il y a là de précieuses ressources que l'agriculteur ne doit pas négliger. Malheureusement quelques-unes d'entre elles, comme le guano par exemple, menacent de s'épuiser, et les autres ne peuvent déjà plus suffire aux nombreuses demandes qui sont faites. C'est aux engrais minéraux qu'il appartient de combler le déficit, Leur action combinée à celle des engrais de ferme et, en grande partie dégagée des inconvénients qu'ils présentent lorsqu'ils sont employés seuls. Ils ne peuvent alors avoir que des résultats avantageux, et, pour nous servir de l'expression de M. Chevreul, ils sont précieux surtout comme *engrais complémentaires*. C'est particulièrement sous ce point de vue que nous envisagerons les principales substances minérales que l'agriculteur peut utiliser à titre d'engrais.

1. — Plâtre.

Composé de 41, 5 de chaux et de 58, 5 d'acide sulfurique, le *plâtre* ou *gypse* est appelé *sulfate de chaux*. Il est très répandu dans la nature et se présente tantôt sans eau, tantôt formé de 79,2 de sulfate et de 20,8 d'eau,

Le sulfate de chaux *anhydre* se trouve dans les terrains anciens et a été privé de son eau par la chaleur de matières incandescentes sorties du sein de la terre. Le sulfate *hydraté* est commun dans les terrains secondaires et dans les terrains tertiaires.

L'industrie et l'agriculture emploient le sulfate de chaux hydraté. Pour l'utiliser, on le prive de son eau en le chauffant au delà de 130°. Dans cet état, il est appelé *plâtre cuit*. Si, après l'avoir pulvérisé, on le mouille, il reprend de l'eau, se *gâche* facilement, et durcit ensuite. Le plâtre cuit conserve longtemps ses qualités s'il est privé du contact de l'air.

Le plâtre qui a été chauffé au delà de 400° ne peut plus se combiner avec l'eau. Il est dit *brûlé*; de même que le plâtre anhydre que l'on trouve dans le sein de la terre, il ne peut servir ni pour l'industrie ni pour l'agriculture.

SOPHISTICATION, CHOIX. — Le plâtre cuit et pulvérisé est quelquefois mêlé à du carbonate de chaux ou à de la chaux. On reconnaît le premier de ces sels à ce que, traité par les acides, il se dissout et fait effervescence, et la chaux à ce qu'elle verdit le sirop de violette. Il peut être sophistiqué avec d'autres matières terreuses difficiles à reconnaître ; on doit donc l'examiner avec attention quand on l'achète en poudre, Le plâtre mêlé à d'autres matières a conservé ses qualités, mais il est toujours utile de connaître exactement sa composition, afin de pouvoir le doser convenablement.

On se sert presque toujours de plâtre cuit, parce qu'il est plus facile à pulvériser et qu'il pèse un cinquième de moins, en raison de l'eau qu'il a perdue par l'action du feu, ce qui est important à considérer quand on veut le transporter à de grandes distances ; mais le plâtre cru possède autant d'activité et il est moins cher que le plâtre cuit ; de sorte que dans les localités voisines des carrières de plâtre, on peut avoir intérêt à employer cet amendement sans lui avoir fait subir l'action, quelquefois fort dispendieuse, du feu.

EFFETS, AVANTAGES. — Le plâtre favorise la végétation de certaines plantes, particulièrement celle des légumineuses, auxquelles il fait produire d'énormes quantités de fourrages. Il est au contraire à peu près sans action sur les céréales, les graminées des prairies, et quelques plantes qui sont cultivées pour leurs racines. Cette différence que l'on constate dans les résultats suivant les espèces, rend très difficile à expliquer l'action de cet engrais. Tout naturellement on avait cru d'abord que si le plâtre favorise la végétation des légumineuses, cela tenait à ce que les plantes de cette famille devaient plus que les autres renfermer du sulfate de chaux nécessaire à la constitution de leurs tissus. Mais l'analyse chimique n'ayant pas justifié cette prévision, on dut abandonner la théorie que l'on avait fondée sur une idée préconçue. M. Liebig proposa alors une explication qui fut longtemps acceptée, et qui consistait à considérer le plâtre comme propre à fixer l'ammoniaque qui tend à s'échapper sous forme gazeuse du sein de la terre, après y avoir été apportée par l'eau des pluies ou après s'y être formée par suite de la décomposition des substances organiques. Dans cette théorie, le sulfate de chaux et le carbonate d'ammoniaque étant en présence, une double décomposition avait lieu, et il se formait du carbonate de chaux et du sulfate d'ammoniaque. Ce dernier sel, non volatil, pouvait alors se conserver dans le sol, où il était dissous et pris par les racines des plantes dans lesquelles il faisait ainsi pénétrer de l'azote assimilable.

Cette théorie aurait été pleinement satisfaisante si l'influence du plâtre avait été particulièrement avantageuse sur les plantes qui sont avides de principes azotés. Malheureusement il n'en est rien, et le plâtre, si favorable aux légumineuses, est, comme nous l'avons dit, à peu près sans action sur les céréales, qui sont au nombre des cultures qui profitent le plus des engrais azotés.

Pour la même raison on dut abandonner aussi une théorie de M. Kuhlmann qui supposait que le plâtre, en présence des matières azotées que renferme la terre arable, se décomposait, perdait son oxygène et provoquait la formation d'azotes alcalins ou terreux solubles que les plantes absorbaient.

Le plâtre ne paraît donc pas agir en provoquant indirectement l'absorption et l'assimilation d'une certaine quantité d'azote.

Pour M. Deherain, l'action du plâtre a pour résultat de faire pénétrer dans les plantes de la chaux, qui est l'un des éléments constituants du sel employé, et de la potasse qui provient du sol, où elle existe à l'état de carbonate soluble, et où cependant elle ne serait absorbée qu'en faible proportion en l'absence du sulfate de chaux. Les cendres des plantes auxquelles profite le plâtrage sont remarquablement riches en chaux et en potasse. D'après le savant professeur de l'école de Grignon, ces deux bases pénétreraient dans les légumineuses à l'état de sulfates et seraient ensuite engagées dans de nouvelles combinaisons.

L'absorption d'une partie du sulfate de chaux, qui est légèrement soluble dans l'eau, est facile à comprendre, et elle explique très bien la grande quantité de chaux que l'on trouve dans les végétaux qui ont été plâtrés. On ne saurait même nullement opposer à cette théorie le fait bien constaté dont nous avons déjà parlé, et duquel il résulte que la plus grande partie de la chaux n'existe pas dans les légumineuses à l'état de sulfate, et que la proportion d'acide sulfurique que l'on rencontre dans ces plantes n'est point en rapport avec celle de la base terreuse que l'on suppose y avoir été apportée sous forme de sulfate de chaux. Cela résulte simplement de ce que ce sel a été décomposé sous l'influence de la vie dans les organes des plantes qui ont fixé la chaux utile à la constitution de leurs tissus, tandis que l'acide sulfurique, inutile toujours en dissolution, est ressorti par exosmose.

Quant à l'influence que le plâtre exerce sur l'absorption de la potasse, il est utile pour l'expliquer d'insister sur quelques points relatifs à la composition du sol, et aux propriétés de l'un des éléments qui le constituent.

Nous avons dit, lorsque nous nous sommes occupé de la composition du sol arable, que l'argile que l'on y trouve est essentiellement formée de silicate d'alumine auquel se trouvent associés en petite proportion des silicates alcalins et terreux. Nous avons fait remarquer aussi que les silicates alcalins en présence de l'acide carbonique que l'eau de pluie tient en dissolution, se transforment en carbonates et en silice à l'état gélatineux. Le carbonate de potasse qui se forme dans ces circonstances devrait être soluble dans l'eau. Cependant des expériences de MM. Huxtable, Thomson et Way démontrent que ce sel, ainsi que quelques autres, sont retenus par l'argile avec laquelle ils sont en contact avec une telle énergie, qu'ils ne sont jamais cédés à l'eau qu'en faible proportion. On conçoit d'après cela que quelle que soit l'avidité des légumineuses pour la potasse, elles ne peuvent en prendre au sol, lorsqu'il est ainsi constitué, que de faibles quantités. Mais, d'après M. Deherain, les choses changent dès que l'on ajoute à la terre du sulfate de chaux. Une double décomposition se produit, il se forme du carbonate de chaux et du sulfate de potasse, et ce dernier sel, que l'argile ne retient plus, est absorbé par les racines et porté dans l'intérieur des plantes, où il se comporte comme le sulfate de chaux, laissant aux tissus son alcali qui est fixé dans des combinaisons avec des principes organiques, et rendant à la terre par exosmose son acide sulfurique.

Cette théorie de l'action du plâtre sur les légumineuses, indépendamment de ce qu'elle est en rapport avec la composition des plantes fourragères de cette famille, offre aussi l'avantage de faire comprendre comment cet agent est peu actif à l'égard des plantes qui sont peu avides de potasse et de chaux. Enfin elle rend compte encore de l'opportunité de l'opération qui consiste à répandre le plâtre sur les légumineuses au moment où elles entrent en végétation, car le sulfate de chaux paraît réagir promptement sur le carbonate de potasse que retient l'argile, et si le plâtrage était fait avant que les racines des plantes fussent

11.

prêtes à absorber le sulfate de potasse, il serait à craindre qu'une partie de ce sel fût entraînée par l'eau des pluies et perdue pour la végétation.

Quoi qu'il en soit, le plâtre était utilisé depuis un temps immémorial dans le Hanovre, quand, vers 1768, Mayer, ministre protestant de Hohenlohe, chercha à en expliquer les effets et en fit connaître les avantages à la *Société économique de Berne*. De la Suisse, l'usage s'en répandit bientôt dans le Dauphiné, le Lyonnais et le nord de la France. Franklin en popularisa l'emploi en Amérique en traçant, avec de la poudre de plâtre sur un champ de trèfle situé près d'une route, à côté de Washington, les mots : *Ceci a été plâtré*. Quelque temps après, les plantes plâtrées contrastaient, par leur vigueur, avec celles qui ne l'avaient pas été, et rendaient apparente la phrase écrite avec la poudre fertilisante. Les Américains ne tardèrent pas à venir chercher à Montmartre du plâtre pour fumer leurs prairies artificielles.

Des essais qu'on a faits dans tous les pays, il résulte : que le plâtre est sans action sur le blé, l'avoine et le seigle ; que ses effets sont presque nuls sur la pomme de terre, la betterave et les prairies naturelles ; qu'ils sont assez marqués sur le sarrasin, le chanvre, le colza, le lin, mais moins cependant que sur le trèfle, la luzerne, les pois, les fèves et les vesces. Le sainfoin plâtré a donné par hectare 5,959 kilogr. de fanes, et 635 kil. de graines, quand celui qui n'était pas plâtré ne donnait que 3,662 kil. de fanes et 457 de graines ; le trèfle blanc a donné 2,429 et 347 après le plâtre, et 915 et 61 sans plâtre ; le trèfle ordinaire plâtré, 500 kil. de foin, non plâtré, 250 : la récolte est doublée au moins pour les fanes sinon pour les graines.

On a reproché au plâtre de rendre les graines d'une cuisson difficile et les plantes indigestes. On a observé que le trèfle et la luzerne, après avoir été plâtrés, occasionnent plus souvent des indigestions que dans l'état ordinaire ; mais l'expérience a démontré que cet effet ne dépend pas d'une action particulière produite par l'amendement calcaire ; qu'il est la conséquence de la grande vigueur qu'acquièrent ces légumineuses sous l'influence du plâtre, et qu'on peut le prévenir en administrant ces fourrages avec précaution.

DOSES, MODES D'EMPLOI. — On met de 100 à 600 kilog. de plâtre cuit par hectare. On porte quelquefois la dose à 1,000 kilog., mais c'est bien rare et sans utilité si le plâtre est de bonne qualité. Comme pour les autres engrais minéraux, il vaut mieux

en employer peu à la fois et plus souvent. On a même conseillé
de plâtrer le trèfle en deux fois; en automne, de suite après
l'avoir semé, et dans le mois d'avril suivant.

On dissémine le plâtre réduit en poudre, et presque toujours
au printemps, lorsque les jeunes tiges des plantes sont hautes
de 10 à 15 centimètres. On choisit le moment où les feuilles
sont couvertes de rosée ou humectées par le brouillard; mais
on évite de l'épandre dans un temps de fortes pluies et de grands
vents. On le dissémine quelquefois avec les graines ou lorsque
les récoltes lèvent. Plus rarement on l'enterre par un labour
avant les semences.

Après avoir produit beaucoup d'effet sur un champ, le plâtre
cesse quelquefois d'agir, et de nouvelles doses restent sans action. Il ne faut remettre du sulfate de chaux sur un sol qui en a
déjà reçu avec succès, qu'après s'être assuré que ce sel manque
à la terre, et si elle en contient, c'est par l'emploi du fumier, de
la chaux, des cendres, qu'il faut chercher à ranimer sa fécondité.

Le sol, dit-on, aime à changer d'engrais comme de récoltes;
il serait plus exacte de dire que le sol, où plutôt la plante, a
besoin d'engrais variés.

Comme les autres substances fertilisantes minérales, le plâtre
peut être uni aux engrais organiques et employé sous forme de
compost. Il a même un grand avantage sur la chaux; au lieu de
chasser le gaz ammoniac, il se combine avec lui et forme un sulfate fixe.

Emploi du platre pour améliorer les engrais et assainir les
étables. — Cette propriété a permis d'employer le plâtre pour
désinfecter les étables et les latrines, pour améliorer les fumiers,
pour conserver l'ammoniaque dans les *fosses à purin*, et pour
fixer au sol les émanations du mouton dans le parcage. Sous l'influence du plâtre, l'odeur ammoniacale disparaît par l'absorption
du gaz ammoniac et par la décomposition du sel que cet alcali
forme avec l'acide carbonique. Cette action n'est pas de longue
durée dans les liquides : le plâtre se précipite au fond des fosses
et cesse d'agir. Pour obvier à cet inconvénient, on a conseillé de
mettre le plâtre dans une caisse ou dans un panier que l'on place
au-dessous de l'égout par lequel le liquide arrive dans le réservoir. Ce liquide en tombant maintient le plâtre en suspension.
Nous verrons que le sulfate de fer, en raison de sa plus grande
solubilité, est dans ce cas préférable au plâtre.

Comme il est surtout avantageux de mêler le plâtre *au fumier*,
nous donnons les proportions qu'a conseillées un de nos plus in-

génieux cultivateurs, M. Didieux. Sur chaque couche de 2,500 kilogrammes de fumier frais, étendu sur une surface de 7 mètres, cet agriculteur distingué répand 20 litres de plâtre cuit réduit en poudre fine ; il continue ainsi d'altérer successivement le fumier et le plâtre : quand le tas est assez élevé, il en commence un second. Pendant la fermentation du fumier, il se forme du sulfate d'ammoniaque et du carbonate de chaux. Le plâtre retient ainsi deux corps volatils, l'ammoniaque et l'acide carbonique, tous les deux fort utiles à la croissance des plantes.

Répandue dans *les étables*, la poudre de plâtre produit le même effet : elle absorbe l'alcali qui, en se volatilisant, nuit à la santé des animaux, irrite les yeux, altère la laine et gâte les harnais. Mis sur le sol au moment du *parcage*, le plâtre augmente l'action fertilisantes des excrétions du mouton, en fixant les produits volatils fournis par les urines et par la transpiration cutanée.

Le fumier plâtré enterré en automne agit plus, même sur les *céréales*, que le fumier ordinaire : il augmente d'un tiers le rendement du blé, paille et grain ; le trèfle qui vient ensuite donne toujours moitié plus. Les effets de cet engrais se font sentir pendant trois ans sur la luzerne ; les *pois*, sous l'influence du fumier plâtré, mûrissent dix jours plus tard et produisent le double ; une partie de *vigne* ayant reçu du même engrais a donné 693 litres de vin, tandis qu'une autre partie qui avait reçu du fumier ordinaire n'a donné que 377 litres d'un vin inférieur, et que la partie non fumée n'en donnait que 258 litres (*Moniteur agricole*, 1849, tome II, p. 481).

Quand on connaît l'efficacité du sulfate d'ammoniaque sur les récoltes notamment sur le blé, on comprend ces résultats.

Le plâtre est une des substances que M. Ville fait entrer dans la composition de l'engrais chimique complet. Son rôle essentiel est de faire pénétrer la chaux dans les plantes. Nous avons vu plus haut comment, dans une terre qui renferme de la potasse, il facilite l'absorption et l'assimilation de cet alcali.

Le plâtre est aussi au nombre des substances que M. Ville recommande de donner spécialement à la légumineuse dans une rotation de culture quadriennale, dans laquelle entrent, avec le trèfle, deux céréales et une culture sarclée.

2. — Acide sulfurique.

On a proposé pour économiser les frais de transport, de remplacer le plâtre par l'acide sulfurique étendu de 8 à 9 cents fois son volume d'eau. Nous avons essayé ce mélange, mais sans en obtenir de résultats satisfaisants, sur des terres siliceuses comme sur des terres calcaires. C'est sur des vesces, du farouch, du trèfle de Hollande qu'on dit l'avoir employé avec succès dans le département du Lot.

L'acide sulfurique peut remplacer le plâtre pour fixer l'ammoniaque et désinfecter les fosses d'aisance, le purin et les étables. On le répand en arrosage après l'avoir étendu de 2 à 300 parties d'eau. Ainsi employé, il est toujours efficace, tandis que le sel de chaux n'agit qu'autant qu'il est en contact avec assez de liquide pour se dissoudre, ce qui arrive rarement.

3. — Sels ammoniacaux.

Les sels ammoniacaux solubles dans l'eau sont facilement absorbés par les plantes, auxquelles ils fournissent de l'azote. Ils activent la végétation à la condition que le sol renferme les autres éléments nécessaires à la vie des plantes. Ils conviennent particulièrement pour la culture des espèces qui, comme les céréales ne peuvent puiser une partie de leur azote dans l'atmosphère. Dans des expériences comparatives faites par divers auteurs, on les a vus doubler et presque tripler la somme des produits obtenus.

Parmi les composés ammoniacaux, ceux qu'on a principalement employés en agriculture sont l'eau ammoniacale du gaz et le sulfate d'ammoniaque.

Eau ammoniacale. — L'eau qui a servi à purifier le gaz de l'éclairage a été proposée, à cause de son prix peu élevé, comme pouvant être avantageusement employée. M. Kuhlmann, après avoir saturé l'ammoniaque par de l'acide chlorhydrique provenant de la fabrication de la colle d'os, a répandu 5,400 litres d'eau ammoniacale et a récolté 6,300 kilogrammes de foin, tandis que la partie de pré non fumée n'en a donné que 4,000 kilogrammes.

Cette eau contient du goudron et une huile bitumineuse qui la rendent nuisibles aux plantes. Il ne faut l'utiliser qu'après avoir fait des mélanges ayant pour but de fixer l'ammoniaque et de neutraliser l'huile essentielle. On obtient ce résultat en la traitant par l'acide sulfurique ou l'acide chlorhydrique.

Le sulfate d'ammoniaque est composé de :

Acide sulfurique 60,52
Ammoniaque 25,90
Eau. 13,58

L'ammoniaque contient pour 100 :

Hydrogène. 17,46
Azote. 82,54

Ce sel renferme donc 21,37 d'azote. Il a été employé surtout
en Alsace, dans le Nord et dans le Pas-de-Calais. M. Kuhlmann
ayant arrosé une partie de pré avec 250 kiogrammes de sulfate
d'ammoniaque dissous dans 2,000 litres d'eau, a observé le
résultat suivant :

Partie sulfatée, foin et regain . . . . 5,500 kilogr.
Partie non sulfatée. 3,500   »

Dans le Pas-de-Calais, M. Pingrenon fit répandre, le 25 mai,
sur un blé semé après betteraves, le sulfate d'ammoniaque en
poudre à la dose de 100 kilogrammes par hectare. Une partie du
champ était restée sans fumure. On n'observa de différence entre
les deux parties qu'après le milieu de juin. Le blé qui avait reçu
le sel ammoniacal devint plus fort et plus vigoureux ; à la maturité, les épis plus gros, plus longs et plus uniformes, rendirent à
raison de 7 hectolitre de plus par hectare. La paille était aussi
en plus forte quantité. M. Samin, après l'emploi fait le 15 avril
de 210 kilogrammes pour un hectare et demi, a obtenu 10 hectolitres de grain, et 1,344 kilogrammes de paille de plus que sur
une surface égale du même champ qui n'avait pas été sulfatée.

L'influence de ce sel ne se fait sentir qu'une année. Ainsi la
partie de pré qui, dans l'expérience de M. Kuhlmann, avait donné 5,500 kilogrammes de fourrage en 1844, n'en a produit en
1845 que 4,000 kilogrammes ; tandis que celle qui n'avait pas été
fumée et qui en avait donné 3,500 kilogrammes en a donné
4,500 kilogrammes.

Emploi.—Le sulfate d'ammoniaque doit être employé en poudre
et pendant un temps sec. Mis en contact avec des plantes mouillées, il les brûle. On le met à la dose de 100 kilogrammes par
hectare et moins dans les bonnes terres. A plus forte dose, il fait
verser les récoltes dans les années pluvieuses. M. Ville, qui le
considère comme l'un de sels les plus propres à fournir l'azote
à la végétation, en porte la dose à 300 kilogrammes par hectare

pour la culture du blé, et estime que cette fumure ne revient pas
à plus de 120 francs. Il combine d'ailleurs son action à celle des
nitrates de soude et de potasse, du sulfate de chaux, du phosphate acide de chaux qu'il répartit sur les quatres années de
l'assolement quadriennal. C'est un des agents auxquels il conseille le plus fréquemment de recourir.

M. Pingrenon n'a remarqué aucune différence entre un blé qui
avait été sulfaté avant et après l'hiver, et un autre qui l'avait été
après l'hiver seulement. Cependant M. Schattenman recommande d'employer une partie de l'engrais en automne quand le
blé est levé, et l'autre moitié aussitôt que la végétation se réveille
après l'hiver.

Malgré ses bons effets, ce sel, au prix de 50 à 56 francs les
100 kilogr., ne doit être utilisée comme engrais que dans des
circonstances particulières, à cause du peu de durée de son
action et surtout de l'incertitude de ses effets. Les considérations
de prix doivent aussi faire exclure le *nitrate*, le *phosphate*, le *carbonate* d'ammoniaque, quelle que soit d'ailleurs l'efficacité de
ces sels sur la fertilité des terres.

4. — Nitrates ou azotates de soude, de potasse et de chaux.

Ces sels sont utiles pour fournir aux plantes de la potasse, de
la soude et de l'azote. Leur action bienfaisante s'explique par
la présence des corps que nous venons d'indiquer; mais on n'a
pas toujours été d'accord sur la manière dont ils font pénétrer
l'azote dans les plantes. MM. Kuhlmann et Malaguti pensaient
qu'ils ne pouvaient jouer un rôle utile qu'après la transformation
de leur azote en ammoniaque, en présence de l'hydrogène naissant résultant des matières organiques en décomposition.
M. Boussingault a démontré au contraire que, dans la plupart
des cas, ils sont absorbés à l'état de nitrates, et qu'ils agissent avec
au moins autant d'énergie que les sels ammoniacaux. M. Ville
les place en première ligne parmi les sels aptes à fournir de
l'azote à la végétation et les fait entrer dans son engrais complet, aussi bien que dans les diverses formules qu'il recommande
pour la culture des espèces exigeantes en ce qui concerne l'azote
et les alcalis.

Composé de 46,57 de potasse et de 53,43 d'acide nitrique, le
NITRATE DE POTASSE contient à peu près 18 pour cent d'azote. Il est
très répandu dans les localités où des plâtras sont en rapport
avec des matières animales. On le trouve dans un grand nombre

de plantes. M. de Woght le considère comme un engrais très actif.

Le NITRATE DE SOUDE se trouve aussi assez communément; il est très abondant dans quelques parties de l'Amérique et de l'Inde. On l'appelle *salpêtre du Chili*. Composé de 37,41 de soude et de 62,59 d'acide nitrique, il renferme 16,42 pour cent d'azote. Il peut remplacer avantageusement le nitrate de potasse, parce qu'il fournit également de l'azote en se décomposant dans le sol, que la soude est un succédané de la potasse de la nutrition des plantes, et qu'il est d'un prix moins élevé.

M. Kuhlmann, en le répandant à la dose de 250 kilogr. par hectare, a obtenu 3,867 kilogr. de foin et 1,833 de regain : 1,468 du premier et 430 du second de plus que sur les prés où cet excitant n'avait pas été employé. Barclay a répandu ce nitrate sur le froment à la dose de 125 kilogr. par hectare. Il a obtenu 31 hectolitres de grain et 2,900 kilogr. de paille au lieu de 27 hectolitres de grain et de 2,465 kilogr. de paille fournis par le terrain qui n'avait pas reçu cet engrais. Ce sel s'emploie à la dose de 120 à 140 kilogr. par hectare.

AVANTAGES. — Les nitrates alcalins seraient difficilement employés avec avantage s'il fallait les tirer du commerce, mais les cultivateurs peuvent s'en procurer facilement. Il suffit pour en produire, de mettre des plâtras, de la chaux éteinte, de la marne, dans un endroit couvert, aéré; de mêler ces diverses substances à du fumier, ou de les arroser avec du sang, de l'urine, du purin. Sous l'influence de ces mélanges, l'acide nitrique se forme non seulement aux dépens de l'azote des matières organiques, mais encore aux dépens de celui de l'air atmosphérique, comme nous le verrons en parlant de la préparation des engrais.

5. — Chlorure de sodium.

Ce corps est composé de 60 parties de chlore et de 40 de sodium. Il constitue en grande partie le sel marin qui contient en outre de l'iode, du brome, du soufre, de la magnésie, de la chaux, de la potasse.

Le chlorure de sodium existe dans les trois règnes de la nature. On l'appelle vulgairement *sel*, *sel de cuisine* à cause de ses usages, *sel marin*, parce qu'il en est extrait beaucoup des eaux de la mer. On nomme *sel gemme* celui qu'on trouve dans le sein de la terre. Dans les départements de l'est, on le retire des eaux de quelques sources.

C'est avec raison qu'on a de tous temps considéré le sel marin comme favorable au développement des plantes. Mais est-il nécessaire d'en mettre dans les terres à titre d'engrais ? On a fait pour résoudre cette question de nombreuses expériences qui ont donné des résultats contradictoires : d'après M. H. Lecoq, le sel est favorable au froment, à l'orge, à la luzerne ; tandis que Mathieu de Dombasles, Puvis, Braconnot et M. Durier le considèrent comme sans utilité. Des expériences plusieurs fois répétées dans le clos de l'école d'Alfort nous ont toujours donné des résultats négatifs. Mais il en a été de même du sulfate d'ammoniaque, de l'hydrochlorate d'ammoniaque, du nitrate de potasse, du nitrate de soude, et de divers autres sels dont l'efficacité est cependant incontestable dans les terres moins fumées et moins exposées à la sécheresse que celles de l'école.

Les différences constatées par les auteurs doivent s'expliquer par la nature diverse de nos terres. Sans doute le chlore, la soude, sont nécessaires aux plantes, mais en très petite quantité ; notons même qu'ils peuvent être fournis à nos récoltes par des corps autres que le chlorure de sodium. M. Isidore Pierre a démontré que dans la campagne de Caen chaque hectare de terre reçoit par les pluies 57 kilogrammes de chlorure de sodium dans l'espace d'une année. Il est possible que les terres en reçoivent d'assez fortes quantités des vapeurs de la mer dans les parages maritimes, des mines de sel gemme et des sources salées, dans les provinces de l'est ; des silicates, du feldspath, de l'albite, du labrador, du mica, dans les contrées qui reposent sur des roches siliceuses ; de la marne, de l'argile et de la chaux, là où l'on emploie ces amendements ; enfin, des engrais ordinaires, du fumier, dans tous les pays. Dans quelques contrées maritimes, dans la Camargue, le sel nuit même à la végétation par son abondance.

C'est donc seulement dans quelques localités éloignées de la mer, éloignées des sources salées, éloignées des roches feldspathiques, et sur quelques terrains délavés par les eaux, qu'il serait nécessaire d'employer comme engrais le sel marin.

Effets. — Soit que le sel existe naturellement dans les terres, soit qu'il y arrive avec la pluie ou avec le fumier, il fournit aux plantes des éléments utiles et les rend, s'il est absorbé en nature, sapides et favorables à la santé. Les animaux recherchent les herbages salés, et ceux qu'on y élève sont forts et robustes ; les poulains y deviennent vigoureux, les moutons y jouissent d'une bonne santé et y acquièrent une viande excellente.

Doses, emploi. — Il ne se trouve pas, d'après M. Poulle (*Écho rural*), plus d'une partie de sel sur 250 dans les fonds du château d'Avignon susceptible d'une bonne culture, et d'une partie sur 25 dans les fonds les moins capables de produire des récoltes. Il faudrait donc, après avoir reconnu que le chlorure de sodium est nécessaire dans une terre, ne l'employer qu'à petites doses.

6. — Phosphate de chaux.

L'expérience a démontré que les récoltes les plus riches en phosphore sont celles qui appauvrissent le plus rapidement les terres. La raison de cet appauvrissement réside surtout dans cette circonstance que les produits qui sont relativement riches en phosphore, comme les grains, le bétail gras, le lait, certaines cultures industrielles, sont au nombre de ceux qui sont communément exportés et consommés en dehors de la ferme. Il en résulte que le phosphore qu'ils renferment ne se retrouve point dans les fumiers, et que cet élément, qui est d'ailleurs en petite proportion dans la terre, ne lui est poit rendu en quantité égale à celle qui a été consommée. On cite des pays, des contrées de l'Italie, dont la fertilité a diminué par l'exportation des céréales ; les Anglais ont remarqué, et la même observation a été faite en Normandie, que les vaches à lait appauvrissent plus rapidement les herbages que les bœufs à l'engrais. Le phosphore contenu dans le lait peut expliquer cette différence ; et ce qui prouve que cette supposition est fondée, ce sont les bons effets que produisent, dans ces différents cas, les engrais riches en phosphore, la poudre d'os en particulier.

Le phosphate de chaux que l'on trouve dans le sein de la terre avait été jusqu'à ces derniers temps considéré comme impropre à servir d'engrais : on employait presque exclusivement en agriculture celui qui est fourni par le règne animal. Mais la grande consommation que l'on a faite de la poudre d'os, le prix élevé auquel elle est parvenue, ont engagé à faire, pour utiliser le phosphate minéral, des essais qui paraissent devoir être fructueux.

La chaux phosphatée que l'agriculture peut employer comme engrais se présente dans la nature sous forme d'*apatite*, de *coprolithes*, et de *rognons* ou *nodules* encore connus sous le nom de *pseudo-coprolithes*.

L'apatite est une espèce minérale que l'on rencontre sur divers points de l'Europe, particulièrement en Espagne dans l'Estramadure. Elle est essentiellement formée de phosphate de chaux associé à du fluorure de calcium. Jusqu'à présent, si elle a été quelquefois essayée comme engrais, son emploi ne paraît pas s'être beaucoup répandu en dehors des contrées où on la rencontre.

Les coprolithes sont, comme nous l'avons dit, des excréments fossiles de reptiles, de poissons et d'autres animaux des âges anciens de la terre. Riches en phosphate de chaux dont la proportion peut aller jusqu'à 75 p. 100 de leur poids, ils contiennent toujours une petite quantité de matière azotée, qui ajoute de la valeur à leurs propriétés fertilisantes. Préparés comme les nodules dont nous allons parler, ils constituent un excellent engrais; mais si répandus qu'ils soient, ils ont l'inconvénient de n'être pas encore assez abondants pour fournir à l'agriculture une source d'acide phosphorique sur laquelle elle puisse compter.

Quant aux rognons ou nodules phosphatés, que l'on appelle encore phosphates fossiles, ils ont acquis, dans ces derniers temps, une importance considérable au point de vue de l'agriculture. On les trouve dans les terrains de sédiment de l'époque jurassique et de l'époque tertiaire, et surtout dans les terrains crétacés inférieurs, sous forme de petites masses du volume d'une noisette, d'un œuf de poule, et même d'un œuf d'autruche, de couleur grisâtre ou verdâtre. On a signalé en France des gisements d'une grande étendue qui existent autour de l'îlot de terrain jurassique du Boulonnais, dans le Pas-de-Calais, puis dans le Nord, les Ardennes, la Meuse, la Marne, la Haute-Marne l'Aube, l'Yonne, l'Aisne, l'Oise, la Seine-Inférieure, etc.

Les nodules phosphatés contiennent, d'après les analyses de MM. Bobierre, Deherain, Rivot, depuis 32 jusqu'à 70 p. 100 de phosphate de chaux. Les autres substances qui sont associées à ce sel sont de la silice et des silicates, du carbonate de chaux, de l'alumine, de la magnésie et de l'oxyde de fer.

On peut employer la chaux phosphatée des nodules à l'état naturel et simplement après l'avoir pulvérisée. Elle convient particulièrement aux terrains granitiques et en général à tous ceux qui ne sont point calcaires. Dans les Landes, la Sologne, la Bretagne, le Berry, on en a obtenu d'excellents résultats en la répandant à la dose de 600 à 700 kilogr. à l'hectare. Elle produit peu d'effets sur les terrains calcaires ou sur ceux qui ont été amendés par la marne ou par la chaux. Elle n'est utile dans ces conditions qu'autant qu'elle est associée au fumier ou à d'autres

engrais organiques ou à des substances acides. Quelques cultivateurs se sont bien trouvés de la répandre sur les tas de fumiers au fur et à mesure que ceux-ci s'élèvent, d'autres en font
des composts avec des débris organiques, des cendres pyriteuses.

Le phosphate de chaux porté dans la terre sous les formes que
nous venons d'indiquer, est dissous par l'acide carbonique que
l'eau tient en solution, et pénètre ainsi dans les plantes. Toutefois
le phénomène de son absorption est souvent entravé par les
réactions qu'exercent sur le phosphate de chaux dissous à la
faveur de l'acide carbonique, l'alumine et le sesquioxyde de fer.
Il se forme alors des phosphates insolubles dans lesquels l'acide
phosphorique serait perdu pour la végétation, si, comme l'a
démontré M. Deherain, les carbonates de potasse, de soude,
d'ammoniaque, de chaux, de magnésie n'étaient susceptibles de
réagir sur les phosphates de sesquioxydes et de les transformer
en sels solubles dans l'eau ordinaire ou dans l'eau chargée d'a-
cide carbonique. Ces réactions ont pour résultat de retenir le
phosphate dans le sein de la terre et de modérer en quelque sorte
son absorption. Cela peut être avantageux dans certaines circonstances pour empêcher que le sel soit dissous avant le moment où les plantes peuvent l'absorber. Mais lorsque l'on a intérêt
au contraire à le faire absorber promptement, il faut le présenter aux plantes sous une forme qui le rende plus facilement
absorbable. C'est alors que par des opérations particulières on
transforme la chaux phosphatée en *superphosphate*.

On appelle *superphosphate*, en agriculture, une sorte de phosphate acide de chaux que l'on obtient en traitant par l'acide sulfurique le phosphate de chaux basique des os, des ossements
fossiles, des coprolithes, des nodules fossiles de chaux phosphatée
et même de l'apatite. Les os des animaux ont été longtemps employés presque exclusivement à cette préparation. On pouvait
craindre qu'ils devinssent bientôt insuffisants, lorsque l'on fit la
découverte des nodules phosphatés. Aujourd'hui la poudre de ces
derniers broyés par de puissantes machines, est traitée en grand
par de l'acide sulfurique, qui la transforme en une masse formée
en grande partie d'un mélange de sulfate de chaux et de phosphate acide de chaux. La matière ainsi préparée est souvent associée à des matières animales, des cendres, de la suie, des sels
ammoniacaux, du nitrate de soude. On en forme ainsi des engrais artificiels que l'on répand à la dose de 400 à 600 kilogr.
par hectare, lorsque le sol n'a pas été fumé, et seulement à la
dose de 200 à 300 kilogr. si le sol a été fumé. D'autres fois les

superphosphates sont simplement délayés dans l'eau et répandus à la manière de l'engrais flamand.

Quelle que soit d'ailleurs la forme sous laquelle on emploie les superphosphates, le phosphate de chaux ne reste pas à l'état acide. Les bases qu'il rencontre dans la terre le ramènent promptement à l'état de phosphate basique; seulement il est alors à l'état gélatineux, ce qui lui permet d'être dissous beaucoup plus facilement, et par conséquent plus promptement absorbé par les racines des plantes.

Ce que nous avons dit de l'épuisement du sol en ce qui concerne l'acide phosphorique, suffit pour démontrer que les superphosphates doivent constituer un excellent engrais complémentaire. Les Anglais les emploient surtout pour la culture des turneps. Lorsqu'on les fait servir à fumer le sol pour la pomme de terre, pour les légumineuses, pour les céréales, il faut les associer à des engrais riches dans le premier cas en potasse et en magnésie, dans le second en chaux et en potasse, et dans le troisième en substances azotées.

M. Villé fait fréquemment entrer le phosphate acide de chaux dans les formules qu'il donne pour la préparation des engrais complets, ou des engrais particulièrement propres à certaines cultures.

7. — Poudre d'os.

Les os et le noir animal des raffineries sont, par leur origine et par leur composition, de véritables engrais organiques; mais par leur mode d'action, ils se rapprochent assez des phosphates et des superphosphates dont nous venons de parler, pour qu'il y ait avantage à les placer immédiatement après ces derniers.

La poudre d'os doit son efficacité à ses composés salins et particulièrement au phosphate de chaux.

Dans leur état naturel, les os sont formés d'un parenchyme, *osséine*, qui, traité par l'eau bouillante, se transforme en colle, et qui, chauffé sans le contact de l'air, se carbonise; de graisse, *moelle*, qui se perd par l'action du feu ou par une longue exposition aux agents atmosphériques; de membranes qui enveloppent l'os et en tapissent les cavités, *périoste et membrane médullaire*; de vaisseaux et de nerfs; enfin de matières terreuses qui lui donnent de la dureté.

Les os qu'on emploie en agriculture ont été privés de leurs matières animales dans les fabriques de gélatine, ou bien ils ont été longtemps exposés au contact de l'air et ont perdu leurs matières grasses. Ils ne contiennent dans un cas que les substances minérales, et dans l'autre que ces mêmes substances et la partie du parenchyme qui a résisté aux agents destructeurs; ils sont composés à peu près pour cent de :

Gélatine.	de	60,0 à 25,0
Phosphate de chaux.	—	70,0 à 80,7
Carbonate de chaux.	—	0,5 à 2,0
Phosphate de magnésie.	—	0,5 à 27,0
Chlorure, fluorure, manganèse, fer, soude, etc.	—	0,5 à 2,0

Dans leur état naturel, les os renferment 10 p. 100 de principes gras.

Le sous-phosphate de chaux, qui constitue la partie essentiellement active des os tels qu'on les emploie le plus souvent, est composé pour cent de :

Acide phosphorique	48,34
Chaux	51,66

Les os sont utilisés par plusieurs industries et ils fournissent, dans les environs des villes où on les travaille, des débris fort recherchés pour la fumure des terres; mais leur emploi comme engrais ne s'est généralisé que dans ces derniers temps. En 1823; les Anglais en avaient importé pour 359,875 fr.; et en 1837, pour 6,365,000 fr. Le prix s'en est élevé même en France, de 5, 6, à 12, 15 fr. l'hectolitre. Les fabriques de colle forte ont contribué à propager l'usage de la poudre d'os en agriculture.

TERRES QUI EN RÉCLAMENT. — L'efficacité du phosphate des os a été démontrée sur des gazons privés de phosphore par des vaches laitières; sur des terres qui avaient été épuisées par la culture du blé; dans les localités où une longue jachère morte avait accumulé des produits azotés, sans y porter des phosphates. Dans ces diverses circonstances, la poudre d'os, le noir animal, ont produit des effets prodigieux, tandis qu'ils étaient sans action sur d'autres terres qui n'avaient pas été ainsi dépouillées de leur phosphore. On a vu le phosphate ammoniaco-magnésien, mis sur un mauvais sol, sextupler en grain et tripler en paille une récolte de sarrazin.

On emploie surtout la poudre d'os dans les sols où dominent l'argile et la silice; elle produit d'excellents effets sur les céréales, dans des terres argilo-ferrugineuses nouvellement défrichées, et remplace avec avantage et à moindres doses le noir des raffineries pour le défrichement des landes.

Les os qui n'ont été privés d'aucun de leurs principes agissent à peu près sur toutes les natures de terrains par le phosphore, la chaux, la soude, la magnésie, et par les composés ammoniacaux comme par l'acide carbonique qui résulte de leur décomposition ; tandis que ceux qui sont privés de matières organiques restent sans action dans les terres qui naturellement, ou par l'effet du chaulage ou de l'écobuage, contiennent de la chaux et des alcalis.

Emploi. — On les emploie après les avoir concassées et réduits en poudre. A cet effet, on peut les faire griller dans un four jusqu'à ce qu'ils aient perdu 1/5 de leur poids, les écraser ensuite avec deux cylindres et les réduire en poudre avec la meule de l'huilerie. En Angleterre, pour rendre leur action plus prompte, on les traite par l'acide sulfurique, soit 100 parties d'os par 40 ou 50 parties d'acide étendu de 50 à 100 parties d'eau. Quand le mélange, qui constitue une des variétés du *superphosphate de chaux* dont nous avons parlé plus haut, forme une bouillie, on le délaye dans 1,000 parties d'eau, et on l'emploie en cet état ou après avoir saturé l'excès d'acide avec de la chaux ou avec des cendres.

Doses. — L'action des os se fait sentir pendant 4, 5 ans s'ils n'ont été que concassés, et pendant 2 ans seulement s'ils ont été bien pulvérisés ou râpés. En France, on met de 6 à 8 hectol. de poudre d'os par hectare ; les Anglais en répandent de 10 à 15 et de 25 à 30 même pour les céréales. Ils mettent 100 à 200 kilog. de phosphate acide qu'ils répandent avec la semence de navet et de turneps. Ils emploient souvent cet engrais concurremment avec le fumier.

8. — Noir animal des raffineries.

On prépare le noir animal ou charbon d'os en carbonisant les os dans des vaisseaux clos. On ne l'emploie en agriculture qu'après l'avoir utilisé pour la clarification des sirops de sucre. Pour 100 de sirop on met deux litres de sang de bœuf et 4 kilog. de noir animal on filtre, et l'on a sur le filtre un dépôt formé du charbon, du sang coagulé, et de diverses substances fournies par la matière sucrée. Cet engrais contient donc : la matière animale des os réduite à l'état de charbon, toutes leurs matières minérales, l'albumine qui a servi pour clarifier les sirops, et les substances fournies par ces derniers.

On peut faire servir le charbon à la clarification des sirops une seconde, une troisième fois en le revivifiant.

Le noir animal pèse 95 kilog. l'hectolitre et contient pour 100 kilog. 15 kilog. de sang sec.

Cet engrais a été analysé par plusieurs chimistes, par MM. Moride et Bobierre en particulier. Il contient en moyenne :

Matières organiques . . .	16,30	Carbonate de chaux et de	
Sels solubles.	2,00	magnésie.	10,00
Phosphate de chaux. . . .	62,70	Silice, alumine, fer. . . .	9,00

Sa composition dépend de la quantité plus ou moins grande de substances réunies à l'os calciné. Les matières organiques qu'il renferme varient de 9,7 à 35,2 et l'azote de 0,75 à 2,66.

Il n'y a pas plus de quarante-cinq à cinquante ans qu'on connaît l'utilité du noir des raffineries, et c'est seulement depuis quelques années qu'on apprécie les services que cet engrais peut rendre.

On évalue à près de 200,000 quintaux la quantité de noir étranger entrée annuellement dans les ports de Nantes et de Paimbeuf, de 1840 à 1846. Le prix s'en est élevé, depuis 1834, de 2, 3 francs, à 12, 14, 16 et 18 francs les 100 kilog.

Ces prix ont encouragé les marchands a altérer cet engrais. Celui qu'on trouve dans le commerce est rarement dans son état naturel. On y a souvent ajouté de la tourbe, de la houille, du terreau, du charbon et des chistes. On a évalué à 600,000 hectolitres la tourbe employée tous les ans à Nantes pour sophistiquer le noir des raffineries. Aussi le prix de cet engrais varie-t-il beaucoup. A Nantes, on paye 2, 3 fr. de plus celui des raffineries indigènes dont on est sûr.

TERRES QUI EN RÉCLAMENT. — Les noirs de raffineries, riches en azote, doivent être réservés pour les sols depuis longtemps cultivés et pauvres en terreau ; tandis que les noirs grenus, qui renferment de fortes proportions de phosphate de chaux et peu d'azote doivent être employés dans les landes, les vieux gazons où se trouve une grande quantité de terreau. Après les chaulages, les marnages, et même les simples écobuages, le noir de raffinerie réussit mal, et dans les pays fertiles il donne de moins bons résulats que dans les landes : dans ces dernières, une fumure avec 40,000 kilog. de fumier produit moins d'effet que quelques hectolitres de noir des raffineries, jusqu'à ce que la terre ait perdu cette disposition particulière qui favorise les effets de cet engrais.

EFFETS. — A la place de l'écobuage qu'on employait jadis pour le défrichement des landes, et qui, tout en étant fort dispendieux, ne faisait obtenir que deux ou trois chétives récoltes de seigle après lesquelles il fallait laisser les terres rentrer dans un repos quasi séculaire, on emploie de nos jours le noir des raffineries, et l'on obtient d'abord trois, quatre fortes récoltes successivement, tout en ayant ensuite une terre qui, au moyen d'autres engrais, peut être indéfiniment soumise avec avantage à la rotation de culture usitée dans le pays.

Cet engrais est très efficace. Je ne crains pas d'affirmer de la manière la plus absolue, dit M. Chambardel, que l'on peut obtenir, à l'aide du noir animal, six ou sept magnifiques récoltes sur un défrichement de bruyère. M. de Gourcy évalue à 17 ou 1,800 fr. la récolte de 4 années, tandis que les frais de culture n'ont pas dépassé de 7 à 800 fr; de sorte que des terres qu'on n'estime pas à plus de 200 fr. l'hectare, rapportent 250 fr. par an.

Emploi. — Pour mettre en rapport des landes avec le noir des raffineries, on donne au printemps, à la bruyère, un profond labour à la charrue ou à la pioche, et en septembre, après deux forts coups de herse, on met la terre en planches, et on y sème le seigle ou le blé avec une fumure de 4 hectolitres 1/2 de noir animal, à peu près deux fois le volume de la semence; on mouille l'engrais avec un liquide gélatineux pour le faire adhérer aux grains, et l'on répand le tout ensemble. D'autres agriculteurs font un mélange de 3 à 6 hectolitres de noir avec deux fois leur volume de terre ordinaire passée au crible, et répandent cet engrais ainsi préparé avant les semailles. Après la récolte, qui est de 20 à 25 hectolitres de blé ou de 30 à 35 litres de seigle, on donne en automne un labour, et l'on ensemence la terre comme la première année. Le plus ordinairement on répète la même succession de travaux une troisième et une quatrième fois. La deuxième récolte est même plus abondante que la première. Pour la troisième, on met souvent de la vesce d'hiver et du colza avec trois hectolitres et demi du même noir, et pour la quatrième de l'avoine avec deux hectolitres et demi du même engrais. Après ces quatre récoltes, la terre ameublie est soumise à l'assolement habituel du pays et fumée par les engrais ordinaires de la ferme.

La dose la plus convenable du noir est de 4 à 5 hectolitres la première année. Avec une plus forte quantité, les récoltes versent, et elles manquent si l'on en met beaucoup moins.

En sortant le noir animal de la fabrique, on le laisse exposé, avant de l'employer, un mois ou deux au contact de l'air.

9. — Cendres.

On emploie en agriculture des cendres vives, des cendres lessivées, des cendres de tourbe, des cendres de houille et des cendres de plantes marines.

CENDRES VIVES. — Elles varient selon les végétaux dont elles proviennent. La moyenne des analyses donnée par les auteurs est de :

Acide carbonique.	14,2	Soude	12,3
Acide phosphorique . . .	7,7	Chaux.	23,2
Acide sulfurique	2,8	Magnésie	4,9
Chlore.	4,5	Silice	13,4
Potasse	12,6	Fer, manganèse, charbon	4,4

Outre les matières minérales, les cendres renferment souvent des principes organiques incomplètement décomposés par le feu.

Celles des mêmes espèces de plantes diffèrent selon le sol dans lequel ces plantes ont végété et les eaux qui les ont arrosées. On a trouvé dans les cendres du foin d'ivraie, une fois 32, 8 de potasse, et une autre fois 8,2 seulement ; mais le premier échantillon ne renfermait que 2, 3 dé soude, tandis qu'il y en avait 22,4 dans le second. Du foin de trèfle analysé par M. Boussingault contenait 24,6 de soude, et 0,5 de potasse ; tandis qu'un autre échantillon de ce fourrage présentait à M. Hossford 32,2 de ce dernier alcali, et 16, 6 du premier.

Les cendres du bois flotté sont beaucoup moins riches : les sels alcalins du bois ont été en partie dissous et enlevés par l'eau.

CENDRES LESSIVÉES. — Dans l'ouest, où il en est utilisé beaucoup, elles sont appelées *charrées*, elles renferment en moyenne, d'après des analyses faites par MM. Moride et Bobière :

Matières organiques . . .	6,2	Phosphate de chaux et fer	16,8
Silice	35,5	Carbonate de chaux . . .	36,2
Sels solubles	2,3	Magnésie, perte.	3,0

Si les cendres lessivées sont moins actives que les cendres vives, elles exercent une influence de plus longue durée. On a observé en Angleterre que leur action se faisait sentir pendant 10, 15, et même 20 ans.

CENDRES DE TOURBE ET DE HOUILLE. — En passant à l'état de *tourbe,* les végétaux perdent dans l'eau une partie de leur principes solubles, et se mêlent à des matières terreuses qui varient selon les localités. La tourbe brûlée fournit de 4 à 20 p. 100 de cendres. Celles d'une tourbe de Vassy, Seine-et-Marne, ont rendu :

Argile	11	Sulfate de chaux	26
Carbonate de chaux	51,5	Oxyde de fer	11,5

M. Letellier a trouvé dans une tourbe de Hagueneau :

Silice et sable	65,5	Oxyde de fer	3,7
Alumine	16,2	Magnésie, chlore	0,9
Acide sulfurique	5,4	Potasse, soude	2.3
Chaux	6,0		

Les *cendres de houille* sont moins fertilisantes que celles de tourbe. Une houille bonne qualité de Saint-Etienne a fourni des cendres dans lesquelles on a trouvé pour 100 :

Argile	67	Oxyde et sulfure de fer	16
Magnésie	8	Oxyde de manganèse	3
Chaux	6		

La houille, comme la tourbe, contient de l'azote qui disparaît pendant la combustion.

Les cendres de tourbe et de houille agissent comme amendement des terres fortes par l'alumine calcinée qu'elles renferment. Elles peuvent être utiles aussi par leurs sels alcalins, surtout celles qui ont été brûlées dans les ménages avec plus ou moins de substances végétales. L'énorme quantité de sel calcaire et de plâtre trouvée dans la tourbe de Vassy explique les bons effets qu'on a quelquefois obtenus par l'emploi de la tourbe.

CENDRES DE PLANTES MARINES. — On brûle les plantes marines quelquefois comme combustible, d'autres fois dans le seul but d'extraire les produits qu'elles renferment, et enfin pour en utiliser les cendres comme engrais.

D'après des analyses faites en Ecosse sur les diverses espèces du genre Fucus, ces végétaux renferment à peu près pour 100 :

Potasse	11,69	Iodure de potassium	1,33
Soude	12,57	Acide sulfurique	19,77
Chaux	11,33	Acide phosphorique	2,19
Magnésie	8,29	Fer, silice, charbon	12,21
Chlorure de sodium	20,62		

Il suffit de jeter un coup d'œil sur ce résumé pour apprécier la valeur comme engrais de ces cendres et des plantes marines en général. Nous ferons seulement remarquer que lorsqu'elles n'ont pas été lessivées, elles doivent agir fortement sur le terreau, sur les sols tourbeux. et sur les silicates qu'elles décomposent par la forte quantité d'alcalis qu'elles renferment.

EMPLOI DES CENDRES. — Les cendres produisent de bons effets, les unes ou les autres, sur toutes les natures de terrain et sur toutes nos récoltes. Celles qui ont été lessivées conviennent surtout sur les *défoncements* de *landes* et de *bruyères*, et sur tous les sols riches en débris de végétaux. Leurs principes insolubles et les matières solubles du terreau se complètent et contribuent longtemps à la nourriture des plantes. On explique ainsi pourquoi les charrées réussissent mieux après défrichement que les cendres vives, dont les alcalis décomposent presque instantanément les matières organiques renfermées dans le sol.

C'est donc principalement pour les sols riches en matières organiques, pour les alluvions, les terrains tourbeux, qu'il faut les réserver. Les cultivateurs des coteaux riches en principes salins de la Bourgogne les vendent à ceux des plaines de la rive gauche de la Saône. Un commerce à peu près semblable a lieu entre les collines du Poitou et les marais de cette province, entre les montagnes et quelques vallées de la Lorraine. Dans toutes nos contrées se trouvent des prairies où elles produiraient d'excellents effets, et sur lesquelles doivent les employer, quand ils ne trouvent pas à les vendre avec avantage, les cultivateurs dont les terres semblent même être assez riches en principes salins. Plus que les autres engrais, elles ne doivent être mises que sur des terres sèches. Elles sont sans action quand elles sont répandues sur l'eau stagnante.

Sur les *céréales*, elles donnent de la consistance aux tiges et augmentent la quantité du grain. On les emploie aussi dans le courant de l'été, sur le *tabac*, le *maïs*, le *sarrasin*, le *houblon*. Sur les *prés*, elles détruisent les joncs et les carex.

Les cendres sont surtout favorables aux *prairies artificielles*, aux *légumineuses;* elles font pousser ces plantes même dans les prairies basses : il semble que les cendres renferment de la graine de trèfle blanc, nous disait un cultivateur du Lyonnais, tellement elles font pousser les pieds de ce précieux fourrage ; il les employait du côté d'Iseron et de l'Arbresles, où le sol manque de sel calcaire. D'après Mathieu (d'Épinal), les cultivateurs des Vosges qui ne connaissent pas d'engrais plus actif que les cendres, supposent également qu'elles ont la propriété de produire spontanément de bonnes plantes. Mises sur les *choux*, les *navets*, le *colza*, elles en activent la végétation et détruisent les insectes nuisibles; sur les récoltes d'automne, il est très avantageux d'en mettre la moitié avant l'hiver et l'autre moitié au printemps.

Les cendres vives sont employées à la dose de 20 à 35 hectolitres par hectare. On peut en mettre de plus fortes quantités dans les contrées humides que dans le Midi.

On met jusqu'à 100 et 150 hectolitres de cendres lessivées et de cendres de tourbe sur la même surface du terrain. En Bretagne, on répand les cendres de varech à la dose de 20 à 30 hectolitres.

CHARRÉES DE SAVON. — Les alcalis lessivés pour la préparation des savons laissent un résidu qui renferme de la chaux et des matières organiques. On a proposé de l'utiliser comme engrais et à plus faible dose que les charrées ordinaires.

10. — Cendres pyriteuses, cendres de Picardie, cendres noires.

Dans le pays de Bray, dans la Somme et l'Aisne, on trouve à une légère profondeur, ou à la surface du sol, des couches de lignite et d'argile contenant, en diverses proportions, du sulfure de fer, de la chaux, de la silice et des sulfates. Ce sont ces lignites que l'on désigne sous les noms de cendres pyriteuses, cendres de Picardie, cendres noires. Réunies en tas et laissées à la surface de la terre, ces matières se modifient. Le soufre se combine lentement à l'oxygène de l'air, passe à l'état d'acide sulfurique, et il se produit de l'alun, du sulfate de fer et du sulfate de chaux. Après les réactions qui ont eu lieu dans les tas de lignite, on lessive quelquefois les cendres qui en résultent pour en séparer l'alun : le résidu est appelé *cendres vitrioliques*.

Calcinés, les lignites, auxquels on donne aussi le nom de terres noires, constituent les cendres rouges, ainsi nommées à cause du peroxyde de fer rougeâtre qui se produit sous l'influence de l'air et de la chaleur.

Les cendres de Picardie renferment, pour 100, 0,66 d'azote, et celles de la Seine-Inférieure 2,72. MM. Girardin et Bidard ont trouvé dans ces dernières :

Matières organiques solubles	2,74	Sable	38,92
		Sulfate de fer	1,79
Matières organiques insolubles	49,83	Sulfure et oxyde de fer.	6,72

EMPLOI. — Ces cendres doivent leurs propriétés fertilisantes à l'azote et au sulfate de chaux. Quand elles ont été fortement chauffées, elles agissent comme amendement des terres fortes par l'argile calcinée qu'elles renferment. Dans les prés, elles contribuent à détruire les joncs et les carex.

Pour les distribuer, on les décharge en petits tas qu'on répand peu de temps après. M. Bazin les fait disséminer par un homme qui, monté sur un tombereau chargé, les projette avec une pelle, pendant que la voiture avance. Il faut, dans tous les cas, les répandre régulièrement, car, laissées en tas, elles détruisent les plantes.

Doses. — Dans la Picardie, le pays de Bray, on répand de 4 à 6 hectolitres de cendres vitrioliques sur les prés et les herbages, de 8 à 10 sur les légumineuses, et seulement de 2 à 4 sur les récoltes du printemps; mais, dit M. Girardin, c'est presque une dérision que de semer moins de 15 à 20 hectolitres de ces cendres par hectare. On peut même en mettre de 25 à 30 hectolitres sur les terres marneuses.

11. — Suie.

Celle du bois que nous brûlons dans nos foyers renferme beaucoup de charbon qui la colore, et plusieurs substances propres à nourrir les plantes. Prise dans les cheminées, elle est composée, d'après Braconnot, de :

Acide ulmique	30,2	chaux, de magnésie,	
Charbon.	3,9	d'ammoniaque.	10,5
Matière azotée	20,0	Phosphate de chaux.	1,5
Sulfate de chaux.	5,0	Silice, oxyde de fer, chlo-	
Carbonate de chaux.	14,7	rures, principe amer.	1,7
Acétate de potasse, de		Eau	12,5

La suie rapprochée du foyer de combustion est plus riche en sels, plus fertilisante que celle de la partie supérieure des cheminées; celle de houille renferme moins d'acide acétique, moins de matières alcalines et plus d'azote que celle de bois. D'après MM. Boussingault et Payen, l'une en a 1,59 et l'autre 1,31 pour 100. Schwertz a observé en effet que la première est plus fertilisante.

Effets. — La suie agit à la manière des cendres et du plâtre. Elle contribue à nourrir les plantes, provoque la décomposition du terreau, et améliore les sols compacts. En outre, elle détruit les insectes et les limaces.

En Angleterre, on répand par hectare 18 hectolitres de suie sur le trèfle, le froment, les prairies naturelles. Les effets s'en font immédiatement sentir, dit Sinclair, après la première pluie : si les récoltes avaient une teinte pâle, elles deviennent d'un vert foncé. Le plus souvent on la répand en automne ou au printemps sur les récoltes, en couverture. D'autres fois on la recouvre par un coup de herse. Dans le nord de la France, on en met sur les semis de colza.

§ III. — Des engrais proprement dits, ou engrais organiques.

Ces engrais, généralement fournis par le règne organique, diffèrent des précédents par leur composition chimique plus compliquée. Ils en diffèrent aussi en ce qu'ils sont ordinairement employés à forte dose, qu'ils peuvent être mis indéfiniment sur les mêmes terres et qu'ils produisent, quoique cependant à des degrés divers, dans toutes les terres et sur toutes les récoltes, des effets en rapport avec la quantité employée.

Par leur composition les engrais organiques réunissent les conditions les plus avantageuses pour fertiliser le sol dans lequel on les répand à dose convenable et en temps opportun. Leurs tissus sont formés en effet des éléments organogènes qui entrent dans la composition des plantes cultivées et des substances minérales qui sont toujours associés à l'oxygène, à l'hydrogène, au carbone et à l'azote pour constituer les êtres organisés. Ils ont l'avantage de se décomposer avec une lenteur qui varie suivant les substances employées, et qui met peu à peu à la portée des racines des plantes l'acide carbonique, l'ammoniaque et les sels que celles-ci doivent absorber pour les utiliser dans les actes de la nutrition. Ce sont toujours les plus précieux de tous les engrais, ceux sur lesquels le cultivateur peut le plus compter dans le plus grand nombre des circonstances. Seulement, dans les conditions actuelles de l'agriculture, il est presque toujours, sinon même toujours impossible au cultivateur de faire indéfiniment, à la surface d'une exploitation rurale, tous les engrais organiques nécessaires à l'entretien de la fécondité du sol. C'est un fait sur lequel on ne saurait trop insister, car, en raison des produits exportés et vendus, la ferme sur laquelle on n'apporte pas d'engrais venus du dehors s'appauvrit à la longue. De là l'utilité très grande des engrais chimiques dont nous avons parlé, et celle des engrais industriels dont nous avons à dire quelques mots un peu plus loin. Il y a là en effet des ressources que l'agriculture pratique ne doit pas négliger tout en continuant d'accorder la prééminence aux engrais organiques.

Nous étudierons successivement les engrais organiques fournis par le règne végétal (*engrais végétaux*), ceux qui proviennent du règne animal (*engrais animaux*) et les *engrais mixtes*.

1. Engrais végétaux.

Les engrais exclusivement composés de substances végétales pourraient être infiniment variés, car on pourrait donner cette destination à une foule de produits tels que certaines plantes encore sur pied arrivées à une période plus ou moins avancée de la végétation, diverses parties de plantes mortes et desséchées, des fruits, des graines, et enfin des résidus de substances végétales employées dans l'industrie à des fabrications spéciales. Les engrais végétaux sont en général moins riches en azote que les engrais animaux ; ils sont aussi le plus souvent d'une décomposition plus lente, et ceux d'entre eux qui sont employés à l'état vert ou frais introduisent dans le sol de l'eau qui maintient la fraîcheur. Ceux qui sont desséchés se conservent souvent dans le sol sans être attaqués par les agents atmosphériques : aussi a-t-on presque toujours intérêt à les associer à des matières animales d'une décomposition plus facile, qui les font fermenter et les mettent ainsi en état de céder plus promptement à la végétation les principes fertilisants qu'ils renferment. L'emploi des pailles pour litière, indépendamment des autres avantages sur lesquels nous aurons à revenir plus tard, remplit parfaitement ce but spécial.

Nous placerons dans trois groupes tous les engrais végétaux dont nous avons à parler, et nous étudierons successivement sous ce point de vue : 1° les plantes et les parties de plantes terrestres ou d'eau douce ; 2° les plantes marines ; 3° les résidus que laissent certaines plantes ou parties de plantes employées dans l'industrie.

a. — *Plantes terrestres et d'eau douce.*

On emploie comme engrais des végétaux frais ou des végétaux plus ou moins desséchés.

Les VÉGÉTAUX FRAIS agissent par les matériaux nombreux qu'ils renferment et même par leur eau de végétation. On les utilise avec avantage, dans quelques pays exposés à la sécheresse, pour transplanter les récoltes d'été ; on tasse des fougères, des plantes aquatiques ou des feuilles, au fond des raies dans lesquelles on met les jeunes plantes.

Les *feuilles de betteraves*, qui, sèches, renferment pour 100, de 3 à 4,50 d'azote, les *pampres de pommes de terre*, qui en contiennent 3 p. 100, les *feuilles des carottes*, celles des *raves*, sont utilisées comme aliment quand les circonstances le permettent; mais quand on ne peut pas les faire consommer, on les enfouit, et, si, dans les terres bien préparées pour le blé par une abondante fumure, elles sont sans effet, comme nous nous en sommes souvent assuré, elles sont fort utiles dans les terres mauvaises ou médiocres.

Les *plantes aquatiques* — les potamogétons, — les nymphæa, — que nous avons vu utiliser dans l'Isère et les Hautes-Alpes, pourraient rendre de grands services dans beaucoup de pays.

Mais les plus intéressants parmi les végétaux que l'on emploie dans ce but sont ceux que l'on sème à certaines époques de l'année pour les enfouir plus tard comme *engrais verts*.

On cultive pour leur donner cette destination des plantes à végétation vigoureuse, qui viennent sans fumure sur les terres maigres. On les sème de préférence sur les champs d'un abord difficile, où l'on a de la peine à transporter le fumier. Le *lupin*, la *fève*, les *vesces*, le *sarrasin*, le *trèfle*, le *seigle*, le *maïs*, la *madia sativa*, la *moutarde*, la *navette*, les *raves*, même le *chanvre*, sont celles que l'on destine à cet usage. On doit choisir de préférence les espèces dont la croissance est la plus rapide et celles qui absorbent le plus les principes de l'atmosphère, qui sont les plus riches en azote. A ce dernier point de vue, les légumineuses se recommandent particulièrement. Dans le Dauphiné, près de Lyon, sur les terres graveleuses, et dans le Morvan sur les coteaux granitiques, on sème le lupin, *fève de loup*, en juin, pour l'enterrer en automne. Autant que possible, il faut l'enfouir pendant qu'il est en fleur. A cet effet, on le couche en passant un rouleau selon la direction que doivent avoir les raies, et la charrue venant ensuite renverse les tiges avec la bande de terre qui les porte dans le sillon ouvert. Il fournit un bon engrais pour les terres légères, les sables et les coteaux siliceux des pays chauds.

Il faut considérer comme engrais accidentels, les *vieux gazons*, l'herbe des prés que l'on défriche. Les gazons agissent pendant longtemps en raison de leurs racines qui sont longues à se décomposer.

En général les engrais verts sont d'un emploi utile dans les terres sèches, et conviennent mieux dans le Midi que dans le Nord. Les peuples de l'ancienne Italie en faisaient fréquemment usage, et maintenant encore dans cette contrée l'on y a communément recours. On dit même qu'on ne se contente pas d'utiliser les plantes vertes, et que, dans quelques cas, on fait une sorte d'engrais des graines de lupin que l'on fait bouillir dans l'eau pour détruire la faculté germinative, et que l'on place ensuite par poignées au pied des orangers, dès mûriers, et notamment des oliviers. L'azote qui existe en quantité notable dans ces graines, comme dans toutes celles de légumineuses, en fait un engrais actif qui suffit, à ce que l'on assure, pour rendre de la vigueur à un olivier languissant.

Feuilles sèches. — Quand on peut utiliser immédiatement, en automne, les feuilles qui recouvrent la terre dans les lieux boisés, l'on en obtient de bons effets, dans les terres légères surtout. Cette fumure introduit dans le sol de l'argile et de la silice très divisée; en terrotant pendant plusieurs années consécutives les terrains sablonneux des jardins de l'école d'Alfort, nous en rendons la terre plus compacte et plus tenace.

Mais nous avons vu souvent ramasser en automne des *feuilles* dans les bois, les châtaigneraies, les bordures des prés, pour être mises en tas et employées à fumer des pommes de terre au printemps. Ces feuilles sont mal décomposées quand on les répend sur la terre, et les vents en enlèvent une partie si elles ne sont pas bien couvertes. Cette pratique n'est excusable que lorsqu'on a des bois fort éloignés de l'habitation et des terres à fumer qui les avoisinent : on veut éviter alors les frais d'un double transport. Dans les circonstances ordinaires, on doit faire imprégner les feuilles mortes de matières animales, soit en les employant pour la litière, soit en les plaçant dans l'endroit de la cour où passent et repassent souvent les animaux.

b. — *Plantes marines.*

Les plantes marines renferment une forte quantité d'azote, d'iode, de sel marin, et en outre elles sont toujours mêlées à des débris d'animaux, à des coquillages qui en augmentent la valeur fertilisante. Les plus intéressantes appartiennent à diverses espèces du genre *fucus* et sont connues sous le nom générique de *goémon.*

On récolte le goémon deux fois par an, au printemps et en automne: le jour de la récolte est indiqué par l'autorité. Il est curieux de voir l'empressement que les Bretons mettent à aller recueillir cet engrais aussitôt que la récolte en est permise. A

Roskoff, nous les avons vus par centaines, hommes et femmes, se jeter à la mer avant que la marée fût complètement retirée, pour aller sur les rochers, avec leur faucille, faire la moisson de la plante précieuse.

Les voitures arrivent en même temps que les gens. On emporte la récolte à mesure qu'elle est coupée, et on la dépose en tas sur le rivage ou les bords des chemins, pour l'enlever le lendemain quand il n'est plus permis de récolter.

Ces végétaux sont enfouis dans le sol à l'état frais, ou après un léger fanage, ou encore après avoir été mêlés à du fumier et avoir éprouvé un commencement de putréfaction. Dans quelques cas, on les fait griller; il y a même des endroits où ils sont employés comme combustible; ils fournissent des cendres très fertilisantes. Le goémon renferme pour 100 de 1 à 3 d'azote, selon le degré de dessiccation.

c. — Résidus.

Le règne végétal alimente plusieurs industries qui fournissent des résidus employés comme engrais.

TOURTEAUX. — Les résidus des semences oléagineuses connus sous le nom de *tourteaux* contiennent, nous le verrons en les étudiant comme aliments, beaucoup d'albumine, de 5 à 7 p. 100 d'azote et une forte proportion d'acide phosphorique.

En nous fondant sur la moyenne de leur composition (voyez *Hygiène vétérinaire générale : Tourteaux*), nous trouvons que pour remplacer les 123 kilogr. d'azote et les 60 kilogr. d'acide phosphorique que l'on admet dans une fumure de 30,000 kilogr. de fumier, il faudrait :

		Pour l'azote.		Pour l'acide phosphorique.	
Tourteaux	d'arachide	1,708	kilogr.	10,344	kilogr.
»	d'œillette.	1,937	»	1,937	»
»	de sésame	1,990	»	3,871	»
»	de lin.	2,196	»	2,531	»
»	de cameline . . .	2,236	»	2,955	»
»	de colza.	2,343	»	1,910	»
»	de chanvre. . . .	2,365	»	1,749	»
»	de madia.	2,430	»	1,729	»
»	da faîne.	3,516	»	5,940	»

Mis en contact avec l'eau ou avec un sol humide, les tourteaux se décomposent rapidement et forment un engrais très actif.

Ils conviennent à tous les sols, mais plus particulièrement à ceux qui sont perméables. Pendant la sécheresse ils agissent peu : aussi sont-ils moins utilisés dans le Midi que dans le Nord.

Lord Leicester les employait à Holkamm, dans le comté de Norfolk, à la dose de 8 à 900 kilogr. par hectare. En France, nous en mettons de 5 à 800 kilogr. On les répand sur la terre et on les recouvre en même temps que la semence, ou on les enfouit quinze jours, un mois, avant cette dernière, ou enfin on les répand sur les récoltes levées.

C'est ordinairement comme demi-fumure, et vers le milieu de la rotation du culture, qu'on les emploie.

Quoique très riches en azote et en phosphore, les tourteaux conviennent surtout comme complément d'autres engrais, d'engrais peu actifs, et à ce point de vue ils peuvent rendre de grands services : sans soulever le sol comme le fumier, ils y introduisent de fortes quantités de principes actifs; mais employés seuls, ils constituent un engrais incomplet : on a constaté leur insuffisance pour la culture de la garance. Il y a une vingtaine d'années, les tourteaux produisaient les meilleurs effets; aujourd'hui, dit le *Bulletin de la Société d'agriculture de Vaucluse*, cet engrais paraît ne plus suffire, « on le trouve inefficace, on va jusqu'à lui reprocher d'avoir épuisé les terres ».

On ne peut pas espérer que 500 à 1,000 kilogr. et même plus de tourteaux, quoique aussi riches en azote que 30,000 kilogr. de bon fumier, remplaceront complètement cette masse d'engrais si riche en potasse, en soude, en chaux, en carbone, etc.

Les résidus des féculeries sont réservés pour la nourriture des bestiaux, à moins qu'on n'en ait en excès. Mais trop souvent on laisse perdre, au détriment de la santé publique, les eaux qui ont servi à séparer et à nettoyer la fécule; ces eaux peuvent être utilisées pour l'arrosage, ou bien conduites dans des réservoirs, d'où elles s'évaporent et se perdent par infiltration dans le sol : elles laissent des dépôts qui renferment en partie l'albumine et les sels solubles de la pomme de terre. Ces dépôts peuvent être directement répandus sur les terres ou employés à préparer ce que l'on appelle de la *poudrette végétale*.

On réserve également pour les animaux les principaux résidus des sucreries; mais on utilise comme engrais les produits des défécations et les écumes. Ces dépôts renferment de l'albumine, des matières salines, et de la chaux.

Il est souvent difficile d'utiliser ces résidus pendant l'hiver, au moment où on les obtient; il faut alors les mêler, sur une surface destinée à les recevoir, avec des plâtras, des cendres lessivées, en faire des composts qu'on répand ensuite avec avantage à l'état pulvérulent, soit pour fumer les récoltes d'automne, soit pour préparer le sol à recevoir celles du printemps.

Nous mentionnons pour mémoire le MARC DE RAISIN, qui en raison du pricipe oléagineux qu'il contient, convient mieux pour nourrir les animaux, la volaille, que pour fumer les terres, mais qui peut être utile, à cause de sa durée, pour fumer les vignes. Le MARC DES POMMES et des POIRES, si souvent perdu, pourrait entrer avec avantage dans la composition des composts.

2. — Engrais animaux.

Les engrais qui proviennent des animaux sont plus riches en azote que ceux qui sont fournis par les végétaux. Ils renferment comme ceux-ci des substances minérales formées des mêmes éléments que celles que l'on rencontre dans les plantes. En général ils se décomposent rapidement, et pour quelques-uns d'entre eux c'est un inconvénient assez marqué pour que l'on ait pu leur reprocher de n'avoir pas une action assez longtemps soutenue. Il arrive en effet, parfois, qu'ils activent avec trop d'énergie les premières phases de la végétation pour certaines cultures, et qu'ensuite celles-ci ne trouvent plus en suffisante quantité dans la terre les éléments qui seraient indispensables pour la formation des fruits ou des autres produits à récolter. C'est en combinant leur emploi avec celui d'autres agents à décomposition plus lente que l'on évite cet inconvénient. Nous verrons d'ailleurs que le mode suivant lequel on emploie quelques-uns d'entre eux a été en quelque sorte inspiré par la pensée de tirer tout le parti possible de la rapidité avec laquelle ils offrent aux plantes des éléments de nutrition.

Les substances d'origine animale que l'on utilise comme engrais sont des débris d'animaux morts, les matières fécales et les urines.

Dans le premier groupe sont le sang, les muscles et autres débris des cadavres des animaux, les produits cornés, les poils, les plumes, etc., et les résidus de certaines industries qui tirent parti de substances animales.

Dans le second se trouvent le guano, la colombine, la poulaille, les excréments des herbivores, etc.

Enfin dans le dernier se rangent les urines des hommes et des animaux.

L'étude du parcage, qui a pour but de faire répandre directement par les animaux leurs excréments et leurs urines sur les terres à fumer, se rattache nécessairement aussi au chapitre que nous consacrons à l'examen des engrais animaux.

a. — Sang.

Formé d'un liquide appelé *sérum* et d'une partie solide dite *caillot*, le sang contient pour 100 :

Eau . . . . . . de	77,0 à 83,0	Phosphate de chaux .	1 à 1,5
Globules fibrine . .	15 à 2,2	Chlorure de sodium .	4 à 5,5
Graisse.	1 à 2,5	Sels divers, fer. . . .	1 à 2

Coagulé par la vapeur, le sang de cheval a fourni à M. Soubeiran :

Matières animales	78	Sels, oxydes.	4,7
Phosphate de chaux. . .	0,3	Eau.	17

Quoique renfermant du chlore, du phosphore, de la soude, de la chaux, du fer, de la magnésie et de la potasse, le sang est recherché principalement comme matière azotée. Il contient de 15 à 16 p. 100 d'azote quand il a été desséché, et de 1,50 à 3 dans l'état naturel.

Le sang est d'un emploi difficile parce qu'il se décompose rapidement, et que les plantes laissent perdre une partie des principes qu'il fournit, ne pouvant pas les absorber à mesure qu'ils se dégagent.

On a cherché à obvier à ces inconvénients en étendant le sang de beaucoup d'eau et en l'employant en arrosage : ce procédé est peu praticable ; en le traitant par de la terre fortement chauffée qui le dessèche : procédé dispendieux ; en le solidifiant par l'ébullition ou à l'aide de la vapeur ou de l'acide sulfurique, et en desséchant les parties solides.

Le sang desséché constitue un engrais pulvérent d'une grande puissance. On l'exporte en grande quantité pour les riches cultures des colonies.

b. — Chairs musculaires.

La substance charnue est toujours mêlée à du sang, et on doit la considérer comme contenant tous les principes qui se trouvent dans ce liquide; elle renferme 13 p. 100 d'azote. D'après M. Soubeiran, la viande du cheval est composée pour 100 de :

Matières animales	84,8	Matières terreuses	2,8
Phosphate de chaux	2,4	Eau	10,0

Les chairs musculaires constituent un engrais excessivement précieux, que les cultivateurs intelligents utilisent en dépeçant les animaux qui meurent dans les fermes, et en enfouissant les débris dans des terres qui réclament de riches fumures.

Dans les grands établissements d'équarrissage, on traite d'abord la viande à l'aide de la vapeur, pour la séparer des os; on la dessèche ensuite par le même moyen, et l'on obtient un engrais très puissant quand il est pur. On l'exporte jusque dans les colonies pour la culture de la canne à sucre.

c. — Poissons.

A l'état sec, les poisson renferment de 10 à 11 p. 100 d'azote, une grande quantité de phosphate, et d'autres matières propres à favoriser l'accroissement des récoltes.

Sur les bords de la mer, on peut employer les poissons frais. On a remarqué, en Angleterre, que les harengs font pousser comme par magie les plus riches récoltes sur les terres les moins fertiles : les fermiers du Forfolk les payent aux pêcheurs à raison de 35 à 45 francs les 1,000 kilogr. La mer, dans certaines localités, peut en fournir presque indéfiniment.

Le résidu appelé *tanguin*, qu'on obtient quand on a traité les harengs par l'eau bouillante, pour en retirer l'huile, contient toute la matière du poisson, à l'exception de la graisse. Bien exprimé et desséché, ce produit fournit un engrais d'une très grande activité. En raison de sa richesse en azote et en phosphore, il a été conseillé comme succédané du guano.

d. — Laine, chiffons, poils, plumes, cheveux, soie.

Ces produits se ressemblent par la forte quantité d'azote qu'ils renferment. Ils en contiennent pour 100 :

Laine	15	Cheveux	15
Poil de bœuf	13,78	Soie	16
Plumes	16		

On y trouve des corps gras, beaucoup de soufre, mais peu de matières minérales.

Il est travaillé une immense quantité de *liane* dont les débris fourniraient de puissants engrais, si on savait les utiliser. Nous ne citerons que la bourre, déchet ou *tontisse*, qui se produit pendant la fabrication des étoffes, et les débris de ces dernières, rognées par les tailleurs ou usées sous forme d'habillement.

La seule ville d'Elbeuf fournirait tous les ans, d'après M. Houdeau, une quantité de débourrage ou bourre de laine qui contiendrait jusqu'à 9,000 kilogrammes d'azote, et représenterait 1,500,000 kilogrammes de fumier. Ces détritus riches en matière grasse et en autres matières organiques sont produits également à Lisieux, Louviers, Sedan, etc., et pourraient très certainement être utilisés comme engrais par l'agriculture.

On a employé les chiffons à la dose de 3,000 kilog. par hectare. Cette fumure, qui remplace 45,000 kilog. de fumier, dure trois ans. Un des inconvénients de cet engrais, c'est la difficulté de le diviser. Les loques mises entières font pousser les récoltes inégalement. On les coupe avec des faux implantées dans des planches. On a proposer de les imprégner de soude caustique, de laisser agir l'alcali, de les faire sécher, et ensuite de les broyer.

Les *poils*, les *plumes*, les *cheveux*, la *soie*, doivent être classés dans la même catégorie. Dans la Romagne, on réserve les plumes pour fumer les chènevières.. On sait que les Chinois se rasent la tête pour employer leurs cheveux à la fumure des terres.

e. — *Corne.*

La corne renferme pour 100 de 14,35 à 17,40 d'azote et constitue un excellent engrais. On utilise les râpures et les rognures des coutelleries et des fabriques de peignes ; mais on laisse trop souvent perdre les cornes, les sabots, les onglons des animaux qui meurent dans les fermes et même de ceux qui sont abattus pour la boucherie. Les morceaux de corne enfouis dans les terres cultivées, dans les vignes, sur les provignages et la râpure répandue sur les diverses récoltes ou enterrée avec les semences, forment un engrais très efficace. L'action s'en prolonge plusieurs années, si la corne n'est que grossièrement divisée.

f. — *Résidus des fonderies de suif, des tanneries, etc.*

Les résidus que laissent les matières animales utilisées par l'industrie, les rognures de cuir des cordonniers et des carrossiers, les résidus des tanneries, des fonderies de suif, des fabriques de colle et de cordes à boyaux, le suint et les débris de laine qui restent quand on fait écouler les eaux après le lavage des toisons, peuvent être utilisés pour fertiliser les terres. Toutes ces matières, en raison de l'azote qu'elles renferment en grande quantité, se décomposent rapidement, et fournissent en abondance des aliments aux plantes.

g. — *Colombine, poulaille.*

On donne le nom de *colombine* à la fiente des pigeons recueillie dans les colombiers. Elle constitue un de nos engrais les plus actifs. Elle contient de 8 à 9 pour 100 d'azote et beaucoup de phosphore. Dans le Nord, on l'achète à raison de 100 fr. la voiture, produit annuel d'un pigeonnier habité par 6 à 700 pigeons. Cet engrais convient pour toutes les récoltes, pour le lin, le tabac, le trèfle.

La *fiente de poule* ou *poulaille*, quoique moins active, forme aussi un très puissant engrais.

h. — *Guano.*

Le guano ou huano est une matière fertilisante constituée par des excréments d'oiseaux, qui se sont accumulés depuis des siècles en couche d'une certaine épaisseur sur divers points des contrées chaudes du globe.

Depuis un temps immémorial, le guano est employé comme engrais par les Péruviens. M. de Humbold en a importé, au commencement de ce siècle, sous le nom de *Duny*; mais, quoique analysé à cette époque par Fourcroy et Vauquelin, qui le trouvèrent fortement azoté, cet engrais n'est utilisé en Europe que depuis une trentaine d'années.

Le guano se trouve sur les côtes de la Patagonie, du Chili, de la Colivie, du Pérou, et dans la plupart des îles de la côte occidentale de l'Amérique du Sud. Il existe aussi du guano dans l'Australie, dans quelques îles du sud de l'Arabie, et sur les côtes d'Afrique.

Le guano est en couches horizontales, assez ordinairement ondulées vers les extrémités, offrant une épaisseur qui varie entre six et trente mètres. On y trouve des débris d'œufs, des plumes, des ossements d'oiseaux, et même des débris de poissons ou d'autres animaux dont les oiseaux marins se nourrissent. Parfois aussi on y rencontre des cristaux de sels ammoniacaux.

Les îlots sur lesquels on rencontre le guano ont été ou sont encore fréquentés par des troupes immenses d'oiseaux. C'est à ces animaux que l'on attribue la production de la matière fertilisante. Cependant celle-ci est quelquefois en masse tellement considérable que l'on hésite à croire qu'elle ait pu être produite par des oiseaux de l'époque actuelle. Humbold était porté à la considérer comme résultant en partie au moins des déjections des oiseaux des âges antérieurs à l'époque quaternaire. Mais M. Francis de Rivero a démontré que la puissance de certains gisements de guano pouvait parfaitement s'expliquer par le calcul sans avoir besoin de remonter au delà de six mille ans.

Les guanos du Pérou sont de couleur peu foncée lorsqu'ils sont formés de déjections riches en acide urique et rendues depuis peu de temps ; mais ce sont les plus rares. Le plus souvent ils sont en poudre et offrent toutes les teintes comprises entre le gris sale et le brun obscur. Leur odeur est forte, ammoniacale, et ils sont particulièrement riches en azote. Ceux qui proviennent des gisements éloignés du Pérou comme ceux du Chili, du Mexique, de la Bolivie, des iles Baker et Jerwis et de l'Australie sont des guanos terreux beaucoup plus riches en phosphates qu'en matière azotée. M. Boussingault, à qui nous empruntons la plupart des notions que nous résumons ici, attribue à l'action des pluies, plus fréquentes et plus abondantes dans les contrées que nous venons de citer, la disparition d'une partie des sels ammoniacaux dans les guanos terreux. Il fait observer qu'il serait d'ailleurs facile « de les rendre ammoniacaux en mettant « à profit la propriété qu'ils possèdent, quand ils sont secs et « en poudre, d'absorber 0,10 à 0,15 de solution aqueuse de sulfate d'ammoniaque ou de nitrate de soude, sans cesser d'être « pulvérulents. »

Le guano varie donc dans sa composition suivant sa provenance ; d'après M. Boussingault, celui des iles de Chincha au Pérou renferme sur 100 parties :

Matières organiques et sels ammoniacaux	52,52
Phosphate de chaux.	19,52
Acide phosphorique . . . . , . . .	3,12
Sels alcalins	7,56
Silice et sable.	1,46
Eau.	15,82

Le phosphate de chaux est en partie du phosphate neutre soluble, et en partie plus considérable du phosphate tribasique insoluble. L'ammoniaque existe dans ce guano dans les proportions de 17,32 p. 100 répondant à 14,29 d'azote.

Un autre échantillon de guano ammoniacal renfermait sur 100 parties :

Substances organiques azotées	31,5	Phosphate de chaux et de magnésie	20,5
Urate, carbonate d'ammoniaque.	13,2	Oxalate de chaux, sable, terre.	1,8
Sels et chlorures alcalins.	7,3	Eau	25,7

Quant au guano terreux, celui de l'île Baker a donné à M. Boussingault :

Phosphate de chaux tribasique	70,798
Phosphate de magnésie	6,125
Phosphate de fer	0,126
Sulfate de chaux.	0,134
Acide sulfurique, chlore, soude, matières organiques et eau.	14,950

Le guano du commerce est souvent sophistiqué, et il renferme alors moins d'azote et de phosphates; mais quand il est naturel, il est toujours assez riche en azote, en phosphore, en soufre, en chlore, en potasse, en soude, en chaux et en magnésie, pour agir sur *toutes* les terres et pour *toutes* les récoltes, comme un engrais très puissant et très prompt. Il renferme de 12 à 17 p. 100 d'azote.

Utilité. — Le guano, et sa composition nous en donne les motifs, est favorable à toutes nos récoltes ; mais on le réserve surtout pour celles dont la végétation est rapide, pour les différentes espèces de raves et de navets, pour les betteraves, les pommes de terre, les céréales, les légumineuses et les diverses plantes industrielles. Celui qui est terreux est précieux par les phosphates qu'il renferme et convient aux terres et aux récoltes pour lesquelles nous avons recommandé le phosphate de chaux. Dans quelques cas il pourrait être utile de la rendre ammoniacal, suivant la méthode indiquée par M. Boussingault.

Emploi. — On pulvérise le guano à l'aide d'un rouleau en pierre, et le plus ordinairement on le mêle, pour retenir l'ammoniaque, avec moitié de son poids de plâtre ou de sulfate de soude. Quelques agronomes emploient la poudre de tourbe ou de charbon végétal, qui agit sur l'ammoniaque comme absorbant.

Pour les récoltes d'automne, on répand le guano avant ou après l'hiver, et mieux, une partie avant et une partie après, quand surtout il est employé en quantité un peu considérable. On en met, avec avantage, une demi-fumure sur les récoltes à moitié venues qui n'ont reçu, à l'époque de l'ensemencement, qu'une fumure insuffisante en fumier. Comme tous les engrais à odeur forte, il doit être répandu sur les plantes fourragères en automne, ou de suite après l'hiver, avant la pousse de l'herbe.

On dissémine le guano à la main ou au semoir. Pour le disperser régulièrement à la volée, on mouille un peu le mélange, s'il n'est pas légèrement humide, afin que le vent n'enlève pas les parties les plus ténues. On peut le mêler à un poids égal de sel marin. Le mélange est assez humide pour se répandre régulièrement sur le sol (Turrel).

Doses. — On met le guano à la dose de 400 à 600 kilogr. par hectare, un peu moins quand on le répand au semoir. Aussitôt disséminé, il doit être recouvert par un coup de herse. Après une fumure de 1,000 kilogr. par hectare, on a obtenu, sur un bon terrain, un rendement en blé de plus de 52 hectolitres ; par l'emploi du guano à la dose de 400 kilogr., les Péruviens font rendre à la terre en maïs jusqu'à 230 p. 1 de la semence. S'ils emploient trop d'engrais, les racines de la plante sont brûlées. En général, il est bon d'en mettre peu à la fois et plus souvent, son action étant de peu de durée.

Guano artificiel. — Quelque abondants que soient les gisements de guano, on peut prévoir qu'ils s'épuiseront dans un avenir qui ne paraît pas devoir être éloigné. Déjà le prix de cet engrais s'élève assez pour que les agriculteurs hésitent à l'employer, et le gouvernement péruvien lui-même met de temps à autre un obstacle à son exportation.

Aussi cherche-t-on à remplacer le guano par des produits artificiels aussi actifs et moins chers, que l'on prépare avec de la poudre d'os ou de la chaux phosphatée, de la colombine, du sel marin, du plâtre, de l'urine, du sulfate d'ammoniaque et des cendres de plantes marines.

Les formules qui sont recommandées pour atteindre ce but sont assez variées. Nous nous contenterons de citer la suivante, qui est une des plus simples :

Poussière d'os.	200
Sulfate de chaux	100
Sel marin.	100
Sulfate de soude	075
Sulfate d'ammoniaque dé- layé dans l'urine	25

i. — *Urine, Purin.*

Les URINES, qui contiennent en grande partie les matières azotées rejetées du corps animal, varient, dans les différents animaux, par leur composition chimique. Elles renferment à peu près 100 :

	Eau.	Substances animales.	Substances minérales.
Dans l'homme.	93	5	2
— le cheval	92	4	3
— le bœuf. la vache.	92,5	4,5	4
— le mouton. . . .	96	3	1
— le porc	98	0,5	1,5
— le lion.	85	13	2

La nourriture animale et les végétaux fortement nutritifs rendent les urines *chargées*. On sait que l'usage exclusif de la viande prédispose les hommes aux calculs urinaires, et que les chevaux, comme les moutons, nourris à l'avoine y sont les plus exposés.

La matière animale des urines est formée d'urée, d'acide urique, d'acide lactique, d'acide hippurique, d'acide benzoïque, de mucus et d'albumine ; la matière minérale, de phosphore, de soufre, de chlore, de potasse, de soude, de chaux, de magnésie, de silice, d'alumine, de manganèse et de fer diversement combinés.

Près d'un dixième de l'urine est formé de matières solides qui renferment de 16 à 17 p. 100 d'azote.

M. Pouriau porte cependant à un chiffre moins élevé la quantité d'azote que renferment les urines, et classe ainsi qu'il suit celles de l'homme et des principaux mammifères domestiques, en les envisageant sous le quadruple rapport des proportions d'azote, d'eau, de matières organiques et de matières inorganiques qu'elles offrent à l'analyse :

Azote pour 1,000		Eau pour 1,000	
Urine de cheval . .	14,8	Urine de porc	980
— de l'homme .	14,5	— de l'homme . .	933
— de mouton. .	13,1	— de vache. . . .	921
— de vache. . .	9,6	— de cheval . . .	910
— de porc . . .	2,3	— de mouton. . .	890

Matières organiques pour 1,000		Matières inorganiques pour 1,000	
Urine de mouton. .	80	Urine de cheval . . .	33
— de cheval . .	55	— de vache. . . .	28
— de vaches . .	52	— de mouton. . .	26
— de l'homme .	44	— de l'homme . .	16
— de porc . . .	5	— de porc	15

Quoique différente dans chaque espèce animale, l'urine se ressemble par la facilité avec laquelle elle entre en fermentation et perd une partie de son azote. Les réactions qui se produisent alors donnent lieu à la formation de carbonate d'ammoniaque qui contient plus de 29 p. 100 de son poids d'azote. Malheureusement ce sel est très volatil et se répand promptement et en grande partie dans l'atmosphère. On peut diminuer la déperdition des composés ammoniacaux en versant dans le liquide, par hectolitre, 40 grammes de sulfate de fer ou de sulfate de soude, ou 15 grammes d'acide sulfurique, ou 30 grammes d'acide chlorhydrique.

Mais, ainsi que l'a fait observer M. Boussingault, l'emploi de quelques-unes des substances que nous venons d'indiquer a pour inconvénient de transformer le bicarbonate de potasse des urines en sulfate, moins propre que le premier de ces sels à satisfaire aux besoins de la végétation. C'est pourquoi l'habile chimiste conseille de traiter de préférence l'urine par le sulfate de magnésie impur que l'on ajoute à ce liquide à la dose de 40 grammes pour chaque hectolitre. Il se forme alors du phosphate ammoniaco-magnésien qui se précipite et que l'on peut recueillir ensuite pour les besoins de l'agriculture. MM. Blanchard et Chateau emploient dans le même but les phosphates acides.

Le PURIN est le liquide brunâtre, coloré par les matières fécales, qui s'écoule des étables, ou bien encore le liquide qui s'écoule des tas de fumier plus ou moins bien aménagés ; il est formé d'urine, de jus de fumier, et d'eau provenant des lavages, des chemins, des rues ou des basses-cours.

Fosses à purin. — Une pratique qui est restée longtemps bornée à quelques fermes de la Flandre et du Jura, tend à se généraliser. Elle consiste à construire, dans le voisinage des étables, un *puisard, fosse à purin, pissotière,* dans laquel se rendent les urines, les eaux qui ont servi à laver les étables, et quelquefois le jus des fumiers. En Suisse, on y pousse même les excréments solides. Ce mélange constitue une matière éminemment fertilisante.

Un puisard est indispensable à côté des étables dont le sol est en planches et où les animaux couchent sans litière.

La fosse à purin est quelquefois à ciel ouvert, d'autres fois couverte. On y réserve une première ouverture par laquelle arrivent les urines, et une seconde dans laquelle est placée la pompe qui sert à retirer l'engrais pour le mettre dans des tonneaux.

Il serait à désirer, dans l'intérêt de l'hygiène publique et de l'agriculture, que l'usage des fosses à engrais se répandît dans toutes nos campagnes. On ne verrait plus, presque devant chaque porte, à côté de chaque étable, dans les rues de nos villages, un ruisseau où coulent, toute l'année, des liquides fétides qui attirent les insectes, corrompent l'air et occasionnent les plus graves maladies. Plusieurs conseils d'hygiène se sont justement préoccupés de cette question dans ces dernières années. Le département de la Moselle a voté des fonds destinés à encourager les communes à faire cesser cet état de choses, à construire des fosses, à vendre les boues qui infectent les villages, dans le but d'assainir le pays et d'utiliser un produit de tant de valeur qui est généralement perdu.

La fosse à purin doit être en maçonnerie et imperméable : cette dernière condition existe toujours après un certain temps ; le jus forme, dans les fissures, un dépôt qui s'oppose au passage du liquide.

On prévient la déperdition des produits ammoniacaux et des odeurs infectes en versant de temps en temps dans les fosses du sulfate de fer ou du sulfate de soude. Le plâtre produit le même effet (voyez page 189).

EMPLOI. — L'urine fraîche, celle qui n'a pas été modifiée par la fermentation, fait mourir certaines plantes et détruit la propriété germinative des semences. Le purin concentré produit les mêmes effets. Etendus de 2 à 4 fois leur volume d'eau, ces liquides forment un engrais puissant qui agit avec rapidité et pousse surtout à la production des plantes herbacées ; du reste, leurs effets nuisibles sont subordonnés à la quantité que l'on en répand et à l'état de l'atmosphère pendant et après leur emploi. Les meilleures conditions dans lesquelles on puisse les répandre sont celles qui résultent d'un temps doux, car sous l'influence d'une température élevée ils se concentrent promptement par évaporation et nuisent aux récoltes, tandis que par un temps de pluie abondante ils sont exposés à être entraînés par les eaux. L'action fertilisante des engrais liquides est de courte durée.

En Angleterre, MM. Kennedy, Méchi, Telfer, distribuent, au moyen de *canaux souterrains*, les engrais liquides. Les déjections des animaux se rendent dans des citernes où on les mêle avec de l'eau et même avec d'autres engrais. Une pompe, mue par la vapeur refoule ces engrais dans des conduits jusque sous les terres où on doit les répandre. On emploie, pour cette irrigation, des tuyaux en fonte placés à demeure dans le sol. Ces tuyaux présentent, tous les 180 ou tous les 200 mètres, des regards auxquels on adapte des tuyaux en gutta-percha qui, mus par des hommes, répandent directement le liquide comme des pompes à incendie, ou qui servent à remplir des tonneaux chargés sur des tombereaux. Dans tous les cas, la dispersion de l'engrais est très facile. Chez M. Huxtable, dans le Dorsetshire, un homme et un enfant suffisent pour fumer 2 hectares par jour; on donne de 6 à 12 arrosages par an. M. Kennedy a obtenu pour ce moyen jusqu'à 142,000 kil. de ray-grass à l'hectare. Il y a aujourd'hui en Ecosse des fermes de 200 hectares fumées par cette méthode. Des essais de ce genre ont été faits sous la direction de MM. Moll et Mill dans des terres qui environnent le dépotoir de la Villette, et les bons effets de l'engrais ont été constatés sur un grand nombre de plantes.

j. — *Matières fécales, gadoue.*

On trouve dans les excréments de tous les animaux de fortes proportions de chaux, d'acide phosphorique, d'acide sulfurique et d'azote provenant d'aliments mal digérés et de produits excrétés par l'appareil digestif.

Les excréments des herbivores, plus variés que ceux des carnivores, contiennent beaucoup de matières végétales non décomposées, et sont surtout fertilisants quand les animaux sont fortement nourris. Ils forment, dans tous les cas, la partie la plus riche du fumier.

A l'état sec, ils contiennent d'azote, pour 100 : ceux du cheval, 2,21 ; du bœuf, 2,30 ; du mouton, 1,70 à 2,90 ; du porc, 3,37.

Les excréments de l'homme sont composés, d'après Berzelius, de :

Matières organiques . . .	4,5	Débris d'aliments.	7,0
Sulfates, phosphates, chlo		Mucus. bile graisse .	14,0
rure de sodium , . . .	1,2	Eau	7 4

Secs, ils renferment pour 100 1,48 d'azote.

Le produit des fosses d'aisance, appelé *gadoue*, *vidange*, contient souvent une grande quantité de liquide qui résulte en partie de l'eau qu'on y jette. Mais le mélange, quoique fort varié par sa nature, est toujours formé, en très grande partie, par l'urine et les excréments solides, et constitue un très puissant engrais. On y trouve en grande quantité le phosphore et l'azote, si abondants dans les graines, les grains, le poisson, la viande, usités pour notre nourriture.

En tenant compte de la manière dont les aliments sortent de nos organes, en réfléchissant que la respiration se produit surtout aux dépens du carbone et de l'hydrogène ; que la transpiration cutanée enlève principalement de l'eau et des sels ; qu'une grande partie des matières azotées et des parties salines sont évacuées par les urines ou restent dans les fèces, on comprend la perte immense qui résulte de la dissémination de l'engrais humain dans les égouts et les rivières.

On a trouvé qu'un homme rend en moyenne, par jour, 160 gr. d'excréments solides et 1,250 gr. d'urine. En réduisant ces quantités aux deux tiers, soit à 107 gr. d'excréments, et à 833 gr. d'urine, et en admettant que ces matières renferment 1,3 d'azote, on trouve que les 35 millions d'habitants de la France rendent, par an, 12,008,500,000 kilogrammes de matières fertilisantes contenant 156,110,500 kilgr. d'azote.

L'odeur de ces matières en rend l'emploi difficile. Leur *désinfection* intéresse autant au point de vue de l'hygiène qu'au point de vue de l'agriculture. On s'en préoccupe beaucoup. Les moyens employés ont pour but, les uns de prévenir la formation des gaz infects, les autres de les absorber, de les détruire.

Pour prévenir la formation de ces gaz dans les fosses d'aisance il suffit d'y jeter, de temps en temps, une dissolution de sulfate de fer ou de sulfate de zinc. Par ce moyen facile et peu dispendieux, on empêche la formation des produits fétides, l'infection des appartements, et on conserve aux matières fécales toute leur valeur fertilisante ; en fixant les produits ammoniacaux, les sulfates rendent les engrais plus actifs et leur emploi moins désagréable.

D'ordinaire, on se borne à désinfecter les fosses au moment de les vider ; cependant, la désinfection sur de grandes masses est moins complète, à cause de la difficulté de mélanger les agents désinfectants aux matières, souvent compactes, précipitées au fond des fosses.

A Paris, les entrepreneurs de vidange préparent en grand, avec de vieux métaux, les sulfates liquides qu'ils emploient pour désinfecter. Ces sulfates de fer ou de zinc sont emportés dans les tonneaux qui doivent rapporter la vidange. Une ordonnance de police du 8 novembre 1851 défend de procéder à l'extraction des matières contenues dans les fosses d'aisance, fixes ou mobiles, avant d'en avoir opéré complètement la désinfection. Des agents de police veillent à l'exécution de cette ordonnance : à l'aide d'un papier réactif, on reconnaît facilement le degré de désinfection.

On peut aussi désinfecter les matières fécales avec des corps absorbants. Nous avons opéré, à l'école d'Alfort, la désinfection de plusieurs centaines de kilogrammes de matières fécales avec du charbon de tourbe. Les engrais désinfectés, conservés plusieurs mois dans des sacs, ne répandaient aucune mauvaise odeur.

Mode d'emploi. — Jusqu'à ces dernières années on n'avait employé les matières fécales qu'en petit, ou par des procédés très imparfaits.

Il y a moins d'un siècle, vers 1800, trois spéculateurs de Lyon, ayant voulu utiliser la *gadoue* de cette ville, dépensèrent leur fortune à cette entreprise. Aujourd'hui cet engrais a transformé en riches campagnes les amas de galets, les bancs de gravier qui forment les plaines du département de l'Isère sur les rives du Rhône.

On répand la gadoue sous forme d'arrosage, étendue d'eau ou à l'état de pureté, selon le degré de concentration qu'on lui connaît. D'autres fois, on fait d'abord absorber la partie fluide par des corps poreux, végétaux ou minéraux, et on dissémine le mélange solide. Les cultivateurs dauphinois emploient cet engrais en nature sur les céréales et les prairies artificielles. Ils conduisent la voiture et les tonneaux pleins à une des extrémités de la terre qu'ils veulent fumer ; ils placent sous le tonneau un large baquet dans lequel ils font couler l'engrais, et avec une espèce d'écope, un vase à long manche, ils arrosent la terre qui est à l'entour du baquet, pour aller recommencer plus loin quand le vase est vide. De plus en plus on remplace ces ustensiles par un tonneau semblable à ceux avec lesquels on arrose les rues des villes ; ou l'on fait simplement couler le liquide du tonneau sur une planche placée horizontalement en travers et en arrière de la voiture, et qui disperse le liquide.

Dans la *Flandre*, on dépose d'abord la matière fécale dans de grandes fosses pavées en grès et d'une contenance de 1,500 à 3,000 hectolitres. Ces fosses sont en briques, disposées en voûte, et présentent deux ouvertures, une latérale pour l'entrée de l'air, et une supérieure qui sert à projeter l'engrais dans l'intérieur

et à le retirer. On trouve même dans beaucoup de maisons une
de ces citernes adaptée aux latrines. L'engrais enlevé dans les
villes est versé dans ces fosses où il séjourne pendant deux ou
trois mois. Il en reste toujours dans le réservoir une certaine quantité qui agit comme levain. La matière devenue visqueuse constitue l'*engrais flamand*, la *gadoue*, la *courte graisse*. Quand on juge
que l'engrais est trop épais, on y ajoute de l'eau, et s'il est trop
aqueux, on l'améliore en jetant des tourteaux dans la fosse. On
répand l'engrais à peu près comme dans le Lyonnais, à la dose de
150 à 600 hectolitres par hectare. On estime qu'un hectolitre,
100 kilogr., produit le même effet que 250 kilogr. de fumier.

L'emploi, comme engrais, des matières fécales, a depuis très
longtemps attiré l'attention de quelques judicieux agronomes ;
mais ce n'est que dans ces derniers temps qu'il est devenu l'objet
d'une préoccupation générale. Aujourd'hui que la science en a démontré la richesse, et que l'on a calculé la quantité énorme qu'il s'en
perd au détriment de la santé publique et du bien-être de tous, on a
senti, mieux que par le passé, la nécessité d'en fumer les terres.

Jusqu'à ce jour on a été arrêté par la mauvaise odeur qu'il
répand et par le dégoût qu'il inspire : les moyens de désinfection
connus ne remédient même qu'imparfaitement à ces inconvénients.

C'est pour la dissémination de l'engrais humain que le système
des tuyaux souterrains paraît être appelé à rendre de grands
services.

La question a été très bien exposée au congrès de Bruxelles,
en 1856, par M. Ward. « Il s'agit, a-t-il dit, d'établir des tuyaux
pour conduire l'eau dans les villes, des tuyaux pour la distribuer, des tuyaux pour conduire les résidus hors des villes, et des
tuyaux pour les appliquer à la fertilisation des campagnes. Cent
villes sont déjà plus ou moins organisées pour jouir de l'eau la
plus pure et pour rejeter les immondices qui vont féconder les
champs. »

On a calculé que les égouts de Londres versent, par jour, dans
la Tamise, 325,753 mètres cubes d'un liquide qui, en 1858, en
raison des fortes chaleurs, est devenu une cause d'infection
pour la ville. Le parlement a voté une somme de 75 millions
pour remédier à cet état de choses. En admettant que cette eau
renferme 722 grammes de matières salines par mètre cube, on
évalue que le produit porté à la Tamise par ces égouts fumerait
851,500 hectares de terre. Des terres arides qui ne se louaient
que 3 francs l'acre se louent de 400 à 500 francs depuis qu'elles

sont arrosées avec les eaux provenant des égouts de la ville d'Edimbourg.

Les Chinois incorporent les matières fécales, qu'ils ont grand soin de ne pas laisser perdre, dans la terre glaise ; ils forment des pains qu'ils font sécher et qu'ils pulvérisent ensuite pour en répandre la poudre. C'est à l'emploi de cet engrais que l'on attribue la propriété de leurs terres cultivées.

Les EFFETS de la gadoue sont considérables et prompts, mais ils ne durent guère qu'une année. Dans le Nord, on la répand sur le colza et les betteraves ; en Alsace, sur le tabac et le chanvre. Dans les environs de Lyon, on a remarqué que le *fourrage* qui a poussé sous l'influence de cet engrais est peu recherché par les animaux ; on lui a même reproché de communiquer une mauvaise odeur au lait des vaches, mais cela n'est pas démontré. Dans tous les cas, on peut prévenir ces inconvénients en employant ce liquide en moindre quantité, afin que les plantes moins vigoureuses soient moins aqueuses, et en le répandant dans le courant de l'hiver ou au commencement du printemps, mais avant la pousse de l'herbe, afin qu'il n'en reste pas de résidus à l'aisselle des feuilles.

k. — *Parcage.*

On donne le nom de *parcage* à une pratique qui consiste à faire séjourner momentanément dans une enceinte limitée par des claies mobiles un troupeau d'animaux, qui fument le sol en répandant à sa surface leurs excréments et leurs urines..

Ce moyen d'amender les terres n'est guère pratiqué qu'avec les bêtes à laine. Il produit un double effet : il fume les terres et les tasse. On fait parquer, comme moyen de plombage, des terres naturellement légères et sablonneuses.

La fumure est l'effet auquel on tient le plus. Pour qu'elle soit vraiment profitable à la terre et ne nuise pas aux bêtes ovines, il est utile de se conformer à quelques règles générales que nous devons indiquer.

On peut faire parquer les animaux dès qu'au printemps les beaux jours ont remplacé les frimats et les pluies, et l'on peut continuer jusque vers le mois d'octobre ou de novembre. Les bêtes ovines ne souffrent d'être dehors que par les pluies froides et longtemps prolongées.

La terre que l'on veut fumer par le parcage doit être préparée par un labour préalable qui, en ameublissant le sol, permettra aux matières fertilisantes de mieux pénétrer dans son intérieur et de l'imprégner. Autant que possible elle doit être unie, afin que les animaux ne soient point sollicités à abandonner certains points du parc pour s'accumuler sur d'autres.

L'espace que les animaux doivent occuper pendant un certain temps, et qui porte le nom de parc, est circonscrit par des claies qui varient dans leur construction suivant les habitudes locales, mais qui doivent toujours être assez légères pour que chacune d'elles puisse être facilement déplacée par le berger. Il faut qu'elles soient solidement fixées au sol par des crosses ou par tout autre moyen ; enfin le berger doit en avoir un nombre suffisant pour qu'il lui soit possible de construire à côté du parc actuellement occupé un autre parc où il fait passer les moutons lorsqu'il juge que la terre sur laquelle ils ont séjourné est convenablement fumée.

L'étendue du parc est déterminée par le nombre de moutons que l'on a l'intention d'y placer. En général on donne un mètre carré ou un peu moins pour chaque bête ovine.

Les moutons sont mis au parc pendant la nuit seulement ; pendant le jour ils vont paître ou reçoivent à la bergerie ou sous des hangars une alimentation qui leur permet de remplir d'autant mieux le rôle auquel ils sont destinés qu'elle est plus abondante et plus substantielle.

Le temps nécessaire à la fumure d'un terrain par la pratique du parcage varie. Ordinairement on donne, dans l'espace d'une nuit, deux ou trois coups de parc, c'est-à-dire que le berger fait passer à ses moutons le tiers ou la moitié de la nuit successivement sur deux ou trois espaces contigus qu'il circonscrit l'un après l'autre avec les claies dont il dispose. Il est rare qu'il soit nécessaire de faire séjourner les moutons pendant toute une nuit sur un espace auquel on a donné l'étendue que nous avons indiquée. Ce n'est que dans des circonstances exceptionnelles que l'on ramène deux nuits de suite les animaux sur le même terrain.

Après le parcage on enfouit l'engrais le plus tôt possible par un léger labour. Les effets de cette pratique se manifestent promptement. M. de Gasparin les considère comme équivalents à ceux de 140 kilogr. de fumier, lorsqu'il s'agit du parcage d'un troupeau de cent bêtes pendant toute une nuit. C'est là une fumure légère et dont les effets ne se font pas sentir eu delà d'une année. On est obligé de la renouveler à chaque récolte. En réalité le parcage s'emploie comme demi-fumure et au milieu de l'assolement.

Le parcage offre l'avantage d'économiser les frais de transport des engrais sur le sol que l'on veut fumer. Parfois même c'est le seul moyen de donner une fumure à un terrain d'un accès difficile.

C'est d'ailleurs une pratique beaucoup plus répandue dans le nord et dans le centre de la France que dans le midi.

On ne pratique guère le parcage que sur les terrains préparés à recevoir les semences. Dans quelques cas cependant on fait parquer en couverture sur les jeunes blés. « Dans ce cas, dit M. de Guaita, on ne fait entrer les moutons au parc qu'à la nuit close, et on les en fait sortir de très bonne heure afin d'éviter qu'ils broutent les feuilles de la céréale. »

Dans les pays de montagnes, où les animaux des espèces bovine et ovine sont laissés au paturage pendant toute une saison sans rentrer à l'étable ou à la bergerie, on les réunit souvent pendant la nuit sur des points déterminés du 'pâturage, ordinairement limités par des claies ou des barrières plus ou moins faciles à déplacer. Cette manière d'agir offre le double avantage de permettre de mieux surveiller les animaux, et de répandre sur le pâturage les engrais dont on a besoin pour conserver sa fertilité. En changeant de temps à autre le lieu sur lequel le parc de nuit est établi, on arrive à fumer successivement toute la surface.

Dans la pratique du parcage ordinaire, les effets obtenus résultent de l'action des excréments, des urines, et même du suint, dont les émanations pénètrent dans la terre ameublie. Il est à craindre qu'une partie du principe fertilisant se perde en se transformant en ammoniaque. On a proposé d'employer le plâtre pour fixer cette ammoniaque, et prévenir ainsi le dégagement des engrais volatils. Ce sel, qui pourrait quant à ses effets être remplacé par d'autres sulfates, s'emploie sous forme de poudre qu'on répand sur la terre nouvellement parquée avant le parcage.

3.—Engrais mixtes.

Les engrais mixtes sont ainsi nommés parce qu'ils sont formés tout à la fois de substances animales et de substances végétales, et parfois aussi de substances minérales. Dans cette catégorie se rangent les fumiers de ferme, les boues, les immondices et les engrais industriels.

a.—Fumier.

Le fumier est le plus important de tous les engrais, c'est le seul presque qu'emploient encore un grand nombre de culti-

vateurs et celui sur lequel ils doivent le plus compter. C'est
l'engrais par excellence; ses qualités proviennent des éléments
divers — urine, excréments, feuilles, foins, grains — qui le constituent. Il est d'un usage général, convient à tous les sols comme
à toutes les récoltes, et peut à lui seul fournir une nourriture
complète aux plantes, tout en entretenant indéfiniment la fécondité des terres.

Nettoyage des étables. — On se procure le fumier dont on a
besoin pour féconder la terre, en recueillant dans les habitations
des animaux domestiques les litières avec les matières fécales
et les urines auxquelles elles sont mélangées et dont elles sont
imprégnées. S'il est favorable à la santé et au bien-être du bétail
de renouveler ou de faire sécher la litière tous les jours ou tout
au moins à des intervalles de temps très rapprochés, cet usage
est très préjudiciable sous le rapport de l'économie rurale. Le
renouvellement fréquent de la litière n'est employé que pour les
animaux de luxe; quant à la pratique qui consiste à la faire
sécher chaque jour, elle n'est usitée que dans quelques lieux où
la paille est chère relativement à la valeur du fumier.

Des agriculteurs belges nettoient leurs étables tous les deux
jours; après avoir enlevé le fumier, ils lavent le pavé et obtien-
nent ainsi, dans une fosse convenablement préparée, un engrais
liquide abondant.

Mais il s'en faut que cette pratique soit généralement suivie.
Beaucoup de propriétaires, dans les pays où les troupeaux mal
nourris parquent une partie de l'année, ne nettoient les bergeries que tous les six mois, une fois l'an même. Quand ils enlèvent le fumier, il est sec et souvent décomposé, rongé par la
moisissure, principalement contre les murailles où il est moins
tassé : on reconnaît à cette altération que l'humidité n'a pas
été assez abondante, et que la fermentation a été incomplète.
Dans quelques pays, on a des râteliers mobiles que l'on élève à
mesure que la couche de fumier devient plus épaisse.

Cette méthode, que l'on met aussi en usage dans une certaine
mesure pour les chevaux et les bêtes bovines, épargne la main-
d'œuvre et produit toujours un excellent engrais sans avoir de
graves inconvénients, ni pour la santé des animaux, ni pour la
production du lait, ni pour celle de la graisse; car le fumier pié-
tiné, privé du contact de l'air par cette foulée continuelle, se putréfie beaucoup plus lentement que lorsqu'il a été remué et mis
en tas peu pressés.

Le plus communément, la litière reste sous le bétail quinze

jours ou trois semaines sans inconvénients. La malpropreté qui règne dans les étables de nos campagnes provient moins de cette cause que de la mauvaise disposition du sol : il faut, ou que la litière soit assez abondante pour absorber les urines, ou que la pente du sol soit assez forte pour faire écouler au dehors le liquide surabondant. Dans ce dernier cas, des dispositions doivent êtres prises pour recueillir les liquides qui constituent l'une des parties les plus actives de l'engrais.

On enlève le fumier des étables avec des civières ou avec des brouettes; il ne faut pas se borner à verser les charges les unes à côté des autres, comme on le fait trop souvent. Il résulte de ce travail un tas hétérogène, à surface inégale, qui ne fermente jamais convenablement et se dessèche très vite.

A mesure que le fumier est déposé sur le tas, il doit être régulièrement étendu et bien foulé, de manière à former une masse à surface plane et parfaitement homogène dans son épaisseur.

On aura soin de mêler les parties pailleuses sèches aux excréments et aux parties humides. Le cultivateur devra même faire nettoyer à la fois les étables et les écuries, pour mélanger, pour compléter les uns par les autres les fumiers provenant des divers animaux.

C'est en déposant le fumier dans la fosse ou sur l'aire qui doit le recevoir qu'il faut avoir soin d'ajouter à cet engrais les matières qui doivent l'améliorer (p. 238) ou en augmenter la quantité en s'améliorant elles-mêmes par leur mélange avec les excréments et les urines rendus par les différents animaux.

Toutefois, quand on ne veut pas laisser le fumier se décomposer fortement, passer à l'état dit de *beurre noir*, avant de le porter dans les terres, on ne doit y mêler ni les balayures des greniers et des fenils, ni celles des poulaillers. Ces matières, qui contiennent de mauvaises graines, doivent être déposées au centre de la masse, là où l'on est sûr que toutes les semences perdront la faculté de germer.

Quantité de fumier produite par les animaux. — Il est démontré par l'expérience que la quantité de fumier donnée par un herbivore est égale en poids à deux fois la quantité de fourrage consommé et de litière employée. Si nous admettons qu'un animal reçoit 15 kilogr. de fourrage par jour et qu'il foule 5 kilogr. de litière, nous trouverons qu'il produira 40 kilogr. de fumier par jours, soit 14,600 kilogr. environ par an.

Selon Mathieu de Dombasle, 7,300 kilogr. de fourrages secs, consommés par des chevaux dans l'espace d'une année, ont donné 16,200 kilogr. de fumier; 100 kilogr. de fourrage en ont fourni 222 kilogr.; la litière était assez abondante pour absorber toutes les urines. Donnée à des bœufs, la même quantité de foin produit 347 kilogr. de fumier, ces animaux ne sortant pas de l'écurie et consommant plus de litière. 100 kilogr. de foin pris par des moutons ne forment que 164 kilogr. de fumier, quoique ces animaux passent plus de temps dans les habitations que les chevaux, ce que l'auteur explique par la plus grande décomposition du fumier de mouton quand on le sort de la bergerie.

On trouve dans l'*Agriculture pratique et raisonnée*, de Sinclair (t. II, p. 390), que 500 kilogr. de paille, lorsqu'elle se pourrit, mélangée avec l'urine et les excréments solides du bétail nourri avec des turneps, produit 2,000 kilogr. de fumier, pourvu que le procédé de préparation ait été bien suivi.

Il est certain que la quantité d'engrais formé dépend de l'âge des animaux et des produits qu'ils rendent, comme de la nourriture et du mode d'entretien; les vaches laitières, les femelles pleines et les élèves, chez lesquelles la sécrétion mammaire, la nutrition du fœtus ou l'accroissement absorbent une grande partie des composés azotés et des sels contenus dans la nourriture, donnent moins de fumier que les animaux formés, desquels on ne retire aucun produit épuisant.

En outre, pour savoir la quantité de fumier que rendent annuellement les animaux, il faut tenir compte du temps qu'ils passent dans les étables. On admet, en économie rurale, que le poids de la litière employée et du foin consommé donne la quantité de fumier produit quand il est multiplié par :

2,25 pour le bétail d'engrais;
2,20 pour les animaux en stabulation complète;
1,60 pour les bêtes à laine restant l'hiver à la bergerie;
1,10 pour les animaux de travail.

(*Principes économiques*, par M. Lecouteux)

Fosses a fumier. — Il peut convenir de laisser le fumier pendant longtemps dans les bouveries et les bergeries, mais il ne faut jamais le mettre en tas dans un lieu clos; quand il a été remué, il entre rapidement en fermentation et répand des vapeurs et des gaz qui nuisent aux animaux et aux bâtiments.

Quelquefois on accumule le fumier dans des fosses de 2 à 3 mètres de profondeur, rendues imperméables par une couche de béton ou de terre glaise. Pour prévenir un excès d'humidité, on garnit le fond de la fosse d'une couche de terre sèche, absorbante, que l'on renouvelle chaque fois qu'on enlève le fumier. D'autres fois, on dispose pour le recevoir une aire bien battue sur laquelle on le met en tas ; l'opération est plus longue que lorsqu'on le jette dans une fosse, mais le temps qu'elle exige de plus est compensé par la facilité avec laquelle on le charge pour le porter dans les terres. Si l'aire est placée près d'un caniveau, elle doit être assez élevée pour ne pas être submergée par l'eau, et légèrement en pente pour que l'eau n'y séjourne pas. Il faut l'entourer de rigoles, et creuser à la partie la plus basse, un puisard dans lequel se rendent les liquides qui s'écoulent du tas.

Dans ce puisard on placera une pompe destinée à arroser le

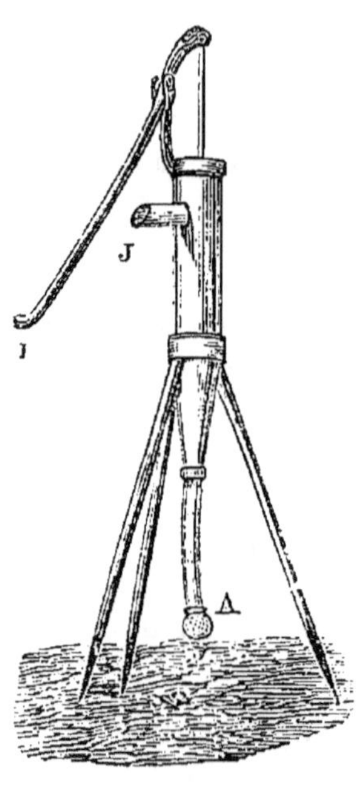

(Fig. 76.)

fumier : une pompe en bois, comme il s'en trouve communément dans les campagnes, est suffisante ; mais elle peut être remplacée par une pompe en fer (*fig.* 76) très simple et portative. Le corps de pompe est porté sur un trépied. On y adapte un tube d'aspiration A, en guttapercha, et un tube d'arrosage J en toile, d'une longueur suffisante pour diriger le jet d'eau sur les diverses parties du tas de fumier ; par son levier I elle ressemble à la pompe en bois ordinaire.

L'extrémité inférieure des pompes à purin doit toujours être garnie d'une plaque percillée, en pomme d'arrosoir A, destinée à empêcher les corps solides d'entrer dans l'instrument.

Souvent, le petit cultivateur se borne à faire un trou, au lieu du puisard, à côté de son fumier, et se sert pour arroser d'une pelle ou d'une écope : un vase, quel qu'il soit, pourvu d'un long manche, peut remplir le même but.

S'il ne convient pas, nous allons le voir, de faire arriver sur le fumier l'eau des toitures, il peut être quelquefois avantageux de s'en servir pour arroser le tas. Quand on veut l'utiliser, on adapte, au moment de la pluie, au tuyau qui conduit l'eau des chéneaux, un tube flexible à l'aide duquel on arrose autant que cela est nécessaire les diverses parties du fumier.

On doit toujours entasser le fumier loin des fenêtres et des portes des étables, afin que ni les gaz, ni les vapeurs qui s'en dégagent, ni les insectes qu'il attire en été, n'incommodent les animaux. Quand on veut lui donner tous les soins qu'il réclame, on doit faire les fosses sous un hangar : on le préserve ainsi de l'action du soleil en été et des pluies en hiver ; dans ce cas, il faut avoir à sa disposition de l'eau en abondance et arroser le tas pour le maintenir constamment humide.

Celui qui ne se sent pas capable de cette précaution fera sa fosse en plein air, mais éloignée des toitures, afin que l'eau des gouttières ne délave pas le fumier. La pluie qui tombe directement de l'atmosphère peut bien délaver la surface du tas, mais elle ne nuit à la masse que lorsqu'elle est très abondante et que le fumier est naturellement très humide, c'est-à-dire rarement.

Une fosse à ciel ouvert doit être au nord plutôt qu'au midi, et autant que possible à l'ombre.

Elle aura assez de superficie pour qu'on puisse mettre le fumier en plusieurs tas qu'on enlève ensuite successivement, à mesure que l'engrais est parvenu au point convenable.

Nous avons vu que la quantité de fumier que produisent les animaux égale deux fois à peu près la quantité de fourrage et de litière consommée. Mais nous savons aussi que pour avoir la quantité réellement produite à l'étable, il faut tenir compte du temps que les animaux passent hors des habitations, soit pour travailler, soit pour aller au pâturage. En admettant *en moyenne* qu'ils restent un tiers du temps dehors, il n'y a que 9,800 kilogrammes de fumier produit par an, au lieu de 14,600 kilogrammes pour chaque animal consommant 15 kilogrammes de fourrage par jour. Et en supposant que l'on adopte la pratique de conduire deux fois par an le fumier sur les terres, il resterait 4,900 kilogrammes représentant la quantité que devrait pouvoir contenir la fosse.

Quel est l'espace nécessaire pour cette quantité de fumier? Le fumier moyennement pailleux, non tassé, pèse de 350 à 400 kilogrammes le mètre cube. Par la fermentation, s'il est suffisamment mouillé, il se tasse et devient lourd; il pèse alors de 600 à 800 kilogrammes, selon qu'il est plus ou moins humide.

En supposant que le fumier tassé pèse 600 kilogrammes, la fosse devrait avoir à peu près une capacité de 8 mètres cubes pour contenir le fumier d'une bête de travail.

Ces données ne sont qu'approximatives. Chaque propriétaire réglera le nombre et les dimensions de ses fosses, en ayant égard au temps pendant lequel les divers animaux de sa ferme restent dans les étables, et à la rotation agricole qu'il a établie : avec un assolement qui comporte l'établissement de cultures dans toutes les saisons, il faut, cela est évident, des fosses d'une moins grande dimension.

Soins a donner au fumier. — Un bon aménagement du fumier est la première condition de toute amélioration agricole et une condition sans laquelle aucun progrès n'est réalisable, sans laquelle aucune dépense, pour réaliser des améliorations, ne peut être fructueuse. Même dans une petite ferme, il est possible. par un bon emploi de la litière et par des soins donnés au fumier, de produire deux ou trois tombereaux de fumier de plus qu'on en produit ordinairement. Ce surplus d'engrais peut facilement faire pousser quatre ou six voitures de fourrage. Nous n'avons pas besoin de suivre plus loin les conséquences de ce premier progrès.

On met le fumier en tas pour le faire fermenter et détruire les mauvaises graines; on a pour but en outre de le rendre homogène et d'une action plus prompte, en faisant désagréger la litière souvent à peine mouillée par les animaux. En éprouvant ces modifications, le fumier devient plus léger; il perd une partie de son eau, mais il perd également de l'ammoniaque, de l'acide carbonique, et des sels solubles s'il est délayé. Le fumier laissé trop longtemps en tas, réduit à l'état de terreau, a perdu les 9/10 de son poids, et il contient en proportion moins d'azote que le fumier frais. Quand on est obligé de laisser le fumier en fermentation plus longtemps que cela ne serait nécessaire pour l'améliorer, il est donc important de le soigner.

Les soins donnés au fumier doivent avoir pour but de s'opposer à la déperdition des matières fertilisantes, de prévenir la formation des champignons, du *blanc*, d'éviter le dessèchement de la masse, et de la préserver des pluies trop abondantes.

On obtient ces divers résultats en mêlant exactement, quand on met le fumier en tas, les parties sèches avec celles qui sont bien imprégnées d'urine et de fiente, en le pressant uniformément, et en le mouillant à propos.

L'arrosage a pour but de tasser le fumier, de le faire fermenter, et de prévenir la formation du blanc, qui se développe sur le fumier sec et le détruit en très peu de temps.

En prenant les précautions que nous indiquons, on peut réduire le fumier en une masse homogène dans laquelle on distingue la litière mouillée, un peu altérée, mais encore visible. C'est le but vers lequel il faut tendre. Quand la paille devient méconnaissable, que le fumier passe à l'état dit de *beurre noir*, la décomposition est trop avancée.

Quelque précaution que l'on prenne, le fumier perd, pendant la fermentation, une partie de ses principes fertilisants. On diminue la déperdition en arrosant, de temps en temps, le tas avec du jus ou tout autre liquide dans lequel on a ajouté, par hectolitre, de 2 à 3 kilogr. de sulfate de fer, ou de 4 à 5 kilogr. de plâtre pulvérisé, ou une égale quantité de sulfate de soude. On peut remplacer ces sels par de l'acide sulfurique étendu en raison de 1 kilogr. pour 200 ou 300 litres d'eau.

Le plâtre en nature pulvérisé peut remplir la même destination (voyez *Plâtre*).

Ces divers moyens agissent de la même manière : c'est toujours l'acide sulfurique qui décompose le carbonate d'ammoniaque, et se combine avec l'alcali pour former un sulfate fixe.

Cette pratique n'est pas approuvée cependant par M. Boussingault, qui lui reproche de transformer en sulfate le carbonate de potasse, qui, sous cette dernière forme, eût été plus utile à la végétation. L'inconvénient ne nous paraît pas aussi grand que semble le craindre l'illustre chimiste, car les travaux de M. Deherain sur le plâtrage ont prouvé que le sulfate de potasse peut être absorbé et fournir aux plantes une partie de la potasse dont elles ont besoin ; toutefois il est bon de faire observer que l'emploi des sulfates ou de l'acide sulfurique est peu répandu dans les campagnes, et que la perte d'ammoniaque, dont on a beaucoup parlé, peut être prévenue par les bons soins que l'on donne aux fumiers. Dans ces derniers temps, on a conseillé de recourir au phosphate acide de magnésie pour fixer l'ammoniaque et empêcher ce gaz de se répandre dans les bergeries et les étables. Ce serait une application du procédé de MM. Blanchard et Chateau à la conservation des propriétés fertilisantes des substances destinées à la confection du fumier.

Quand le fumier doit rester longtemps en fermentation, il faut, aussitôt que le tas est assez fort, le couvrir d'une couche de terre ou de boue pour s'opposer à la perte des parties qui tendent à s'évaporer, pour les faire absorber par celles qui restent et avec lesquelles elle sont susceptibles d'entrer en combinaison, et enfin pour prévenir le desséchement par l'action du soleil et de l'air.

Ces diverses précautions sont plus nécessaires si le bétail consomme des fourrages secs que s'il est nourri à l'herbe; plus pour le fumier de cheval et de mouton que pour celui de vache; plus dans les fermes qui suivent l'assolement triennal et n'emploient le fumier qu'en automne, que dans celles où se trouvent des terres libres, devant être fumées presque à toutes les époques de l'année. Elles sont même indispensables en Afrique et dans le midi de la France, où non seulement les cultures d'été sont bornées ou nulles, mais où le temps est très chaud et l'air très sec : dans ces circonstances, il peut même être nécessaire de déposer le fumier dans des fosses,

QUALITÉS DU FUMIER. — On trouve dans le fumier tous les corps simples qui entrent dans la composition des plantes. Tel qu'il est d'ordinaire dans les fermes, il est composé de :

Matières organiques 14,0
Matières minérales. 6,7
Eau 79,3

Ce fumier renferme pour 100 :

	à l'état normal.	à l'état sec.
Azote	0,41	2
Acide phosphorique	0,20	0,96
» sulfurique	0.13	0,60
Potasse et soude	0,50	2,50
Chaux.	0,58	2,80
Magnésie.	0,20	1,16
Argile, silice, fer	4,87	23,34

La *nourriture* consommée par les animaux influe beaucoup sur les qualités du fumier : les fourrages aqueux, les herbes, si l'on met suffisamment de litière, en font produire de fortes quantités, mais il est de médiocre qualité ; tandis que celui qui est produit par des animaux recevant de fortes rations d'avoine, de grains ou de tourteaux, est riche en principes fertilisants ; les boissons en augmentent le poids toujours, et quelquefois elles l'améliorent. M. Boussingault a calculé qu'à sa ferme de Bechelbronn, les boissons fournissent tous les ans plus de 100 kilogr. de sels alcalins au fumier.

Le fumier varie encore *selon les animaux* qui le fournissent. Celui du cheval est sec et chaud, c'est-à-dire qu'il fermente facilement et dégage beaucoup de chaleur. Il convient, s'il est pailleux, pour les terres fortes. Il contient presque toujours des graines de mauvaises plantes, et ne doit être étendu que lorsqu'il est en partie décomposé.

Celui des bêtes à cornes, en général gras et humide, doit être réservé pour les terres légères : il attire les hannetons. Du reste, il varie beaucoup selon la manière dont les animaux sont entretenus et les produits qu'ils rendent. Celui des vaches laitières

est pauvre en acide phosphorique et convient moins pour les
céréales que pour les récoltes herbacées. Les bêtes à l'engrais,
ordinairement nourries avec des grains, des graines, des fa-
rines, des tourteaux, en produisent beaucoup et de bonne qualité.

Les moutons donnent un très bon fumier qui fermente rapidement, échauffe le sol, pousse la végétation, et convient pour
les terres froides.

Les porcs étant essentiellement omnivores, font un fumier plus
ou moins azoté, selon la nature des aliments dont ils ont été
nouris ; mais toujours la litière est incomplètement mêlée aux
excréments et à l'urine. excepté quand les animaux sont très
étroitement logés. Il en résulte que mis en tas seul, il fermente
incomplètement. Il a la réputation de faire fuir les rats, les taupes et le ver blanc; nous avons remarqué qu'il détruit le liseron des champs.

On emploie les fumiers séparément quand on a des terres qui
réclament particulièrement ou les uns ou les autres. Dans le
cas contraire, il faut les mêler en les enlevant des étables. Ceux
qui sont humides ramollissent ceux qui sont secs, et ceux qui
sont plus riches en principes fermentescibles échauffent la masse.
On obtient par le mélange un produit moyen approprié à la
plus grande partie de nos terres et de nos récoltes.

Emploi du fumier. — *A l'état frais*. Le transport direct du fumier dans les terres donne au cultivateur le moyen d'utiliser ses
attelages à ce travail dans toutes les saisons, fait profiter la terre
des émanations qui se produisent pendant la fermentation, et
imprègne mieux le sol des principes propres à nourrir les jeunes
plantes après la germination, que lorsqu'on fume au moment
des semailles.

Une quantité donnée de fumier produit plus d'effet quand elle
est en partie portée directement dans les terres que lorsqu'elle a
fermenté dans une fosse; mais elle dissémine de mauvaises
graines et nécessite le maintien de terres constamment libre
pour le recevoir. Cette pratique n'est pas possible avec l'assolement triennal.

Quand on la suit, il faut autant que possible porter le fumier
sur des terres meubles, préparées pour absorber les émanations
fertilisantes, et l'enterrer par l'avant-dernier labour qui précède
les semailles, afin de laisser germer les mauvaises graines, et
de pouvoir, avant d'ensemencer, détruire par une façon les
plantes qui en proviennent.

Après fermentation. Le plus souvent on ne porte le fumier sur les terres que lorsqu'il a fermenté. On fait cette opération principalement en automne pour semer les céréales, et au printemps pour les diverses récoltes de mars.

Mode d'emploi du fumier. — En France, on ne place généralement le fumier sur la terre qu'avec le labour des semailles qui l'enterre immédiatement. On peut aussi le mettre en couverture sur la semence ; s'il se dessèche rapidement, il conserve la terre fraîche, et prévient le tassement par les orages, facilite la germination des graines. Nous avons souvent vu employer ce moyen dans le Midi, sur les chènevières.

Dans les contrées fraîches, l'exposition du fumier à l'air n'a pas les mêmes inconvénients que dans les contrées chaudes. Beaucoup de cultivateurs pensent, dans quelques parties de l'Allemagne, qu'il y a même avantage à laisser le fumier sur le sol quelque temps avant de l'enfouir. Legnitz, professeur à Eldena, a fait des expériences qui tendent à le prouver.

Un arpent (25 ares 53) du champ d'expérience d'Eldena a été divisé en quatre parties égales :

Le n° 1 n'a pas reçu d'engrais ;

Le n° 2 a reçu une fumure de 40 quintaux de fumier d'étable, qui ont été immédiatement épandus et enterrés par un labour à la charrue ;

Le n° 3 a été traité de la même manière, avec cette différence que le fumier a été enfoui à la houe ;

Enfin, la même quantité de fumier, portée sur le n° 4, est demeurée pendant trois semaines épandue sur le sol, pour être ensuite enterrée à la houe.

Le 10 octobre, les quatre parcelles ont été ensemencées en seigle, à raison de 54 litres.

Voici quel a été le poids total de la récolte pour chaque parcelle, grain et paille compris :

Le n° 1 a produit.	265 kilogr.	Le n° 3	372 kilogr.
Le n° 2	350 »	Le n° 4	455 »

Nature de fumier que réclame chaque espèce de terre. — Quel que soit le fumier dont on dispose, si la terre où on veut le mettre est forte, grasse, on le répandra en le retirant des étables ; les pailles et les gaz qui se produisent pendant la putréfaction divisent le sol et le rendent perméable à l'air et aux racines ; mais si le sol est léger et sans consistance, on y portera un fumier humide et compacte ayant fermenté sous l'influence d'une assez forte humidité. Ces dernières terres veulent être peu fumées à la fois et souvent.

Pour faire lever les petites graines, pour faire pousser les parties herbacées des plantes et par conséquent les fourrages, il faut employer des engrais dont la composition soit bien avancée et surtout ceux qui sont liquides et qui agissent promptement; tandis que si les récoltes doivent occuper le sol lomgtemps, si l'on tient principalement aux graines, aux fruits mûrs, on fumera avec des substances dures qui agissent lentement, et restent longtemps dans le sol avant d'être entièrement décomposées : le fumier pailleux convient pour cela ; il est très bon aussi pour les plantes à tubercules, à grosses racines, pour la pomme de terre, les choux, le maïs, etc.

Des quantités de fumier que réclament les terres. — Le mélange résultant des divers fumiers des animaux entretenus dans les fermes, formé de paille bien imprégnée d'excréments et d'urines, réduit par la fermentation en masse homogène, compacte, uniformément humide, dans laquelle on reconnait la paille aplatie ou les autres litières herbacées, est pris pour type des engrais.

On ne peut pas donner exactement la quantité de fumier que réclament les terres pour les diverses récoltes. Selon les pays et les fermes, on en met de 30,000 à 180,000 kilogr. tous les 3, 4 ou 5 ans, soit à raison de 10,000 à 60,000 kilogrammes par an. La quantité de 60 à 80,000 kilogrammes pour un assolement de 5 ans forme la fumure la plus convenable pour les bonnes terres, Quand on veut mettre une plus forte quantité de matières fertilisantes, il faut la répandre en plusieurs années, et mieux, composer la fumure d'une partie de fumier et d'une partie d'engrais pulvérulents, riches en azote et en phosphore, qui agissent comme complément ; c'est ainsi que dans le Nord on met 60,000 kilogr. de fumier, et 1,000 à 1,200 kilog. de tourteaux.

Le fumier est, relativement à son volume, trop pauvre en principes actifs ; on ne peut l'appliquer en fortes fumures que sur des terres d'une grande épaisseur, profondément labourées et convenablement amendées.

Ces fumures doivent toujours être mises sur les cultures qui, comme les plantes sarclées et les fourrages à faucher, ne craignent ni les mauvaises herbes, ni le versement.

Généralement, il est avantageux de faire de fortes fumures. Il y a dans les cultures des frais de *surface* ou *fixes* et des frais de *récolte* ou *proportionnels*. Les premiers — impôts, fermage, labours — sont toujours en rapport avec les surfaces cultivées ; et les seconds — récolte; conservation, — avec l'abondance du produit. En fumant abondamment, on imprègne la terre d'humus, on la rend apte à bien loger les racines et on en porte le rendement au maximum, sans accroître dans la même proportion les frais de l'exploitation. On peut ainsi diminuer de deux tiers et même de trois quarts le prix de revient des récoltes et augmenter de 1 à 3 et même à 4 le prix auquel est payé le fumier employé.

. On sait que les terres ne donnent le maximum de rendement que lorsqu'elles sont convenablement imprégnées de matières fertilisantes, qu'il faut faire au sol une avance suffisante de fumier pour que cet engrais produise tous ses effets ; 100 kilog. de fumier qui font pousser 15 kilog. et plus de blé sur une terre en très bon état, n'en font rendre que 9 à 10 sur des terres moyennes et 4, 5, 6, sur celles qui sont maigres.

Ainsi s'explique pourquoi les défoncements du sol ne font rendre des récoltes plus abondantes qu'autant que les quantités d'engrais employées correspondent à l'épaisseur de la terre labourée. Sans cette condition, les bons effets qui résultent de la plus grande épaisseur de la terre ameublie sont neutralisés par ceux qu'entraine le mélange d'une terre dépourvue d'engrais avec la terre qui est imprégnée.

b. — *Boues, immondices des villes,*

Ces engrais sont produits par le sable, le gravier qui se détachent des pavés, et par le dépôt sur la voie publique du produit du balayage des maisons, du nettoyage des poêles et des foyers réunis aux débris des légumes, du gibier, de la volaille et du poisson consommés dans les ménages. Ces diverses matières forment une masse prodigieuse d'engrais d'une valeur très variée : à Paris, le balayage du macadam, n'est bon que pendant la belle saison ; celui des quartiers populeux consiste en un engrais dans lequel on trouve en assez forte quantité des matières alcalines, beaucoup de produits animaux et de débris de végétaux ; les balayures des environs des halles sont, dans toutes les saisons, riches en matières organiques.

Ces derniers engrais ne doivent être employés qu'après être restés six mois exposés à l'air. On les mettra en tas et loin des habitations, car ils répandent des vapeurs infectes et malsaines. Dans la plupart des villes, le nettoyage des rues est opéré par plusieurs cultivateurs des environs. De cette manière, les boues déposées en différentes localités ne sauraient avoir, pour le voisinage, les inconvénients qu'elles ont quand elles forment des tas trop considérables.

Ces engrais renferment tous les éléments nécessaires à la fumure des terres ; la quantité fournie annuellement par les 110,000 habitants de Scheffield, renferme, d'après Hayworn et Lee :

Potasse et soude	540,200	kilog.
Chaux	368,300	»
Acide phosphorique.	528,100	»
Azote.	750,700	»

Les boues favorisent principalement le développement des crucifères, du jardinage. Celles des rues peu habitées et souvent parcourues par des voitures, sont toujours fortement graveleuses et conviennent mieux pour les sols argileux que pour les sols légers.

c. — Engrais industriels.

Nous voulons parler ici des produits que l'on prépare exclusivement en vue de les employer pour amender les terres. On fabrique ces engrais le plus souvent dans des établissements industriels pour les vendre aux cultivateurs.

La préparation des engrais peut avoir pour but de hâter la putréfaction des végétaux fibreux ; de retenir des produits volatils ; de rendre certaines substances d'un transport économique et d'un emploi facile ; enfin, de fixer des produits utiles, et de créer ainsi des engrais de toute pièce.

Composts. — On donne le nom de *composts* à des mélanges de substances fertilisantes que l'on prépare dans des buts différents et que l'on emploie à titre d'engrais. Le plus souvent on se propose de ramollir des substances dures ou ligneuses et de les rendre susceptibles de se décomposer facilement sous l'influence des agents atmosphériques, ou des corps avec lesquels elles seront mises en contact dans le sein de la terre. Mais parfois aussi on fait des composts pour ralentir la décomposition de corps qui laisseraient échapper en pure perte, si on les employait seuls, une partie des éléments dont ils se composent, ou qui, en raison de leurs propriétés, pourraient exercer momentanément sur les plantes une action nuisible.

Dans les composts que l'on prépare pour hâter la décomposition de matières organiques dures, ligneuses ou fibreuses, on réunit à celles-ci des corps qui, en même temps qu'ils remplissent le but indiqué, fournissent aussi par eux-mêmes une partie des éléments nécessaires à la nutrition des plantes. De ce nombre sont les matières animales que l'on peut avoir à bas prix, les cendres, le sable marin, la vase des fossés, les plâtras, la chaux, les marnes et quelques substances salines.

Les substances azotées sont ici très utiles, et même presque indispensables, en ce sens qu'elles agissent à la manière de ferments et provoquent une décomposition sans laquelle les matières fibreuses resteraient longtemps intactes; les excréments solides, l'urine, sont propres à remplir ce rôle de ferment.

Il faut, autant que possible, approprier les mélanges que l'on prépare aux sols que l'on veut améliorer et aux produits que l'on veut obtenir.

Pour toutes les terres riches en humus, pour les landes, les marais et les vieux gazons, on fera prédominer les matières salines, les phosphates; pour les terres riches en matières minérales, en sels de chaux et de potasse, on concentrera les principes azotés.

On fera de préférence entrer dans la composition de ces engrais des phosphates et des silicates susceptibles de devenir solubles pour fumer les céréales; des sulfates et des phosphates pour le colza; des sels alcalins pour les betteraves; des matières azotées, dont l'action est prompte, pour les fourrages herbacés.

Les préparations qui méritent réellement le nom de composts sont solides ou pâteuses. Quelques auteurs emploient cependant cette expression pour des engrais liquides préparés par le mélange de matières de diverses natures. Du reste, qu'ils soient solides ou liquides, les composts peuvent être composés avec les substances les plus variées. Le professeur Grognier, en 1818, en proposant à la Société d'agriculture de Lyon d'accorder une récompense à un Polonais nommé Kriepht, qui avait enseigné aux cultivateurs du Lyonnais le moyen de composer un bon compost, comptait une dizaine de formules.

On prépare les *composts liquides* dans des fosses creusées sous des hangars. Les dimensions de ces fosses doivent varier, bien entendu, comme les quantités de matières qu'on veut y introduire. Celle que décrivait le zélé secrétaire de la Société d'agriculture de Lyon avait 7 mètres de longueur, 4 de largeur et 3 de profondeur. Elle était couverte en madriers sur lesquels on pouvait déposer les instruments aratoires. Des conduits y menaient les urines des étables et à volonté les eaux de la cour. On y jetait du fumier, des mauvaises herbes, du lupin, des graines de cette plante, du plâtre, de la chaux, etc.

Ajoutant peu d'importance aux mots, nous ne dirons pas que le nom de compost convient peu pour désigner des engrais liquides; mais nous ferons remarquer qu'on ne peut composer ces engrais qu'avec de fortes quantités d'eau, ce qui en augmente le poids sans en augmenter la valeur ; qu'il ne faut en préparer que lorsqu'on a des terres peu éloignées de la fosse pour les recevoir.

ENGRAIS JAUFFRET. — Les avantages des composts n'ont été généralement appréciés que depuis les travaux de Jauffret. Cet homme a rendu un grand service à l'agriculture en exagérant les avantages d'une recette qu'il cherchait à exploiter.

Pour la préparation de son compost, appelé aujourd'hui *engrais Jauffret*, il recommandait de faire un tas d'orties, d'herbes de jardin, de fougères, de feuilles, de menue paille de colza, de roseaux, de genêts, de bruyères, de fragments de branches d'arbres, etc., de tasser toutes ces substances coupées, brisées, sur un sol uni à côté d'un réservoir approprié et en partie rempli d'eau, de jeter dans ce réservoir des matières fécales, de l'urine, du jus de fumier, du sang, des crottins, des cendres, de la suie, du sel, des plâtras.

Pour 500 kilogr. de paille ou 1,000 kilogr. d'herbes, il mettait :

Eau.	10 hect.	Plâtre.	200 kilogr.
Jus de fumier ou li-		Chaux.	30 »
quide provenant		Suie.	25 »
d'une opération		Cendres	0,500
antérieure	25 litres.	Salpêtre	0,320
Matières fécales.	100 kilogr.		

Avec cette lessive on arrose de temps en temps le tas de matières végétales; bientôt la fermentation s'établit et la masse s'échauffe. L'engrais est préparé après une quinzaine de jours, si le mélange est composé d'herbages. La préparation est plus longue, si l'on a mis dans la masse des matières ligneuses, des genêts, des bruyères, des ajoncs.

Le succès de l'opération ne tient en particulier ni à aucune substance, ni à aucune quantité, et plus le mélange est compliqué, plus la fermentation est prompte et le produit fertilisant. Chaque cultivateur possède tout ce qu'il faut pour préparer d'excellents engrais, et si tous savaient utiliser les herbes nuisibles, les curures des fossés, les raclures des chemins, les cendres, le sang et les débris d'animaux qui se perdent trop souvent, aucun n'aurait besoin d'acheter des engrais industriels.

Nous dirons des *règles* de l'opération ce que nous venons de dire de la nature des ingrédients : il n'y a rien de fixe; chacun peut agir selon sa commodité. Nous ferons seulement remarquer qu'en préparant ces mélanges, on fait presque toujours abus de la chaux : elle doit être mise avec précaution dans les matières qui contiennent du gaz ammoniac ou qui peuvent en fournir, car elle le chasse de ses combinaisons et le fait dégager dans l'espace. Le plâtre n'a pas le même inconvénient.

ENGRAIS DE NOIRMOUTIERS. — Pour préparer l'engrais dit de Noirmoutiers, on fait un mélange de cendres, de fumier, de plantes marines fraîches, de débris de poissons, de coquillages, de sable de mer, de terre, et on arrose le tout avec de l'eau de mer.

On emploie cet engrais sur les prés et les cultures d'été à la dose de 60 à 100 hectolitres à l'hectare.

ENGRAIS INDUSTRIELS PRÉPARÉS AVEC DES SUBSTANCES ANIMALES. — **Poudrette.** — Certaines substances organiques se décomposent avec trop de promptitude ; il en résulte que les principes qu'elles fournissent, l'ammoniaque, l'acide carbonique, ne peuvent pas être complètement absorbés par les plantes, et se perdent en grande partie dans l'espace. D'autres matières sont infectes, ou molles, pâteuses, et d'un emploi désagréable. On pratique diverses préparations qui ont pour but de remédier à ces inconvénients.

La conservation des engrais est plus facile que celle des aliments, parce que les plantes sont moins exigeantes que les animaux, que nous n'avons pas à craindre d'altérer leur nourriture : il suffit que nous leur offrions les principes dont elles ont besoin pour se nourrir; elles savent toujours se les approprier.

On s'est demandé, il est vrai, si en rendant les matières animales susceptibles de se conserver, on ne diminuerait pas leur vertu fertilisante. Cela n'est pas à craindre. Aucune préparation ne peut les rendre complètement imputrescibles : la peau transformée en cuir, quoique si profondément modifiée, forme un excellent engrais. De cet exemple nous pouvons déduire que le sang, le poisson, la viande, les excréments, peuvent être rendus susceptibles de se conserver assez longtemps pour être transportés au loin sans perdre la propriété de se décomposer sous l'influence de la terre, de l'eau et de l'air. Le sang, nous l'avons vu, peut être desséché et exporté pour les plus lointaines colonies, et loin de nuire à ses vertus fertilisantes, la préparation qu'il a subie les a accrues.

De toutes les matières organiques, celle que l'on emploie le moins souvent sous sa forme naturelle, c'est l'engrais humain constitué par les excréments et les urines; dans les campagnes, l'une des meilleures manières d'en tirer parti consiste à l'associer et à le mélanger simplement au fumier, dont il accélère la fermentation, et auquel il ajoute des principes fertilisants d'une certaine valeur. On peut aussi, comme nous l'avons vu plus haut, le répandre sous forme d'engrais flamand. Mais dans les contrées où cette dernière pratique n'est pas suivie, on ne peut tirer parti des matières fécales des villes pour l'agriculture qu'en leur faisant subir diverses préparations.

Pour rendre les matières fécales d'un emploi plus facile, on peut les mélanger à diverses substances pulvérulentes. Celles qui ont été le plus recommandées sont la terre ordinaire, le terreau des jardiniers, la terre carbonisée, la tourbe, les cendres pyriteuses et la chaux. La plupart de ces substances imprégnées des vidanges constituent de bons engrais. Elles hâtent la dessiccation des matières fécales et diminuent la perte d'azote qui a lieu dans le mode de fabrication ordinaire de la poudrette. Mais, à volume égal, elles sont moins riches que celle-ci en principes fertilisants.

Pour fabriquer la *poudrette*, on recueille les vidanges de fosses d'aisance dans les centres de population, et on les porte dans de vastes bassins où on laisse déposer peu à peu les matières les plus denses. Après un temps plus ou moins long qui varie suivant que les substances sont plus ou moins liquides et que les bassins sont plus ou moins bien disposés, on extrait du fond des réservoirs les matières qui se sont déposées, et on les expose en couches peu épaisses à la surface du sol. Elles se dessèchent alors à l'air libre, et leur dessiccation est favorisée par diverses manœuvres sur lesquelles nous n'avons pas à nous arrêter. Après leur dessiccation, elles forment une poudre grossière que l'on passe à la claie. C'est cette substance qu'on livre à l'agriculture sous le nom de poudrette.

A Paris, on transporte les vidanges à la Villette, dans un établissement appelé *dépotoir*, situé à côté d'un bras du canal de l'Ourcq. Cet établissement reçoit de 600 à 700 mètres cubes de gadoue tous les jours. La matière solide déposée dans des tonneaux est conduite par le canal de Bondy, où on la transforme ensuite en *poudrette*, tandis que les liquides, qui y sont poussés au moyen d'une pompe et d'une machine à vapeur, déposent dans des bassins où ils arrivent les matières solides qu'ils renferment. Lorsque les dépôts ont une certaine épaisseur, on les enlève et on les fait dessécher pour en former de la poudrette. Les eaux vannes se rendent à la Seine, à côté de Saint-Denis.

La préparation de la poudrette dure longtemps, est désagréable, et occasionne une déperdition énorme de matières fertilisantes qui infectent les environs du lieu où on la fabrique. On pourrait diminuer cet inconvénient en ajoutant à la masse en dessiccation du plâtre ou du sulfate de fer. Nous avons vu qu'on cherche aujourd'hui le moyen d'employer les matières fécales après une simple désinfection.

La poudrette contient pour 100 en moyenne, d'après les analyses de M. Soubeyran :

Matières organiques. .	26,55	Sulfate de chaux . .	3,95
Phosphate ammoniaco-		Sels alcalins	0,64
magnésien	6	Matières terreuses .	34,01
Phosphate de chaux. .	2,45	Eau.	20,80
Carbonate de chaux. .	5,61		

Elle renferme d'azote 1,88 p. 100; l'on en met de 8 à 25 hectolitres par hectare. Elle se vend 4 fr. 50 c. l'hectolitre.

La fabrication de la poudrette par le procédé que nous venons d'indiquer rapidement est considérée avec juste raison comme une cause de pertes pour l'agriculture. L'emploi des matières pulvérulentes et absorbantes dont nous avons parlé plus haut remédie en partie à ces inconvénients. Seulement le produit que l'on obtient alors ne doit pas conserver le nom de poudrette, car il est moins actif que celle-ci et ne doit pas être payé au même prix. C'est un point sur lequel il est utile d'appeler l'attention des cultivateurs, auxquels on ne saurait trop recommander de faire analyser les engrais industriels pour se rendre compte de leur richesse en azote et en phosphate.

Les engrais que l'on obtient par le mélange des vidanges avec les matières absorbantes sont assez promptement désinfectés et l'on peut les employer de la même manière que la poudrette, en ayant soin seulement d'en élever la dose dans le rapport qui est indiqué par leur composition. Mais en employant des substances autres que celles que nous avons indiquées, on peut dans certains cas conserver aux matières fécales la presque totalité de leurs principes fertilisants, tout en leur enlevant l'excès d'eau qui les rend encombrantes et l'odeur infecte qui est un obstacle à leur emploi.

La chaux est une des substances que l'on a le plus recommandées pour atteindre ce résultat. Il y a quelques années, M. Moselmann fabriquait avec cet agent un engrais auquel il donnait le nom de *chaux animalisée*. Le procédé qu'il suivait consistait à éteindre de la chaux vive avec les eaux vannes et les urines, puis à employer la chaux hydratée pulvérulente qui en résultait pour enrober et dessécher graduellement les matières excrémentitielles solides. Ce procédé, comme tous ceux dans lesquels on fait usage de la chaux, a l'inconvénient sérieux de provoquer la perte d'une certaine quantité d'azote qui, en présence de la chaux, se dégage sous forme d'ammoniaque. Mais il désinfecte presque instantanément l'engrais humain auquel il conserve ses phosphates, ses sels, et le produit que l'on obtient facile à répandre n'inspire aux ouvriers aucune espèce de dégoût. Malheureusement l'engrais humain dans la chaux animalysée est en grande partie privé de l'un des éléments les plus fertilisants qu'il renferme. Aussi ne peut-il convenir que dans quelques conditions spéciales. Cela est la cause du peu de succès qu'il a obtenu surtout en présence des engrais chimiques, sur lesquels l'attention du monde agricole est actuellement portée.

La conservation de l'azote étant un des principaux buts que l'on doit se proposer dans la préparation de l'engrais humain, les substances qui paraissent le mieux convenir pour atteindre ce résultat sont celles qui, étant à bas prix, sont susceptibles de former avec l'ammoniaque des composés dans lesquels cet alcali est assez énergiquement fixé pour qu'on n'ait pas à en craindre le dégagement rapide, et pas assez cependant pour que l'on ait à redouter qu'il ne puisse plus être mis à la disposition des plantes. L'emploi du phosphate acide de magnésie, qui provoque la formation d'un phosphate double d'ammoniaque et de magnésie insoluble dans l'eau, est le procédé auquel ont eu recours MM. Blanchard et Chateau. Le point capital dans ce procédé, c'est d'obtenir à un prix peu élevé l'acide phosphorique pour la fabrication du phospate de magnésie, ou mieux d'un phosphate double de fer et de magnésie, qui est la substance désinfectante. MM. Blanchard et Chateau y parviennent en soumettant à une série d'opérations chimiques le phosphate de chaux tribasique des os, des nodules phosphatés ou des coprolithes.

Le procédé de désinfection de MM. Blanchard et Chateau exige des fosses en forme de tonneaux, le plus ordinairement mobiles et d'une construction particulière. Il permet de laisser échapper par les ruisseaux et les égouts les eaux vannes rendues inodores et il concentre d'après les inventeurs, sur les matières solides restées dans les tonneaux, la totalité de l'azote que renferme l'engrais humain. Le produit obtenu par ce procédé est en définitive une sorte de poudrette enrichie par l'incorporation du phosphate ammoniaco-magnésien, renfermant 5 p. 100 d'azote et 8 à 12 p. 100 d'acide phosphorique. Il constitue donc un engrais précieux. Aussi est-il à désirer que le procédé se perfectionne et se répande assez pour conserver à l'agriculture la grande masse de substances fertilisantes que renferme l'engrais humain, et qui jusqu'à présent ont été à peu près perdues.

Fausses poudrettes, noirs animalisés. — On a préparé différents engrais simulant la *poudrette*, tantôt en divisant la chair musculaire, les rognures de peau, le sang caillé, qu'on mêlait, pour en augmenter le volume, à des matières inertes, à de la terre, à des plâtras, à du charbon, à de la tourbe ou à du terreau épuisé ; tantôt en mêlant à ces matières des sels plus actifs. Il y a rarement avantage à employer ces engrais, parce qu'on ne peut pas en connaître exactement la composition.

On appelle *noir animalisé* des matières pulvérulentes, inertes ou peu actives, imprégnées de substances animales. On prépare cet engrais avec de la tourbe carbonisée, du poussier de charbon, ou même de la terre végétale qui, par sa calcination dans des vases clos, est devenue poreuse, absorbante et noire. On imprègne ces matières de principes azotés en les mêlant à du sang, à des matières fécales ou à des débris d'animaux.

On a voulu ainsi composer un engrais pouvant remplacer le noir des raffineries. Mais on n'a produit qu'une espèce de poudrette inférieure à celle qui se vend à Bondy et à Montfaucon. L'azote, le phosphore, y sont en quantité variable et toujours très petite.

Les engrais fabriqués à l'aide du charbon ont l'avantage, en raison de la faculté qu'a ce corps d'absorber et de retenir les gaz et en particulier le gaz ammoniac, d'être inodores, et, à cause de cela, d'un emploi facile.

Nitrification. — Ce que nous avons dit jusqu'à présent des engrais les plus actifs et les plus précieux pour l'agriculture démontre assez que leur valeur dépend en grande partie de l'azote qu'ils renferment. On comprend d'après cela qu'il puisse être avantageux de provoquer la formation d'une certaine quantité de *nitrates* dans de la terre, et d'employer ensuite cette terre comme engrais. La production des nitrates dans le sol, qui porte le nom de *Nitrification*, se fait naturellement toutes les fois que dans une terre poreuse se trouvent à la fois des matières azotées et des bases énergiques comme la chaux ou les alcalis.

On peut facilement réunir d'une manière artificielle les conditions que nous venons d'indiquer. Pour cela, il suffit de mélanger de la terre végétale avec des matières organiques riches en azote comme le fumier, le sang, les débris des animaux morts, etc., et avec des substances alcalines ou terreuses comme les cendres de bois, la chaux, les plâtras, etc. On fait de ces mélanges des tas qu'on laisse exposés à l'action de l'air et que l'on arrose de temps à autre avec des liquides azotés. Après six ou huit mois on trouve dans la terre ainsi traitée des nitrates de potasse, de soude et de chaux.

Il est facile de se rendre compte de la formation des nitrates dans ces circonstances. Elle résulte de l'action que l'oxygène probablement à l'état d'ozone exerce en présence de bases énergiques sur l'ammoniaque qui se forme par la décomposition des matières azotées, et qui se condense à l'état naissant dans la terre poreuse. Les deux éléments constituants de l'ammoniaque l'azote et l'hydrogène, se combinent alors à l'oxygène pour former de l'eau et de l'acide nitrique, la formation de celui-ci étant en quelque sorte solicitée par la présence de la potasse, de la soude de la chaux avec lesquelles il se combine immédiatement.

Il résulte de là qu'il doit se former dans la terre une quantité de nitrate qui est en rapport avec la quantité de substance azotée qui s'y trouve renfermée. Le seul avantage de la nutrification provoquée ainsi d'une manière artificielle serait donc de faire prendre à l'azote des matières organiques une forme sous laquelle il est soluble et facilement absorbé. Heureusement l'action paraît être un peu plus complexe que nous venons de le dire, et les expériences de MM. Claez, Luca, Scoutetten démontrent que la production d'acide nitrique dans les nitrières artificielles enrichit la terre d'une quantité d'azote assimilable supérieure à celle qui existait dans les matières organiques employées. Cela résulte de ce qu'en présence des bases alcalines ou terreuses que contient la terre poreuse, l'ozone se combine directement avec l'azote de l'air et le fixe dans le sol sous forme d'acide nitrique, puis de nitrate.

Les nitrières artificielles auraient donc d'après cela l'avantage de prendre directement à l'atmosphère de l'azote en quantité appréciable. Sous ce rapport elles méritent de fixer l'attention des cultivateurs, qui n'y ont peut-être pas assez fréquemment recours.

Quand à l'emploi de la terre des nitrières, il est des plus simples, et ce que nous avons dit plus haut de l'action des nitrates suffit pour faire comprendre l'utilité de cet engrais.

Engrais concentrés. — Quelques marchands d'engrais ont donné à leur préparation des noms, *engrais cnncentré, poudre azoté, liquide superazoté,* qui avaient pour but de faire croire que l'azote avait été fixé en très forte quantité dans ces divers produits. On allait jusqu'à prétendre avoir trouvé le moyen de remplacer les fumures ordinaires par quelques kilogrammes de certaines poudres ou par quelques litres de liquide. Le plus souvent on n'avait cependant que mêlé des substances très actives à des matières inertes : par ces mélanges on avait simplement accru, sans compensation, les frais de transport de certains composés très riche en azote. En parlant de la préparation des semences, nous verrons quels sont les résultats que l'on peut espérer de ce mode de fumure ; nous nous bornerons à donner ici la composition de quelques-uns de ces engrais d'après M. Girardin.

1° Engrais Bickès :

Eau	9,00	Phosphate de chaux sable, charbon	6,50
Plâtre, sel marin, nitrate de soude,	2,50	Gélatine	22,00
Craie	60,00		

2° Engrais Huguin :

Eau	26,00	Sulfate d'ammoniaque.	5,50
Phosphate de chaux	32,00	Charbon	32,00
Sel marin	4,50		

3° Autre :

Eau	12,00	Sel ammoniaque, plâtre.	3,50
Phosphate de chaux	17,40	Charbon.	17,00
Carbonate de chaux	50,10		

Quelques fabricants d'engrais vendent les produits sur analyse. M. Derrier garantit que l'engrais fabriqué dans son établissement renferme environ 5 p. 100 d'azote et 28 de phosphate de chaux. Il serait à désirer, dirons-nous avec M. Barral, que la vente de tous les engrais et du guano lui-même, se fît avec une garantie positive de leur richesse en phosphate, en azote, en potasse. Il existe dans plusieurs départements des règlements sur cette matière. Nous devons nous borner ici à recommander de n'acheter des engrais inconnus qu'en prenant de grandes précautions.

§ IV. -- Equivalents, choix des engrais.

EQUIVALENTS. — On appelle en chimie *équivalent*, c'est-à-dire *quantité équivalente*, la quantité d'un corps qui est nécessaire pour en remplacer un autre dans une combinaison. En hygiène, l'équivalent d'un aliment est la quantité de cet aliment qu'il faut administrer pour nourrir autant qu'un autre aliment. En agriculture, l'équivalent d'un engrais est la quantité de cet engrais qu'il faut donner à la terre pour la fumer autant qu'avec un autre engrais.

En chimie, les équivalents sont exactement connus parce que les corps que l'on met en rapport sont constamment les mêmes : il faut toujours la même quantité d'oxyde de fer ou d'oxyde de potassium pour saturer une quantité donnée d'acide sulfurique ; donc la même quantité d'un de ces oxydes suffira, dans tous les cas, pour remplacer l'autre, dans ses combinaisons avec cet acide.

En hygiène, nous le verrons, les connaissances sur ce sujet sont beaucoup moins positives, parce que les aliments comme les animaux ne sont pas toujours semblables; 230 kilogr. de betteraves peuvent remplacer 100 kilogr. de foin une année, et être insuffisants l'année suivante, soit parce que la racine est moins bonne, soit parce que les animaux ont un plus grand besoin de nourriture sèche.

De même en agriculture, l'étude des équivalents est loin d'avoir eu jusqu'ici l'utilité qu'elle a en chimie : d'abord parce que les terres ni les récoltes n'exigent pas toujours les mêmes engrais, et surtout parce que les engrais ne sont pas constamment semblables à eux-mêmes. Nous ne parlons pas des poudrettes, des noirs animalisés, des composts et autres engrais industriels, dans lesquels les ingrédients varient au gré des fabricants ; nous parlons des engrais naturels, de l'urine, des cendres, du guano, dans lesquels les principes les plus actifs, l'azote, le phosphore, peuvent varier du simple au triple.

En chimie et même quelquefois en hygiène, les équivalents ont été déterminés par l'observation; en agriculture ils l'ont été surtout par l'analyse chimique : on est parti de cette idée que la partie essentiellement utile de l'engrais est l'azote, et l'on a supposé que dans tous les cas un engrais est d'autant plus actif qu'il renferme une plus grande quantité de ce corps. Cela posé, on a pris pour type un engrais déterminé, on a cherché quelle est la proportion d'azote qu'il renferme, et on lui a comparé sous ce rapport toutes les autres matières fertilisantes.

L'engrais type est celui que MM. Payen et Boussingault ont désigné sous le nom de *fumier normal*, et qu'ils ont indiqué comme étant produit sur une ferme par une population animale de 30 chevaux, 30 bêtes bovines et 10 à 20 porcs. Il renferme sur cent parties :

	à l'état frais.	desséché.
Carbone.	7,41	35,8
Oxygène.	5,34	25,8
Hydrogène.	0,87	4,2
Azote.	0,41	2,0
Sels et terre.	6,67	32,2
Eau	79,30	0,0

L'équivalent de cet engrais, qui contient à l'état frais 0,41 p. 100 d'azote, étant représenté par le chiffre 100, on a obtenu les nombres qui représentent les équivalents des autres substances fertilisantes en cherchant quelle est la quantité de chacune d'elles qui est nécessaire pour fournir autant d'azote que peuvent en donner cent parties en poids de fumier normal. C'est d'après ce principe qu'a été dressé le tableau suivant, dans lequel les chiffres de la sixième colonne indiquent les équivalents qui résultent de l'analyse de chacune des substances qui sont communément employées en agriculture à titre d'engrais :

	Azote.		Titre.		Équivalent	
	dans 100 de matière		à l'état		à l'état	
	sèche	humide	sec	humide	sec	humide
Fumier	2,00	0,41	100	100	100	100
Eau de fumier.	1,54	0,60	77	13	129,8	769
Feuilles de betteraves	4,50	0,50	225	122	44,4	81,9
Fanes de pommes de terre.	2,30	0,55	115	134	86,9	74,6
» de carottes.	2,94	0,85	147	207	67,8	48,3
Feuilles de chêne	1,57	1,18	78,5	287,8	127,3	34,7
» de hêtre.	1,91	1,18	95,5	104,7	127,3	34,7
Fucus frais.	»	0,54	»	131,7	»	75,9
Coquilles d'huîtres	0,40	0,32	20	78	500	128,2
Tangue.	0,42	0,40	21	97,5	476	102,5
Traez	0,14	0,13	7	31,7	1428,5	315,4
Mearl.	0,52	0,51	26	124,3	384,5	80,4

| | Azote. | | Titre. | | Équivalent. | |
| | dans 100 de matière | | à l'état | | à l'état | |
	sèche	humide	sec	humide	sec	humide
Tourteaux de lin	6,46	5,60	343	1365	29,1	7,3
» de colza	5,86	5,25	293	1280	34,1	7,8
» d'arachide	7,68	7,20	384	1756	26	5,6
» de madia	5,70	5,06	285	1234	35	8,1
» de cameline	5,91	5,50	295,5	1341	33,8	7,4
» de chènevis	5,90	5,20	295	1268	33,8	7,8
» de pavot	6,75	6,35	337,5	1548	29,6	6,4
» de faîne	3,83	3,60	191,5	878	52,2	11,3
Marc de pommes séché à l'air	0,63	0,59	31,5	143,9	317,4	69,4
Pulpe de betteraves	1,26	1,14	63	278	158,7	35,9
» de pommes de terre	1,95	0,53	97,5	129	102,5	77,5
Excréments de vache	2,30	0,32	115	78	86,9	128,2
Urine de vache	3,80	0,44	190	107,3	52,6	93,2
Excréments de cheval	2,21	0,55	110,5	134	90,4	74,6
Urine de cheval	12,50	2,61	625	636,5	16	15,7
Excréments de mouton	2,99	1,11	149,5	270,7	66,8	36,9
Urine de mouton	9,70	1,31	485	319,5	20,6	31,2
Excréments de porc	3,37	0,63	168,5	153,6	59,3	65,1
Urine de porc	11	0,23	550	56	18	178,5
Engrais flamand	»	0,19	»	46,3	»	215,9
Colombine	9,02	8,30	451	2024	22	4,9
Guano	6,20	5	310	1219,5	32	8,2
Muscles séchés à l'air	14,25	13,04	712,5	3180	14	3,1
Sang liquide	»	7,95	»	1939	»	5,1
Sang coagulé	15,50	12,18	775	2970	12,9	3,3
Os fondus	7,58	7,02	379	1712	26,3	5,8
Pain de creton	12,93	11,88	646,5	2897,5	15,4	3,4
Noir animal	2,04	1,06	102	258,5	98	38,6
Suie de houille	1,50	1,35	79,5	329	125,7	30,3
Suie de bois	1,31	1,15	65,5	288,4	152,6	35,6
Plumes	17,61	15,34	880,5	3741	11,3	2,6
Poil	15,12	13,78	756	3361	13,2	2,9
Laine	20,26	17,98	1013	4385	9,8	2,2
Corne	15,78	14,36	789	3502,4	12,6	2,8
Poudrette de Montfaucon	2,67	1,56	133,5	380	74,8	26,3

L'examen de ce tableau suffit pour faire comprendre quelle est la nature des renseignements qu'il donne, et quelle en est l'utilité.

Ainsi la tangue et le fumier ayant pour 100 : dans l'état ordinaire, l'un 0,40 d'azote et l'autre 0,41, peuvent se suppléer, à doses à peu près égales, pour fournir au sol une certaine quantité d'azote ; les feuilles de carottes ayant 0,85 d'azote, 48,3 de cet engrais fourniraient au sol autant d'azote que 100 de fumier.

L'équivalent qui fait connaître la quantité d'un engrais qu'il faut employer pour fournir à la terre autant d'azote qu'une quantité déterminée de fumier normal ne doit pas être confondu avec le titre de cet engrais.

Le *titre* est le chiffre qui représente la valeur d'un engrais comparativement à un autre engrais pris pour point de comparaison. Ainsi, étant admis que le titre ou valeur du fumier est 100, le titre ou valeur des coquilles d'huîtres à l'état sec sera 20, parce que, dans cet état, cet engrais renferme cinq fois moins d'azote que le fumier.

Le titre est proportionnel à la richesse en azote, tandis que l'équivalent est en raison inverse de cette richesse : le titre et l'équivalent du fumier sec qui a 2 d'azote, étant 100, le titre des coquilles d'huîtres, qui en contiennent seulement 0,40, sera 20 et l'équivalent 500.

Pour trouver un équivalent, on cherche d'abord la valeur ou *titre* de l'engrais que l'on veut comparer au fumier. Ainsi, le fumier contenant à l'état humide 0,41 d'azote et sa valeur ou titre étant 100, le titre du tourteau de lin, qui renferme 5,60 d'azote, sera 1365.

$$0,41 : 5,60 :: 100 : x = \frac{5,60 \times 100}{0,41} = 1365.$$

Pour trouver à présent la quantité de tourteau qui serait nécessaire pour remplacer 100 de fumier on dira :

$$100, \text{titre du fumier} : 1365, \text{titre du tourteau} :: x : 100 \; \frac{100 \times 100}{1365} = 7,3.$$

Il ressort évidemment des détails dans lesquels nous venons d'entrer, que les équivalents portés au tableau qui précède sont uniquement des équivalents en matière azotée. Si l'azote susceptible d'être absorbé et assimilé était la seule substance active des engrais, ou si même le sol était constitué de manière à pouvoir fournir indéfiniment aux plantes les autres éléments dont elles ont besoin, les équivalents en azote indiqueraient mathématiquement les proportions suivant lesquelles les engrais peuvent se remplacer les uns les autres. Mais nous savons déjà qu'il n'en est point ainsi, et que pour juger de la valeur d'un engrais, il faut tenir compte de tous les éléments qui entrent dans sa composition. Cela fait assez comprendre qu'il est impossible de représenter par un seul chiffre pour chaque engrais sa valeur comme matière fertilisante comparée à celle d'un engrais type comme le fumier normal. Il faudrait en quelque sorte dresser autant de tables des équivalents qu'il entre de matières actives dans la composition des engrais. Cela amènerait à démontrer que pour une même substance les équivalents varieraient beaucoup suivant qu'on la considérerait dans sa teneur en azote, en acide phosphorique, en chaux, en potasse, etc.

L'azote est sans contredit l'un des éléments qui donnent le plus de valeur aux engrais, et les tables qui ont été dressées d'après les proportions de ce corps qu'ils renferment sont d'une incontestable utilité. Mais elles ne suffisent plus dès à présent aux exigences de l'agriculture, qui a besoin d'être renseignée aussi sur les proportions des autres corps que renferment les matières fertilisantes. L'acide phosphorique, qui, dans la plupart des cas, n'existe dans les terres arables qu'en faible proportion, est, comme nous l'avons vu plus haut, l'un des éléments qui sont le plus exposés à manquer, et par conséquent l'un de ceux qu'il importe le plus de rendre à la terre. C'est assez dire combien il est utile de pouvoir établir dans quelles proportions les divers engrais les plus employés peuvent se remplacer les uns les autres sous le rapport de la quantité d'acide phosphorique qu'ils contiennent. Pour répondre à ce besoin, on a dressé des tables d'équivalents en acide phosphorique d'après les mêmes principes que celles qui ont été dressées pour les équivalents en azote.

Le fumier normal, qui contient à l'état frais 0,21 p. 100 et à l'état sec 1,00 d'acide phosphorique, a encore été pris pour type. Son équivalent sous ce rapport étant représenté par le chiffre 100, voici quels seraient, d'après M. Boussingault, les équivalents de quelques-uns des engrais le plus communément usités.

DÉSIGNATION	Eau pour cent	Acide phosphorique dans 100 de matière sèche	Équivalent sous le rapport de l'acide phosphorique à l'état	
			sec	non desséché
Fumier normal..........	79.0	1.00	100.0	100.0
Paille de froment........	19.3	0.22	659.1	266.7
Fucus..................	40.0	0.19	763.2	436.4
Marc de raisin..........	68.6	0.80	181.2	19.1
Tourteau de lin.........	13.4	3.85	37.8	14.5
Tourteau de colza.......	10.5	4.34	33.4	12.4
Tourteau de chènevis....	5.0	1.08	134.2	46.6
Excréments de l'homme..	73.3	0.82	176.8	218.2

DÉSIGNATION	Eau pour cent	Acide phosphorique dans 100 de matière sèche	Équivalent sous le rapport de l'acide phosphorique à l'état	
			sec	non desséché
Urine de l'homme........	93.3	3.88	37.4	184.6
Poudrette de Montfaucon (en 1847).............	28.8	4.80	30.2	13.9
Chair musculaire........	8.5	0.24	604.2	218.2
Sang sec soluble........	21.4	1.68	86.3	36.4
Poudre d'os.............	»	24.00	6.0	»
Noir fin des raffineries...	»	26.00	5.6	1.8
Suie de bois	5.6	1.00	145.0	51.1
Fumier de mouton.......	61.0	0.52	192.3	105.0
Fumier de cheval........	67.0	0.71	140.8	93.0
Fumier de vache	81.0	0.71	140.8	161.5
Fumier de porc	72.0	0.76	131.6	105.0

On pourrait, on le comprend, établir des tableaux analogues en tenant compte de la teneur des engrais en potasse, en chaux ou en tout autre élément auquel on reconnaîtrait des propriétés fertilisantes. Jusqu'à présent on ne l'a pas fait, parce que, le plus souvent, les matières organiques dont on se sert pour fumer la terre renferment en quantité suffisante les substances alcalines ou terreuses, indépendamment de celles qui existent ou qui se forment dans le sol sous l'influence de la désagrégation.

Choix. — Jusqu'à ce que l'expérience nous ait appris la loi des équivalents fertilisants, c'est d'après l'ensemble de leurs propriétés qu'il faut juger de la valeur des différents engrais.

Chimiquement, les engrais agissent sur les terres, sur l'air atmosphérique et sur les plantes.

L'action chimique qui s'exerce sur le *sol* tend à provoquer la décomposition des matières organiques et des minéraux, des carbonates, des silicates, des phosphates; elle met ainsi à nu de l'acide carbonique, des produits azotés, des alcalis, des phosphates solubles que les plantes absorbent.

Comme agissant d'une manière particulière sur les sols, se placent en première ligne la potasse, la soude, la chaux. Ces corps attaquent les matières minérales directement, et indirectement par l'acide carbonique qu'ils font dégager en décomposant le terreau et les matières organiques.

On considère comme agissant sur l'*air atmosphérique* et fixant l'humidité, ou l'ammoniaque, ou l'acide carbonique, et peut-être l'oxygène, les sels déliquescents et le sulfate de chaux.

La plupart des engrais contribuent directement à la nourriture des *plantes* par les composés qu'ils fournissent ; mais ceux qui agissent particulièrement de cette manière sont les matières organiques, dont les éléments, en réagissant les uns sur les autres, donnent naissance à des produits qui, absorbés par les racines ou les feuilles, sont assimilés par les tissus végétaux.

On recommande comme particulièrement propres à la croissance des céréales, les engrais qui, comme les cendres lessivées, les cendres de tourbe, le produit de l'écobuage, contiennent peu de matières solubles et sont riches en silice, en alumine. Pour les récoltes qui ont beaucoup de potasse, comme les betteraves, les navets, les pommes de terre, le maïs et la vigne, il faut réserver les cendres vives, les résidus des sucreries, les engrais végétaux, le bois même ; tandis qu'on doit répandre des engrais calcaires, de la chaux, des coquilles et du fumier plâtré sur le trèfle, la luzerne, les lentilles et le tabac.

Parmi les corps si nombreux et si variés qui constituent les engrais, il faut distinguer ceux qui, comme le carbone, l'argile, les oxydes terreux, sont d'une utilité secondaire, parce qu'ils sont communs, que les récoltes les tirent en suffisante quantité de l'atmosphère, du sol, ou de l'eau répandue pour l'arrosage ; de ceux qui sont, ou plus utiles à la végétation, ou plus rares, et que les terres cultivées ne peuvent pas fournir aux plantes en suffisante quantité, comme l'azote, le phosphore, la potasse, la soude, le soufre. Les premiers augmentent inutilement les frais de transport des seconds. La préférence donnée au sang desséché qu'on transporte de Paris dans les colonies, au guano qui nous arrive des antipodes, au noir d'os qu'on tire de l'Amérique et de la Russie, comme de nos usines, provient en partie de ce que ces engrais renferment peu de ces matières inertes, et qu'ils sont d'un transport relativement peu dispendieux. Nous nous bornons à attirer l'attention sur l'importance qu'il y a à ne pas acheter, pour les charrier au loin, des produits dans lesquels on trouve 70, 80 p. 100 et souvent plus, d'eau, de tourbe ou de terre.

ARTICLE IV.

ÉCOBUAGE.

L'écobuage est une opération qui consiste à brûler, après l'avoir détachée à une profondeur variable, mais toujours peu considérable, la couche superficielle du sol associée à tous les débris organiques qu'elle peut renfermer.

On PRATIQUE l'écobuage de deux manières : quelquefois dans les terrains qui sont demeurés longtemps incultes, comme les landes, on arrache d'abord les genêts, les bruyères et les autres végétaux ligneux, et après les avoir disposés en meules, on ameublit le sol par des labours; puis, lorsque la terre a été desséchée par le soleil du mois d'août, on la recouvre des arbustes arrachés, et on les brûle dans un moment où le bois et la terre pulvérisée sont fortement desséchés par le soleil. On fait ces *brûlis* principalement sur les genestières.

C'est l'autre procédé qui constitue l'*écobuage* proprement dit. Il comprend deux opérations : l'enlèvement et la combustion du gazon.

Enlèvement. — S'il se trouve dans le gazon que l'on veut écobuer beaucoup d'arbustes, on les arrache préalablement; s'il y en a peu, on les laisse adhérer aux mottes qu'on enlève. Le gazon est détaché sous forme de plaques minces, que l'on replie en les soulevant pour en faciliter la dessiccation.

On se sert principalement d'instruments à main, parce que c'est la petite culture qui pratique presque toujours l'écobuage, et parce qu'il est très difficile de construire des instruments mus par des animaux, qui enlèvent des plaques de gazon minces et suffisamment étendues.

Plusieurs sortes de charrues ont cependant été construites pour cette opération, et la charrue ordinaire à soc bien saillant et bien aiguisé, peut même y être employée quand le gazon est uni et bien fourni.

Lorsque les mottes de gazon sont sèches, on les *brûle*. Pour cela, on fait de petits fagots de broussailles et de bois bien sec, que l'on recouvre de mottes de gazon, en ayant soin de tourner l'herbe du côté du bois; on dispose ainsi de petits *fourneaux* auxquels ou ménage une ouverture pour faciliter la combustion. Le feu mis au bois se communique bientôt au gazon et aux racines qui sont dans la terre. Pendant que les fourneaux (*fournels*) se consument, on doit avoir soin de boucher l'ouverture qu'on avait laissée et les trous à mesure qu'ils se produisent, afin d'arrêter les courants d'air et de faire brûler la terre régulièrement de tous les côtés.

L'écobuage est pratiqué sur les friches, les landes, les prés, les gazons; on traite aussi quelquefois les chaumes d'une manière à peu près semblable : après les avoir labourés, on fait sécher les éteules et la terre qui y adhère; on les réunit par tas, et on y met le feu.

Dans quelques contrées, aussitôt que les cendres sont refroidies, *on les étend* et on les couvre par un léger labour; en d'autres localités, on ne les dissémine qu'au moment des semailles, pour les couvrir en même temps que la semence. On doit répandre les cendres le plus tard possible, afin que la pluie n'entraîne pas dans la profondeur du sol, hors de la portée des racines, les sels solubles mis à nu par la combustion; mais d'un autre côté, il ne convient pas que les fourneaux reçoivent de fortes pluies, et que les cendres soient délavées sur la place où elles ont été formées; on ne pratiquera donc l'écobuage qu'à l'époque où l'on voudra établir la récolte, sans attendre cependant les temps pluvieux.

Effets. — L'écobuage modifie beaucoup le terrain : il change les propriétés physiques et la composition chimique des terres, les rend noires ou rougeâtres, pulvérulentes, friables, poreuses, perméables, absorbantes, et disposées à se saturer de gaz; il leur donne même une odeur particulière de brûlé très prononcée; il les imprègne de carbonate de potasse, de carbonate de soude, de chlorure de sodium, de sels calcaires et de phosphates, provenant des silicates, de la fiente et de l'urine que les animaux avaient répandus sur les gazons, et des insectes contenus dans les mottes brûlées.

Il améliore beaucoup les terres fortes, les *marais desséchés*, la tourbe; il rend l'argile et la vase grenues, sèches, très divisées. La partie du sol qui a été brûlée améliore le fond, le rend perméable. Il n'est presque pas possible, dit Sinclair, d'améliorer les marais et les terrains tourbeux sans l'aide du feu. Cette opération est d'autant plus rationnelle que l'écobuage des sols tourbeux est facile.

La combustion détruit beaucoup d'*animaux nuisibles*, les larves et les œufs des insectes; elle brûle les *graines* de genêt, de bruyère, d'ajonc, et de toutes les mauvaises plantes; cette opération constitue un bon moyen de défricher les landes et doit être renouvelée sur ces terrains si, après qu'elle a eu lieu, l'ajonc, la bruyère, y sont encore en grande quantité.

Les résultats extraordinaires que produit l'écobuage s'expliquent par les changements que la combustion imprime au sol. Le feu met en liberté tous les *composés minéraux* contenus dans les plantes, et que celles-ci ont puisés quelquefois à des profondeurs où les racines de la plupart des espèces cultivées n'auraient pas pénétré. Ces composés mêlés à un terrain qui est imprégné de tout l'humus produit par plusieurs années de jachère, déterminent la plus vigoureuse végétation; et ce qui prouve que les bons effets qui suivent l'écobuage proviennent de la richesse naturelle du sol autant que des effets du feu, c'est que la moitié des cendres transportées dans une terre qui n'a pas été en jachère y produisent une action moindre que sur le lieu d'où le gazon a été enlevé. L'écobuage pratiqué sur un chaume ou sur une terre qui vient d'avoir d'autres récoltes produit moins d'effet que sur un vieux gazon.

On dit que l'écobuage *n'apporte rien aux terres*, qu'il les épuise, qu'il *dissémine* dans l'espace, sous forme de fumée, *beaucoup de produits fertilisants* provenant des animaux et des plantes; que s'il améliore les terres fortes, les tourbières, c'est en transformant des produits qui s'y trouvent et non en y ajoutant de nouveaux produits.

Cela est incontestable, mais il a le grand avantage de rendre bienfaisantes des matières qui, comme les silicates, l'argile, la tourbe, sont naturellement peu favorables à la végétation; de décomposer instantanément des corps, du bois, de la bruyère, de l'ajonc, de la tourbe et des minéraux; de rendre ainsi utilisables des produits qui, abandonnés à eux-mêmes, seraient perdus à cause de la lenteur avec laquelle ils se décomposeraient.

Toutefois, il doit être pratiqué avec ménagement sur les sols légers, maigres. Peut-être même faut-il s'en abstenir dans les prés et les bons fonds, car pourquoi faire brûler, décomposer par le feu qui en détruit une si forte quantité, un gazon gras qui, mis dans le sol, se putréfierait dans l'année, et servirait en totalité à l'accroissement des récoltes? Il est difficile que l'avantage résultant d'une décomposition plus prompte des substances organiques compense les grandes déperditions occasionnées par le feu.

Dans tous les cas, il ne faut pas manquer, si l'on veut continuer de faire produire les sols écobués, de leur rendre, par de bons engrais, l'humus que les récoltes ont absorbé sous l'influence des sels fournis par les cendres. Mais on ne fume pas ordinairement les terrains sur lesquels on obtient de loin en loin une récolte à la faveur de l'écobuage. Cette pratique est suivie en effet dans quelques contrées pour des terres pauvres qu'on laisse envahir pendant plusieurs années par la végétation spontanée, puis que l'on cultive pendant un ou deux ans après un écobuage, pour les laisser ensuite en repos jusqu'au moment où l'on suppose que les plantes dont se couvre le sol sont en état de fournir par leur combustion les matériaux nécessaires à une nouvelle récolte.

L'écobuage est favorable aux *graminées*, aux *légumineuses*, aux *pommes de terre*, aux *crucifères* et aux *arbres forestiers*. MM. Baudrillard et de Morogues ont remarqué que les graines de pin, de bouleau, répandues sur une terre écobuée, donnent les plus beaux résultats. On doit aussi recommander cette préparation pour les crucifères, car les cendres éloignent les insectes nuisibles à ces plantes. Sur les terres écobuées, les produits sont bons, sapides, salubres, et très nutritifs.

De nos jours, les cultivateurs qui peuvent se procurer avec facilité du noir des raffineries, l'emploient sur des terres qui autrefois auraient été mises en culture par l'écobuage; ils leur fournissent ainsi, sans les altérer, les substances minérales nécessaires pour former avec l'humus naturel au sol un mélange favorable aux récoltes.

CHAPITRE III.

DE L'ATMOSPHÈRE.

SECTION PREMIÈRE.

COMPOSITION DE L'ATMOSPHÈRE; ALTÉRATIONS QU'ELLE ÉPROUVE.

ARTICLE I.

AIR ATMOSPHÉRIQUE DANS SON ÉTAT NORMAL.

COMPOSITION. — On donne le nom d'*atmosphère* à la masse gazeuse qui enveloppe le globe terrestre, et qui l'accompagne dans le double mouvement qu'il accomplit en tournant sur son axe et en tournant dans l'espace autour du soleil.

L'air atmosphérique qui constitue l'atmosphère est un mélange de substances gazeuses très diverses, parmi lesquelles il en est qui en forment la presque totalité et qui sont essentielles à sa composition normale, d'autres qui ne s'y trouvent jamais au contraire qu'en faible proportion, et quelques-unes enfin qui n'y existent qu'accidentellement.

Les éléments essentiels de l'air atmosphérique sont l'oxygène et l'azote. Ces deux gaz sont à l'état de mélange dans les proportions de 20,81 d'oxygène et 79,19 d'azote en volume, ou en poids 23,01 du premier de ces gaz et 76,99 du second. En général on admet que ces proportions sont constantes. Cependant des expériences qui ont été faites par MM. Regnault, Doyère, Lévy, semblent démontrer qu'elles peuvent varier suivant les circonstances, mais dans des limites très étroites. Les analyses de M. Regnault, faites sur des échantillons recueillis dans de nombreuses localités, font voir en effet que la quantité d'oxygène varie entre 20,9 et 21,0. On a même reconnu que dans de l'air recueilli dans les contrées chaudes, la proportion d'oxygène est descendue quelquefois jusqu'à 20,3.

Parmi les éléments qui entrent en faible proportion dans la composition de l'air, il en est dont la présence est constante, et qui par conséquent doivent être considérés comme indispensables à sa constitution, et d'autres qui ne s'y rencontrent qu'accidentellement et sous l'influence de certaines circonstances.

Les premiers sont l'acide carbonique, la vapeur d'eau, l'ammoniaque, l'iode; les seconds sont des gaz de diverses natures qui proviennent de la putréfaction des substances organiques à la surface de la terre (acide sulfhydrique, sels ammoniacaux volatils, hydrogène carboné, etc.), ou de réactions qui s'accomplissent accidentellement ou dans les opérations auxquelles se livre l'industrie (acide azotique, acide chlorhydrique, acide hypoazotique, acide sulfureux, oxyde de carbone, etc.). Enfin l'air renferme encore des produits de nature inconnue qui constituent ce que l'on appelle des émanations septiques, des miasmes, des effluves, et des corpuscules solides qu'il tient en suspension.

Tous ces corps exercent sur les êtres organisés avec lesquels ils sont sans cesse en contact une action qu'il est important de connaître. Nous aurons donc à étudier d'abord le rôle que joue dans la nature chacun des éléments qui entrent normalement dans la composition de l'atmosphère. Nous nous occuperons ensuite de ceux qui s'y trouvent accidentellement et qui l'altèrent, et des conséquences qui peuvent résulter de ces altérations pour les animaux et pour les plantes.

OXYGÈNE. — L'oxygène est le corps qui, dans l'atmosphère, est appelé à remplir vis-à-vis des êtres organisés le rôle le plus important. C'est le seul gaz qui soit apte à entretenir la respiration des animaux. Sa présence est indispensable à l'accomplissement de quelques-unes des principales fonctions des plantes, comme la germination des graines, la fécondation, la maturation des fruits. Enfin, par son action sur les substances qui entrent dans la composition du sol, il prépare une partie des matériaux qui sont absorbés par les racines dans le sein de la terre.

Dans l'acte de la respiration, l'oxygène absorbé se mêle au sang veineux auquel il rend les caractères et les propriétés du sang artériel; il est porté par ce liquide dans toutes les parties de l'économie et sert à la combustion d'une certaine quantité de carbone et d'hydrogène fournis tous à la fois par les aliments, par les réserves déposées sous forme de graine au sein de l'organisme et par les tissus eux-mêmes qui entrent dans la composition des organes. C'est sous l'influence de cette combustion qui est incessante que se trouve entretenue la chaleur animale et que sont produits les mouvements qui sont nécessaires à l'accomplissement des fonctions, et ceux qui sont exécutés sous l'empire de la volonté. L'oxygène est donc indispensable à la vie de tous les animaux quels qu'ils soient. Cependant, sous ce rapport, toutes les espèces n'ont pas exactement les mêmes besoins. En général la respiration est moins active chez les animaux inférieurs que chez les animaux supérieurs, et la vie peut encore s'entretenir chez eux lorsque, dans une atmosphère limitée, la proportion d'oxygène est descendue fort au-dessous de celle que nous avons indiquée. Mais les mammifères et les oiseaux, notamment ceux que nous entretenons à l'état de domesticité, ne sauraient impunément respirer pendant longtemps un air dans lequel on aurait diminué, même dans des limites assez restreintes, la proportion d'oxygène.

Lorsque les animaux respirent un air pur et suffisamment riche en oxygène, ils sont placés sous ce rapport dans d'excellentes conditions pour la conservation de la santé, de la vigueur et de l'énergie. S'ils sont adultes et convenablement nourris relativement à ce que l'on exige d'eux, et s'ils sont d'ailleurs placés dans de bonnes conditions hygiéniques, ils se conservent avec leur poids initial. L'oxygène introduit par la respiration dans l'économie, brûle en totalité le carbone et l'hydrogène disponibles de leurs aliments respiratoires, et il suffit en outre au rôle qu'il doit jouer à l'égard des principes albuminoïdes ou autres qui doivent disparaître de l'économie. Les pertes sont simplement réparées, et rien ne vient s'ajouter à la masse des tissus qui sont déjà formés.

On comprend que pour favoriser l'obtention de résultats opposés, c'est-à-dire l'augmentation de poids des animaux que l'on engraisse, il peut être quelquefois utile de ralentir la combustion respiratoire. On y parvient en soumettant d'une certaine manière les animaux au régime de la stabulation permanente. Le repos absolu ou presque absolu auquel ils sont alors condamnés, indépendamment de ce qu'il réduit considérablement le chiffre des pertes, a encore pour conséquence de rendre la respiration plus lente et de diminuer la quantité d'oxygène qui est introduite dans l'économie dans un temps donné. La douce température que l'on entretient dans l'étable n'exige pas que les animaux produisent par une combustion respiratoire suractivée une grande quantité de chaleur animale. Enfin l'on peut même, en restant dans de justes limites, ménager le renouvellement de l'air de telle sorte qu'il soit un peu moins riche en oxygène que l'air extérieur. Toutes ces causes réunies font que les éléments hydrocarbonés fournis par la ration de chaque jour ne sont brûlés qu'en partie, et que l'excédent, après avoir subi des modifications sur lesquelles nous n'avons pas à nous arrêter ici, se dépose dans les tissus sous forme de graisse, en même temps que les produits azotés eux-mêmes, qui n'ont que peu de pertes à réparer, peuvent s'accumuler sous une forme particulière au sein des muscles et concourir à augmenter la proportion de la substance essentiellement alibile que renferme la viande de boucherie.

Nous verrons plus tard, en nous occupant des habitations, que c'est aussi en rendant la respiration moins active que l'on fait sécréter aux vaches entretenues dans le régime de la stabulation permanente, un lait plus abondant. Ici les principes qui ne sont point brûlés ou qui ne sont pas employés à réparer des pertes, au lieu de s'accumuler dans l'organisme, fournissent à la sécrétion lactée une quantité plus grande des éléments nécessaires à la constitution du liquide que l'on désire obtenir.

Mais s'il est utile de ralentir la combustion respiratoire dans les deux cas que nous venons d'indiquer, il est bon aussi de prendre toutes les précautions nécessaires pour que les animaux ne soient point exposés à respirer dans leurs habitations un air profondément vicié par les émanations qui s'échappent sans cesse de leur corps, de leurs excréments et de leurs urines. Les animaux de l'espèce bovine paraissent, il est vrai, souffrir moins que l'homme et les solipèdes lorsqu'ils sont placés dans de semblables conditions, mais il n'en est pas moins évident qu'à la longue leur santé peut s'altérer, et que tout au moins les produits que l'on obtient d'eux sont alors de moins bonne qualité,

Si l'oxygène est indispensable à la conservation de la vie chez les animaux, il n'est pas moins nécessaire à l'accomplissement des principales fonctions des plantes. Dans l'acte de la germination, il rend soluble, en se combinant à une petite quantité du carbone du périsperme ou du corps cotylédonaire, une partie des substances qui sont accumulées dans la graine pour servir de première nourriture à l'embryon. C'est un fait qui a son importance au point de vue de l'agriculture, car il explique comment il se fait que les graines qui sont enfouies trop profondément et en quelque sorte hors du contact de l'air, demeurent dans la terre sans germer, où souvent même elles pourrissent sous l'influence de l'humidité.

Après la germination les plantes continuent à absorber de l'oxygène. Ceux de leurs organes qui sont dépourvus de chlorophylle accomplissent cet acte aussi bien pendant le jour que pendant la nuit. Dans les parties vertes il ne paraît avoir lieu d'une manière active que dans l'obscurité, et peut-être aussi sous l'influence de la lumière diffuse. Cette absorption d'oxygène est particulièrement remarquable dans les fleurs, dans les fruits qui offrent une couleur autre que la couleur verte, dans les plantes parasites dépourvues de chlorophylle, dans les champignons et dans d'autres cryptogames. Dans les fleurs, ce sont les organes sexuels, et surtout les étamines au moment de la fécondation, qui absorbent le plus d'oxygène. Enfin, dans les fruits, le phénomène est lié jusqu'à un certain point à la formation des principes qui, après la maturation, les rendent alimentaires pour l'homme et pour les animaux. Observons d'ailleurs que la quantité d'oxygène que les végétaux absorbent pour le transformer en acide carbonique est toujours fort inférieure à celle qu'ils rendent à l'atmosphère dans leur respiration, sous l'influence de la lumière.

Mais l'oxygène est surtout utile à la vie des plantes par les réactions qu'il provoque dans le sol arable, et qui ont pour conséquence de mettre à la disposition des racines des éléments qui peuvent être absorbés. Comme nous l'avons dit déjà, il détermine la désagrégation de certaines roches en faisant passer au maximum d'oxydation quelques-uns des éléments qu'elles contiennent il agit sur les composés de fer, de potasse, de soude, de chaux renfermés dans les terres, et donne naissance à des corps solubles propres à nourrir les plantes. Enfin il facilite la décomposition des engrais, et provoque, aux dépens des matières organiques, la formation de gaz que les feuilles et les racines s'approprient.

Ozone. — L'étude du rôle de l'oxygène, si importante à faire au double point de vue de l'hygiène et de l'agriculture, a acquis plus d'intérêt encore depuis que l'on a découvert que ce corps peut exister dans l'atmosphère dans un état électrique particulier, qui lui donne un activité supérieure à celle qu'il présente dans son état ordinaire. L'oxygène électrisé porte le nom d'*ozone*. On l'appelle encore *oxygène actif*. Soupçonné en quelque sorte par Van Marum en 1785, découvert par Schœnbein en 1840, puis étudié successivement par MM. de Larive et Mérignac de Genève, Fremy, Becquerel, Andrew, Houzeau, l'oxygène électrisé n'a pu être encore isolé de la forte proportion d'oxygène ordinaire à laquelle il se trouve toujours associé. Celui que l'on obtient dans les laboratoires en faisant réagir l'acide sulfurique concentré sur l'oxyde de baryum est le plus concentré que l'on connaisse, et il ne contient guère qu'une partie d'ozone en poids contre treize parties d'oxygène. L'ozone est un gaz incolore, d'une odeur qui rappelle celle qui se produit dans les lieux où la foudre tombe; il se dissout un peu dans l'eau et lui communique une saveur que l'on a comparée à celle du homard. Sa densité est égale à trois fois et demie celle de l'oxygène. Enfin une température de + 80° le détruit en lui rendant tous les caractères de l'oxygène. Mais ce qu'il importe le plus de connaître, ce sont ses propriétés chimiques. A l'état sec, il est peu ou point actif. Il acquiert au contraire en présence de l'humidité, les affinités les plus énergiques. Il oxyde de l'argent à la température ordinaire, décompose l'iodure de potassium en formant de la potasse et en mettant l'iode en liberté, brûle l'ammoniaque qu'il transforme en eau et en nitrate et nitrite d'ammoniaque, décompose l'acide chlorhydrique en mettant le chlore en liberté, attaque la plupart des substances organiques, et engendre du salpêtre lorsqu'il est en présence de l'azote et d'un alcali libre.

Dans les laboratoires on obtient de l'oxygène ozonisé en faisant passer une grande quantité d'étincelles électriques dans un tube qui contient de l'oxygène pur. De même lorsque l'on décompose l'eau par la pile voltaïque, l'oxygène qui se sépare de l'hydrogène sous l'influence d'un courant électrique renferme de l'ozone;

d'après cela, dès que l'on a eu découvert par des moyens que nous indiquerons plus loin qu'il existe de l'ozone dans l'atmosphère, on a été naturellement amené à penser que ce gaz se produisait sous l'influence des phénomènes électriques qui ont lieu dans l'air en temps d'orage avec une si remarquable intensité.

Mais on a élevé des doutes sur cette origine attribuée à l'ozone atmosphérique, en faisant observer que s'il est facile d'obtenir de l'oxygène électrisé en faisant agir l'étincelle électrique sur de l'oxygène pur, on ne réussit pas ordinairement à obtenir ce résultat lorsqu'on opère sur un mélange d'oxygène et d'azote. Au sein de l'atmosphère, l'éclair produit plutôt de l'acide nitrique, que l'on retrouve dans l'eau des pluies, que de l'ozone.

C'est donc surtout dans d'autres circonstances qu'il faut chercher les sources de l'ozone atmosphérique. Jusqu'à présent on ne possède encore sur ce sujet important que des notions assez vagues. L'ozone semble n'être pas autre chose que de l'oxygène à l'état naissant. Il est possible que ce gaz soit à l'état d'ozone lorsqu'il se dégage de ses combinaisons à une température peu élevée; on admet même assez généralement que l'oxygène qui s'échappe des feuilles des végétaux dans l'acte de la respiration est ozonisé. Enfin, d'après M. Pouillet, l'électricité qui se produit sous l'influence de l'évaporation de l'eau des mers, des fleuves, des lacs, des ruisseaux, etc., transformerait en ozone une partie de l'oxygène de l'atmosphère. Il en serait de même de toute électricité ayant une autre source que celle du feu du ciel, comme celle qui se développe par exemple par le frottement des molécules de l'air humide agité par le vent.

Quoi qu'il en soit, il existe de l'ozone dans l'atmosphère. On s'en assure en faisant usage de papiers réactifs qui sont préparés pour cet objet, et qui permettent même d'apprécier jusqu'à un certain point dans quelles proportions ce corps est répandu dans l'air.

M. Schœnbein a le premier recommandé de faire usage dans ce but d'un papier imprégné d'amidon et d'iodure de potassium, que l'on désigne sous le nom de *papier ozonoscopique*. L'emploi de ce réactif est basé sur la propriété que possède l'ozone de décomposer l'iodure de potassium à la température ordinaire. Pour préparer le papier ozonoscopique, on fait d'abord dissoudre à la faveur de l'ébullition 2 grammes d'amidon dans 100 grammes d'eau, puis l'on ajoute à la solution un gramme d'iodure de potassium. On imbibe ensuite de ce liquide des bandelettes de papier blanc que l'on fait dessécher à l'air libre en prenant soin de ne point les exposer à l'action du soleil. Ces bandelettes conservées avec soin dans un flacon bien bouché restent absolument blanches. Mais si on les expose légèrement humides à l'action de l'air contenant de l'ozone, elles bleuissent rapidement, et la teinte bleue qu'elles prennent est d'autant plus prononcée que la proportion d'ozone est plus considérable. Cet effet est dû à l'action de l'ozone qui s'empare du potassium de l'iodure pour former de la potasse, met l'iode en liberté et lui permet d'agir sur l'amidon. M. Schœnbein a même essayé de mesurer par l'intensité de la teinte produite la quantité d'ozone contenue dans l'air sur lequel on expérimente. Pour cela, il a dressé une *échelle ozonométrique* qui consiste en une bande de papier divisée en dix zônes qui offrent des teintes différentes depuis le bleu le plus foncé jusqu'au violet clair. Il suffit de rapprocher les bandelettes avec lesquelles on a opéré des zones de l'échelle pour juger de l'intensité de l'action produite. On peut alors la représenter par un chiffre conventionnel, et cela permet de comparer entre elles les expériences qui sont faites en des lieux différents ou à des époques plus ou moins éloignées les unes des autres.

Le papier ioduro-amidonné de Schœnbein est un réactif très sensible. Malheureusement, il n'est pas toujours fidèle, parce que l'ozone n'est pas le seul des corps contenus dans l'atmosphère qui puisse séparer l'iode de l'iodure de potassium et permettre son contact avec l'amidon. Le chlore, le brome, quelques acides, les vapeurs produites par certaines substances organiques, comme l'essence de térébenthine par exemple, agissent exactement de la même manière que l'ozone, et colorent en bleu le papier ainsi préparé. C'est là ce qui a engagé M. Houzeau à le remplacer par un papier auquel il donne le nom de *papier à tournesol vineux mi-ioduré*.

La préparation de ce papier est un peu plus compliquée que celle du réactif de Schœnbein. On commence par donner à de la teinture de tournesol bleue une teinte d'un rouge vineux, stable, en y ajoutant peu à peu, et avec des précautions que nous n'avons pas à indiquer ici, de l'acide chlorhydrique. On trempe ensuite dans cette teinture du papier qui prend une teinte vineuse. Celui-ci étant convenablement desséché, on le coupe en bandes qui ont une hauteur de cinq centimètres environ et une largeur arbitraire. Cela fait, on trempe chaque bande de papier par l'un de ses grands bords, et sur une hauteur d'un centimètre seulement, dans une solution d'un gramme d'iodure de potassium sur 100 grammes d'eau contenue elle-même dans une assiette en une couche de quelques millimètres tout au plus de profondeur. Les bandes de papier desséchées sont ensuite coupées dans le sens de leur hauteur en bandelettes d'un centimètre de largeur, qui sont imprégnées d'iodure de potassium à l'une de leurs extrémités seulement, et qui sont teintes en rouge vineux dans toute leur étendue.

On se sert de ces bandelettes en les exposant comme celles de Schœnbein à l'action de l'air pendant 12 ou 24 heures, à l'abri du soleil et de la pluie. « Au moment de noter leur couleur, on « les plonge dans l'eau qui leur communique de suite la teinte « la plus intense qu'elles aient pu prendre pendant leur expo- « sition à l'air. » (Houzeau.) Lorsque celui-ci contient de l'ozone, le papier réactif bleuit uniquement à l'extrémité qui est iodurée, et conserve sa teinte vineuse intacte dans le reste de son étendue. L'effet que l'on voit se produire alors résulte de ce que le potassium qui se sépare de l'iode, comme nous l'avons vu plus haut, se combine à l'ozone et forme de la potasse, et de ce que celle-ci ramène au bleu la teinture dont on s'est servi pour colorer le papier après l'avoir rougie par l'acide chlorhydrique. Mais la réaction ne doit être considérée comme donnant un renseignement certain qu'autant que le papier n'a pas pris une teinte rouge plus vive ou une teinte bleue dans sa partie qui n'est pas iodurée. S'il en était autrement, cela indiquerait qu'il existe dans l'air des acides ou de l'ammoniaque, et comme on sait que quelques-uns de ces corps peuvent, en se combinant à la potasse, produire des sels qui ramènent au bleu la teinture de tournesol rougie, on ne pourrait conclure avec certitude, d'un essai fait dans ces conditions, que l'air sur lequel on a expérimenté renferme de l'ozone.

Les procédés que nous venons d'indiquer permettent de reconnaître la présence de l'ozone dans l'air, et même de déterminer jusqu'à un certain point s'il s'y trouve en grande quantité ou en faible proportion. M. Houzeau rapporte à quatre nuances seulement les indications fournies par les expériences bien faites. Ces nuances sont « *très bleu* quand la manifestation de l'ozone a été « très intense; *bleu, violet-bleu* pour des intensités moindres, et « *nul* pour l'absence complète d'action de la part de l'ozone ».

Bien que de nombreuses observations aient été faites depuis la découverte de l'ozone, il reste encore beaucoup à apprendre sur cet agent et sur l'action qu'il exerce sur les êtres organisés. Les recherches de M. Houzeau et de quelques autres auteurs semblent néanmoins établir :

1° Que sous le climat de la France l'ozone est plus abondant dans l'atmosphère au printemps qu'à aucune autre époque de l'année;

2° Qu'il est plus abondant dans les campagnes que dans les villes; qu'il manque souvent dans celles-ci, et que rarement, au contraire, il manque absolument dans celles-là;

3° Enfin qu'il manifeste sa présence plus souvent les jours de pluie que les jours de beau temps; et plus souvent aussi les jours où l'air est agité par le vent, que ceux où l'atmosphère est parfaitement calme.

Quant à l'action de l'ozone, c'est, comme on pouvait le prévoir, celle de l'oxygène exagérée par l'énergie des affinités dont ce gaz est pourvu sous l'influence de l'état électrique dans lequel il se trouve. On dit, sans que cela soit prouvé par des expériences ou des observations bien concluantes, qu'il peut provoquer des irritations des organes respiratoires, et Schœnbein a même avancé qu'en temps de grippe épidémique, il s'est montré plus abondant dans l'air. Mais à Rouen, M. Houzeau n'a pas remarqué que les maladies des voies respiratoires fussent plus fréquentes ou plus graves les jours à manifestation d'ozone.

Dans l'intérieur du sol, l'ozone active plus que l'oxygène les réactions par lesquelles les aliments des plantes sont préparés. Nous avons dit déjà quel rôle il joue dans la nitrification et comment il peut hâter la décomposition des substances organiques : nous n'y reviendrons pas. Mais le fait sur lequel nous devons insister, c'est l'action que l'on a de la tendance à lui attribuer sur les agents inconnus qui constituent les miasmes et les effluves.

Il est facile de comprendre que dès que l'on connut les propriétés de l'ozone, on dut être porté à lui attribuer, en raison de ses affinités énergiques, la propriété de détruire les agents de l'infection comme le fait le chlore. Aussi s'est-on particulièrement attaché à rechercher si la persistance des miasmes en temps d'épidémie ne résulterait pas de ce qu'il manquerait alors dans l'air ou ne s'y trouverait qu'en proportion insuffisante. On possède en médecine humaine quelques observations qui appuient jusqu'à un certain point cette manière de voir : plusieurs auteurs, tels que Schœnbein à Berlin, MM. Wolf à Berne, Bœckel à Strasbourg, Bineau à Lyon, Frassinet à Marseille, ont signalé la disparition ou la diminution de l'ozone dans l'atmosphère à diverses époques où le choléra a sévi. M. Bœckel a également constaté l'absence de l'ozone pendant une épidémie de fièvres intermittentes très intenses. Mais en médecine vétérinaire, à part quelques observations de M. Lafosse, qui a vu coïncider la raréfaction de l'ozone dans l'air avec une pneumonie gangréneuse presque toujours mortelle, on ne possède encore aucune donnée précise qui permette de juger la question.

Quant à l'action de l'ozone sur les émanations d'origine organique, quelques faits tendent à démontrer que ce corps manque dans les lieux où ces émanations sont abondantes, sans doute par ce qu'il se détruit au fur et à mesure qu'il apparaît sans pouvoir neutraliser entièrement la masse de principes dangereux avec lesquels il est mis en contact. D'après M. Andrès Poey, l'ozone manque près des fumiers à la Havane, tandis qu'à deux mètres de distance sa présence devient sensible. A Versailles, M. Bérigny a observé que des papiers ozonoscopiques placés dans des salles d'hôpital n'ont rien donné, tandis que ceux qui avaient été mis dans les cours ont révélé la présence de l'ozone. Le même auteur a reconnu que les eaux croupissantes empêchent la manifestation de l'ozone. Enfin M. Pouriau, qui a trouvé qu'à la Saulsaie c'est pendant la saison froide que l'ozone atteint son maximum, attribue cela non pas à un abaissement de température, mais à la diminution des corpuscules organiques tendant à détruire l'ozone. Il y a là des faits qui, pour être peu nombreux, ne laissent pas que d'avoir une certaine importance, et qui font désirer que par de nouvelles études on parvienne à jeter quelque lumière sur l'influence de cet agent encore si peu connu.

L'étude que nous venons de faire du rôle de l'oxygène sous ses deux états à l'égard des corps organisés, démontre que d'énormes quantités de ce gaz sont sans cesse empruntées à l'atmosphère. Si l'on ajoute à celui qui disparaît de cette manière celui qui est employé à la combustion et aux réactions qui s'opèrent naturellement ou dans les opérations des arts et de l'industrie, on s'étonne que ce gaz puisse rester dans l'atmosphère constamment dans les mêmes proportions. Cela dépend, comme nous le verrons plus loin, de ce que les végétaux rendent à l'air de l'oxygène au lieu de l'acide carbonique qu'ils lui empruntent pour leur respiration. Mais lors même que cette compensation ne se ferait pas, la vie des animaux ne serait pas immédiatement compromise, car la masse d'oxygène qui entre dans la composition de notre atmosphère est tellement considérable que, d'après un calcul de MM. Boussingault et Dumas, « il ne s'écoulerait guère moins de « 800,000 années avant que la masse de l'air eût été dépouillée « d'oxygène par les animaux vivant à la surface de la terre ».

Azote. — L'azote qui entre dans la composition de l'air at-

mosphéripue ne paraît avoir d'autre rôle à jouer que celui qui
consiste à mitiger les propriétés de l'oxygène auquel il est associé. Bien que l'on ait pu, dans diverses expériences, faire respirer certains animaux dans une atmosphère artificielle très
riche en oxygène, sans déterminer d'accidents, il paraît démontré
cependant que si l'oxygène était pur ou à peu près pur, il agirait,
au moins dans certains cas, avec trop d'activité sur les organes
respiratoires, et déterminerait des irritations qui pourraient
amener la mort en peu de temps. Lorsque après la découverte
de la composition réelle de l'air atmosphérique on a fait les premières recherches sur la respiration des animaux, la plupart
des physiologistes ont admis que l'azote inspiré ne subissait dans
l'économie aucune modification, et qu'il était rejeté dans l'acte
de l'expiration avec toutes ses propriétés, et en quantité égale à
celle qui avait été absorbée ; depuis lors les progrès de la chimie
et de la physiologie ont permis de reconnaitre que si, dans quelques cas, la quantité d'azote expirée est égale à celle qui a été
inspirée, dans d'autres elle est moindre, et plus souvent encore
supérieure. Les expériences de MM. W. Edwards, Dulong, Depretz,
Regnault et Reiset, Barral, démontrent en effet que cette dernière circonstance est celle qui se·fait le plus ordinairement observer pour l'homme et les animaux supérieurs, comme le cheval,
le bœuf, le mouton, le lapin, certains oiseaux de basse-cour.
L'excédent d'azote qui est ainsi exhalé dans l'atmosphère provient d'une partie des principes albuminoïdes de l'économie, dont
le carbone et l'hydrogène sont entièrement brûlés par l'oxygène
respiratoire et dont l'azote libre s'échappe par les bronches.
D'après les expériences de M. Boussingault et celles de M. Barral,
la proportion d'azote qui s'ajouterait ainsi à l'azote respiratoire
serait égale au quart, au cinquième, au huitième de la quantité
de ce corps qui est introduite chaque jour dans l'économie par
les aliments sous forme de composés protéiques. Mais M. Milne
Edwards pense que ces chiffres sont trop élevés, et des expériences
qui ont été faites à Dorpat par MM. Schmidt et Bidder réduisent
pour les carnassiers la proportion d'azote exhalé de cette manière
à moins d'un centième de celui que contiennent les aliments. Il
n'en reste pas moins établi que les animaux supérieurs rendent
à l'atmosphère plus d'azote qu'ils ne lui en ont emprunté. Nous
verrons un peu plus loin comment l'équilibre se rétablit en ce
qui concerne la composition de l'atmosphère. Mais nous ne devons pas passer outre sans faire observer avec M. Barral que les
agriculteurs sont dans l'erreur lorsqu'ils comptent que tout l'a-

zote qui n'est point assimilé se retrouve dans les fumiers. Celui qui est exhalé fait défaut, et c'est en ce sens que l'on a pu dire que les animaux de la ferme sont non pas des producteurs, mais des consommateurs d'engrais. Hâtons-nous d'ajouter cependant que la perte paraît se réduire à peu de chose, et qu'elle est largement compensée par les qualités spéciales du fumier de ferme, qui est encore le meilleur de tous les engrais.

L'azote de l'atmosphère n'est point assimilé par les animaux, et nous pouvons ajouter qu'il ne l'est pas non plus par les végétaux. Cette dernière opinion n'a pas été cependant adoptée sans contestation par tous les physiologistes ; toute une école, à la tête de laquelle se trouvait M. Ville, admettait en effet que certains végétaux, ceux surtout qui sont pourvus d'un riche feuillage comme les légumineuses, jouissaient de la propriété d'absorber directement l'azote dans l'atmosphère, et de l'employer à la constitution de principes organiques. Mais les belles expériences de M. Boussingault, et après elles celles de MM. Lawes, Gilbert et Pugh, ne laissent aucun doute sur l'impossibilité dans laquelle sont les plantes de puiser directement dans l'atmosphère et à l'état de corps simple l'azote dont elles ont besoin. Seulement, cela n'implique pas que l'énorme masse de ce corps au sein de laquelle vivent les végétaux n'ait aucun rôle à jouer dans leur nutrition. En temps d'orage il se forme, comme nous l'avons dit déjà, sous l'influence de l'éclair et aux dépens de l'oxygène et de l'azote de l'atmosphère, de l'acide azotique que l'eau des pluies verse dans le sein de la terre et qui est absorbé par les racines, après s'être combiné avec l'ammoniaque qui se trouve dans l'air, ou avec les bases que renferme le sol. En outre l'azote absorbé comme tous les gaz par les terres poreuses s'y trouve en contact d'une part avec des bases alcalines ou alcalino-terreuses, et de l'autre avec de l'oxygène souvent à l'état d'ozone. Or, dans ces conditions, il se forme des nitrates qui sont pris par les plantes auxquelles ils fournissent l'azote nécessaire à l'élaboration des principes protéiques. Ce mode particulier de nitrification, qui peut s'accomplir en l'absence des substances organiques et de l'ammoniaque, permet de comprendre comment l'air est dépouillé de l'excès d'azote exhalé par les animaux dans l'acte de la respiration. C'est aussi l'un des phénomènes qui expliquent l'utilité des labours et des autres façons que l'on donne à la terre ; car l'état d'ameublissement dans lequel on la met facilite l'absorption des gaz qui doivent réagir l'un sur l'autre. Enfin il rend compte encore, avec d'autres faits

dont nous aurons à parler, de la présence de substances protéiques dans les plantes qui croissent sur des terrains où l'on ne
rencontre ni débris organiques en décomposition, ni azotates, ni
sels ammoniacaux, et qui n'ont pu emprunter leur azote qu'à
l'atmosphère.

ACIDE CARBONIQUE. — L'acide carbonique existe dans l'air atmosphérique dans les proportions de 3 à 5 dix-millièmes. Cette
quantité y est entretenue par la respiration des animaux qui
transforme en acide carbonique la plus grande partie de l'oxygène
absorbé, par la combustion des substances organiques carbonées,
et par diverses réactions qui peuvent avoir lieu à la surface de la
terre. Dans les proportions que nous venons d'indiquer, l'acide
carbonique n'est point nuisible aux animaux. Il joue un rôle
important dans la vie des plantes. Absorbé par les feuilles et les
autres parties vertes, il est décomposé en présence de la chlorophylle sous l'influence de la lumière solaire ; le carbone reste
dans les plantes et est assimilé, l'oxygène au contraire est rejeté
au dehors. C'est ainsi que se maintient l'équilibre dans la composition de l'atmosphère. Notons d'ailleurs que les plantes ne
décomposent pas seulement l'acide carbonique qu'elles puisent
dans l'atmosphère, mais qu'elles agissent aussi de la même
manière sur une partie de cet acide qui est prise dans la terre
par les racines, et que cela augmente par conséquent la quantité d'oxygène qu'elles produisent. Enfin faisons remarquer
encore que, d'après les expériences de MM. Scoutetten, de Luca,
Kosmann, l'oxygène que produisent les plantes est de l'ozone,
et que ce fait explique pourquoi l'air des campagnes est en
général plus riche en ozone que l'air des villes.

L'acide carbonique de l'air est favorable à la végétation non
seulement par son rôle dans l'acte de la respiration, mais encore
par l'action qu'il exerce sur plusieurs des principes utiles à la
nutrition que renferme le sol. Porté avec l'eau des pluies dans
l'intérieur de la terre, il attaque les silicates alcalins, dissout le
phosphate de chaux, et transforme en bicarbonates les carbonates de chaux et de magnésie. Il rend ainsi solubles des alcalis,
de la silice, de l'acide phosphorique, de la chaux, de la magnésie
que l'eau charrie et que les racines absorbent.

La végétation ne peut avoir lieu que dans l'air atmosphérique,
mais elle est plus vigoureuse lorsque ce fluide renferme un léger
excès d'acide carbonique. Quelques auteurs pensent même que
cet acide était plus abondant qu'aujourd'hui dans l'atmosphère
terrestre, lorsque se sont formés les végétaux gigantesques que

nous retirons des entrailles de la terre sous forme de houille et d'anthracite.

VAPEUR D'EAU. — L'air renferme toujours une certaine quantité de vapeur d'eau qui peut varier depuis six jusqu'à dix millièmes. La température, comme nous le verrons plus tard en parlant de l'humidité atmosphérique et des phénomènes météoriques auxquels elle donne naissance, a la plus grande influence sur la quantité absolue de vapeur d'eau que l'air peut contenir. Nous devons nous contenter de constater, quant à présent, que la présence de l'eau en vapeur dans l'air est indispensable à l'existence de tous les êtres organisés. Dans un air qui serait absolument sec, les tissus vivants perdraient promptement l'eau qui est nécessaire à leur constitution. Ils se dessécheraient et deviendraient impropres à accomplir les fonctions qui leur sont dévolues. C'est par l'eau que l'air contient sous forme de vapeur que la végétation s'entretient dans les pays où il pleut rarement. Seule elle suffit, en se précipitant vers la terre aux heures de la nuit où la température s'abaisse, pour donner aux plantes l'humidité dont elles ont besoin, et probablement avec elle d'autres principes qu'elle entraine et qui sont contenus dans l'air à l'état ordinaire.

AMMONIAQUE. — L'ammoniaque existe dans l'atmosphère, probablement à l'état de carbonate, mais toujours en quantité infiniment petite. Les difficultés de l'analyse font que les nombres qui ont été donnés à ce sujet sont très variables. Voici néanmoins, d'après M. Houzeau, les chiffres qui résulteraient des recherches de divers auteurs, en supposant qu'ils eussent tous opéré sur une quantité de 10,000 kilogrammes d'air :

Ammoniaque	Lieu d'observation	Observateurs
38 grammes 80 cg.	Irlande.	Kemp.
3. . . . . . 33 . .	Mulhausen	Grager.
1. . . . . . 33 . .	Wiesbaden. . . .	Frésénius.
35. . . . . 00 . .	Caen.	Is. Pierre.
0. . . . . 87 . .	Paris.	Houzeau.

Cette proportion d'ammoniaque est entretenue dans l'atmosphère par les putréfactions et les fermentations des substances organiques qui ont lieu à la surface de la terre, et qui toutes répandent dans l'air de l'alcali volatil ou des sels ammoniacaux. Si faible qu'elle soit, elle suffit pour exercer une action marquée sur les phénomènes de la végétation. Les études et les observations de MM. Brandes, Liebig, Ben Jones, Boussingault, Barral, font voir en effet que l'ammoniaque de l'atmosphère est ramenée dans l'intérieur du sol arable par les eaux météoriques, et qu'elle concourt puissamment à nourrir les plantes. C'est une source précieuse d'azote ayant revêtu une des formes sous lesquelles il est assimilable : c'est, pour les terrains qui ne sont pas fumés, l'un des moyens qu'emploie la nature pour faire parvenir aux plantes l'élément essentiel dont elles ont besoin pour former les principes albuminoïdes indispensables à leur existence.

IODE. — Après avoir démontré, par des travaux justement appréciés, que l'iode existe en petite quantité dans la plupart des eaux potables, M. Chatin a fait voir que ce corps se rencontre aussi en proportion infinitésimale dans l'atmosphère. D'après lui, 40,000 litres d'air de Paris contiennent de $\frac{1}{250}$ à $\frac{1}{50}$ de milligramme d'iode. Si minime que soit cette quantité, elle pourrait n'être pas sans influence sur l'état de santé de l'homme et des animaux. Les lieux où l'iode manque ou est au-dessous du chiffre ordinaire dans l'atmosphère, sont aussi ceux où les eaux sont privées où à peu près privées de cet élément. Or c'est dans ces contrées, parmi lesquelles on signale certaines vallées des Alpes, des Pyrénées, des Vosges et des Cordillères que l'on voit surtout apparaître chez l'homme le goitre et le crétinisme. Aussi M. Chatin est-il porté à attribuer le développement de ces maladies à l'absence de l'iode dans l'air et dans les eaux. Beaucoup de médecins doutent cependant que ce soit là leur cause essentielle, quoique la plupart reconnaissent que l'emploi de l'iode est souvent suivi des meilleurs résultats dans le traitement du goitre. Cette affection, bien qu'elle ait été observée chez des solipèdes, des bêtes bovines, des chèvres et des chiens est rare chez nos animaux domestiques. Ses causes peu connues lorsqu'il s'agit de l'homme, le sont encore moins lorsqu'il s'agit des animaux. On ne saurait donc dire, dans l'état actuel de la science, si la présence ou l'absence de l'iode dans l'atmosphère a sous ce rapport quelque influence sur eux. Il n'est pas impossible que cet agent utile aux plantes marines soit favorable à la végétation des plantes cultivées, mais jusqu'à présent on ne possède sur ce sujet aucune donnée suffisamment précise.

ARTICLE II.

ALTÉRATIONS DE L'AIR.

Nous avons fait connaître la composition de l'air atmosphérique et nous avons indiqué quel est, au point de vue de l'hygiène et de l'agriculture, le rôle de chacun des éléments. Nous avons maintenant à étudier les altérations que ce fluide peut subir, et l'influence que ces altérations peuvent exercer sur les êtres organisés.

Il se produit sans cesse à la surface de la terre une infinité de phénomènes qui tendent à modifier la composition de l'air atmosphérique, soit en changeant le rapport dans lequel ses éléments essentiels sont mélangés, soit encore en versant dans son intérieur des éléments étrangers à sa constitution normale. Mais la masse gazeuse de l'atmosphère est si considérable et sa mobilité si grande qu'à l'air libre, les altérations qui tendent à se produire sont presque toujours inappréciables, et que le plus souvent à une petite distance des foyers où sont engendrés en abondance les produits les plus susceptibles de déceler leur présence par leur odeur ou par quelque autre propriété, il devient difficile sinon même impossible de constater leur existence. Il n'en est plus ainsi lorsque des causes d'altération existent pour des masses plus ou moins considérables d'air confiné. Celui-ci peut alors perdre une partie de son oxygène, acquérir une plus forte proportion d'acide carbonique, d'azote ou d'ammoniaque, ou se charger de principes étrangers susceptibles de réagir d'une manière funeste sur les êtres organisés. Enfin parfois, même à l'air libre, l'atmosphère est viciée sur de vastes surfaces par des émanations qui se renouvellent d'une manière incessante, au moins pendant un certain temps, et qui manifestent leur présence par les maladies les plus graves qu'elles font naître chez l'homme ou chez les animaux.

Les altérations de l'atmosphère limitée ou non limitée peuvent donc se rattacher : 1° à un changement de proportion des éléments qui entrent normalement dans la composition de l'air ; 2° à l'introduction accidentelle dans son intérieur de corps gazeux étrangers à sa composition normale ; 3° à la présence de corpuscules solides de diverses natures qu'elle peut tenir en suspension ; 4° au développement d'émanations d'origine organique susceptibles de produire ce que l'on appelle l'infection.

§ I. — Altérations de l'air produites par un changement de proportion de ses éléments constituants.

De toutes les causes qui peuvent produire l'altération de l'at-

mosphère par changement de proportion de ses éléments constituants, les plus générales sont sans contredit la respiration des
animaux, et l'exhalation d'acide carbonique par les parties des
végétaux qui sont dépourvus de chlorophylle et même par les
parties vertes dans l'obscurité.

L'air que les animaux inspirent est formé de 20,81 d'oxygène
et de 79,19 d'azote. Celui qu'ils rendent à l'atmosphère dans
l'acte de l'expiration renferme moins d'oxygène, contient quelques
centièmes d'acide carbonique au lieu de 4 à 6 dix-millièmes qu'il
renfermait, et est souvent plus riche en azote qu'il ne l'était avant
l'inspiration. La proportion d'oxygène dont l'air est dépouillé par
la respiration varie suivant les circonstances. Lorsque les animaux sont calmes et dans de bonnes conditions de santé, elle
est de 4 à 5 ou 6 centièmes tout au plus. La proportion d'acide
carbonique qui est ajoutée reste en général un peu inférieure à
celle de l'oxygène qui a disparu : elle peut atteindre dans les
mêmes conditions 3, 4 ou 5 centièmes environ. L'air ainsi altéré
est déjà peu propre à la respiration des animaux supérieurs, il
ne cède plus, s'il est inspiré de nouveau, que de petites quantités
d'oxygène à l'organisme, et bien qu'on ait pu dans des expériences faire vivre des animaux dans une atmosphère limitée
jusqu'à ce qu'elle ne contînt plus que 10 à 11 pour cent de ce
gaz, il est certain que la vie ne saurait se prolonger longtemps
chez des oiseaux ou des mammifères que l'on forcerait à respirer un air contenant moins de 15 ou 16 pour cent d'oxygène
et plus de 4 à 5 centièmes d'acide carbonique.

Dans l'atmosphère limitée d'une étable ou de toute autre habitation, l'air vicié se mélange promptement à celui au milieu
duquel il est versé. Si alors le volume d'air est suffisant et si
surtout le renouvellement de ce fluide est convenablement ménagé, l'altération peut demeurer insensible ou peu sensible et ne
pas compromettre la vie des animaux. Elle devient manifeste
au contraire quand les conditions que nous venons d'indiquer
ne sont pas remplies, ou ne sont qu'imparfaitement remplies.
Elle est alors caractérisée, comme il est facile de le voir par tout
ce que nous avons dit jusqu'à présent, par une diminution marquée dans les proportions d'oxygène, par une augmentation
d'azote, d'acide carbonique et de vapeur d'eau, par la présence
d'émanations que l'air expiré entraîne avec lui, et quelquefois
aussi, comme l'ont démontré les expériences de M. Reiset, par
l'apparition de gaz étrangers à la composition de l'air atmosphérique, tels que l'hydrogène libre et l'hydrogène protocarboné.

Nous reviendrons plus loin sur les principes qui ne font pas normalement partie de l'air. Nous n'avons à nous occuper ici que de l'oxygène, de l'azote et de l'acide carbonique.

Nous n'avons que fort peu de chose à ajouter à ce que nous avons dit de la diminution de l'oxygène dans une atmosphère limitée. On peut, sans que les animaux paraissent en souffrir, leur laisser respirer un air dans lequel la proportion d'oxygène est descendue au-dessous de 20 ou 19 pour cent. Quelquefois même il est avantageux de le faire dans la pratique des opérations zootechniques qui ont pour objet l'engraissement ou la sécrétion du lait. M. Niepce, cité par M. Milne Edwards, rapporte que dans diverses localités des Alpes, les paysans s'enferment avec leurs bestiaux pendant l'hiver dans des étables où, par suite de l'entassement, la température est portée à 30 degrés et où l'atmosphère, qui ne contient que 18 pour cent d'oxygène environ, renferme jusqu'à 1 pour cent d'ammoniaque, ainsi qu'une proportion très notable d'acide sulfhydrique et de vapeur d'eau. Nous avons vu dans les Pyrénées et dans les montagnes de la haute Auvergne des étables où bien certainement les conditions ne doivent pas être meilleures. Et cependant on affirme qu'au retour des beaux jours, les animaux sortent de ces demeures sans que pour le plus grand nombre la santé paraisse profondément altérée. Ce n'est pas à dire que ce soit là une pratique à recommander, car on pourrait atteindre par des procédés plus rationnels le but que l'on poursuit, qui est de se préserver du froid. Notons d'ailleurs que les animaux ont besoin de se refaire au sein des pâturages, et que l'état dans lequel ils se trouvent après l'hivernage n'est sans doute pas absolument étranger aux affections par lesquelles ils sont trop souvent décimés pendant les premières semaines de leur séjour en plein air dans la montagne. Enfin remarquons encore que pour les animaux de produit que l'on entretient dans le régime de la stabulation permanente, le séjour prolongé dans un air privé d'une certaine quantité d'oxygène les affaiblit et leur laisse peu de force de résistance à opposer aux maladies par lesquelles ils sont quelquefois frappés à la fin de la période de l'engraissement, ou vers la fin de leur existence comme vaches laitières.

L'exhalation pulmonaire rejette souvent dans l'air atmosphérique, ainsi que nous l'avons dit plus haut, une quantité d'azote supérieure à celle qui a été empruntée à ce fluide. Mais cette proportion, dont il peut être utile de tenir compte lorsqu'on la compare à celle qui est introduite chaque jour dans l'économie par les aliments, est insignifiante lorsqu'elle vient s'ajouter à celle d'une atmosphère même limitée. A la suite de ses expériences, M. Reiset a calculé que dans une bergerie de sept mètres de côté et de trois mètres de hauteur dans laquelle on placerait cinquante moutons, on ne trouverait, après douze heures, qu'un millième d'azote exhalé, contre 6 millièmes d'hydrogène carboné et 10 centièmes d'acide carbonique. Une si faible quantité d'azote ajoutée à la proportion normale ne saurait avoir aucune influence fâcheuse. Cela est d'autant plus vrai que l'azote est par lui-même absolument inoffensif, et que son action se borne simplement à être impropre à la respiration.

En dehors de la circonstance que nous venons d'indiquer et qui offre à ce point de vue si peu d'importance, il est rare que dans les conditions ordinaires de leur existence, les animaux soient exposés à respirer un air dans lequel la proportion d'azote s'élève d'une manière notable au-dessus du chiffre normal. On signale des mines dans lesquelles, par suite de la transformation de pyrites en sulfate, une partie de l'oxygène disparaît. La proportion de ce dernier gaz peut alors tomber à plus de 4 à 5 pour cent au-dessous du taux ordinaire. La proportion d'azote atteint dans ce cas le chiffre de 83 à 84 pour cent. Les hommes qui travaillent dans les mines et probablement les animaux qui partagent leurs travaux peuvent encore respirer quelque temps dans cet air ; mais il ne faudrait pas descendre beaucoup au-dessous de ce chiffre, car dans des expériences qui ont été faites par Snow, on a vu un moineau périr en moins d'une heure dans un air composé de 15 d'oxygène contre 85 d'azote, et une souris s'asphyxier au bout de 5 ou 6 minutes dans une atmosphère formée de 10 d'oxygène et de 90 d'azote.

L'acide carbonique est le produit qui est le plus abondamment versé dans l'air atmosphérique par l'acte de la respiration. Dans un air limité et qui n'est pas convenablement ventilé, ce gaz s'accumule promptement. D'après le calcul de M. Reiset dont nous avons parlé il n'y a qu'un instant, si les 50 moutons avaient pu séjourner sans mourir pendant 25 heures dans le local que nous avons indiqué, et respirer jusqu'au bout en absorbant la quantité d'oxygène nécessaire à l'hématose normale, ce gaz aurait été à peu près entièrement remplacé par de l'acide carbonique et la proportion de ce dernier se serait élevée à 20 pour cent. Voici d'après divers auteurs quelles sont les quantités d'acide carbonique qui ont été exhalées par des sujets d'expérience appartenant aux principales espèces domestiques dans l'espace d'une heure :

Cheval . . . . 187 litres		(Boussingault).
Cheval. . . . . 172 à 219 litres		(Lassaigne).
Cheval de forte taille. . . . . . 340 litres		(Lassaigne).
Taureau . . . . 271 litres		(Lassaigne).
Vache . . . . 168 litres		(Boussingault).
Veau de 5 mois du poids de 62 kil. 19 litres 64 c.		(Reiset) [1].
Veau de 9 mois du poids de 115 kil. 29 litres 1/2 à 33 lit.		(Reiset).
Bélier de 8 mois . . . . 55 litres		(Lassaigne).
Mouton de 4 ans du poids de 65 kil. 17 litres 58 c.		(Reiset).
Brebis de 6 ans du poids de 66 kil. 22 litres 24 c.		(Reiset).
Brebis de 6 ans du poids de 66 kil. 18 litres 12 à 22,43		(Reiset).
Chèvre de 8 ans . . . . 21 litres		(Lassaigne).
Chevreau de 5 mois . . . . . 11 litres		(Lassaigne).
Verrat de 2 ans du poids de 135 kil. 30 litres 03 c.		(Reiset).
Verrat de 8 mois du poids de 77 kil. 26 litres 27 c.		(Reiset).
Truie de 2 ans du poids de 105 kil. 34 litres 84 c.		(Reiset).
Chien adulte . . . . 2 litres 1/2		(Despretz).
Chien de chasse . . . . 18 litres		(Lassaigne).
Lapin de grande taille un peu moins de . . . . 2 litres		(Despretz).
Chat . . . . 1 litre 2/3		(Despretz).
Deux dindons pesant ensemble 12 kil. 250 gr. . . . . 4 litres 86 c.		(Reiset).
Quatre oies pesant ensemble 18 kil. 400. . . . . 6 litres 01 c.		(Reiset).

Ces chiffres font assez voir quelle énorme quantité d'acide carbonique les animaux peuvent répandre en peu de temps dans un air confiné. Mais la respiration n'est pas la seule cause qui puisse altérer l'air de cette manière. Les végétaux, particulièrement pendant la nuit, exhalent aussi de l'acide carbonique. Seulement, cette cause d'altération, qui a son importance lorsqu'il s'agit de l'homme que l'on voit quelquefois placer des végétaux dans ses appartements, n'en a que fort peu lorsqu'il s'agit des animaux domestiques. On peut en dire autant de l'acide carbonique produit par la combustion, qui ne peut guère pénétrer dans les habitations des animaux que dans des circonstances exceptionnelles. Mais il faut apporter plus d'attention à celui qui provient de la fermentation du vin et des autres liqueurs alcooliques, et de la fabrication de la chaux. Il n'est pas rare de voir dans les campagnes les lieux où s'opère la fermentation de la vendange attenants aux écuries, aux bergeries ou aux étables

[1] Les résultats obtenus par M. Reiset ont été publiés en grammes. Nous les avons traduits en litres, en admettant, avec M. Milne Edwards, que chaque litre d'acide carbonique renferme 0,543 de carbone.

Parfois aussi les fours à chaux sont placés au voisinage des habitations des hommes et des animaux. Dans l'un et dans l'autre cas, l'acide carbonique qui résulte de la fermentation ou de la calcination du calcaire peut pénétrer dans les habitations et être une cause d'insalubrité. Lorsqu'il s'agit des fours à chaux, ce n'est même pas seulement de l'acide carbonique qui se dégage. Ce gaz est accompagné de vapeurs chargées de produits pyrogénés provenant du combustible, d'acide sulfureux provenant des sulfures de la houille, de poussière de chaux, de cendres, etc. Dans cet état il est tout à la fois incommode et dangereux pour les animaux et préjudiciable à la végétation qu'il empêche ou dont il altère les produits. M. Chevallier cite des exemples d'asphyxie qui ont eu lieu sur des hommes et sur des animaux dans les départements de Saône-et-Loire, du Cher, de la Somme, de la Seine, des Bouches-du-Rhône, etc., par suite de sa pénétration dans les logements des hommes ou dans les étables. Aussi les fours à chaux sont-ils rangés, par des ordonnances du 29 juillet 1818, et du 14 janvier 1815, parmi les établissements insalubres de deuxième ou de troisième classe, suivant qu'ils fonctionnent constamment, ou qu'ils ne fonctionnent pas plus d'un mois par année.

Quelle que soit la source qui verse l'acide carbonique dans une atmosphère limitée, ce gaz doit être considéré comme préjudiciable aux animaux lorsqu'il dépasse même dans une faible mesure la proportion normale que l'on rencontre dans l'atmosphère. Pendant longtemps on lui a attribué néanmoins des propriétés plus pernicieuses que celle qu'il possède réellement. Cela résultait de ce que l'on confondait son action avec celle de l'oxyde de carbone, qui est un gaz essentiellement délétère. Cependant, pour être moins dangereux que ce dernier, l'acide carbonique n'est pas comme l'azote un gaz qui soit simplement irrespirable. Ce qui le prouve, c'est que lorsque l'on forme des atmosphères artificielles dans lesquelles on remplace par de l'acide carbonique la totalité ou simplement une partie de l'azote, les animaux souffrent et ne tardent pas à périr. C'est ce qui est arrivé dans des expériences où M. Collard de Martigny a essayé de faire vivre des petits oiseaux dans un mélange de 21 parties d'oxygène et de 79 parties d'acide carbonique. C'est ce qui est arrivé également pour des oiseaux et des petits mammifères que M. Snow en Angleterre a placés dans un gaz formé de 21 parties d'oxygène 20 parties d'acide carbonique et 59 parties d'azote.

L'acide carbonique est impropre à la combustion comme il est impropre à la respiration. Dans les lieux où il est en proportion un peu considérable, une chandelle ne peut brûler ; sa lumière pâlit d'abord, puis bientôt elle s'éteint. C'est un essai qu'il est prudent de faire toutes les fois qu'il s'agit de pénétrer dans un endroit où l'on suppose que l'air est vicié.

Respiré à haute dose bien que mêlé à l'air, l'acide carbonique asphyxie en privant les poumons de l'oxygène nécessaire à la respiration ; il agit en outre sur les centres nerveux et détermine l'assoupissement, l'envie de dormir et la mort, sans que les animaux éprouvent aucun sentiment qui les porte à fuir ; si l'air n'en contient qu'une petite quantité, il exerce une action spéciale sur le cerveau et occasionne des douleurs de tête.

La proportion dans laquelle il doit être pour provoquer des accidents ne parait pas être très élevée. MM. Regnault et Reiset ont fait vivre des chiens et des lapins dans de l'air qui contenait 17 et même 23 p. 100 d'acide carbonique, mais ils avaient dû porter la proportion d'oxygène jusqu'à 30 et 40 p. 100. Nous avons vu que l'air expiré qui contient 3 à 4 centièmes d'acide carbonique cède déjà difficilement son oxygène au sang dans l'acte de la respiration. De l'air ainsi altéré ne saurait être respiré longtemps sans danger. Il y a plus, c'est qu'il résulte de nombreuses recherches qui ont été faites que l'air occasionne du malaise chez l'homme lorsqu'il ne contient encore que 6 à 7 millièmes d'acide carbonique. Aussi admet-on généralement que l'air qui est expiré altère et rend impropre à une respiration se faisant dans de bonnes conditions hygiéniques, un volume d'air pur qui est quatre ou cinq fois égal au sien. C'est sur ce principe que l'on se base, comme nous le verrons plus tard, pour déterminer le cube d'air que l'on doit donner à chaque animal dans son habitation, et pour indiquer la mesure suivant laquelle cet air doit se renouveler pour que la santé ne soit pas compromise.

On garantit les animaux de l'action de l'acide carbonique en éloignant quand on le peut les causes qui produisent ce gaz et en ayant recours à la ventilation. En outre, on peut absorber l'acide carbonique qui se dégage dans les lieux confinés, en y projetant de l'eau de chaux, de la chaux vive, de l'ammoniaque étendue d'eau. Ces moyens sont bons à employer lorsqu'il s'agit de pénétrer promptement dans une excavation pour en retirer des personnes ou des animaux menacés d'asphyxie et déjà incapables de fuir le danger.

§ II. — Altérations de l'air produites par des corps gazeux.

Les gaz qui altèrent l'atmosphère agissent, les uns d'une manière négative, les autres par des propriétés particulières. Ceux-là nuisent en occupant la place des fluides nécessaires à la vie et produisent l'asphyxie; les derniers exercent sur l'économie animale une action spéciale, délétère, toxique.

1. — Gaz qui asphyxient.

L'azote et l'acide carbonique, dont nous avons déjà parlé, sont les deux gaz les plus intéressants à étudier parmi ceux que l'on considère comme jouissant de propriétés asphyxiantes. On peut y joindre parmi les gaz étrangers à la composition normale de l'air, l'hydrogène et les hydrogènes carbonés.

Hydrogène. — Ce n'est que dans des circonstances tout à fait exceptionnelles que l'hydrogène peut se trouver mêlé en très petite proportion à l'air dans une atmosphère limitée. Les expériences de M. Reiset ont fait voir qu'il peut être dans quelques cas au nombre des gaz qui sont exhalés par les animaux dans un air confiné. Comme l'azote, il est simplement asphyxiant, et ne jouit même pas de la propriété d'agir sur les centres nerveux comme l'acide carbonique. On a pu dans de nombreuses expériences remplacer, dans des atmosphères artificielles, une partie ou la totalité de l'azote par de l'hydrogène sans que les animaux aient paru souffrir.

Hydrogènes carbonés. — L'hydrogène protocarboné et l'hydrogène bicarboné peuvent plus fréquemment que l'hydrogène pur se trouver mêlés à l'air que les animaux respirent. Nous avons vu que le premier de ces gaz est quelquefois exhalé par les herbivores que l'on fait vivre dans une atmosphère limitée. Mais bien qu'il soit en proportion quatre ou cinq fois plus considérable que celle de l'azote qui s'échappe de l'économie en pareille circonstance, il reste toujours en proportion trop minime pour jouer un rôle important dans les asphyxies qui se produisent dans les locaux où les animaux sont accumulés en grand nombre, et sans qu'il y ait des moyens de ventilation suffisants. Il se produit aussi pendant la décomposition des matières organiques, notamment lorsque celles-ci fermentent sous l'eau. Mélangé à un peu d'air et d'acide carbonique, il constitue le gaz des marais, sur lequel nous aurons à revenir à l'occasion de l'infection effluvienne. Enfin il se produit quelquefois en abondance dans les galeries des mines de charbon de terre où il constitue le grisou. Il pourrait déterminer l'asphyxie des hommes et des animaux qui travaillent dans ces mines; mais le plus souvent ce sont des accidents plus terribles qui se produisent. Ce gaz mêlé à l'air constitue en effet un mélange détonant qui s'enflamme à l'approche d'une lampe ou d'un corps enflammé quelconque; et il n'est presque pas d'année où l'on n'ait à enregistrer des explosions désastreuses qui font de nombreuses victimes. M. Boussingault a signalé l'hydrogène protocarboné comme faisant partie en très minime proportion de l'air atmosphérique normal.

L'hydrogène bicarboné forme la presque totalité du gaz de l'éclairage. En raison de cette circonstance, il peut se répandre quelquefois dans les habitations des hommes et des animaux. Son odeur avertit heureusement de sa présence avant qu'il soit en quantité suffisante pour provoquer des accidents. Mais il arrive trop souvent qu'on ne tient pas compte de cet avertissement. Le gaz de l'éclairage produit alors des explosions quand on pénètre avec une lumière dans les lieux où il est accumulé, ou plus rarement il détermine des asphyxies. Le gaz de l'éclairage n'est pas uniquement composé d'hydrogène bicarboné, il renferme encore de l'oxyde de carbone, de l'hydrogène, de l'azote, de l'acide carbonique et de l'acide sulfhydrique libres ou combinés à de l'ammoniaque, et un carbure de soufre. Parmi ces produits il en est plusieurs qui exercent une action toxique sur l'économie. Aussi l'asphyxie que détermine le gaz de l'éclairage se complique-t-elle toujours d'un véritable empoisonnement. Cet accident auquel les animaux sont d'ailleurs peu exposés, n'est pas le seul que puisse provoquer cet agent. Les médecins lui reprochent d'amener par sa combustion qui n'est pas toujours complète la formation d'acide sulfureux, de sulfure de carbone, d'acide sulfhydrique, d'une quantité considérable de charbon très divisé, qui se répandent dans l'atmosphère, irritent la muqueuse respiratoire, provoquent de la dyspnée, des vertiges, de la céphalalgie et des étourdissements. C'est par une ventilation bien établie que l'on peut éviter cette action fâcheuse. Aujourd'hui que des becs de gaz sont quelquefois placés dans des écuries ou dans des lieux attenants, les inconvénients qui ont été signalés en ce qui concerne l'homme pour-

raient aussi être à craindre pour les animaux. Il suffit d'indiquer
cette éventualité pour faire comprendre par quelles précautions
on arriverait à les éviter.

2. — Gaz qui empoisonnent.

Parmi les gaz de cette deuxième classe, les uns agissent comme
des irritants, les autres comme des poisons stupéfiants, et déterminent la mort, quoiqu'ils n'aient été respirés qu'en petite quantité. Les uns et les autres sont nuisibles aux plantes.

Gaz irritants. — CHLORE. — Le chlore libre est un produit
de l'art. On fait dégager ce gaz pour les usages de l'industrie
ou de la médecine. On s'en sert pour blanchir les tissus et la cire,
pour opérer la désinfection, et pour traiter certaines maladies.

Lorsque les animaux ne respirent que de petites quantités de
chlore, ils éprouvent des irritations dans les voies aériennes qui
se dissipent facilement, si l'action du gaz irritant a été de courte
durée; mais s'ils le respirent longtemps, ils sont atteints de toux
violentes, d'inflammations, qui passent souvent à l'état chro-
nique, produisent la phthisie et se terminent par la mort. Si le
chlore est introduit dans les bronches en grande quantité, il
occasionne des irritations très intenses, des toux suffocantes,
de grandes douleurs, et une mort très prompte.

Il faut ne laisser que le moins de temps possible les animaux
exposés à l'action du chlore; on doit établir dans les blanchis-
series des courants d'air qui entraînent hors ces établissements
toutes les particules délétères qui s'échappent des cuves et des
appareils. Le gaz ammoniac a bien la propriété de neutraliser
le chlore en se combinant avec lui; mais ce moyen ne peut pas
être usité en grand à cause du prix élevé de cet alcali et de
l'action qu'il exerce lui-même sur les êtres organisés.

Si on emploie le chlore pour désinfecter des étables, il ne faut
remettre les animaux dans les lieux désinfectés qu'après avoir
laissé les portes, les fenêtres, ouvertes assez longtemps pour renouveler complètement l'air.

Dissous dans l'eau à petites doses, le chlore hâte la germination de certaines graines; mais répandu dans l'air, même en
faible quantité, il fait mourir les plantes.

ACIDE CHLORHYDRIQUE. — Cet acide est produit en grande
quantité dans quelques fabriques de produits chimiques; il se
présente sous forme d'un gaz soluble dans l'eau, d'une odeur
très forte et d'une saveur fortement irritante.

Il agit sur les animaux comme le chlore, et il est très nuisible à la végétation. On ne trouve jamais de plantes dans les environs des fabriques où on le prépare. L'aérage est encore le seul moyen qu'on puisse employer utilement contre cet acide.

Acide sulfureux et acide nitreux. — Avant la découverte du chlore, l'acide sulfureux était seul employé pour blanchir les tissus. Ce corps est gazeux, blanchâtre, d'une odeur suffocante. C'est lui qui se dégage lorsqu'on brûle du soufre. Il produit sur les organes de la respiration des maladies qui varient par leur intensité, depuis la plus légère irritation jusqu'à la phlegmasie la plus intense.

L'acide nitreux ou gaz rutilant est un corps gazeux, rougeâtre, et d'une odeur suffocante, qui se dégage toutes les fois qu'on fait agir l'acide nitrique sur un corps combustible; les ouvriers qui emploient ce dernier acide pour décaper les métaux, pour polir le cuivre, en produisent et en souffrent fréquemment.

L'acide nitreux, respiré en assez grande quantité, occasionne des phlegmasies très graves, la suffocation et même la mort. A petites doses, il détermine une sensation fort désagréable et la toux. La phthisie peut être la conséquence de l'action souvent renouvelée de l'acide nitreux .

On prévient les accidents causés par ces gaz au moyen de l'aérage, et l'on en neutralise les effets par l'emploi des anti-phlogistiques.

Le gaz ammoniac, encore appelé alcali volatil, se produit toutes les fois que des substances azotées entrent en fermentation. C'est lui qui se dégage dans les fosses d'aisances, dans les bergeries d'où l'on n'enlève le fumier qu'à de longs intervalles : il se reconnaît à son odeur piquante, urineuse, à son action sur les yeux, et à l'écoulement de larmes qu'il occasionne.

Ce gaz irrite les organes respiratoires et donne aux membranes muqueuses une teinte rose. Son action continuée produit des ophthalmies, des angines, des bronchites; une inspiration un peu forte occasionne seulement une sensation très désagréable; mais, introduit en grande quantité dans les bronches, il donne lieu, en peu de temps à la suffocation et à la mort.

Pour prévenir les effets de l'ammoniaque, il faut nettoyer les lieux où ce gaz se produit, en enlever toutes les matières azotées susceptibles de fermenter; si l'on ne peut pas en prévenir la formation, il faut renouveler sans cesse l'air de ces lieux et y répandre du chlorure de chaux.

Le gaz ammoniac se forme aussi dans l'atmosphère pendant

les orages, sous l'influence de l'électricité ; il s'en élève constamment de la surface de la terre à l'état libre ou de combinaison. L'air en renferme toujours, et en plus grande quantité dans les villes que dans les contrées isolées.

Celui qui est répandu dans l'espace s'y trouve en quantité très minime et n'est jamais malfaisant ; il est entraîné dans le sol par l'air et la pluie ; il fertilise la terre.

Gaz stupéfiants. — Tous les gaz compris sous cette désignation se ressemblent par la faculté qu'ils ont de déterminer la mort, lors même qu'ils ne sont pas absorbés en assez grande quantité pour asphyxier ni pour produire une grande inflammation.

Oxyde de carbone. — L'oxyde de carbone peut se produire dans les lieux habités, par suite de la combustion du charbon en présence d'une quantité d'oxygène insuffisante pour le transformer en entier en acide carbonique. Il se produit également par la combustion incomplète des matières organiques comme le bois, les chiffons, la paille, par la combustion de la houille, du coke et de tous les combustibles dont on fait usage dans l'économie domestique et dans l'industrie. Dans le traitement de certains minerais, il se dégage aussi des hauts fourneaux de l'oxyde de carbone. Enfin M. Boussingault a signalé le fait très remarquable, qui aurait besoin d'ailleurs d'être étudié de nouveau, du dégagement d'une certaine quantité d'oxyde de carbone au lieu d'oxygène, par les plantes des marais, dans l'acte de la respiration.

Dans la combustion du charbon de bois il se dégage de l'acide carbonique et de l'oxyde de carbone. Beaucoup de personnes croient que le *charbon de bois* est le seul corps dont la combustion soit dangereuse ; c'est une erreur qui a eu maintes fois de funestes résultats : elle provient de ce que le charbon dégage, au moment où il commence à brûler, une odeur plus ou moins forte produite par les substances étrangères que renferme ordinairement ce combustible. Ces substances, étant plus combustibles que le carbone, disparaissent les premières, et une fois le charbon bien allumé, le produit de la combustion est inodore, mais il n'en est pas moins dangereux, car il est exclusivement formé d'acide carbonique et d'oxyde de carbone. La combustion de la *braise* est au moins aussi délétère que celle du charbon qui s'allume.

La combustion du *bois*, de la *paille*, du *linge*, des *substances animales*, produit, outre de l'acide carbonique et de l'oxyde de carbone, de la vapeur d'eau, de l'acide acétique, de l'huile empyreumatique et du gaz ammoniac Ces vapeurs sont aussi dangereuses que le gaz provenant du carbone; mais l'irritation qu'elles déterminent avertit du danger qui résulte de leur introduction dans la poitrine, et force les animaux à fuir le lieu où elles sont répandues. De la combustion de la *houille* résultent de l'acide carbonique, de l'oxyde de carbone, de l'hydrogène carboné, et quelquefois de l'acide sulfureux, de l'acide sulfhydrique dont l'action délétère est assez connue.

Que l'oxyde de carbone soit pur ou associé même en très petite proportion à d'autres gaz, c'est un des corps qui exercent sur l'économie animale une des plus funestes influences. Il paraît agir à la manière des poisons stupéfiants, et il suffit que l'air en contienne très peu pour que des accidents se produisent. C'est par l'action très délétère de l'oxyde de carbone que l'on explique comment il se fait que l'acide carbonique est plus dangereux quand il est dégagé par la combustion que quand il provient par exemple de la décomposition d'un carbonate. MM. Laurent et Thomas rapportent qu'ils ont observé une trentaine de cas d'asphyxie résultant de l'aspiration d'un gaz inflammable composé d'hydrogène et d'oxyde de carbone, proposé par Ebelmen pour remplacer la houille dans certaines opérations métallurgiques. « Un léger mal de tête se fait sentir, bientôt surviennent des vertiges, et l'ouvrier perd connaissance avant d'avoir pu proférer une seule parole. » L'exposition à l'air libre suffit pour rendre aux malades l'usage de leurs sens, mais il faut se hâter, car la présence de l'oxyde de carbone pourrait entraîner les plus graves accidents. Ce gaz est en effet tellement délétère qu'en très faible proportion il rend irrespirable de l'air qui contient très peu d'acide carbonique. Les hommes et les animaux peuvent encore respirer quelque temps dans de l'air qui contient de 7 à 8 p. 100 d'acide carbonique, et dans lequel la proportion d'oxygène est réduite à 13 ou 14 p. 100. Mais l'asphyxie arrive promptement dans une atmosphère où il y a seulement 4 p. 100 d'acide carbonique et 0,50 à 1 p. 100 d'oxyde de carbone.

L'exposition à l'air libre et le renouvellement de l'air par la ventilation sont les seuls moyens que l'on puisse employer pour prévenir ou pour combattre l'action de l'oxyde de carbone.

HYDROGÈNE SULFURÉ, ACIDE SULFHYDRIQUE, SULFHYDRATE D'AMMONIAQUE. — Ces gaz sont connus des vidangeurs sous le nom de *plomb*, à cause de la promptitude avec laquelle ils occasionnent la mort.

Ils se produisent dans les fosses d'aisances, dans les égouts et dans tous les endroits où se putréfient des substances renfermant du soufre et de l'azote.

M. Savi a trouvé du gaz sulfhydrique dans les émanations des marais en Toscane. Selon cet auteur, ce gaz résulte de la décomposition, par des matières organiques, des sulfates contenus dans les eaux et dans la terre; M. Daniel (*Philosophical Magazine*) attribue la production de l'hydrogène sulfuré qu'on trouve sur les côtes d'Afrique à l'action des matières végétales sur les sulfates des eaux de la mer.

L'hydrogène sulfuré est quelquefois le résultat d'opérations chimiques ou industrielles. On le reconnaît toujours à une odeur qui rappelle celle des œufs pourris.

Le résidu des savonneries, dit *marc de soude*, est nuisible aux animaux à cause de l'acide sulfhydrique qu'il dégage; dans le mois d'août 1840, on a vu périr 17 poulets qui étaient restés logés pendant quarante-huit heures dans un poulailler placé à 5 mètres de distance d'un tas de résidus de savonnerie (*Annales provençales d'agriculture*).

Ces gaz sont très délétères : quelques centièmes dans l'air suffisent pour occasionner la mort en très peu de temps; les animaux qui les respirent en grande quantité tombent comme frappés par la foudre.

Ceux qui les respirent en petite proportion en sont au moins incommodés. C'est assez dire qu'il est bon de prendre des précautions pour éviter leur pénétration dans les écuries et dans les étables, en les construisant de telle sorte qu'elles ne soient point en communication avec des latrines ordinairement mal tenues, et avec tous les autres lieux où se produisent de l'acide sulfhydrique et du sulfhydrate d'ammoniaque. Il n'est presque pas de vétérinaire qui n'ait eu à constater que ces simples précautions sont souvent négligées.

Aérer les lieux où se dégagent les gaz dont nous nous occupons, déplacer les substances qui se décomposent, sont les moyens qu'on doit employer pour prévenir leurs effets. Si des animaux ont été incommodés par leur action, il faut les mettre à l'air, leur faire respirer du chlore.

HYDROGÈNE PHOSPHORÉ, HYDROGÈNE ARSÉNIÉ. — Nous mentionnerons très brièvement l'hydrogène arsénié, gaz excessivement dangereux qu'on prépare dans les laboratoires de chimie; l'hydrogène phosphoré, produit de l'art, mais qui se dégage aussi de certains terrains où se trouvent des matières animales en putréfaction. C'est ce dernier gaz qui constitue les *feux follets* qu'on voit dans les cimetières.

§ III. — Altération de l'atmosphère produite par des corps tenus en suspension.

L'air atmosphérique le plus transparent est toujours chargé, au voisinage de la terre, d'une multitude de corpuscules très fins qui y sont maintenus en suspension par leur légèreté spécifique augmentée de celle de la mince couche d'air qui adhère à leur surface, par l'action des vents qui les déplacent ou par l'effet d'une force qui les projette d'un lieu dans un autre. Tout le monde a pu voir ces corpuscules s'agiter dans l'air quand un rayon de lumière solaire pénétre dans un appartement. Leur nombre est vraiment prodigieux, mais leur poids est infiniment petit. Ils sont d'ailleurs de nature très diverse et peuvent exercer sur les êtres organisés des actions trés variées. Dans ces derniers temps on a employé pour les recueillir des appareils aspirateurs à la faveur desquels on fait déposer soit sur du fulmicoton que l'on traite ensuite par un mélange d'alcool et d'éther, soit sur des plaques de verre enduites de glycérine, soit sur des plaques de platine percées de trous, tous ceux d'entre eux qui sont contenus dans des masses d'air considérables. On a pu ensuite les étudier au microscope et acquérir des notions exactes sur leur nature.

M. Tabourin, qui a publié sur ces corpuscules un travail auquel nous ferons de fréquents emprunts, les a classés dans un tableau que nous reproduisons ici et qui donne une idée approximative de la constitution très complexe de la poussière atmosphérique qu'ils constituent.

TABLEAU GÉNÉRAL DES ÉLÉMENTS PHYSIQUES DE L'AIR

1° Éléments minéraux	Corps inorganiques	Grains de suie Grains de sable Sel marin Carbonate Sulfate de chaux Phosphate

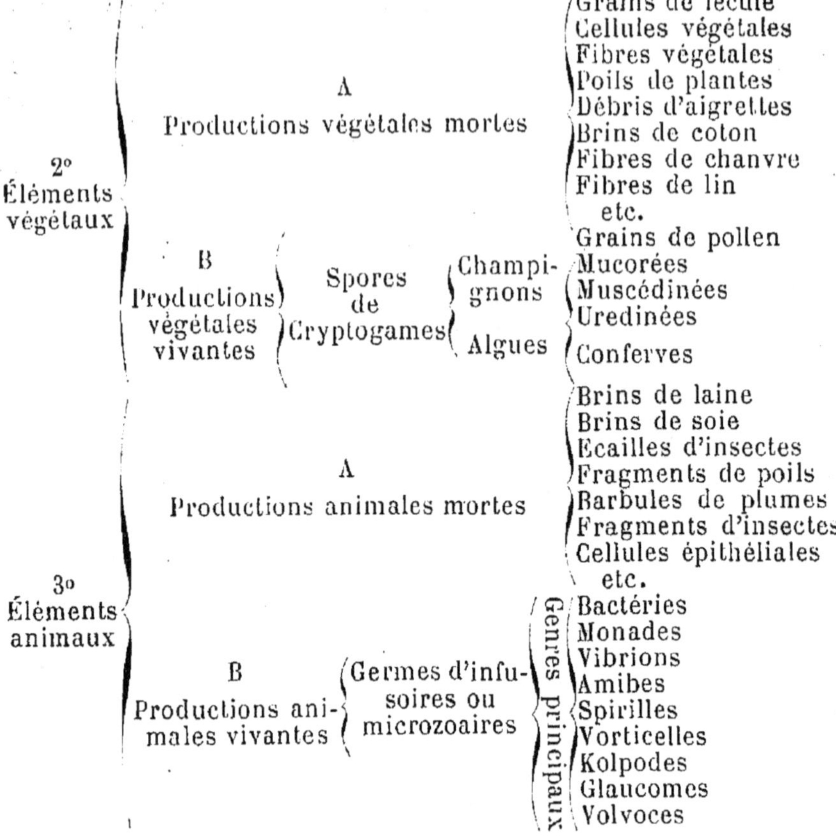

Aux notions qui résultent de l'examen du tableau dressé par
M. Tabourin nous ajouterons que, dans certains cas, on trouve
dans des portions limitées de l'atmosphère des poussières
minérales comme celles qui proviennent des métaux ou de leurs
composés que l'on soumet à diverses manipulations dans l'industrie, des poussières organiques comme celles de l'Euphorbe,
de la Cantharide, de certaines matières tinctoriales, des germes
de végétaux ou d'animaux plus avancés en organisation que
ceux qui sont signalés dans le tableau, et enfin des animaux inférieurs eux-mêmes libres ou enfermés dans des kystes dans un
état de mort apparente, mais susceptibles de reprendre la vie
sous l'influence de l'humidité, comme le font les rotifères des
toits, par exemple.

C'est près de la surface de la terre que la poussière atmosphérique existe en plus grande abondance. Néanmoins elle
peut être emportée par les vents jusqu'à de très grandes hau-

teurs. C'est ainsi que l'on a retrouvé sur les montagnes de la Suisse des grains d'amidon associés aux rares parcelles de quartz ou de mica qui flottent le plus ordinairement dans l'air de ces régions.

Les corpuscules qui constituent la poussière atmosphérique ne demeurent pas indéfiniment supendus dans l'air. Ils se déposent peu à peu à la surface du sol, et parfois même ils y sont ramenés par les pluies. Quelque faible que soit la quantité de substances qui est ainsi portée dans la terre, elle peut n'être pas sans influence sur la végétation. M. Barral estime que de cette manière la terre reçoit en moyenne 400 grammes de phosphate de chaux tous les ans par hectare. Elle reçoit également de l'atmosphère d'autres substances minérales utiles, et particulièrement du chlorure de sodium qui provient en grande partie de la mer. Les vagues qui déferlent sur le rivage font jaillir en effet une véritable poussière d'eau salée qui se répand en partie sous forme liquide, ce qui donne naissance, par suite de la volatilisation de l'eau, à des gouttelettes ou à de petits cristaux de sel marin que le vent peut emporter à de grandes distances. Enfin les poussières atmosphériques répandent aussi sur la terre de petites quantités de substances organiques qui concourent à la nutrition des plantes et qui parfois suffisent seules au développement des végétaux inférieurs que l'on voit s'accroître sur les roches dénudées.

Mais c'est surtout par la matière organique vivante qu'elle renferme que la poussière atmosphérique est appelée à jouer un rôle important dans l'économie générale de la nature. Suivant les lieux et les circonstances, elle est plus ou moins riche en germes d'animaux ou de végétaux inférieurs d'une excessive ténuité. De même que les corpuscules qui les accompagnent, ces germes sont déposés sur la terre ou sur les corps qui sont à la surface de la terre. Beaucoup périssent parce qu'ils ne rencontrent pas les conditions nécessaires à leur développement, d'autres germent ou éclosent, suivant qu'ils appartiennent à l'un ou à l'autre règne organique, et font naître des végétaux ou des animaux inférieurs. Quelques-uns de ceux-ci sont, comme l'ont démontré les expériences de M. Pasteur, les agents essentiels des fermentations. C'est assez dire combien il est utile que leurs germes soient transportés par l'atmosphère dans les lieux où doivent s'accomplir ces phénomènes indispensables au maintien des harmonies de la nature dans le monde physique.

Mais en remplissant le rôle qui leur est assigné, les êtres qui naissent des germes contenus dans l'atmosphère sont souvent nuisibles à l'homme en détruisant ou en altérant les substances organiques qu'il aurait intérêt à conserver. C'est ce qui arrive pour les moisissures qui se développent sur les substances alimentaires, et pour les fermentations qui dénaturent les vins ou altèrent le laitage de manière à le rendre impropre à l'alimentation de l'homme. Nous verrons plus tard qu'il est important de tenir compte de cette cause d'altération dans les précautions qu'il y a lieu de prendre pour la conservation des grains, des fourrages, des racines que l'on destine aux animaux.

Les germes des ferments organisés ne sont pas les seuls qui existent dans l'atmosphère. Avec eux on trouve souvent au sein de ce fluide des spores ou des œufs de végétaux ou d'animaux parasites. La poussière atmosphérique peut donc être dans certains cas le point de départ des affections parasitaires comme la rouille, le charbon, la carie, la maladie de la vigne, la maladie de la pomme de terre, qui attaquent les végétaux, et le muguet, la teigne, la gale, qui apparaissent sur les animaux. Les œufs des helminthes peuvent aussi être apportés par cette voie sur les aliments et pénétrer avec eux dans l'économie. Enfin il n'est pas jusqu'à certains produits de sécrétions morbides, comme des globules de pus, que l'on a cru reconnaitre dans la poussière recueillie à l'aide des aspirateurs, dans les hôpitaux, autour du lit des malades.

Tout cela fait assez comprendre que l'étude des poussières atmsphériques qui est à peine ébauchée présente au point de vue de l'hygiène et de l'agriculture une haute importance. « L'imagination, dit M. Boussingault, se figure aisément, mais « non sans un certain dégoût, tout ce que renferment ces pous- « sières que nous respirons sans cesse, et que l'on a parfaite- « ment caractérisées en les appelant les *immondices de l'atmos-* « *phère*. Elles établissent en quelque sorte le contact entre les « individus les plus éloignés les uns des autres, et bien que leur « proportion, leur nature et, par conséquent, leurs effets soient « des plus variés, ce n'est pas s'avancer trop que de leur attri- « buer une partie de l'insalubrité qui se manifeste habituelle- « ment dans les grandes agglomérations d'hommes. »

En outre des effets que nous venons d'indiquer, les poussières de l'atmosphère peuvent encore agir sur les êtres organisés par leurs propriétes physiques ou par la composition chimique de quelques-uns des éléments que l'on y trouve. Nous avons à envisager sous ce rapport la poussière qui agit mécaniquement sur les organes, comme celle des routes ou des lieux habités, et celle qui se produit dans les lieux où l'on se livre à des industries spéciales, comme celle qui provient des métaux.

Parmi les poussières qui agissent mécaniquement, nous trouvons la poussière fine des routes, celle des pierres qu'on taille, des murs pu'on démolit, le sable, les graviers déplacés par les vents, le poussier de charbon, la poussière répandue dans les greniers, dans les amidonneries, dans les filatures, etc. Ces corps, introduits dans les voies aériennes, s'y déposent sur la membrane muqueuse, tendent à les irriter et à produire la toux; lorsqu'ils sont très fins, ils sont moins dangereux ; mais un peu gros, surtout s'ils sont anguleux, ils déterminent des coryzas, des bronchites et des ophthalmies. On a eu maintes fois occasion d'observer les effets de la poussière sur l'organe de la vue du cheval, pendant les diverses campagnes faites par la cavalerie française dans les pays chauds couverts de sable.

Les jeunes chevaux qui voyagent pour la première fois sont souvent indisposés ; la poussière des routes concourt, avec d'autres causes de maladie, avec la fatigue, le changement de régime... à déterminer les bronchites, les gourmes, dont ils sont fréquemment atteints.

Les corps répandus dans l'air peuvent se fixer sur la peau et occasionner des démangeaisons, des maladies cutanées; déposés sur l'herbe, ils usent les dents des animaux, et introduits dans les voies digestives, ils en irritent la surface, concourent à produire l'anémie, la pourriture, et à former des calculs intestinaux.

On peut diminuer les effets des causes morbifiques que nous avons signalées jusqu'à présent, en lavant souvent les yeux et le nez des animaux qu'on est obligé de laisser exposés à la poussière, en leur faisant prendre des bains après le travail, en les pansant avec beaucoup de soin, en les faisant aller, autant que possible, dans le sens du vent. Si plusieurs animaux marchent ensemble, il faut les placer de manière que les uns ne reçoivent pas la poussière soulevée par les autres, et, dans tous les cas, mettre du côté d'où vient le vent, les plus faibles et les plus impressionnables. Ces précautions sont surtout nécessaires pour les animaux qui ont toujours vécu dans des pâturages ou dans des écuries. Après les vents secs, il ne faut conduire les troupeaux, du moins ceux de bêtes à laine, dans les pâturages qui bordent les chemins, que lorsque la pluie a lavé les plantes. Enfin il est prudent, lorsque les fourrages sont poudreux, de les secouer en dehors des habitations avant de les jeter dans les crèches ou les rateliers. Quant aux poussières qui exercent sur l'économie une action spéciale, elles doivent être étudiées séparément. Les plus communes sont celles qui dérivent des métaux et de leurs composés.

MÉTAUX. — Les métaux à l'état de pureté sont sans action sur l'économie animale. Même ceux qui, comme l'arsenic, le mercure, le cuivre, forment les composés les plus vénéneux, pourraient être mis impunément en contact avec les surfaces vivantes, si l'on pouvait les conserver à l'état métallique; mais là plupart s'altèrent, passent à l'état de sel ou d'oxyde avec une facilité plus ou moins grande, et presque tous agissent ensuite sur les animaux comme sur les plantes, à la manière des poisons.

MERCURE. — Le mercure n'existe point dans l'air sous forme pulvérulente, et si nous en parlons ici, c'est afin de ne point séparer son étude de celle des autres métaux.

Abandonné à lui-même, il se volatilise à toutes les températures : il se répand dans l'air, et l'on en trouve dans toute la capacité des vases et des appartements où on le tient; mais l'évaporation est plus rapide quand on le chauffe et quand on le déplace. Les animaux qui respirent de l'air imprégné de vapeurs mercurielles ne tardent pas à être incommodés ; ceux qui habitent dans les ateliers des doreurs et des étameurs de glace, dont l'atmosphère contient presque toujours du mercure, y contractent fréquemment des convulsions, des tremblements, qui peuvent entraîner le marasme et la mort.

PLOMB. — Le plomb, quoique très lourd et très fixe, se répand dans l'espace à l'état pulvérulent, lorsqu'on le travaille pour en faire des balles, du plomb de chasse et des lames. Les composés de ce métal, le *minium*, la *litharge*, les *acétates*, la *céruse*, le *jaune de Naples*, se répandent toujours dans les endroits où l'on prépare ces substances et dans ceux où on les emploie; ces corps produisent des douleurs intestinales, des coliques connues sous le nom de coliques des peintres. On a remarqué ces accidents sur des chevaux employés à tourner les manéges où l'on pulvérise les préparations saturnines. M. Trousseau a vu le cornage produit sur les chevaux par le minium, dans une fabrique où l'on préparait ce corps. La respiration était bruyante, et elle devenait de plus en plus difficile : on était obligé de pratiquer la trachéotomie; mais après cette opération, les accidents disparaissaient, et les animaux pouvaient continuer leur service.

Dans la fabrique de Tours, où ces faits ont été observés, les hommes contractent la colique des peintres et les chats prennent des convulsions qui les font promptement périr. Les chiens conservés dans l'établissement n'ont jamais donné aucun signe de maladie qui indiquât un effet des émanations du plomb. Les rats des bâtiments où l'on prépare le blanc de céruse ne vivent pas longtemps; ils deviennent paralysés du train postérieur.

CUIVRE. — Tous les composés de cuivre, les *acétates*, le *laiton*, les corpuscules du métal pur, à cause de la facilité avec laquelle ils s'oxydent quand ils sont en contact avec les liqueurs animales, sont dangereux; ils occasionnent fréquemment des accidents dans les ateliers des fondeurs, dans les celliers où l'on prépare le vert-de-gris, dans les boutiques des chaudronniers, etc.

CARACTÈRES D'IMPRIMERIE. — Les particules répandues dans les ateliers des imprimeurs par les caractères d'imprimerie sont toujours dangereuses à respirer; elles produisent sur les ouvriers des maladies souvent mortelles. Les animaux exposés à ces émanations contractent des affections nerveuses, des convulsions, et meurent dans le marasme.

ÉTAIN, ZINC. — Comme les métaux que nous venons d'examiner, le zinc, l'étain répandent dans l'air, quand on les travaille, des particules qui peuvent nuire aux animaux.

ARSENIC ET SES COMPOSÉS. — L'arsenic se volatilise avec une grande facilité, et forme des composés dont tout le monde connait les funestes effets. Les environs des établissements où l'on prépare des métaux dont les minerais contiennent de l'arsenic sont toujours insalubres.

Mentionnons encore l'*acide arsénieux*, les *sulfures d'arsenic*, qui se répandent dans l'air quand on les pulvérise, et qui produisent des accidents promptement mortels; toutefois, la pulvérisation de ces substances est presque toujours faite en petit et par l'homme, de sorte que les animaux en ressentent très rarement l'action.

PHOSPHORE. — Ce corps sert depuis quelques années à plusieurs préparations industrielles. Très volatil, il se répand facilement dans l'espace. On lui a attribué des maladies du système osseux, la carie du maxillaire chez les ouvriers qui travaillent dans les fabriques d'allumettes. Il est souvent mêlé à une certaine quantité d'arsenic auquel il faut peut-être rapporter en partie les cas pathologiques que les médecins ont observés.

Substances organiques. — Quelques poudres d'origine organique peuvent aussi se répandre dans l'atmosphère. Nous mentionnerons simplement, et sans y attacher beaucoup d'importance à cause de la rareté des cas qui peuvent se présenter, la *poudre de cantharides*, celle d'*euphorbe*, les particules de *résine* et de *tabac*. Toutes ces substances sont très dangereuses ; elles irritent d'abord la pituitaire et produisent des inflammations dans les organes respiratoires. Les *cantharides* agissent en outre spécialement sur les organes génito-urinaires.

Il n'y a pas de moyens efficaces pour remédier à l'action des substances délétères introduites dans l'économie animale par les voies aériennes et par la peau. Il faut prévenir les effets de ces causes de maladie, en ne laissant les animaux dans les lieux malsains que le temps rigoureusement nécessaire pour le travail en établissant des courants d'air qui emportent hors des ateliers les particules nuisibles à mesure qu'elles sont produites, en changeant la destination des animaux qui, malgré les précautions qu'on peut prendre, présentent des symptômes de maladie. L'albumine, le blanc d'œuf, sont très efficaces contre les empoisonnements occasionnés par le mercure ou le cuivre introduits dans les voies digestives ; mais ces contre-poisons n'exercent aucun effet contre les substances absorbées par les inhalants bronchiques et cutanés. Le camphre peut être utile pour combattre les effets des cantharides.

IV. — Altérations de l'air produites par les agents susceptibles de déterminer l'infection.

De toutes les altérations de l'atmosphère il n'en est pas de plus graves que celles qui résultent de la présence dans des portions d'air plus ou moins étendues, d'agents susceptibles de déterminer le phénomène pathologique que l'on connaît sous le nom d'infection.

On appelle infection l'ensemble des effets funestes produits sur l'économie animale, dans certaines conditions, par les émanations qui s'échappent soit de substances organiques mortes en voie de décomposition, soit du corps même des êtres organisés vivants, sains ou malades, soit encore de leurs déjections peu de temps après qu'elles ont été rendues.

Quel que soit l'agent qui détermine l'infection, il reçoit le nom d'*agent infectieux*, de *ferment infectieux* ou simplement d'*infectieux ;* les maladies qu'il fait naître sont appelées *maladies infectieuses ;* enfin le *foyer d'infection* n'est autre chose que le lieu ou le corps duquel s'échappe les émanations qui produisent l'infection.

Relativement à son origine, l'infectieux peut donc émaner de substances organiques qui ont cessé de vivre, ou d'animaux qui sont encore vivants.

Lorsque l'infectieux émane de substances organiques mortes, deux cas peuvent se présenter. Dans l'un, les substances organiques se décomposent sous l'eau ou en présence d'un excès d'humidité et produisent l'*infection effluvienne* ou *paludéenne;* dans l'autre, la décomposition a lieu au contact de l'air libre ou confiné, mais en l'absence d'un excès d'humidité, et donne lieu à *l'infection putride* ou au *méphitisme.*

Enfin, quand l'agent infectieux émane du corps des animaux vivants ou des produits d'excrétion récemment rendus, il prend le nom de *miasme.* Ici encore deux cas peuvent être distingués. Le premier est celui dans lequel le miasme, que l'on appelle alors *miasme simple,* détermine dans la santé des animaux qui subissent son action des altérations variées suivant les prédispositions de l'organisme; c'est alors l'*infection miasmatique simple;* le second est celui dans lequel le miasme nommé *miasme spécifique* détermine constamment chez tous les sujets qu'il atteint une même maladie identique par sa nature à celle dont était frappé l'animal duquel il est émané. C'est alors l'*infection miasmatique spécifique.*

Nous allons examiner successivement, et au point de vue de l'hygiène seulement, chacune des quatre espèces d'infection que nous venons de distinguer.

A. — INFECTION PALUDÉENNE.

L'étude de l'infection paludéenne se rattache nécessairement à celle des *eaux stagnantes.* On appelle de ce dernier nom les eaux qui demeurent sans écoulement à la surface du sol où elles forment des lacs, des étangs, des marais, des mares, des flaques, etc. — Les causes qui les déterminent à rester dans cet état sont assez nombreuses. L'eau qui tombe sous forme de pluie, celle qui au temps des inondations ou des marées se répand en dehors du lit des fleuves et des rivières, ou du bassin des mers; celle qui est rejetée des habitations après avoir été souillée ou non pour les usages domestiques ou pour les besoins de l'industrie, ne peut disparaître du sol sur lequel elle est versée que par écoulement, par infiltration ou par évaporation.

L'écoulement a lieu quand la surface du sol présente une pente suffisante suivant laquelle le liquide se met en mouvement en obéissant aux lois de la pesanteur; l'infiltration se fait quand le sol est perméable, et l'eau qui pénètre alors dans la terre reparaît à une distance plus ou moins grande, où elle alimente des sources; enfin l'évaporation ne peut être efficace pour faire disparaître l'eau qu'autant que celle-ci est en petite quantité et que la température est assez élevée pendant un certain temps.

Tout ce qui met un obstacle complet ou même partiel à l'accomplissement des phénomènes que nous venons d'indiquer peut être considéré comme une cause de formation des eaux stagnantes.

Ainsi, lorsque les eaux, en s'écoulant, rencontrent sur leur trajet des dépressions du sol dont le fond est imperméable, comme celui que peuvent constituer des couches d'argile ou de marnes, ou plus rarement des bancs de roches de diverse nature, elles s'arrêtent, s'accumulent et forment des bassins plus ou moins étendus. Il en est de même de celles qui, pendant les débordements ou les marées, ont pénétré dans des excavations dont le niveau est au-dessous des berges des cours d'eau ou du bord de la mer et ne peuvent plus rentrer dans leur lit. Mais indépendamment de cela, les eaux qui ont un écoulement naturel peuvent encore prendre jusqu'à un certain point, sur les rivages surtout, les caractères des eaux stagnantes lorsque leur cours est ralenti ou entravé par une végétation puissante, par des éboulements, par les dépôts qui se forment dans les points où des courants plus ou moins opposés se rencontrent, par les atterrissements qui se produisent à une petite distance des embouchures, par le retrait incomplet des eaux de la mer, par l'abaissement du niveau des lacs et des étangs, etc. L'homme lui-même détermine souvent, dans des buts très variés, la formation d'eaux stagnantes, en creusant des bassins artificiels pour recueillir les eaux nécessaires aux irrigations ou à la navigation des canaux, en établissant des réservoirs pour alimenter les pièces d'eau des parcs et des jardins, des mares pour abreuver le bétail, des fossés pour la défense des places fortes, des étangs pour la production et l'élevage des poissons, des marais salants, des rizières, des routoirs, des tourbières, des canaux même dans lesquels le courant est quelquefois assez lent pour être à peine sensible.

Les eaux qui n'ont pas d'écoulement ne sont pas toutes également préjudiciables à l'hygiène de l'homme et des animaux. Celles qui sont en grande masse, et dont les bords sont à pic ou peu accidentés, les bassins artificiels convenablement entretenus, les marais salants exploités avec intelligence, loin de provoquer des maladies, ont souvent des avantages réels au point de vue du bien-être des populations qui vivent dans leur voisinage. Mais quand les eaux stagnantes ont leurs bords mal limités, quand elles sont exposées à diminuer de volume et à laisser à nu une partie ou la totalité de leur fond pendant les chaleurs quand elles sont envahies par les végétaux des lieux aquatiques et les animaux inférieurs, elles deviennent souvent pernicieuses pour les êtres organisés supérieurs. C'est alors qu'elles sont constituées à l'état de *marais*, ou que tout au moins elles prennent quelques-unes des funestes propriétés des *eaux marécageuses*.

En tenant compte de la nature des eaux qui forment les marais, on distingue des *marais d'eau douce*, des *marais d'eau salée* et des *marais mixtes*. Ceux-ci, qui sont, comme nous le verrons plus loin, au nombre des plus dangereux, résultent du mélange des eaux douces et des eaux salées. En se plaçant à un autre point de vue on distingue aussi des *marais mouillés* et des *marais desséchés*. Les premiers sont ceux dont l'eau ne disparaît jamais complètement en aucune saison; les seconds sont ceux dont le fond vaseux est mis à nu périodiquement par évaporation sous l'influence des chaleurs de l'été, et quelquefois même par les travaux de l'homme. Leurs fâcheux effets sont en général plus marqués que ceux qui résultent des marais mouillés. On peut regarder comme se rattachant à cette catégorie les étangs de la Bresse, dont le fond est alternativement couvert d'eau pour la production du poisson, et mis à nu pour être cultivé en avoine ou en blé. Enfin, à ces diverses variétés de marais nous ajouterons encore, avec M. le docteur Armieux, les *marais souterrains*. Les eaux stagnantes ne s'accumulent pas toutes en effet à la surface du sol. Il arrive souvent qu'au-dessous de couches superficielles perméables on rencontre à une profondeur variable des marnes, des argiles, des bancs de roches qui sont plus ou moins creusés en cuvette, et qui mettent obstacle au libre écoulement des eaux comme aux infiltrations. Les cultivateurs savent assez combien les eaux souterraines qui imprègnent ainsi le soussol sont nuisibles à la végétation des espèces utiles, et combien elles favorisent au contraire le développement et la multiplication des plantes de marais. Malheureusement ce n'est pas là le seul préjudice qu'elles puissent leur causer. Quand les eaux souterraines stagnantes sont à une faible profondeur, il peut s'y accumuler, à peu près comme dans celles qui sont à l'air libre, des matières organiques résultant des racines des plantes ou des animaux inférieurs. Il suffit alors que la température s'élève d'une manière marquée dans les couches superficielles du sol, pour que ces matières entrent en fermentation en présence d'un excès d'humidité et produisent des émanations analogues à celles des marais ordinaires. Cela n'arrive pas lorsque le sol est protégé contre l'ardeur du soleil par une végétation puissante comme celle des forêts, par exemple. Mais si le sol est dénudé ou ne présente qu'une maigre végétation, comme cela arrive trop souvent à l'époque de la sécheresse, dans les contrées méridionales, le calorique pénètre d'autant plus facilement jusqu'aux substances susceptibles de fermenter que souvent la terre desséchée se fend et se couvre de crevasses qui permettent l'accès de l'air et facilitent le dégagement de l'effluve. C'est alors qu'on voit apparaître les affections paludéennes dans des contrées qui semblent dépourvues de marais, et que l'on méconnaît leur véritable cause. M. le docteur Armieux a cité à ce sujet, pour l'espèce humaine, de nombreux exemples observés dans la campagne de Rome, dans diverses localités de l'Algérie, dans les Landes, dans la Bresse, dans la Sologne. Il ne serait pas impossible d'en signaler aussi pour les animaux domestiques qui vivent dans les mêmes contrées. Le drainage, qui rend à la culture des terres jusqu'alors improductives, est souvent, dans ces circonstances, un bénéfice pour l'hygiène des populations. Plusieurs faits observés en Angleterre, dans les landes du sud-ouest, dans la Sologne, viennent à l'appui de cette assertion. « A Lamothe-Beuvron, dit M. Burdel « cité par M. Armieux, à une profondeur de 50 centimètres à un « mètre environ, à l'époque des plus grandes chaleurs et des « plus grandes sécheresses, alors que toutes les flaques d'eau « avaient disparu du sol, on rencontrait une véritable nappe « d'eau. Depuis que le drainage a été exécuté dans le village et « les environs, l'humidité a disparu, la santé publique a été « améliorée, et le nombre des fièvres intermittentes palustres a « diminué chaque année dans une proportion notable. »

Les eaux stagnantes couvrent à la surface de la terre d'immenses étendues. On les rencontre en abondance surtout dans les contrées où la population est rare et dans celles où la civilisation est peu avancée. Aussi l'Asie, l'Afrique, l'Amérique, l'Océanie présentent-elles de vastes régions qui sont rendues inhabitables par les marais. En Europe, où la population est plus serrée, les travaux de l'agriculture, l'endiguement des cours d'eau, les dessèchements ont fait disparaître beaucoup des eaux stagnantes qui existaient dans les temps antérieurs. Cependant il s'en faut beaucoup que cette partie du monde soit complètement assainie sous ce rapport. La France, qui est une des contrées de l'Europe où l'on rencontre le moins de marais, compte pourtant encore plus de 500,000 hectares qui sont couverts par des eaux stagnantes. D'après un rapport publié en 1860 par le gouvernement, sur ces 500,000 hectares, 185,413 sont à l'état de terrain marécageux proprement dit. Ce sont les plus dangereux, ceux qui doivent surtout attirer l'attention de l'agriculteur et de l'hygiéniste. C'est là ce qui nous engage à reproduire un tableau dressé par M. Richard de Jouvance, d'après les documents officiels, et dans lequel la répartition des terrains marécageux par départements est complètement indiquée. Dans une colonne spéciale, l'auteur fait connaître par l'emploi des lettres *d, s, ds, sd,* si les marais, dans le département dont il est question sont constitués par des eaux douces, par des eaux salées, par les unes et les autres non mélangées, ou par un mélange d'eaux salées et d'eaux douces.

TABLEAU DE LA CONTENANCE EN HECTARES DES MARAIS DE LA FRANCE.

DÉPARTEMENTS	CONTENANCE DES MARAIS				NATURE DES EAUX
	ÉTAT	COMMUNES	PARTICULIERS	TOTAL	
Ain	53	772	760	1585	d.
Aisne	5	3479	2317	5801	d.
Allier	»	»	1	1	d.
Alpes (Basses)......	»	»	«	»	»
Alpes (Hautes)......	»	3	910	933	d.
Alpes-Maritimes	manque	manque	manque	manque	manque
Ardèche..........	»	»	»	»	»
Ardennes..........	»	60	8	68	d.
Ariège	»	»	»	»	»
Aube	»	72	296	368	d.
Aude	4878	»	874	5752	s. d.
Aveyron,..........	»	»	»	»	»
Bouches-du-Rhône.	3	755	14512	15270	s. d.
Calvados..........	»	34	337	371	s. d.
Cantal	»	»	»	»	»
Charente..........	»	16	707	723	d.
Charente-Inférieure.	»	2661	27870	30531	s. d.
Cher.............	»	11	6	17	d.
Corrèze	»	»	»	»	»
Corse............	»	78	1176	1254	s. d.
Côte-d'Or	»	61	173	234	d.
Côtes-du-Nord......	»	8	57	65	d. s.
Creuse...........	»	»	»	»	»
Dordogne	»	»	»	»	»
Doubs	»	729	1049	1778	d.
					d.
A reporter....	4939	8753	51766	65478	

DÉPARTEMENTS	ÉTAT	CONTENANCE DES MARAIS			NATURE DES EAUX
		COMMUNES	PARTICULIERS	TOTAL	
Report	4878	14	713	727	
Drôme............	4939	8753	51766	65478	
Eure............	»	136	229	365	d.
Eure-et-Loir........	»	»	»	»	»
Finistère.........	»	77	243	320	d. s.
Gard............	»	2432	8893	11325	s. d.
Garonne (Haute)....	»	»	»	»	»
Gers............	»	»	»	»	»
Gironde...........	43	1540	9002	10585	s. d.
Hérault..........	22	469	3760	4251	s. d.
Ille-et-Vilaine......	»	263	502	765	d. s.
Indre............	»	»	28	28	d.
Indre-et-Loire.....	»	105	161	266	d.
Isère........	»	1559	3722	5281	d.
Jura............	»	150	98	248	d.
Landes...........	»	5777	7965	13742	s. d.
Loir-et-Cher........	»	33	314	347	d.
Loire	»	»	4	4	d.
Loire (Haute).......	»	»	»	»	»
Loire-Inférieure	»	7742	11756	19498	s. d.
Loiret	»	153	749	902	d.
Lot..............	»	27	107	134	d.
Lot-et-Garonne.....	»	14	54	68	d.
Lozère	»	»	»	»	»
Maine-et-Loire......	»	196	1025	1221	d.
Manche..	»	7523	122	7645	s. d.
Marne...........	»	1503	2331	3834	d.
Marne (Haute),.....	»	33	21	54	d.
Mayenne..........	»	»	21	21	d.
Meurthe...........	»	»	»	»	»
Meuse	»	65	»	65	d.
Morbihan	»	985	2606	3591	s.
Moselle	»	»	»	»	»
Nièvre	»	3	12	15	d.
Nord............	»	862	674	1536	d. s.
Oise	»	4022	2890	6912	d.
Orne	»	399	»	399	d.
Pas-de-Calais......	»	2417	3654	6071	d. s.
Puy-de-Dôme.......	»	»	»	«	»
Pyrénées (Basses)...	»	287	718	1005	d.
Pyrénées (Hautes)..	»	179	22	201	d.
Pyrénées-Orientales.	50	97	94	241	s. d.
A reporter....	5054	47801	113543	166418	

DÉPARTEMENTS	CONTENANCE DES MARAIS				NATURE DES EAUX
	ÉTAT	COMMUNES	PARTICULIERS	TOTAL	
Report	5054	47801	113543	166418	
Rhin (Bas).........	»	24	51	75	d.
Rhin (Haut)	»	36	6	42	d.
Rhône	»	»	»	»	»
Saône (Haute)......	»	1	28	29	d.
Saône-et-Loire......	»	»	»	»	»
Sarthe	»	»	»	»	»
Savoie	manque	manque	manque	manque	manque
Savoie (Haute)......	manque	manque	manque	manque	manque
Seine............. ..	»	»	»	»	»
Seine-Inférieure....	»	462	750	1212	d. s.
Seine-et-Marne	»	»	38	38	d.
Seine-et-Oise.......	»	109	241	350	d.
Sèvres (Deux)	»	1054	1638	2692	d.
Somme	1	7975	955	8931	s. d.
Tarn...............	»	»	»	»	»
Tarn-et-Garonne....	»	»	13	13	d.
Var................	»	»	»	»	»
Vaucluse...........	»	196	77	273	d. s.
Vendée............	»	420	3741	4161	s. d.
Vienne.............	»	168	749	917	d.
Vienne (Haute).. ..	»	»	1	1	d.
Vosges............ .	6	121	101	228	d.
Yonne	»	»	81	81	d.
TOTAUX.........	5061	58367	122013	185461	

Ce tableau, où il n'est tenu compte, comme nous l'avons fait observer, que des terrains marécageux proprements dits, et où sont laissées de côté toutes les autres eaux stagnantes, fournit des renseignements précieux. L'un des plus importants résulte des données qui sont consignées dans la dernière colonne relativement à la nature des eaux qui constituent les marais. Il fait voir, comme on devait s'y attendre d'ailleurs, qu'il faut établir une distinction entre les marais du littoral et ceux de l'intérieur.

Les premiers, disséminés sur les bords de l'Océan, depuis Dunkerque jusqu'à Bayonne, et sur les bords de la Méditerranée, depuis Cette jusqu'à Marseille, sont les plus étendus et en même temps les plus dangereux, par cela même qu'ils se trouvent presque tous dans la catégorie des marais mixtes. On peut, en tenant compte des surfaces qu'ils couvrent de leurs eaux malfaisantes, classer ainsi qu'il suit les départements où ils se font observer. La Charente-Inférieure, avec ses 30,531 hectares de marais proprement dits, occupe le premier rang, puis viennent la Loire-Inférieure, les Bouches-du-Rhône, les Landes, le Gard, la Gironde, la Somme, la Manche, le Pas-de-Calais, l'Aude, l'Hérault, la Vendée, le Morbihan, le Nord et la Corse.

Les marais de l'intérieur, qui sont tous des marais d'eau douce, représentent dans leur ensemble une surface beaucoup moins étendue. Les plus vastes se trouvent dans l'Oise, l'Aisne, l'Isère, la Marne, les Deux-Sèvres, le Doubs, l'Ain, le Maine-et-Loire, le Loiret, les Hautes-Alpes, la Vienne, etc.

Dans la plupart des départements que nous venons de citer, la population des bords des marais paye chaque année un large tribut aux affections paludéennes. Quelques-uns d'entre eux correspondent même à des régions qui ont depuis longtemps acquis une triste célébrité à cause de leur insalubrité. De ce nombre sont la Bresse et la Dombes (Ain), qui sont couvertes d'étangs sur une surface de 30 lieues carrées; la Brenne (Indre), dont les étangs occupent 4,000 hectares; la Sologne, dont le sol est parsemé de marais et de flaques, et qui présente en outre fréquemment, de même que les Landes, des eaux stagnantes souterraines; la Camargue, qui est constituée par le delta du Rhône et où les conditions se sont beaucoup améliorées sous l'influence des travaux de desséchements entrepris depuis quelques années; le littoral méditerranéen, où de semblables opérations ont aussi amené des résultats encourageants; et enfin le littoral de la Manche, depuis l'embouchure de la Somme jusqu'à la frontière belge, où une société de propriétaires intéressés, dite des *Watteringues*, a entrepris avec succès le desséchement des marais que l'on a appelés les *Moëres françaises*.

L'insalubrité des contrées marécageuses résulte, comme nous l'avons dit en commençant, du dégagement du fond des marais d'émanations particulières qui prennent naissance, par suite de la fermentation des matières organiques sous l'eau ou en présence d'un excès d'humidité. Les matières organiques qui se décomposent au fond des marais proviennent des êtres organisés qui vivent dans les eaux stagnantes. Les marais sont toujours le siège d'une végétation luxuriante dans laquelle on voit prédominer, sous le climat de la France, les Algues, les Lemnacées, les Nayadées, les Potamées, les Roseaux et quelques autres

Graminées aquatiques, les Cypéracées, les Joncées, les Typhacées, les Iridées, les Juncaginées, les Hydrocharidées, les Alismacées, les Salsolacées, quelques Polygonées, des Plumbaginées, des Labiées, des Utriculariées, des Scrophulariacées, quelques Composées, des Ombellifères, des Cératophyllées, des Haloragées, des Onagrariées, quelques Rosacées, des Droséracées, des Nimphéacées, des Renonculacées, etc. Au milieu de ces plantes vivent des poissons, des batraciens, quelques espèces d'oiseaux et de mammifères, des insectes à l'état parfait ou à l'état de larves, des crustacés, des annélides, des mollusques, des vers, des zoophytes et des myriades d'infusoires. Les déjections de ces animaux, les parties qui se détachent de leurs corps, celles qui se séparent des végétaux, et en dernier lieu les cadavres des uns et des autres, après qu'ils ont cessé de vivre, gagnent nécessairement le fond des eaux. C'est ainsi que s'accumulent au milieu de la vase des marais des débris organiques qui sont les uns d'origine végétale et les autres d'origine animale. C'est là un fait qu'il est important de constater, car il démontre que l'effluve n'est pas, comme on l'a dit, un infectieux d'origine purement végétale, et qu'il se distingue des émanations putrides ou septiques plutôt par les circonstances dans lesquelles il se produit que par la nature des substances qui lui donnent naissance en se décomposant.

Quoi qu'il en soit, les matières organiques que renferme la vase des marais entrent en fermentation dès que la température s'élève suffisamment, et produisent des émanations qui constituent l'infectieux, auquel on a donné les noms d'*effluve*, de *miasme paludéen*, de *ferment paludéen*, de *miasme marécageux*, de *miasme des marais*, d'*exhalaisons marécageuses*, ou simplement d'*exhalaisons*.

L'effluve se dégage des matières en voie de décomposition qui le produisent sous forme de gaz. Pendant les temps chauds, il est facile de voir ces gaz s'élever du fond de l'eau et former des bulles qui viennent crever à la surface. On peut même en activer le dégagement en remuant avec un bâton la bourbe des marécages. C'est d'ailleurs le moyen que l'on emploie pour recueillir dans des cloches renversées les fluides qui se produisent.

Le gaz que l'on se procure de cette manière est en grande partie formé d'hydrogène carboné auquel se trouvent associés, en proportions très variables, de l'azote, de l'oxyde de carbone, de l'acide carbonique, et quelquefois même de l'hydrogène sulfuré et du gaz ammoniac. Tous ces gaz sont impropres à la respira-

MAGNE, agriculture, 4e édition.   I. — 18

tion, et quelques-uns d'entre eux jouissent même, comme nous l'avons vu précédemment, de propriétés toxiques qui les rendent fort dangereux. Cependant ce n'est pas à eux qu'il faut attribuer l'action funeste de l'effluve sur l'économie animale, car les effets produits diffèrent essentiellement de ceux que l'on obtiendrait en faisant respirer à des animaux un mélange d'air et des gaz que nous venons d'indiquer, préparés par les moyens que l'on emploie dans les laboratoires. C'est qu'en effet les propriétés fâcheuses de l'effluve sont dues à la présence, au milieu des gaz que nous venons de nommer, d'une matière azotée d'origine organique sur la nature de laquelle on est bien loin d'être fixé. La présence de cette matière est décelée tout d'abord par l'odeur spéciale des émanations marécageuses ; elle est ensuite démontrée par les expériences qui ont été faites pour saisir ce que l'on pourrait appeler le principe actif de l'effluve. De nombreuses tentatives ont été entreprises en effet pour atteindre ce résultat. Divers auteurs, parmi lesquels on signale de Gasparin, Brocchi, Rimigliano, Moscati, Boussingault, ont imaginé de condenser, à l'aide d'appareils contenant des mélanges refrigérants, la vapeur d'eau chargée d'effluve qui existe au-dessus des marais les plus dangereux ; d'autres, comme Rigault de l'Isle, ont simplement recueilli, en faisant usage d'appareils spéciaux, la rosée qui se dépose naturellement dans les pays à marécages. Enfin d'autres encore, comme Thénard et Dupuytren, ont fait passer à travers de l'eau distillée l'air contenant des effluves ; dans tous ces cas on a obtenu de l'eau dans laquelle il a été facile de reconnaître la présence d'une matière organique azotée. Cette eau brunit par l'acide sulfurique concentré qui carbonise les substances organiques qu'elle renferme. Evaporée à une douce température, elle laisse un résidu qui ne tarde pas à prendre une odeur putride ; enfin, si on l'abandonne à elle-même sans lui faire subir aucune espèce de préparation, elle laisse bientôt déposer des flocons légers d'une matière putrescible d'une odeur cadavéreuse. Dans ces derniers temps, on est allé plus loin encore. A l'aide des appareils aspirateurs dont nous avons parlé à propos des poussières de l'atmosphère, on a recueilli soit dans des tubes en U, soit sur des lames de verre enduites de glycérine, les corpuscules que l'air des marais renferme, et l'on a constaté, dans plusieurs circonstances, la présence de débris de plantes, de fragments d'insectes, d'œufs d'animaux inférieurs, de spores, et même d'infusoires tout formés. Seulement, on n'a pu déterminer encore si les œufs, les spores et les infusoires appartiennent à des espèces particulières ou si ce sont les mêmes que ceux que l'on rencontre partout.

En résumé, et bien que M. Balestra ait parlé récemment d'une algue particulière encore indéterminée qui lui paraît jouer un rôle dans l'influence des marais Pontins, on manque aujourd'hui comme autrefois de connaissances précises en ce qui concerne la nature de l'effluve, et tout ce que l'on peut dire de cet agent d'infection, c'est qu'il est formé d'un mélange de quelques gaz bien connus auxquels est associée une matière d'origine organique tèrs putrescible qui paraît en être la seule partie active.

Le dégagement de l'effluve ne se fait pas avec la même activité dans toutes les circonstances et dans tous lieux ; diverses conditions ont de l'influence sur les phénomènes de la fermentation qui le font naitre. Les plus importantes à noter sont la température, la profondeur des eaux et leur état plus ou moins marqué de stagnation, le mélange des eaux salées et des eaux douces, et la mise à nu des fonds marécageux accidentellement ou par les travaux de l'homme.

Une température de + 15 à + 25 ou + 30° paraît être nécessaire pour que les matières organiques desquelles se dégage l'effluve puissent entrer en fermentation sous l'eau. Il résulte de là que la production de cet agent infectieux est subordonnée au climat, aux saisons et même aux heures de la journée.

Dans les pays froids il ne se produit point d'effluves. La ligne isotherme de + 5° qui traverse des contrées où la moyenne de l'été est de + 10° et celle de l'hiver de 0°, marque dans notre hémisphère la limite au nord de laquelle on n'a plus à constater la funeste influence des émanations paludéennes. Cette limite se rapproche ou s'éloigne plus ou moins du pôle suivant les inflexions de la ligne isotherme elle-même. En Asie, elle descend jusque vers le 50° degré de latitude boréale, tandis qu'en Suède elle remonte jusque vers le 63e et dans l'Atlantique jusque vers le 67e degré.

Les contrées chaudes du globe, celles qui se rapprochent de l'équateur, sont celles où la fermentation donne lieu à la production des effluves les plus abondants et les plus pernicieux. Là le dégagement est en quelque sorte incessant, et le plus souvent les difficultés ou l'impossibilité de l'acclimatement pour les hommes ou les animaux qui viennent des régions septentrionales, dépendent uniquement de l'état d'insalubrité dans lequel l'atmosphère est constituée par suite de la présence des effluves.

Dans les contrées à climat tempéré, le dégagement de l'effluve se fait avec plus ou moins d'activité suivant la saison. En hiver, lorsque la température se rapproche de 0° ou descend plus bas encore, la fermentation est arrêtée; mais elle reprend son cours vers le milieu ou la fin du printemps, lorsque le thermomètre monte à 20, 25, 30 ou 32° au-dessus de 0°. C'est alors aussi que les émations effluviennes dénotent leur présence en provoquant la réapparition des maladies paludéennes. En France, c'est en juin, juillet, août et septembre que s'exhalent les effluves les plus actifs, dont la production est alors favorisée tout à la fois par une température élevée et par l'évaporation d'une partie des eaux stagnantes. La cessation des grandes chaleurs à la fin de l'automne coïncide ordinairement avec un amoindrissement de leur action, qui finit par s'éteindre tout à fait à l'arrivée des premières gelées.

Le calorique indispensable à la production des effluves facilite aussi leur propagation en augmentant la force dissolvante de l'air et en activant le déplacement de ce fluide ; à mesure que les couches inférieures de l'atmosphères sont échauffées, raréfiées par la chaleur, elles dissolvent une plus grande quantité d'émanations et les entraînent dans l'espace ; l'air qui vient occuper la place abandonnée par celui qui s'élève, s'échauffe, se dilate, s'en charge à son tour et les dissémine ensuite, comme celui qui l'avait précédé sur la surface du marécage,

Pendant les chaleurs du *milieu du jour*, les émanations marécageuses se répandent dans l'atmosphère avec abondance; mais élevées dans les régions supérieures de l'air par les mouvements ascensionnels que le calorique détermine dans ce fluide, elles ne produisent aucun mauvais effet sur les animaux, tandis que le soir, quand l'air perd avec sa chaleur sa force dissolvante, elles se rabattent, retombent, et se joignent à celles qui continuent à s'échapper du sol échauffé, et qui ne peuvent pas être élevées par l'air frais de la nuit. C'est donc après le coucher du soleil que le voisinage des marais est le plus nuisible, surtout en automne, quand les soirées déjà fraîches succèdent à des journées très chaudes.

Le matin, le danger est moins grand que le soir, mais il est plus grand que vers le milieu du jour. A cette heure de la journée, le travail de la fermentation n'est pas, il est vrai, encore bien actif; mais le peu d'effluves qui se dégagent alors demeurent à une faible élévation au-dessus du niveau du sol, jusqu'à ce que l'air soit suffisamment échauffé pour les emporter dans les hautes régions. C'est aussi le moment où se forment le plus souvent, au-dessus et au voisinage des marais, des brouillards qu'il n'est pas prudent de faire respirer aux hommes et aux animaux.

La profondeur des eaux stagnantes exerce une certaine influence sur la production de l'effluve par l'obstacle que l'eau apporte à la pénétration du calorique et de l'air jusqu'au fond des marais, et par l'action dissolvante dont ce liquide semble doué à l'égard de quelques-uns des principes qui constituent les émanations marécageuses.

Ces deux effets se comprennent facilement. L'eau soumise à l'action des rayons solaires ne s'échauffe qu'avec lenteur. Si elle est en couche épaisse au-dessus des matières organiques qui occupent le fond du marais, elle suffit souvent pour empêcher le calorique d'arriver à ces matières en quantité suffisante pour provoquer la fermentation. En outre, en supposant même que la fermentation s'établisse, ce qui arrive quelquefois par les grandes chaleurs, les gaz, forcés de traverser une grande masse d'eau, s'y dissolvent en partie, et avec eux probablement aussi quelques-uns des éléments de l'effluve se trouvent retenus. Lorsqu'au contraire la couche d'eau offre peu d'épaisseur, ou bien encore lorsque le fond du marais est mis à nu, rien ne manque pour que la fermentation se développe avec toute l'activité qu'elle peut prendre sous l'influence de l'air et d'une température élevée, et rien ne s'oppose à la dissémination complète dans l'atmosphère de toute la quantité d'effluve qui a été produite. On se rend aisément compte d'après cela des grandes différences qui se font observer dans les effets des marais mouillés et dans ceux des marais desséchés, de l'innocuité de certains marais pendant le printemps et le commencement de l'été, tant que l'eau qu'ils renferment n'a que peu ou point diminué, et de leur funeste influence au moment où les chaleurs de l'été ont fait disparaître la plus grande partie de l'eau qui en couvrait le fond. Ajoutons enfin qu'en ce qui concerne les marais souterrains, c'est par l'échauffement de la couche arable du sol que le calorique arrive jusqu'aux matières organiques humides susceptibles de fermenter, et que souvent ce sont les crevasses qui se forment pendant les chaleurs, qui favorisent la pénétration de l'air jusque dans les couches profondes.

Les effluves ne se produisent que dans les terrains couverts ou imprégnés d'eaux stagnantes. Il ne s'en produit pas dans les eaux courantes. Cela résulte d'abord de ce que le mouvement des eaux emporte les matières organiques mortes au fur et à mesure qu'elles tendent à se déposer, et ensuite de ce qu'il ne permet pas à une végétation puissante de s'établir et d'attirer à elle tous les animaux qui peuplent les marais. Le renouvellement du liquide dans les points où existent accidentellement des substances organiques en voie de décomposition suffit d'ailleurs, dans la plupart des cas, pour entraîner les produits de la fermentation sans leur permettre de jamais s'accumuler. Hâtons-nous de dire cependant qu'il ne faut pas être trop absolu dans les assertions que nous venons de formuler, et que parfois il se produit des effluves dans des rivières dont le cours est trop lent pour ne pas permettre le dépôt des débris organiques, et une végétation plus ou moins semblable à celle des véritables marécages.

La nature des eaux qui constituent les marais est une des circonstances qui ont le plus d'influence sur la production de l'effluve. Toutes choses étant égales d'ailleurs, les marais d'eau douce sont moins dangereux que les marais d'eau salée, et ceux-ci paraissent être moins dangereux que les marais mixtes.

Lorsque l'eau salée demeure stagnante dans les excavations irrégulières qui bordent le rivage et qui n'ont souvent que peu ou point de communication avec la mer, elle constitue des marais salés. Ces marais se peuplent, comme les marais d'eau douce, de végétaux et d'animaux inférieurs; ces débris organiques s'y accumulent, fermentent sous l'influence de la chaleur avec une remarquable activité, et répandent dans l'air des effluves en abondance.

Mais lorsque l'eau salée est reçue dans des bassins préparés à cet effet dans le but d'obtenir du sel marin, les conditions sont bien changées. Elle forme alors ce que l'on appelle des *marais salants*. Là tout est disposé pour favoriser l'évaporation de l'eau de la mer que l'on renouvelle au fur et à mesure que s'accomplissent les opérations, et dans laquelle on ne permet pas une fermentation qui nuirait au but que l'on poursuit. Aussi M. Mélier a-t-il fait observer depuis longtemps « qu'un marais salant « bien établi et bien exploité, loin d'être par lui-même une « cause d'insalubrité, est au contraire un moyen d'assainir les « pays marécageux. »

Il n'en est plus ainsi des marais salants mal construits, mal exploités ou abandonnés. Les bassins dégradés ne permettent plus l'écoulement des eaux mères qui restent stagnantes, croupissent, se mélangent même quelquefois à des eaux douces et deviennent de puissantes causes d'insalubrité. Ce sont ces marais qui portent le nom de *marais gats*, et c'est à eux qu'il faut rapporter tout ce qui avait été dit avant M. Mélier de l'influence pernicieuse des marais salants.

Nous avons vu par le tableau que nous avons emprunté à M. Richard de Jouvance, combien les marais mixtes sont répandus sur notre littoral. Le mélange des eaux douces et des eaux salées donne une activité extraordinaire à la fermentation. Il se passe là sans doute des réactions qui n'ont pas encore été bien étudiées, mais qui doivent donner naissance à des produits d'une activité excessive, car partout où l'on observe des marais mixtes, les maladies paludéennes sévissent avec rigueur. En Italie, d'après G. Giorgini, dans l'État de Massa, on a pu observer à différentes reprises que les fièvres ont décimé la population toutes les fois qu'une communication s'est établie entre un marais d'eau douce et la mer, et que leurs ravages ont cessé toutes les fois que par des travaux d'art on a pu empêcher cette communication.

Plusieurs auteurs pensent que la présence des sulfates dans l'eau de mer est pour beaucoup dans l'insalubrité plus grande des marais salés et des marais mixtes. Ces sels produiraient de l'acide sulfhydrique en se décomposant en présence des matières organiques en putréfaction, et ce serait à ce gaz et aux émanations plus abondantes qu'il entraînerait avec lui qu'il faudrait attribuer les effets plus pernicieux de l'effluve. Rien de précis ne peut appuyer cette opinion, pas plus que celle qui, dans ces derniers temps, a essayé d'expliquer l'action de l'effluve envisagée d'une manière générale, par l'oxyde de carbone que les plantes aquatiques rejettent quelquefois, d'après M. Boussingault, dans l'acte de la respiration.

Les marais quels qu'ils soient engendrent des effluves toutes les fois qu'une température assez élevée arrive jusqu'aux matières qui en occupent le fond. Mais dans ces conditions ils ne sont jamais plus pernicieux que quand on les soumet à des travaux qui remuent la vase et qui la mettent à nu. C'est là ce qui arrive le plus souvent lorsque l'on tente de les dessécher et que l'on est obligé, pour éviter les complications qu'entraînerait la presence des eaux en abondance, de faire les opérations en été ou en automne. Ce que nous avons dit plus haut de l'influence de la chaleur, de l'air et d'une faible couche d'eau dans la production de l'effluve, suffit pour faire comprendre combien le dégagement doit alors prendre d'activité. De là les affections qui se sont fait observer à diverses époques sur un grand nombre d'ouvriers employés à de semblables travaux, et qui ont eu leurs analogues chez les animaux qui se trouvaient dans les mêmes conditions. Il est bon de remarquer que ce n'est pas seulement dans les marais proprement dits que l'on voit se manifester les faits que nous venons d'indiquer. Ils se produisent très souvent aussi lorsqu'on remue les terres où le sous-sol imprégné d'humidité stagnante constitue des marais souterrains. Le contact de l'air nécessaire à toute fermentation facilite alors la production des effluves. Les matières organiques se conservent dans les terres fortes sans éprouver aucune altération ; mais elles fermentent et dégagent des gaz insalubres, si on les ramène à la surface du sol. On a vu, à la suite de labours, d'anciens marais à fond argileux devenir des foyers d'infection.

Il y a plus : une légère humidité suffit souvent pour déterminer la production des émanations morbifiques. Les terrains non submergés qui renferment des substances salines et des matières organiques peuvent en émettre surtout quand on les travaille après qu'ils ont été soumis à des alternatives de pluie et de chaleur. Plusieurs fois on a vu les fièvres apparaître, dans le midi de la France et en Algérie, au moment où l'on creusait des canaux et où l'on faisait des travaux pour l'établissement de routes ou de chemins de fer.

L'effluve, après s'être produit comme nous venons de l'indiquer, se répand et se dissémine dans l'air et exerce son action sur les êtres organisés qui vivent au centre ou au voisinage du foyer d'infection. Mais malheureusement il peut étendre ses ravages beaucoup plus loin en se propageant en hauteur et latéralement dans tous les sens.

La propagation en hauteur est, comme nous l'avons dit déjà, une conséquence de l'action de la chaleur qui dilate l'air imprégné d'effluves et le fait monter dans les hautes régions. Dans cette ascension, l'infectieux se dissémine peu à peu dans des volumes d'air qui sont de plus en plus grands, de telle sorte qu'il arrive nécessairement un moment où il est tellement dilué qu'il ne peut plus exercer que peu ou point d'action sur l'économie animale. Il est difficile de fixer d'une manière précise à quelle hauteur au-dessus du lieu de production de l'effluve l'air cesse d'être dangereux à respirer. Cela paraît varier avec la nature de l'effluve, avec les localités, avec l'état de calme ou d'agitation de l'atmosphère. Montfalcon évalue d'une manière générale à 4 ou 500 mètres la hauteur à laquelle l'effluve peut s'élever. Mais à Sezze l'influence des marais Pontins ne se fait plus sentir à 306 mètres au-dessus du niveau de la mer, tandis qu'à la Vera-Cruz la limite de la fièvre jaune est à 928 mètres et qu'à Rome, en Corse, à la Jamaïque, il suffit souvent de s'élever d'un ou deux étages dans une maison pour échapper aux fièvres qui règnent au rez-de-chaussée ou dans les étages inférieurs.

La propagation dans le sens horizontal est une conséquence de l'action des vents.

C'est lorsque *l'air est tranquille*, quand des obstacles s'opposent aux mouvements de l'atmosphère, que le voisinage des marais est malsain; mais pendant le règne des vents, lorsque l'air circule librement sur les marécages, il y a moins de danger à y conduire le bétail.

Si le temps est calme, les effluves ne se propagent en assez grande quantité pour nuire qu'à une petite distance du lieu où ils sont produits; ils s'élèvent plus qu'ils ne s'étendent horizontalement. Les lieux légèrement élevés, les coteaux dominant les marais, sont, en général, plus insalubres que les plaines également éloignées de ces foyers d'infection.

Si les *mouvements de l'atmosphère* sont rapides, impétueux, irréguliers, les effluves sont entraînés, dispersés, disséminés dans tous les sens et rendus inertes; mais si un vent régulier ne souffle que légèrement, il peut transporter à de très grandes distances, et sans les affaiblir, les principes morbifiques élevés des lieux humides. Les effluves des étangs de la Bresse font quelquefois sentir leur influence dans les coteaux du Beaujolais (Bottex), et l'on assure que l'on voit parfois paraître sur la côte orientale de l'Angleterre des fièvres déterminées par les émanations qui s'échappent des marais de la Hollande.

Quant à la limite à laquelle peuvent atteindre, dans le sens horizontal, les effluves emportés par les vents, elle n'est pas plus rigoureusement déterminée que celle où ils peuvent s'élever en hauteur. On a parlé de plusieurs kilomètres, de plusieurs lieues même, mais il est impossible de poser des chiffres absolus. Le plus important au point de vue de l'hygiène, c'est de constater avec soin, dans une localité où existent des marais, quels sont les vents qui soufflent le plus souvent, afin de soustraire autant que possible les hommes et les animaux à l'action de ces vents.

Dans leur propagation dans le sens horizontal, les effluves sont quelquefois arrêtés ou détournés par des obstacles qui s'opposent à la marche des courants d'air par lesquels ils sont transportés.

Des montagnes, des forêts, des constructions même suffisent
alors pour préserver des localités de l'action des émanations marécageuses. D'après Lancisi, les marais Pontins n'ont exercé des ravages sur la ville de Rome qu'après la destruction des forêts situées entre ces lieux insalubres et la capitale de la chrétienté. On
cite des cas dans lesquels on a vu les effluves arrêtés par un
simple rideau d'arbres, et dans ces derniers temps l'on a affirmé
à différentes reprises que la culture du grand soleil (*Hélianthus
annuus* L.) au voisinage des marais avait pour conséquence
d'amoindrir ou même d'annuler l'influence pernicieuse des émanations marécageuses. Il est possible qu'il y ait de la part des
végétaux une action particulière exercée sur l'effluve comme
sur tous les autres infectieux. Il y a longtemps que l'on a supposé qu'ils sont doués du pouvoir de décomposer ces agents.
Aujourd'hui qu'il semble prouvé que les plantes, dans l'acte de
la respiration, exhalent de l'ozone, on peut croire que c'est par
ce corps qu'ils assainissent l'air. Cela rendrait compte, comme
nous l'avons fait observer déjà, de l'absence presque toujours
constante, au voisinage des foyers d'infection, de l'ozone, qui
disparaîtrait au fur et à mesure qu'il est exhalé, en neutralisant
l'effluve ou les autres infectieux. Enfin cela expliquerait aussi
l'utilité dans ces lieux des végétaux au feuillage abondant, comme
le grand soleil, qui doivent produire d'autant plus d'oxygène électrisé qu'ils offrent plus de surface colorée en vert par la chlorophylle.

S'il est des localités auxquelles des obstacles naturels procurent
le bénéfice d'être préservées de la funeste influence des effluves,
il en est d'autres pour lesquelles ces obstacles sont pernicieux. Ce
sont celles, on le comprend, vers lesquelles les courants d'air in-
fecté sont réfléchis, ou bien encore celles où, par suite de la disposition des lieux, les effluves sont maintenus dans une sorte
d'état de stagnation qui leur permet de se conserver longtemps
avec toutes leurs propriétés. C'est pour cela qu'au fond des vallons, sur les collines dominées par des bois, les marais sont plus
dangereux que sur les lieux élevés et nus. L'air toujours agité
des hautes montagnes dissémine les effluves à mesure qu'ils
sont produits.

L'agitation de l'air n'est pas d'ailleurs la seule circonstance
heureuse qui rende les effluves impuissants. Les pluies abondantes ont souvent aussi le même résultat. Par l'humidité
qu'elles répandent dans l'air, elles affaiblissent sa tendance à
dissoudre les vapeurs chargées du principe infectieux, et ra-

mènent même à terre les émanations insalubres déjà répandues dans l'espace. En outre elles ralentissent le dégagement de l'effluve en abaissant la température et en augmentant l'épaisseur de la couche d'eau qui recouvre la vase des marais.

Les effluves pénètrent dans l'économie par les voies respiratoires. C'est la plus large surface qui puisse être ouverte à leur absorption, et l'état dans lequel ils se trouvent associés à l'air que les animaux respirent rend infiniment facile ce mode de pénétration. Il est probable qu'ils sont aussi absorbés par la surface cutanée, et l'on a même admis pendant longtemps sans contestation qu'ils l'étaient également par le tube digestif. M. de Gasparin affirme avoir fait développer la pourriture chez des moutons en les frictionnant avec de l'eau résultant de la condensation de la vapeur au-dessus d'un marais, et en leur faisant boire de cette eau. Cependant l'épaisseur du tégument chez les mammifères, l'épiderme et les poils dont il est revêtu doivent le rendre peu propre à l'absorption des agents qui ne l'attaquent pas chimiquement, et cela permet de douter que les effluves et les autres infectieux arrivent *ordinairement* par cette voie jusque dans le torrent circulatoire. On est en droit d'élever les mêmes doutes en ce qui concerne l'appareil digestif. Il est évident que les effluves doivent se déposer avec la rosée sur les plantes que les animaux mangent au voisinage des marais, mais il est douteux qu'après avoir été déglutis, ils puissent demeurer longtemps en contact avec les fluides qui sont sécrétés dans le tube digestif, sans subir des altérations qui leur fassent perdre leurs propriétés. C'est donc à peu près uniquement par la muqueuse respiratoire que se produit l'intoxication paludéenne. Celle-ci n'a lieu évidemment qu'après l'absorption de l'effluve. Mais il est bon d'observer que les animaux qui vivent dans les pays marécageux subissent tout à la fois l'influence de l'humidité qui se répand souvent en excès dans l'atmosphère, celle d'une alimentation médiocre ou mauvaise, et celle des émanations au milieu desquelles ils se trouvent constamment. Il en résulte des effets complexes qu'il est quelquefois difficile d'isoler les uns des autres par la pensée.

Sous l'influence des lieux marécageux, les *fonctions organiques* languissent, du moins chez tous les animaux des classes supérieures, la digestion est difficile, le chyle peu réparateur, le sang pauvre, aqueux et la lymphe abondante ; l'assimilation se fait mal et les tissus sont mous et pâles ; les herbivores prennent moins de muscles, moins de graisse, et semblent formés exclusivement de tissus blancs, albumineux ; ils ont la peau épaisse, rude, les productions cornées très développées, et la viande plus fade et peu nutritive. Depuis le dessèchement des marais de la Charente, la chair des bœufs de ce pays a un grain plus fin : elle est plus courte, plus savoureuse, nourrit mieux et se conserve davantage.

Lss *fonctions animales* sont peu actives sous l'influence des marais ; la sensibilité est peu développée, les contractions musculaires sont faibles, les mouvements lents, difficiles, les animaux qui vivent dans les pays à marécages ont une constitution faible, débile ; toutes les causes de maladies les influencent ; ils sont souvent affectés d'enzooties, d'épizooties.

Les *effets pathologiques* des effluves caractérisés par des altérations du sang se montrent quelquefois longtemps après que les animaux ont été soumis aux influences marécageuses. On voit même fréquemment des individus exposés pendant des mois ou des années à l'action d'un marais, ne devenir malades qu'après avoir quitté le lieu malsain, et présenter cependant des affections analogues à celles qui se développent dans la localité marécageuse.

D'autres fois les effluves agissent presque instantanément. On a vu, sous l'équateur, des équipages contracter des maladies pestilentielles pour avoir fait passer leur vaisseau à côté d'un lieu marécageux.

Il existe une très grande différence entre les effets des émanations marécageuses. Celles des marais indifférents, de nos marais en hiver, comme celles des rivières et des lacs, ne déterminent que des *rhumatismes*, des *bronchites* qui paraissent dépendre plus de l'humidité que de l'action propre de l'effluve, etc.; celles des marais en partie desséchés par le soleil, occasionnent des *hydropisies*, la *pourriture* et des *lésions organiques du foie ;* en automne, lorsque les émanations sont plus abondantes, que les animaux ne reçoivent que des fourrages irritants, que les boissons sont rares et malsaines, les marais déterminent les maladies charbonneuses et impriment un *caractère adynamique* aux affections de l'estomac, des reins, du poumon, et de tous les autres organes.

L'influence des effluves varie *selon les animaux.* Continuellement courbés vers la terre, les quadrupèdes en ressentent beaucoup l'influence pernicieuse ; ils les inspirent et les avalent avec l'herbe qu'ils broutent. Vic-d'Azir a vu les eaux stagnantes produire sur l'homme des fièvres, et sur le bétail des affections charbonneuses. Lancisi, Bailly, ont observé que dans les pays où l'espèce humaine contracte des fièvres intermittentes, les animaux sont atteints de maladies organiques dans les viscères de l'abdomen. M. Malingié a même fait la remarque que les agneaux élevés en plein air dans la Sologne deviennent malades au moment où les fièvres attaquent l'homme, et que le mal de ce dernier présente dans son intensité les mêmes phases que celui des bêtes à laine.

Les marais sont plus nuisibles aux *ruminants* qu'aux autres herbivores; ils donnent au *mouton* la pourriture, et au *bœuf* le charbon, des affections de poitrine.

Le *porc*, le *buffle*, les *oiseaux aquatiques* sont, parmi les animaux domestiques, ceux qui résistent le mieux aux effluves.

Quelques poissons ne peuvent vivre que dans les eaux vives; mais ceux qui supportent le mieux l'influence des eaux stagnantes sont malades, prennent des chairs molles, fades et de mauvais goût, lorsque le liquide, diminuant, se charge de principes nuisibles.

Les *animaux non acclimatés*, ceux qui n'ont pas été encore habitués aux effluves, ceux qui ont été mal nourris pendant l'hiver, ceux qui, pressés par la faim, ont les vaisseaux absorbants très actifs, souffrent plus de l'influence des marais que ceux qui se trouvent dans des conditions opposées.

Il ne faut pas perdre de vue l'action des *fourrages* : les effluves agissent ordinairement sur des animaux nourris de plantes ligneuses, insapides, peu riches en principes alibiles et souvent couvertes de vases; il est bien difficile, dans la plupart des cas, de distinguer les effets de l'atmosphère de ceux des aliments.

Toutes les *plantes* ne craignent pas également les environs des eaux vaseuses. Les plantes aquatiques y croissent avec vigueur, mais la plupart des arbres sont chétifs et rabougris; leurs fruits ne mûrissent pas ou bien, s'ils mûrissent, ils sont sans saveur, gorgés d'eau et d'une conservation difficile. Il en est de même des plantes potagères, dont les produits sont fort inférieurs à ceux que l'on obtient dans les marais assainis et convenablement mis en culture. Les fourrages sont médiocres et souvent composés d'espèces grossières et peu nutritives. Enfin les céréales en souffrent beaucoup : les effluves rendent les grains petits, maigres, et font rouiller la paille.

Préservatifs. — Il est inutile de recommander d'*assainir* les marais, de les combler, de les dessécher lorsque cela est posssible. Mais on ne doit pas tenter le desséchement si l'on ne croit pas pouvoir l'effectuer d'une manière complète. Plutôt que de diminuer l'eau, il vaudrait mieux, dans ce cas, au moyen de chaussées, transformer le marécage en étang.

On a constamment remarqué que les diverses maladies que nous avons attribuées aux effluves ont disparu après l'assainissement des pays où on les observait, et que, en général, les desséchements sont aussi favorables aux récoltes qu'aux animaux.

Si l'on ne peut pas prévenir la formation des effluves, il faudra donner aux *animaux* une nourriture tonique, excitante, faire usage de sel et de couvertures ; ces précautions sont utiles surtout pour les bestiaux qui labourent le sol des étangs et pour ceux qui ont été nouvellement introduits dans le pays. Les *habitations* doivent toujours être hors de l'influence des marécages ; si l'on construit des étables près des lieux humides, on aura égard à la direction des vents, et lors même que les constructions seraient éloignées des foyers d'infection au delà de la distance ordinairement parcourue par les effluves, il sera prudent de ne pas faire les ouvertures de ce côté.

On ne doit conduire les troupeaux dans les *pâturages* qui avoisinent des marais que lorsque le vent et le soleil, ont dissipé la rosée ; le soir il faut les ramener de suite après le coucher du soleil. Le bétail ne doit y aller qu'après avoir reçu une ration au râtelier ou après avoir déjà pâturé dans un lieu sein, car chez les individus à jeun l'absorption est plus active et la force de résistance moindre. Il ne faut pas laisser reposer les animaux près des terres vaseuses, surtout le soir, et principalement s'ils ont travaillé pendant le jour.

Les *végétaux*, en arrêtant les rayons du soleil, en absorbant les effluves, en décomposant les gaz malsains, et en émettant de l'oxygène et surtout de l'ozone, assainissent les environs des marais. Des arbres rapprochés en lignes agissent en outre favorablement en activant les mouvements ascensionnels de l'air, en dirigeant les vents les plus fréquents sur les lieux insalubres, et en facilitant ainsi la ventilation et la dispersion des émanations délétères dans l'espace. Les lignes d'arbres doivent être disposées de manière à détourner des habitations les vents insalubres et à diriger sur les marais tous les courants d'air en général. Les plantes herbacées peuvent même être utiles : on cite en Lombardie des contrées préservées des émanations marécageuses par des champs de maïs. Les grosses fèves, qui réussissent très bien dans les marécages, peuvent aussi contribuer à les assainir. M. Isabeau conseille de multipher le *Stratiotes aloïdes* L. de la famille des *Hydrocharidées*, qui, d'après lui, jouirait de la pro-

priété d'absorber les émanations des eaux stagnantes au fur et
à mesure qu'elles se forment, et de les empêcher de se répandre
dans l'air. Enfin, nous avons dit déjà combien l'on a vanté la
culture du grand soleil pour atteindre le même but.

D'autres fois il peut être utile d'arracher des arbres qui nuisent
à la ventilation : on cite des marais qui ont été assainis dans des
bois par des coupes faites de manière à donner passage à certains
courants d'air.

B. — INFECTION PUTRIDE

L'infection putride est celle qui résulte de l'action produite sur
l'économie par les émanations qui s'échappent des substances organiques mortes se décomposant au conctact de l'air. On la désigne quelquefois sous le nom de méphitisme animal, parce qu'en
effet le plus souvent les émanations qui lui donnent naissance
proviennent de substances animales. Cependant, dans certains
cas, comme celui des égouts par exemple, les matières qui se
putréfient sont les unes d'origine animale, les autres d'origine
végétale. Il y aurait donc sous ce rapport un point de contact
entre les émanations putrides et les effluves. Mais, comme nous
l'avons dit déjà, il y a entre les uns et les autres cette différence
capitale que les effluves résultent de la fermentation des matières
organiques sous les eaux stagnantes, tandis que les émanations
putrides se produisent en l'absence des eaux stagnantes. Du reste
il faut bien convenir qu'il existe parfois entre les deux espèces
d'infection que nous essayons de distinguer des intermédiaires
qu'il est difficile de classer.

Les foyers d'où peuvent se dégager les émanations putrides
sont fort nombreux. On cite particulièrement les fosses d'aisances,
les voiries, les tueries, les fonderies de suif, les fabriques de colle,
les savonneries, les égouts mal tenus où l'on jette des débris de
cuisine et des balayures, les boyauderies, les abattoirs, les tanneries, les amphithéâtres de dissection, les cimetières où ne
sont pas observés les règlements prescrits par les autorités com-
pétentes, les lieux où des animaux morts ont été enfouis à une
faibles profondeur, etc. Dans bien des cas on pourrait ajouter
à cette énumération les fumiers mal tenus et les cadavres que
trop souvent, dans les campagnes, on laisse se décomposer à l'air
libre avec une remarquable insouciance.

Les matières organiques accumulées dans les lieux que nous
venons d'indiquer fermentent et se décomposent ordinairement

avec la plus grande facilité. D'après diverses analyses, les produits qui résultent de cette décomposition et qui se répandent dans l'air sont de la vapeur d'eau, du gaz ammoniac, de l'acide sulfhydrique, du sulfhydrate d'ammoniaque, de l'azote, de l'acide carbonique, et une substance organique qui répand une odeur particulière suivant les cas.

Un air chaud, humide, stagnant, est favorable à la décomposition des matières organiques et à la propagation des fluides qui en émanent; il s'imprègne d'émanations putrides, et semble agir ensuite comme un levain qui hâte la fermentation des substances non encore altérées. Le froid arrête la putréfaction ou s'oppose à l'expansion dans l'atmosphère des produits qui se dégagent des corps en décomposition. Un temps sec absorbe l'humidité des substances animales, les dessèche, et leur fait perdre la propriété de se putréfier. L'entassement de beaucoup de matières animales est très insalubre; le mouvement de fermentation qui s'établit au centre en élève la température et rend les réactions chimiques très actives.

Les émanations putrides ne peuvent être absorbées que par les voies respiratoires, et peut-être aussi par la surface cutanée. Il est peu de circonstances où elles puissent se condenser sur les aliments. Dans tous les cas, il y aurait a répéter ici, à propos de la peau et des voies digestives, ce que nous avons dit en parlant de l'absorption des effluves; nous n'y reviendrons pas.

Quant aux effets qu'elles déterminent, il y a entre les auteurs les plus autorisés les dissidences les plus grandes, les uns les considérant comme étant à peu près innocentes, les autres les regardant comme éminemment dangereuses. Ce qu'il y a de certain, c'est que lorsqu'elles sont mélangées à l'air extérieur dans des cours ou des ateliers largement aérés, elles sont respirées sans danger par les ouvriers qui travaillent aux industries où l'on emploie les matières animales. Il en est souvent ainsi, lors même que les ateliers sont fermés, par les procédés ordinaires qui permettent le renouvellement facile de l'air. Cependant, dans quelques circonstances, elles agissent en provoquant de la céphalalgie, des diarrhées dans lesquelles les matières rendues rappellent, par leur odeur, celle du milieu dans lequel s'est trouvé le malade, et même des dysenteries qui peuvent acquérir de la gravité. Cela se fait observer particulièrement sur les nouveaux venus, sur les étudiants, par exemple, au début des dissections. Mais il est bon d'observer que ces troubles sont presque toujours passagers, que l'économie s'habitue en quelque sorte à vivre au sein d'un milieu où existent des émanations putrides, et que même on a prétendu que des individus dont la santé était chancelante s'étaient bien trouvés de vivre dans de semblables conditions.

Tout cela semblerait indiquer que les émanations putrides sont plutôt incommodes que dangereuses. Il est bien entendu cependant que si elles sont concentrées dans une atmosphère limitée, elle peuvent provoquer les accidents les plus graves dans un temps très court. C'est ce qui arrive aux ouvriers vidangeurs, à ceux qui sont employés au curage des égouts, et quelquefois aussi aux personnes qui respirent imprudemment les gaz produits dans les viscères abdominaux des cadavres quelques jours après la mort. Seulement, dans ces circonstances, les effets produits paraissent résulter plutôt des gaz toxiques, comme l'acide sulfhydrique, par exemple, qui proviennent de la fermentation, que de l'émanation putride elle-même.

On sait peu de choses de l'action des émanations putrides sur les animaux. D'après Grognier, les herbivores résistent moins que l'homme aux émanations animales; les chevaux, les bœufs surtout, plongés dans une atmosphère putride, mangent peu, maigrissent; leur poitrine s'altère; ils sont disposés aux maladies adynamiques, charbonneuses. M. Dalafond ajoute que, dans ces conditions, « les maladies ordinaires telles que la peumo-« nite, l'entérite, l'angine, etc., se compliquent fréquemment « d'altération septique du sang, complication qui leur donne « des caractères particuliers et les rend difficiles à guérir ».

Pour prévenir les accidents qui peuvent résulter de l'action des émanations septiques, il faut soustraire les animaux à leur influence en éloignant leurs habitations des lieux où elles se dégagent, et prendre, relativement à l'orientation des ouvertures, des précautions analogues à celles que nous avons indiquées à l'occasion des effluves. Il faut en outre tenir propres ou désinfecter, s'il y a lieu, les égouts et les rigoles destinés à l'écoulement des eaux ménagères ; donner aux fumiers des soins appropriés qui leur conservent leurs propriétés fertilisantes en les empêchant d'infecter l'air ; enfouir profondément les cadavres des animaux, ou mieux les transformer de suite après la mort en produits chimiques, ou les employer comme engrais en les découpant en petites parties qu'on enterre séparément.

Des lois et des règlements prescrivent de placer à des distances qui varient suivant les circonstances, les établissements insalubres ou incommodes desquels s'échappent des émanations septiques, et qui sont répartis en trois classes suivant les inconvénients qu'ils présentent. Les conseils d'hygiène appelés dans les départements à donner leur avis lorsque des demandes sont faites pour la création de ces établissements, ne sauraient attacher trop de soin à concilier les intérêts de l'industrie avec les exigences de l'hygiène et du bien-être des populations. En général, pour tous ceux où l'on travaille sur des matières animales accumulées en plus ou moins grande quantité, comme les fonderies de suif, les voiries, les boyauderies, les échaudoirs, etc., il faut les placer dans des lieux isolés, où la ventilation soit facile, et où tout soit réuni pour que les soins de propreté puissent être donnés d'une manière complète. Les lieux élevés dans certains cas, ceux qui sont au voisinage de cours d'eau dans d'autres sont ceux qu'il faut préférer.

Enfin, il sera souvent utile de faire des plantations d'arbres autour des lieux insalubres, car les plantes, comme nous l'avons dit déjà, assainissent l'air par l'ozone qu'elles produisent, et peuvent aussi mettre à profit pour leur nutrition les principes qui constituent les émanations putrides et qui sont ramenés dans le sol par les pluies.

C. — INFECTION MIASMATIQUE

Tous les animaux exhalent continuellement des principes qui se répandent dans l'espace à l'état gazéiforme, le plus souvent invisible. Ces principes, toujours plus ou moins insalubres, exercent sur la santé une influence qui varie selon leur quantité et l'état des êtres dont ils proviennent. Ce sont eux qui constituent les *miasmes* et qui produisent chez les animaux l'*Infection miasmatique*.

ORIGINE, NATURE DES MIASMES. — Fournis par le corps des animaux vivants, sains ou malades, les miasmes *proviennent* de la transpiration cutanée, de la perspiration pulmonaire, des sécrétions et exutoires, et même des produits d'excrétion comme les urines et les matières fécales, un certain temps après qu'ils ont été rendus.

L'air chaud et humide, les grands rassemblements d'animaux, sont favorables à leur développement et à leur propagation.

Leur *nature* est très peu connue. Ce sont des matières organiques en dissolution dans la vapeur d'eau ; on les a recueillies en plaçant dans une salle d'hôpital un ballon renfermant un mélange réfrigérant. L'humidité déposée sur les parois du vase et reçue ensuite dans une capsule a laissé, en s'évaporant, une substance gélatineuse douée d'une grande tendance à se putréfier.

On a essayé en outre d'être mieux renseigné sur la nature des miasmes en examinant au microscope les poussières atmosphériques recueillies à l'aide d'appareils aspirateurs dans les salles d'hôpital où l'on avait des raisons de croire que ces agents infectieux se dégageaient en abondance. M. Eiselt de Ropy, près de Prague, a annoncé avoir trouvé des globules de pus dans l'air d'une salle d'hôpital où se trouvaient vingt-trois enfants atteints de blennorrhée conjonctivale aiguë avec sécrétion purulente. Mais ce fait a été révoqué en doute. M. Reveil, à l'hôpital de Lariboisière, et M. Chalvet, à l'hôpital Saint-Louis, ont signalé, après de semblables recherches dans l'air de plusieurs salles, des cellules et des débris de cellules épithéliales, des corpuscules de formes diverses jaunissant par l'acide nitrique, et des brins de charpie chargés de ces mêmes corpuscules. Dans d'autres circonstances, la poussière recueillie dans une salle d'hôpital a donné depuis 36 jusqu'à 46 pour 100 de matière organique. Enfin, l'appareil aspirateur placé dans le voisinage d'un malade atteint de pourriture d'hôpital a permis de constater dans l'atmosphère ambiante des proportions énormes de matières organiques.

Nous pourrions ajouter que la vapeur d'eau recueillie par les appareils réfrigérants dans les écuries se putréfie promptement et qu'il s'y développe ordinairement en fort peu de temps des infusoires. Mais tous ces faits qui démontrent simplement la présence de corpuscules de nature organique dans l'air chargé de miasmes, ne font nullement connaître leur nature.

Les miasmes se répandent dans l'air à l'aide de l'humidité. On a remarqué que toutes les circonstances qui favorisent la concentration et la production de vapeurs dans un lieu limité, déterminent la formation de mélocules infectes et en augmentent la force. La chaleur assez intense pour dessécher les corps organiques arrêterait la production des miasmes ; mais alors elle serait assez forte pour nuire à la santé des animaux : on ne la remarque jamais dans les étables ; donc on peut dire que plus la température d'un lieu est élevée, plus elle est favorable à l'infection. L'humité, l'air calme, la malpropreté, l'entassement de matières susceptibles de s'échauffer, de se décomposer, accélèrent toujours l'action des émanations malfaisantes.

Les miasmes s'accumulent dans les lieux où les hommes ou les animaux séjournent en un certain nombre et pendant quelque temps. Ils décèlent souvent leur présence par l'odeur particulière qu'ils répandent dans les lieux habités et que l'on peut constater facilement quand on pénètre le matin dans un appartement où ont couché plusieurs personnes, ou dans une étable ou une écurie dont les portes et les fenêtres n'ont pas encore été ouvertes. Dans les édifices où se réunissent un grand nombre de personnes, comme les salles de spectacles, les lieux de réunion des grandes assemblées, on facilite le renouvellement de l'air par l'emploi de moyens qui nécessitent l'établissement de cheminées d'appel. L'air qui s'échappe par ces ouvertures est constamment chargé d'émanations fortement odorantes. Il en est de même de celui qui sort des écuries et des étables par des ouvertures analogues, M. Gayot rapporte qu'au voisinage d'une cheminée d'appel, formée de planches mal jointes et traversant un grenier à foin, il s'était formé pendant l'hiver un glaçon volumineux noirâtre qui, par la fusion, s'était transformé en un liquide ayant toutes les qualités physiques d'une eau de mare de fumier. Dans une autre circonstance, l'eau recueillie aux orifices d'un puissant ventilateur établi dans une écurie habitée par des poulains avait également l'apparence d'une eau de fumier déjà concentrée. Comment douter après cela de la présence d'une matière organique putride dans l'air que les animaux ont respiré, et comment ne pas craindre son influence sur la santé ?

Les miasmes se forment d'autant plus abondamment dans un local confiné que le nombre des animaux est plus considérable relativement à l'espace qui leur est accordé. On observe même que lorsque beaucoup d'animaux sont réunis dans un vaste local, l'altération de l'atmosphère par les miasmes se fait plus rapidement qu'on ne serait tenté de le supposer, en tenant compte du cube d'air fourni à chaque animal. Il semble que, dans ces circonstances, les émanations un peu différentes suivant les sujets aient la propriété de réagir les unes sur les autres, et de prendre par ce fait des qualités plus délétères. A plus forte raison l'altération est-elle plus grave quand l'espace est insuffisant.

Les miasmes, comme les effuves et les émanations putrides, s'introduisent dans l'économie certainement par les voies respiratoires, et peut-être aussi par la peau et la muqueuse digestive.

De quelque manière que les émanations miasmatique aient pénétré dans le corps, elles se mêlent au sang, sont charriées dans toute l'économie animale, et donnent ordinairement naissance à des maladies aiguës graves, qui se ressemblent par la tendance qu'elles ont à devenir atoniques, adynamiques, pudrides ; cependant leurs effets varient en raison de leur quantité, de la disposition des individus sur lesquels elles agissent, et selon l'état de ceux dont elles s'échappent.

Aussi devient-t-il uécessaire, pour mieux étudier leurs effets, de nous occuper séparément de ceux qui produisent l'*infection miamatique* simple et de ceux qui se produisent l'*infection miasmatique spécifique*.

INFECTION MIASMATIQUE SIMPLE. — Le miasme simple provient d'animaux sains ou malades, et se distingue du miasme spécifique en ce que, tout en déterminant des maladies caractérisées par une altération plus ou moins profonde du sang, il ne provoque pas invariablement telle affection plutôt que telle autre. Les troubles qu'il fait naitre dans la santé varient suivant les prédispositious des sujets et suivant les conditions dans lesquelles ils ont été placés.

Les miasmes simples naissent en abondance partout ou il y a des agglomérations d'animaux dans des locaux restreints. Ils sont l'une des principales causes de l'altération de l'air confiné des étables et des écuries. Lorsqu'ils proviennent de sujets sains, ils sont souvent respirés par les animaux qui habitent les mèmes lieux sans qu'il se manifeste chez ceux-ci d'indispositions graves. L'exposition à l'air libre lorsque les animaux sont conduits au pâturage ou à leurs travaux le matin, le renouvellement de l'air au moment où on ouvre les portes dans un but hygiénique ou simplement pour les besoins du service, suffisent presque toujours pour combattre les effets qui tendraient à se produire. Il est mème bon de remarquer que ceux qui ont été insensiblement habitués à vivre dans une atmosphère confinée souffrent beaucoup moins que les autres des principes délétères que l'exhalation pulmonaire, la transpiration et les produits de sécrétion répandent dans l'air qu'ils respirent.

Cependant, quand l'encombrement est trop grand, il arrive quelquefois que des maladies graves se déclarent en même temps sur divers animaux. Les affections charbonneuses, la dysenterie, des maladies de poitrine ou des voies respiratoires revètant des caractères particuliers, la morve et le farcin même ont été considérés comme résultant alors de l'action du miasme simple.

Dans quelques cas, ce n'est pas pendant qu'ils sont soumis à l'action des miasmes que les animaux tombent malades, c'est au moment ou l'on change les conditions dans lesqnelles ils ont longtemps vécu. Cela se faisait observer fréquemment autrefois chez les animaux que l'on faisait marcher pour les diriger, après l'engraissement, vers les centres de consommation. Les latigues du voyage suffisaient alors pour provoquer l'explosion du mal, qui était en quelque sorte demeuré jusqu'alors à l'état latent. A plus forte raison cela devait-t-il se produire quand aux fatigues re joignaient de mauvaises conditions hygiéniques, lorsqu'ils étaient surmenés, mal logés et mal nourris.

Les miasmes qui proviennent des animaux malades sont d'ordinaire plus concentrés en raison des exhalaisons abondantes que fournissent les exutoires et les excrétions souvent fluides et fétides rendues par ces animaux. Ces miasmes sont plus nuisibles que ceux fournis par les bêtes en santé ; ils ne produisent pas des maladies spéciales comme les virus, mais ils aggravent toutes les affections : on voit souvent des inflammations franches, des lésions consécutives au part, à la castration et aux autres opérations chirurgicales, qui se termineraient par la résolution et la cicatrisation dans un air pur, prendre un caractère putride, devenir gangréneuses, et les animaux sont logés dans un local où se trouvent d'autres malades. Les effets pernicieux des miasmes sont ici d'autant plus marqués qu'ils agissent sur des animaux affaiblis par la maladie.

On cherchera à PRÉVENIR les effets des miasmes en arrêtant leur formation, en dispersant ou les détruisant (v. DÉSINFECTION) et en soignant les animaux qui y sont exposés. Comme les miasmes agissent en raison de leur quantité, il faut toujours ne mettre dans une *habitation* qu'un nombre d'animaux petit relativement à la capacité du local, à la masse d'air que celui-ci renferme, et à l'activité de la ventilation ; on doit moins craindre pour les animaux le froid que l'encombrement dans les étables. Il faut bien nourrir les troupeaux qui *voyagent*, leur faire faire de petites journées, les placer sous des hangars plutôt que dans les locaux étroits, et aussitôt qu'il y a un malade, le séparer des bêtes en santé.

INFECTION MIASMATIQUE SPÉCIFIQUE. — Les miasmes spécifiques se distinguent nettement des miasmes simples par la propriété qu'ils possèdent de faire naître chez les sujets sur lesquels ils agissent une affection semblable à celle dont sont ou étaient atteints les animaux qui les ont fournis. Pour le sujet qui est soumis à l'influence d'un miasme spécifique, il n'y a que deux alternatives, ou bien il échappe à l'action de l'infectieux et reste sain, ou bien il subit cette action d'une manière plus ou moins profonde et contracte la maladie spécifique du miasme absorbé et non pas une autre.

Ce mode d'action est aussi celui des agents que l'on désigne sous le nom de *virus*. On appelle de ce dernier nom des agents dont la nature est absolument inconnue, qui sont produits par des animaux atteints de maladies particulières, et qui provoquent, lorsqu'ils ont pénétré par voie d'absorption dans l'organisme d'autres sujets, des maladies de même nature que celle sous l'influence de laquelle ils ont pris naissance. Les virus sont associés dans l'économie animale quelquefois à des produits de sécrétion normale ou pathologique, comme la salive pour la rage et la sérosité des pustules pour la clavelée, ou à d'autres liquides comme le sang ou la boue splénique dans le charbon. Lorsqu'il en est ainsi, on peut reproduire la maladie virulente chez un animal sain, pourvu qu'il ne soit point en possession d'une immunité naturelle ou acquise, en mettant en contact avec les vaisseaux absorbants le véhicule qui contient le virus. L'opération que l'on pratique alors porte le nom d'inoculation, et l'on appelle *maladies inoculables* celles qui peuvent se reproduire de cette manière. Il est des maladies inoculables dans lesquelles il semble que le virus ne peut se séparer de son véhicule sans perdre de ses propriétés. La rage et le charbon sont dans ce cas. Il en est d'autres, au contraire, dans lesquelles le virus inoculable parait doué de la propriété de se séparer de l'organisme et de se répandre dans l'atmosphère sous une forme qui n'est pas encore connue, en conservant pendant plus ou moins de temps le pouvoir de faire naître chez des animaux par lesquels il serait absorbé, une maladie semblable à celle qui l'a engendré; dans le premier cas, la maladie virulente est dite contagieuse par *virus fixe;* dans le second, qui est celui de la clavelée par exemple, la maladie est contagieuse tout à la fois par *virus fixe*, et par *virus volatil.*

Si nous nous reportons maintenant à la définition que nous avons donnée du miasme spécifique, il est facile de comprendre que le virus volatif qui s'échappe de l'organisme d'un animal malade sous forme d'émanation susceptible de se mêler à l'air et de l'altérer n'est autre chose qu'un miasme spécifique. Cela est vrai, et s'il n'existait pas des agents d'origine animale autres que les virus volatils proprement dits qui puissent agir comme eux en provoquant toujours le développement d'une maladie spécifique déterminée, le miasme spécifique et le virus volatil seraient évidemment une seule et même chose.

Mais s'il est des maladies qui ne peuvent se transmettre que par virus fixe, il en est aussi quelques-unes qui semblent ne pouvoir se transmettre que par les émanations qui s'échappent des sujets malades. Ces maladies, parmi lesquelles on signale en médecine humaine, la rougeole, la scarlatine, la peste, le choléra, et peut-être en médecine vétérinaire, l'affection typhoïque des solipèdes, la péripneumonie (1), paraissent ne pas être inoculables. Elles n'ont pas par conséquent, à proprement parler, de virus fixe, et cependant elles se propagent d'un sujet à un autre par infection, à la faveur d'un miasme spécifique que l'on ne peut confondre entièrement avec un virus volatil (celui-ci supposant l'existence d'un virus fixe), mais qui agit en définitive absolument de la même manière.

Il résulte des considérations succinctes dans lesquelles nous venons d'entrer qu'en laissant de côté les maladies parasitaires, on peut classer les maladies susceptibles de se transmettre d'un animal à un autre dans trois groupes, relativement au mode suivant lequel s'opère leur transmission. Les premières, comme la rage et la syphilis, sont contagieuses uniquement par virus fixe; les secondes, comme la clavelée et la morve, sont contagieuses tout à la fois par virus fixe et par virus volatil ou miasmes spécifiques; les troisièmes enfin, comme l'affection typhoïde des jeunes chevaux, ne se transmettent que par des miasmes spécifiques.

Que le miasme spécifique appartienne à une maladie virulente proprement dite, ou à une maladie non virulente, mais infectieuse et susceptible de se transmettre d'un sujet à un autre par l'intermédiaire de l'atmosphère seulement, il offre toujours, au point de vue de l'hygiène, le caractère d'un agent infectieux. C'est à ce titre qu'il nous appartient d'en dire quelques mots, tout en renvoyant à la pathologie et à la police sanitaire pour tous les détails que comporterait cette vaste et importante question.

Les sujets atteints de maladies spécifiques sont les foyers d'infection en ce qui concerne le miasme que nous étudions. Ici il n'est pas nécessaire d'un grand nombre d'animaux pour constituer un foyer redoutable. Un seul malade suffit, et les émanations qui s'échappent de son corps, se répandant dans l'air qui l'environne, constituent autour de lui une atmosphère infectieuse ou contagieuse qui s'étend à une distance plus ou moins considérable, suivant l'affection et aussi suivant quelques conditions particulières dont l'étude est du ressort de la police sanitaire. Le miasme spécifique peut d'ailleurs être porté plus ou moins loin du lieu où il est produit par les courants d'air. Il se dissémine et se perd quel-

(1) L'inoculation de la sérosité du poumon dans diverses régions du corps, à la queue par exemple, détermine une affection locale qui peut être préservatrice de la péripneumonie, mais qui bien certainement n'est pas la péripneumonie avec le cortège de symptômes et de lésions qui la caractérisent.

quefois dans la masse de l'atmosphère par les vents violents. Les pluies semblent le détruire dans certains cas, et n'avoir sur lui, dans d'autres circonstances, aucune action. Il se concentre dans les lieux où ont été enfermés des animaux malades, lorsqu'on n'a pas recours à de puissants moyens de ventilation ou de désinfection. Très souvent, enfin, il se condense et se conserve dans les corps poreux comme les fourrages, les couvertures, certaines parties des harnais, les matériaux de construction, etc.

Les miasmes spécifiques ne peuvent être engendrés que par des animaux atteints d'affections spécifiques. Mais il n'est pas impossible que dans certaines circonstances il se produise, en dehors de l'économie animale, des agents susceptibles de se répandre dans l'air et d'agir sur les animaux à la manière du miasme spécifique. Quelques maladies, comme la fièvre jaune et le choléra de l'homme, et le typhus des bêtes bovines, semble ne pouvoir naitre que dans certaines contrées d'où elles se propagent ensuite par voie de contagion ou d'infection miasmatique spécifique, jusque dans les régions les plus éloignées. Si elles existent constamment dans les points d'où elles se répandent sur le reste du monde, on peut admettre que la conservation du miasme spécifique duquel elles dérivent est assurée par les quelques malades qui existent, même aux époques où le mal fait le moins de ravages ; mais si elles cessent par moments d'une manière absolue, pendant des périodes de temps plus ou moins prolongées, comment se fait-il qu'elles soient engendrées de nouveau ? Leurs germes se sont-ils conservés en dehors de l'organisme ? ou bien l'agent infectieux qui les détermine s'est-il régénéré de toutes pièces sous l'influence de conditions telluriques ou atmosphériques toutes particulières ? Il est évident que si la dernière hypothèse était l'expression de la vérité, il faudrait admettre aussi qu'il peut se former en dehors de l'économie animale quelque chose d'analogue par ses effets au miasme spécifique. Celui-ci élaboré par l'organisme ne serait plus en quelque sorte qu'une régénération d'un agent infectieux primitif ; de telle sorte que s'il était possible d'atteindre la cause du mal dans les contrées où est situé son berceau, il serait permis d'espérer de l'éteindre à tout jamais. On comprend toute l'importance que présente cette question au point de vue de l'hygiène publique et de la police sanitaire en ce qui concerne les animaux. Nous ne pouvons ici que l'indiquer et renvoyer aux traités spéciaux, en faisant observer toutefois que ce qui pourrait être vrai pour des affections d'origine étrangère, pourrait l'être aussi pour quelques-unes des maladies infectieuses qui prennent naissance dans nos contrées.

La nature du miasme spécifique est tout aussi inconnue que celle du miasme simple et de l'effluve. Cependant M. Chaveau a, dans ces dernières années, appelé l'attention du monde médical sur des corpuscules ou plutôt des éléments figurés qui existent dans certains virus, et qui sont pour lui les corps reproducteurs de la maladie. Ce sont eux qui donnent à la sérosité des pustules que l'on inocule dans la variole, la vaccine et la clavelée, les propriétés virulentes dont elle est douée. Ils peuvent, dans certains cas au moins, se séparer du véhicule auquel ils sont associés et se répandre dans l'atmosphère en conservant leurs propriétés. De telle sorte que, dans l'opinion de notre savant collègue de l'école de Lyon, ces corpuscules figurés en suspension dans l'air représente ce que l'on a appelé jusqu'à présent les virus volatils, c'est-à-dire une des variétés du miasme spécifique. Il existe chez les vers à soie une sorte de maladie infectieuse connue sous le nom de *pébrine*, qui paraît due à la présence dans le sang et les autres liquides de l'économie d'éléments figurés, nettement caractérisés par leur forme et leur aspect sous le miscroscope, que l'on désigne sous le nom de *corpuscules de Cornalia* ou de *corpuscules vibrants*. De nombreuses expériences ont démontré que ces corpuscules que l'on retrouve dans l'air et dans la pousière de magnaneries infectées sont au moins l'un des éléments reproducteurs, sinon même l'unique élément reproducteur de la pébrine. On aurait là, par conséquent, un exemple d'une sorte de miasne spécifique représenté conformément à l'opinion de M. Chauveau, par des éléments figurés qu'il serait facile de retrouver en dehors de l'économie. Mais en ce qui concerne les maladies infectieuses de l'homme et des vertébrés domestiques, on est bien loin d'avoir une semblable démonstration. Les éléments figurés des virus examinés jusqu'à ce jour ne sont même pas encore nettement caractérisés dans les liquides où ils existent, et à plus forte raison serait-il impossible de les reconnaitre dans les poussières atmosphériques, si toutefois ils y existent.

Si la nature des miasmes spécifiques est inconnue, il n'en est pas de même de leurs effets. Chacun d'eux ne peut déterminer qu'une maladie identique par sa nature avec celle qui lui a donné naissance. Mais il faut que l'économie soit prédisposée à contracter l'affection. Il y a dans l'espèce humaine comme chez les animaux des individus qui paraissent doués, à l'égard de certaines maladies infectieuses, d'une immunité naturelle qui leur permet de vivre impunément dans une atmosphère infectée. Ce sont là des faits que la science constate, mais qu'elle ne peut expliquer. Elle ne peut guère mieux expliquer l'immunité qui est acquise à d'autres individus par l'existence antérieure chez eux de la maladie dont le miasme spécifique est répandu dans l'air, ou par l'existence antérieure d'une maladie analogue. Tout ce qu'elle peut faire, c'est de constater qu'un mouton qui a eu la clavelée n'est plus apte à la contracter, et qu'un homme qui a été vacciné est préservé, au moins pendant un certain temps, des atteintes de la petite vérole.

Du reste l'immunité, qu'elle soit naturelle ou acquise, n'est pas absolue. Il n'est pas rare de voir dans toutes les espèces des individus qui ont longtemps résisté à l'infection être frappés à leur tour; et l'on voit même de temps à autre des hommes qui ont eu la petite vérole en être atteints de nouveau. Le fait est plus fréquent encore chez ceux qui ont été vaccinés, surtout quand la vaccine remonte à une époque éloignée. Mais ce sont là des faits exceptionnels qui n'infirment en rien les avantages des inoculations préventives, et qui souvent même sont de nature à mieux les faire ressortir, puisque, dans la plupart des cas, les sujets qui sont frappés des affections éruptives que nous venons d'indiquer, après les avoir eues une première fois ou après une inoculation, ne sont que légèrement atteints et se rétablissent facilement.

Malheureusement toutes les affections infectieuses ou contagieuses ne sont pas de telle nature qu'elles ne puissent atteindre l'économie qu'une seule fois, et les bienfaits de l'inoculation préventive ne peuvent être recherchés que pour un petit nombre d'entre elles.

Nous ne nous arrêterons pas à l'étude des nombreuses circonstances qui paraissent favoriser l'action du miasme spécifique. Sous ce rapport on observe, suivant les affections, des différences qu'il appartient à la pathologie et à la police sanitaire de préciser et de caractériser. Les unes, comme la variole et la rougeole dans l'espèce humaine, paraissent s'attaquer plus particulièrement aux jeunes sujets, les autres, comme la peste bovine, la péripneumonie, la morve, sont de tous les âges. En général la faiblesse de l'organisme, quelle que soit la cause d'où elle dérive, est une cause prédisposante des maladies infectieuses. Un travail exagéré, de mauvaises conditions hygiéniques en ce qui concerne le climat, la saison, les habitations, la nourriture, sont autant de circonstances qui sont pernicieuses pour les animaux comme pour l'homme en temps d'épidémie ou d'épizootie. Il en est de même d'un état maladif habituel ou accidentel, qui détermine chez les individus des troubles fonctionnels analogues à ceux que provoquerait l'absorption du miasme spécifique. Enfin une chaleur humide est souvent aussi, en dehors de l'organisme, une cause de propagation des maladies infectieuses. Toutefois, sur cette matière, il est impossible de poser aucune règle qui soit absolue, et les exemples abondent pour démontrer qu'en dehors des circonstances que nous venons d'indiquer, les miasmes spécifiques peuvent en tout temps exercer leur influence d'une manière funeste sur les sujets les plus robustes, sur ceux qui sont entretenus dans les meilleures conditions hygiéniques, et sur ceux qui jusqu'alors ont paru jouir de la meilleure santé.

Toutes les précautions que nous avons fait connaître comme devant être employées pour prévenir les effets des miasmes simples doivent être mis en usage, contre les miasmes spécifiques. On évitera l'encombrement, on facilitera par tous les moyens possibles le renouvellement de l'air dans les habitations, on tiendra les animaux, ainsi que les lieux qu'ils occupent, dans le plus grand état de propreté, on fera usage, pour les sujets exposés aux atteintes du mal, d'une alimentation de bonne qualité, à laquelle on ajoutera au besoin des substances toniques, on les ménagera dans leurs travaux, enfin l'on combattra immédiatement par des soins appropriés les moindres troubles qui pourraient se produire dans la santé, et auxquels on n'attacherait pas grande importance dans les temps ordinaires.

A ces précautions élémentaires qui sont en quelque sorte de tous les temps, on ajoutera celle de ne point faire entrer dans les écuries, les étables, les bergeries, les animaux qui viendraient de pays infectés ou dont le lieu de provenance ne serait pas bien connu. On isolera soigneusement des animaux sains tous ceux qui auront manifesté quelque symptôme de la maladie infectieuse que l'on redoute ; on fera bien même, dans la plupart des cas, lorsqu'il s'agira d'une de ces maladies terribles comme le typhus, de sacrifier et d'enfouir les premiers animaux atteints, qui pourraient devenir des foyers d'infection. Pour quelques maladies éruptives comme la clavelée, par exemple, l'inoculation préventive sera quelquefois indiquée ; enfin on évitera autant que possible non seulement tout contact des animaux malades avec les animaux sains, mais encore tout contact de ceux-ci avec les hommes, les animaux ou les objets qui auraient séjourné au voisinage d'un foyer d'infection ; on fermera les ouvertures du côté d'où l'on pourrait craindre de voir les miasmes spécifiques apportés par le vent ; si, malheureusement, le bétail est frappé en dépit de tout ce que l'on aura fait pour éviter le mal, on ne négligera jamais, après que la maladie aura été éteinte d'une manière ou d'une autre, de recourir, avant l'introduction de nouveaux animaux dans les locaux où le mal a sévi, aux procédés les plus énergiques de désinfection en ce qui concerne les habitations, les harnais et tous les objets dont ils pourraient avoir à subir les approches.

Chacune de ces recommandations demanderait, on le comprend, à être longuement développée. Mais les sujets qu'elles indiquent sont tous du domaine de la police sanitaire, et nous ne saurions, sans sortir du cadre qui nous est tracé, aller au delà des notions succinctes que nous avons données.

<h3 align="center">§ V. — Influence des végétaux sur la salubrité
de l'atmosphère.</h3>

Les plantes modifient la COMPOSITION CHIMIQUE de l'atmosphère en émettant des corps liquides et des substances gazeuses.

L'eau qu'elles exhalent renferme des sels et des gommes qui restent sur la plante à l'état solide, à mesure que le liquide se répand dans l'air sous forme de vapeurs. Celles-ci humectent, rafraîchissent l'atmosphère et exercent sur les animaux une influence en général salutaire. En été, quand les arbres sont couverts de verdure et que l'exhalation en est abondante, l'air des forêts dont le sol est sain, est frais et humide. Les plantes ne rendent insalubres que les lieux naturellement chargés d'un excès d'humidité ; elles agissent alors en répandant des vapeurs dans l'air et en conservant, par leur ombre, la fraîcheur de la terre. Parfois, cependant, cet inconvénient est compensé par l'obstacle que les arbres opposent à l'évaporation trop rapide de l'eau des marais, dont le fond mis à nu fermenterait alors avec une funeste activité. Il suffit quelquefois, en effet, pour rendre un marais insalubre, de couper les arbres qui l'ombragent et le préservent des rayons solaires.

Les substances liquides qui n'ont pas l'eau pour base sont des *huiles essentielles* tenant en dissolution des résines et du camphre. Parmi ces substances, celles qui sont volatiles communiquent à l'air diverses propriétés : elles le rendent odorant, excitant ou narcotique ; mais, à moins que la chaleur n'active l'exhalation des végétaux, et que le calme de l'air ne retienne les émanations près du lieu où elles ont été formées, elles sont rarement en assez grande quantité pour nuire aux animaux. Ce qu'on raconte des effets pernicieux produits par l'ombre de quelques arbres est exagéré : dans tous les cas, on ne trouve point dans nos climats de plantes dont les exhalations soient assez actives pour communiquer à l'air libre des propriétés si nuisibles; mais, dans les lieux fermés, les exhalations végétales peuvent produire des maladies graves et même la mort.

Parmi les *substances gazeuses*, se trouvent en grande quantité l'oxygène et l'acide carbonique. *Pendant le jour*, les végétaux absorbent, comme nous l'avons dit, le dernier de ces gaz, s'en approprient le carbone et en dégagent l'oxygène, dont une partie au moins est sous forme d'ozone et concourt, comme nous l'avons vu, à l'assainissement de l'air. Les plantes vertes absorbent aussi les gaz insalubres qui résultent de la respiration des animaux et de la putréfaction, surtout lorsque ces gaz sont ramenés par les pluies dans la terre au voisinage des racines.

Dans l'obscurité, les végétaux, ceux qui sont coupés, mais encore verts, comme ceux qui sont sur pied, dégagent de l'acide carbonique. Il est dangereux de passer la nuit dans un appartement qui renferme des plantes fraîches. Les parties végétales qui ont une couleur autre que la verte sont les plus dangereuses, et sous ce rapport, les enveloppes florales tiennent le premier rang. Il paraît même que, dans certains cas, les fruits peuvent altérer l'air.

Les arbres peuvent nuire quelquefois à la salubrité de l'atmosphère par l'inflence qu'ils exercent sur les PROPRIÉTÉS PHYSIQUES DE L'AIR. L'ombre d'un bosquet ou seulement d'un grand arbre bien touffu occasionne, dans certaines circonstances, des maladies aux animaux qui, étant en transpiration, vont y chercher un abri contre les ardeurs du soleil. Les végétaux deviennent aussi, dans quelques cas, des causes de maladie en s'opposant aux mouvements de l'atmosphère; il faut alors les élaguer, afin de livrer passage aux rayons du soleil et aux courants d'air.

SECTION II

PROPRIÉTÉS PHYSIQUES DE L'ATMOSPHÈRE.

Pesant, compressible, élastique, l'air est invisible s'il est en couches minces, et revêt une couleur bleue, appelée *bleu de ciel*, quand il est en masses considérables. La plupart des corps qui en altèrent la composition en diminuent la transparence.

Il agit sur les plantes et sur les animaux par sa pesanteur, par sa température, par son humidité et par les frottements qu'il opère en se déplaçant.

1. — Pesanteur de l'air ; pression atmosphérique.

INTENSITÉ. — Un décimètre cube d'air pèse, à la température de 0 sous le 45° de latitude, 1 gramme 2927. On mesure la pression que l'air exerce sur les corps plongés dans son sein au moyen du baromètre. Cette pression, au niveau de la mer, élève le mercure dans le vide de 761 millimètres et l'eau de 103 décimètres au-dessus de leur niveau ; elle *diminue* à mesure qu'on s'élève dans l'atmosphère et que la couche d'air devient moins épaisse ; à l'altitude de l'Observatoire de Paris, 64 mètres au-dessus du niveau de la mer, elle n'élève en moyenne le mercure que de 756 millimètres ; sur le Mont-Dore, à une altitude de 1,884 mètres, de 600 mm.; sur le grand Saint-Bernard, à 3,670 mètres, elle ne l'élève plus que de 550 mm.; à Mexico, de 583 mm.; à Quito, de 553 mm.; à Antisana, de 470. La diminution de pression est, dans les lieux peu élevés, de 1 millimètre pour 10 mètres d'altitude.

La pression de l'atmosphère éprouve des VARIATIONS que l'on distingue en *horaires* et en *irrégulières*. Elles dépendent du mouvement, de la composition et de la température de l'air.

Quoique moins marquées que dans les régions tropicales, les variations *horaires* sont, dans nos climats, au nombre de quatre : les plus fortes pressions ont lieu à Paris, le matin à 9 heures en été et à 8 heure en hiver, et le soir à 9 heures en été et à 11 heures en hiver ; les moindres pressions s'observent à 4 heures, le matin et le soir. La pression de midi à une heure est sensiblement égale à la moyenne des pression observées à toutes les heures du jour.

Produites par l'action du soleil sur l'atmosphère, les variations horaires ne varient que de 2 à 3 mm. Elles sont moins intéressantes, au point de vue de l'hygiène, que les variations *irrégulières*. Ces dernières reconnaissent plusieurs causes : les changements de la température atmosphérique, la présence des vapeurs et des vents qui, en déplaçant de grandes masses d'air, font monter le baromètre dans certains pays, pendant qu'ils le font baisser dans d'autres. Ces causes ne sauraient être prévues et produisent des effets considérables : on a vu à Paris le mercure s'élever à 781 millimètres et descendre à 719, c'est-à-dire s'élever à 25 millimètres au-dessus et descendre à 37 au-dessous de la hauteur moyenne. Les variations barométiques sont plus fortes en *hiver* qu'en *été*.

Ainsi, les deux que nous venons de citer ont eu lieu, l'une en décembre et l'autre en février 1821. On remarque que dans l'ouest et le nord de la France, le baromètre baisse pendant le règne des vents du sud et du sud-ouest; il s'élève quand le vent froid du nord vient à souffler.

Effets. — Sous la pression qu'on remarque au niveau de la mer, tous les corps supportent une couche d'air dont le *poids* est égal à celui d'une colonne d'eau qui aurait pour base la surface de ces corps et pour hauteur 103 décimètres; de sorte qu'un corps ayant un décimètre de surface, supporte un poids de 103 kilogrammes. Un homme de taille moyenne ayant une surface de 150 décimètres carrés, supporte donc 150 fois 103 kilogrammes, soit 15,450 kilogrammes.

D'après les mesures que nous avons prises sur divers animaux vivants, ou sur les peaux d'animaux morts récemment ou sacrifiés pour la boucherie, la surface du corps serait sur de forts chevaux percherons de 500 à 580 décimètres carrés, sur des vaches et des bœufs de race flamande de 400 à 480 décimètres carrés et sur des moutons de taille moyenne de 82 à 90 décimètres carrés. La somme des pressions que ces animaux éprouvent dans tous les sens au sein de l'atmosphère serait donc pour le cheval de 51,500 à 59,740 kilogrammes, pour le bœuf de 41,200 à 49,450 kilogrammes et pour le mouton de 8,446 à 9,270 kilogrammes. Les sujets sur lesquels nous avons opéré n'étant pas, surtout dans les espèces du bœuf et du mouton, au nombre des plus grands et des plus amples de formes, on pourrait certainement obtenir pour d'autres des chiffres plus élevés que ceux que nous donnons, et qui doivent être considérés comme de simples moyennes.

L'air ayant une *élasticité* égale à sa pesanteur, presse les corps plongés dans son sein également sur toute leur surface; la pression qui s'exerce sur le dos d'un cheval est neutralisée par l'élasticité qui agit sous le ventre; de même la pression qui a lieu de droite à gauche est balancée par celle qui s'opère de gauche à droite. Les animaux plongés dans l'atmosphère n'éprouve donc aucun effet sensible de la pression atmosphérique.

Ce que nous disons de la totalité du corps des animaux s'applique à chacune de ces couches; car les gaz, l'air, les vapeurs et les liquides renfermés dans les tissus réagissent contre la pression extérieure et lui font équilibre. Chaque membrane, chaque pellicule du corps, se trouvant ainsi également pressée sur ses deux faces, n'éprouve, dans l'état ordinaire, aucune pression fatigante. Les êtres organisés tendent toujours à se mettre en rapport de densité avec la pression atmosphérique sous laquelle ils vivent, et lorsque cette pression est constante on éprouve des variations très lentes, le rapport s'établit insensiblement et les animaux jouissent de la plénitude de leurs facultés : ils sont dans de bonnes conditions de santé.

Les êtres vivants ne sont incommodés par la *pression de l'air* que si cette pression *éprouve brusquement de grandes variations*. Quand ils passent sous une *pression plus forte*, ils sont comprimés de dehors en dedans : les personnes qui descendent sous l'eau dans la cloche à plongeur ressentent aux oreilles des douleurs produites par l'air qui presse sur la face externe de la membrane du tympan ; tandis que les animaux qui sont placés sous la machine pneumatique quand on y fait le vide, et les personnes qui s'élèvent dans les aérostats, n'étant plus suffisamment pressés par l'air atmosphérique, éprouvent des hémorrhagies par les oreilles, le nez, les yeux.

Un fait de même nature se produit quand certains poissons, habitués à vivre à une grande profondeur dans la mer, sont ramenés à la surface. Organisés pour vivre sous une couche d'eau qui représente la pression de plusieurs atmosphères, ils se dilatent tellement quand ils n'ont plus à supporter que la pression ordinaire de l'air, que les intestins sortent par les ouvertures naturelles.

Quand les *diminutions de la pression atmosphérique ont lieu lentement*, les fluides renfermés dans le corps se perdent en partie sous forme de transpiration, leur densité diminue comme celle de l'air extérieur, et les effets de la diminution sont nuls.

L'homme et les animaux peuvent vivre à des hauteurs considérables : à l'hospice du grand Saint-Bernard, à 2,491 mètres, à Puno, ville du Pérou, à 3.911 mètres au-dessus du niveau des mers. Cependant, ces lieux très élevés sont peu favorables à l'existence des êtres organisés : les religieux ne peuvent passer que quelques années au grand Saint-Bernard, et la campagne du Mexique a fourni à M. Liguistin l'occasion d'observer que sur le plateau de l'Anahuac, à 2,200 mètres au-dessus du niveau de la mer, les animaux contractent souvent, sous l'influence combinée de la raréfaction de l'air et des abaissements fréquents de température, des affections organiques du cœur et des organes respiratoires qui abrègent leur existence. Mais les animaux comme l'homme, jouissent d'une parfaite santé sur les monts d'Auvergne, sur les contre-forts des Alpes et des Pyrénées, à 1,800 à 2,000 mètres d'élévation, dans une atmosphère, qui par sa rareté, occasionnerait de graves accidents sur des animaux qui la subiraient immédiatement après la pression qui a lieu au niveau des mers.

Le poids de l'air est sur chaque mètre de surface de :

10,595	kilogrammes pour une pression	de 78	centimètres.
10,325	»	»	de 76	»
10,189	»	»	de 75	»
9,510	»	»	de 70	»
8,152	»	»	de 60	»
6,792	»	»	de 50	»

De sorte qu'un animal dont la surface du corps représente 4 mètres carrés passe d'une pression de 41,300 kilogr. à une pression de 32,608 quand la pression barométrique à laquelle il est soumis passe de 76 à 60 cent., comme cela a lieu pour un animal qui va des plaines de la Charente sur les monts d'Auvergne. Dans la première de ces localités, il supporterait 8,692 kilogr. de plus que dans la seconde.

Les bestiaux qui sont conduits tous les ans des herbages du Cantal dans les prairies des bords de l'Océan éprouvent un changement inverse : ils passent d'une pression de 32,608 kilogr. à une pression de 41,300.

Généralement, ces changements, quoique si considérables, sont sans effet appréciable, parce qu'ils s'opèrent graduellement, à mesure que les animaux s'élèvent sur la montagne ou descendent vers la plaine.

Nous *perdons dans l'air* et dans l'eau une partie de notre poids égale au poids de l'air et de l'eau que nous déplaçons. L'air contribue à maintenir notre corps dressé ; il presse nos organes les uns contre les autres, de sorte que quand sa pression diminue, notre corps perdant moins de son poids et étant moins soutenu, tend à se laisser aller ; alors l'air nous paraît lourd, il faut faire de plus grands efforts musculaires pour nous soutenir. C'est ainsi qu'il y a dans l'eau des plantes, des poissons, qui tombent comme des masses informes quand ils sont transportés dans l'air : l'effet qu'éprouvent les animaux en passant sous des pressions atmosphériques moindres est de même nature, mais moins sensible, parce qu'il y a entre l'air plus dense et l'air plus léger moins de différence qu'entre l'eau et l'air, et parce que les organes des animaux terrestres, les os, sont plus résistants que ceux des espèces aquatiques dont nous venons de parler.

Pour expliquer les effets variés qui se font observer quand on s'elève sur de *hautes montagnes*, il faut tenir compte de la diminution de pression et de l'influence très grande que l'air raréfié exerce sur les phénomènes chimiques de la respiration.

A mesure qu'on s'élève sur les montagnes, la *respiration et la circulation s'accélèrent :* on se sent plus ou moins oppressé. Ces effets résultent sans doute de la fatigue ; mais ils sont produits aussi en partie par la rareté de l'air et par la quantité moindre d'oxygène qui, à chaque inspiration, est introduite dans les cavités pulmonaires. Cette quantité étant peu considérable, il faut que les inspirations soient plus fréquentes pour opérer la transformation du sang veineux en sang artériel et pour remplacer la *chaleur* qui se perd si rapidement sur les montagnes, et par les courants d'air et par le rayonnement, On sait que l'appétit augmente sur les lieux élevés, que cependant les animaux n'y prennent pas un très grand développement : la respiration y enlève une plus grande quantité de carbone et d'hydrogène que dans les lieux bas.

On explique la *bonne santé* dont jouissent les animaux sur les montagnes, malgré le peu de densité de l'atmosphère, par la pureté et la fraîcheur plus grandes de l'air qu'ils respirent, par l'exercice qu'ils prennent, et par les aliments meilleurs, les plantes plus sapides dont ils se nourrissent. Mais pour qu'il en soit ainsi, il faut que l'altitude ne dépasse pas une certaine limite ou que tout au moins le séjour dans les hautes régions ne soit pas prolongé. Il est même bon d'observer que si, dans les circonstances ordinaires, la raréfaction de l'air n'a pas une influence marquée sur l'état de santé des animaux, il y a des cas cependant où elle amène des complications graves dans la marche des maladies les plus simples. C'est ainsi que M, Liguistin a attribué au peu de pression de l'atmosphère les ballonnements exagérés qui ont accompagné les indigestions nombreuses observées sur les chevaux et les mulets de l'armée du Mexique pendant le siège de Puebla.

Quoique moins étendue, *les diminutions de pression* qui ont lieu *dans chaque localité* sont souvent assez bruques et assez grandes pour terminer la dilatation des liqueurs, favoriser les hémorrhagies et provoquer même des apoplexies. Ces effets se font remarquer sur les individus faibles, vieux, exténués par la fatigue, et, au primtemps surtout, sur les animaux qui, ayant été mal nourris en hiver, sont prédisposés aux coups de sang par la nourriture plus abondante de la belle saison ; la dilation des liquides est produite à la fois et par la diminution de la pression atmosphérique et par l'élévation de la température. Il faut, pour *prévenir* les conséquences de ces conditions hygiéniques, nourrir modérément les animaux, ne pas les exténuer de travail, et leur faire éviter les variations brusques de température.

L'*augmentation dans la densité de l'air* est rarement nuisible aux animaux parce qu'elle se produit presque toujours graduellement, d'ailleurs elle est par elle-même favorable à nos organes. Si on ne s'aperçoit pas de l'influence salutaire exercée par la densité plus grande que l'atmosphère, cela provient de ce que nous ne l'éprouvons que dans des lieux bas, où les bons effets en sont neutralisés par la stagnation et l'impureté de l'air que nous respirons.

On a cherché à utiliser les bons effets d'un air dense en plaçant les malades atteints de certaines affections organiques dans des réservoirs où l'on comprime l'air au moyen d'une pompe foulante, mais ce moyen ne produit pas le même effet qu'une augmentation de densité à l'air libre, parce que l'air ne peut être comprimé que dans des lieux clos, où il s'altère rapidement sous l'influence de la respiration.

Utilité du baromètre. — Les variations apportées dans la constitution de l'atmosphère par les causes qui font varier la colonne barométrique, déterminent souvent des *changements de temps*. Les vents du nord, du nord-est, qui font monter le mercure, amènent presque toujours la sécheresse en France; tandis que ceux du sud et du sud-ouest, qui le font baisser, sont un signe de pluie. A Paris, le beau temps n'est assuré que lorsque le baromètre dépasse 766 millimètres; la sécheresse est presque toujours de longue durée quand il est à 780; tandis que le temps est variable, ou à la pluie, quand le mercure n'est qu'à 758 ou 760. C'est un signe certain de pluie ou de tempête quand il est plus bas.

On apprécie généralement l'utilité des baromètres pour la connaissance du temps. Mais ce qu'on ignore trop souvent, c'est que l'élévation qui correspond au temps sec et au temps pluvieux varie selon les pays; chaque cultivateur, après avoir placé son baromètre là où il veut le laisser, doit l'observer et remarquer à quelle hauteur, à quels chiffres correspondent les divers changements de temps; il mettra ensuite l'*index* en rapport avec ce que l'observation lui aura appris.

Le baromètre consulté par le cultivateur lui fournit d'excellentes indications relativement aux choix d'un temps favorable pour faire certains travaux, lorsque cela est possible. On aura d'autant plus de confiance dans ses indications que les mouvements d'élévation ou d'abaissement de la colonne mercurielle s'accompliront avec plus de lenteur. On fera attention surtout aux abaissements brusques qui ont lieu par les grandes chaleurs parce qu'ils sont presque toujours un indice de la tempête prochaine. Enfin on se rappellera que le baromètre indique les mouvements qui se produisent dans l'atmosphère plutôt que son état hygrométrique, de telle sorte que ses indications quant au temps dépendent uniquement de ce que dans nos contrées il pleut plutôt par tel vent que par tel autre. Aussi arrive-t-il quelquefois qu'il pleut lorsque le baromètre monte par un vent du nord qui rencontre un vent du sud chargé d'humidité et dont il condense subitement les vapeurs, de même que la pluie ne vient pas toujours immédiatement au moment où le baromètre baisse. Ce sont là des faits exceptionnels dont il faut être averti, mais qui n'infirment en rien ce que nous avons dit des utiles indications de cet instrument aux époques des semailles, de la fenaison, de la moisson, et en général de toutes les opérations agricoles.

2. — Température atmosphérique.

Effets. — L'air tempéré, c'est-à-dire dont la température est de 5 à 15° au-dessus de 0, est le plus favorable à la santé des animaux. Sous son influence, les fonctions s'exécutent bien, l'appétit est actif, la digestion régulière, la transpiration assez forte, mais modérée. Les animaux ont un bon poil et présentent, en général, tous les signes de la santé. Mais nous ferons remarquer que la qualification de tempéré n'a rien de fixe : l'air à $+ 8°$, $+ 10°$, qui est tempéré pour un animal, sera froid pour un autre ; tandis que celui qui marquera 5°, 6° au-dessous de 0 sera froid pour un animal vieux ou jeune, et seulement frais pour un animal adulte et vigoureux.

Du reste, comme le calorique exerce toujours la même action sur les plantes et sur les animaux, soit qu'il agisse par l'intermédiaire de l'air, soit qu'il agisse directement, c'est au chapitre AGENTS IMPONDÉRÉS que nous étudierons les effets de la *chaleur* et ceux du *froid*. En parlant des vents, nous dirons que les effets de l'air, par rapport à sa température, sont plus marqués quand l'atmosphère est agitée que lorsqu'elle est en repos. Nous ferons seulement remarquer ici que la température de l'air étant généralement en rapport avec celle du sol et des boissons, elle produit, quand elle est élevée, des effets qui se confondent avec ceux de la poussière, des insectes, et de la rareté des plantes. (Voyez SAISONS.)

Un cultivateur doit toujours avoir recours au THERMOMÈTRE pour régler la température des celliers, des étables, des magnaneries et des poulaillers ; il doit même s'en servir pour diriger convenablement la fabrication du vin, la panification, la fermentation et la préparation de la nourriture des bestiaux.

3. — Humidité de l'atmosphère.

QUANTITÉ DE VAPEUR. — L'air contient une quantité de vapeur d'eau qui varie selon la température. Pour être saturé, il lui en faut par mètre cube 41 grammes 13 à + 35° et seulement 5 grammes 66 à 0°. (Voyez page 376.)

Au point de vue de l'agriculture et de l'hygiène, il faut distinguer la quantité de vapeur répandue dans l'espace, de la tendance qu'elle a à se déposer. C'est le matin qu'il y en a le moins, et c'est alors que l'air est plus humide ; tandis qu'à midi, à l'heure où il y en a le plus, il nous paraît plus sec ; à la pointe du jour, en raison de la temparature peu élevée, la vapeur a plus de tendance à se déposer que plus tard, quand l'atmosphère a été échauffée par le soleil. Pour la même raison, c'est en hiver que l'humidité de l'air est au maximun, quoique la quantité de vapeur qu'il renferme soit au minimum. De même en hiver, le vent du sud est plus sec que celui du nord, à cause de sa température élevée et cependant l'air qui vient des régions méridionales contient plus de vapeur d'eau que celui qui nous arrive du côté du septentrion.

L'air est dit *humide*, quelle que soit la quantité de vapeur d'eau qu'il renferme, quand il l'abandonne facilement aux corps plongés dans son sein ; il est *sec* quand il a de la tendance à dessécher ces mêmes corps.

Au point de vue des effets qu'exerce l'humidité sur les plantes et sur les animaux, il n'est pas nécessaire de tenir compte de la quantité de vapeur d'eau que contient l'air, il suffit d'avoir égard à la tendance qu'elle a à se déposer, et c'est ce qu'indiquent l'HYGROMÈTRE à boyau et l'hydromètre à cheveux.

Ces instruments, que l'on trouve communément dans le commerce et qui peuvent faire pressentir les changements de temps, portent un cadran divisé en 100 degrés : 0 correspond à l'air qui ne peut plus céder d'humidité, et 100 à l'air qui en est saturé. L'hygromètre marque en moyenne à l'air libre 72°, et dans les temps très humides, 90° ; il ne marque jamais au delà de 95 pour le maximun, ni de 30 pour le minimum. Quand il est à 95, l'air contient les 9/10 de la vapeur nécessaire à sa complète saturation et quand il est à 30, seulement 1/6.

La quantité absolue d'humidité renfermée dans l'atmosphère est intéressante au point de vue de la météorologie, elle indique, nous le verrons, le poids d'eau que l'air peut fournir, sous forme de pluie ou de rosée, pour un certain refroidissement qu'il éprouve.

EFFETS. — L'*air humide* humecte, ramollit les corps plongés dans son sein; du moins il dessèche lentement les corps mouillés et dissout mal la transpiration cutanée : les animaux qui y sont exposés suent facilement. L'air humide conduit bien la chaleur et l'électricité; il paraît froid relativement à sa température. Il est, en général, peu favorable à la santé des animaux. Sous son influence, la respiration se fait incomplètement. L'air nous soutient mal; il nous paraît lourd, quoiqu'il presse moins le baromètre que lorsqu'il est sec. Si l'air humide est chaud, il active la végétation.

L'*air sec* dessèche les corps, excite la transpiration et facilite, surtout s'il est frais, la respiration; il est favorable à la santé des animaux.

L'*air froid* et *humide* est nuisible à fa santé; il refroidit la peau, arrête la transpiration et occasionne des bronchites, des diarrhées, des rhumatismes, des hydropisies, la pourriture et le farcin. Les animaux jeunes, et en général tous ceux qui sont faibles, en souffrent principalement.

Pour *prévenir* et combattre les mauvais effets de cet air, on fait sortir plus rarement les animaux; on a soin de ne pas les laisser reposer à l'air libre, de les pourvoir de couvertures, et de leur donner une nourriture substantielle et tonique, au besoin rendue excitante par l'usage du sel et des condiments stimulants. l'exemple du cheval anglais de pur sang prouve que l'on peut combattre victorieusement, par des soins hygiéniques bien entendus, l'influence fâcheuse d'un excès d'humidité.

SECTION III

DÉPLACEMENTS DE L'ATMOSPHÈRE. — VENTS.

Les vents, ou déplacement des couches d'air qui nous environnent, sont produits par des changements de température, par la réduction en eau de la vapeur contenue dans l'atmosphère, et par le mouvement de rotation de la terre.

On DIVISE les vents, d'après la direction de leurs courants, en *vents du sud*, de *l'est*, du *nord*, de *l'ouest*; du *sud-est*, du *sud-ouest*, du *nord-est*... On distingue ainsi seize, trente-deux, et même soixante-quatre directions, dont le groupement forme ce qu'on appelle *rose des vents*.

Les vents sont encore distingués en *chauds, froids, secs, humides,* selon l'état de l'air qui se déplac; en *réguliers* ou *irréguliers,* selon qu'ils apparaissent ou non à des époques fixes ; en *modérés, forts, très forts, violents, impétueux,* selon que l'air parcourt 2, 5, 15 et 22 mètres par seconde. Dans les ouragans, il parcourt jusqu'à 40,45 mètres pendant le même espace de temps. Il occasionne alors les plus graves désastres, arrache des arbres, démolit des maisons. Il faut au moins une vitesse de 4 mètres par seconde pour faire marcher les moulins à vent, mais la mouture du blé se fait mieux si le vent parcourt de 6 à 7 mètres par seconde. Lorsqu'il atteint 8 mètres, on est obligé de serrer les toiles. Le vent est *insensible* si l'air ne parcourt pas plus d'un demi-mètre par seconde : ce serait cependant une vitesse assez grande pour renouveler dans une minute l'air d'une étable de 30 mètres de capacité, ayant une fenêtre de 1 mètre carré.

Les vents réguliers comme les *vents alizés,* les *moussons,* ne se font pas sentir en France ; mais sur les côtes, pendant les saisons chaudes, il se produit chaque jour, avec une certaine régularité, des *brises* qui sont dues aux différences de température qui existent entre l'eau et la terre. Pendant le jour souffle la *brise de mer* dirigée de la mer vers la terre, et pendant la nuit la *brise de terre,* qui offre une direction contraire. Dans les pays de montagnes on observe aussi deux brises, l'*une de jour,* caractérisée par un mouvement ascendant des courants d'air des vallées vers les sommets, l'*autre de nuit,* déterminant des courants descendants.

S'il n'existe pas en France de vents réguliers, il y a cependant des vents dominants dont il est important de tenir compte au point de vue de l'hygiène et de l'agriculture. M. Fournet divise sous ce rapport la France en trois régions :

« 1º La région atlantique, qui comprend le centre, le nord-
« est, le nord et l'ouest de la France et où prédomine le vent du
« sud-ouest ;

« 2º Le bassin du Rhône, où prédomine le vent du nord ;

« 3º La région méditerranéenne, subdivisée en partie occiden-
« tale, où prédomine le vent d'ouest à l'est, et la partie orientale,
« où souffle le vent du nord-ouest. »

Dans quelques régions, certains vents ont été assez remarqués pour avoir reçu des populations des noms particuliers. C'est ainsi qu'on désigne en Italie et même en Algérie le vent du sud chargé de calorique sous le nom de *sirocco;* que l'on appelle *mistral* dans la Provence le vent violent qui souffle des Alpes ; et que l'on nomme *vent d'autan, vent marin,* dans le Languedoc, le vent parfois très fort qui souffle du sud ou surtout du sud-est.

Les vents ont des PROPRIÉTÉS différentes selon les pays d'où ils viennent. En général, dans nos contrées, ceux du sud et du sud-ouest sont chauds, ceux de l'est et du nord-est froids, et les premiers sont chargés de beaucoup plus de vapeur d'eau que les seconds. Mais ces propriétés peuvent être changées par les contrées que les vents traversent. Ainsi, dans les environs de Paris, les vents de l'est et du sud-est sont quelquefois plus chauds en été que celui du sud : ils sont échauffés par les plateaux de la Champagne et de la Bourgogne, tandis que celui du sud-ouest est rafraîchi par les vapeurs de l'Océan. En hiver, pendant que le premier est très froid, à cause des montagnes couvertes de neige qu'il a parcourues, celui de l'ouest, échauffé par la vapeur d'eau qu'il renferme, a une température beaucoup plus douce. A Paris, la température des vents du nord, du nord-est est de $+ 1$, $+ 2$, $+ 3$ en hiver, et de $+ 28$ en été ; — différence de 25 à 27 degrés ; et celle du vent du sud et du sud-ouest est de $+ 8$ à $+ 10$ en hiver et de $+ 29$ à $+ 26$ en été ; — différence, 19 à 16°. A Alger même, le vent du sud amène le froid quand l'Atlas est couvert de neige.

On observe très en grand l'influence que les vents exercent en comparant l'ancien au nouveau continent : l'Europe, échauffée par les courants d'air qui lui arrivent des déserts brûlants de l'Afrique et de l'Arabie, cultive la vigne jusqu'à une latitude beaucoup plus élevée que l'Amérique, dont les régions tropicales, couvertes d'herbages, de forêts et de grandes masses d'eau, rafraîchissent, au lieu de l'échauffer, l'air qui s'avance vers le nord.

En traversant la mer, l'air se charge d'une humidité qu'il abandonne ensuite quand il va se presser contre les sommets refroidis de nos montagnes : c'est après le règne du sirocco, en Afrique, qu'on a remarqué les grandes inondations du Rhône.

Pour apprécier l'INFLUENCE HYGIÉNIQUE des vents, il faut avoir égard à leur direction et à leur vitesse. Ils agissent sur les animaux soit en raison de leur température et de leur état hygrométrique, soit en raison des frottements qu'ils exercent, soit enfin en raison de la composition de l'air en mouvement.

Quant à leur *température* et à leur *état hygrométrique,* les vents produisent les mêmes effets que l'air considéré dans ses caractères thermométriques et dans les propriétés que lui donne l'humidité; mais ces effets sont plus marqués en raison de la quantité plus considérable de gaz qui est en contact avec le corps des animaux. Ainsi l'air, toujours plus froid que le corps animal, le refroidit beaucoup plus à égale température, quand il est agité, qu'en plein calme : lorsqu'il est en repos, la portion qui entoure cet animal une fois chauffée, ne lui enlève plus de calorique; au contraire, comme elle conduit mal ce fluide, elle lui forme une enveloppe qui le préserve de l'action réfrigérante des couches voisines. Mais si l'atmosphère est agitée, la peau se trouve en contact avec un air qui, renouvelé sans cesse, est toujours également prêt à soutirer sa chaleur. Parry a observé, dans un voyage aux mers glaciales, qu'on supporte plus facilement —36° quand l'atmosphère est tranquille que — 18 lorsqu'elle est agitée. De même le vent sec dessèche les corps plus rapidement que l'air en repos qui est au même degré hygrométrique.

Les vents du nord sont souvent nuisibles à la santé; ils peuvent déterminer le lumbago, la paralysie, la métrite, sur les vaches qui viennent de mettre bas, le tétanos sur les chevaux nouvellement châtrés.

Selon M. Rainard, sous l'influence de l'air du sud, les vaches avortent, et l'avortement est fréquemment suivi de la chute et du renversement de la matrice.

Les vents froids et humides exercent une action très souvent pernicieuse sur les sujets en sueur. Beaucoup de rhumatismes, de maladies de poitrine, qu'on observe dans les temps chauds, ont pour cause des vents qui descendent des montagnes couvertes de neige, ou du moins très élevées et très froides.

Les *frottements* produits par l'air déplacé excitent la peau, déterminent un effet qui se répète sympathiquement sur les organes intérieurs et rend les fonctions vitales plus actives; mais les vents rapides qui frappent les animaux par devant produisent sur les organes de la respiration un frottement désagréable qui suscite des angines, des bronchites, et même des pneumonies. Ces effets du vent s'observent plus fréquemment quand l'air est chargé de poussière.

Le vent du sud, d'ordinaire très fort dans le midi de la France et d'une température élevée, nuit souvent à l'agriculture : il renverse les récoltes, fait couler les fleurs et abat les fruits.

Les vents *produisent sur les couches d'air une action* en général très *favorable :* ils enlèvent celles qui ont été altérées par la respiration, la combustion, la putréfaction et les opérations chimiques, les disséminent dans l'espace et mettent à la place l'air pur des régions élevées ; ils forment sans cesse, de toute l'enveloppe aérienne du globe, un gaz partout semblable, parfaitement sain. Les parties insalubres dispersées dans la masse générale ne forment que des atômes imperceptibles, si, du reste, elles ne sont pas détruites par la pluie, la gelée et la respiration des plantes. Sans les vents, l'air des marais, des étables, de nos habitations et des villes, corrompu par tant de causes d'altération, serait bientôt impropre à la respiration des animaux, et nous péririons asphyxiés par l'acide carbonique, ou empoisonnés par des corps meurtriers pour nous et bienfaisants pour les végétaux qui en demeureraient privés.

Ces bons effets des vents se font aussi remarquer dans les campagnes. Il règne très souvent sur les coteaux des courants d'air descendants qui assainissent les vallées. Leur influence est surtout sensible dans les plaines chaudes et humides peu éloignées des hautes montagnes. Le *mistral*, qui, en se précipitant du haut des Alpes dans les plaines de la Provence, exerce de si grands ravages, contribue puissamment à assainir les marais des bouches du Rhône, de la Camargue, et rend salubres, même pour le mouton, des contrées où se trouvent cependant de nombreuses causes d'insalubrité.

Les saisons et les lieux où les vents sont le plus rares sont aussi les plus insalubres. L'*air immobile* est aux animaux, dit Tourtelle, ce que l'eau stagnante est aux poissons d'eau vive. Il est même utile que les vents soient irréguliers et très changeants dans leur direction ; ceux qui sont constants, *réguliers*, impriment, selon leur nature, aux climats qu'ils traversent une constitution ou trop chaude, ou trop froide, ou trop sèche, ou trop humide, mais, en tous cas, défavorable à la santé. Hippocrate attribue la salubrité de l'Europe aux grandes variations de direction et d'intensité qu'éprouvent, dans nos contrées, les courants de l'atmosphère, et l'insalubrité de l'Asie aux vents constants et modérés qui soufflent sur cette partie du monde.

Il peut arriver que les mouvements de l'air soient *défavorables* à certaines localités : par exemple, quand le vent souffle longtemps du même côté et quand il charie des principes insalubres, des germes de maladies contagieuses, des émanations délétères, il occasionne alors des épizooties et des enzooties. Mais ces funestes effets ne se font guère sentir que lorsque les courants de l'air sont peu rapides, qu'ils suivent des collines et des vallées étroites.

Les vents exercent sur les plantes des effets qu'il importe de ne pas oublier. Ils facilitent la fécondation en portant la poussière fécondante des fleurs mâles sur les pistils, et, selon leur degré d'humidité, ils donnent de l'eau aux végétaux ou leur en retirent. Le vent du midi échauffe, dessèche l'*herbe* et la dispose à éprouver, quand une fois elle est dans l'estomac, la fermentation qui produit les indigestions venteuses.

Dans les contrées maritimes, on PRÉVIENT les effets des vents en entourant les maisons, les cours et les herbages de buttes de terre sur lesquelles on plante des arbres très rapprochés. Dans la Provence et le bas Languedoc, on fait des rangées serrées de cyprès autour des espaces que l'on veut abriter. Comme les vents se traînent sur la terre, des abris même peu élevés protègent de grandes surfaces de terrain. Il suffit d'alterner des sillons de céréales dirigés perpendiculairement au vent dominant, avec des sillons d'autres récoltes, pour abriter ces dernières. C'est par des étais, c'est en coupant les récoltes quelquefois avant leur complète maturité qu'on prévient les dégâts que les vents occasionnent si souvent sur nos arbres fruitiers et sur nos céréales peu de temps avant la moisson.

C'est surtout en éloignant les animaux des lieux où règnent des vents nuisibles, en plaçant dans des endroits abrités ceux qui ont été échauffés par le travail, en fermant les ouvertures des étables, surtout si les vents qui y arrivent ont traversé des lieux insalubres, qu'on prévient les mauvais effets des courants d'air sur les bestiaux.

Nous avons vu que les vents agissent sur la pression de l'atmosphère, sur la colonne barométrique, ce qui nous explique l'influence qu'ils exercent sur les changements de temps. On sait que les vents de l'ouest amènent la pluie, ceux du nord le froid, ceux de l'est et du sud-est la sécheresse.

CHAPITRE IV.

DES AGENTS IMPONDÉRÉS.

§ Ier. — Du calorique.

PROPRIÉTÉS DU CALORIQUE. — Le calorique est l'agent qui fait naître en nous la sensation de la chaleur. Sa nature est absolument inconnue, et, pour expliquer les effets qu'il produit, les physiciens ont recours à deux théories. La première, qui est la plus ancienne, admet que le calorique est un fluide impondéré, élastique, qui a la propriété de dilater les corps qu'il pénétre, de faire passer les solides à l'état liquide, et les liquides à l'état de vapeur. C'est le *système de l'émission*.

La seconde, qui est le *système des ondulations*, est celle qui tend à prévaloir. Elle attribue la chaleur à un mouvement ondulatoire qui se produit dans les molécules des corps et se transmet des unes aux autres dans l'espace à la faveur d'un fluide éminemment subtil et élastique dont on suppose l'existence et auquel on donne le nom d'*éther*. Le système des ondulations est le seul qui soit en rapport avec les progrès de la physique. Cependant le plus ordinairement, dans les ouvrages où l'on fait des applications des connaissances fournies par la physique, et même dans beaucoup de traités de physique, on s'exprime encore comme si la théorie de l'émission avait conservé toute sa valeur. Nous nous conformerons d'autant plus facilement à cet usage qu'il rend les démonstrations plus faciles à saisir, et qu'il n'a, au point de vue où nous sommes placés, aucun inconvénient.

Tous les corps, à la même température, ne renferment pas la même quantité de calorique. On appelle *capacité calorique* la faculté qu'ont les corps d'en absorber une quantité plus ou moins grande pour accuser une certaine température, et l'on donne au calorique absorbé le nom de *calorique spécifique*.

Tout corps qui change d'état absorbe du calorique ou en dégage : en général, celui qui de liquide devient gazeux et de solide liquide, en absorbe ; et celui qui de vaporeux devient liquide, ou de liquide solide, en dégage, sans que ni l'un ni l'autre marque une température différente de celle du corps primitif dont il émane. Ainsi, bien que la vapeur absorbe pour se former 550 degrés de calorique, elle n'annonce que 100°, ni plus ni moins que l'eau d'où elle provient ; et bien que, pour devenir liquide, l'eau ait absorbé 77° de chaleur, encore n'indique-t-elle que 0°, comme la glace qui l'a fournie.

C'est ce calorique absorbé et dégagé dans la transformation des substances qu'on appelle *calorique latent, calorique combiné*, pour le distinguer de celui qui peut se déplacer, qui est sensible au thermomètre et qu'on appelle *libre* ou *rayonnant*.

Cette propriété d'absorber du calorique en changeant d'état nous rend raison des effets de la gelée blanche et de la glace. Ces corps, même lorsqu'ils ne sont pas plus froids que l'eau à 0°, causent, s'ils sont introduits dans l'estomac, des refroidissements plus considérables et développent des accidents plus graves que ce liquide; de même une application de glace sur la peau produit un froid plus grand que ne ferait une quantité d'eau correspondante, la glace et l'eau seraient-elles à la même température.

TEMPÉRATURE PROPRE AUX ÊTRES ORGANISÉS. — Les êtres vivants ont toujours une température propre, une quantité de calorique appelée, dans les animaux, *chaleur animale,* indépendante jusqu'à un certain point de celle du milieu dans lequel ils sont plongés.

Les principales *sources* de la chaleur animale sont les phénomènes respiratoires. Ainsi on voit toujours, dans les êtres organisés, la température propre du corps en rapport avec l'étendue et l'activité de la respiration : dans les *oiseaux*, dans les *mammifères*, où cette activité est si remarquable, la chaleur est très élevée; tandis qu'elle diffère à peine, dans les animaux à respiration incomplète, de celle du milieu qui les environne. Les *plantes*, dont les fonctions respiratoires sont si peu developpées, ont à peine une température propre ; elles sont réduites, en gégéral, au calorique apporté par la sève du sein de la terre, et conservé par les couches concentriques qui forment les tiges.

Lorsque, par une cause accidentelle, la *respiration ne s'exécute pas convenablement,* la chaleur vitale diminue : vous observerez ce phénomène dans les êtres les mieux constités, si les organes pectoraux fonctionnent mal, ou si l'air est altéré et contient moins de 18 ou de 19 p. 100 d'oxygène.

Comment, par une respiration continue, les animaux ne s'échauffent-ils pas sans fin?

Les animaux *perdent* une grande partie de leur chaleur, d'abord par le *rayonnement* et par le *pouvoir conducteur* des organes. Ces deux causes agissent avec une intensité variable, selon la température extérieure; elles sont beaucoup plus actives lorsque l'air est froid, ce fluide enlevant à la peau et à la membrane muqueuse des voies respiratoires le calorique nécessaire pour se mettre en équilibre de température avec elles. Les parties grêles, minces, comme les oreilles, la queue, la crête, qui ont beaucoup de surface relativement à leur masse, sont celles qui perdent le plus de chaleur par le contact de l'air, qui gèlent tout d'abord quand l'animal est exposé à de grands froids.

Pour protéger les êtres vivants contre ces causes de refroidissement, la nature les a pourvus d'enveloppes protectrices accommodées aux climats. Les plantes et les animaux de l'équateur ont l'écorce plus lisse, la peau plus unie ou la fourrure moins chaude que les pins et les ours, destinés à vivre dans les régions glaciales ; et la mue vient à propos, tous les printemps, pour débarrasser les animaux de leur fourrure épaisse, de leur poil long, à l'approche des chaleurs de l'été.

Les causes de refroidissement que nous venons d'examiner sont communes aux corps morts et aux êtres vivants ; mais ces derniers en possèdent une, l'*évaporation des liquides* exhalés par la peau et par les bronches, qui leur est propre. Cette évaporation est liée à toutes les actions vitales qui développent la chaleur animale, en suit toutes les variations, augmente et diminue comme elle : ainsi la température de l'animal s'élève-t-elle, par suite d'une bonne nourriture, d'une santé robuste et d'un exercice forcé, la sueur devient abondante et absorbe, en s'évaporant, l'excès du calorique produit. D'après les expériences de Séguin, un homme perd journellement, dans les. temps ordinaires, 2,500 grammes d'eau par la transpiration ; or, si l'on réfléchit à la quantité de calorique que la vapeur absorbe pour se former, on comprendra combien la peau et les bronches doivent être refroidies par l'évaporation de la masse prodigieuse de fluides qu'elles exhalent dans les temps chauds. On démontre directement l'influence de l'évaporation comme cause du refroidissement des animaux : si vous placez dans un four chaud une éponge mouillée et un être vivant, ces corps conservent une température inférieure à celle du milieu dans lequel ils se trouvent ; mais si l'évaporation ne peut pas s'opérer, si l'éponge est sèche et l'animal dans un bain liquide, ces deux corps s'échauffent également et en proportion de la température qui les entoure. Ces faits nous expliquent pourquoi, dans les temps humides, les animaux ressentent si facilement la chaleur ; pourquoi nous supportons plutôt un bain d'air sec à 50° qu'un bain d'eau à 35, et pourquoi, dans un air sec, la peau est fraîche, quoique exposée au soleil.

La *production* du calorique dans les êtres organisés est subordonnée à leurs besoins : lorsqu'ils sont dans un milieu froid, l'air concentré, riche en oxygène, enlève au sang beaucoup de carbone et d'hydrogène et dégage une grande quantité de chaleur ; tandis que dans un air chaud, dilaté, l'oxygène, moins abondant, restreint à la fois l'activité de la respiration et de la production du calorique. Ainsi, pour préserver les animaux du froid, il faut plutôt leur procurer un air pur, serait-il un peu froid, et leur fournir une bonne nourriture, que les laisser dans un espace fermé. Du reste, leur instinct nous indique ce que nous devons faire, car en hiver ils recherchent des aliments substantiels, capables de fournir le carbone et l'hydrogène que nécessite une respiration active, tandis qu'en été ils affectionnent les plantes vertes et aqueuses.

La faculté de produire du calorique est *limitée* dans les êtres organisés : l'animal cesse de vivre quand la température extérieure étant trop basse, il perd plus de calorique qu'il n'en dégage ; de même, s'il est exposé à une trop forte chaleur, il périt quand l'évaporation ne peut pas absorber tout le calorique développé par le jeu des organes ou fourni par les corps extérieurs.

Les *chaleurs extrêmes* auxquelles les êtres vivants peuvent résister varient selon les espèces, les habitudes, les âges, et une foule d'autres circonstances. Une grenouille meurt dans un bain de + 25° ou de + 30° Réaumur. Les sangsues résistent à quelques degrés au-dessous de 0. Neveroff a constaté, le 21 janvier 1838, à Iakoutsk, en Sibérie, par 62° 2' de latitude, une température de 60° au-dessous de 0. C'est, d'après beaucoup d'auteurs, la plus basse température qui ait jamais été mesurée avec certitude sur la terre. Cependant on rapporte qu'en 1738, Delisle a observé à Kirenga, en Sibérie, que l'homme et certains animaux pouvaient résister à un froid de — 70°. On ne supporterait pas longtemps une température qui excèderait la chaleur ordinaire, autant que celle de — 70° surpasse les froids accoutumés. Les plus fortes chaleurs observées, même au Sénégal, sont rarement, à l'ombre, de plus de 40 degrés.

Chaque espèce organisée vit dans un climat qui lui convient et d'où elle ne peut guère s'écarter. Le genre humain, certains animaux domestiques et quelques plantes semblent faire, à cette loi commune, une exception qui n'est qu'apparente, et qui est d'ailleurs fort limitée et fondée uniquement sur des modifications que l'homme a imprimées aux animaux soumis à la domesticité, en formant, dans les espèces qu'il veut rendre cosmopolites, des races, des variétés plus rustiques que le type d'où elles dérivent. L'habitude exerce aussi une grande influence sur la faculté qu'ont les animaux de résister aux températures extrêmes.

Effets du calorique. — Le calorique est indispensable à l'existence des êtres organisés. On ne peut pas concevoir la vie sans une chaleur qui entretienne fluides les humeurs dont sont formés les corps vivants. C'est la chaleur qui, avec l'électricité, l'air et l'humidité, réveille la vie engourdie dans le germe des *plantes* et même des animaux ; c'est elle qui active au printemps la végétation, facilite la décomposition de l'acide carbonique, l'assimilation du carbonne et le dégagement de l'oxygène. C'est sous son influence que les fruits croissent et qu'ils acquièrent leur beauté et leur saveur; c'est dans les sols bien exposés à l'action des rayons du soleil qu'on trouve les aliments les plus savoureux et les plus salubres. Toutefois, les plantes que le calorique frappe trop vivement exhalent beaucoup, et si l'humidité manque aux racines, elles s'épuisent bientôt, les parties molles, les feuilles, les jeunes pousses se flétrissent, se renversent et se dessèchent.

Il faut aux plantes, pour qu'elles parviennent à leur maturité, une certaine quantité de chaleur qui varie selon les espèces, et que l'on trouve en multipliant le nombre des jours pendant lesquels dure la végétation, par la température moyenne (à l'ombre) de ces jours. (V. CLIMATS AGRICOLES.)

Chez les *mammifères* et les *oiseaux*, l'influence de la température est moins marquée que dans les plantes et les insectes ; cependant la chaleur du printemps semble les animer d'une vie nouvelle ; c'est seulement alors qu'ils ont la force nécessaire pour se reproduire, Si l'homme et quelques animaux domestiques semblent faire exception à cette loi, c'est parce que nous sommes parvens, à force d'intelligence et de soins, de ressources particulières, d'abris, de vêtements et de provisions de vivres, à triompher de l'influence qu'exercent sur toutes choses les rigueurs de l'hiver. Et cependant l'action du calorique sur le développement du corps des animaux domestiques, sur la production et la multiplication des races, est encore très puissante.

Les effets de la chaleur sont *subordonnés à l'habitude*. Quoique la température des caves, des grottes profondes, des mines, soit constamment la même ou à peu près, l'air de ces lieux nous paraît chaud en hiver, habitués que nous sommes à la basse température de l'atmosphère, tandis qu'il nous semble frais en été, lorsque nos organes se sont accoutumés aux rayons du soleil. Voilà pourquoi l'eau de source paraît froide en hiver et chaude en été.

Dans le gouvernement des animaux, il faut tenir compte de cette influence de l'habitude : l'eau et l'étable, qui nous paraissent froides en été, quoique ayant une température qui en hiver occasionnerait une sensation de chaleur, exercent les effets du froid et peuvent donner lieu à des arrêts de transpiration, à des pleurésies, à des entérites, à des avortements, comme le feraient, en descembre ou en janvier, l'eau à la glace et l'air à 10 ou à 12 degrés au-dessous de zéro.

La *densité*, *l'état des corps* chauds ou froids, la propriété qu'ils possèdent d'être plus ou moins bons *conducteurs du calorique*, exercent une grande influence sur les effets de leur température. Les substances denses et celles qui conduisent bien le calorique nous semblent plus froides ou plus chaudes que celles qui ont des propriétés différentes. C'est ainsi qu'à la température ordinaire, la laine, la paille, ne paraissent pas aussi froides que les pierres, que les métaux. Dans la pratique, on a souvent occasion de faire des applications de ces principes : dans la construction des étables, il est bien de garnir la face interne des murs avec des nattes de paille ou avec des planches ; on doit préférer pour le pavage aux pierres grandes et épaisses, le bois, les briques, qui sont moins denses et qui conduisent mal le calorique. Une bonne litière en paille fine ou en herbes douces ne procure pas seulement du bien être, elle préserve encore du froid et est indispensable ponr les bêtes faibles ou frileuses.

Les *variations* de température sont favorables à la santé et contribuent à créer les races fortes et propres au travail ; mais elles doivent être douces et se produire par degrés insensibles autrement si elles sont brusques, elles sont toujours nuisibles rien, en effet, n'est plus préjudiciable aux animaux que le passage subit de la température chaude et humide des étables où la peau se couvre de moiteur et se gorge de sang, à l'air humid et froid, à la pluie glaciale de l'hiver. Le froid agit comme u répercussif ; il fait porter les humeurs sur les viscères et produi des fluxions et des plegmasies.

Quand on ne peut pas convenablement préparer la transition il faut *garantir* les bestiaux avec des couvertures ou des harnai au moment où on les expose au froid ; mais le meilleur moyen c'est de ne pas fermer les fenêtres ou du moins de les ouvri ainsi que les portes, une demi-heure avant de faire sortir l bétail, afin que celui-ci s'habitue à la température extérieur et ne passe pas brusquement de celle de l'étable à celle d dehors.

D'une manière générale, il faut neutraliser les effets des grand froids par une bonne nourriture, des couvertures et l'exercic ou par des abris fermés, mais assez vastes ou convenablemer aérés ; et des fortes chaleurs, par des aliments substantiels de facile digestion, par les ombrages et par le repos, ou ur distribution des heures de travail.

§ II. — De la lumière.

L'action de la lumière sur les animaux et sur les plantes se confond souvent avec celle du calorique. Elle produit pourtant des effets qui lui sont propres. Elle exerce sur l'ensemble du corps animal des effets généraux, et sur l'organe de la vue des effets particuliers qu'il est important de connaître.

Sur l'ensemble du corps elle agit directement par le contact de ses rayons sur la peau, et indirectement par l'influence qu'elle exerce sur les végétaux dont les animaux se nourrissent.

La lumière est un stimulant pour tous les êtres qui vivent ; elle active toutes les fonctions, notamment les nutritions et les sécrétions ; elle donne de la consistance aux tissus, de la vigueur aux fibres, de la force aux muscles : sous son impression se forment des races fortes, agiles, énergiques ; tandis que, loin de ses rayons, les animaux deviennent lymphatiques, lents et faibles, les tissus ont de la propension à se gorger de liquides, et l'engraissement est prompt et facile. Cette action de la lumière est due à la constitution complexe des rayons qui la composent. Tout le monde sait qu'à l'aide du prisme on décompose la lumière en sept rayons qui jouissent même des propriétés spéciales dont on s'est fort occupé dans ces derniers temps. Mais les rayons lumineux ne jouissent pas seulement de la propriété d'éclairer les corps, ils possèdent encore une puissance chimique importante à constater et une puissance calorifique qui se manifeste parfois par des effets très remarquables.

La radiation chimique de la lumière, démontrée par l'action qu'elle exerce sur un mélange d'hydrogène et de chlore, dont elle provoque instantanément la combinaison, par les altérations qu'elle fait subir à certains composés d'argent, et surtout par la formation des images photographiques, semble avoir une influence très marquée sur le développement et sur les phénomènes de nutrition des êtres organisés. Les animaux inférieurs en offrent de fréquents exemples.

Les vers à soie ne prospèrent bien qu'au grand jour, là où le soleil est rarement voilé d'épais nuages. Les têtards des batraciens anoures n'éprouvent leur transformation que lorsqu'ils sont convenablement éclairés. Et dans un liquide où se développent les infusoires ou des plantes inférieures, les métamorphoses que subissant ces êtres paraissent se faire avec plus ou moins de rapidité suivant que la lumière est plus ou moins intense, de telle sorte que les formes sous lesquelles ils se présentent varient avec les points plus ou moins éclairés où on les prend pour les observer.

La lumière facilite la production des *matières colorantes* dans les êtres vivants. Les plantes et les animaux qui présentent les couleurs les plus brillantes, les plus variées, vivent sous l'équateur. A Ceylan, les Bedas qui habitent dans les bois sont blancs comme les Européens des régions tempérées, tandis que les habitants des terres déboisées sont cuivrés. Les *plantes* qui, dans nos climats, *sont privées de lumière, sont pâles, insipides, inodores,* aqueuses, fades, *peu nutritives,* étiolées enfin. C'est un fait qui ne doit pas surprendre, puisqu'on sait que c'est seulement sous l'influence de la lumière que s'opère, dans les parties vertes des plantes, la décomposition de l'acide carbonique destiné à fournir le carbone nécessaire à la nutrition. Quoique nous donnions à nos serres la température des régions équatoriales, nous ne saurions y produire ces nuances vives, ces aromes suaves que le long séjour du soleil sur l'horizon des tropiques fait naitre dans les plantes de la zone torride. L'herbe qui croît dans les bois, comme celle qui vient dans les vallées étroites des Pyrénées et de la Bretagne, est grêle et mauvaise ; les animaux qui vont paitre dans ces pâturages recherchent celle des clairières, plus riche en principes amers et odorants, plus alimenteuse que celle des endroits ombragés.

La lumière *nuit* aux animaux irritables, à ceux qui sont atteints de maladies inflammatoires, d'affections nerveuses, du tétanos et du vertige. Elle retarde l'engraissement en augmentant l'activité des fonctions et en provoquant, chez des animaux que l'on a intérêt à entretenir dans le calme et le repos, des mouvements qui entrainent des déperditions inutiles et même nuisibles en vue du but que l'on poursuit. Enfin elle rend plus tourmentants les insectes ailés qui pénètrent dans les habitations. Mais elle est *favorable* aux animaux jeunes qui ont un tempérament lymphatique, qui souffrent des maladies atoniques ; elle favorise, par la direction qu'elle concourt à donner aux fonctions de nutrition, la guérison des affections vermineuses, des hydropisies et de la pourriture. Les jeunes animaux élevés à la lumière sont robustes, forts, agiles, propres au travail. Ceux que l'on élève dans l'obscurité, comme les lapins que l'on tient dans les caves, par exemple, ne donneront jamais qu'une viande fade et insipide, peu propre à nourrir convenablement les personnes qui en font usage.

Les rayons lumineux sont toujours accompagnés de rayons

calorifiques. Il y a même ceci de remarquable que ceux-ci ne se répartissent pas également dans les différents rayons colorés du spectre solaire lorsque la lumière est décomposée. On observe, en effet, dans ce cas, que la puissance calorifique s'accroit au fur et à mesure que l'on passe du violet aux autres nuances pour arriver au rouge. Il y a plus, la puissance calorifique du rayon lumineux ne s'arrête pas là où cesse la manifestation de la lumière, car au delà du rayon rouge elle existe encore, et plus forte même que dans ce dernier. On peut, à l'aide de ces rayons calorifiques obscurs, déterminer dans les laboratoires des effets d'une intensité remarquable. Mais, jusqu'à présent, il n'est permis de tirer aucun enseignement précis, au point de vue de l'hygiène et de l'agriculture, des expériences qui ont été faites sur ce point. On peut en dire autant des quelques recherches auxquelles on s'est livré relativement à l'influence de tel ou tel rayon de la lumière colorée sur la végétation. Les faits sont encore trop peu nombreux pour que l'on puisse en tirer des conclusions pratiques.

La lumière est un STIMULANT SPÉCIAL pour l'*œil*. Elle doit agir sur cet organe avec une certaine mesure dans son intensité et dans sa durée. Elle excite toutes les parties des organes de la vision, mais son action se porte tout d'abord sur la rétine, et produit sur cette membrane une excitation qui peut s'étendre à tout l'organe et déterminer une surabondante sécrétion de larmes, un afflux de sang sur la conjonctive et sur l'iris : si la *clarté* est *trop vive*, la pupille se resserre, les paupières se ferment, et tous les signes d'une ophthalmie très intense peuvent se montrer ; si le fluide lumineux est en grande quantité et exerce une *action trop continue*, il finit par épuiser la sensibilité de cette membrane nerveuse et en produit la paralysie. La lumière diffuse est beaucoup moins dangereuse que celle qui part directement en rayons sensibles d'un corps lumineux et que celle qui est réfléchie par les neiges, les sables brûlants ou les murs blancs.

L'obscurité est de temps en temps nécessaire à l'œil ; il faut qu'après une certaine durée d'excitation, cet organe reste sans agir ; mais le repos ne doit avoir qu'une durée limitée. L'*obscurité* trop longtemps *prolongée* fait dilater la pupille et rend la rétine si sensible que l'œil ne peut plus supporter la lumière ; rien n'est plus nuisible à la vue qu'un jour éclatant succédant à de profondes ténèbres : on a vu la cécité produite par des éclairs au milieu d'une nuit sombre.

Il faudra toujours, autant que possible, faire passer les animaux *graduellement* de l'obscurité au grand jour, pour que la pupille se resserre insensiblement et que la lumière arrive sur la rétine par des dégradations ménagées.

Pour *prévenir* les effets de la lumière directe, il faut, si les fenêtres sont en face des animaux, les garnir d'auvents, de stores, de persiennes que l'on peut fermer plus ou moins, suivant l'éclat de la lumière.

Il est bon de tenir dans une demi-obscurité les animaux que l'on engraisse. Le calme dans lequel ils se trouvent facilite l'engraissement. Il est bon également de placer dans l'obscurité les animaux qui ont besoin de prendre du repos. Dans les écuries qui sont éclairées pendant la nuit, les chevaux reposent moins parfaitement. Ceux qui ne sont point habitués à la lumière artificielle ne se livrent point au sommeil. Quelquefois même ils se détachent et tourmentent leurs compagnons d'écurie. A moins de circonstances exceptionnelles, les lanternes, que l'on peut allumer au moment où l'on en a besoin, valent mieux, pour les hommes chargés de la surveillance des animaux pendant la nuit, qu'une lumière permanente.

§ III. — De l'électricité.

On appelle électricité le fluide impondérable, incoercible, qui produit les phénomènes électriques. Ce fluide est considéré comme l'une des forces qui contribuent le plus à la production de tous les phénomènes que nous observons.

Il *agit sur toute la matière;* mais les êtres vivants, soumis à une puissance qui leur est propre, la vie, sont en général moins dépendants de son action que les corps uniquement influencés par les forces générales de la nature; et parmi les êtres qui jouissent de la vie, on remarque que ceux dont l'organisation est la plus compliquée, les mammifères, en sont moins influencés que les autres.

Les phénomènes électriques qui intéressent surtout le vétérinaire et le cultivateur sont ceux qui naissent spontanément dans la nature, sous l'influence de l'électricité répandue dans l'atmosphère et dans les nuages qui flottent autour de la terre.

L'air atmosphérique contient, à une certaine distance du sol, du fluide électrique libre, *électricité atmosphérique*, mais en quantité variable.

On observe généralement :

Un maximum : — Le soir, deux heures après le coucher du
        soleil.
        — Le matin, à 6 heures en été, à 8 heures au
        printemps, à 10 heures en hiver.

Un minimum : — Le soir, 2 heures avant le coucher du soleil.
        — Le matin, au lever du soleil.

L'électricité atmosphérique provient de l'évaporation de l'eau
et des changements d'état qu'elle éprouve dans l'air des frottements de l'atmosphère contre les nuages, contre les arbres et les
rochers, des variations de température dans les diverses couches
d'air, de l'état thermométrique de la terre, de la végétation, etc.

L'état électrique de l'atmosphère n'est pas constamment le
même. Par un ciel pur, l'électricité de l'air est positive et détermine, par influence, un état électrique négatif de la surface du sol.
Mais lorsque le ciel est couvert, c'est tantôt de l'électricité négative, tantôt de l'électricité positive qui existe dans l'atmosphère.

Effets. — Le fluide électrique exerce une grande influence
sur tous les êtres organisés. Une journée orageuse, l'air étant
chargé de fluide électrique, active la *germination*, la croissance
des plantes et la maturation des fruits, plus que plusieurs jours
de temps calme.

A l'approche des orages, l'électricité rend les *animaux* remuants
et inquiets. Les abeilles, les taons, les oiseaux aquatiques, paraissent alors poursuivis comme d'un besoin extraordinaire de mouvement. Dans les animaux supérieurs, cette action, pour être
moins marquée, n'en est pas moins sensible ; ceux surtout qui ont
été atteint de luxations, de fractures ou de rhumatismes, en ressentent par des douleurs, la pénible influence ; ceux qui sont bien
portants, surexcités et inquiets à l'approche d'un orage, se pour-
suivent quelquefois et s'assemblent sans cause connue ; d'autres
fois piqués par les insectes, si importunément actifs dans ces circonstances, ils s'échappent des pâturages et se jettent dans les bois.

Dans l'état ordinaire, le fluide électrique de l'atmosphère, s'il
n'est connentré au moyen d'instruments particuliers, détermine
à peine des effets sensibles ; il n'en est plus de même lorsqu'il se
forme des nuages orageux qui se chargent d'électricité, et qui
sont susceptibles d'agir par influence les uns sur les autres, ou
sur les corps qui sont à la surface de la terre. L'électricité dont
se chargent les nuages peut provenir de celle qui existe constamment dans l'atmosphère, mais elle peut aussi se former en même
temps que les nuages. C'est là ce qui paraît arriver le plus ordinai-

rement, quand les vapeurs enlevées à la surface de la terre se condensent dans les régions supérieures où la température est plus
basse, quand des courants d'air opposés chargés de vapeurs se
rencontrent dans l'atmosphère, en un mot dans toutes les circonstances où de grandes quantités de vapeurs sont amenées à se condenser brusquement. C'est par les temps calmes et sous l'influence
d'une température élevée, déterminant une abondante évaporation à la surface de la terre, que se forment les orages d'été. Les
orages d'hiver, moins fréquents, mais en général plus souvent
accompagnés de la chute de la foudre, résultent presque toujours
de la rencontre de courants d'air qui avaient une direction op-
posée.

Les nuages orageux se tiennent à des hauteurs variées dans
l'atmosphère, Kœmtz en a vu atteindre 3,300 mètres dans les Alpes
et il en est qui passent au-dessus du mont Blanc, qui est élevé de
4,810 mètres. Quand ils sont à une grande hauteur, c'est entre eux
que se passent les phénomènes électriques qui produisent les éclairs
et les éclats du tonnerre. Mais lorsqu'ils sont plus bas, à 1,000 m.
par exemple. ils agissent sur les corps placés à la surface de la
terre, et les déterminent à se constituer dans un état électrique
opposé à celui dans lequel ils se trouvent eux-mêmes. Dans ces
conditions, des décharges électriques ont souvent lieu entre les
nuages et la terre, et c'est alors que l'on dit que la foudre tombe.

Ce terrible phénomène est souvent provoqué par les propriétés ou les formes des corps placés sur la terre : tout ce qui attire
ou conduit facilement l'électricité le favorise ; les accidents de
terrain caractérisés par la présence de points plus élevés que ceux
qui les environnent, les arbres, les édifices qui se dressent à la
surface du sol, les corps métalliques, les courants de vapeurs, les
pointes surtout attirent la foudre. Aussi les accidents que celle-
ci détermine sont-ils inégalement fréquents dans les divers pays.

Il arrive plus d'accidents par la foudre dans les pays de montagnes que dans les plaines. Ainsi, en France, de 1835 à 1852, il
y a eu par la foudre :

2 décès dans l'Eure ;
3 — dans l'Eure-et-Loir et le Calvados ;
20 — dans le Cantal ;
24 — dans l'Aveyron ;
38 — dans la Saône-et-Loire ;
48 — dans le Puy-de-Dôme.

Le tonnerre est plus souvent fatal aux animaux qu'aux hommes.
On l'a rarement vu atteindre plus de 3, 4, ou 5 individus à la fois ;

tandis que assez souvent, il a fait périr 20, 30, 50 têtes de bétail : on rapporte qu'un coup de tonnerre a tué en Amérique 2,000 moutons. Ce dernier fait s'explique par la colonne de vapeur fournie par la respiration d'une grande réunion d'animaux : elle sert de conducteur à l'électricité.

La *foudre*, ou plutôt l'état électrique de l'air pendant les orages, agit à distance, fait tourner le lait et empêche la montée du beurre. Le tonnerre, la frayeur ou la secousse qu'il occasionne, fait avorter les brebis et les vaches, et périr les poussins dans les œufs. Pour prévenir ce dernier accident, les ménagères placent des morceaux de fer dans le nid des couveuses. Le métal agit-il en soutirant l'électricité ?

MOYENS DE GARANTIR LES ANIMAUX DE LA FOUDRE ET D'EN COMBATTRE LES EFFETS. — Chacun sait que les pointes attirent la foudre. Sur 107 individus tués par la foudre, de 1843 à 1854, 21 l'ont été sous des arbres ; mais le lieu de la mort a été rarement signalé, de sorte que M. Boudin estime que de 1,308 personnes mortellement foudroyées de 1835 à 1854, 500 au moins l'ont été sous des arbres.

De ses observation il résulte : que la première *précaution* à prendre pour garantir les animaux de la foudre, c'est de ne pas les abriter sous les arbres pendant les orages, de les éloigner surtout des arbres élevés qui dominent ceux des environs, des meules de foin et des tas de fumier récent qui dégagent des vapeurs ; c'est ensuite d'éloigner des étables tout ce qui peut attirer et conduire l'électricité, comme les girouettes et autres objets métalliques ; c'est de fermer pendant les orages les registres des cheminées d'appel, et de ne pas agglomérer les animaux, afin d'éviter la production, sur le même point, de masses de vapeur qui, s'élevant en colonne compacte, conduisent le fluide électrique.

On ne conteste plus l'utilité des paratonnerres ; on sait qu'ils préservent un espace circulaire dont le diamètre est égal à deux fois leur longueur, et qu'ils n'entraînent jamais d'accidents quand ils ont été bien construits.

On avait voulu employer la propriété qu'ont les pointes d'attirer l'électricité pour prévenir la formation de la grêle et préserver les récoltes de ce fléau. La Société d'agriculture de Lyon avait fait placer dans ce but des perches sur une certaine surface du Mont-d'Or lyonnais. Nous avons vu ces *paragrêles* en herborisant avec le professeur Grognier. Ils ont été trouvés inefficaces.

Si les effets de la foudre ne sont pas immédiatement mortels,

on cherchera à *rappeler à la vie les animaux* qui sont frappés, en
les plaçant libres, sans harnais, dans un bon air, et en leur faisant
respirer de l'ammoniaque ou du vinaigre. On a conseillé comme
moyen très efficace de verser immédiatement sur tout le corps des
animaux mis dans un état de mort apparente par le tonnerre, de
grands sceaux d'eau froide, pendant une heure s'il le faut, jusqu'à
ce que les individus foudroyés, hommes ou animaux, donnent
des signes de vie. Ce moyen, à ce qu'on rapporte, est universel-
lement pratiqué aux États-Unis avec un grand succès.

L'ÉLECTRICITÉ DÉVELOPPÉE ARTIFICIELLEMENT produit chez les êtres
qui en reçoivent la décharge des effets très remarquables. Si les
décharges sont un peu fortes, commes celle d'une batterie électrique, elles peuvent tuer les animaux et l'homme lui-même. Si
elles ont moins d'intensité, elles anéantissent momentanément la
sensibité nerveuse ou provoquent des sensations douloureuses et
des contractions invontaires des muscles dans certaines régions.
Elles peuvent même déterminer des contractions dans les muscles
des animaux qui sont morts depuis peu de temps. Mais c'est surtout lorsqu'elle résulte du contact de deux corps hétérogènes ou,
pour parler plus exactement, lorsqu'elle résulte des actions chimiques, que l'électricité, qui porte alors le nom d'*électricité gal-
vanique*, produit les effets les plus remarquables sur les animaux
morts ou vivants. Dans cet état, elle communique aux muscles
des animaux morts la faculté de se contracter. On a pu, par un
courant électrique, rétablir la circulation, la respiration, dans
des individus décapités, et rendre à la tête séparée du tronc certains mouvements des paupières, des lèvres et de la langue. Le
fluide électrique agit aussi sur les fonctions organiques ; il active
la circulation, la respiration et les sécrétions. La digestion, in-
terceptée par la section du nerf pneumogastrique, peut-être reta-
blie par la puissance d'un courant de ce fluide, qu'on établit en
faisant communiquer l'extrémité du nerf coupé avec un des pôles
d'une pile, dont l'autre pôle touche déjà à la région épigastrique.

§ IV. — De la pesanteur.

C'est l'attraction de notre globe sur les corps terrestres. Elle
s'exerce de haut en bas, perpendiculairement à l'horizon, et est
d'autant plus forte qu'on se raproche devantage du centre du
globe, de sorte qu'elle est moindre sur les montagnes qu'au niveau de la mer, et moindre en ce dernier lieu qu'au fond des

mines. Contre-balancée en partie par la force centrifuge que le mouvement rotatoire de la terre imprime à tous les corps terrestres, elle est plus forte au pôle que sous l'équateur, et tend par conséquent à augmenter à mesure qu'on s'éloigne de la *ligne*.

L'attraction, qui attire tous les corps vers le centre de la terre, produit sur les plantes et sur les animaux de nombreux phénomènes qui intéressent le vétérinaire et le cultivateur, mais auxquels on fait peu d'attention parce qu'on les observe tous les jours.

Elle est souvent cause de la rupture des arbres, et du versement des récoltes ; on ne peut en prévenir les effets qu'en étayant les branches, en enlevant une partie des fruits, quelquefois en faisant tomber la neige.

Dans tous les êtres organisés, la pesanteur lutte plus ou moins contre les forces qui produisent la circulation des fluides nourriciers. Dans les membres des quadrupèdes, elle favorise le cours du sang artériel qui descend, tandis qu'elle tend à retenir en bas le sang veineux. Lorsque les animaux sont vigoureux, la circulation n'en est pas retardée ; mais s'ils sont malades, faibles ou très vieux, le cours du sang se ralentit et les membres s'engorgent : l'engorgement apparaît d'abord vers la partie inférieure.

Sans cesse agissante et toujours avec une intensité égale, la pesanteur ne peut pas être affaiblie. C'est d'une manière indirecte seulement, par une bonne nourriture, par des aliments médiocrement aqueux, et surtout par l'exercice, que nous pouvons prévenir ses effets ou les neutraliser.

Les solides du corps, pendant les mouvements, exécutent des déplacements, éprouvent des pressions, et exercent les uns sur les autres des compressions, d'où résulte l'ascension des fluides qu'ils renferment.

Par une pression convenable, nous pouvons neutraliser les effets de la pesanteur, faire désenfler les membres des animaux et soutenir les organes simplement suspendus : c'est ainsi qu'on peut remettre dans leurs rapports normaux des organes déplacés, retenir des hernies, soutenir les testicules...

On combat plus directement l'action de sa pesanteur en soustrayant les parties malades à son influence. Il suffit souvent de changer la direction du corps, ou d'une partie du corps, pour soulager les animaux. En relevant le train postérieur des femelles exposées au renversement de la matrice, on prévient ce déplacement ; en tenant relevée une partie fortement tuméfiée, l'on en facilite le dégorgement plus promptement que par l'emploi des agents thérapeutiques.

CHAPITRE V.

DE L'EAU ET DES MÉTÉORES AQUEUX.

§ Ier. — De l'eau; de ses propriétés et de sa composition.

PROPRIÉTÉS. — L'eau existe dans la nature à l'état libre, ou combinée, mêlée à différents autres corps. Dans ce chapitre, nous avons surtout à indiquer les caractères principaux de celle qui est indépendante de toute union ou de toute combinaison.

Elle se trouve dans la nature à l'état solide, et alors elle constitue la glace; à l'état de fluide élastique, et alors elle forme la vapeur proprement dite; enfin, à l'état liquide.

L'eau liquide, à la température de + 4° pèse le litre ou décimètre cube, 1,000 grammes, 770 fois plus que l'air atmosphérique. Si elle se refroidit jusqu'à 0°, son volume augmente et son poids relatif diminue. Au-dessous de cette température, elle cristallise et forme la glace. Elle augmente également de volume quand elle s'échauffe. A la température de 100° et sous la pression barométrique de 76°, elle entre en ébullition et se réduit en vapeurs. Elle bout à une température moindre quand elle supporte une pression moins forte, comme cela a lieu sur les montagnes.

A la température ordinaire, l'eau s'évapore lentement, mais d'une manière sensible cependant, surtout si l'air avec lequel elle est en contact est sec.

Pour devenir gazeuse, l'eau augmente de 1,700 fois son volume. Cette dilatation s'opère avec une puissance à laquelle rien ne peut résister, puissance qui s'explique du reste non seulement par le volume que l'eau acquiert, mais aussi par la chaleur qu'elle absorbe. Et en effet, pour passer à l'état de vapeur, elle absorbe cinq fois et demie autant de chaleur que pour passer de la température de 0 à la température de 100°. Elle abandonne ce calorique quand elle redevient liquide; la vapeur peut ainsi, en se condensant, porter à l'ébullition cinq fois et demie son poids d'eau.

Enfin, pour passer à l'état de glace, elle perd autant de chaleur que si elle descendait de la température de 77° à celle de 0; mais pour redevenir liquide, elle a besoin d'absorber cette même quantité de calorique.

Ces rapports de l'eau avec le calorique sont très intéressants au point de vue de l'hygiène. Ils expliquent pourquoi l'eau qui passe de l'état de glace à l'état liquide, et de l'état liquide à l'état de vapeur, refroidit considérablement les corps avec lesquels elle est en contact, et pourquoi elle les échauffe, quand elle repasse de l'état de vapeur à l'état liquide et de l'état liquide à l'état de glace.

Composition. — L'eau est un protoxyde d'oxygène composé de :

Oxygène.	89 en poids.	1 en volume.
Hydrogène	11 »	2 »

Mais elle se rencontre très rarement à l'état de pureté.

D'après les matières qu'elles contiennent, les eaux sont distinguées en eaux minérales, en eaux de mer et en eaux douces.

Eaux minérales. — Ces eaux surgissent du sein de la terre. Elles sont ou *sulfureuses*, ou *salines*, ou *acides*, ou *alcalines*, ou *ferrugineuces*. Ces dénominations en indiquent les propriétés. Les unes sont *froides*, les autres *thermales*. Elles exercent une action énergique sur l'économie animale ; quelques-unes ont été employées en vétérinaire avec succès, cependant elles offrent peu d'intérêt à ce point de vue.

Elles agissent diversement sur les plantes. En général, elles sont favorables à la végétation, sinon immédiatement à la sortie de la source, du moins après avoir déposé une partie de leurs principes et s'être mises en rapport avec la température ambiante.

Eaux de mer. — Sur nos côtes, elles renferment pour 1,000 gr. :

	Manche.		Océan Atlantique.		Méditerranée	
Chlorure de sodium	26 gr.	646	26 gr.	600	26 gr.	646
— de magnésium	5	853	5	134	7	203
Sulfate de magnésie.	6	465	»	»	6	991
Sulfate de chaux	0	150	»	»	0	150
Carb. de chaux et de magnésie	0	200	»	»	0	150
Chlorure de calcium.	»	»	1	232	»	»
Sulfate de soude	»	»	4	660	»	»

Les eaux de la mer, en raison des iodures, des bromures, des chlorures et des sels divers qu'elles renferment, font pousser des plantes, plantes marines, très propres à fertiliser les terres. Lorsqu'elles sont mêlées à des eaux douces, elles sont fertilisantes, à la condition de n'être pas stagnantes, et les fourrages salés, qui croissent sous leur influence, sont salubres et produisent de l'excellente viande. On utilise autant que possible, pour les irrigations, ces mélanges d'eau douce et d'eau salée sur les rivages des fleuves où se font sentir les marées.

Dans nos parages, l'eau de la mer a une température plus uniforme que celle de nos rivières. Cela s'explique et par la grande profondeur de l'Océan et par les déplacements que l'eau éprouve dans cet immense réservoir. On attribue à des courants venus des régions équatoriales la douceur que l'on remarque dans la température des côtes occidentales de notre continent.

En raison de ses propriétés physiques comme de sa composition, l'eau de la mer peut être utilement employée pour faire prendre des bains aux animaux domestiques.

Eaux douces. — Les suivantes renferme par hectolitre :

	Seine.	Loire.	Doubs.	Rhin.	Rhône.	Ga-ronne.	Marne.
Silice.	2,44	4,50	1,59	4,88	2,38	4,01	3,00
Alumine	0,05	0.71	0,21	0,25	0,39	00,0	»
Oxyde de fer	0,25	0,55	0,30	0,58	0,00	0,31	»
Carbonate de chaux.	16,55	4,81	19.10	13,56	7,89	6,45	30,10
Carbonate de magnésie.	0,27	0,61	0,28	0,50	0,49	0,64	12,00
Sulfate de chaux.	2,69	»	»	1,47	4,66	»	2,20
Sulfate de magnésie.	»	»	»	»	0,63	»	1,80
Chlorure de sodium.	1,23	0,48	0,23	0,20	0,17	0,32	2,00
Carbonate de soude.	»	1,46	»	»	»	0,65	»
Sulfate de soude	»	0,34	0,51	1,35	0,74	0.53	»
» de potasse.	0,50	»	»	»	»	0,76	»
Azotate de potasse	»	»	0,41	0,38	0,40	»	»
» de soude	0,94	»	0,39	»	0,45	»	»
» de magnésie.	0,52	»	»	»	»	»	»
Poids total en grammes	25,44	13,46	23,02	23,17	18,20	13,67	51,10

Ces eaux varient, même sans cesser d'être limpides, selon les saisons ; celles du Rhône renferment sur 15 litres :

	En hiver, d'après M. Boussingault.		En été, d'après M. Dupasquier.	
Acide carbonique.	9 centilitres	8	27 centilitres	3
Oxygène	9	8	10	0
Azote.	17	3	18	6
Carbon. de chaux.	1 gr.	51	2 gr.	260
Sulfate de chaux	0	10	0	293

Traces de chlorure de sodium et de calcium, de sulfates de soude et de magnésie et de matières organiques.

L'eau des sources et celle des puits ont à peu près la même composition que celles dont nous venons de parler, mais elles varient peut-être encore davantage.

Les eaux douces sont sans action sensible sur l'économie animale et servent de boisson ordinaire. On les appelle *eaux potables*. A l'article IRRIGATION, p. 141, nous les avons étudiées en tenant compte de leur origine et de leur composition ; nous les examinerons comme boisson en parlant des *digesta*.

§ II. — Des brouillards et de la rosée.

BROUILLARDS. — Les brouillards sont formés par de l'eau réduite à l'état vésiculeux qui trouble la transparence de l'atmosphère. On les remarque toutes les fois que l'air saturé d'humidité vient à se refroidir, ou que des vapeurs se dégagent dans un air qui ne peut pas les contenir à l'état de fluide invisible. Ils se forment tantôt dans les régions élevées des couches aériennes et descendent vers la terre, tantôt dans les régions inférieures et s'élèvent dans l'atmosphère. Les marécages, les sols argileux, les endroits mouillés par infiltration, les étangs et les rivières en produisent fréquemment.

COMPOSITION. — Formés essentiellement par de la vapeur d'eau, ils contiennent en outre de l'acide carbonique, de l'ammoniaque, de l'acide nitrique, et quelquefois des émanations marécageuses. Ceux qui s'élèvent de la surface du sol renferment des corps qu'on ne trouve pas dans ceux qui descendent des régions élevées de l'atmosphère ; ils sont en général plus insalubres, surtout s'ils ont pris naissance dans un endroit malsain.

Les brouillards renferment plus de matières azotées dans les villes que dans les campagnes. M. Boussingault a trouvé dans un litre d'eau d'un brouillard épais observé à Paris le 23 janvier 1854, à dix heures du matin, 137 milligr. 85 d'ammoniaque ; il n'avait trouvé, dans un brouillard recueilli en Alsace, que 49 milligr. 71 de cet alcali. L'eau des brouillards peut contenir jusqu'à 50 millionièmes d'ammoniaque dans des localités où la pluie n'en renferme pas plus de 1 millionième en moyenne.

Le plus ordinairement, l'air chargé de brouillards dépose de l'humidité sur les corps qu'il touche ; on a cependant distingué des brouillards secs qui semblent enlever de l'humidité aux corps qu'ils touchent. Mais ce ne sont pas là de véritables brouillards : ce sont simplement des nuages de poussière impalpable provenant ou des volcans ou des déserts.

En été, on observe souvent, le matin, des brouillards légers qui se dissipent promptement au lever du soleil. Leur disparition rapide, qui indique que l'atmosphère renferme peu de vapeurs, est presque toujours un présage de beau temps pour le reste de la journée.

Effets. — Par l'eau et les divers principes qu'ils renferment, les brouillards fertilisent la terre et activent la végétation. Les contrées où les brouillards sont fréquents, sans être malsains ou trop froids, sont celles où les plantes herbacées des prairies et des pâturages trouvent les meilleures conditions pour donner des produits abondants. Divers cantons de l'Angleterre, de la Hollande de la Normandie, de la Bretagne, doivent à l'humidité entretenue dans une juste mesure par un climat brumeux à certaines époques de l'année l'avantage de pouvoir produire et entretenir un nombreux bétail. Mais les brouillards sont nuisibles quand leur action se porte directement sur les plantes : ils s'opposent à la fécondation, font couler la vigne et même le blé, tachent les fruits, et favorisent la production de la rouille et du charbon. Quand ils durent trop longtemps, ils rendent les plantes aqueuses et les fourrages mauvais.

Dans le Midi, où l'on appelle les brouillards *néplos*, on les considère comme possédant des propriétés malfaisantes particulières. On leur attribue quelquefois des maladies des plantes produites par d'autres causes ; mais un fait certain, c'est que bien des fois, après les brouillards, on voit des récoltes jaunir, des grains presque mûrs devenir grêles et légers, des épis déjà courbés blanchir et se redresser. On a donné diverses explications de ce phénomène fort nuisible à l'agriculture. On suppose que l'effet exercé sur les céréales, par exemple, est le résultat d'une action électrique ou de la dilatation que l'humidité, sous l'influence du soleil, fait éprouver au grain encore tendre ; ou bien que cette humidité en s'évaporant à l'arrivée du soleil, congèle les parties tendres de la plante, ou enfin que l'eau dissout et entraîne les matières contenues dans le grain.

Le brouillard agit souvent, sinon toujours, en provoquant le développement d'êtres parasites qui échappent à la vue ; et le meilleur moyen de prévenir les effets que nous venons de signaler, c'est d'assainir les terres, de leur enlever leur excès d'humidité, et de pratiquer la moisson avant la maturité complète des grains, dans les terres exposées à ces accidents.

Les brouillards refroidissent les *animaux*, parce qu'ils ont une température peu élevée, parce qu'ils conduisent mieux le calorique que l'air sec, qu'ils soutirent l'électricité et qu'ils humectent le corps. Par leur humidité, ils relâchent les tissus, débilitent les organes, ralentissent la transpiration et occasionnent des rhumatismes, des catarrhes, des hydropisies et la pourriture; en outre, ceux qui s'élèvent des marais donnent naissance à des affections charbonneuses, et en général à toutes les affections d'origine effluvienne.

C'est surtout au *printemps*, à l'époque de la floraison, que le brouillards nuisent aux récoltes, tandis que c'est vers la *fin de l'été* qu'ils sont le plus nuisibles aux animaux, alors que la vase des marais est à sec, et principalement après les journées de fortes chaleurs, quand la fraîcheur des nuits condense les vapeurs répandues dans l'air.

Nous devons rappeler l'action exercée sur les plantes par les brouillards, afin que la *nourriture* altérée par cette cause ne soit distribuée aux animaux qu'avec des précautions capables de neutraliser ses mauvais effets.

Rosée. — C'est l'*eau qui*, pendant la nuit et à la pointe du jour, *se dépose* sous forme de gouttelettes sur les corps solides placés dans l'atmosphère. Elle se produit lorsque ces corps, étant refroidis par rayonnement, condensent la vapeur renfermée dans l'air qui les environne. Elle est abondante sur les corps isolés, qui ne reçoivent pas de la terre du calorique pour remplacer celui qu'ils émettent dans l'espace; sur ceux qui sont mauvais conducteurs de ce fluide et dont la surface se refroidit beaucoup. La transparence de l'air la facilite, les nuages l'arrêtent; il suffit du moindre écran pour la prévenir en s'opposant au rayonnement du calorique; les vents produisent le même effet en ne permettant pas à l'air de rester assez longtemps en contact avec les corps froids pour que sa force dissolvante diminue.

Composition. — De la vapeur d'eau contenant de l'acide carbonique, de l'ammoniaque, de l'acide nitrique, *constitue la rosée*. Près des marais, dans les environs de la mer, on y trouve en outre des matières putrides ou salines provenant de la vase ou de l'eau salée. Elle est toujours plus riche en composés azotés que la pluie.

Effets. — La rosée *fertilise la terre et nourrit les plantes*. Elle leur est fort utile dans quelques contrées du Midi où il pleut rarement, et où le voisinage des eaux et la température élevée facilite pendant le jour la dispersion dans l'atmosphère d'une grande quantité de vapeurs.

Pour comprendre les bons effets de ce météore sur la végétation dans les pays chauds et sur les hautes montagnes, les Alpes, le Cantal, il faut se rappeler que quelques degrés dans le refroidissement de l'atmosphère (page 376) suffisent, lorsque la température de l'air est très élevée, pour diminuer considérablement la tension de la vapeur et en condenser de grandes quantités.

La rosée *agit* généralement *sur les animaux* comme un corps froid et humide : elle occasionne des inflammations, des coliques, l'avortement; mais, en outre, celle qui contient des effluves, comme cela arrive dans les environs des marécages, donne lieu à des maladies plus graves.

Les fourrages couverts de rosée peuvent contribuer à produire la pourriture en introduisant beaucoup d'eau dans le corps; on les a longtemps considérés comme météorisant plus facilement les animaux que l'herbe sèche, mais il n'est pas démontré que cette opinion soit fondée. Cependant on peut craindre que par la basse température à laquelle ils sont portés, ils ne refroidissent trop les organes digestifs et les paralysent assez pour provoquer des indigestions.

Si la rosée est insalubre, on doit en attribuer les propriétés nuisibles à sa température et aux substances qu'elle a dissoutes dans l'air, et qu'on n'y trouve toujours en plus grande quantité que dans l'eau de pluie.

Elle est plus dangereuse le matin que le soir. Il est rare qu'on rentre les troupeaux, à la fin du jour, sans qu'ils aient brouté des plantes humides, et cependant il n'en résulte aucun accident : le soir, les animaux sont moins sensibles parce qu'ils ont déjà l'estomac plein au moment où il prennent la rosée; ensuite l'acide carbonique et les émanations diverses que la rosée dissout se déposent en plus grande quantité la nuit, quand l'atphère a été refroidie. Il faut ajouter que le matin, la température de la rosée et des plantes est beaucoup plus basse que le soir.

§ III. — De la gelée blanche et du givre.

La gelée blanche se produit quand le refroidissement des corps solides placés sur la terre est assez considérable pour déterminer la congélation de la vapeur d'eau contenue dans l'air et déposée sous forme de rosée. La sérénité de l'atmosphère, l'isolement des corps, le calme de l'air la favorisent. On sait qu'on prépare de la glace au Bengale en plaçant un vase rempli d'eau sur des corps bien mauvais conducteurs du calorique: l'eau qui ne reçoit pas de calorique de la terre en perd assez, par le rayonnement et en s'évaporant, pour se congeler. Si le temps est très froid, la vapeur répandue dans l'air peut même se transformer en glace et se déposer sous forme de cristaux très légers sur les arbres, l'herbe des prairies, les toitures, etc., et former ce que l'on appelle le *givre*. Celui-ci apparaît aussi bien pendant le jour que pendant la nuit, et diffère en cela de la gelée blanche, qui ne se forme que pendant la nuit.

COMPOSITION. — Comme l'eau qui les constitue essentiellement, la gelée blanche et le givre contiennent de l'acide carbonique et des composés azotés. M Bineau a trouvé dans l'eau provenant de la fonte d'un givre recueilli dans la ville de Lyon, de l'ammoniaque à raison de 70 milligr. par litre.

EFFETS. — Sous quelque forme qu'elle soit, l'eau gelée nuit aux *animaux*. Introduite dans l'estomac elle refroidit les viscères et produit des gastrites, les entérites, l'avortement et les péritonites, qu'on remarque assez souvent chez les herbivores qui ont brouté de l'herbe couverte de gelée blanche.

Si l'eau qui se congèle dans l'atmosphère est favorable aux *plantes* par sa composition, elle leur est préjudiciable par sa température. La gelée blanche, quelquefois si calamiteuse au printemps, agit en dilatant l'eau qui se trouve dans les bourgeons. Les effets en sont surtout redoutables quand le temps est serein : aux premiers rayons du soleil, la glace qui recouvre les plantes absorbe pour se fondre la chaleur de l'intérieur du végétal, et détermine le refroidissement et la congélation de líquides qui étaient restés fluides malgré le froid de la nuit. Ces phénomènes ont lieu ordinairement au printemps. Une seule matinée de mai suffit pour détruire les noix, les raisins, les amandes, etc.

Les Indiens, pour *prévenir* ces pertes, répandent [de la fumée dans l'air en brûlant des tas de fumier. J'ai vu mon père faire brûler du foin un peu humecté sous des noyers pour produire le même effet. En 1854, ce moyen a été utilement employé dans quelques vignes de la Bourgogne, mais sans succès dans d'autres.

Ces gelées si nuisibles viennent fort tard ; bien rarement elles se renouvellent plusieurs jours de suite, et souvent elles pourraient être prévues. Si tous les propriétaires d'une vallée savaient s'entendre, ils sauveraient à peu de frais leur récolte. Dans tous les cas, avant d'entreprendre une culture, on ne saurait trop calculer sur les chances de ce météore.

§ IV. — De la pluie.

Dans certaines contrées, les pluies sont ou très rares ou très fréquentes, mais elles offrent peu d'irrégularités. Là, les cultivateurs savent à quoi s'en tenir. Il n'en est pas de même en France.

Sur presque toute la surface du pays, les pluies sont tellement irrégulières que la prudence la mieux avisée, peut être en défaut. Le succès des opérations agricoles est complètement subordonné aux caprices du temps.

Pour diminuer les chances du hasard, le cultivateur qui veut établir son assolement et coordonner les travaux de sa ferme doit tenir compte de toutes les données qui peuvent éclairer cette question. Il est important pour lui d'étudier les causes de la pluie, de rechercher la quantité d'eau qui tombe annuellement, d'observer la manière dont elle se distribue dans les différentes époques de l'année, et enfin d'examiner la composition de l'eau et les effets qu'elle produit.

Causes de la pluie. — Pendant l'été, le *refroidissement de l'atmosphère*, en produisant la condensation des vapeurs d'eau, occasionne souvent des pluies. C'est ce qui explique le proverbe du Rouergue :

> *Le freix de l'estiou met l'ago ol riou.*
> Le froid de l'été met l'eau au ruisseau.

Ce phénomène, que nous appellerons la cause normale de la pluie, ne produit de grands effets que lorsque l'air contient beaucoup de vapeurs d'eau et qu'il survient des abaissements de température brusques et considérables.

La quantité de vapeur d'eau qui peut être contenue dans un certain espace augmente à mesure que la température de cet espace s'élève.

Un espace de 1 mètre cube peut contenir à :

Degrés.	Vapeur.	Différence.	Degrés.	Vapeur.	Différence.
0 .	5 gr. 66		+ 20 .	18 gr. 77	+ 4,60
+ 5 .	7 77	+ 2,11	+ 25 .	24 61	+ 5,84
+ 10 .	10 57	+ 2,80	+ 30 .	31 93	+ 7,32
+ 15 .	14 17	+ 3,60	+ 35 .	41 13	+ 9,20

Toute cause de refroidissement de l'atmosphère, lorsque celle-ci est saturée ou à peu près saturée de vapeurs, détermine la condensation d'une partie de ces vapeurs et la formation de nuages susceptibles de se résoudre en pluie. Or on voit par le tableau qui précède que la quantité de vapeur que l'air est en état de contenir augmente rapidement avec la température, de telle sorte que le refroidissement d'un volume d'air saturé, dont la température serait très élevée, fournirait nécessairement plus d'eau que celui d'un même volume dont la température serait portée seulement à quelques degrés au-dessus de zéro.

Ainsi, dans un air saturé d'humidité, quand la température est à 20 ou à 25 degrés, il suffit que le temps se refroidisse de 8 à 10 degrés pour que 12 à 15 grammes d'eau par mètre cube d'espace deviennent libres ; tandis que si la température est à 10 ou à 12 degrés, le même refroidissement en fournit à peine, pour le même espace, 3 ou 4 grammes. Les causes qui amènent le refroidissement de l'air et la condensation des vapeurs en nuages sont assez nombreuses, mais elles peuvent se rapporter toutes à quelques-unes des circonstances que nous allons rappeler.

En premier lieu, il se forme des nuages toutes les fois que les couches inférieures de l'atmosphère, chargées d'humidité, s'élèvent vers les régions supérieures, où elles rencontrent une température plus basse qui ne leur permet plus de conserver à l'état de vapeur invisible l'eau dont elles se sont saturées.

Il se forme des nuages également, lorsqu'un vent chaud et humide rencontre un vent froid. Les deux courants se mettent alors promptement en équilibre de température, et il en résulte pour la masse un refroidissement qui condense les vapeurs si elles sont assez abondantes pour sursaturer le volume d'air formé après la rencontre des deux courants.

Enfin il se produit des nuages encore sans qu'il y ait de courants opposés qui se rencontrent. Il suffit pour cela qu'un vent froid pénètre dans une atmosphère calme chargée de vapeurs et à température élevée, ou bien qu'un vent chaud et humide soit porté dans une contrée à température basse. Dans l'un et l'autre cas, l'air chaud refroidi abandonne une partie des vapeurs qu'il contient, et il se produit un effet analogue à celui que nous venons d'indiquer.

Les vapeurs qui se condensent dans l'atmosphère sous l'influence d'un refroidissement prennent d'abord la forme de *nuages*. Ceux-ci affectent des aspects différents qui leur ont fait donner les noms de *cirrus*, *cumulus*, *stratus* et *nimbus*.

Les *cirrus* occupent les plus hautes régions de l'atmosphère. Ils ne sont pas à moins de 6,500 ou 7,000 mètres au-dessus du niveau des mers. Gay-Lussac, dans une de ses excursions aérostatiques, en avait encore à une grande distance au-dessus de sa tête alors qu'il était à une hauteur de 7,000 mètres. Ils offrent l'aspect de longues traînées blanchâtres et ont reçu des marins, en raison de cette circonstance, le nom de *queues de chat*. Ils ressemblent quelquefois à de légers flocons de laine cardée, ou d'autres fois à des pinceaux ou à des barbes de plume. On les regarde assez généralement comme formés de légères aiguilles de glace, et la vérité de cette opinion a été matériellement constatée par M. Barral, qui, s'étant élevé en ballon à une grande hauteur, a recueilli dans sa nacelle une multitude de ces aiguilles au moment où il traversait un cirrus. L'apparition des cirrus est presque toujours le présage d'un changement de temps. Apportés le plus souvent dans nos contrées par le vent du sud, ils précèdent ordinairement la pluie en été, et la gelée ou le dégel en hiver.

Les *cumulus* offrent l'aspect de masses arrondies que l'on compare à des montagnes couvertes de neige ou à d'énormes balles de coton accumulées les unes sur les autres. Ils se forment sous l'influence de courants qui s'élèvent des régions inférieures et dont les vapeurs se condensent en arrivant dans les parties de l'atmosphère où la température est plus basse. Ils apparaissent ordinairement le matin, pendant les beaux jours de l'été, et s'élèvent à des hauteurs qui varient entre 400 et 6,500 mètres. Le plus souvent ils disparaissent vers le soir, et sont alors un indice de beau temps. S'ils persistent, au contraire, on peut craindre la pluie.

Les *stratus* se forment ordinairement le soir au coucher du soleil pour disparaître le matin au moment de son lever. Ils constituent à l'horizon des bandes plus ou moins allongées, plus ou moins étendues et qui paraissent peu élevées. Ils sont fréquents en automne et presque toujours un indice de beau temps pour le lendemain.

On appelle *nimbus* les nuages sombres, bas, qui voilent la totalité de la voûte céleste, et desquels la pluie le plus souvent ne tarde pas à tomber.

Les formes que nous venons d'indiquer pour les nuages sont plus ou moins tranchées. Parfois elles se combinent de manière à constituer des *cirro-stratus*, des *cumulo-stratus* ou des *cirro-cumulus*. Ce sont les derniers qui donnent au ciel cet aspect particulier qui fait dire qu'il est pommelé et que beaucoup de personnes considèrent comme un signe de pluie prochaine.

On voit par les quelques mots que nous venons de dire que le cultivateur peut souvent tirer de l'examen des formes des nuages des enseignements utiles, relativement au temps sur lequel il aura à compter pour accomplir diverses opérations. Mais, indépendamment de ces formes, il peut encore consulter, pour arriver au même résultat, les mouvements des nuages, leur couleur et les nuances que présente le ciel pur ou chargé au moment du lever ou du coucher du soleil.

« Qu'il soit clair ou nuageux, un ciel rosé au couchant an-
« nonce le beau temps ; si le ciel est rouge, c'est un signe de
« vent. Si le soleil est clair et brillant, il présage une belle jour-
« née ; mais quand le ciel est rouge au levant avant son appa-
« rition, et quand cette rougeur s'efface au moment où il se
« montre, c'est un signe de pluie... De légers nuages à contours
« indécis annoncent du beau temps ; des nuages épais à con-
« tours définis, du vent ;... de petits nuages couleur d'encre
« annoncent de la pluie ; des nuages légers courant au-
« devant de masses épaisses, du vent ou de la pluie.. Des nua-
« ges arrivant à la fois et par des vents contraires annoncent un
« orage prochain... Observez les nuages qui se forment sur les
« flancs des montagnes et s'y accumulent : s'ils s'y maintien-
« nent, s'accroissent ou descendent, c'est signe de vent et de
« pluie ; s'ils montent et se dispersent, c'est signe de beau
« temps. » (*Magasin pittoresque.*)

Quand les nuages sont formés, ils sont maintenus dans l'air par les courants ascendants qui s'élèvent de la surface de la terre, par les vents qui soufflent horizontalement, et enfin, d'a-près M. Fresnel, par la chaleur qui dilate l'air entre leurs par-ticules et les rend ainsi plus légers que l'atmosphère ambiante. Cependant il arrive toujours, après un temps qui est nécessai-rement fort variable, qu'ils disparaissent par une nouvelle vo-latilisation de la vapeur qui les constitue, ou qu'ils se résolvent en pluie. On comprend d'ailleurs qu'ils peuvent répandre l'eau qui les constitue non loin des lieux où ils se sont formés, ou bien qu'ils peuvent être emportés par les vents et aller tomber en pluies à de grandes distances.

La pluie se produit quand la vapeur vésiculaire des nuages, continuant à se refroidir, se condense en gouttelettes, qui, en raison de leur poids, tombent vers la terre. Les pluies sont plus ou moins abondantes, et sous ce rapport on observe une foule de nuances intermédiaires entre la brume légère qui diffère à peine du brouillard, et les averses torrentielles qui fondent sur les régions voisines des tropiques. Dans une même contrée elles sont aussi plus ou moins fréquentes et fournissent chaque année des quantités d'eau très variables. Il est utile, pour apprécier leur influence sur l'état hygiénique des animaux et sur la végé-tation des plantes cultivées, de tenir compte dans leur étude des climats sous lesquels elles se produisent, de l'altitude des lieux, des saisons, de l'action des vents, et enfin de quelques circonstances locales particulères.

Relativement aux climats, on doit d'abord distinguer des *pluies climatériques* ou *régulières* et des *pluies irrégulières*. Les premières sont celles qui, dans une contrée déterminée, commencent à tomber tous les ans à peu près à la même époque, pour cesser à une autre époque tout aussi rigoureusement marquée que celle de leur apparition. Ce sont à peu près les seules qui existent dans les régions chaudes du globe, sous les tropiques et sous l'équateur. En Europe, elles se confondent avec les pluies irrégulières qui sont fréquentes, et il devient difficile de les bien distinguer. En France, les pluies que l'on peut considérer, jusqu'à un certain point, comme des pluies climatériques, tombent en été et au printemps dans toute la région orientale, et en automne dans le bassin du Rhône, dans la région méditerranéenne et sur le littoral de l'Océan, en pénétrant même jusqu'à Paris. Quant aux points qui s'éloignent de la mer sans appartenir encore aux départements de l'Est, on observe qu'à mesure qu'on remonte le cours des fleuves, la quantité des pluies estivales et des pluies du printemps augmente, de telle sorte que leur distribution annuelle se rapproche de plus en plus de celle que l'on observe dans l'est de la France. Mais on ne doit pas oublier qu'il survient souvent dans notre pays des pluies irrégulières qui ne permettent pas, comme nous l'avons dit en commençant ce chapitre, de compter avec certitude et longtemps à l'avance sur tel temps plutôt que sur tel autre pour une époque déterminée.

Le climat et l'altitude ont une influence marquée sur la quantité d'eau qui tombe annuellement dans une localité. En général, les pluies sont d'autant plus abondantes qu'on se rapproche davantage de l'équateur, c'est une conséquence de la grande quantité d'eau que l'air chaud de ces régions abandonne sous l'influence d'un refroidissement de quelques degrés. C'est pour une cause analogue que dans un même lieu il tombe annuellement plus d'eau dans les régions basses que sur les points élevés. Ici les gouttes de pluie grossissent au fur et à mesure qu'elles approchent du sol en condensant l'humidité de l'air qu'elles traversent et qu'elles refroidissent. Les différences qui résultent de ces causes sont quelquefois très marquées : ainsi il tombe par an jusqu'à 2 mètres et même 2 mètres 80 de pluie dans quelques localités des régions intertropicales, et seulement de 0,40 à 0,50 dans

quelques villes du nord de l'Europe ; pour 1 mètre 13 qui tombe
à Paris au niveau du sol, dans un temps donné, il en tombe
1 mètre sur la plate-forme de l'Observatoire, élevée de 23 mètres;
et pour 1 mètre 60 à Manchester au niveau du sol, 1 mètre sur
une élévation de 25 mètres.

Mais de ce qui précède il ne faudrait pas conclure d'une manière absolue que, dans des lieux différents, il pleut davantage
sur les points à altitude basse que sur les points à altitude élevée. C'est souvent le contraire qui à lieu. Si, en effet, les pluies
ou les neiges sont peu abondantes sur les hauts sommets, il
n'en est plus de même sur les montagnes les moins élevées et
dans les hautes vallées situées à une altitude supérieure à celle
du littoral ou des plaines plus ou moins éloignées. Les montagnes, en arrêtant les courants d'air, en comprimant et refroidissant les vapeurs, deviennent souvent des causes de pluie pour
des régions un peu moins élevées qui les environnent. Cela
arrive surtout lorsqu'elles sont couvertes de neige. C'est au
pied des grandes montagnes de l'Europe où viennent se condenser les vapeurs, qu'il tombe le plus d'eau. Les montagnes du
Centre font pleuvoir en arrêtant et refroidissant les vents de
l'Océan ; les Cévennes, les Alpes, le Jura, les Vosges, en arrêtant ceux de la Méditerranée. Il tombe 1,15 d'eau à Aurillac et
0,65 à Bordeaux ; 1,65 à Chambéry, 1,34 à Gênes; 1,25 à Bourg,
1,02 à Lons-le-Saulnier ; 1,73 à Grenoble et seulement 0,77 à
Lyon.

En résumé, une température élevée est toujours la circonstance qui influe le plus sur la formation des nuages qui versent
sur la terre des pluies abondantes. C'est pour cette raison que
dans nos contrées les pluies d'été fournissent beaucoup plus
d'eau dans un temps donné, que les pluies d'hiver; dans cette
dernière saison, le refroidissement de l'air produit même souvent des brouillards qui tombent sous forme de *brume* plutôt
que de grandes chutes d'eau. Si l'on se rappelle ce que nous avons
dit du rôle que jouent les courants d'air à température différente dans la formation des nuages, on comprendra facilement
que les vents sont au nombre des plus puissantes causes de
pluie. Ceux qui viennent de l'Amérique, qui se sont saturés
d'humidité en traversant l'Océan, produisent ces pluies fré-
quentent que nous observons sur le penchant occidental de notre
continent. A Paris. quand le vent d'ouest souffle, il pleut 85 fois
sur 100, et seulement 9 fois sur 100 quand c'est le vent d'est.
C'est au vent chaud qui, en quittant l'Afrique, se charge d'hu-

midité sur la Méditerranée et se refroidit au contact de nos montagnes, qu'il faut attribuer les pluies abondantes qui font trop souvent déborder le Rhône, la Saône et la Loire. Des observations ont prouvé qu'après le règne du sirocco, la température s'élève d'abord considérablement, et qu'il survient ensuite des pluies ordinairement abondantes. (*Comptes rendus de l'Institut.*)

Les pluies, dans nos contrées, sont fréquemment dues à la rencontre d'un vent froid et d'un vent chaud. Ce phénomène se produit souvent dans les vallées du Midi. Le vent du sud ne fait pas pleuvoir. On dit, pendant qu'il souffle : « Il faut que *le vent tourne* pour avoir la pluie » ; c'est-à-dire, il faut qu'un courant venu des Alpes, du Quercy, de l'Auvergne, vienne refroidir les vapeurs conduites par les vallées du Rhône, de la Garonne, du Lot, et du Tarn.

Toutes nos grandes pluies proviennent d'un phénomène semblable qui se produit sur toute la surface de la France. C'est la rencontre de vents venant des contrées chaudes, du golfe du Mexique et des déserts de l'Arabie, avec des courants qui viennent du nord ou du nord-est, qui déterminent les pluies générales d'où résulte le débordement de toutes nos rivières. Cette cause est même la seule qui puisse occasionner de grandes pluies dans nos contrées pendant l'hiver. Aussi les pluies sont-elles générales à cette époque, comme la cause qui les produit.

La statistique météorologique a constaté que sur 51 crues survenues dans les eaux de la Saône, de la Loire, de la Meuse et de la Seine, dans l'espace de 10 ans et 6 mois, toutes celles qui ont lieu en novembre, décembre, janvier, février, mars et avril, se sont fait remarquer sur les quatre rivières à la fois. Pendant les autres mois, les crues provenaient de crues locales et ne concordaient pas dans les quatre rivières.

Généralement, en hiver, si, après le règne du vent chaud de l'ouest, le vent d'est vient à souffler, il refroidit l'atmosphère, fait condenser la vapeur et rend le temps couvert et pluvieux : tandis que si le vent froid de l'est est remplacé par le vent chaud de l'ouest et du sud-ouest, le temps devient serein parce que les vapeurs acquièrent plus de force expansive. En été, nous voyons au contraire les nuages produits par les vents frais et humides de la mer se dissiper sous l'influence des vents chauds et secs du continent.

L'influence des vents sur la production des pluies a été observée de tout temps, et presque partout les cultivateurs savent prévoir par la direction des vents quelles sont les chances de pluie ou de beau temps sur lesquelles ils peuvent compter. Sous le climat de Paris, d'après de Gasparin, sur 100 journées on en compte 13 pendant lesquelles il pleut plus ou moins par le vent du nord, 9 par le vent du nord-est, 11 par le vent d'est, 29 par le vent du sud-est, 39 par le vent du sud, 95 par le vent du sud-ouest, 54 par le vent d'ouest et 38 par le vent du nord-ouest.

Le voisinage des mers ou de grandes masses d'eau, l'existence de vastes forêts sont des circonstances qui influent sur la quantité d'eau qui tombe dans une localité.

C'est dans le *voisinage des mers* qu'il tombe le plus de pluie lorsque le temps est froid, alors qu'elle est produite par l'abaissement de la température de l'air. Ainsi, pendant l'hiver, il en tombe à la Rochelle 0,65, et à Poitiers 0,58 ; à Nantes 0,62, et à Tours 0,56.

L'influence des mers est incontestable : il tombe annuellement 1,10 d'eau dans l'ouest, et seulement 1,01 dans l'est de la France ; mais cette influence ne se fait sentir que jusqu'à une certaine distance : quand les vents ont été dépouillés de leur excès d'humidité sur le rivage, ils ne produisent ensuite de la pluie que lorsqu'ils rencontrent soit des montagnes qui les compriment, soit des courants opposés qui les refroidissent. Aussi, la quantité d'eau tombée annuellement à partir d'une certaine distance des mers augmente-t-elle généralement à mesure que l'on s'approche des montagnes. Il tombe à Paris 0,56 d'eau, à Troyes 0,60, à Auxerre 0,62, à Arles 0,61, à Lyon 0,77, à Villefranche 0,86, à Hagueneau 0,67, à Strasbourg 0,68, à Mulhouse 0,76.

Quant à l'influence des forêts, elle s'explique par l'énorme quantité de vapeur que les arbres répandent dans l'atmosphère. Les contrées boisées sont, en général, remarquables par la fréquence des pluies. On sait que le climat de la Gaule et de la Germanie était, en raison des épaisses forêts qui existaient autrefois dans ces contrées, beaucoup plus humide et plus froid que celui de la France et de l'Allemagne, où les forêts ont en partie disparu pour faire place à la culture des plantes herbacées.

Les sécheresses et l'humidité extrêmes que nous avons eues, surtout les grandes inondations dont nous avons souffert, ont attiré l'attention sur la météorologie. Et cette science, qui était restée longtemps l'occupation de quelques hommes zélés, est aujourd'hui l'objet d'observations nombreuses et soignées.

C'est par son étude que nous parviendrons à connaître avec quelque certitude les chances qu'offrent les diverses cultures. Les faits observés jusqu'à ce jour, et groupés par quelques écrivains laborieux, quoique n'étant pas très nombreux ni recueillis avec beaucoup d'uniformité, peuvent déjà être consultés avec fruit.

QUANTITÉ DE PLUIE QUI TOMBE ANNUELLEMENT EN FRANCE. — En général, la quantité de pluie diminue à mesure qu'on se rapproche des pôles; mais les causes locales, les montagnes, les mers, les vallées, les plateaux, neutralisent très souvent, comme le démontrent les chiffres que nous avons rapportés en parlant des causes de la pluie, l'influence de la latitude. Aussi, en ne considérant qu'une surface limitée et accidentée comme celle de la France, il est impossible de se baser sur la distance de l'équateur pour distribuer les diverses localités d'après la quantité de pluie qui y tombe annuellement.

M. de Gasparin, qui pendant longtemps a cherché à recueillir des observations et à résumer, dans l'intérêt de l'agriculture, les travaux des météorologistes, donne le tableau suivant pour la France et les pays qui l'avoisinent :

	Hiver.	Printemps.	Été.	Automne.	Total p. l'année.
	millim.	millim.	millim.	millim.	millim.
Angleterre à l'ouest.	239,6	171,0	221,6	283,3	915,5
Côtés de l'ouest de l'Europe.	185,7	140,9	170,2	246,5	743,3
Angleterre à l'est.	166,5	145,0	171,1	204,1	686,7
France méridionale.	195,2	194,2	133,2	291,7	814,3
France septentrionale. . . .	126,5	148,0	229,7	174,2	678,4
Scandinavie.	81,4	76,1	170,7	148,4	476,6
Russie	40,3	59,9	166,7	97,2	364,1

DISTRIBUTION DES JOURS DE PLUIE. — On peut dire d'une manière générale qu'il pleut plus souvent dans le Nord que dans le Midi, plus souvent sur les lieux élevés que dans les lieux bas; mais que dans les contrées chaudes et dans les bas-fonds, il tombe, quand il pleut, de plus fortes quantités d'eau.

On remarque même qu'en général le nombre des jours pluvieux diminue à mesure que la quantité annuelle de pluie augmente. C'est ce qui ressort, jusqu'à un certain point, de l'examen du tableau suivant :

	Nombre de jours pluvieux.	Quantité annuelle de pluie.
Paris	157	0,56
Metz	156	0,75
Bordeaux	146	0,66
Dijon.	137	0,61
Troyes	120	0,60

	Nombre de jours pluvieux.	Quantité annuelle de pluie.
Lyon	119	0,77
Toulouse	111	0,64
Arles	107	0,61
Poitiers	106	0,58
Montpellier	67	0,82
Marseille	50	0,51

Ce tableau présente quelques *exceptions*, mais il ne faut pas oublier que la forme des vallées, le boisement des montagnes, la présence des rivières, des marais, influent, sinon directement sur la quantité de pluie qui tombe, du moins sur la formation des nuages, la présence des brouillards. La constitution géologique du sol exerce même une action sensible. Les contrées à terrain siliceux, dont les roches obliques ou entre-coupées laissent suinter l'eau de tous les côtés, sont plus pluvieuses que les plateaux calcaires, où l'eau s'écoule profondément pour aller sortir quelquefois à des distances considérables.

Au point de vue de l'agriculture, il est surtout important de noter dans quelles *saisons* se fait remarquer la fréquence des pluies. D'après M. de Gasparin, les jours pluvieux se distribuent de la manière suivante :

	Hiver.	Printemps.	Été.	Automne.
Dans le nord	36	37	37	35
Dans l'ouest	34	34	33	38
Dans le sud	25	25	15	25

Dans les deux premières régions, il pleut au moins 10 ou 11 jours tous les mois ; dans la troisième, 5 jours seulement dans les mois de juin, juillet, août, et 7, 8, 9, dans les autres mois, ou tout au plus 10 en novembre : les pluies sont rares dans la saison où elle seraient le plus nécessaires.

Cet exposé démontre combien il est difficile d'introduire dans les contrées méridionales les cultures et les animaux qui prospèrent dans le Nord. A moins d'irrigation, la Provence et le Languedoc, où les pluies sont si rares en juillet et en août, doivent s'en tenir à la culture des arbustes et des plantes d'automne ; tandis que les régions de l'Ouest et du Nord, où les pluies d'été contrarient quelquefois la moisson, doivent donner de l'extension aux pâturages et aux récoltes des racines.

Pour les besoins de l'agriculture, il ne faut pas seulement tenir compte de ces grandes divisions du pays, il faut aussi étudier les différences qui existent entre les diverses localités d'une région et quelquefois d'un arrondissement ou même d'un canton. A Paris, dans le courant de la belle saison, du 15 avril au 15 juillet, il y a, certaines années, 10 à 12 grands orages très pluvieux de plus qu'à Charenton.

C'est la *fréquence* plutôt que l'abondance des pluies qui intéresse le cultivateur; car il suffit, même pendant l'été, des plus légères pluies quand elles se renouvellent souvent, surtout avec l'air nébuleux qui les accompagne, pour prévenir ces grandes sécheresses si nuisibles à la végétation dans le Midi. En effet, c'est par la manière dont les pluies se distribuent que les régions où la sécheresse est nuisible, diffèrent de celles où il pleut fréquemment. Dans nos contrées, sauf quelques années exceptionnelles, les années de grande sécheresse, se distinguent surtout par la rareté des jours pluvieux, car il tombe à peu près autant d'eau que dans les autres années et quelquefois plus. Ainsi 1845, année humide, n'a différé de 1846, année extraordinaire par sa sécheresse, que par huit dixièmes de millimètre d'eau.

COMPOSITION DE L'EAU DE PLUIE. — Brandes a trouvé dans l'eau de pluie :

Du chlorure de sodium.	Du sulfate de chaux.
Du chlorure de magnésium.	Du sulfate de magnésie.
Du chlorure de potassium.	De l'oxyde de fer.
Du carbonate de chaux.	De l'oxyde de manganèse.
Du carbonate de potasse.	Des matières végéto-animales.
Du carbonate de magnésie.	Des sels ammoniacaux.

Quelques observateurs y ont trouvé de l'iode, du brome, de l'acide sulfhydrique.

De l'eau de pluie recueillie à l'observatoire de Paris contient par mètre cube, d'après M. Barral :

	Maximum.	Minimum.	Moyenne.
Azote.	15,01	4,46	8,36
Acide azotique . . .	36,33	5,82	19,06
Ammoniaque	6,85	1,08	3,61
Chlore	3,88	0,00	2,27
Chaux	9,02	2,43	6,48
Magnésie	»	»	2,12

D'après M. Pierre, la pluie fournit annuellement par hectare, dans le Calvados :

60 kilogrammes de chlorures.
33   »   de sulfate.

Celle qui tombe sur les rivages de l'Océan contient assez de chlorure de sodium pour communiquer aux herbages les qualités qui donnent à la viande des moutons de pré salé la saveur exquise qui la distingue.

L'eau de pluie renferme surtout de l'acide carbonique, de l'acide nitrique et de l'ammoniaque ; elle *varie* par sa composition en raison des localités, et, pour la même localité, en raison de la direction des vents, de la température et de l'état de l'air : elle renferme plus d'ammoniaque et d'acide nitrique après les longues sécheresses et pendant les orages qu'après des temps pluvieux.

En analysant les pluies qui tombent à la Saulsaye, M. Pouriau a trouvé que la pluie fournit annuellement par hectare de terre de 6 à 7 kilogr. d'acide nitrique ainsi réparti :

En hiver. . . .	1 kil.	Dans le même temps il y a eu				0	orages.
Au printemps. .	1,780	»	»	»	»	1	»
En été.	3,400	»	»	»	»	10	»
En automne . .	0,590	»	»	»	»	5	»

D'après M. Bineau et M. Pouriau, elle fournit annuellement aux terres du même domaine de 22 à 27 kilogr. d'ammoniaque par hectare, ce qui représente 5 à 6.000 kilogr. de fumier, en admettant 4 kilogr. d'azote par 1,000 kilogr. de fumier normal. C'est après les longues sécheresses qu'elle en renferme le plus ; celle qui est tombée du 1er au 15 octobre, après un mois de septembre fort sec, en contenait par litre 3 milligr. 22, et celle qui est tombée du 11 au 31 du même mois, seulement 1 milligr. 82. (*Annales de la Société d'agriculture de Lyon.*)

Plusieurs chimistes ont trouvé que l'eau de pluie renferme plus d'ammoniaque dans les villes que dans les campagnes. M. Bineau a signalé une exception en comparant, en 1852 et 1853, l'eau de pluie recueillie à l'observatoire de Lyon à celle qui provenait de la ferme de la Saulsaye : les deux années il a trouvé que vers le mois de septembre, les pluies de la Saulsaye renferment plus d'ammoniaque que celles de la ville de Lyon. Cette exception peut provenir de l'action de la chaleur sur la vase des étangs et des marais de la Dombes. Dans tous les cas, il est digne de remarque quelle coïncide avec l'apparition des fièvres intermittentes dans cette localité.

La prédominance de l'ammoniaque et de l'acide azotique peut provenir de la chaleur qui active la fermentation à la surface de la terre, des phénomènes électriques qui se produisent dans l'espace pendant les orages, et enfin de ce que, en raison de la rareté des pluies, les composés azotés se sont accumulés dans l'atmosphère. Quoi qu'il en soit, comme des résultats semblables à ceux que nous rapportons ont été observés dans beaucoup de contrées, il est très important d'employer aux irrigations l'eau qui tombe en été et en automne, et de ne pas recueillir pour les citernes destinées aux usages de l'homme et des animaux, celle qui tombe après une longue sécheresse, et en général celle des lieux infestés par les marais, les égouts.

D'après M. Meyrac, l'eau des pluies continues de l'hiver est plus riche en chlorure de sodium que celle des pluies passagères de l'été. M. Chatin a trouvé plus d'iode dans les pluies tombées à l'intérieur des terres que dans celle des rivages de la mer.

Accidentellement, les pluies peuvent contenir des *substances solides* en forte quantité : du soufre, des matières terreuses, des cryptogames, des insectes, des poissons, des reptiles. Il y a eu trois pluies de matières terreuses dans le bassin du Rhône, du 16 mai 1846 au 31 mars 1847. D'après Dupasquier, les terres tombées à la Verpillère et à Meximieux étaient respectivement composées de :

Silice.	54,5	52
Alumine	7,1	7,5
Hydrate de fer.	7,9	8,5
Carbonate de chaux.	21,5	26,5
— de magnésie.	1,5	2,0
Matières organiques	7,5	3,5

M. Ehrenberg a trouvé dans ces terres 73 espèces d'infusoires.

On a de tout temps parlé de pluies de crapauds, de grenouilles, de terre. Ces phénomènes, se produisent très rarement d'une manière marquée; mais il arrivent souvent que des pluies contiennent des matières susceptibles de fertiliser la terre, quoique en trop petite quantité pour être reconnues sans le secours de l'analyse chimique.

Ces corps ont différentes *origines*. Les uns sont émis par la fermentation des matières organiques et de la vase des marais, qui dissémine constamment dans l'espace des gaz et des vapeurs; les autres sont enlevés sous forme de poussière par des tourbillons de l'atmosphère ; enfin il en est qui proviennent de la surface des mers : les vapeurs qui se produisent sans cesse sur l'Océan entraînent avec des gouttelettes d'eau, des iodures, des chlorures, des phosphates, des sulfates de potasse, de soude, de chaux, de magnésie, et diverses matières organiques.

Effets. — Les pluies rendent l'air humide, abattent la poussières, apaisent les mouches, vivifient les plantes et rafraîchissent le pays. Elles sont toujours favorables quand elles sont de *courte durée*.

Mais si elle sont *continues*, elle rendent le sol mou, l'air humide et les plantes aqueuses. C'est sous l'influence de ces diverses causes, c'est-à-dire sous l'influence des pluies, des fourrages aqueux, de l'atmosphère humide, que ce sont produites la pourriture et les hydropisies qui ont exercé de si grands ravages dans les années 1854, 1855, 1856.

Même passagères, les pluies peuvent occasionner des accidents qui dépendent de l'état particulier dans lequel se trouvent les *récoltes* et les *animaux* ; elles s'opposent à la fécondation des plantes, font *couler* le blé, la vigne, les arbres fruitiers, et déterminent des arrêts de transpiration sur les animaux échauffés par le travail.

On connaît moins les effets que les pluies exercent sur les *terres* : quand elles tombent en petite quantité, elles s'évaporent et abandonnent au sol une partie des corps qu'elles renferment. Ces corps contribuent à nourrir les plantes directement, s'ils sont absorbés et s'ils peuvent être assimilés, et indirectement, en facilitant la décomposition du feldspath, du mica, et en mettant à nu de la silice, du phosphore, de la chaux, de la potasse, de la soude et du fer; tandis que lorsqu'elles sont abondantes, l'eau coule à la surface du sol ou s'infiltre dans les couches profondes, mais toujours en entraînant les principes fertilisants qu'elle renferme et souvent une partie de ceux que contient le sol. Après les années de sécheresse, la terre est riche, nourrit bien les semences et les plantes ; tandis qu'après les temps pluvieux, les terres sont lessivées, appauvries et donnent de chétive récoltes : l'observation populaire a partout remarqué la mauvaise influence des grandes pluies. On dit dans le Pas-de-Calais : *Eau haute, blé cher* (J.-N.-F. Lemaire); et dans le Midi : *Année de foin, année de rien.*

Il est à désirer donc qu'il tombe assez de pluie pour rafraîchir le sol, qu'il en tombe assez souvent pour remplacer celle qui s'évapore, assez pour alimenter les plantes et favoriser leur accroissement; mais il est à désirer aussi qu'elle ne soit jamais assez abondante ni pour délayer la terre, ni pour rendre les plantes trop aqueuses.

§ V. — De la neige

C'est encore le refroidissement de l'air qui détermine la formation de la neige en amenant la condensation et la congélation des vapeurs qui existent dans les hautes régions. Elle n'arrive d'ailleurs et ne se maintient à la surface du sol qu'autant que celui-ci est à la température de 0 ou au-dessous. Cependant, lorsque le froid devient trop intense, la neige cesse de tomber parce que l'air ne contient plus assez de vapeur pour donner lieu à sa formation. Il existe des points sur le globe où les vapeurs atmosphériques condensées ne parviennent jamais que sous forme de neige. Telles sont les régions polaires et les sommets les plus élevés des hautes montagnes, que l'on caractérise en les plaçant dans la région des neiges perpétuelles. Sous les climats tempérés, la neige ne tombe que pendant l'hiver. Il en tombe beaucoup dans les contrées où l'on remarque des pluies fréquentes, si le froid y est intense.

Elle contient de l'acide carbonique, de l'ammoniaque, et du nitrate de la même base, dont elle s'est chargée au sein de l'atmosphère. Mais indépendamment de cela elle jouit encore de la propriété de condenser après sa chute, et lorsqu'elle est sur le sol, l'ammoniaque qui tend à s'échapper de la terre. M. Boussingault en a trouvé 0 milligr. 68 par litre dans de la neige au moment de sa chute, 1 milligr. 78 après qu'elle eut séjourné pendant six heures sur une terrasse, et 10 milligr. 34 dans celle qui avait passé le même temps dans un jardin. Après les froids, quand la neige vient à fondre, elle rend à la terre cette ammoniaque qui aurait été perdue. C'est donc avec raison qu'on la considère comme un engrais pour les terres. Elle est même favorable aux plantes, qu'elle préserve du froid en s'opposant au rayonnement du calorique de la surface de la terre ; nous avons des montagnes où les récoltes ne passent l'hiver que lorsqu'elles sont couvertes de neige ; cependant, quand elle est en fortes couches et qu'elle reste trop longtemps, elle peut déterminer l'étiolement, l'altération des plantes qu'elle recouvre.

Pour apprécier les effets de la neige qui tombe directement sur les animaux, il faut bien distinguer celle des temps froids, presque toujours sèche, de celle plus ou moins mêlée de pluie qui tombe si souvent à la sortie de l'hiver. Cette dernière est beaucoup plus malfaisante. La neige que prennent les animaux habitués à sortir tous les jours, en broutant pendant l'hiver dans les bruyères, les genestières et les prés, ne produit jamais de mauvais effetst.

Lorsque le sol est couvert de neige, il fatigue les yeux des hommes et des animaux, par l'éclat de la lumière qu'il réfléchit. On signale des ophthalmies qui apparaissent quelquefois dans les contrées du Nord sur un grand nombre d'individus à la fois, et que l'on attribue à cette cause. Sur les routes fréquentées, il arrive souvent que par un froid persistant la neige durcie devient glissantes. Les animaux éprouvent alors plus de fatigues par les efforts qu'ils sont obligés de faire pour se maintenir en équilibre, pour retenir ou déplacer les fardeaux auxquels ils sont attelés. Ils sont en outre exposés à des chutes qui peuvent avoir pour eux ou pour leurs cavaliers des conséquences graves. C'est par un mode particulier de ferrure que l'on peut prévenir ces accidents.

§ VI. — De la grêle et des orages.

La grêle est constituée par des globules de glaces qui se forment dans les hautes régions de l'atmosphère, et qui tombent ensuite à la surface de la terre. L'électricité paraît jouer un rôle considérable dans sa formation, mais ce sont les aiguilles de glace qui se trouvent à de grandes hauteurs dans l'air qui sont très probalement les noyaux autour desquels la vapeur atmosphérique se condense et se congèle. Les vents, les attractions électriques favorisent la formation des grêlons et les maintiennent à une certaine distance au-dessus de la terre, jusqu'à ce qu'ils puissent tomber. Les nuages qui portent la grêle sont épais, gris ou roussâtres, et répandent une obcurité très marquée. Ils ne se forment que dans les temps orageux et presque exclusivement sous les climats tempérés. Sous les tropiques, la grêle est à peu près inconnue.

La grêle tombe dans le jour plutôt que dans la nuit, cependant les grêles de nuit, pour être rares, ne manquent pas d'une manières absolue. Le volume des grêlons est le plus ordinairement celui d'une noisette, mais ils le dépassent assez souvent, et l'on en a vu exceptionnellement qui pesaient jusqu'à 250, 300 et même 500 grammes. Lorsqu'ils sont très petits, ils constituent le *grésil* qui tombent en hiver et surtout au printemps, à l'époque des giboulées.

La grêle proprement dite ne se forme que par les temps d'orage. Elle tombe ordinairement au commencement ou au milieu de l'orage, et très rarement à la fin. La durée de sa chute est de

10 à 20 minutes environ. Elle est d'ailleurs accompagnée de tous les phénomènes qui caractérisent les orages, comme les éclairs, le tonnerre, la foudre, la pluie. Lorsqu'elle est chassée par un vent violent, comme cela arrive trop souvent, ses ravages sont beaucoup plus à redouter.

Les orages sont très fréquents dans certaines régions sous l'équateur, mais, comme nous l'avons dit déjà, ils ne sont pas ordinairement accompagnés de grêle. En Europe, ils sont plus communs dans les pays de montagne que dans les plaines. Les chiffres suivants, qui désignent la moyenne des orages dans une année, donnent une idée de leur distribution générale sur la surface du globe :

Nertschinsk (Sibérie). .	2	Smyrne.	19
Le Caire	4	Denainvilliers.	20
Stockholm	9	Buenos-Ayres.	23
Saint-Pétersbourg . . .	9	Québec.	24
Pékin.	6	Guadeloupe.	37
Londres.	9	Maryland	41
Athènes.	11	Rome.	43
Paris	14	Janina.	45
Toulouse	15	Rio-Janeiro.	50
Strasbourg	17	Calcutta	60
Berlin.	18		

On connaît trop les effets nuisibles de la grêle qui hache les récoltes, couche les fourrages, dépouille les arbres de leurs feuilles, meurtrit les fruits, endommage les branches et les rameaux pour plusieurs années, et enlève en un instant tout le produit de la vigne.

Il arrive malheureusement trop souvent que les nuages emportés par le vent répandent ces ravages sur de vastes étendues de pays. Il y a sous ce rapport des contrées qui ont le triste privilège d'être fréquemment frappées sans qu'on puisse déterminer d'une manière précise les circonstances qui produisent ce résultat.

On sait que les assurances, en divisant les pertes que la grêle occasionne, sont encore le seul moyen connu de prévenir la ruine de bien des cultivateurs. Il n'est pas nécessaire d'indiquer non plus les effets que la grêle produit quand elle tombe sur des animaux en sueur, quand des grêlons volumineux — on en a vu de 2 kilogrammes — surprennent dehors de petits animaux : la volaille, les abeilles...

Mais nous dirons que les *phénomènes électriques* qu'on remarque pendant les orages provoquent la décomposition de l'eau et la combinaison de l'oxygène et de l'hydrogène avec l'azote de l'air, d'où résulte de l'acide nitrique, de l'ammoniaque, des nitrates de cette base. Indépendamment des matières qui existent ordinairement dans les eaux de pluie, on a trouvé dans la grêle du sulfate de chaux, des matières organiques.

Nous savons que les eaux d'orage sont fertilisantes ; qu'il faut les utiliser pour les irrigations plutôt que pour remplir les citernes destinées à approvisionner les ménages : on a remarqué dans quelques pays que l'eau provenant de la fonte de la grêle est nauséabonde.

§ **VII.** — **Préservatifs contre les météores aqueux et en particulier contre les orages.**

On cherchera à prévenir les mauvais effets des météores aqueux en gardant les animaux dans les habitations pendant le mauvais temps, et en les y ramenant aussitôt après le travail; en râclant la peau de ceux qui ont été mouillés par la neige ou par la pluie, pour en faire tomber l'humidité, ou tout au moins en les bouchonnant vigoureusement, en ne les faisant paître au brouillard et à la pluie froide qu'après leur avoir donné, pour les fortifier, une ration au râtelier; en évitant de faire parquer les bêtes à laine pendant les temps froids et humides; en ayant soin de tenir les animaux près des habitations quand on craint un orage, afin de les faire rentrer avant qu'il éclate; surtout en donnant une nourriture saine et bien substantielle. Il faut conserver pour les mauvais jours du mois d'avril assez de fourrage pour pouvoir retenir alors les bêtes à laine à la bergerie.

Par ces précautions, on prévient les effets immédiats des météores aqueux; mais les orages, les pluies torrentielles, exercent sur le sol, sur les cours d'eau et sur les plantes une action qui nécessite de la part des cultivateurs quelques précautions particulières.

Emploi des fourrages grêlés. On a plusieurs fois remarqué que les récoltes frappées par la grêle incommodent les animaux qui les consomment, font diminuer le lait des vaches. Les plantes brisées par les orages ne sont pas positivement malfaisantes; mais si elles ont été fortement endommagées, couchées, foulées, écrasées, elles s'altèrent avec rapidité, se couvrent de moisissure et peuvent ensuite rendre malade le bétail auquel on les distribue.

Il faut donc, autant que possible, faire consommer, immédiatement après le sinistre, les plantes endommagées, et même, si elles ont été couchées sur une terre meuble, si elles sont imprégnées de boue, elles ne doivent être administrées qu'après avoir été nettoyées, lavées au besoin.

Comme il n'est pas possible, quand l'orage abîme considérablement de grandes surfaces, de faire consommer avant qu'il s'altèrent les fourrages atteints par la grêle, il faut renoncer à les donner en vert. On les fauche alors, mais il faut mettre au fumier la partie la plus altérée et laver les plantes dont on croira pouvoir faire du foin, pour ensuite les faire sécher, les stratifier avec de bons fourrages, les saler et les donner après les avoir hachées et blutées, comme nous le dirons en parlant des fourrages altérés.

§ VIII. — Des inondations.

Deux ordres de causes tendent à augmenter la fréquence des inondations et à les rendre plus désastreuses qu'anciennement. En premier lieu, *le défrichement des montagnes :* l'eau, de moins en moins retenue sur les terres, à mesure qu'elles sont plus dépouillées de bois, de gazon, arrive plus rapidement au fond des vallées, et dans les cas de pluies très abondantes et de fonte rapide des neiges, elle y forme des torrents que les lits des rivières ne sauraient contenir.

En second lieu, *le lit des rivières, qui est de plus en plus comblé et resserré :* comblé par les graviers qu'entraînent les orages, et resserré par les ponts, les chaussées et les digues que l'on construit en si grand nombre. Il en résulte que l'eau, au lieu de couler librement en s'étendant en larges nappes sur de vastes plages de gravier, forme des torrents et entraîne tout ce qui se trouve sur son passage.

Il ne faut pas oublier qu'on fait des constructions et qu'on établit des cultures sur des terres qu'autrefois on laissait inoccupées, comme trop exposées à être dévastées par les eaux ; d'où résulte que les pertes occasionnées par les inondations sont plus grandes qu'anciennement.

Par cette sommaire indication, on voit que les moyens propres à prévenir les inondations et à les rendre moins dangereuses, devraient agir et sur les terres qui reçoivent les pluies, et sur les rivières que ces pluies parcourent (voyez IRRIGATION), et enfin sur la distribution des cultures. Ici nous devons surtout indiquer les moyens de combattre les effets que produisent le plus souvent ces fléaux.

Effets. — Pendant l'hiver, quand les eaux sont limoneuses plutôt que graveleuses et les herbes des prés courtes, les inondations sont bienfaisantes : elles fertilisent le sol et nuisent bien rarement aux récoltes.

D'une manière générale, les inondations préjudicient en abîmant les terres, en détruisant les récoltes, en altérant les fourrages, en rendant le pays malsain et en produisant des maladies sur l'homme et sur les animaux domestiques.

Elles nuisent au *sol*, tantôt en enlevant la terre arable, tantôt en la couvrant de graviers ou de galets ; elles détruisent les *récoltes*, les couchent, les emportent, les pourrissent ou les laissent couvertes de vase.

Elles nuisent au *bétail* en vasant les plantes, en altérant l'air et en infectant les boissons. Les plantes vasées sont souvent malades et se couvrent de moisissures, de champignons malfaisants pour les animaux qui les consomment ; d'ailleurs elles nuisent par la boue qui les recouvre, par la poussière qui s'en dégage. Elles produisent sur les voies digestives des irritations des glandes salivaires, des indigestions, des jaunisses, des coliques et des diarrhées ; sur les voies respiratoires, des angines, des coryzas et des bronchites ; enfin, sur l'œil, des ophthalmies, des inflammations des paupières.

Quand les inondations se produisent sur une large surface, elles altèrent les humeurs et donnent lieu à des épizooties, à la pourriture, à des affections cutanées, aux affections vermineuses, aux maladies charbonneuses, aux maladies pédiculaires, selon la disposition des animaux.

Moyens de combattre les effets des inondations. — Les moyens qui ont été employés pour remédier aux dégâts produits par les inondations se rapportent aux terres, aux récoltes et aux animaux domestiques.

Si la *terre* inondée est un guéret, on lui donne, après qu'elle est égouttée, un labour qui mêle les dépôts avec la terre arable, à moins que les dépôts ne soient de mauvaise nature et très abondants. Dans ce cas, on les enlève autant que les circonstances le permettent. Les frais qui seraient nécessaires pour ce travail dépasseraient quelquefois la valeur du fonds : on cherche alors à utiliser la terre telle qu'elle est en y plantant des arbres.

Le chaulage, pour hâter la décomposition des matières insalubres déposées par les eaux ; l'écobuage, qui brûle une partie des matières putrides et dégage des alcalis, pour détruire celles qui restent, pourraient aussi être utiles quand on tient à détruire rapidement ce qui pourrait devenir une cause d'infection, et qu'on ne craint pas de perdre sous forme de vapeur une partie des matières fertilisantes.

Toutes les *récoltes* ne souffrent pas également des inondations : si le séjour de l'eau a été de courte durée, que le dépôt soit peu abondant, les plantes remises à sec poussent avec vigueur. Il peut suffire d'une bonne pluie pour les nettoyer. On a conseillé de les asperger avec l'arrosoir pour le jardinage et avec la pompe à incendie pour la grande culture.

Ces moyens ne sont pas toujours applicables et seraient sans résultat utile lorsque la couche de vase ou de sable est trop épaisse ; mais il peut suffire alors de donner un coup de herse ou un binage pour rompre la vase et faire pousser les plantes qui en étaient recouvertes.

Si, après les inondations, il survient de fortes chaleurs qui dessèchent la croûte du sol, une irrigation produit de bons effets : elle adoucit la couche formée par la vase qui arrêtait l'accroissement des plantes. L'irrigation peut encore être utile soit pour laver les plantes si on peut la donner un peu forte, soit pour entraîner le limon dans le sol ou même hors de la propriété. Toutefois, généralement, il faut conserver cet engrais, même au prix de la récolte qui est sur pied.

Du reste, cette récolte n'est pas perdue : roulée et enfouie, elle contribue puissamment à engraisser le sol.

Quelque temps après l'inondation, on voit si la récolte sur pied doit être sacrifiée. Si oui, on l'enterre par un labour comme engrais vert, ou on l'enlève pour la mettre en tas et en faire du fumier. A cet égard, chacun se détermine selon l'espérance qu'il fonde sur la récolte inondée et sur celle qui pourrait être semée à sa place.

Toute indication particulière sur les plantes qu'il conviendrait de cultiver à la suite d'une inondation serait inutile. Le choix doit varier selon la saison où l'on est. Les cultivateurs trouvent toujours dans les innombrables plantes : — maïs, sorgho, panic millet, panic d'Italie, moha, avoine, sarrasin, moutarde, navets, betteraves, vesces, gesses, pois, choux, — des espèces qui peuvent remplacer, soit pour notre nourriture, soit pour celle des animaux, celles qui ont été détruites. Les plaines exposées aux inondations sont en général pourvues d'une forte couche de terre arable, et la plupart de nos plantes utiles y prospèrent, même dans la saison de la sécheresse.

Au point de vue de l'hygiène, il faut, après les inondations, s'attacher particulièrement à assainir les fossés, à dessécher les flaques et à faire enlever les dépôts de vase que les eaux laissent contre les murailles.

On s'abstiendra de conduire les troupeaux sur les pâturages récemment inondés. On attendra que la pluie ou une bonne irrigation ait lavé les plantes, ou que l'influence du soleil, du vent et du serein les ait purifiées, ou enfin que la pousse de l'herbe nouvelle soit assez avancée pour dominer l'herbe inondée. Ces précautions sont moins nécessaires lorsque les inondations ont été de courte durée et les eaux peu limoneuses. Toutefois, on n'oubliera pas que l'herbe vasée se couvre facilement de champignons nuisibles.

S'il faut user du pâturage avant que l'assainissement soit complet, on fera en sorte que le sol inondé ne fournisse pas toute la ration et que les animaux y séjournent peu de temps ; on ne les y conduira qu'après leur avoir fait prendre une demi-ration au râtelier ou dans un herbage salubre : une partie de la nourriture sera composée de bons aliments et l'on fera usage du sel marin.

Si les eaux limoneuses ont pénétré dans les fontaines, les abreuvoirs, on cherchera à purifier l'eau en nettoyant ces réservoirs, si cela est possible, ou du moins en tirant beaucoup d'eau pour la renouveler plusieurs fois ; dans tous les cas, on ne l'administrera qu'après l'avoir salée, vinaigrée, ou mêlée à de la farine.

Pour assainir les étables, on enlèvera tout le fumier, et même il peut être utile, si le sol est enterré et non pavé, de remplacer la couche superficielle de terre par du gravier, ou du mâche-fer, ou de la terre sablonneuse. On ratissera les murailles, les crèches, et on les blanchira au lait de chaux ; on y fera du feu, si cela est possible, et on laissera pendant un certain temps toutes les ouvertures, fenêtres et portes, ouvertes la nuit et le jour ; enfin on n'y remettra le bétail que lorsque toute odeur particulière aura disparu, et après avoir garni le sol d'une litière abondante et bien sèche.

En parlant de la fauchaison, nous verrons que l'herbe inondée qui n'a pas été fortement vasée peut être utilisée, soit qu'on la lave de suite après le fauchage, soit qu'on la batte au fléau quand elle est sèche ; qu'il faut, dans tous les cas, après qu'elle a été transformée en foin, la stratifier, si cela est possible, avec de bons fourrages et la saler en la mettant en meules.

CHAPITRE VI.

DES SAISONS.

Le plan de l'écliptique, qui est celui dans lequel le soleil semble accomplir sa route annuellement dans le ciel, est incliné sur le plan de l'équateur de 23° 27' 33". Il en résulte que l'axe de la terre est lui-même incliné sur le plan de l'écliptique de 66° 32' 27". C'est l'inclinaison de ces deux plans l'un sur l'autre qui est la cause de la succession des saisons.

Deux fois dans l'année, aux époques de l'équinoxe de printemps et de l'équinoxe d'automne, la terre est dans une telle situation relativement au soleil que ses deux pôles sont également éloignés de cet astre. Le jour est alors égal en durée à la nuit pour tous les points de la terre.

Mais en dehors de ces deux époques, et en raison de l'inclinaison de son axe, la terre, dans son mouvement autour du soleil, dirige nécessairement peu à peu vers cet astre tantôt l'un, tantôt l'autre de ses pôles. Il en résulte que chacun des hémisphères nord et sud de notre planète subit à son tour d'une manière plus directe et pendant une plus longue durée chaque jour l'influence des rayons solaires qui leur dispensent la chaleur et la lumière. Cette inégalité dans la répartition des deux fluides est due uniquement au mouvement de la terre. Cependant, lorsque celle-ci dirige ainsi peu à peu l'un de ses pôles vers le soleil, il semble que cet astre se rapproche de l'hémisphère qui s'incline vers lui, et qu'il s'éloigne au contraire de l'hémisphère opposé. C'est par ce mouvement apparent du soleil que sont marquées les saisons au nombre de quatre : l'*Hiver*, le *Printemps*, l'*Eté* et l'*Automne*.

L'hiver commence dans notre hémisphère au moment où le soleil s'est rapproché le plus possible du pôle austral et a atteint le tropique du Capricorne. C'est l'époque que l'on désigne sous le nom de *solstice d'hiver*. Elle correspond au 22 décembre. A partir de ce jour, le soleil semble se rapprocher peu à peu de notre hémisphère. Les jours, d'abord très courts (8 heures environ sous la latitude de Paris), allongent insensiblement. Le 20 ou 21 mars, ils sont de douze heures, on est à l'équinoxe de printemps, et cette saison commence. Ils continuent à croître pendant trois mois encore jusqu'au 21 juin ; le soleil atteint alors le tropique du Cancer ; c'est pour nous le moment du solstice d'été, on est à l'époque des plus longs jours de l'année (16 heures) et l'été commence. Dès lors le soleil paraît rétrograder, il retourne vers l'équateur qu'il atteint à l'équinoxe d'automne (22 ou 23 septembre), qu'il dépasse pour se diriger pendant cette dernière saison vers le tropique du Capricorne, où il revient le 22 décembre.

Telle est la marche apparente du soleil. Les mots que l'on emploie pour la décrire ne sont pas entièrement en rapport avec ce qui se passe réellement. Car indépendamment de ce que cet astre est fixe relativement aux planètes qui gravitent autour de lui, il n'est pas vrai qu'il soit plus rapproché de nous pendant notre été que pendant notre hiver. Il est bon d'observer que, pour notre hémisphère, c'est précisément le contraire qui a lieu, et que la différence de température qui se fait remarquer entre ces deux saisons ne dépend pas pour nous de la distance qui nous sépare de lui.

Le commencement et la durée de chaque saison sont invariablement fixés par les époques des équinoxes et des solstices. Chacune d'elles est caractérisée par la longueur des jours et des nuits, et par une température moyenne qui varie peu d'une année à l'autre, de telle sorte que, sous le climat de la France et de l'Europe, l'hiver est en général la saison des grands froids, l'été la saison des grandes chaleurs, et l'automne et le printemps des saisons intermédiaires. Cependant, quand on observe avec soin la température et les phénomènes météorologiques qui se succèdent pendant l'année, on ne tarde pas à s'apercevoir que souvent les caractères tirés de la répartition de la chaleur ne correspondent pas exactement aux saisons astronomiques, et que celles-ci semblent plus ou moins empiéter les unes sur les autres.

Cette remarque a porté quelques médecins et quelques agronomes à distinguer les *saisons agricoles* ou *médicales* des *saisons astronomiques*, et à les faire commencer à des époques un peu différentes. Pour avoir un point de départ, on a admis, ce qui est assez ordinairement vrai, que les plus grands froids de l'année ont lieu vers le milieu du mois de janvier. Le 15 de ce mois a dès lors été considéré comme marquant le milieu de l'hiver, et l'on a fait commencer l'hiver le 1er décembre, le printemps le 1er mars, l'été le 1er juin et l'automne le 1er septembre. On peut établir, d'après cela, de la manière suivante le tableau comparatif des saisons astronomiques et des saisons agricoles ou médicales :

Saisons astronomiques.	Durée.	Longueur des jours.	Saisons agricoles ou médicales.	Durée.
Hiver. . . du 22 déc. au 20 ou 21 mars.	89 jours 1 h.	de 8 à 12 h.	1er déc. au 1er mars.	90 jours.
Printemps, du 20 ou 21 mars au 21 juin.	92 jours 21 h.	de 12 à 16 h.	1er mars au 1er juin.	92 jours.
Été. . . . du 21 juin au 22 ou 23 sept.	93 jours 14 h.	de 16 à 12 h.	1er juin au 1er sept.	92 jours.
Automne. du 22 ou 23 sept. au 23 déc.	89 jours 17 h.	de 12 à 8 h.	1er sept. au 1er déc.	91 jours.

Les saisons exercent une grande influence sur les êtres organisés par les modifications qu'elles apportent dans la température, l'état hygrométrique de l'air, les phénomènes météorologiques, le volume des eaux courantes ou stagnantes, les qualités des aliments et des boissons, et les travaux dont elles exigent l'accomplissement. Le cultivateur, qui a intérêt à saisir les traits essentiels qui les caractérisent dans leurs rapports avec les travaux qu'il a à accomplir, détourne quelquefois le mot saison de sa signification rigoureuse, et l'emploie pour désigner une période de temps marquée pour lui par quelque fait intéressant. C'est ainsi qu'il dit la *saison des pluies*, la *saison des froids*, la *saison des travaux*, pour désigner le temps des pluies, le temps des froids, le temps des travaux. Nous prendrons soin de faire ressortir, dans l'étude de chaque saison, les faits de la nature de ceux qui sont indiqués par ces expressions, et qui offrent, au point de vue médical comme au point de vue agricole, une réelle importance.

I. — Hiver.

L'hiver dure du solstice d'hiver à l'équinoxe du printemps, du 22 décembre au 20 ou 21 mars. Dans cette saison, notre hémisphère se rapproche tous les jours du soleil, les rayons solaires nous arrivent de moins en moins obliques, et nous éclairent pendant un temps qui, de jour en jour, devient plus long. Cependant la terre, qui depuis la fin de l'été, pendant l'automne, a perdu plus de calorique qu'elle n'en a absorbé, est toujours très froide, les rayons qu'elle reçoit du soleil dans les mois de décembre et de janvier encore très obliques et refroidis par la couche épaisse et souvent brumeuse d'air qu'ils traversent, l'échauffent très peu.

Chacun connaît les caractères de cette saison : la terre est en partie couverte de neige et de glace, un froid vif se fait sentir, ou bien l'air presque toujours froid paraît humide, quoiqu'il ne renferme qu'une petite quantité de vapeurs, et l'on traverse de longues périodes de brouillards et de pluie. Dans le premier cas, l’hiver est dit froid, dans le second, il est dit humide. Tous les êtres organisés sont engourdis pendant l’hiver ; les plantes annuelles ont presque toutes péri dès la fin de l’automne, la végétation des plantes vivaces s’arrête même complètement, diverses espèces animales tombent dans le sommeil hibernal, et les herbivores sont entretenus à l’étable ou se nourrissent dehors avec des débris desséchés de plantes restées sur pied.

TRAVAUX AGRICOLES. — Selon le temps, on fera des *labours de défoncement*, des *défrichements*, des *premiers labours* pour les betteraves, les carottes. Les terres fortes labourées avant les grands froids, s’émiettent sous l’influence des gelées, et les racines vivaces, comme les larves des insectes exposées à l’air sont détruites par la rigueur de l’hiver.

C’est aussi le moment de transporter le sable, la marne, la chaux et les pierres pour *amender les terres* et *faire les murs de clôture ;* d’*épierrer les terres* et de *ferrer les chemins ;* d’*ouvrir des fossés* pour les desséchements et de les combler de pierrailles ; de *nettoyer les prés*, de ramasser les feuilles, d’élaguer les arbres et les haies, d’arracher les ronces qui envahissent les terres et de tenir libre les fossés et les canaux de desséchement comme ceux d’irrigation ; de *herser* ou de *labourer les prairies* naturelles mousseuses et les vieilles luzernières ; de *fumer les herbages*, surtout si on veut y mettre des engrais incomplètement pourris, pour enlever plus tard le paillis à la herse.

Si les occupations de la ferme ne peuvent pas être continues, que le temps ne permette pas d’occuper les hommes aux travaux ordinaires, on fera réparer les clôtures, curer les fossés, creuser des trous pour les plantations d’arbres, et abattre le bois pour les besoins divers de la ferme.

C’est en hiver qu’il se fait le plus de *fumier*. Les cultivateurs doivent songer à en augmenter la quantité en ramassant soigneusement les raclures des cours, et à en accroître les qualités en le stratifiant avec tous les produits susceptibles de se décomposer.

On fait, avant la fin de l’hiver, des *semailles de prairies* annuelles qu’on renouvelle de temps en temps, pour avoir ensuite des fourrages frais jusqu’à l’hiver suivant.

C’est aussi vers la fin de cette saison que l’on commence les *semailles du printemps*, celles des avoines, des orges, des betteraves, des carottes. Si l’on n’a pas de terre disponible pour recevoir les betteraves, c’est le moment de les semer en pépinière :

on les transplantera quand la place qui leur est destinée sera libre et préparée.

Le *battage* des grains, des fèves, que l'on fait en hiver, met à la disposition du cultivateur des menues pailles, des gousses, dont il doit tirer parti pour nourrir les bestiaux ou pour faire des engrais.

Il ne faut pas manquer de visiter souvent les produits divers récoltés en automne, de *parcourir les greniers, les caves, les silos,* pour, selon les besoins, activer la ventilation ou fermer les soupiraux. On prendra toujours les précautions nécessaires pour prévenir les dégâts par la pourriture, les insectes et les rats.

D'ordinaire on fait l'inventaire des instruments et des produits de la ferme en hiver. Le fermier profitera de cette circonstance pour passer en revue ses outils et instruments divers, pour voir si les harnais sont propres, en bon état, et pour faire réparer les mauvais ou en acheter d'autres auxquels les animaux auront le temps de s'habituer avant l'époque des travaux pénibles.

SOINS AUX ANIMAUX. — En décembre, on cessse ordinairement le *pâturage.* Si on le continue, il faut donner au râtelier un supplément de nourriture ; mais on le cessera plutôt trop tôt que trop tard, car après la Noël, les animaux profitent peu de la dépaissance, et en allant trop longtemps dans les prairies, ils abîment le sol et retardent la pousse de l'herbe, ce qui diminue le rendement du foin, surtout si la sécheresse du printemps est précoce.

Dans le Nord et dans l'Est, les froids sont trop vifs pour que l'on puisse compter sur les ressources qu'offre le pâturage pour nourrir les animaux pendant une partie de l'hiver. Mais dans le Midi, les moutons vont paître souvent jusqu'à une époque fort avancée au début de l'hiver, et recommencent à fréquenter les pâturages longtemps avant la fin de cette saison. Dans l'Ouest, en Normandie, dans le bas Poitou, où en général les hivers sont peu rigoureux, on fait entrer dès la mois de décembre dans les pâturages d'embouche les bœufs que l'on désigne sous le nom de *bœufs trembleurs,* et qui seront livrés à la boucherie au mois de mai et ou de juin et juillet suivants. Il n'est pas rare de voir dans le Midi les animaux conduits à la fin de l'hiver, alors que la végétation se réveille, dans des pâturages artificiels précoces que l'on a établis dans ce but. C'est une pratique qui exige quelques précautions pour éviter les accidents que pourrait déterminer l'herbe couverte d'humidité ou de rosée, mais qui permet de réaliser quelquefois sur la nourriture du bétail d'importantes économies.

Toutefois ce sont là des pratiques exceptionnelles pour une grande étendue de la France, et en hiver, la plus grande partie de nos herbivores sont nourris à l'étable. Il faut soigner la *stabulation*, et le régime, tenir les étables dans une grande propreté, les faire blanchir à la chaux s'il existe des causes d'insalubrité. On veillera aussi à ce que l'aérage y soit suffisant ; car les domestiques sont toujours disposés à fermer les fenêtres pendant les temps froids.

Quand on fait sortir les animaux, on doit avoir égard à la température de leurs habitations et à celle de l'air extérieur : le passage d'une étable chaude à l'air froid occasionne en hiver beaucoup de maladies.

On ne doit jamais laisser les animaux exposés immobiles à l'air froid et humide. Pendant le temps qu'ils passeront dehors ils seront constamment pourvus de couvertures s'ils ne sont pas toujours en mouvement. En hiver, les aliments sont généralement secs ; ils échauffent et sont peu favorables à la sécrétion du lait. Il faut neutraliser les effets des foins et des grains en entrecoupant l'usage de ces substances par des choux et des racines fourragères. Les eaux sont abondantes et les boissons en général saines ; si elles sont trop froides, il est facile de remédier à cet inconvénient.

Les *travaux* de cette saison, surtout si les routes sont glissantes, couvertes de glace, exposent les attelages à des accidents et nécessitent des conducteurs intelligents, sachant prendre des précautions dans les chemins difficiles.

Mais quoique faisant des travaux à certains égards dangereux, les animaux se fatiguent moins cependant qu'en été. Souvent même le temps ne permet pas de leur faire quitter l'étable. C'est le moment de leur faire *consommer les fourrages peu nutritifs*, les pailles et les foins des marais. Cela est d'autant plus facile qu'ils sont alors disposés à manger beaucoup.

A cette époque a lieu l'*agnelage*. Il faut mettre à part les agneaux faibles, les nourrices qui perdent la laine, et leur distribuer des grains, de l'avoine en grappes, des gerbées, des tourteaux.

C'est la saison où l'on *engraisse* le plus généralement les bestiaux. Nous le rappelons pour faire remarquer qu'elle est la plus favorable pour cette opération, et qu'elle doit autant que possible être choisie quand les provisions de fourrages et les débouchés de bestiaux gras le permettent. Du reste, on dispose alors des aliments les plus propres à cette opération : les tourteaux et les châtaignes, l'orge, les féverolles, les pois en grains ou réduits en farine...

Maladies. L'hiver est nuisible aux animaux faibles, âgés ou exténués, qui n'ont pas assez de force pour réagir contre l'impression de l'air froid sur la peau. On remarque sur les chevaux, surtout sur ceux qui travaillent dans les villes mal pavées, dont les rues présentent à leur milieu un ruisseau boueux, les eaux aux jambes, les crevasses et le crapaud. Le farcin, la morve, les rhumatismes, sont fréquents aussi pendant les temps froids et humides.

II. — Printemps.

Le printemps comprend les jours qui s'écoulent du 20 au 21 mars au 21 juin. Il dure à peu près 92 jours. Pendant cette saison, les rayons solaires nous arrivent moins obliquement et nous éclairent plus longtemps qu'en hiver. Cependant la terre, vers la fin du mois de mars ne s'échauffe encore qu'avec lenteur ; couverte en plusieurs endroits d'eau et de glace, elle réfléchit dans l'espace une grande partie de la chaleur qu'elle reçoit du soleil, et celle qu'elle absorbe devient en partie latente par la fonte des neiges et par l'évaporation de la grande humidité du sol. Mais à mesure que les jours deviennent plus longs, les glaces fondent, la terre se dessèche, et vers la fin de mai les rayons solaires nous arrivent plus ardents, plus rappochés les uns des autres, et nous échauffent rapidement.

Durant cette saison, la terre fournit toujours beaucoup de vapeurs qui se répandent dans l'atmosphère pendant le jour, se condensent la nuit, et forment d'abondantes rosées. Nous voyons même souvent, dans les mois de mai et de juin, d'épais nuages se former tout à coup, parcourir l'espace, et des orages terminer des journées dont le soleil, au matin, semblait garantir la complète sérénité.

Le printemps est une saison favorable à la VÉGÉTATION : la chaleur et l'humidité des premiers beaux jours réveillent les plantes de leur sommeil d'hiver ; les substances nutritives, amassées en automne dans les racines bisannuelles ou vivaces, dans les cotylédons, s'élaborent et se transforment en jeunes pousses ; en même temps, les racines commencent leurs fonctions absorbantes, et les feuilles s'étalent. C'est lorsque les chaleurs sont fortes et les pluies fréquentes au printemps, que les céréales s'enracinent bien ; que les prés sont vigoureux et les pâturages riches : l'herbe est abondante, mais encore trop jeune, aqueuse et peu substantielle. Enfin, c'est au printemps que s'opère la fécondation dans la plupart des espèces végétales de nos climats tempérés.

Les chaleurs du printemps, par l'action directe qu'elles exercent sur tous les ANIMAUX, contribuent encore à caractériser cette saison ; elles font éclore les œufs des insectes et développer les larves des années précédentes ; dans les mammifères, la transpiration de la peau devient abondante, et la fourrure hérissée, terne de l'hiver, est remplacée par une autre à poils courts, lisses et brillants. Aux effets qui résultent de la chaleur et des aliments s'ajoutent, pour les animaux soumis au régime du pâturage, ceux qui sont produits par l'exercice au grand air. Les jeunes bêtes deviennent gaies et prennent de l'embonpoint ; le lait des femelles augmente, et celles qui ne sont pas pleines témoignent le désir de recevoir le mâle : celui-ci, quoique toujours disposé à propager son espèce, a cependant plus d'ardeur au printemps que dans les autres saisons.

TRAVAUX AGRICOLES. — On continue, à la fin de mars, les labours, les semailles commencées dans la saison précédente ; on fait aussi les plantations de pommes de terre, et l'on pratique le sarclage des céréales là où l'on est dans l'habitude d'y recourir.

C'est la saison d'épamprer la vigne et d'ébourgeonner les arbres fruitiers, les châtaigniers. Les produits de ces opérations peuvent être utilisés frais pour nourrir les herbivores, ou desséchés, mis en feuillards, pour les hiverner.

SOINS AUX ANIMAUX. — Les journées sont déjà longues, les chaleurs fortes et les travaux pressants ; on augmentera la ration des attelages et on donnera une nourriture plus substantielle. Cela est d'autant plus nécessaire que les animaux, commençant à sentir le vert, mangent avec moins d'avidité les aliments secs, et refusent ceux qui sont de mauvaise qualité. Les premiers jours du printemps sont malheureusement, pour un trop grand nombre d'animaux, une époque de jeûne et de privations. Il n'est pas rare, en effet, de voir dans beaucoup d'exploitations rurales les animaux mal nourris à cette époque de l'année, par suite de l'imprévoyance des cultivateurs, qui ont conservé un bétail trop nombreux relativement aux ressources dont ils pouvaient disposer, ou qui, comptant sur un printemps précoce, n'ont pas su distribuer avec une sage économie pendant l'hiver les aliments qu'ils avaient emmagasinés; quelques jours d'un bon régime au pâturage suffisent heureusement presque toujours pour réparer le mal. Cependant il ne serait pas prudent de compter dans tous les cas sur un semblable résultat, et le mieux est de prendre des mesures pour que le bétail n'ait jamais à souffrir de la faim.

Dès le mois d'avril, au commencement ou à la fin, selon les pays et le temps, on met les bestiaux à *l'usage du vert* donné au râtelier. On distribue d'abord le seigle, le farouch, l'escourgeon et la vesce mêlée à une céréale. Dans le mois de juin, on peut faire consommer la luzerne et le trèfle.

La nourriture verte est généralement avantageuse; l'on en distribuera, par économie, dans les fermes où l'on ne fait pas pâturer. Cette nourriture est surtout favorable aux animaux qui, ayant reçu des aliments secs et poudreux perdent difficilement le poil d'hiver. Sous l'influence de la nourriture aqueuse la mue s'opère bien, les maladies cutanées disparaissent et avec elles les insectes aptères.

C'est aussi un bon moyen de combattre le soubresaut du flanc, si commun chez les chevaux qui ont été mal soignés, nourris avec du foin poudreux en hiver. Si les animaux travaillent, on n'interrompra pas les distributions d'avoine, et on ne passera que graduellement à l'usage du vert, que l'on mêlera à du foin pendant les premiers jours.

Lorsque les juments n'ont pas été *saillies* en hiver, on ne laissera pas passer le mois d'avril sans les mener à l'étalon; de même on soignera les vaches en vue de leur faire prendre le mâle. Le printemps est l'époque ordinaire de la naissance pour un grand nombre de poulains, d'ànons et de muletons dont les mères ont été saillies onze ou douze mois auparavant.

C'est aussi le moment favorable pour pratiquer la *castration* sur les animaux qui doivent la subir.

On opère dans cette saison le *sevrage* des agneaux. Si on veut qu'ils ne souffrent pas de la perte de leur mère, il faut, surtout si on ne leur donne pas des grains, leur avoir préparé un bon pâturage, ou leur distribuer au râtelier un fourrage de première qualité : du sainfoin, de la minette, une bonne bisaille venue à point.

Au printemps commence aussi *l'éducation* ou *dressage des poulains;* on attelle ces jeunes animaux, soit à la herse sur les guérets, soit au rouleau pour donner un plombage aux vesces et aux céréales, soit au buttoir ou au cultivateur pour faire les façons que réclament la pomme de terre, le colza, la betterave.

Les *maladies* du printemps sont causées par les grandes variations de température qu'on remarque souvent dans les mois d'avril et de mai, et par le changement de régime ; l'animal qui passe des chaleurs du jour aux fraîcheurs des nuits, qui est exposé aux giboulées de mars, contracte des catharres, des maladies de poitrine, des rhumatismes. Le passage subit d'une nourriture sèche, peu abondante, à une nourriture verte et copieuse, détermine d'abord la diarrhée, ensuite la pléthore, et des congestions sur la rate, sur le foie et le poumon. Si aux effets d'une alimentation substantielle se joint l'action du soleil, si des animaux restés longtemps à l'étable sont exposés aux rayons ardents de cet astre, on observe alors des fièvres cérébrales, des apoplexies foudroyantes. C'est encore au printemps que se remarque la fourbure chez des animaux abondamment nourris qui travaillent sur des routes dures et échauffées par le soleil. Enfin, c'est vers la fin de cette saison, lorsque les herbivores se nourrissent de fourrages secs nouvellement récoltés, que naissent les échauboulures, la rafle, des échauffements, des indigestions, le vertige.

Le printemps est généralement *favorable* aux herbivores, surtout aux élèves qui jouissent pour la première fois du grand air, qui prennent de l'exercice, mangent de l'herbe tendre, et dont les nourrices sont au vert. Il favorise la guérison de la gale, du farcin, des eaux aux jambes et des irritations chroniques, et amène assez souvent, surtout chez les grands ruminants, la disparition des symptômes qui trahissent l'existence des calculs dans le foie ou dans les voies urinaires. L'eau introduite dans le corps avec les plantes contribue-t-elle à dissoudre les calculs de la vessie et des canaux biliaires ?

III. — Été.

L'été astronomique dure environ 93 jours. Il commence au solstice d'été, le 21 juin, et dure jusqu'au 22 ou 23 septembre. Au 22 juin, les jours, sans compter les crépuscules, sont de 16 heures, et de 12 seulement à la fin de l'été. Pendant cette saison, la terre a, relativement au soleil, les positions qu'elle a eues au printemps ; mais elles se succèdent dans un ordre inverse, La grande différence qui existe entre les effets hygiéniques de l'été et ceux du printemps vient de l'influence que les saisons exercent les unes sur les autres. A la fin du mois de juin, la terre a déjà été échauffée par le soleil, et sa surface desséchée et aride absorbe le calorique que lui prodigue cet astre. L'évaporation pendant le jour est peu considérable : l'air est sec, les nuits sont courtes, chaudes, et la rosée peu abondante, sinon nulle en beaucoup d'endroits.

La VÉGÉTATION est encore en grande activité au commencement de la saison ; mais bientôt elle se ralentit, surtout dans les contrées du Midi, où les jours de pluie sont si rares et où il tombe à peine 15 cent. de pluie pendant les mois de juillet, d'août et de septembre ; les racines des plantes commencent à manquer d'humidité ; l'air, avide d'eau, active la transpiration, les feuilles se rident, se fanent et se renversent. Dès avant la fin de la saison, beaucoup de plantes herbacées ont terminé leur végétation ; toutes sont moins aqueuses, plus fermes, plus nourrissantes et plus toniques qu'au printemps.

TRAVAUX AGRICOLES, SOINS AUX ANIMAUX. — La *récolte du foin et celle des céréales* sont quelquefois une occasion de grandes fatigues pour les attelages : la longueur des journées, les fortes chaleurs, les insectes, et souvent la poussière sont des causes d'épuisement dont il faut prévenir les effets en faisant, autant que possible, travailler les animaux à la fraîcheur, et en leur donnant une bonne nourriture.

Outre les travaux de la récolte, on donne en été des *façons aux jachères* et on laboure les terres qui ont produit le colza, la vesce, le seigle coupé pour fourrage. On pratique le *déchaumage*, qui est moins pénible pour les animaux que le labour, et qui constitue cependant une très bonne opération.

Durant cette saison, au commencement surtout, il faut continuer de *semer des fourrages*, de manière à être pourvu d'aliments verts jusqu'aux gelées. C'est quand la sécheresse du printemps a arrêté la pousse du foin, que cette précaution est de première nécessité. Le maïs, le sorgho, le millet commun, le millet d'Italie, le moha, et le sarrasin quand on a des bestiaux peu difficiles sur la nourriture, sont les meilleurs fourrages pour cette saison ; aucune légumineuse ne nous paraît pouvoir leur être comparée.

On *transplante* en été les *crucifères*, les diverses variétés de choux, le chou-rave. On *sème* la *navette*, le *colza* à bonne heure quand on veut les utiliser l'année suivante comme fourrage. On a ainsi des produits qui peuvent être consommés avant la fin de l'hiver, soit sur place, soit au râtelier. Eu Afrique, on commence à les faucher dans le courant de décembre.

Le fermier continuera pendant les mois de juin et de juillet *l'administration du vert* aux animaux : les prairies artificielles vivaces fournissent leurs produits au commencement de la saison, et vers la fin elles donnent leur deuxième coupe. C'est le moment de faucher les fourrages ensemencés après l'hiver, le maïs, le sorgho, les millets. Outre ces précieuses graminées, on a en Afrique pendant cette saison, les figues de Barbarie pour nourrir les porcs, et la plante qui les fournit pour les grands ruminants. Dans le mois d'août et en septembre, on peut utiliser avec avantage les feuilles de betteraves, les fanes de la patate, celles de l'igname de Chine, du topinambour : on coupe ces fourrages beaucoup plus tôt en Afrique et dans le midi de la France que dans le nord.

Quand l'herbe sera rare dans les *pâturages*, sans cesser d'y conduire les animaux, on leur administrera un supplément de nourriture au râtelier. Cette précaution est avantageuse surtout pour les vaches laitières : en complétant la ration prise au pâturage, une brassée de maïs, de sorgho, de millet, de feuilles de betteraves, selon le pays, peut doubler le rendement en lait. C'est en administrant à propos ce supplément de nourriture aux femelles nourrices et aux jeunes élèves, que l'on prévient les effets nuisibles de la sécheresse, de la rareté des fourrages sur les races : il suffit d'un mois de souffrances pour arrêter le développement des jeunes animaux, ou du moins pour altérer profondément leur conformation. Pour avoir ce supplément de fourrage, on peut au besoin effeuiller le maïs, le sorgho, le millet, et sans nuire à la récolte en grains, en sucre, hâter la maturité de la plante et récolter un produit pouvant doubler la valeur des élèves.

On continue d'utiliser les jeunes animaux aux travaux peu pénibles ; on les emploie aux *sarclages* des betteraves, au *buttage* des pommes de terre ; on les attelle même à la charrue pour donner des façons aux jachères.

Il faut en été bien *aérer les étables*, mais aussi en garnir les ouvertures de toiles pour arrêter les mouches, ou de paillassons qui produisent le même effet, et en outre arrêtent la lumière tout en laissant passer l'air. Ces précautions sont bienfaisantes pour tous les animaux, et indispensables pour ceux que l'on engraisse, pour les porcs, pour les juments qui nourrissent, et pour les jeunes élèves.

C'est aussi le moment de faire usage de *couvertures* en toile, de caparaçons et de filets, de pratiquer des *lavages* avec des décoctions amères pour préserver des mouches les bêtes de travail.

Les *bains* dans les rivières ou dans les étangs sont bienfaisants dans cette saison. On profitera du moment où les animaux seront dans l'eau ou viendront d'en sortir, pour leur nettoyer la peau. Si on ne peut donner des bains, on pratiquera avec soin le pansage pour prévenir l'irritation que tend à produire la poussière.

On utilisera les chaumes de suite après la moisson pour mettre les brebis en état de demander le bélier; si l'on n'a pas cette ressource, on réservera des herbages particuliers afin que le troupeau soit bien nourri et que la *lutte* ne traîne pas en longueur. On peut encore, au commencement de l'été, profiter des dernières chaleurs des juments qui n'ont point retenu ou qui ont mis bas très tard, pour les conduire à l'étalon. C'est aussi le plus ordinairement pendant les premières semaines de cette saison que l'on pratique la tonte des bêtes à laine.

Maladies. — Presque toujours, vers la fin de l'été, les fourrages sont rares, et les herbes dures, couvertes de poussière, peu abondantes, fournissent une nourriture insuffisante pour des animaux épuisés par la chaleur et la transpiration cutanée. L'appareil digestif débilité, fonctionne plus lentement que dans les saisons froides.

Les herbivores, pour suppléer alors à l'herbe qui souvent manquent sur les pelouses, broutent les jeunes pousses des arbres et contractent des irritations intestinales et des pissements de sang; les eaux, d'ordinaire rares, et les boissons mauvaises de l'été, altèrent les humeurs du corps et contribuent à produire les inflammations des voies digestives, les fièvres bilieuses, les affections adynamiques, les fièvres charbonneuses qui paraissent vers la fin de la saison.

La chaleur et la poussière les insectes, le travail au soleil, attaquent la peau, le système nerveux, et occasionnent des affections cutanées, des maladies nerveuses, le vertige et le tétanos.

La fermentation de la vase des marais se développe aussi vers la fin de l'été, et la putréfaction des matières animales devient plus active; le pus se corrompt rapidement dans les plaies, où les mouches déposent des œufs bientôt transformés en larves. L'air altéré produit des effets d'autant plus graves que les animaux affaiblis présentent moins de résistance aux causes morbifiques. C'est à la fin d'août que se montrent les maladies charbonneuses, et c'est à cette époque aussi que la contagion sévit le plus. Favorable aux individus faibles, disposés aux hydropisies, aux maladies atoniques et vermineuses, l'été est nuisible aux animaux nerveux, bilieux ou sanguins.

C'est dans cette saison que se montre le sang de rate sur les ruminants. On cherchera à prévenir cette maladie en distribuant des fourrages aqueux, en préservant les animaux des fortes chaleurs, en donnant en abondance de bonnes boissons, et au besoin en faisant émigrer les troupeaux.

Par une administration rationnelle de grains, de son, d'eau salée vinaigrée ou blanchie, on peut prévenir les conséquences souvent nuisibles des fortes chaleurs et des boissons mauvaises qu'on est obligé de faire consommer dans beaucoup de localités ; et, en prenant les précautions propres à débarrasser la peau, les yeux, et les cavités nasales des corps pulvérulents (voy. p. 298) ; en faisant les travaux le matin pendant que le soleil est encore bas, et le soir quand il se rapproche de l'horizon ; en choisissant de préférence, quand c'est possible, des chemins de traverse pour éviter la poussière des grandes routes, on peut prévenir les maigreurs excessives et les maladies occasionnées d'ordinaire par les grandes fatigues de l'été sur les animaux qui travaillent beaucoup ou qui font de longs voyages pendant la saison des fortes chaleurs.

IV. — Automne.

Le temps qu'emploie le soleil pour aller de l'équateur au tropique du Capricorne est celui de l'automne. Cette saison dure du 23 septembre au 22 décembre, 89 jours à peu près. A mesure que le soleil se rapproche du pôle austral, les rayons qu'il nous envoie s'éloignent de plus en plus de la direction perpendiculaire à notre hémisphère. Au commencement de l'automne, il demeurait 12 heures sur l'horizon, et il n'y reste plus que 8 à la fin.

Quoique déjà fort éloignés de cet astre à la fin de septembre, nos pays possèdent une température encore élevée ; la terre, échauffée par les journées si longues du printemps et de l'été, conserve beaucoup de chaleur : elle est sèche, les chemins sont couverts de poussière, et les insectes tourmentent les animaux.

Les premières pluies d'automne font cesser toutes ces causes d'insalubrité, mais par malheur elles sont rarement assez fortes pour couvrir d'eau toute la surface des marais, pour alimenter les sources et faire grossir les rivières ; elles rendent seulement les rosées abondantes, les brouillards épais et malsains ; en humectant la surface de la terre, elles contribuent beaucoup à produire la fraîcheur de ces longues nuits qui suivent les journées si chaudes du mois de septembre.

TRAVAUX AGRICOLES ET SOINS AUX ANIMAUX. — L'automne est encore pour les hommes et pour les animaux une saison de forts travaux. C'est l'époque des vendanges, de la récolte du houblon, du tabac, des châtaignes, des fruits, des olives. C'est le moment où l'on rentre les regains, où l'on pratique les *derniers labours*, le *transport du fumier*, les *semailles* du seigle, du blé, et même de l'orge et de l'avoine dans le Midi, l'arrachage des racines et la rentrée de ces récoltes. Les mauvaises conditons de l'été —. fortes chaleurs, insectes fatigants, poussière dans les chemins, manque d'herbe dans les pâturages, eaux basses et souvent de mauvaise qualité, dégagement d'émanations marécageuses — existent toujours, et l'on ne saurait apporter trop d'attention à les combattre par les soins que nous avons indiqués en parlant de la précédente saison.

A la fin de l'automne commencent les travaux pénibles de l'hiver, les *défoncements*, les *labours des prairies*, le *transport des fumiers* et le *marnage* pour les semailles du printemps ; mais ces travaux sont beaucoup moins urgents que les semailles et le transport des fumiers pour le blé, que la rentrée des pommes de terre et des betteraves, de sorte que l'on peut et que l'on doit y employer les attelages avec plus de modération.

Dans les premiers jours de l'automne, si on ne l'a pas fait plus tôt, on *sèmera des prairies* pour le printemps ; on en sèmera encore vers le milieu d'octobre et à la fin de novembre, afin d'avoir, l'année suivante, de la nourriture aqueuse jusqu'au moment où l'on pourra faucher les prairies vivaces ou les fourrages semés après l'hiver.

Pendant le mois de septembre, les *feuilles* des arbres ont acquis de la fermeté et cependant adhèrent encore fortement aux branches. On profitera de ce moment pour faire la récolte de celles que l'on destine à la nourriture des bêtes ovines pendant l'hiver ; quelquefois même on peut la faire dans les derniers jours du mois d'août. Après les vendanges, dans quelques cantons du Lyonnais, on récolte les feuilles de vigne pour les donner aux chèvres plus tard. Cette pratique est trop peu répandue.

C'est aussi le moment, pour quelques contrées du Midi, de couper les feuillards pour fumer le provignage. On y emploie toutes les espèces de plantes ligneuses ; les ronces, les bruyères, les ajoncs, les genêts, ne peuvent recevoir une meilleure destination ; mais il serait plus avantageux de faire consommer les feuilles de châtaignier, de chêne, de peuplier, par les animaux, et de porter ensuite le fumier dans les vignes.

Le mois de septembre est le plus favorable pour pratiquer l'écobuage, pour faire les brûlis. C'est aussi le moment de mettre le feu aux fourrées de ronces, d'ajoncs et de bruyères qu'on ne veut pas faire le sacrifice d'arracher. On ne détruit par le feu

que les tiges, et les racines reproduisent des jets l'année suivante ;
mais l'on répand en même temps des cendres sur le sol, et l'on
a ensuite quelques années d'un bon pâturage composé d'herbes
qui poussent avec vigueur, et de jeunes pousses d'arbustes que
tous les animaux broutent avec plaisir. On sait que les Arabes
tirent de cette pratique, dont dont ils abusent malheureusement,
des ressources précieuses pour nourrir leurs troupeaux pendant
quelques mois de l'année.

Avec la culture alterne il est facile de bien nourrir les attelages
occupés aux pénibles travaux de l'automne : on peut faire consommer les dernières coupes des prairies vivaces, mais il faut compter
surtout sur le produit des prairies annuelles, sur le maïs, les millets, le sorgho, plantes que l'on doit avoir semées en récoltes déro-
bées après les pois, le colza, les seigles, les orges, et même après
les blés. Nous mentionnons seulement les feuilles des récoltes-
racines, des betteraves, des carottes, des patates, qu'il faut faire
consommer d'urgence plutôt que de chercher à les conserver.

Vers la fin de la saison on remplace, dans la nourriture des
bestiaux, les herbes fauchées par les racines alimentaires : les
betteraves, les carottes, les panais et les topinambours. Les résidus des distilleries, des sucreries, des huileries, donnent une
ressource qu'il faut rappeler, mais qu'on réserve souvent pour
les bêtes de rente. Dans quelques parties du Midi, les ruminants
sont encore mis au pâturage pendant une partie ou même pendant la totalité de l'automne. Souvent alors on leur fait consommer sur pied le peu d'herbe qui végète encore dans les prairies
après que l'on a enlevé les derniers regains.

Si l'on ne cesse pas le *pâturage* à la fin de la saison, on donnera
un supplément de nourriture, ou le soir, ou le matin, selon
l'heure à laquelle on fera sortir les animaux.

A la fin de l'été ou au commencement de l'automne, lorsque les
eaux sont basses, on *nettoyera les mares*, les fontaines, et même,
tous les deux, trois, quatre ans, les puits peu profonds.

C'est en septembre, en octobre, que l'on *sèvre* les *poulains* et
les *génisses*. Pour facilliter cette opération, on livrera de bons pâturages aux jeunes animaux, en même temps qu'on fera travailler
les mères ou qu'on réduira leur nourriture, afin de faire diminuer
la sécrétion des mamelles. C'est en automne aussi que l'on commence l'engraissement des porcs qui, dans beaucoup de localités,
doivent être sacrifiés à la Noël. C'est à cette époque, et souvent
même aussi à la fin de l'été, que l'on commence à distribuer aux
animaux des aliments nouvellement récoltés. Cette modification

dans le régime doit se faire avec une certaine mesure et en ménageant, comme nous le verrons plus tard, la transition pour éviter des accidents.

La maturité des fruits, des pommes, des poires, des châtaignes, du gland, est à plusieurs égards favorable ; mais elle est aussi la cause de divers accidents qu'on doit chercher à prévenir en surveillant les animaux libres dans les pâturages, en leur mettant une martingale, afin qu'ils ne puissent pas relever la tête pour saisir les fruits sur les arbres.

Maladies. — La nécessité de faire travailler les animaux au soleil pour les semailles, et de les conduire le soir dans les pâturages pour réserver le foin, occasionne des pneumonies. Comme l'herbe est peu abondante dans les terres en pelouse, les animaux réduits à brouter les feuilles et les jeunes branches des plantes ligneuses, contractent la maladie des bois ; en outre, nourris de végétaux durs et excitants, ils prennent en grande quantité des boissons insalubres qui altèrent profondément les humeurs : les eaux des mares, des sources et même des rivières, sont alors basses et chargées de substances salines ou de matières putrides. Si à toutes ces causes s'ajoute l'action funeste des marais, on observe des maladies du plus mauvais caractère, des péripneumonies malignes, des fièvres muqueuses, adynamiques et charbonneuses. Les affections qui sont ordinairement chroniques résistent alors aux moyens thérapeutiques, et elles font périr les animaux, ou ne guérissent qu'au printemps suivant.

V. — Succession des saisons.

Les quatre saisons ne sont pas également distinctes dans toutes les régions du globe. Entre les tropiques règne un été perpétuel et vers les pôles on n'observe qu'un hiver très long et quelques jours de fortes chaleurs. Les zones tempérées jouissent seules des deux saisons les plus favorables, du printemps et de l'automne, qui, en succédant à l'hiver et à l'été produisent les plus heureux effets, servent de transition, et nous font passer insensiblement des fortes chaleurs aux froids intenses, et des froids rigoureux aux grandes chaleurs.

Par leur succession et par leur diversité même, les quatre saisons sont favorables à l'économie animale. En se tempérant réciproquement, elles entretiennent dans le développement des organes, dans l'exercice des fonctions, un état d'équillibre nécessaire à la santé ; les maladies que l'une a fait naître sont souvent guéries par celle qui la suit. Cette succession n'est pas même toujours assez rapide : les saisons durent quelquefois assez longtemps pour modifier profondément l'organisme et pour détruire la santé ; de là résultent les diverses maladies de *printemps*, d'*été*, d'*automne* et d'*hiver*. Les *enzooties* sont presque toujours produites par les saisons : elles se montrent et reparaissent tous les ans aux mêmes époques. Les frimats eux-mêmes sont nécessaires pour suspendre la végétation et prolonger la durée des plantes ; pour modérer l'activité vitale des animaux et prévenir leur épuisement ; pour arrêter la fermentation putride et détruire les insectes nuisibles, comme les plantes parasites qui épuisent les récoltes.

Quoique les saisons soient passagères et que dans nos pays elles semblent à peine modifier les individus, elles agissent profondément sur les espèces et contribuent à *créer* et à *modifier* les *races*. Les froids continus du Nord et les chaleurs perpétuelles des tropiques tendent à produire des tempéraments très marqués et des êtres qui diffèrent beaucoup moins les uns des autres que ceux des zones tempérées. Cette masse de chair et de graisse dont les Scythes surabondent les rend tellement semblables les uns aux autres, disait Hippocrate, qu'on n'aperçoit presque aucune diversité parmi les hommes ni parmi les femmes. Cela provient de l'uniformité des saisons : elles ne produisent aucun changement, aucune modification, ni dans les formes des individus, ni dans le principe qui perpétue les espèces.

Ce que le froid occasionne chez les habitants des contrées rapprochées des pôles, les chaleurs continues l'opèrent sur les habitants des régions tropicales. Dans toutes les contrées où l'on n'observe qu'une saison, les êtres organisés se ressemblent : tandis que dans les pays temperés, où le temps est variable, les individus diffèrent à la longue, selon les circonstances dans lesquelles ils vivent, et procréent des êtres dissemblables, par l'effet des saisons qui, en continuant à agir sur les jeunes sujets, produisent la diversité que présentent les espèces dans nos climats.

**VI. — Influence de l'irrégularité des saisons sur les plantes
et sur les animaux.**

Nous venons d'étudier les saisons, en supposant qu'elles se montrent toujours aux époques ordinaires et qu'elles ont constamment à peu près les mêmes caractères. Il nous reste à examiner l'influence qu'elles exercent par la manière dont elles se succèdent et par l'irrégularité des phénomènes qui les constituent.

Les saisons astronomiques déterminées par des phénomènes qui tiennent aux lois générales de notre système solaire, sont invariables; mais les alternatives de chaleur, de lumière, de végétation, et tous les phénomènes qui caractérisent les saisons agricoles et médicales, quoique subordonnés aux premiers, n'en ont pas la régularité. L'abondance ou la rareté des pluies, les météores, l'influence que les saisons exercent les unes sur les autres, intervertissent souvent l'ordre de leur succession et les font devancer ou retarder.

Parmi les causes qui peuvent passagèrement faire varier les effets des saisons, il faut placer l'influence des espaces que nous fait parcourir le soleil, en obéissant à l'attraction de quelque étoile éloignée. N'est-ce pas par l'action de ces espaces que nous devons expliquer ces chaleurs excessives et ces froids extraordinaires que nous observons de loin en loin?

Les effets de la température et de l'état particulier de l'air qui caractérisent chaque saison, quoique à peu près de même nature, quelle que soit l'époque où règnent cette température et cet état de l'air, varient selon que les saisons sont plus ou moins régulières quant à leur durée et quant au moment de leur apparition. Les années, disaient les anciens, sont salubres quand l'apparition et le coucher des astres sont suivis des effets qui se produisent ordinairement, quand le printemps est chaud et tempéré par des pluies douces, l'été chaud et sec, l'automne froid et sec, l'hiver froid et humide, et que ces caractères sont tranchés sans être exagérés.

Les saisons régulières sont aussi favorables au bon emploi des attelages et à la réussite des récoltes que salutaires à la santé des êtres vivants. « Elles donnent d'amples moissons, disait Tourtelle; les fruits sont très abondants et de bonne qualité; les seigles et les blés fournissent beaucoup de farine, les moutons une excellente laine, et les chairs sont on ne peut meilleures et plus sapides. »

Si une saison se présente avec les caractères d'une autre, c'est la constitution médicale de celle-ci qui va régner; si le même jour il fait alternativement chaud et froid, que nous soyons en été ou en hiver, nous verrons éclore les maladies particulières au printemps et à l'automne. Mais les saisons *irrégulières*, celles qui empiètent les unes sur les autres, sont ordinairement dangereuses; elles contrarient toujours les travaux des exploitations rurales, font souvent perdre les récoltes, et altèrent la santé des animaux.

Nous devons signaler en particulier, comme se faisant remarquer plus souvent et occasionnant les plus grandes pertes, le froid et la chaleur venant dans des temps anormaux; les longues sècheresses; enfin la persistance des pluies, qui trop souvent rend nos printemps et même nos étés aussi humides que nos hivers.

IRRÉGULARITÉS DE LA TEMPÉRATURE. — En parlant du calorique, nous avons dit quels sont les plus grands *froids* auxquels les plantes résistent, et à quelle température la végétation commence. Les dégâts occasionnés par les froids à l'agriculture tiennent plutôt à la saison pendant laquelle ils règnent qu'à leur intensité; car, dans chaque pays, les végétaux et les animaux naturalisés, ou simplement acclimatés, sont organisés de manière à résister à l'hiver; ils ne sont incommodés que lorsque la température baisse extraordinairement dans un moment où elle devrait être élevée.

C'est de cette manière que les gelées blanches nuisent souvent aux arbres, aux arbustes, et même aux plantes herbacées. C'est par des abris, et surtout en cultivant des plantes robustes, que l'on doit prévenir les désastres des froids du printemps et de l'automne.

Ces froids sont rarement assez intenses pour nuire aux animaux, dont la sensibilité ne varie pas, comme celle des plantes, selon les saisons, mais ils rendent souvent difficile l'application des règles de l'hygiène, en retardant et même en détruisant certains végétaux alimentaires : en s'opposant à la pousse de la feuille du mûrier, le froid tardif peut contrarier beaucoup les sériciculteurs ; en arrêtant la pousse de l'herbe dans les pâturages et dans les prairies artificielles, il peut constituer en perte les producteurs d'agneaux, comme les nourrisseurs de vaches laitières.

Quand le pays que l'on habite est exposé à ces froids intempestifs, il faut en tenir compte dans l'établissement des assolements, n'introduire dans l'exploitation qu'avec réserve des végétaux ou des animaux qui peuvent en souffrir.

Dans tous les cas, on doit se prémunir contre ces intempéries par des provisions suffisantes de fourrages et par des cultures complémentaires, afin de pouvoir retarder la mise au pâturage, ou de pouvoir nourrir convenablement le cheptel au râtelier avec des fourrages antérieurement récoltés, quand les plantes que l'on destinait à être fauchées ou consommées sur place sont retardées.

Il est trop facile de comprendre la nécessité d'abriter les jeunes agneaux quand le printemps est froid, de couvrir le bétail qu'on est obligé de faire sortir pendant les giboulées, pour qu'il soit nécessaire de faire à cet égard des recommandations particulières.

C'est aussi et par leur intensité et par l'époque intempestive de leur apparition que les *chaleurs* nuisent aux végétaux. Quand elles viennent trop tôt, elles *surprennent* les plantes et les font jaunir ou les flétrissent ; d'autres fois, elles produisent une maturité anticipée, et par conséquent l'avortement des grains et des fruits.

Dans l'horticulture, on prévient les coups de soleil au moyen de couvertures, d'abris, de paillassons ; mais nous ne connaissons pas de moyens applicables en grand. On se bornera à bien choisir les plantes que l'on veut cultiver et à faire les semailles à bonne heure, en automne ou au printemps, afin que les récoltes mûrissent avant l'arrivée de la forte chaleur, ou du moins afin qu'elles soient assez fortes et assez avancées pour y résister. On s'abstiendra de semer tardivement des pois, des vesces, là où la chaleur très forte en été peut faire mûrir prématurément les récoltes de cette saison.

Les animaux peuvent souffrir directement de ces chaleurs. Quand on les fait sortir de suite après l'hiver pour le pâturage et surtout pour le travail, ils éprouvent, plutôt que dans une autre saison, des fluxions sanguines à la suite des coups de soleil. Mais c'est surtout en arrêtant la pousse de l'herbe, en faisant tarir les sources et baisser les rivières, que les chaleurs nuisent aux bestiaux ; leurs effets se confondent alors avec ceux de la sécheresse.

Longues sécheresses. — Nous n'avons pas à indiquer les effets trops connus des sécheresses. Chacun sait aussi que nous ne pouvons y opposer que des irrigations dont l'emploi est malheureusement trop restreint ; mais il n'est peut-être pas intempestif de rappeler que ces calamités doivent être prévues et qu'il faut, là où elles se montrent de temps en temps, se prémunir contre les pertes qu'elles occasionnent en semant les récoltes à temps, en donnant la préférence, seraient-elles inférieures à d'autres égards, à celles qui résistent le mieux aux temps secs.

Au point de vue des l'hygiène, l'étude des sécheresses comporte plus de développements. Quand elles sont produites par les vents continus de l'est qui déssèchent le pays sans élever extraordinairement la température, elles n'exercent pas d'action directe sensible sur les animaux, et cependant elles ont une très grande influence sur la production des épizooties et sur les caractères des races ; elles agissent alors en raison de leurs effets sur le sol, sur les plantes et sur les eaux.

En disposant le *sol* à s'émietter, la sécheresse expose les animaux à respirer un air impur, à introduire de la poussière dans les cavités pectorales, à manger des plantes couvertes de gravier, d'où résulte l'usure des dents, des inflammations des organes digestifs, des calculs intestinaux, le dégoût, la perte de l'appétit, l'amaigrissement, la diminution du lait, la chute de la laine, et toutes les affections qui peuvent être la conséquence de la détérioration des humeurs.

Tenir les animaux dans les habitations, les faire marcher pendant la nuit et le matin avant les fortes chaleurs, les nourrir à l'étable, seraient des moyens efficaces pour prévenir ces maladies, mais l'emploi n'en est pas toujours possible.

Les fortes sécheresses se font presque toujours remarquer en été et en automne. Elles règnent peu au printemps et presque jamais en hiver. Celles du printemps arrêtent la pousse des *plantes* et peuvent devenir calamiteuses pour le cultivateur, mais elles sont moins directement nuisibles aux animaux que celles qui viennent plus tard.

Non seulement les sécheresses de l'été et de l'automne arrêtent la végétation, mais encore elles rendent les plantes herbacées dures, ligneuses, irritantes. C'est lorsque cet effet se combine avec celui de la poussière, avec la transformation des étangs en marais, avec le dégagement des effluves, qu'on observe sur les animaux, dans des régions d'ordinaire salubres, les plus graves maladies, et en particulier les affections charbonneuses et l'avortement.

On connaît les conséquences d'une nourriture insuffisante sur les jeunes animaux ; il nous suffira de dire que la sécheresse est un des plus grands obstacles que rencontre en France l'amélioration des herbivores domestiques.

Une longue sécheresse, en faisant tarir les sources, change la composition des *eaux* et en diminue les qualités.

Nous confondons peut-être l'effet avec la cause, en attribuant la disparition de l'eau, la diminution des sources et des rivières à la sécheresse. Mais nous dirons que si la rareté de la pluie et de la rosée est la cause unique de la sécheresse du sol, celle-ci entraîne à sa suite la diminution des sources, et partant l'abaissement des rivières. D'ailleurs le sol sec, en absorbant les vapeurs de l'atmosphère, active l'évaporation des eaux répandues à la surface de la terre.

Quoi qu'il en soit, après une longue absence de pluie, surtout si le temps a été chaud, les eaux sont basses et rares. Les animaux trouvent difficilement à s'abreuver, se fatiguent pour se rendre à l'abreuvoir, et souvent ne prennent pas assez de boissons ; tandis que d'autres fois, excités par la poussière, la chaleur et par une nourriture très peu aqueuse, ils en prennent de trop grandes quantités.

En même temps que les eaux deviennent rares, leur composition chimique se modifie : l'eau s'évapore seule sous l'influence de la chaleur, du moins elle n'entraîne que de minimes quantités des matières qu'elle tient en dissolution ou en suspension, et celle qui reste à la surface de la terre contient à peu près toutes les matières qui existaient dans la masse avant l'évaporation. Ainsi, le premier effet de la sécheresse, c'est de rendre les eaux que boivent d'ordinaire les animaux plus chargées ; d'où résulte qu'elles deviennent dures, irritantes et indigestes.

Mais à mesure qu'elles diminuent, elles s'échauffent, ainsi que la vase et le limon qu'elles recouvrent. La fermentation devient plus active dans la masse, et il se produit des matières putrides qui se répandent en partie dans l'air et l'altèrent ; une autre partie reste dans l'eau et lui donne des propriétés malfaisantes.

Sous l'influence de ces divers phénomènes, les animalcules se multiplient prodigieusement dans les eaux qui en renferment toujours, et il s'en produit dans celles qui n'en ont pas constamment. On sait que ces êtres ont une existence très courte ; les générations s'en succèdent avec une grande rapidité pendant les chaleurs ; il en résulte une production excessive de matières animales qui nuisent aux animaux en pénétrant dans les organes digestifs, et en nature et sous forme de gaz.

Ces effets de la sécheresse ne sont pas également marqués dans tous les *pays ;* c'est dans les contrées où les eaux sont toujours rares, où elles sont d'ordinaire fortement chargées de sels calcaires, où l'on a l'habitude de faire boire les animaux aux mares, qu'ils sont le plus sensibles. Ces conditions se remarquent dans les pays à sol calcaire et peu accidenté.

Si nous ajoutons que les plantes y sont fermes, sapides, qu'elles y prennent de la consistance à mesure que les eaux deviennent rares ; qu'on ne remarque pas dans les herbages ces emplacements mous, aqueux, qu'on observe dans les contrées argileuses et sur les terrains schisteux, on comprendra pourquoi les fortes chaleurs occasionnent des maladies si graves dans les causses du Midi, dans le Languedoc, et dans la Beauce, le Soissonnais.

On sait que c'est pendant les années de fortes chaleurs et de grande sécheresse que le sang de rate exerce ses plus grands ravages dans toutes nos riches contrées à sol calcaire. MM. Delafond et Garreau ont cité les années 1840, 1842, 1844, 1846, 1847, 1850, 1852, comme extraordinaires par les grandes sécheresses et par la grande mortalité qu'on a remarquée sur les troupeaux de la Beauce. On avait noté antérieurement que les années 1770, 1775, 1782, 1811, 1828, 1835, 1838, avaient été aussi très préjudiciables aux propriétaires de troupeaux.

Dans ces années, toutes les causes de maladie qui résultent de la chaleur et de la sécheresse agissent à la fois, et il ne reste aux cultivateurs d'autres moyens de prévenir la mortalité que de vendre leurs animaux, ou du moins d'en diminuer le nombre afin de pouvoir mieux soigner ceux qu'ils conservent.

Dans tous les cas, il faut chercher à rafraîchir les animaux avec des fourrages aqueux, des racines alimentaires, des pâturages annuels largement fumés et semés dans des lieux frais ; il faut faire pâturer sur les sols arrosés, sur les argiles, faire parquer en plein air, mais dans des lieux frais et ombragés ; bien aérer les étables en ayant soin d'ouvrir les fenêtres du côté d'où ne vient pas le soleil ; donner de bonnes boissons, et au besoin ajouter à l'eau soit du vinaigre, soit de l'acide sulfurique, soit du sel marin, ou mieux du sulfate de soude.

Si l'émigration dans un pays moins exposé à la sécheresse, et où les plantes sont moins excitantes et les eaux plus abondantes, était possible, il faudrait l'employer.

Notre agriculture souffre beaucoup plus des GRANDES PLUIES que des sécheresses. Il est rare que sous notre climat l'humidité ne soit pas assez forte pour faire développer, même là où les pluies sont le plus rares, nos principales récoltes, le blé, le seigle, le raisin, l'olive, la châtaigne ; tandis que trop souvent les pluies de la fin du printemps et de l'été font couler les blés et la vigne, donnent une vigueur extrême aux céréales et les font verser, s'opposent à la récolte des foins, contrarient les moissons, font moisir l'herbe et germer les grains, retardent la maturité des châtaignes et du sarrasin, s'opposent à celle des raisins, et nous plongent dans la misère.

La grande persistance des pluies, ou seulement des temps pluvieux, agit directement sur les animaux en les refroidissant et en imprégnant la peau et les tissus d'un excès d'humidité.

Mais l'action la plus puissante se produit indirectement ; elle s'exerce par l'atmosphère et par les plantes : l'air saturé de vapeurs contient moins d'oxygène, vivifie moins bien le sang veineux, surtout absorbe mal les vapeurs aqueuses qui deviennent libres à la surface des bronches et de la peau. Dans les temps pluvieux, les végétaux sont d'ordinaire assez vigoureux et les fourrages assez abondants ; mais, remplis de principes mal élaborés, ils sont fades et trop aqueux ; ils contribuent comme l'air à introduire dans le corps animal un excès d'humidité.

Sous cette influence, les herbivores n'engraissent pas, même dans les bons herbages, et ils maigrissent souvent ; les élèves dépérissent et sont mal conformés. On voit régner, surtout dans les contrées argileuses et sur les terrains siliceux, l'anhémie et la pourriture.

Les maladies produites par l'humidité sont l'inverse de celles que la sécheresse détermine ; elles se manifestent dans des conditions différentes de temps et de sols.

Cette observation si souvent renouvelée nous indique ce que nous avons à faire pour prévenir les effets des temps trop pluvieux. Il faut d'abord faire sortir les animaux le moins possible, et les pourvoir de couvertures. Il faut surtout ne pas faire manger des plantes mouillées, ou ne les faire manger que lorsque les animaux auront déjà pris une partie du repas en fourrages secs et de bonne qualité. On devra même donner des aliments particulièrement nutritifs et jusqu'à un certain point excitants : de la luzerne sèche, du bon sainfoin, des grains, des graines, des tourteaux, des condiments toniques même.

Parmi ces derniers, le sel marin, les baies de genièvre, occupent le premier rang ; mais le gland, les plantes amères, produiraient également de bons effets et devraient être préférés : comme dans cette circonstance il faut agir contre des causes de maladie puissantes et persévérantes, l'influence des condiments seuls serait inefficace. Par une très bonne nourriture seulement, ou par un mélange naturel ou artificiel de principes toniques et de principes alimentaires, on peut neutraliser les effets de l'excès d'humidité que l'air et les plantes introduisent dans l'économie animale.

CHAPITRE VII.

DES CLIMATS.

§ Ier. — Des climats astronomiques.

En géographie on désigne sous le nom de climats des zones de la terre comprises entre deux latitudes, ou en d'autres termes entre deux lignes parallèles à l'équateur. Les anciens géographes divisaient chaque hémisphère austral ou boréal en trente climats. Les vingt-quatre premiers, compris entre l'équateur et le cercle polaire, étaient désignés sous le nom de climats de demi-heure, parce que dans chacun d'eux, en allant de l'équateur vers le pôle, le soleil restait sur l'horizon, au solstice d'été, une demi-heure de plus que dans la zone précédente. Les six derniers, compris entre le cercle polaire et le pôle, étaient appelés climats de mois, parce qu'à la même époque la durée du jour dans chacune de ces six zones est d'un mois plus longue que celle de la zone qui précède. Aujourd'hui on divise en quatre-vingt-dix degrés l'espace qui sépare le pôle de l'équateur, et c'est simplement par la désignation de la latitude d'un lieu que l'on indique sous quel climat astronomique il se trouve. Mais la distinction des climats établie par les géographes et les astronomes, qui s'occupent exclusivement de la position de la terre relativement au soleil, ne saurait être acceptée par les naturalistes, les médecins, les vétérinaires, les agronomes, qui ont à se préoccuper à différents points de vue des conditions sous l'influence desquelles vivent les êtres organisés sur tous les points de la terre. Pour eux, le climat est déterminé par la température, qui ne dépend pas uniquement, comme nous le verrons plus loin, de la position d'une localité relativement au soleil ; par les phénomènes aériens tels que les vents et la pression barométrique ; par les météores aqueux, comme les pluies et les rosées ; enfin par certains phénomènes accidentels, comme les secousses électriques et les orages qui en sont la conséquence.

Aussi est-il facile de comprendre que toutes les régions ds notre globe qui sont sous les mêmes latitudes ne présentent pas des climats semblables et n'agissent pas également sur la santé : l'élévation des lieux, la nature du sol, le voisinage dss eaux, et une foule d'autres circonstances, peuvent rendre certaines localités voisines de l'équateur plus froides, plus humides que d'autres qui en sont fort éloignées. La même province, si elle présente des coteaux tournés au midi et de hautes montagnes, réunit quelquefois des climats très divers.

L'ACTION DES CLIMATS est plus marquée sur les *animaux inférieurs*, et surtout sur les *plantes*, sans cesse exposées aux agents aériens, que sur les oiseaux et les mammifères. Elle est cependant très grande sur le développement et la constitution des *herbivores*, et elle nous intéresse autant au point de vue de l'amélioration des races qu'à celui de la conservation des individus. Les espèces animales qui habitent les régions polaires du Sud, quoique appartenant à des genres différents, ressemblent à celles qu'on trouve vers le pôle nord, et celles des régions tempérées des différentes parties du globe offrent entre elles de grandes conformités, bien qu'elles ne soient pas les mêmes.

Le climat exerce une moindre influence sur l'*espèce humaine*. Nos vêtements, nos habitations, nous préservent en partie de l'action des agents extérieurs. La préparation des aliments, l'habitude du travail, tendent à rendre semblables les hommes de toutes les contrées civilisées ; cependant les habitants de divers pays se distinguent facilement encore par de grandes différences dans la taille, la couleur, le caractère, l'intelligence, et beaucoup d'autres singularités. Vous reconnaîtrez de notables dissemblances entre deux enfants du même père et de la même mère, nés l'un dans la partie tempérée de l'Europe, l'autre sous l'équateur ; un homme et une femme nés en Angleterre, dit le commodore Byron, et habitant des Indes, engendrent des descendants qui ont la couleur et la physionomie des créoles.

Ces effets des climats sur les êtres organisés résultent de l'action combinée du sol, de l'atmosphère, de la culture des terres, des aliments, des boissons, des fluides impondérés, mais surtout du calorique.

Ce dernier élément est, en effet, celui qui paraît avoir la plus grande part d'influence dans l'action que les climats exercent sur les êtres organisés. C'est pour cela que l'on prend en considération à peu près exclusivement la répartition du calorique sur les divers points du globe pour distinguer les uns des autres les principaux climats.

Le premier soin que l'on ait à prendre pour étudier les climats d'une manière générale, c'est donc de rapprocher, de grouper par la pensée les lieux qui paraissent être dans les mêmes conditions relativement à la température. Nous avons vu par ce qui précède qu'on ne peut d'une manière absolue considérer comme étant dans des conditions semblables sous ce rapport toutes les localités qui sont situées sous les mêmes latitudes. C'est là ce qui a engagé le savant de Humboldt à tracer sur le globe terrestre des lignes indépendantes des parallèles des géographes, qui relient entre elles dans un même hémisphère toutes les localités où le thermomètre accuse une même température moyenne de l'année, de la saison d'été ou de la saison d'hiver. Ces lignes ont été désignées par lui sous les noms de *lignes isothermes, lignes isothères, lignes isochimènes*.

Lignes isothermes. — Les premières sont celles qui, dans un même hémisphère, réunissent entre eux tous les points de la terre où l'on a constaté une même température moyenne annuelle. Ce sont celles qui s'éloignent le moins, par leur direction générale, de celle des cercles parallèles à l'équateur, mais elles n'en sont pas moins plus ou moins sinueuses et toujours distinctes des lignes qui indiquent les latitudes qu'elles croisent fréquemment. Leur tracé, beaucoup mieux arrêté dans l'hémisphère boréal que dans l'hémisphère austral, offre ceci de particulier qu'en général elles s'élèvent vers le nord lorsqu'elles approchent des côtes occidentales des grands continents, pour s'abaisser vers le sud au contraire lorsqu'elles atteignent les côtes orientales. Celle d'entre elles qui accuse la température moyenne annuelle la plus élevée qui ait été constatée sur la terre est la ligne isotherme de + 28°. Elle décrit des sinuosités à une petite distance de l'équateur, qu'elle croise plusieurs fois dans l'océan Indien et dans l'océan Pacifique. Elle marque le centre de la région la plus chaude du globe et peut être considérée comme l'*équateur thermal*.

Au fur et à mesure qu'on s'éloigne de l'équateur thermal en se dirigeant vers le pôle nord ou vers le pôle sud, on rencontre successivement les lignes isothermes de + 27, + 26, + 25, etc., jusqu'à ce que l'on arrive à celles des régions glacées, où la température moyenne annuelle est inférieure à 0. Nous insisterons plus loin sur le tracé de celles de ces lignes qui traversent, la France; nous avons à voir simplement, quant à présent, comment on se sert des lignes isothermes pour établir les limites des principaux climats.

Primitivement, de Humboldt avait partagé l'hémisphère boréal en dix zones séparées par des lignes isothermes échelonnées de 5 en 5 degrés. Plus tard on s'est contenté de distinguer, à l'aide de ces lignes, sept espèces de climats qui sont :

1° Les climats brûlants, dont la température moyenne annuelle varie	de + 27°5 à + 25°
2° Les climats chauds.	de + 25° à + 20°
3° Les climats doux.	de + 20° à + 15°
4° Les climats tempérés.	de + 15° à + 10°
5° Les climats froids	de + 10° à + 5°
6° Les climats très froids.	de + 5° à 0°
7° Les climats glacés	au-dessous de 0°

Plus récemment, M. J. Rochard, dans un remarquable article du *Nouveau Dictionnaire de médecine et de chirurgie pratiques*, a proposé de distinguer, au point de vue des études médicales seulement, cinq climats : les *climats torrides*, limités de chaque côté de l'équateur thermal par les isothermes de + 25° ; les *cli-*

mats chauds, compris entre les isothermes de + 25 et de + 15° ; les *climats tempérés*, qui s'étendent entre les isothermes de + 15 et de + 5 ; les *climats froids*, qui ont pour limites les isothermes de + 5 et de — 5 degrés ; et enfin les *climats polaires*, qui occupe vers chacun des pôles tout l'espace compris entre l'isotherme de — 5 et le pôle lui-même.

Pour nous, nous nous contenterons de distinguer, comme les anciens auteurs, des *climats chauds*, dans lesquels nous confondrons les climats torrides et les climats chauds de M. J. Rochard ; des *climats tempérés*, pour lesquels nous admettons les limites posées par cet auteur, et enfin des *climats froids*, dans lesquels nous réunirons les climats froids, les climats polaires. Cette division, qui peut n'être satisfaisante pour la médecine humaine, est encore pleinement suffisante pour l'hygiène vétérinaire, qui, d'une part, manque de documents pour établir, relativement aux animaux domestiques, les caractères par lesquels on peu distinguer l'influence des climats torrides de celle des climats chauds, et qui, d'autre part, n'a pas à suivre les sujets dont elle s'occupe jusque sous les climats polaires.

Lignes isothères et isochimènes. — Ainsi que nous venons de le voir, on peut, à la faveur des lignes isothermes, établir assez nettement de grandes divisions qui rendent plus facile l'étude des climats généraux. Mais on se tromperait grandement si l'on considérait toutes les localités qui sont situées sur le trajet d'une même ligne isotherme comme placée exactement dans les mêmes conditions de température pendant toute l'année. La température moyenne annuelle est représentée par un nombre qui résulte d'un calcul fait sur les moyennes de tous les jours ou au moins de tous les mois de l'année. Aussi peut-il arriver que deux localités étant placées sur la même ligne isotherme, l'une soit remarquable par une température de l'hiver peu différente de celle de l'été, et l'autre au contraire par une température très basse dans la saison froide, et par une température élevée pendant la saison chaude. De Humboldt a prévenu les inconvénients qui pourraient résulter pour l'étude du vague laissé dans l'esprit par les indications que fournissent les lignes isothermes, en traçant concurremment avec elles les *lignes isothères*, qui relient entre eux les points où la température moyenne de l'été est la même, et les *lignes isochimènes*, qui passent par tous les lieux où l'on a constaté une même température moyenne en hiver.

Ces lignes s'éloignent beaucoup plus encore de la direction des parallèles que les isothermes, qu'elles croisent fréquemment.

Celle qui indique la température moyenne de l'été la plus élevée est l'isothère de + 30, qui circonscrit un vaste espace au centre du continent africain. Puis viennent, parmi celles qui passent par des régions que nous avons intérêt à étudier, l'isothère de + 25, qui traverse la Méditerranée au nord de l'Algérie, et les isothères de + 22, + 20 + 19, + 18 + 17, dont nous aurons à faire connaître un peu plus loin le trajet en France.

Au nord on trouve, en Sibérie et dans l'Amérique septentrionale, les isochimènes de — 40, — 30, — 20, qui donnent une idée des froids rigoureux qui règne dans ces régions déshéritées pendant la saison d'hiver. L'Europe tempérée est parcourue par les isochimènes de — 5, de 0, de + 5, de + 10 degrés en France, aucune des isochimènes n'indique une température moyenne de l'hiver inférieure à 0. Celles qui traversent notre territoire sont en effet celles de + 2, + 3, + 5 et + 6. Enfin l'Algérie est comprise entre les deux isochimènes de + 10 et de + 15, qui passent la première vers le milieu de la Méditerranée, et la seconde un peu au sud de notre colonie d'Afrique.

Lignes d'égales variations de température. — Lorsque plusieurs localités se trouvent sur le trajet des mêmes lignes isothermes, isothères et isochimènes, il est évident qu'elles doivent se rapprocher beaucoup les unes des autres par l'influence qu'elles exercent en raison de la température sur les êtres organisés. Cependant les données que l'on met en lumière à l'aide de ces lignes ne sont pas encore suffisantes pour caractériser entièrement un climat. Par cela même qu'elles réprcsentent des moyennes, elles ne font connaître ni les limites entre lesquelles s'accomplissent les variations de température, ni les extrèmes de chaleur et de froid sur lesquels on a intérèt à être renseigné d'une manière précise lorsqu'il s'agit de décider si l'on peu entreprendre telle ou telle culture, ou si l'on peut tenter d'acclimater telle ou telle espèce dans le règne végétal ou dans le règne animal.

La connaissance des limites entre lesquelles s'accomplissent les variations de température et d'une importance plus considérable en hygiène et en agriculture que celle des moyennes qui, bien qu'elles soit l'expression résumée d'une foule d'observations, ne représentent en aucune façon les températures très diverses que les êtres organisés peuvent avoir à subir sous l'influence d'un climat donné. C'est cependant encore d'après les moyennes de température des saisons en différents lieux, que l'on a fait les calculs par lesquels on a arrêté le tracé des lignes que l'on désigne sous le nom de *lignes d'égales variations de température*, et que l'on a déterminé les caractères qui permettent de distinguer des *climats constants*, des *climats variables* et des *climats excessifs*.

Les lignes d'égales variations de température sont celles qui réunissent les lieux où les différences entre les moyennes de l'hiver et celles de l'été sont à peu près les mêmes. Elles n'ont encore été tracées que dans quelques contrées de l'hémisphère boréal. Deux de ces lignes, celles de 14 et de 16 degrés, traversent la France.

Quant aux distinctions que l'on établit entre les climats d'après les limites entre lesquelles varient les moyennes des saisons, elles offrent une réelle importance.

On appelle *climats constants* ceux dans lesquelles il n'y a que peu ou point de différence entre les températures moyennes des diverses saisons de l'année. Ils existent surtout sous les tropiques, au voisinage de l'équateur thermal.

Les *climats variables* sont ceux où les variations de température, sans être représentées par des nombres élevés, sont cependant assez sensibles. Ils se rencontrent plus particulièrement dans les régions tempérées.

Enfin les *climats excessifs*, qui se trouvent principalement dans les régions froides du globe, ou tout au moins dans leur voisinage, sont caractérisés par des températures moyennes de l'hiver et de l'été représentées par des nombres fort éloignés.

Le tableau suivant, dont les éléments sont empruntés à divers traités d'hygiène, est parfaitement propre à faire ressortir les caractères des uns et des autres de ces climats.

		TEMPÉRATURE MOYENNE					
		de l'hiver.	du prin-temps.	de l'été.	de l'au-tomne.	de l'an-née.	diffé-rence.
CLIMATS CONSTANTS.	Guinée . . .	28	28	26	27	27	2
CLIMATS VARIABLES.	Strasbourg .	1	10	18	10	9	17
	Paris	3	10	18	11	10	15
	La Rochelle.	4	10	19	11	11	15
	Toulouse . .	5	11	19	13	12	14
	Bordeaux . .	6	13	21	14	13	15
	Marseille . .	6	12	21	14	14	15
CLIMATS EXCESSIFS.	New-York . . — 3		» + 27		»	12	30
	quelq. points de la Sibérie. —38		» + 17		»	»	55

Extrême de température. — Ainsi que nous l'avons fait pressentir, la distinction des climats en climats excessifs variables ou constants, tout importante qu'elle est, ne donne encore qu'une idée imparfaite de l'étendue des variations de température dans un même lieu. Elle peut même, en raison du procédé par lequel elle a été établie, induire en erreur sur les véritables conditions dans lesquels sont placés les hommes, les animaux et les plantes relativement aux changements de température. La qualification de climats constants que méritent ceux de la plupart des régions qui avoisinent l'équateur thermal, et la comparaison des moyennes de température du printemps, de l'été, de l'automne et de l'hiver dans ces contrées pourraient faire supposer au premier abord que les êtres organisés ne doivent pas avoir à souffrir des changements de température. Il n'en est rien cependant, car au Sénégal, par exemple, il n'est pas rare, après des journées où le thermomètre est monté à + 40 degrés et même plus, de le voir redescendre pendant la nuit à + 20° ou + 18°, de telle sorte que dans l'espace de 24 heures les animaux sont soumis brusquement à des influences extrêmes beaucoup plus pernicieuses pour eux que celles qu'ils auraient à subir sous les climats excessifs, où les modifications se produisent lentement et graduellement.

Bien que les différences fournies par la comparaison des moyennes des saisons pour les climats variables et les climats excessifs soient plus accentuées que celles indiquées pour les climats constants, elles restent encore fort loin de la vérité, lorsque l'on tient compte des extrêmes de température qui se manifestent dans les circonstances ordinaires, et à plus forte raison lorsqu'il s'agit des extrêmes qui se font observer de loin en loin. A Toulouse, par exemple, où les moyennes de l'hiver et de l'été sont représentées par les chiffres + 5 et + 19, et où la différence entre les moyennes des deux saisons est de 14 degrés, on a pu voir dans une même année (1868) le thermomètre monter en été à 36° au-dessus de 0, et descendre en hiver à — 9°,6, accusant ainsi une différence de près de 46 degrés entre la température extrême de l'été et celle de l'hiver. Des différences de même nature, mais bien plus prononcées encore, se font observer pour les régions septentrionales telles que la Sibérie, le Groënland, où l'on a pu constater 50 et même 60 degrés au-dessous de zéro un hiver, et 18, 20 ou 22 degrés au-dessus de zéro pendant l'été. Seulement il est bon de remarquer que si, sous les climats froids, les extrêmes de température sont fort écartés, quand on fait les comparaisons d'une saison à une autre, les variations sont au contraire peu marquées dans une même journée d'hiver ou d'été.

C'est un caractère opposé à celui que nous avons constaté pour les climats constants, et jusqu'à un certain point très différent aussi de celui des climats variables, dans lesquelles les variations diurnes, bien que moins étendues que celle des régions tropicales, ne laissent pas que de s'accomplir quelquefois de manière à être exprimées par des nombres assez élevés.

La connaissance du tracé des différentes espèces de lignes que nous venons de caractériser peut, quand on y joint des notions précises sur les températures extrêmes d'une région plus ou moins étendue, fournir tous les éléments dont on a besoin pour se faire une idée du climat de cette région au point de vue de la quantité de calorique qui lui est dispensée, et des conditions dans lesquelles elle se distribue. Mais bien que l'influence du calorique soit prédominante, elle n'est pas la seule dont il soit absolument urgent de tenir compte. La lumière, l'humidité atmosphérique, les conditions dans lesquelles se trouve le sol relativement à sa composition, sa configuration, les eaux stagnantes ou courantes qui peuvent couvrir en partie le voisinage de la mer, l'altitude, etc., sont autant de circonstances qui impriment souvent à des localités situées sous les mêmes lignes des cachets différents. Il est difficile, on le comprend, de tenir compte d'éléments si divers dans l'étude générale des climats. Parmi eux il en est un cependant, le voisinage de la mer, qui imprime au climat une physionomie assez distincte pour qu'il soit utile d'indiquer en quoi elle le modifie.

Climats maritimes. Climats continentaux. — Les contrées qui sont voisines de la mer, offrent ceci de particulier que, relativement aux lieux qui sont situés sous les mêmes latitudes ou sous les mêmes isothermes, les variations de température qu'elles éprouvent d'une saison à l'autre ont lieu dans des limites peu étendues. Sur le bord de la mer, les étés sont moins chauds et les hivers moins froids qu'à une certaine distance dans l'intérieur des continents. Cela tient à ce que l'immense quantité d'eau qui constitue l'Océan, éprouvant peu de variations dans sa température, réagit sur l'atmosphère des côtes qui est en contact avec elle, et la maintient à peu près dans les conditions où elle se trouve elle-même. Sur le littoral occidental de l'Europe, il y a une autre circonstance qui concourt puissamment au même résultat. Nous voulons parler de l'influence exercée sur la température par le grand courant marin que l'on connaît sous le nom de *Gulf-stream*, qui, venant de la mer des Antilles et du golfe du Mexique, couvre, à partir du banc de Terre-Neuve,

« sur une étendue de plusieurs mille lieues carrées, les eaux
« froides qui l'environnent, revêtant l'Océan d'un véritable man-
« teau de chaleur qui tempère les rigoureux hivers de l'Europe. »
(Maury.)

Les vents d'ouest qui soufflent fréquemment dans ces régions
favorisent d'ailleurs cette action en entraînant jusque sur les îles
et le continent la chaleur ainsi répandue par le Gulf-stream. C'est
à cette circonstance que plusieurs points des côtes de l'Angleterre,
de l'Irlande, de la Normandie, de la Bretagne doivent de pouvoir
cultiver et conserver en pleine terre des arbustes comme le lau-
rier-rose, le myrte, les fuchsias, qui sur le continent ne peuvent
résister aux froids de l'hiver sous les mêmes latitudes ou sous
les mêmes lignes isothermes.

Si les rivages de la mer sont, en général, remarquables par
l'uniformité de leur température, il n'en est plus de même du
centre des continents. La facilité avec laquelle s'échauffent ou se
refroidissent les grandes surfaces de terre où n'existent que peu
ou point d'humidité, rend compte des variations thermométriques
qui s'y font observer, soit lorsque l'on compare entre elles les
saisons envisagées sous ce point de vue, soit encore lorsqu'on
fait cette comparaison dans un même lieu simplement entre le
jour et la nuit.

Tout ce que nous venons de dire fait voir qu'il est utile de distinguer, au point de l'hygiène et de l'agricuture, les *climats maritimes* des *climats continentaux*. Les premiers qui tendent à prendre
dans les régions tempérées dont l'étude est pour nous d'un
haut intérêt, les caractères des climats constants, sont impropres, à partir d'une certaine limite que l'on peut fixer en France
à l'embouchure de la Loire, à la culture profitable de la vigne
et du maïs. Mais leur situation, qui les met à l'abri des sécheresses prolongées et des grands froids, en fait des contrées privilégiées pour la culture des céréales, des plantes fourragères, des
racines et des tubercules. Ce sont souvent des pays de grande
production et d'élevage.

Les seconds, qui prennent de plus en plus, au fur et à mesure
qu'ils s'éloignent des côtes, les caractères des climats variables
ou même des climats excessifs, ont souvent à souffrir des grandes
chaleurs, de la sécheresse et du froid ; et l'on est obligé d'y adopter des assolements très différents de ceux qui réussissent sur le
littoral. C'est là un fait que nous ne pouvons qu'indiquer quant
à présent, et sur lequel nous aurons à revenir quand nous étudierons le climat de la France au point de vue agricole.

Nous aurons également occasion alors de faire ressortir les modifications qu'apportent quelques autres circonstances dans la répartition et la distribution de la chaleur dans des régions situées sous les mêmes latitudes, et cela contribuera à faire voir que s'il est possible de caractériser les climats généraux par la température moyenne annuelle et par celle des saisons, il est indispensable de faire entrer en ligne de compte d'autres éléments d'appréciation lorsqu'il s'agit des climats particuliers. Au nombre des circonstances qu'il est alors utile de consulter, il n'en en est aucune qui fournisse de meilleurs enseignements que l'observation de la végétation spontanée étudiée d'une manière générale.

Caractères des climats tirés de la végétation spontanée. — Les plantes fixées au sol, et incapables de se soustraire à l'action des causes qui peuvent leur nuire, subissent plus que les animaux l'influence du climat. Il est des extrèmes de température en deçà et au delà desquels elles ne ne peuvent plus vivre, et de plus chacune d'elles a besoin de recevoir, à partir du moment où elle commence à végéter jusqu'au jour où le froid suspend ou arrête sa végétation, une certaine somme de chaleur pour fleurir et fructifier. L'état du règne végétal dans une contrée, et surtout la prédominance de certaines familles, de certains genres, de certaines espèces, peuvent donc servir avec avantage à en caractériser le climat. Les botanistes les plus célèbres, P. de Candolle, son fils Alph. de Candolle, H. Lecoq, Ch. Martin, Richard, Ad. de Jussieu, ont caractérisé sous ce rapport diverses régions de la terre. Sans les suivre entièrement dans les nombreuses divisions qu'ils ont établies, nous donnerons cependant quelques notions sur ce point important de la caractéristique des climats, en insistant sur ce qui a trait aux régions tempérées. Ce sera d'ailleurs par les quelques mots que nous voulons consacrer à ce sujet que nous terminerons les considérations générales dont nous avons cru devoir faire précéder l'étude particulière des climats.

Les régions équatoriales sont celles où l'on compte le plus grand nombre d'espèces végétales. Ce sont celles aussi où l'on trouve le plus grand nombre de végétaux ligneux, plus riches généralement en carbone qu'en principes azotés. Au fur et à mesure que l'on s'avance vers les régions tempérées et de celles-ci vers les pôles, le nombre des espèces diminue. On observe en même temps que la flore se modifie, que des espèces disparaissent, que d'autres se montrent, et que ces changements se succèdent dans le même ordre que ceux que l'on verrait se manifester si l'on gravissait une haute montagne. C'est qu'en effet les modifications que subit le climat lorsque l'on marche vers l'un ou l'autre pôle sont analogues à celles qu'il éprouve lorsqu'on s'élève verticalement dans l'atmosphère. La température s'abaisse, et peu à peu les espèces qui ont besoin pour végéter d'être soumises aux températures les plus élevées qui puissent se produire dans l'atmosphère terrestre, cèdent la place à d'autres qui sont moins exigeantes sous ce rapport, et qui même auraient à souffrir de recevoir trop de chaleur. De la constatation de ce fait résulte pour l'hygiéniste un enseignement important, à savoir celui de toujours soigneusement distinguer le climat des régions élevées de celui des contrées environnantes, et de traiter les êtres organisés qui sont appelés à vivre sur les montagnes à peu près comme devraient l'être ceux qui existent dans les pays du Nord.

C'est en tenant compte des changements qui se produissent successivement dans la flore de chaque hémisphère que les botanistes ont réussi à distinguer des régions plus ou moins nettement limitées à la surface du globe. Bien qu'ils soient tous partis du même principe, ils ne sont pas cependant arrivés à établir tous les mêmes divisions ou tout au moins des divisions concordantes. Les uns se sont attachés à caractériser uniquement chacune des régions qu'ils ont reconnues par la prédominance de quelques grandes familles. C'est ce qu'a fait Schouw, par exemple, lorsqu'il a nommé *région* des *Mousses* la région voisine du pôle arctique ; *région des Crucifères* et des *Ombellifères*, l'Europe centrale et la Sibérie méridionale ; *région* des *Mesembryanthenum* et des *Stapelia*, le cap de Bonne-Espérance, etc. Les autres, en plus grand nombre, reconnaissant qu'il est difficile de caractériser convenablement une région par la citation d'un petit nombre de familles ou de genres, ont mieux aimé donner aux régions qu'ils ont établies des noms purement géographiques. Seulement alors c'est sur le nombre et les limites des régions à établir qu'ils ne sont plus d'accord. Nous reconnaissons qu'au point de vue de la science pure, il peut être avantageux de multiplier dans une certaine mesure le nombre des régions, afin de mieux préciser les lois suivant lesquelles se fait, à la surface du globe, la distribution des espèces végétales. Mais pour nous, qui devons nous contenter d'esquisser à grands traits la physionomie que le climat imprime aux grandes régions de la terre, nous devons préférer les divisions qui sont admises dans les ouvrages élémentaires et qui laissent de côté les détails dans

lesquels nous ne saurions entrer sans nous écarter de notre but.
C'est pour cette raison que nous adoptons la division d'Ad. de
Jussieu, qui partage l'hémisphère boréal en huit zones, qui sont :
la *Zone équatoriale*, la *Zone tropicale*, la *Zone juxta-tropicale*, la
Zone tempérée chaude, la *Zone tempérée froide*, la *Zone tempérée
sous-arctique*, la *Zone arctique* et la *Zone polaire*.

La végétation spontanée revêt, dans chacune de ces zones, des
caractères particuliers qui résultent de la prépondérance de quelques familles et de quelques genres, et parfois même de l'existence
de groupes entiers dont on ne retrouve de représentants nulle part
ailleurs. Pour les zones, où sont situés les pays qui offrent de l'intérêt à notre point de vue, nous ferons en sorte de n'omettre aucun
des traits essentiels qui leur sont propres. Nous passerons rapidement au contraire sur les autres, que nous nous bornerons à caractériser par la végétation arborescente.

La *zone équatoriale*, qui s'étend jusqu'au quinzième degré de
latitude de chaque côté de l'équateur, offre une végétation puissante, dont la richesse semble due à l'influence combinée d'une
chaleur élevée, d'une humidité abondante et d'une lumière écla-
tante ou plus ou moins voilée par des vapeurs qui atténuent l'intensité des rayons solaires, même sans prendre la forme de nuages.

Les plantes ligneuses appartenant aux familles des Palmiers,
des Pandanées, des Scitaminées, des Fougères en arbre, y constituent de vastes forêts vierges où abondent les lianes que fournissent diverses espèces des familles des Malpighiacées, des Sapin-
dacées, des Ménispermées, des Bignoniacées, etc. Les arbres y
portent en même temps des fleurs et des fruits, mais les fleurs y
sont plus rares que dans nos climats ; les céréales, même celles du
pays (maïs, sorgho, riz), y sont peu productives ; les doliques, les
cajans, qui remplacent nos pois, nos haricots, produisent moins de
graines, et celles-ci sont moins nourrissantes ; les racines (ignames,
patates, manioc) sont énormes, riches en fécule, mais peu nutritives parce qu'elles contiennent peu d'azote. L'herbe elle-même,
considérés comme fourrage, n'a à la Guyane qu'une faible valeur
alimentaire ; elle soutient mal le bétail, et pour y conserver les chevaux en santé, il est nécessaire de leur donner, d'après Sagot,
cité par M. Naudin, à qui nous empruntons tous ces détails, une
partie de leur ration en foin d'Europe. C'est donc le rendement
forestier qui est le plus considérable sous ce climat, où, avec une
chaleur de 27 à 28 degrés, une grande humidité et une lumière
parfois un peu voilée, la végétation est luxuriante, mais ne donne
que des produits pauvres en principes azotés relativement à la

forte proportion de ligneux ou d'autres matières carbonées que les tissus renferment.

La *zone tropicale*, comprise entre le 15e et le 25e degré de latitude, participe des caractères de la zone équatoriale. Ce sont encore les plantes ligneuses qui prédominent, et pour la plupart elles font partie des familles que nous avons citées. Cependant les fougères en arbres sont ici plus abondantes, et elles sont accompagnées d'espèces qui appartiennent aux familles des Mélastomacées et des Pipéracées.

La *zone juxta-tropicale*, limitée au sud par le 25e degré de latitude, et au nord par le 36e degré, offre pour nous plus d'intérêt, car elle comprend l'Algérie. Parcourue dans son milieu par l'isotherme de 20 degrés, elle offre une riche végétation spontanée où se mêlent les espèces des régions intertropicales et celles des climats tempérés. Les fougères en arbre, les grandes espèces monocotylédonées ligneuses se montrent encore. En Algérie, le dattier et le palmier nain, qui font souvent le désespoir des colons, représentent la grande famille des Palmiers. Parmi les dicotylédonées, les Mélastomacées, les Laurinées, les Magnoliacées, les Myrtacées, les Protéacées fournissent les arbres qui prédominent par leur nombre dans les forêts. Les agaves, les cactus naturalisés dans le nord de l'Afrique y donnent à la végétation une physionomie particulière. Enfin la culture de l'oranger, de l'olivier, du cotonnier, du tabac, de la vigne même et des céréales, parmi lesquelles le blé dur (*triticum durum Desf*), est préféré, s'y associe à l'agriculture pastorale, qui permet aux indigènes l'entretien de nombreux troupeaux.

La *zone tempérée chaude* s'étend au nord de celle qui précède jusqu'au 44e degré de latitude, Elle est traversée par l'isotherme de + 15° et comprend en France, la Provence, le comté de Nice, le Roussillon et la Corse. On trouve encore dans sa partie méridionale, en Italie et en Espagne, des palmiers nains et même des dattiers qui ne fructifient pas. Mais la végétation ligneuse emprunte ses caractères surtout aux arbres et arbustes dicotylédonés, parmi lesquels nous citerons, dans les Conifères, les cyprès que l'on plante souvent en lignes pour se défendre contre les vents, le pin pignon, le pin d'Alep, le pin laricio, parmi les Amentacées, les chênes à feuilles persistantes, tels que le chêne-liège, le chêne vert, le Quercus coccifera ; parmi les Térébinthacées, le lentisque et le pistachier ; puis les myrtes, les grenadiers, les lauriers-roses, le laurier d'Apollon, les platanes. C'est aussi la région où existent en abondance les Cistinées, les Labiées, les Composées aromatiques, les Caryo-

phyllées. La vigne, l'olivier, l'oranger y constituent des cultures ar-
bustives d'une grande importance. Sous l'influence d'un climat où
la douceur des hivers est proverbiale, la végétation ne prend en
général qu'un développement moyen, lorsqu'on la compare à celle
des régions tropicales, mais elle fournit des produits alimentaires
très riches. Les céréales et les légumineuses, dit M. Naudin, y sont
presque l'équivalent de la viande, le vin est généreux, l'huile est
supérieure à toutes les autres, et les fourrages y sont très alibiles.
Malheureusement la sécheresse des étés est souvent, dans cette
région, comme nous le verrons plus loin, un obstacle sérieux à
la culture profitable de vastes étendues de terrain.

La *zone tempérée froide* a pour limite au nord le 60° degré de
latitude. Les isothermes qui la traversent sont celles de + 13,
+ 12, + 11, + 10, jusqu'à + 5 degrés. Elle comprend presque
toute la France et s'étend vers le nord en Angleterre, en Allemagne, en Russie, etc. La végétation ligneuse y est représentée
par un grand nombre d'Amentacées à feuilles caduques des genres
chênes, hêtres, saules, aunes, bouleaux, coudriers, auxquelles
s'associent des pins, des sapins, des mélèzes et quelques arbres
ou arbustes des familles des Ulmacées, des Acérinées, des Tilia-
cées, des Rhamnées, des Célastrinées et des Papilionacées. Les
Rosacées y fournissent la plupart des fruits qui paraissent sur nos
tables. La vigne y donne encore, en France, surtout, des vins très
estimés ; mais les palmiers, les oliviers, les orangers ont entièrement disparu. Quant à la végétation herbacée, on signale, comme
étant surtout caractéristiques, les Crucifères et les Ombellifères,
auxquelles s'ajoutent de nombreuses Graminées, des Papilionacées, des Renonculacées, des Composées, etc. Les Caryophyllées
et les Labiées y sont moins nombreuses que dans la région précédente. Enfin quelques autres familles comme les Malvacées, les
Euphorbiacées n'ont plus qu'un nombre fort limité d'espèces pour
les représenter. Nous verrons plus loin que cette zone se prête
aux cultures les plus variées et qu'elle fournit, dans la plupart
des contrées qui lui appartiennent, les plus riches produits.

La zone à laquelle Ad. de Jussieu a donné le nom de *zone tempérée sous-arctique* ne peut pas être considérée, ainsi que le fait
observer M. Germain de Saint-Pierre, comme appartenant réellement aux climats tempérés. Limitée par le cercle polaire et parcourue par les isothermes de + 5 à 0°, elle ne présente plus que
quelques Conifères et quelques Amentacées qui disparaissent
même avant d'arriver à la *zone arctique* et à la *zone polaire*. Le
hêtre s'arrête au 60° degré de latitude, le chêne (Quercus robur)

au 61°, le sapin (Abies excelsa) et le bouleau (Betula alba) au 68°, et enfin le Betula nana au 71°.

D'après Adrien de Jussieu, 116 espèces, parmi lesquelles on rencontre 49 cryptogames et 67 phanérogames, composent toute la flore dans les terres des deux continents de la zone glaciale arctique. Ce sont les dernières traces de végétation dans ces régions où la fonte des neiges laisse à peine pendant quelques semaines de faibles parties du sol à découvert.

Tels sont les caractères qui ressortent pour les climats de l'étude de la végétation spontanée. Combinés avec ceux que fournissent les observations thermométriques et qui sont indiqués par le tracé des diverses lignes que nous avons à faire connaître, ils nous permettront d'abord de préciser davantage ce qui appartient à chacune des grandes régions du globe que nous allons maintenant étudier sous les noms de *climats chauds*, *climats tempérés* et *climats froids*, et de donner ensuite des bases nettement définies aux notions plus étendues dans lesquelles nous aurons à entrer sur le *climat particulier de la France*.

Climats chauds. — Les climats chauds sont ceux des contrées du globe qui s'étendent de chaque côté de l'équateur thermal jusqu'à la ligne isotherme de + 15°. Nous y faisons entrer, comme nous l'avons dit plus haut, les climats torrides et les climats chauds proprement dits de M. J. Rochard. Ils correspondent aux climats brûlants, aux climats chauds et aux climats doux de Humboldt, et comprennent toutes les régions qu'Ad. de Jussieu a rapportées à la zone équatoriale, à la zone tropicale, à la zone juxta-tropicale et même en partie à la zone tempérée chaude.

La totalité de l'Afrique, l'Espagne, l'Italie, la Grèce, le tiers méridional de l'Asie avec les îles qui s'y rattachent, Madagascar, l'Océanie, le Mexique, l'Amérique centrale et la plus grande partie de l'Amérique méridionale, sont situés sous les climats chauds.

Il est difficile de caractériser d'une manière générale une aussi vaste étendue de pays si variés. Cependant, par l'examen des diverses lignes qui la parcourent, nous pouvons déjà reconnaître 1° que la température moyenne annuelle, qui peut s'y élever jusqu'à + 28°, ne tombe jamais au-dessous de + 15 ; 2° que la moyenne de l'été, qui atteint + 30, ne descend guère au-dessous de + 24 ou + 25 ; et que 3° enfin la moyenne de l'hiver, qui reste à + 26 au voisinage de l'équateur, ne va jamais au-dessous de + 5, même dans les points où l'on se rapproche le plus des climats tempérés.

L'examen des mêmes lignes fait reconnaître encore que les variations de température calculées d'après les moyennes de l'été et de l'hiver, peu considérable dans le centre des régions occupées par les climats chauds, se prononcent de plus en plus au fur et à mesure que l'on se rapproche de leurs limites, de telle sorte que si, au voisinage de l'équateur thermal, ces climats peuvent être considérés comme constants, ils tendent déjà à se ranger parmi les climats variables dans le nord de l'Afrique, dans la partie méridionale de l'Europe, et dans une partie de l'Asie et de l'Amérique qui sont parcourues par l'isothère de + 25° et par les isochimènes de + 5, + 10 et + 15°.

C'est au voisinage de l'équateur thermal en Afrique, au midi de l'Asie, dans les îles de la Malaisie et de l'Océanie, à la Guyane, que les moyennes saisonnières s'écartent le moins l'une de l'autre et qu'elles restent dans les limites qui sont représentées par 2 à 6 ou 9 degrés. On pourrait croire, d'après cela, que dans les pays à climats très chauds les variations de température sont peu marquées.

Mais nous avons dit déjà que sous ces climats il arrivait trop souvent qu'on eût à constater des différences considérables entre la température du jour et celle de la nuit. Sur la côte de Guinée, au Sénégal et dans les contrées environnantes, en pénétrant vers le centre du continent africain, tandis que dans le jour on a vu le thermomètre monter à + 40, + 44, + 46, + 47, + 48, + 49 et même + 53 degrés à l'ombre (avril 1853, à l'escale du Coq), on l'a vu descendre pendant la nuit à + 15, + 10, + 5, + 2 et même à zéro. « A Saint-Louis du Sénégal, les variations nycthémérales peuvent aller jusqu'à 22°. » Pendant les orages particuliers à la côte d'Afrique, que l'on désigne sous le nom de Tornades, « il se produit un froid tellement vif que les vêtements des Européens ne peuvent les en garantir et que les noirs grelottent dans leur nudité... Getin a constaté, dans ce cas, des abaissements brusques de 25° et 30° ». (Rochard.) Des conditions de température à peu près semblables se font observer sur certains points de l'Arabie, à Suez par exemple, où le thermomètre descend quelquefois à + 2°,40 pour remonter brusquement à + 40° sous l'influence du khamsin ; à Moka, à Massouah, où il peut descendre à + 17° et s'élever jusqu'à + 50°. Mais en général, sur les autres points de la région torride où se font observer les caractères des climats constants, les variations diurnes ou nycthémérales sont beaucoup moins prononcées. C'est ainsi qu'elles ne dépassent pas 3 à 4 degrés à Zanzibar, sur la côte orientale de l'Afrique, qu'elles sont de 7° à 8° à Nossi-Bé, à Mayotte, et probablement aussi à Madagascar; de 9° au plus à Saïgon, en Cochinchine; qu'elles sont signalées comme étant peu marquées dans la Malaisie, la Polynésie, et qu'elles ne vont pas au delà de 6° dans les Antilles.

Lorsqu'on s'avance au nord ou au sud vers la limite des climats chauds, la moyenne annuelle s'abaisse, les moyennes saisonnières s'écartent davantage l'une de l'autre, et, ainsi que nous l'avons dit, les extrêmes de température se prononcent de telle sorte que l'on a parfois, pendant l'été, les températures élevées de la zone torride, et parfois aussi, pendant l'hiver, des températures basses voisines de celles qui se font observer dans la partie méridionale de la région tempérée. Quant aux variations diurnes et particulièrement aux variations nycthémérales, il devient très difficile de les caractériser d'une manière générale. Partout où existe le voisinage de la mer, comme sur les bords de la Méditerranée en Europe, en Asie et en Afrique par exemple, le climat se fait remarquer par son uniformité et sa douceur, les variations d'une saison à l'autre demeurent dans des limites peu étendues, les variations diurnes ne dépassent guère 6° à 7°, et les oscillations nycthémérales ne s'étendent guère au delà de 3 à 5°. Ce sont les régions les plus favorisées sous le rapport du climat, et elles sont le plus souvent d'une salubrité remarquable, quand la présence d'eaux stagnantes ne vient pas y répandre des miasmes paludéens.

Mais les conditions changent dès qu'on s'éloigne du littoral, et de grandes différences se font observer tout à la fois entre les moyennes saisonnières, entre les extrêmes de température pendant l'année, et entre les extrêmes de température du jour et de la nuit dans l'espace de vingt-quatre heures. C'est ainsi qu'en Algérie, par exemple, on éprouve parfois dans l'intérieur des terres la température étouffante du Sahara pendant le jour et un froid glacial pendant la nuit. On en revient presque aux conditions que nous avons signalées comme existant à la côte occidentale de l'Afrique. Hâtons-nous de faire observer cependant que ces contrastes très prononcés dans le Sahara ou au voisinage de ce désert, le deviennent de moins en moins au fur et à mesure qu'on s'avance vers le nord. Enfin, ajoutons encore que si dans ces régions le thermomètre descend quelquefois pendant l'hiver au-dessous de zéro, les froids sont en général peu rigoureux et de courte durée dans tous les points où leur persistance et leur intensité ne sont pas des conséquences de l'altitude.

Indépendamment des particularités qui résultent de la distribution du calorique émané du soleil, les climats chauds sont encore caractérisés par le peu de différence qui existe entre la longueur des jours et celle des nuits de chaque côté de l'équateur, et par la durée des saisons. Il est évident que nous n'entendons point parler ici des saisons astronomiques, dont le commencement et la fin sont invariablement marqués par les époques des solstices et des équinoxes. Nous voulons exprimer simplement ce fait remarquable que, sous les climats chauds, l'été empiète largement sur les saisons intermédiaires, c'est-à-dire le printemps et l'automne, qui eux-mêmes ne laissent à l'hiver que peu de durée.

Sous les tropiques il n'y a, à proprement parler, que deux saisons : l'été, qui est une période de grandes chaleurs et de longue sécheresse, et l'hiver ou hivernage, qui n'est point, comme dans nos pays des régions tempérées, une époque de froid, de gelée et de neige, mais une saison de pluies torrentielles. La durée de chacune de ces saisons et les époques où elles apparaissent varient un peu suivant la situation des lieux relativement à l'équateur et suivant quelques circonstances locales qu'il n'est pas possible d'indiquer sans faire l'étude du climat de chaque région en particulier. En général, c'est au moment où les vents réguliers, si remarquables sous les climats chauds, changent de direction que se produisent aussi les changements de saison. L'été se prolonge souvent pendant la plus grande partie de l'année, et cela a fait dire que dans ces contrées on avait un été perpétuel. La température s'élève tellement alors que sur quelques points du globe, dans l'intérieur du Brésil par exemple, la végétation est suspendue et l'on voit les arbres perdre leurs feuilles. Des pluies d'orages parfois fréquentes, se faisant attendre au contraire quelquefois pendant plusieurs mois, interrompent seules ces périodes de sécheresse. Mais, par contre, dans la saison des pluies l'eau tombe en abondance, et l'on trouve des localités dans les régions équatoriales où l'udomètre accuse jusqu'à deux mètres et même plus de deux mètres de pluie par an.

Toutefois les caractères que nous venons de signaler en ce qui concerne la durée et la succession des saisons, ne sont bien tranchés que dans la zone torride. Plus au nord ou plus au midi, vers les limites assignées par M. J. Rochard aux climats chauds, si l'été conserve encore la prééminence, l'hiver est plus accusé ; déjà, de temps à autre, des froids se font sentir, et sans acquérir encore toute l'importance qu'elles ont dans les pays à climats tempérés, les saisons intermédiaires se dessinent assez pour être remarquées. Les transitions moins brusques, mieux ménagées, placent les animaux dans de meilleures conditions, et nous avons eu occasion de faire observer déjà combien l'homme trouve sur les bords de la Méditerranée des stations privilégiées par l'uniformité de la température et la douceur du climat.

Nous avons dit plus haut quels sont les caractéres que revêt la végétation dans les différentes zones qui appartiennent aux climats chauds. Nous avons vu que les plantes ligneuses à longues racines sont celles qui dominent dans les parties les plus chaudes du globe. Elles y sont accompagnées de plantes grasses et de plantes à feuilles larges, qui tirent peu de nourriture du sol et vivent principalement aux dépens de la rosée et de l'humidité de l'air. Plus au nord, pour nous en tenir à notre hémisphère, la végétation, bien qu'elle paraisse moins puissante, n'en est pas moins plus en rapport, comme nous l'avons vu, avec les besoins de l'homme, auquel elle fournit des produits plus riches en principes réellement alibiles. Du reste, la chaleur et l'humidité sont au nombre des agents qui favorisent le plus la végétation, et l'on comprend parfaitement d'après cela toute l'importance que peut acquérir la pratique des irrigations sous les climats chauds.

Le règne animal, sous les climats chauds, est représenté par des espèces nombreuses et variées, qui souvent sont parées des plus brillantes couleurs. C'est ce qui arrive pour une foule d'insectes, de mollusques, de poissons, d'oiseaux, de mammifères même, dont la peau est ornée de taches plus ou moins vives et régulièrement distribuées.

C'est dans ces contrées que vivent les carnassiers les plus forts, les plus grands, les plus à redouter pour l'homme et les autres animaux ; c'est là que l'on rencontre les herbivores les plus remarquables, les uns par leur taille, les autres par l'élégance de leur conformation. C'est là enfin que l'on voit les reptiles acquérir une grandeur inconnue partout ailleurs, et devenir redoutables tout à la fois par l'énorme puissance avec laquelle ils broient leurs victimes et par l'atroce activité du venin dont ils sont armés. Il y a des ordres entiers dans le règne animal qui n'offrent de représentants que dans les contrées chaudes du globe. Les Quadrumanes et les Marsupiaux dans la classe des mammifères, les Psittacidés dans la classe des oiseaux, et les Chéloniens dans la classe des reptiles en offrent des exemples.

Presque toutes les espèces animales qui sont soumises au joug de l'homme se trouvent à l'état de domesticité sous les climats chauds. Les chevaux originaires de ces contrées ont en général des formes élancées, un système nerveux développé, des tissus fermes, une peau serrée, une intelligence qui les rend susceptibles d'éducation, une vigueur et une énergie exceptionnelle. C'est des parties les plus chaudes de l'Orient que sont sorties les familles chevalines qui constituent les races nobles auxquelles on donne la qualification de races de pur sang. Il est bon de noter d'ailleurs que toutes les espèces sauvages du genre Equus actuellement vivantes ne se trouvent que sous les climats chauds.

Le bœuf des pays chauds est ordinairement de taille moins élevée, de forme moins ample que celui des régions tempérées. En Asie et sur une partie des côtes orientales de l'Afrique, il porte sur le dos, à peu près au niveau des épaules, une loupe graisseuse et reçoit le nom de Zébu.

D'autres espèces du même genre, que l'on ne retrouve plus ailleurs qu'exceptionnellement partagent souvent son état de domesticité. Tel est le Buffle qui travaille en Italie, en Asie et sur quelques points de l'Afrique, et dont l'importation tentée en France au commencement de ce siècle n'a point été suivie de succès ; tel est encore le Yack, qui rend d'importants services aux populations des Indes et que l'on tente actuellement d'acclimater en Europe.

Dans l'antiquité, les races ovines de l'Asie Mineure, de l'Italie, de l'Espagne étaient considérées comme supérieures au point de vue de la production de laine. La race mérinos, qui aujourd'hui est la plus précieuse sous ce rapport, est également originaire des pays chauds. Par contre, on trouve sous ces mêmes climats des moutons comme ceux du Sénégal et de quelques troupeaux de la Barbarie, dont le pelage est grossier et sans valeur. Notons encore ce fait intéressant que les diverses variétés de moutons à large queue, inconnues dans nos contrées, ne se trouvent que sous les climats chauds.

Les contrées chaudes de la partie méridionale de l'Asie, de même que les îles de l'Océanie et de l'océan Pacifique, possèdent dans l'espèce porcine des races d'une conformation avantageuse sous le point de vue de la précocité et de l'engraissement. Ce sont elles qui ont si profondément modifié les porcs de l'Angleterre, que l'on voit se répandre aujourd'hui partout en Europe, où ils sont employés avec plus ou moins de succès comme améliorateurs.

Enfin c'est encore des parties les plus chaudes de l'Asie, de l'Afrique et de l'Amérique que sont originaires les Gallinacés, comme les poules, les pintades, les dindons, les paons qui peuplent nos basses-cours.

Mais indépendamment des espèces que nous venons de signaler rapidement et qui se retrouvent sous les climats tempérés avec des caractères un peu différents et souvent aussi avec d'autres aptitudes, les contrées chaudes possèdent d'autres animaux domestiques qui leur sont propres, tels que le chameau et le dromadaire, qui sont utilisés comme montures et comme bêtes de somme en Asie et en Afrique, l'éléphant, qui sans être précisément domestique, puisqu'il ne se reproduit pas ordinairement en captivité, rend des services aux populations de l'Inde, et enfin les lamas et les alpacas, qui étaient les seuls mammifères domestiques que connaissaient les Péruviens, avant la conquête de leur pays par les Espagnols.

Les animaux des contrées situées sous les climats chauds, qu'ils vivent à l'état sauvage ou de domesticité, qu'ils soient indigènes ou qu'ils appartiennent à des races ou à des familles depuis longtemps acclimatées, sont en rapport par leur organisation, par leur tempérament, par leur constitution, avec les condititios sous l'influence desquelles ils doivent vivre. En général, ils résistent à l'action du climat quand ils reçoivent des soins convenables, et dans la plupart des cas où on les voit succomber en grand nombre, cela tient à des circonstances particulières qui sont étrangères au climat considéré en lui-même. Les grandes mortalités peuvent bien atteindre quelquefois les animaux indigènes, mais le plus ordinairement c'est sur les animaux récemment introduits qu'elles sévissent avec le plus de rigueur.

Les maladies que l'on observe d'ailleurs sur les uns comme sur les autres empruntent souvent au climat des caractères particuliers qui découlent des conditions dans lesquelles s'accomplissent les principales fonctions. Or les enseignements qui résultent de l'étude que nous avons faite jusqu'à présent établissent que sous les climats chauds les animaux sont soumis, partout et au moins pendant une partie de l'année, aux températures les plus élevées auxquelles l'atmosphère terrestre puisse être portée ; que sur certains points ils ont à supporter de brusques variations de température se produisant souvent dans des limites excessives ; et qu'enfin ils sont exposés plus que partout ailleurs, lorsqu'il existe des eaux stagnantes, à l'action des effluves marécageux.

Sous l'influence d'une température élevée continue, la respiration ne s'accomplit plus d'une manière parfaite, l'hématose est incomplète, et le foie, qui supplée jusqu'à un certain point au poumon pour l'élimination des éléments hydro-carbonés est entraîné à une sorte d'exagération de ses fonctions. Une exagération analogue se produit du côté de la peau, qui souvent se couvre de sueur par le plus léger exercice, ou même pendant le repos le plus complet. Les fonctions digestives languissent, l'appétit disparaît, la soif devient ardente, et l'économie tout entière est en proie à un profond malaise. Ces effets se produisent surtout dans les temps calmes, alors que « l'air est de « plomb et que la chaleur est étouffante. Tous les animaux, dit « M. Wallembert dans un travail remarquable *sur le Sénégal au « point de vue de la médecine vétérinaire militaire*, et le cheval « en particulier, ressentent le contre-coup de cette disposition « de l'air atmosphérique. La tête basse ou allongée sur l'enco- « lure, les chevaux aspirent avec avidité l'air chaud des écuries. « L'appétit, chez eux, s'éteint tout à fait et la soif se fait sentir « impérieuse. Tous les vaisseaux cutanés sont accusés par de « vigoureuses saillies, les mouvements du flanc s'accélèrent et « le corps se couvre de sueur. Si, en ce moment, on leur im- « prime un mouvement, la démarche est embarrassée, incer- « taine, titubante : ces pauvres animaux sont comme paralysés « par une sidération complète de toutes les forces de la vie. « Subséquemment la force digestive s'affaiblit, et l'animal n'a « plus qu'un désir, c'est d'apaiser sa soif. S'il y parvient libre- « ment, il se gorge d'eau, et de violentes coliques ne tardent « pas à s'ensuivre.

« Du reste, consécutivement à la fréquence des journées de « calme, on voit se déclarer des entérites dysentériques, des « diarrhées très tenaces et des altérations typhoémiques du « sang.

« La chaleur, dans ces conditions surtout, est un agent éminem- « ment destructif du cheval de guerre. Même en dehors de l'hi- « vernage, notamment pendant les expéditions, elle produit sur « cet animal des effets débilitants. Les longues marches sous « un soleil brûlant, sur un sol sablonneux échauffé par le vent « d'est, placent le cheval dans les meilleures conditions possibles « pour contracter des congestions pulmonaires et des inflam- « mations du tube digestif... Des affections érysipélateuses de « la peau surviennent à la suite des insolations. »

La peau, l'appareil digestif, l'appareil pulmonaire, auxquels il faut ajouter le foie, souvent atteint des altérations les plus graves, sont donc les organes ou les appareils organiques qui ont le plus à souffrir de la température élevée de l'atmosphère pendant la plus grande partie de l'année au Sénégal. Il paraît en être de même sur tous les points du globe qui sont situés sous les climats chauds, car les affections signalées par M. Wallembert sont aussi celles qui ont été attribuées à la chaleur par les vétérinaires de l'armée d'Afrique, par M. Liguistin, dans ses intéressantes relations sur le service vétérinaire pendant la campagne du Mexique, par MM. Germain et Troutot, qui ont fait leurs observations sur les animaux importés ou indigènes dans notre colonie de la Cochinchine, et par Hamont, à une époque bien antérieure, sur les animaux de l'Egypte et de la Syrie.

Si les grandes chaleurs de la zone torride sont nuisibles aux animaux, les variations brusques de température auxquelles ils sont exposés ne leur sont pas moins préjudiciables. Les influences qu'ils ont alors à subir sont d'autant plus funestes que le plus souvent les abaissements de température sont accompagnés de phénomènes météorologiques qui tiennent à la présence de la vapeur d'eau dans l'air subitement refroidi, et contre lesquels il est difficile de les protéger. Au Sénégal même, pendant la bonne saison, qui s'étend du mois de décembre à la fin de mai, il n'est pas rare, après des journées pendant lesquelles la chaleur est restée très élevée, de voir le thermomètre descendre brusquement de quelques degrés, lorsque le soleil se couche. « L'air subitement refroidi tamise alors un brouillard imper-
« ceptible et enveloppe chacun d'une atmosphère glaciale... La
« brise se lève du nord, humide et glacée ; dans les régions in-
« férieures de l'atmosphère se produit un refroidissement rapide
« et une rosée fine, impalpable, sorte de poussière aqueuse qui
« se condense abondamment sur tous les objets à la surface du
« sol... La rosée se forme si abondante qu'il deviendrait im-
« prudent de rester longtemps exposé à la condensation de cette
« humidité de l'air... Ces soubresauts, beaucoup plus funestes
« aux blancs qu'aux noirs, se traduisent par des coliques, la
« diarrhée, la dysenterie... Les chevaux soumis à l'action du
« vent d'est pendant le jour, frissonnant et grelottant toute la
« nuit dans un milieu froid et humide, doivent contracter les
« mêmes maladies. L'influence de l'humidité de l'air pendant
« la nuit provoque à la longue de graves maladies dont les plus
« fréquentes sont des coliques, des boiteries rhumatismales, des

« catarrhes de toutes 'sortes, avant-coureurs certains de la
« morve. » (Wallembert, *loc. cit.*)

Pour être moins marqués en Algérie, les phénomènes que nous
venons de signaler n'en n'ont pas moins été observés par les vétérinaires de nos armées d'Afrique. M. Liguistin, qui leur attribue
une ophthalmie dont il a suivi la marche sur un grand nombre
de chevaux du 3ᵉ régiment de hussards, insiste sur l'abondance
de la rosée qui succède aux journées les plus chaudes et « qui
« est quelquefois telle qu'elle pénètre comme une véritable pe-
« tite pluie les objets qui y sont exposés ». Le plus ordinairement
les chevaux barbes trouvent dans leur robuste constitution la
force nécessaire pour résister aux perturbations que tendent à
porter dans l'économie ces brusques variations de température.
En cela ils justifient ce que nous avons dit plus haut de l'immunité que possèdent souvent les animaux originaires des pays
chauds en présence des causes pathogéniques qui résultent du climat sous lequel ils sont habitués à vivre. Mais les chevaux d'Europe, surtout dans les premiers temps de leur séjour n'échappent
point à la funeste influence de cette cause, et comme ceux dont
parle M. Wallembert, ils sont fréquemment atteints de boiteries
rhumatismales, ou d'affections plus ou moins graves des voies
digestives ou de l'appareil respiratoire.

Au Mexique, où les chevaux de l'Algérie ont mieux résisté que
les chevaux français, la fraîcheur des nuits a déterminé très
souvent des affections analogues sur les animaux du corps expé-
ditionnaire.

Indépendamment des influences que nous venons de passer en
revue et qui dépendent essentiellement du climat, les animaux
ont encore à subir très souvent, dans les pays chauds, l'action des
effluves les plus meurtriers. Presque partout les marais abondent
dans les régions tropicales, et les émanations qui s'en échappent
sous l'influence d'une température élevée provoquent chez l'homme des fièvres de différentes natures par lesquelles sont décimées
les colonies européennes. « Les chevaux mieux que l'homme, dit
« M. Wallembert, résistent à l'influence de cette viciation de l'air ;
« jamais ils ne contractent de fièvres pernicieuses ni intermit-
« tentes. Seulement, chez eux, les fonctions nutritives s'altèrent, le
« sang s'appauvrit, et bientôt la morve, le farcin ou la diathèse
« grangréneuse déterminent la mort. Les maladies les plus sim-
« ples s'aggravent en quelques heures de façon à défier tout
« traitement. Les phlegmasies des voies respiratoires en par-
« ticulier revêtent un caractère d'incurable septicité. »

Les mêmes effets se font observer sous les tropiques, partout où sous un climat brûlant se fait sentir l'influence paludéenne; au Mexique, dans les terres chaudes, où M. Liguistin a vu les animaux, même ceux du pays, être atteints comme l'homme de cachexie paludéenne et succomber en grand nombre à des affections qui semblaient revêtir des caractères différents et qui au fond étaient de même nature; en Cochinchine, où MM. Germain, Troutot, Condamine ont eu à signaler les affections les plus graves sur les chevaux, les bœufs, les buffles qu'ils ont vus mourir d'affections très semblables à la fièvre charbonneuse et au typhus même, s'il faut en croire M. Condamine.

Pour l'espèce humaine, les maladies infectieuses qui, de nos jours, inspirent le plus de terreur, le choléra et la fièvre jaune, sont originaires des climats chauds. Pour nos animaux domestiques, la plupart des maladies infectieuses ou simplement contagieuses dont ils peuvent être frappés, comme la morve, le charbon, la clavelée, la cocotte, l'affection typhoïde ont le triste privilège de se développer *spontanément* à peu près partout. Il n'en est guère qu'une seule qui fasse exception, c'est la peste bovine, que l'on sait être originaire des steppes de l'extrême Orient. Seulement on ne fixe pas d'une manière bien précise les points où elle doit prendre naissance pour se répandre ensuite jusque dans nos contrées. Mais il paraît assez probable que si elle n'est pas tout à fait originaire des contrées que l'on place sous les climats chauds, elle semble naître au moins dans les régions des climats tempérés qui se rapprochent le plus des climats chauds, et qui empruntent à ceux-ci une partie de leurs caractères.

La chaleur et l'humidité, si propres à favoriser, sous les climats chauds, la fermentation des débris organiques et à engendrer des maladies infectieuses, ont encore l'inconvénient sérieux de provoquer le développement d'une foule d'insectes dont l'homme a de la peine à se défendre, et qui tourmentent les animaux outre mesure : « Des myriades de moustiques, de diptères variés, entourent « le cheval, le harcellent, le piquent sans lui laisser un instant « de repos. On a vu des bœufs tomber épuisés, couverts de « moustiques, et succomber à une mort atroce. » (Wallembert.)

On comprend, sans que nous ayons besoin de nous arrêter longuement sur ce point, combien il est difficile de soustraire les animaux à l'action des causes qui, sous les climats chauds, tendent à miner leur constitution et à abréger leur existence. Le mieux que l'on ait à faire, c'est de choisir, lorsqu'on le peut, les sujets dont on a besoin dans les races du pays, si elles sont en

état de suffire à ce que l'on veut exiger d'elles. Dans le cas contraire, c'est à des races vivant dans des conditions climatériqnes
analogues qu'il faut s'adresser. L'acclimatement est alors plus facile, mais on n'en est pas moins obligé, si l'on veut conserver les
animaux, de leur donner des soins hygiéniques spéciaux. L'usage
d'abris propres à défendre les animaux contre les variations brusques de température, le choix d'aliments suffisamment alibiles tirés quelquefois de contrées éloignées, comme les foins d'Europe,
par exemple, pour les chevaux de la Guyane ou du Sénégal, les
changements de séjour aux époques où certaines localités deviennent dangereuses à habiter, la précaution de ménager les animaux
de travail et de ne leur faire accomplir leur tâche autant que possible qu'aux heures où ils auront le moins à souffrir de la chaleur,
l'emploi de la couverture, la rigoureuse observation des préceptes
de l'hygiène en ce qui concerne la propreté, sont autant de mesures
qui peuvent donner de bons résultats. En Algérie, où, par suite
d'une occupation depuis longtemps prolongée, on peut maintenant recourir presque partout à quelques-unes de ces pratiques,
la mortalité est aujourd'hui bien moindre parmi les chevaux de
l'armée que dans les années qui ont suivi la conquête. Malheureusement on n'en est point encore là dans nos colonies de la zone
torride, où les conditions climatériques sont presque toujours plus
défavorables, et où les exigences du service et des obstacles ma-
tériels à peu près insurmontables paralysent le plus souvent les
efforts des administrateurs et des vétérinaires.

Climats tempérés. — Les climats tempérés sont ceux des
contrées qui, dans chacun des deux hémisphères, sont comprises
entre les isothermes de $+ 15°$ et de $+ 5°$. Ils correspondent aux
climats tempérés et aux climats froids de de Humboldt, à la
zone tempérée froide et à une partie de la zone tempérée chaude
d'Adrien de Jussieu.

Dans l'hémisphère austral, ils ne s'étendent guère que sur l'O-
céan. Les seules terres d'une certaine étendue que l'on y rencontre sont la terre de Van-Diémen, la Nouvelle-Zélande et la
partie méridionale de l'Amérique du Sud; dans l'hémisphère
boréal, au contraire, ils embrassent la totalité de l'Europe centrale, les Iles-Britanniqnes, le Danemarck, le sud de la Suède et
de la Norwége, la moitié environ de la Russie d'Europe, le centre
de l'Asie et près de la moitié de l'Amérique du Nord.

Ces diverses contrées, dans l'hémisphère Nord qui est le seu
qui offre pour nous de l'intérêt, sont parcourues par les isothermes
de $+ 5°$ à $+ 15°$, par les isothères de $+ 15$ à 25 et par les isochi-

mènes de — 5° à + 10. Seulement il est bon de faire observer qu'en raison de leur trajet sinueux, les isothères et les isochimènes que nous venons de citer sortent fréquemment de la région des climats tempérés, les unes pour s'élever vers le nord et pénétrer jusque dans les climats froids, les autres pour redescendre vers le midi et parcourir une partie de leur trajet, comme nous l'avons vu plus haut, sous les climats chauds.

D'une manière générale, les pays situés sous les climats tempérés offrent plus que ceux des climats chauds, les caractères des contrées à climats variables. Les moyennes de température de l'été et de l'hiver y sont en effet presque partout assez éloignées pour être représentées par des écarts de 10 à 15 ou 18 degrés, et même, sur quelques points situés à de grandes distances des rivages de la mer, par des écarts de 20 à 25 degrés. Ces différences sont bien plus marquées encore lorsque, au lieu de faire les comparaisons entre les moyennes saisonnières, on les fait entre les extrêmes de température constatés en été et en hiver. A Paris, par exemple, où le thermomètre a pu descendre pendant certains hivers jusqu'à 23°,5 au-dessous de zéro (25 janvier 1795), il n'est pas absolument rare de le voir monter pendant les mois de juillet ou d'août à + 34, + 36 et + 38 degrés. Mais les époques auxquelles ont lieu annuellement les extrêmes de température de l'hiver et de l'été sont séparées par un temps assez long pour que les êtres organisés n'aient pas à souffrir de la transition.

En général sous les climats tempérés, la température peut bien varier de quelque degrés d'un jour à l'autre ou aux différentes heures d'une même journée. Elle est assez ordinairement un peu plus basse ou un peu moins élevée pendant la nuit que pendant le jour. Mais les différences nycthémérales sont bien loin d'être aussi marquées que celles qui se font observer sous les climats chauds, et l'on peut dire, en laissant de côté les faits exceptionnels qui tiennent le plus souvent à des circonstances locales, que la température s'élève ou s'abaisse graduellement d'une saison à une autre, suivant les époques de l'année où se font les observations.

La succession régulière des saisons est en effet le caractère essentiel des climats tempérés. C'est vers le milieu de la région qu'ils occupent, c'est-à-dire dans les contrées qui sont parcourues par les isothermes de + 10 à + 12 degrés, que ce caractère se fait observer avec le plus de netteté. Le printemps, l'été, l'automne et l'hiver y apparaissent à peu près aux époques marquées par les solstices et les équinoxes, et chacun d'eux y offre une durée de trois mois, avec cette particularité que les saisons intermédiaires ménagent parfaitement la transition d'une saison extrême à l'autre. Au nord et au midi, sur les limites des régions à climat tempéré, la division de l'année en quatre saisons météorologiques correspondant aux quatre saisons astronomiques est moins tranchée. Le printemps et l'automne y ont moins de durée, et participent, suivant les lieux, des caractères de l'été ou de l'hiver. L'une de ces dernières saisons empiète en quelque sorte sur toutes les autres, dont elle réduit plus ou moins la durée, sans que cependant l'on voie jamais disparaître d'une manière absolue les époques de transition qui sont souvent, dans la partie méridionale des climats tempérés, les plus agréables de l'année.

Nous ne saurions, sans nous répéter, insister sur les phénomènes météorologiques qui sont propres aux climats tempérés, car ce sont exactement ceux que nous avons fait connaître lorsque nous nous sommes occupé des saisons.

Nous n'avons rien non plus à ajouter à ce que nous avons dit de la végétation spontanée de ces climats. Les plantes vigoureuses et variées s'y revêtent, lorsqu'elles sont ligneuses, d'une écorce épaisse, et les bourgeons, d'écailles qui les préservent des froids et des pluies. L'agriculture y produit, comme nous le verrons plus loin, des racines sucrées, des graines riches en huile et en substances azotées qui, en alimentant les fabriques de sucre, d'amidon et d'huile, donnent des résidus nourrissants pour le bétail.

La faune des climats tempérés est moins riche en espèces que celle des climats chauds. En outre, sur tous les points où la civilisation s'est établie, l'homme a réussi à limiter considérablement le nombre des individus dans les grandes espèces de mammifères qui pouvaient être nuisibles à ses cultures, menacer son bétail ou lui faire courir à lui-même quelque danger. Parfois même il a fait disparaître complètement de certaines régions des espèces ennemies. C'est ce qui est arrivé, par exemple, pour le loup, que l'on ne trouve plus maintenant en Angleterre, où il a existé cependant dans les temps anciens et au moyen âge. Malheureusement l'industrie de l'homme n'a pu arriver au même résultat à l'égard de quelques espèces inférieures qui sont pour lui des ennemis tout aussi redoutables que les grands carnassiers. L'extension de la culture des végétaux particuliers a été la cause de la multiplication d'espèces parasites qui ne se trouvent nulle part plus répandues que sous les climats tempérés. De ce nombre sont les charançons, les alucites, la pyrale, le phylloxera, les colaspis, etc., etc., qui sont pour l'agriculture des fléaux que l'on voit se renouveler chaque année, sans qu'on ait pu encore les atteindre d'une manière efficace.

A part le chameau, le dromadaire, le buffle et l'yack, qui ne sont vraiment domestiques que sous les climats chauds, et le renne, que l'on ne rencontre plus que sous les climats froids, toutes les autres espèces domestiques sont entretenues par l'homme sous les climats tempérés.

Les *herbivores* et les *granivores*, qui fournissent à l'homme une si bonne nourriture, y acquièrent un grand développement et ont une chair d'un goût exquis. Les animaux de travail y sont un peu mous ; mais, outre que cela n'est pas constant, on peut toujours par la stabulation permanente, par un régime sec et tonique, quelquefois leur donner de l'entrain et de l'énergie, en même temps que suspendre le développement excessif des formes. On peut produire dans ces climats des bêtes à cornes, des solipèdes et des bêtes à laine de toutes les races connues, en modifiant, par le régime et la stabulation, l'action du sol et de l'air. Les plus grands animaux domestiques que nous connaissons se trouvent dans les climats tempérés : les bœufs de la Gascogne, de la Normandie, de la Suisse ; les chevaux belges, hollandais ; les moutons anglais, les flamands et les soissonnais, sont les plus gros de leur espèce ; on y rencontre pourtant les chevaux des Landes et du Limousin avec les bœufs de la Bretagne et les moutons berrichons, tant il est vrai que l'influence des climats ne dépend pas exclusivement de la situation géographique des lieux.

Il n'est pas possible d'attribuer aux climats tempérés une action qui fasse naître chez l'homme ou chez les animaux des affections particulières. Les maladies varient comme les saisons, de telle sorte que l'on voit souvent prédominer en été des affections analogues à celles qui sévissent sous les climats chauds, et en hiver des maladies semblables à celles des pays froids. Ici encore nous ne saurions mieux faire que de renvoyer au chapitre où nous avons traité des saisons et où nous avons fait voir l'influence qu'exercent successivement sur les animaux des climats tempérés, la chaleur et la sécheresse de l'été, le froid de l'hiver et l'humidité d'une partie des saisons intermédiaires.

Climats froids. — Les climats froids s'étendent, dans chaque hémisphère, de la ligne isotherme de $+ 5$ à l'un ou à l'autre des deux pôles. Ils sont parcourus par les isothermes de $+ 5$ à $- 15$, par les isochimènes de 0 à $- 30$, et par les isothères de $+ 10$ à $+ 15$ qui traversent l'Amérique septentrionale, se relèvent en Europe jusque vers le nord de la Suède et de la Norwège, et parcourent la Sibérie de l'ouest à l'est. Ils correspondent aux climats très froids et aux climats glacés de de Humboldt, aux climats froids et aux climats polaires de M. J. Rochard, et comprennent la zone tempérée sous-arctique, la zone arctique et la zone polaire d'Ad. de Jussieu.

Dans l'hémisphère austral, la région des climats froids est entièrement occupée par l'océan Glacial antarctique. On y trouve à peine quelques terres peu connues. Dans l'hémisphère boréal on rencontre sous les climats froids, l'Islande, la plus grande partie de la Suède et de la Norwège, le tiers environ de la Russie d'Europe, la Sibérie, l'Amérique russe, le Canada, Terre-Neuve et quelques terres voisines du pôle, comme le Groënland, le Spitzberg et la Nouvelle-Zemble.

Il n'y a plus sous les climats froids que deux saisons bien marquées, mais fort inégales : un été de quelques semaines, dont les jours très longs sont échauffés par un soleil ardent, et un hiver de huit à dix mois, pendant lequel le thermomètre peut descendre, comme nous l'avons dit plus haut, jusqu'à 50 ou 60 degrés au-dessous de zéro.

Dans les pays situés dans ces régions, qui sont encore habités, la végétation parcourt toutes les phases dans l'espace de deux à trois mois. « La terre se couvre de verdure, la floraison, la ma-
« turation des fruits s'effectuent, les plantes laissent échapper
« leurs graines, puis tout retombe dans l'immobilité, et le sol
« reprend pour dix mois son manteau de neige et de glace. Pen-
« dant cette saison si courte et si brillante, la longueur des beaux
« jours compense leur petit nombre ; à Saint-Pétersbourg, à Sto-
« ckholm, ils ont déjà, au solstice d'été, 18 heures 30 minutes de
« durée ; en Islande, ils sont de 20 heures ; enfin à partir du 66°32'
« de latitude, il arrive une période de l'année pendant laquelle
« le soleil ne se couche plus. Vers minuit il s'approche de l'ho-
« rizon, mais au lieu de plonger dans la mer, il se relève et recom-
« mence à décrire un nouveau cercle ; plus tard il s'y enfonce pour
« quelques instants, puis le temps de son immersion se prolonge
« et les jours vont en diminuant de longueur jusqu'à l'approche
« de l'hiver ; le soleil décrit alors des arcs de cercles de plus en
« plus petits, il finit par ne plus se lever, et le pays reste plongé
« dans les ténèbres. L'obscurité cependant n'est pas complète. Ces
« longues nuits sont en général calmes, splendides et illuminées
« par l'éclat fantastique des aurores boréales. » (Rochard.)

Les pluies sont peu abondantes sous les climats froids, mais elles sont assez fréquentes et souvent remplacées par des brumes épaisses qui entretiennent l'humidité pendant la saison chaude.

En hiver, il ne tombe plus que de la neige qui, dans les points les plus rapprochés du pôle où l'on soit parvenu, ne fond jamais complètement. Les aurores boréales sont presque les seuls phénomènes électriques qui se fassent observer sous les climats polaires. Les orages y sont presque inconnus et les éclairs très rares.

Nous avons vu comment le nombre des espèces végétales se trouve peu à peu réduit au fur et à mesure que l'on s'approche des pôles. L'agriculture n'est plus guère permise dans ces régions que dans les lieux où la moyenne annuelle ne descend pas au-dessous de 0. Elle se fait d'ailleurs dans de telles conditions que l'on doit se borner à cultiver exclusivement les récoltes dont la végétation est rapide.

Le règne animal partage le sort du règne végétal. La faune de moins en moins riche en espèces, est réduite au Spitzberg, d'après Martins, en ce qui concerne les vertébrés à sang chaud, à seize espèces de mammifères et à vingt-deux espèces d'oiseaux. Il y a même cela de particulier qu'elle ne compte presque plus que des espèces aquatiques représentées chacune par un grand nombre d'individus. Cependant les espèces domestiques des climats tempérés se trouvent presque toutes dans la partie méridionale des climats froids de notre hémisphère. L'âne seul fait exception, car il n'atteint même pas, comme animal utile, la ligne qui marque la limite méridionale des climats froids. Mais le cheval, le bœuf le mouton, le porc se trouvent dans tous les points où sous ces climats l'agriculture est encore possible. Plus au nord ils sont en partie ou en totalité remplacés, chez les Lapons, par le renne, qui, indépendamment de son travail comme bête de somme ou de trait fournit encore à ces peuples le laitage et la viande, qui forment une partie de leur alimentation. Enfin, chez les Esquimaux du nord de l'Asie et de l'Amérique, il n'y a plus d'animaux domestiques autres que les chiens qui traînent les traineaux pendant l'hiver, portent des fardeaux pendant l'été, et viennent en aide quelquefois à leurs maîtres dans les chasses par lesquelles ceux-ci se procurent la plus grande partie de leur nourriture, en même temps que les fourrures et les autres produits d'origine animale dont ils font le commerce avec les Russes ou plus rarement avec les autres peuples.

L'air sous les climats froids est, en raison de sa densité, très riche en oxygène : dans la respiration il enlève au sang une grande quantité de carbone et d'hydrogène, et produit ainsi assez de calorique pour permettre aux animaux de résister à la température rigoureuse à laquelle ils sont exposés pendant la plus grande partie de l'année. Cette combustion plus active, unie aux mouvements auxquels les animaux se livrent, entraîne des déperditions considérables. Aussi les hommes et les animaux de ces contrées, qui en général résistent peu à la faim, ont-ils besoin de prendre chaque jour beaucoup de nourriture. Et cependant ils n'atteignent jamais de grandes proportions. Le froid excessif produit le même effet que la chaleur extrême. Les bœufs, les solipèdes sont petits en Islande et en Laponie, comme dans les climats où la chaleur est intense. La plupart des auteurs s'accordent d'ailleurs à leur attribuer un tempérament nerveux et une énergie peu commune.

Les pays situés sous les climats froids sont d'une grande salubrité, en ce sens qu'au delà de l'isotherme de + 5° les chaleurs de l'été ne sont jamais assez prolongées pour permettre la fermentation des matières organiques et le dégagement des effluves. La seule influence dangereuse contre laquelle on ait à se défendre est le froid, qui devient assez rigoureux, au voisinage du pôle, pour mettre obstacle au séjour prolongé de l'homme, dont l'industrie serait d'ailleurs impuissante à tirer d'un sol constamment couvert de neige et de glace les ressources nécessaires à son existence.

Quant aux maladies qui sévissent sur les animaux domestiques des pays habités sous les climats froids, elles sont peu connues. On signale comme fréquents chez l'homme une maladie hydatique du foie que l'on observe surtout en Islande, le tétanos, les fièvres éruptives, les rhumatismes, les affections aiguës des organes respiratoires, l'ophtalmie des neiges, les congélations. Quelques-unes de ces affections sont indiquées par Delafond comme étant au nombre des plus communes et des plus graves chez les animaux des pays froids. M. Eschricht attribue à la fréquence du *Tænia echinococcus* chez les chiens des Islandais la maladie hydatique du foie de l'homme dans cette île. Enfin la plupart des voyageurs ont remarqué que l'ophtalmie des neiges, commune chez les Esquimaux, atteint le chien tout aussi fréquemment que l'homme lui-même.

Les seules indications hygiéniques à remplir vis-à-vis des animaux qui vivent sous les climats froids consistent à les défendre contre les rigueurs de la température par de bonnes habitations et par l'usage des couvertures. On aura soin en outre de composer leur ration de manière à leur fournir largement les principes alibiles et les aliments respiratoires nécessaires à la réparation des pertes de l'économie et de l'entretien de la chaleur animale.

§ II. — **Des climats agricoles.**

De tous les éléments qui caractérisent les climats, la température et l'humidité sont ceux qui exercent la plus grande influence sur la végétation ; mais comme l'on peut remédier à l'excès d'humidité par des dessèchements, et à la sécheresse par des irrigations, et qu'il n'est pas possible de modifier sensiblement les conditions de chaleur et de froid propres à chaque localité, c'est surtout d'après la température qu'il convient de régler les cultures.

1. — Température propre aux diverses régions de la France.

La France est située tout entière sous les climats tempérés, et nous pouvons même ajouter dans la région la plus favorisée des climats tempérés. Elle est parcourue par les isothermes de $+ 10°$ à $+ 15°$, par les isothères de $+ 17°$ à $+ 22°$, et par les isochimènes de $+ 2°$ à $+ 6°$.

Dans leur trajet en France, les lignes isothermes se dirigent assez directement de l'ouest vers l'est, mais en s'abaissant vers le sud à mesure qu'elles s'éloignent de l'Océan. Celle de $+ 10°$, qui passe un peu au nord de Dunkerque, n'a dans notre pays qu'un parcours fort peu étendu ; celle de $+ 11°$, qui part de Cherbourg, passe à une petite distance des villes d'Alençon, de Chartres, d'Etampes, d'Auxerre, de Gray, de Besançon et de Mulhouse ; celle de $+ 11°$, qui entre en France à Brest, suit le littoral sud de la Bretagne et passe au voisinage de Vannes, de Nantes, de Châteauroux, de Moulins, de Charolles, de Lyon et de Genève ; celle de $+ 13$, qui pénètre sur notre territoire au niveau du bassin d'Arcachon, se maintient dans son trajet à une faible distance de Bordeaux, de Tonneins, de Villeneuve-d'Agen, de Viviers et de Gap ; celle de $+ 14°$, qui traverse le bassin de l'Adour et les départements de la Haute-Garonne, de l'Ariège et de l'Aude, passe au sud de Montpellier et un peu au nord de Marseille ; enfin celle de $+ 15$ s'étend de Toulon à Nice en suivant le littoral méditerranéen.

Les lignes isothères suivent en général une direction inverse de celle des lignes isothermes. Toutes elles remontent vers le nord dans leur trajet de l'ouest à l'est, en s'éloignant des rives de l'Océan. L'isothère de $+ 17°$, presque parallèle aux côtes de la Manche, traverse les départements de la Manche, du Calvados, de la Seine-Inférieure, de la Somme, du Pas-de-Calais et du Nord ; celle de $+ 18°$, qui part des bords de la basse Loire, passe dans la Sarthe, l'Eure-et-Loir, Seine-et-Oise, la Seine, l'Aisne et les Ardennes ; celle de + 19° suit son trajet à travers la Vendée, les Deux-Sèvres, la Vienne, l'Indre-et-Loire, le Loir-et-Cher, le Loiret, la Seine-et-Marne, la Marne, la Meuse, la Moselle et le Bas-Rhin ; celle de + 20°, qui sort de la Gironde, traverse la Charente-Inférieure, la Charente, la Haute-Vienne, l'Indre, le Cher, la Nièvre, l'Yonne, la Côte-d'Or et la Haute-Saône ; enfin celle de + 22°, qui part du pied des Pyrénées dans le département de l'Ariège, remonte jusqu'à Lyon en contournant à l'est le plateau central, redescend vers le sud en suivant le cours du Rhône, et termine son trajet en France en passant près d'Arles, de Toulon et d'Hyères.

Quant aux lignes isochimènes, les tracés faits par M. E. Becquerel, d'après lesquels nous avons donné toutes les notions qui précèdent, n'en indiquent en France que trois : celles de + 2, de + 3 et de + 6 degrés. Dans la plus grande partie de leur trajet, elles se dirigent presque entièrement du nord au sud, et indiquent, comme on devait s'y attendre d'ailleurs, une température d'hiver d'autant moins rigoureuse que l'on se rapproche davantage des rivages de l'Océan et de la Méditerranée. L'isochimène de + 2°, qui entre en France au voisinage de Metz, parcourt à peu près du nord au sud la Moselle, la Meurthe, les Vosges et le Haut-Rhin ; celle de + 3° traverse les départements du Nord, du Pas-de-Calais, de la Somme, de l'Oise, de Seine-et-Marne, de l'Aube, de la Côte d'Or, de Saône-et-Loire, du Rhône et de l'Isère ; enfin l'isochimène de + 6°, partant du département de la Manche, coupe la Bretagne du nord au sud à peu près dans son milieu, suit le littoral de l'Océan jusqu'à l'embouchure de la Gironde, passe au milieu du bassin de la Garonne en se dirigeant à l'est, pour venir longer le littoral méditéranéen en passant par les départements de l'Hérault, du Gard, de Vaucluse et des Basses-Alpes.

A ces lignes, qui donnent déjà d'utiles renseignements relativement à la répartition de la chaleur solaire sur les différents points de la France, M. E. Becquerel a encore ajouté le tracé de deux lignes d'égale variation de température de l'été à l'hiver. La première, celle de 14°, suit le littoral de l'Océan, se dirige ensuite à l'est en se maintenant à une petite distance au nord des Pyrénées, puis côtoie la Méditerranée, pour venir sortir de France par le Var et les Alpes-Maritimes ; la seconde, celle de 16°, concentrique par rapport à la première, traverse du nord-est au sud-ouest le bassin de la Seine, du nord au sud celui de la Loire et une partie de celui de la Garonne, puis, se rapprochant beaucoup de la précédente le long des côtes de la Méditerranée, passe à Montpellier et à Avignon, pour aller se terminer dans les Hautes-Alpes.

Il est facile, en consultant le tracé des lignes que nous venons de faire connaître, de se faire une idée des températures moyennes de l'année, de l'été et de l'hiver, dans les diverses régions de la France. Elles ne suffisent pas cependant pour donner dans toutes les circonstances des renseignements bien précis, car leur tracé n'est pas encore rigoureusement arrêté sur beaucoup de points, et de plus il faut souvent, en raison de l'altitude dans les pays de montagne, abaisser le chiffre des moyennes que l'on serait tenté d'adopter, en tenant compte seulement du trajet des isothermes, des isothères et des isochimènes. Pour appuyer sur des bases plus certaines les observations que nous avons à faire sur la distribution des cultures, nous croyons devoir donner ici un tableau de la température prise dans les différentes régions de la France, en commençant par celles où les froids sont les plus intenses :

	MOYENNES.			MINIMA.
	Hiver.	Eté.	Année.	
Grande Chartreuse	— 1,84	+ 12,16	+ 5,50	— 26,25
Épinal	— 0,40	18,30	9,50	— 25,60
Mont-Louis	— 0,29	13,92	5,96	— 13,75
Genève	0,00	16,86	8,98	— 25,30
Mulhouse	+ 1	19,60	10	— 28,10
Strasbourg	+ 1,10	18,30	9,80	— 23,40
Saint-Dié	1,13	18	9,58	— 26,65
Pontarlier	1,21	16	8,44	— 23,75
Gray	1,88	18,58	10,06	— 15,60
Nancy	2	18	10	— 26,30
Metz	2	20	10	— 21,25
Besançon	2,17	18,96	10,80	— 16,87
Dijon	2,18	18,86	9,85	— 18
Le Puy	2,28	18,80	8,88	— 19,75
Lyon	2,30	21,11	11,80	— 18,75
Orléans	2,61	18,70	10,78	— 15,88
Viviers	2,67	22,46	12,97	— 8,38
Rodez	2,74	18,57	10,94	— 15,12
Clermont-Ferrand	2,75	18,85	11	— 18,13
Chartres	2,84	18,62	10,38	— 19,50
Manosque	3	28,04	14,13	— 10
Abbeville	3	15	9,18	— »
Avranches	3,01	20	11,50	— 5,25
Paris	3,25	17,80	10,50	— 23,50
Rouen	3,50	17,60	10,40	— 27,70
Lons-le-Saulnier	3,59	19,72	11,54	— 23,75
Mende	3,71	18,30	10,50	»
Troyes	3,80	19,75	11,25	— 23,75
Saint-Lô	4,07	15,93	9,87	— 14,13

	MOYENNES.			MINIMA.
	Hiver.	Été.	Année.	
Fontenay-le-Comte	4,13	18,92	11,25	— 17,50
La Rochelle	4,20	18,40	11,60	— 16,50
Tours	4,20	19,70	11,65	— 15
Mayenne	4,46	18,54	11,25	— 20
Orange	4,95	21,19	12,77	— 15
Toulouse	5,29	20,38	12,64	— 13,80
Nantes	5,45	21	13	— 15,60
Saint-Brieuc.	5,46	17,92	11,16	— 10
Saint-Malo.	5,75	19,04	12,38	— 13,75
Avignon.	5,80	23,10	14,42	— 13
Montpellier	5,80	22	13,60	— 16,10
Pau.	5,85	20,06	13,39	— 13,30
Angers	6	18,10	11,04	— »
Toulon	6,10	23,40	14,40	— 1,25
Bordeaux	6,10	20,08	12,87	— 13
Arles	6,41	25,71	14,87	— 6,20
Cherbourg.	6,50	16,10	11	— 2,50
Perpignan.	7,13	23,92	15,21	— 9,38
Ile d'Oléron.	7,17	20,38	14,63	— 6,25
Béziers	7,43	23,23	14,67	— 7
Marseille	7,49	21,24	14	— 17,50
Angoulême	7,88	22,47	13,80	— »

Il résulte de ce tableau que la température moyenne annuelle, que l'on serait amené à regarder comme ne variant que de + 10° à + 15° en France, si l'on ne se consultait que le parcours des lignes isothermes de M. E. Becquerel, varie en réalité de + 5°,5 à + 15°,55. Cela dépend de ce que souvent l'influence du voisinage des mers et des montagnes est plus puissante que celle de la latitude pour élever ou pour abaisser la température. Aussi les lignes de chaleur et celle de froid, même lorsqu'elles sont tracées, en faisant abstraction des températures exceptionnelles des points les plus élevés, sont-elles en rapport plutôt avec la direction de nos rivages et de nos chaînes de montagnes qu'avec les parallèles.

C'est seulement quand les mers et les latitudes agissent dans le même sens, comme en Provence, que les zones de même température se rapprochent du parallélisme avec la latitude. Ainsi Perpignan, Béziers, Arles, Marseille, Toulon se trouvent sur une ligne dont la température d'hiver est de + 6° à + 7°, celle de l'été de + 11° à + 13° et celle de l'année de + 14° à + 15°.

Il faut remarquer aussi que les zones ayant les mêmes moyennes de température pour toute l'année, s'abaissent considérablement dans la région des montagnes, vers l'Auvergne et la Franche-Comté. L'influence des Vosges, du Jura, des Alpes, du Cantal détermine, dans les froids de l'hiver, un accroissement qui n'est pas compensé par la chaleur de l'été.

C'est rarement d'après la latitude d'un pays qu'on peut reconnaître son aptitude à produire telle ou telle plante délicate ; c'est plutôt d'après son altitude et son voisinage de la mer. Ainsi, les plantes vivaces qui craignent les froids rigoureux, la guimauve, la pomme épineuse, s'avancent plus vers le nord à l'ouest qu'à l'est ; le myrthe est cultivé comme plante d'ornement en Irlande, l'oranger est en espalier dans le Devonshire, le laurier-sauce, le laurier-cerise, les magnoliers vivent en pleine terre en Angleterre, dans la Normandie, en Bretagne, où le raisin ne mûrit pas, tandis, qu'ils périssent en hiver sur nos montagnes de l'est, et même à Lyon, s'ils ne sont pas abrités.

Ces plantes délicates vivent dans les climats maritimes à de hautes latitudes, mais sans y fructifier. La fructification a besoin, pour se produire, d'une température élevée : aussi remarquons-nous qu'elle est limitée du côté du nord par des lignes qui se dirigent, en s'éloignant de l'équateur, du sud-ouest vers le nord-est.

Des détails qui précèdent il résulte que, pour régler les cultures d'après la température, il faut tenir compte tantôt des moyennes annuelles, tantôt des moyennes de l'été, tantôt des extrêmes de l'hiver, selon les produits que l'on veut obtenir.

Température moyenne annuelle ; ses effets. — Le moyennes de température annuelle, quelque importantes à constater qu'elles soient pour établir les limites des différents climats, ne fournissent que de vagues renseignements lorsqu'il s'agit d'expliquer comment il se fait qu'une culture déterminée réussit ou ne réussit pas dans une contrée. C'est qu'en effet les moyennes ne font nullement connaître les conditions réelles dans lesquelles se trouvent, relativement à la température, les plantes que l'on cultive. Une moyenne élevée, par exemple, peut provenir de ce que les hivers sont doux ou de ce que les étés sont très chauds : la première condition se remarque sur les bords de l'Océan, où les hivers, tempérés par les vapeurs de la mer, ont une moyenne de + 6° à + 8° ; et la seconde est propre aux coteaux éloignés de la mer, qui, en raison de l'inclinaison du sol vers le sud et de la transparence de l'air, ressentent très fortement l'influence des rayons solaires. Sur les rivages de l'ouest, à Cherbourg, la température de l'hiver est de + 6°,50, et diffère de 9 degrés à peu près de celle de l'été, qui est de + 16°,10 ; tandis qu'à Manosque, par exemple, la moyenne de l'hiver est de + 3°, et celle de l'été de + 18° ; différence 15°.

Il suffit de remarquer sur le tableau précédent que la tempérarure moyenne annuelle est la même à l'île d'Oléron et à Angoulême qu'à Toulon et à Montpellier; la même à Saint-Malo et à Brest qu'à Orange et à Toulouse, pour comprendre qu'elle ne correspond pas avec la possibilité de cultiver les mêmes plantes.

Températures minima et températures moyennes des hivers; leurs effets. — A l'occasion des *minima* de la température, nous ferons remarquer d'abord que les chiffres qui les expriment ne méritent pas toujours une entière confiance : il y a peu d'années que les observations météorologiques se font sur une grande échelle, et comme elles ne comprennent, pour beaucoup de localités, qu'un petit nombre d'années, elles peuvent ne donner, pour ces localités, que des températures exceptionnelles.

Nous dirons ensuite que les froids n'agissent pas seulement en raison de leur intensité, mais aussi en raison de leur durée. Il faut donc tenir compte des *moyennes* de l'hiver. Telle plante résiste à une nuit de — 15° qui périt sous l'influence d'un froid moindre qui dure 10 ou 15 jours : le froid pénètre alors plus profondément dans l'épaisseur du sol et de la tige. En outre, les plantes ne sont pas toujours également sensibles; celles dont la sève a été mise en mouvement par quelques jours de soleil souffrent plus d'un froid donné que celles qui ont été soumises constamment à une basse température depuis le commencement de l'hiver. De même, le froid qui vient subitement quand la terre est très humide, déracine les blés et les détruit sans avoir une très grande intensité.

De toutes les conditions, la plus désavantageuse pour les plantes et les animaux, c'est l'alternative de journées chaudes et de nuits froides : le dégel ramollit la surface du sol, et la gelée qui lui succède la raffermit, et en la soulevant, arrache ou coupe les plantes au collet de la racine. C'est en raison de ces effets que les froids tardifs, sans être très intenses, sont si nuisibles; que souvent les récoltes souffrent plus à l'exposition sud qu'à l'exposition nord, quoique à cette dernière le froid soit plus fort.

Ajoutons qu'il peut y avoir intérêt à semer en octobre ou en novembre des plantes qui cependant ne résistent pas à certains hivers. Les produits abondants qu'elles donnent quand elles réussissent, compensent les pertes occasionnées, de loin en loin, par des froids exceptionnels. Les orges, l'avoine d'hiver, les vesces, certains blés, le colza, sont cultivés avec avantage comme récoltes d'hiver, dans des pays où ils sont, de temps en temps, détruits en partie par la rigueur des temps. La convenance de ces cultures se déduit de la comparaison des avantages qu'elles procurent avec la fréquence des froids qui leur nuisent.

Moyennes des étés, leurs effets. — Toutes les plantes qui donnent des produits utiles fructifient dans la belle saison. Aussi est-ce surtout d'après la température des étés que sont établies les régions des diverses cultures. C'est de la chaleur en effet que dépend, sinon la possibilité de conserver les plantes, au moins la convenance de les cultiver avec avantage.

Les *plantes* ont besoin, pour parvenir à leur maturité, d'un certain nombre de degrés de calorique. Il faut à peu près : à l'orge, 1,800°; au froment, 2,000; au maïs, 2,500; au raisin, 2,600; à la pomme de terre, 3,000.

Ces observations peuvent être utiles pour régler l'acclimatation des plantes. En tenant compte de la quantité de degrés dont une plante a besoin pour mûrir, et du temps pendant lequel elle végète, on peut prévoir si elle est susceptible d'être cultivée dans un pays dont on connaît la température pendant les divers mois de l'année.

Pour connaître la somme de chaleur nécessaire à la maturité d'une plante, on multiplie le nombre de jours pendant lesquels elle végète par la température moyenne de ces jours. Pour les plantes semées en automne, on ne commence à compter que du moment où la chaleur au printemps est assez forte pour imprimer de l'activité à la végétation.

Ainsi en multipliant 122, nombre de jours qu'a duré la végétation du maïs en Alsace, par 20°, température moyenne de ces jours, M. Boussingault a trouvé 2,440. Depuis l'époque où le blé commence à végéter dans les environs de Paris, vers le milieu de mars, jusqu'au moment de la moisson, fin juillet, il y a 160 jours dont la température moyenne est de 13 : $160 \times 13 = 2,080$; pour l'orge, $92 \times 19 = 1,748$; pour les pommes de terre, $167 \times 18 = 3,006$.

Ces nombres ne sont pas rigoureux. Si des plantes sont cultivées dans un sol de couleur claire qui s'échauffe difficilement, dans un sol humide, ou frais, ou bien fumé, elles mûrissent plus tard que celles qui sont dans des conditions moins favorables à leur végétation, quoique les unes et les autres soient à la même exposition : les premières auront donc besoin de recevoir une plus grande quantité de calorique.

D'un autre côté, on ne peut pas tenir compte de tous les phénomènes qui influent sur la chaleur d'un pays; on ne saurait indiquer exactement tout le calorique que reçoivent les plantes. Il arrive que des journées pendant lesquelles le soleil accumule dans la terre beaucoup de calorique poussent plus la végétation,

proportionnellement à la température marquée par le thermomètre que des journées nuageuses.

Dans tous les cas, il faut aussi tenir compte du degré de chaleur nécessaire pour exciter la végétation et pour l'entretenir.
Certaines espèces peuvent être cultivées plus au nord que d'autres,
qui cependant mûrissent avec une moindre quantité de degrés
thermométriques, parce qu'elles sont moins sensibles au froid,
qu'elles réclament moins de chaleur pour végéter, et qu'elles
végètent pendant plus longtemps : la vigne et la pomme de
terre, qui exigent cependant plus de degrés de calorique que le
maïs, donnent des produits plus au nord que ce dernier.

Nous pouvons maintenant résumer en peu de mots les indications qui résultent, pour la culture de l'étude que nous venons
de faire, de l'influence exercée sur les plantes par les moyennes
et par les extrêmes de température.

Pour les *plantes annuelles*, par exemple, on doit se guider sur
la température estivale. Il suffit que la chaleur soit assez forte
pour qu'elles puissent parcourir leur végétation entre les froids
du printemps et ceux de l'automne. Ainsi le maïs, les avoines,
les haricots, sont cultivés en France, quoique ne pouvant pas
résister à nos hivers.

Pour les *plantes vivaces* et les *arbres cultivés pour les fruits*, il
faut tenir compte du froid de l'hiver et de la chaleur de l'été ; les
plantes doivent résister aux rigueurs de la mauvaise saison et
trouver en été une température assez élevée pour que les fruits
parviennent à maturité.

Tandis que pour les *plantes cultivées pour les fanes*, les fourrages, et pour les *arbustes cultivés pour leur feuillage* ou *leurs
fleurs*, on peut n'avoir égard qu'aux basses températures ; il suffit
qu'ils ne périssent pas pendant la mauvaise saison.

Il nous reste à voir comment on a pu, en faisant l'application de
ces principes, partager la France en plusieurs régions relativement aux principales espèces végétales qui y sont cultivées.

2. — Distribution des cultures sur le sol de la France ; régions agricoles.

Young d'abord et de Candolle ensuite avaient marqué les limites nord des diverses cultures en France par des lignes qui se
rapprochent des lignes d'égale température d'été : celle qui marque la limite de la culture de l'olivier part de Carcassonne, passe
à Anduse et s'étend jusqu'aux environs de Montélimart ; celle au
delà de laquelle le maïs ne mûrit pas part de l'embouchure de la
Gironde, passe à Saint-Jean-d'Angély, Bourges et Strasbourg ; et

celle de la vigne, qui commence à l'embouchure de la Loire, à Guérande, se rapproche de la partie sud de l'arrondissement d'Alençon, et s'avance vers Senlis, Saint-Hubert. La culture de cet arbrisseau ne dépasse pas, vers les rives de l'Océan, le 46ᵉ degré de latitude, tandis qu'en Alsace, elle s'étend jusqu'au 59ᵉ, et que plus vers le centre du continent européen, elle se prolonge jusqu'au 52ᵉ vers Dusseldorf, et même jusqu'au 54ᵉ à Kœnigsberg.

Au point de vue météorologique, la France présente de grandes irrégularités qui s'expliquent cependant par l'influence des trois mers qui la baignent, par celle des vallées qui introduisent jusqu'à son centre, les unes les vents du nord, les autres ceux du sud; par l'altitude si diverse de son sol et par l'influence que les hautes montagnes exercent quelquefois à de très grandes distances.

En prenant en considération ces circonstances, nous établirons pour le sol de la France, cinq climats ou régions agricoles. Cette division nous permettra de dire un mot des conditions favorables à chacune des principales productions de notre agriculture.

Climat méditerranéen ou région de l'olivier. — Ce climat est caractérisé par des hivers courts et presque partout fort doux, et par un été long, sinon excessivement chaud, à cause du voisinage de la mer, dont les vapeurs modèrent plus ou moins les ardeurs du soleil.

La température moyenne est au moins : celle de l'hiver de + 5°, celle de l'année, de + 14, et celle de l'été + 22.

Malgré le voisinage de la mer, l'été est sec; mais l'automne et le printemps sont pluvieux. Il y a dans l'année 50 jours de pluie à Marseille et 67 à Montpellier.

Le bassin où règne ce climat est abrité par les Pyrénées, les Corbières et la Montagne-Noire, par les Cévennes et les Alpes; il commence dans la vallée du Rhône avec le département de Vaucluse, et s'étend d'un côté vers l'est en Piémont et en Italie, de l'autre jusqu'aux Pyrénées.

On y cultive l'olivier; les vins y sont spiritueux, et les fourrages rares, à moins d'irrigations. On y emploie l'âne et le mulet, connus par leur sobriété. Il n'y a pas de races bovines à lait, et en général tous les animaux y sont petits, mais d'un facile entretien.

Le bassin de la Méditerranée est remarquable par la production des laines. La race ovine du Roussillon et celle de la plaine de la Crau ont toujours été renommées. Cependant le voisinage de la mer rend quelques cantons marécageux; mais le pays est assaini par les vents frais qui se précipitent des Alpes, des Cévennes et des Pyrénées pour remplacer l'air qui, échauffé par une haute température, s'élève dans l'espace. On a ensuite tiré un excellent parti des ressources locales : en faisant voyager les animaux l'été vers les régions fraîches des Alpes et des Pyrénées, l'hiver vers les plaines de la Provence, du Roussillon et du Languedoc, on les place dans des conditions aussi avantageuses au point de vue économique que favorables à la santé.(Voy. p. 471.)

Nous trouvons en Afrique le même climat, mais plus prononcé Le blé y devient vigoureux en hiver quand le soleil, s'approchant du pôle sud, rejette vers le nord des masses d'air chaud qui, en se refroidissant, y déposent l'excès de leur humidité ; mais ces conditions favorables ne durent pas assez longtemps, la maturité des récoltes y est trop hâtive, et les grains ne prennent pas toujours tout le développement que la vigueur de la végétation promettait.

Climat océanique, région des pâturages. — Ce climat règne sur les rivages de la mer du Nord, de la Manche et de l'Océan, et s'étend de Dunkerque jusqu'à la Charente. Il suit les vallées de l'Aisne, de la Somme jusqu'à Lille, Valenciennes, et s'observe encore dans la basse Normandie, la Bretagne et la Vendée. Il est caractérisé par une température modérée constante ; il n'y a entre l'hiver et l'été que 12° de différence à Angers, 11 à Brest, 10 à Cherbourg et 14 à la Rochelle. Sur les bords de la mer la température est douce, même dans le Nord ; elle est de + 16° à Christiania (Norwège) et de + 18 seulement à Mafra (Portugal). Les brouillards et les vapeurs de la mer rendent l'été doux et l'hiver brumeux, les vents occidentaux y entretiennent une humidité presque continuelle qui modère la température en été comme en hiver. On attribue aussi, comme nous l'avons dit plus haut, une grande influence aux courants maritimes, qui, en se dirigeant de l'Amérique équatoriale vers le nord, échauffent les côtes de l'Europe occidentale.

Dans ce climat les pluies sont abondantes, surtout en automne, ce qui empêche le raisin de mûrir ; les récoltes y sont quelquefois difficiles à faire ; mais les arbres délicats, le laurier, le myrthe, le magnolier, y vivent en pleine terre.

Ce climat est favorable à la pousse de l'herbe et au régime du pâturage, qui peut durer le jour et la nuit, même l'hiver : les animaux de boucherie y sont volumineux, sinon remarquables par le goût de leur chair, à l'exception de ceux des prés salés. Les vaches y donnent beaucoup de lait, et les moutons se font remarquer par la longueur de leur toison.

En France, le climat des pâturages est peu tranché ; il se con-

fond avec le suivant, puisque les céréales y réussissent presque
partout, excepté dans les années très pluvieuses. La moisson est
difficile dans quelques vallées des côtes de la Manche.

Climat des plateaux ou région des céréales. — Les céréales
peuvent être cultivées dans presque toute la France, mais elles
prospèrent d'une manière plus particulière sur les plateaux calcaires de la Bourgogne, de la Champagne, du Berry, de la Brie,
de la Beauce, de la haute Normandie, de l'Ile-de-France et de la
Lorraine ; quelques cantons de la Bretagne et du bassin de la
Garonne leur sont aussi très favorables.

La région des céréales est plutôt caractérisée par la constitution
géologique du sol, par son élévation moyenne au-dessus du niveau
de la mer, que par des phénomènes météorologiques.

Il y règne un froid sec en hiver, et des pluies en mars, avril,
mai, juin. qui favorisent l'accroissement en hauteur de la paille et
le grossissement du grain. Dans quelques cantons, les pluies persistent quelquefois trop longtemps ; on a de la peine à rentrer
les récoltes : le climat présente alors les caractères de la région
des pâturages.

Ce climat est remarquable par les qualités des chevaux qu'on y
élève et par la valeur des bêtes à laine qu'on y produit : c'est la
conséquence de l'abondance des grains et des *facultés alibiles* des
herbages. Si les fourrages sont médiocres dans quelques vallées
de la Picardie, les grains que le pays produit en abondance et que
l'on distribue sans parcimonie, en préviennent les mauvais effets.
Les cultivateurs tirant un bon profit de leurs animaux, font les
sacrifices nécessaires pour les élever convenablement, et au besoin
pour les améliorer.

On n'élève pas de grands troupeaux de bêtes à cornes dans la
région des céréales et l'on en entretient peu.

Climat des coteaux ou région des vignes. — Ce climat est
limité au nord par une ligne qui s'étend de l'embouchure de la
Loire vers Châteaubriant, Mamers, Laval, Pontoise, Soissons.
Mézières; on sait que la culture de la vigne présente des inter-
ruptions considérables dans le Maine, la Beauce, les Vosges, la
Franche-Comté, le Forez et l'Auvergne.

Les régions de la vigne, à l'opposé de celles des céréales, sont
essentiellement caractérisées par les phénomènes météorologiques. On y remarque des hivers rigoureux, mais dès chaleurs
fortes en été et prolongées dans le mois de septembre. Le voisinage des montagnes des Pyrénées, de l'Auvergne, des Alpes, des
Vosges, refroidit le temps en hiver. Aussi, à l'exception des rives

de l'Océan, cette saison y est rigoureuse, même dans le Midi ; le thermomètre a marqué — 12º a Toulouse, — 20 à Rodez.

Pour la maturité de la vigne, il faut au moins une température moyenne annuelle de + 6º, une température moyenne d'hiver —0, et surtout une température moyenne d'été de +16º. Pour mûrir son fruit, la vigne a besoin, après la floraison, d'un mois dont la température soit au-dessus de 19º.

Climat des montagnes, région des pelouses et des forêts. — Nos montagnes doivent à leur grande élévation, et quelques-unes à leur éloignement de la mer, une température très rigoureuse, à l'exception de celles qui sont inclinées vers le midi, où se fait remarquer une forte chaleur pendant l'été. Les nuits y sont fraîches, les rosées abondantes et les brouillards fréquents. La neige y reste trois, quatre, cinq, six, sept mois ; il gèle, sur quelques-unes, plus des deux tiers de l'année, et on y a vu quelquefois tomber de la neige dans toutes les saisons.

Les montagnes élevées ont une aptitude particulière à se couvrir de verdure, d'arbres dans les étages inférieurs, et de gazon sur les sommets élevés. Des mamelons, où cependant il n'existe ni source, ni suintement, sont constamment couverts d'herbe verte et touffue. L'humidité leur est fournie par les brouillards, les nuages et les vapeurs invisibles de l'atmosphère : l'air qui provient des régions inférieures se refroidit à mesure qu'il s'élève, perd sa puissance dissolvante, et abandonne l'eau qu'il contient : pendant que la température moyenne est de + 17º à Genève, de + 20 à Grenoble et de + 24 à Perpignan, elle n'est que de 6 au mont Saint-Bernard, de + 12 à la Grande Chartreuse et de + 14 à Mont-Louis ; la capacité dissolvante de l'air diminue considérablement à mesure que ce fluide passe des plaines dans les hautes montagnes. L'air, qui contient 14 gr. 4 d'eau au niveau du lac Léman, 10 gr. à Grenoble, 14 à Perpignan, ne peut plus en contenir que 6 gr. 5 au mont Saint-Bernard, 10 à la Grande Chartreuse, 10 à Mont-Louis. Quand on a passé des nuits d'été sur une haute montagne, que l'on a été exposé au froid qui y règne, sans autres vêtements que ceux de la saison, sans autre abri que la cabane d'un gardien de troupeaux, on comprend combien doit être grande la quantité d'eau que l'air, échauffé par le soleil de la Provence et du Roussillon, transporte et dépose sur les Alpes et les Pyrénées pendant les mois de juillet et d'août.

Nous ferons remarquer que les vapeurs d'eau, les brouillards qui se condensent dans les régions élevées, contiennent, en raison de leur basse température, plus de matières fertilisantes, de composés ammoniacaux, de nitrates, d'acide carbonique que ceux qui se liquéfient dans les plaines. Nous savons d'ailleurs que les orages y sont fréquents, et que les composés azotés, se produisant facilement sous l'influence de l'électricité, doivent être abondants dans les hautes régions de l'atmosphère.

Ainsi s'explique la formation de cette couche de carbone qui, sous forme de terreau, supporte les gazons et augmente sans cesse d'épaisseur, quoiqu'on n'y porte pas un atome de fumier, et quoique les troupeaux enlèvent annuellement sous forme de lait et de viande des masses considérables de matière organique.

Mais cette herbe des montagnes ne manque-t-elle pas souvent d'éléments minéraux, de chaux, de potasse, de phosphore ? On peut se poser cette question, sinon pour les pâturages qui reposent sur les terrains argilo-calcaires et sur les produits volcaniques, du moins pour ceux qui sont situés sur le gneiss, le granite et le schiste. Ce qui pourrait faire supposer que les éléments minéraux ne sont pas assez abondants dans ces derniers, c'est l'accroissement rapide que prennent les bestiaux quand ils passent des montagnes à roches primitives ou de transition dans les plaines cultivées et fumées des vallées et des plateaux inférieurs.

Il n'est pas possible d'établir une culture active sur les hautes montagnes. La belle saison y est de trop courte durée : les récoltes, à l'exception de quelques plantes annuelles à végétation très rapide, n'ont pas le temps d'y mûrir.

Ces montagnes sont couvertes de forêts ou servent de pâturage, mais le gazon y est court, et il n'est pas possible d'en faucher de fortes quantités pour l'hiver. On ne doit donc pas chercher à y hiverner le bétail : dans les Pyrénées, les Alpes et les Cévennes, on loue les pelouses pour l'estivage des troupeaux nourris l'hiver dans le Roussillon, la Provence et le Languedoc ; dans la haute Auvergne, on prend à louage des troupeaux de vaches pour consommer les herbes, et on utilise leur lait à faire des fromages.

On a blâmé ce mode d'exploitation qu'on a attribué à un manque de capitaux ; on a supposé que les propriétaires des Alpes, par exemple, louent leurs herbages parce qu'ils ne peuvent pas acheter des troupeaux pour les faire consommer.

Nous ne concevons pas de meilleur moyen d'utiliser ces terrains que celui qu'on y pratique. Comment pourrait-on songer à hiverner du bétail là où on ne peut ni récolter du foin ni cultiver des fourrages artificiels ? Peu importe que les animaux appartiennent à des propriétaires de la plaine, comme dans la Provence, ou de la montagne, comme dans le Roussillon !

Ce que nous blâmons, c'est l'abus du pâturage et le déboisement qui en est la conséquence ; c'est aussi la négligence que l'on apporte dans la manière de faire pâturer.

En parcourant les montagnes, on est frappé de l'inégalité que présente le terrain quant à la fertilité : ici vous trouvez un riche gazon, et à côté une surface aride. Cette différence est souvent indépendante de la nature du sol ; elle provient de ce que les pâtres conduisent leur troupeau, en quittant le parc ou l'étable, dans les parties les plus maigres de la montagne, pour aller ensuite se reposer dans un endroit qu'ils choisissent, ou parce qu'il est plus fertile et que les animaux y restent tranquilles, ou parce qu'il est dans le voisinage d'une fontaine ou d'un ombrage. Ils font ainsi fumer, par cette espèce de parcage, les parties les plus fertiles aux dépens des plus maigres, et c'est l'opposé qu'ils devraient faire.

Le produit des herbages de nos hautes montagnes sera considérablement augmenté quand on prendra soin de rendre aux parties les plus maigres, par un parcage intelligent, les engrais que les eaux et la dépaissance leur enlèvent sans cesse.

Nous avons vu dans les Hautes-Alpes porter le fumier du sommet des montagnes dans les vallées. Nous considérons cette opération comme mauvaise : elle appauvrit les herbages sans compensation ; car le fumier charrié dix ou douze kilomètres à dos de mulet est acheté par les frais de transport.

§ III. — De l'acclimatement des plantes et des animaux.

Les moyens que nous avons de modifier les climats sont très bornés, et au lieu de chercher à remédier aux inconvénients d'un froid trop intense, d'une chaleur trop forte ou d'une humidité trop grande, il est souvent rationnel de régler les cultures d'après les conditions climatériques du pays.

Cependant l'expérience démontre que le mode d'exploitation des terres, les travaux de l'homme, peuvent changer la température, l'état hygrométrique des lieux. A l'excès d'humidité qui rendait nos campagnes insalubres du temps des Gaulois, a succédé, dans beaucoup de localités, un excès de sécheresse par suite des défrichements ; de même en Afrique, à la grande fertilité qui permettait à ce pays de nourrir, du temps des Romains, une nombreuse population, a succédé, par suite d'une mauvaise exploitation du sol, une aridité qui rend aujourd'hui la culture difficile dans beaucoup de localités. On sait également que l'insalubrité occasionnée par l'humidité diminue en Amérique à mesure que la terre est travaillée. Il suffit, du reste, de parcourir quelques-unes de nos contrées montagneuses dans le Rouergue ou les Cévennes, de comparer, dans les montagnes de Saône-et-Loire, les environs d'Autun, boisés et humides, aux environs dénudés du Creuzot, de Lucenay, de Toulon-sur-Arroux, pour voir l'influence considérable que, par la culture, nous pouvons exercer même sur le climat.

A mesure que notre sol se modifiera, soit par des défrichements ou le chaulage, soit par des irrigations ou par l'écoulement des eaux stagnantes, il deviendra de plus en plus propre à produire des plantes et des animaux qu'il ne produit pas actuellement, mais peut-être aussi deviendra-t-il impropre à conserver tous ceux qu'on y voit aujourd'hui.

En traitant du desséchement, nous avons noté l'écoulement des eaux comme avantageux dans les terrains où elles séjournent naturellement, et nous nous sommes demandé néanmoins s'il n'exercerait pas une influence nuisible sur le climat en rendant l'air trop sec pendant l'été.

Nous regrettons que l'on n'étudie pas la question du drainage à ce point de vue. Les particuliers peuvent avoir un grand intérêt immédiat à dessécher des sols qui sont improductifs à cause d'un excès d'humidité ; mais ne serait-il pas à désirer, au point de vue du bien public, que l'on cherchât à donner au pays, par des irrigations, l'humidité qu'on lui enlève par le dessèchement ?

Quoi qu'il en soit, de tous les moyens d'acclimatement, ceux qui agissent sur le sol et sur le climat sont les plus rationnels et les plus efficaces. Malheureusement ils ne sauraient être d'un emploi général, et les effets en sont lents : dans les circonstances les plus ordinaires, il faut agir surtout sur les êtres qu'on importe.

Acclimatement des plantes. — On a souvent intérêt à importer des plantes et des animaux, soit d'un autre Etat, soit seulement d'un autre canton. Après l'importation, il arrive quelquefois que par des soins on *naturalise* les espèces importées, c'est-à-dire qu'on les rend susceptibles de se reproduire indéfiniment avec toutes leurs qualités dans le pays où on les a introduites. C'est ainsi que depuis des siècles nous multiplions le noyer, la vigne, l'olivier, le pêcher, le chanvre, la garance, la luzerne, et tant d'autres espèces devenues pour nous de première importance.

En permettant de varier les cultures, de nouvelles plantes sont toujours utiles et quelquefois très avantageuses : elles nous fournissent le moyen d'établir des assolements appropriés aux diverses conditions culturales, et d'utiliser toutes les natures de terrain comme toutes les expositions. En outre, il est toujours de notre intérêt de cultiver des espèces végétales nombreuses et différant beaucoup les unes des autres par leurs produits, comme par leur mode de végétation : les temps qui nuisent aux unes favorisent les autres ; c'est dans ces cultures variées, simultanées ou successives selon les circonstances, que se trouve le préservatif le plus efficace contre les disettes.

Mais il arrive souvent que les plantes importées dégénèrent après un temps plus ou moins long. On ne renonce pas cependant à leur culture ; on renouvelle les importations. Beaucoup de cultivateurs ont intérêt à acheter des semences de blé, de luzerne, de sainfoin, de chanvre, dans des contrées où ces plantes prospèrent d'une manière particulière.

Malgré la facilité de ces achats, il est toujours avantageux de soigner les semences que l'on importe ; cela est souvent nécessaire pour en obtenir de bons produits, et en outre on a plus rarement à faire des réimportations ; on évite ainsi des déboursés, et l'on est sûr de la semence quand on la récolte soi-même.

Les **soins** relatifs à l'acclimatement des plantes se rapportent au sol, à la température, à l'humidité et au mode de culture.

Avant d'importer des plantes d'une autre région, il faut se demander si le *sol* qu'on leur destine leur convient, et à cet égard on prendra en considération la nature de la terre, sa fertilité et l'altitude du lieu.

Par les amendements et les engrais, on peut rendre toutes les terres aptes à produire toutes les récoltes herbacées compatibles avec le climat ; cependant, quand la nature de la terre ne convient pas à des plantes cultivées, il est souvent nécessaire de renouveler les semences : on peut rendre certaines espèces végétales susceptibles de donner de bonnes récoltes et ne pas les empêcher de dégénérer. Cela arrive pour le blé dans les terres siliceuses, quand le chaulage n'a pas été suffisant, pour le sainfoin à deux coupes dans les pays peu fertiles, et pour un grand nombre d'autres espèces utiles.

Ce que nous disons de la possibilité de préparer artificiellement un terrain pour le rendre apte à nourrir telle récolte que l'on voudrait lui confier, ne saurait s'appliquer à la culture des arbres. Il serait difficile de changer assez profondément les terrains calcaires pour y faire prospérer le châtaignier, ni les terres siliceuses pour que les sapins puissent y réussir.

Pour fournir aux plantes l'*humidité* dont elles ont besoin, il suffirait sans doute d'humecter convenablement le sol ; cependant nous ferons remarquer que quelques espèces ne se développent, avec toutes leurs qualités, que si elles sont plongées dans un air convenablement humide. C'est ainsi que l'ajonc ne pousse des rameaux tendres et peu épineux que sous le climat brumeux des côtes de la mer.

Rien n'est plus facile que de procurer aux plantes la *température* qui leur est la plus favorable, quand on veut faire les sacrifices nécessaires ; mais cela ne suffit pas toujours pour leur faire acquérir toute leur perfection. On n'a pas trouvé le moyen de faire produire dans nos climats, malgré tout le luxe de nos serres, les aromes que fait développer le soleil continu des régions équatoriales.

Nous savons d'ailleurs que le chauffage artificiel n'est pas praticable pour les plantes économiques, qu'il faut nous borner, pour les cultures dont nous voulons obtenir du profit, à les placer dans des lieux abrités, à leur donner de bonnes expositions ; tout au plus pouvons-nous, pour quelques espèces, les semer sur couches pour les devancer et les mettre à même de parcourir leur végétation pendant la période des fortes chaleurs.

Nous ne connaissons pas de moyens propres à neutraliser les inconvénients d'une *altitude* trop grande, ni ceux d'une plaine trop basse, exposée aux brouillards et aux vapeurs d'une grande masse d'eau ; seulement nous ferons observer qu'on a plusieurs fois attribué au climat, à l'altitude, une action qui dépendait de la nature du sol. Ainsi, après le chaulage, on cultive le blé sur les terrains schisteux de l'Aveyron à une altitude où l'on croyait jadis que cette céréale ne pourrait pas mûrir. De même nous avons vu du beau froment sur des plateaux des Pyrénées qu'on avait crus longtemps impropres à la culture de cette céréale. Toutefois, sur les très hautes montagnes comme dans les fonds très bas, on n'obtient jamais un très beau grain. La récolte y manque souvent.

Après le chaulage et l'ensemencement à l'époque la plus convenable, le renouvellement de la semence est le seul moyen connu d'obtenir des résultats passables.

Enfin il existe dans plusieurs localités des *conditions particulières* favorables à certaines cultures : le chasselas de Fontainebleau, le muscat de Frontignan, la pêche de Montreuil, la prune d'Agen, les haricots de Soissons, les marrons de Luc, pour ne citer que des exemples généralement connus, doivent leurs qualités à des causes encore ignorées.

Nous avons dans tous nos départements des variétés de plantes particulièrement estimées qui ne viennent que dans quelques cantons. L'étude des circonstances dans lesquelles elles se produisent nous fera connaître les causes qui leur donnent leurs qualités et nous permettra d'en produire de semblables. Disons en attendant que leurs caractères tiennent ici à la nature ou à la fertilité du sol, ailleurs à des soins particuliers dont les cultures sont l'objet. Il en est ainsi de la spergule géante, du lin de Riga, du chanvre du Piémont. Quelques-unes de nos plus précieuses plantes, surtout dans les arbres fruitiers, sont dues exclusivement au hasard, à un jeu de la nature. Dans ces cas trop rares, on peut avoir l'espoir de les acclimater avec plus de facilité.

Acclimatement des animaux. — Nous venons de voir que, pour avoir des plantes étrangères au pays, on importe le plus souvent des semences : nous n'avons pas même parlé des importations que l'on fait quelquefois de végétaux levés ; cette importation des individus est peu intéressante dans le règne végétal. Il n'en est pas de même dans le règne animal : on importe assez rarement des reproducteurs, tandis qu'on fait voyager constamment, d'une province à l'autre, ici des poulains, là des génisses, ailleurs des moutons ou des porcs, dans le but seulement de les élever ou de les utiliser.

Il est moins difficile d'acclimater des animaux que des plantes, parce qu'ils sont beaucoup moins directement soumis à l'influence des agents extérieurs, et que nous pouvons même les en préserver complètement : la production en Europe de chevaux aussi fins, aussi énergiques que ceux des rives de l'Euphrate, démontre combien sont puissantes les ressources dont l'homme peut disposer.

Cependant l'acclimatement d'animaux étrangers ne laisse pas que d'offrir parfois des difficultés sérieuses. Les hommes et les animaux qui sont nés dans une contrée de parents originaires du pays et qui y ont été élevés ont le double avantage d'avoir acquis par hérédité l'aptitude à exister dans le lieu de leur naissances, et de s'être habitués dès le jeune âge aux conditions dans lesquelles ils sont appelés à vivre. Leur organisme, semblable à celui de leurs procréateurs, est en rapport avec les l'influences qui dérivent des milieux au sein desquels il doivent vivre et si les autres circonstances sont d'ailleurs favorables, toutes leurs fonctions s'accomplissent sans qu'ils aient à souffrir sous le climat de leur pays natal.

Si les conditions de température et d'humidité, et si les

influences météorologiques étaient partout à peu près les mêmes, les animaux pourraient facilement passer de leur patrie à un autre lieu, quelque éloigné qu'il fût, sans avoir besoin de s'acclimater. Mais nous savons qu'il n'en est rien. Il n'est pas sur le globe deux contrées qui soient identiquement dans les mêmes conditions relativement au climat, et nécessairement, quand les différences sont assez profondes entre deux régions plus ou moins éloignées, les animaux de l'une ne peuvent vivre dans l'autre qu'autant qu'ils ont subi dans leur organisme des modifications peu connues dans leur nature qui les mettent en état de vivre à la manière des animaux indigènes sans avoir à souffrir du climat nouveau sous lequel ils ont été transportés.

L'*acclimatement* est le résultat du travail qui s'opère dans l'économie animale pour faire acquérir au sujet l'aptitude à vivre sous un climat notablement différent de celui du pays qu'il a jusqu'alors habité. Ce travail, auquel on donne le nom d'*acclimatation*, comporte une série de changements qui se produisent d'une façon plus ou moins marquée dans l'organisme, mais qui sont peu connus dans leur nature intime. Il a pour conséquence de mettre en harmonie avec les modificateurs hygiéniques, qui sont de l'essence même du climat, le tempérament et la constitution des animaux importés. Il ne rend pas ceux-ci absolument semblables aux animaux indigènes, mais il les en rapproche en ce sens qu'il amène leurs fonctions à s'accomplir autant que cela est possible de la même manière, sans faire perdre *nécessairement* aux individus leurs caractères essentiels d'espèce et de race. C'est de cette façon qu'il faut entendre l'expression que l'on emploie, lorsque l'on dit des sujets acclimatés *qu'ils ont acquis le bénéfice de l'indigénat*.

Tous les animaux ne s'acclimatent pas avec la même facilité. Les uns subissent les modifications qu'entraîne le changement de climat, sans qu'il se manifeste dans leur santé de trouble apparent ; les autres éprouvent une indisposition, une maladie plus ou moins grave, qui se guérit, et à la suite de laquelle ils sont désormais aussi propres que les animaux indigènes à vivre dans la contrée. D'autres enfin sont tellement atteints par le climat qu'ils subissent de graves maladies dont il leur est impossible de se relever. On les voit alors mourir en peu de jours de l'affection qui les a frappés, ou traîner pendant un temps indéterminé une existence malheureuse qui les rend incapables de donner des produits, ou de satisfaire aux exigences d'un travail utile.

27.

Nous n'avons pas à envisager ici les maladies qui peuvent se produire pendant la période de l'acclimatation et qui varient avec les prédispositions que présentent les sujets, et avec les condition dans lesquelles ils sont placés. Tous les appareils d'organes sont susceptibles d'être atteints. Parfois il se déclare des affections qui semblent être simplement locales. Plus souvent, au contraire, on voit se produire des maladies générales comme la gourme, la maladie typhoïde ou certaines éruptions.

Le plus ordinairement les maladies d'acclimatement sont légères et facilement curables, lorsque les animaux passent d'une région dans une autre peu différente de la première par le climat, et que des circonstances particulières ne viennent point compliquer le travail de l'acclimatation. Il n'en est pas toujours ainsi lorsque les localités sont fort éloignées et appartiennent à des régions essentiellement différentes. Les affections qui se déclarent alors sont souvent des plus graves et des plus meurtrières. Mais quelque grand que soit le nombre des individus qui succombent, il en reste toujours au moins quelques-uns pour témoigner que l'acclimatement individuel n'est pas absolument impossible.

Cela est vrai pour l'homme comme pour les animaux qu'il entretient à l'état de domesticité et qu'il a réussi à acclimater pour la plupart, non pas sur tous les points, mais sur presque tous les points qu'il habite lui-même. L'observation de tous les jours démontre en effet que des chevaux, des taureaux, des béliers, des porcs ont pu être transportés dans des régions fort éloignées, s'y conserver et s'y multiplier. L'acclimatement d'individus isolés dans toutes les espèces est donc un fait indéniable, aussi bien pour l'homme que pour les animaux domestiques.

Mais l'acclimatement individuel n'est que l'un des termes de la question que nous avons à envisager, et avant d'aller plus loin, nous devons nous demander s'il est possible d'acclimater des espèces ou des races, comme on acclimate des individus. En ce qui concerne les races humaines, et particulièrement la race blanche, on a émis à l'égard de l'acclimatement des doutes qu'il ne nous appartient pas de discuter. Quant aux animaux domestiques, l'introduction en Amérique du cheval, de l'âne, du bœuf, du mouton, du porc de l'ancien monde, suffit pour démontrer que ces espèces n'opposent point d'obstacles insurmontables à l'acclimatement, car non seulement elles se sont conservées et multipliées dans le nouveau monde, mais encore la plupart d'entre elles y ont reconquis leur liberté, et y vivent à l'état sauvage dans de telles conditions qu'il est impossible d'attribuer leur conservation aux soins de l'homme intervenant pour les soustraire aux influences du climat.

Les groupes d'animaux qui se conservent et se multiplient sous un climat différent de celui de leur patrie originaire ne perdent aucun des caractères qui sont les attributs essentiels de leur espèce. Ce fait, rapproché de ce qui s'est passé en Amérique pour les animaux de l'ancien continent, suffit pour démontrer que la plupart de nos espèces domestiques sont susceptibles de se perpétuer en dehors de leur pays. Seulement il convient de voir si elles conservent loin de leur patrie leurs caractères de races, qui ont moins de fixité que les caractères spécifiques, et qui le plus souvent leur donnent la valeur économique en vue de laquelle on s'est décidé à les importer.

Les causes qui ont provoqué la formation des races dans nos espèces domestiques sont pour la plupart inconnues. Seulement il est d'observation que celles de ces races qui sont les mieux caractérisées, celles par conséquent que l'on peut considérer comme des races types, existent de temps immémorial sous des climats déterminés. Il en est résulté que l'on a été porté à les considérer comme étant en possession de caractères qui ne pouvaient se conserver que sous l'influence de conditions climatériques particulières. De là est née la pensée que les races, en changeant de climat, doivent perdre nécessairement quelque chose de leurs caractères, et que par conséquent elles doivent dégénérer lorsque leur valeur économique est attachée à la possession de ces caractères.

Cette opinion a régné pendant longtemps d'une manière tellement absolue qu'elle a parfois provoqué l'adoption de pratiques peu rationnelle dans la production et l'élevage des animaux. Les hippologues du siècle dernier, par exemple, croyaient que le cheval, originaire de l'Orient, dégénérait sans cesse sous l'influence des climats divers dont il subissait l'action, et, à l'exemple de Buffon et de Bourgelat, ils recommandaient de recourir à des croissements multipliés entre les meilleures races, pour conserver à cette espèce une bonne conformation et une haute valeur.

Heureusement la dégénération n'est pas la conséquence nécessaire de l'acclimatement. Il est indubitable qu'elle se produit quelquefois en dépit des soins que l'on prend pour l'éviter, mais cela n'est pas constant, et le plus souvent il est au pouvoir de l'homme de combattre victorieusement les influences fâcheuses qui pourraient la provoquer. Nous pouvons même ajouter que, dans certains cas, les soins de l'homme associés à l'influence du climat sont assez heureux pour améliorer au point de vue économique les familles importées. C'est ce qui est arrivé pour les mérinos de Naz et de la Saxe Électorale, qui donnent une laine supérieure en finesse à celle des moutons espagnols, et pour le mérinos de Rambouillet, plus grand, mieux conformé et donnant plus de laine que le mérinos d'Espagne. C'est ce qui arrive tous les jours encore pour des chevaux qui sont nés sur différents points de la France, et qui, élevés dans le Perche ou dans la Normandie, y prennent des caractères qu'ils n'auraient pas acquis, s'ils avaient achevé de se développer dans les départements où ils ont pris naissance.

Ainsi l'influence d'un climat étranger n'est pas fatalement pernicieuse pour toutes les races domestiques. Beaucoup d'entre elles peuvent s'acclimater, c'est-à-dire se conserver et se multiplier dans une contrée plus ou moins éloignée de leur berceau, sans rien perdre de leurs caractères essentiels, ni des aptitudes qui leur donnent une valeur économique plus ou moins élevée. Seulement ce résultat ne s'obtient pas ordinairement sans que l'on prenne des soins appropriés d'abord pour faciliter l'acclimatement individuel des animaux importés, et ensuite pour assurer d'une manière complète la transmission de leurs caractères par voie d'hérédité à leurs descendants.

Les règles à suivre pour faciliter l'acclimatement individuel des animaux que l'on importe, pour en faire des reproducteurs, à quelque titre que ce soit, ne diffèrent pas sensiblement de celles qu'il faut observer pour les animaux que l'on fait passer d'un pays dans un autre, où l'on doit les utiliser au travail, où à la production du lait, de la viande ou de la laine. Elles sont toutes relatives aux précautions que l'on prend pour ménager la transition d'un climat à un autre, à la nourriture, au travail et aux soins hygiéniques qui dérivent de la nécessité de soustraire les sujets importés aux influences fâcheuses qui peuvent exister dans les contrées où l'on tente de les acclimater.

Lorsqu'il s'agit d'animaux précieux, venant de contrées éloignées, il est bon, pour ménager la transition, de choisir la saison où l'on fait l'importation, de telle sorte que les sujets, en arrivant dans leur nouvelle résidence, trouvent une température peu différente de celle qui règne le plus longtemps chaque année dans leur pays. Dans le cas où cela ne serait pas possible, c'est par l'emploi des abris, de couvertures, d'étables bien orientées et convenablement aérées qu'on les protège contre le froid. Il n'est pas toujours aussi facile de les préserver de la chaleur; mais un local approprié et une bonne ventilation peuvent empêcher les plus hautes températures de nos climats de produire des effets nuisibles, à moins que les animaux ne soit extraordinairement impressionnables, et dans ce cas il n'y a aucun intérêt à les conserver.

Autrefois les voyages à petites journées, lorsqu'ils se faisaient sous la direction d'hommes soigneux et bien au courant des soins à donner aux animaux, avaient l'avantage d'habituer ceux-ci peu à peu aux nouvelles conditions dans lesquelles ils allaient avoir à vivre désormais. Aujourd'hui les transports par les voies rapides ont pour conséquence de les faire passer presque toujours brusquement d'une température à une autre fort différente, à laquelle ils ne sont pas habitués et qu'ils supportent d'ailleurs d'autant plus difficilement qu'ils sont sous le coup des fatigues d'un voyage pénible. C'est une raison pour redoubler de soins dans la préparation du logement qui doit les recevoir à l'arrivée, et où ils doivent trouver, avec une abondante litière, le calme nécessaire pour se livrer au repos.

La nourriture des animaux importés sera toujours de bonne qualité et en quantité suffisante. A l'arrivée, après un voyage pénible, un peu de diète est moins nuisible qu'un excès de nourriture. On aura donc soin de les rationner et de les surveiller pendat quelque temps. Parfois même il sera utile de soumettre à un régime raffraîchissant les animaux de travail que l'on engraisse dans certains pays d'élevage pour les préparer à la vente. Mais on prendra la précaution de ne pas trop insister sur ce régime qui pourrait les affaiblir, et de les mettre peu à peu à l'usage des grains et des autres aliments de bonne qualité qui doivent à l'avenir composer leur ration.

Si, dans le pays d'où proviennent les animaux, on était dans l'habitude de les nourrir d'aliments autres que ceux qui sont en usage dans leur nouvelle résidence, on pourrait, dans les premiers temps, pour éviter qu'ils refusent une partie de leur ration, leur distribuer des substances de même nature que celles auxquelles ils sont habitués. Mais, à moins qu'il ne soit facile de se procurer ces substances sans avoir à les payer trop cher, il est indiqué de mettre peu à peu les sujets importés au même régime que ceux de leur espèce dans le pays. Il ne peut y avoir d'exception que dans les circonstances où l'alimentation en usage dans le pays n'est pas de bonne qualité. Il n'est pas nécessaire que nous insistions sur l'opportunité de donner à la ration une composition en rapport avec la destination de l'animal. Nous ferons remarquer cependant que pendant la période de l'acclimatation qui se produit sans trouble apparent dans la santé, il est souvent bon d'insister sur l'usage des grains. qui varient moins selon les climats que le foin et la paille et, qui pour cette raison, doivent former la base de la nourriture, et entrer dans la ration des animaux en proportion variable suivant leurs facultés nutritives et suivant les besoins des sujets.

Rarement il convient d'administrer l'eau pure. Il est toujours avantageux de la modifier, ou par un peu de farine ou de rémoulage, ou par un peu de sel ou de vinaigre. Toutes les eaux potables contiennent très peu de matières étrangères ; il suffit donc d'y ajouter une très petite quantité des substances que nous venons d'indiquer pour rendre celles qui ne conviendraient pas à un animal, indifférentes ou même bienfaisantes.

Les jeunes animaux qui sont transportés d'un pays dans un autre pour être soumis au travail ont besoin de recevoir quelques soins spéciaux. Il arrive souvent qu'au moment où on les importe, ils ont passé un temps plus ou moins long dans un repos absolu, et qu'ils sont peu propres, quel que soit l'état de santé apparent dans lequel ils se trouvent, à suffire à une tâche pénible. On ne saurait, dans de semblables conditions, les mettre brusquement au travail sans s'exposer à les voir tomber malades, d'autant plus facilement qu'ils seraient placés tout à la fois sous l'influence de l'acclimatement et des troubles provoqués dans l'économie par des fatigues auxquelles ils ne sont pas encore habitués. Il n'est pas de circonstance où il soit plus nécessaire de préparer peu à peu les animaux au travail, en les soumettant à une sorte d'entraînement gradué, en même temps qu'on les habitue au nouveau régime et aux nouvelles conditions hygiéniques dans lesquelles ils doivent vivre. La plupart des vétérinaires attribuent en grande partie à l'oubli de cette règle l'affection typhoïde qui attaque si fréquemment les jeunes chevaux peu de temps après leur arrivée dans les grands centres de population.

S'il est utile de mettre les animaux importés au travail en les y habituant peu à peu, il ne l'est pas moins de ne pas se hâter d'user des facultés génératrices de ceux que l'on importe pour les utiliser comme reproducteurs. Le coït étant au nombre des actes qui fatiguent le plus les animaux, il n'est pas prudent de les y employer tant qu'ils sont sous le coup de l'acclimatement, car cela pourrait agir dans le sens des maladies qui tendent à se déclarer et les rendre plus graves. Nous observons d'ailleurs que l'étalon qui n'est pas acclimaté semble ne pas posséder toute la puissance qu'il peut avoir relativement à la transmission de ses caractères par voie d'hérédité, et que, par conséquent, pour en obtenir de bons produits, il est bon d'avoir la patience d'attendre au moins pendant quelques jours.

Quant aux soins hygiéniques à donner aux animaux pour les soustraire aux influences fâcheuses qui peuvent exister dans les pays où on les importe, ils varient suivant les causes d'où dérive l'insalubrité. Le climat est souvent plus nuisible par l'état d'un air vif et froid, par l'humidité, par les émanations marécageuses que par le calorique. Lorsque les animaux passent d'une température douce, uniforme, un peu humide, dans un lieu où l'air est vif, la température sujette à des variations brusques, ils sont exposés à des affections de poitrine. On les en préservera par l'usage de couvertures, et par des aliments bons, mais faciles à digérer. S'ils passent du nord vers le sud, ils souffrent d'affections cutanées, de maladies aux pieds et aux yeux ; ils sont exposés à manquer de nourriture parce que les fourrages sont moins abondants dans les contrées chaudes que dans les lieux tempérés ; en outre, la chaleur les prédispose aux maladies bilieuses, le plus souvent mortelles dans ces circonstances.

Dans un cas comme dans l'autre, il faut ne laisser les animaux dehors ni pendant la nuit, ni pendant les temps pluvieux ; les préserver des fortes chaleurs ; prévenir les irritations que le soleil, la poussière et les insectes font éprouver à la peau ; enfin, nourrir et faire boire avec les précautions que nous avons indiquées.

Et ces précautions, toujours utiles pour les animaux qui ont subi de grands déplacements, ne le sont pas moins quelquefois pour ceux qui n'ont fait que changer de canton ; car les effets du changement de climat ne sont pas toujours en rapport avec les distances parcourues.

Mais de toutes les circonstances qui mettent obstacle à l'acclimatement, la plus pernicieuse est sans contredit l'existence des émanations marécageuses. C'est à elle qu'il faut rapporter l'énorme mortalité qui frappe les colonies européennes dans les régions tropicales. Nous avons vu plus haut que bien qu'elles soient moins funestes pour les animaux que pour l'homme, elles ne les épargnent pas cependant complètement. On aura donc à en tenir compte dans les tentatives d'acclimatement que l'on est parfois forcé de faire quand on introduit les animaux de travail dont on a besoin dans les pays insalubres. Cette recommandation n'est pas à négliger, même dans nos contrées, où les émanations sont moins dangereuses qu'au Mexique ou au Sénégal, et partout où il y a des marais, on doit redoubler d'attention pour soustraire autant que possible, par les moyens dont nous avons parlé à propos de l'infection paludéenne, les animaux nouvellement introduits à l'action des miasmes marécageux.

Tels sont les soins dont on doit environner les animaux conduits sous un nouveau climat. Ils ont souvent assez d'efficacité pour mettre les sujets en état de surmonter les obstacles qui s'opposent à l'acclimatement. Dans tous les cas, à partir du jour où cet heureux résultat est obtenu, l'animal vit à la manière des indigènes de son espèce, et est devenu tellement semblable à eux sous ce rapport, que, s'il est ramené dans son pays natal, il a besoin de s'y acclimater presque à l'égal de ceux qui, de sa nouvelle patrie, y viendraient avec lui. A plus forte raison perd-il le bénéfice de l'acclimatement lorsque, après avoir été acclimaté dans une contrée, il la quitte pour y revenir après une absence de longue durée. A son retour il lui faut s'acclimater de nouveau, et dans l'espèce humaine, il n'est pas sans exemple de voir des individus qui résistent moins bien à cette seconde acclimatation qu'à la première, et qui succombent. Mais ces faits sont rares pour les animaux que l'on n'a guère intérêt à soumettre plusieurs fois dans le cours de leur existence à des acclimatements successifs à de grandes distances, et qui dans leurs voyages, lorsqu'ils sont mis en service à l'âge adulte dans une contrée d'une étendue limitée, ne contractent pas souvent du fait de l'*acclimatement seul* des maladies assez graves pour les mettre en danger de mort.

L'observation des règles que nous venons de tracer suffit dans bien des cas pour assurer l'acclimatement d'individus isolés; mais lorsqu'il s'agit d'acclimater des races ou des familles étrangères, l'opération devient plus longues, plus délicate et plus difficile à bien conduire.

Pour obtenir l'acclimatement d'une race étrangère, il faut d'abord, nous avons à peine besoin de le dire, acclimater les reproducteurs mâles et femelles qui doivent faire souche dans la contrée où on les a importés. On suit à leur égard la marche que nous avons indiquée, et ce n'est qu'après avoir acquis la conviction qu'ils se sont acclimatés sans avoir rien perdu de leur valeur, que l'on peut songer à les employer à la reproduction. Tous les animaux qui ne se rétablissent pas d'une manière complète des maladies qu'ils ont contractées sous l'influence du changement de climat, tous ceux qui restent faibles, malingres, souffreteux, doivent être laissés de côté, car frappés d'une sorte de dégénération ils donneraient naissance à des produits plus dégénérés qu'eux-mêmes, et très probablement, après un petit nombre de générations, la race finirait par s'éteindre, où par être si différente d'elle-même par sa valeur économique, qu'on ne pourrait se flatter d'en avoir fait la conquête.

L'opportunité de cette première élimination est incontestable, mais elle ne suffit pas toujours. Parmi les animaux qui semblent ne pas souffrir de l'action d'un climat nouveau pour eux, on en trouve presque toujours quelques-uns qui perdent de leur énergie lorsqu'il s'agit de races auxquelles on demandera un travail quelconque, ou qui subissent une modification fâcheuse dans leurs caractères ou dans leurs aptitudes lorsqu'il s'agit d'animaux de produits. Cette sorte de dégénération à peine sensible est souvent très difficile à découvrir, et cependant, si l'on emploie à la reproduction les sujets qui la présentent, on compromet dès le début le succès de l'opération que l'on tente.

Il en est de même encore lorsque les descendants d'animaux acclimatés sont inférieurs à leurs ascendants. Ceux-ci semblent parfois n'avoir acquis que pour eux-mêmes le bénéfice de l'acclimatement, et demeurent incapables de transmettre à la totalité ou à une partie de leurs produits les caractères, les aptitudes ou l'énergie d'où ils tirent leur valeur. Les jeunes animaux ainsi frappés dès leur naissance ne doivent pas plus que les animaux importés que l'acclimatation a fait dégénérer, être employés à la reprobuction. Tous les efforts de l'agriculteur qui tente d'acclimater une famille d'animaux étrangers doivent tendre à découvrir les animaux qui dégénèrent, soit parmi ceux que l'on a importés, soit encore parmi ceux qui font partie des générations successives dérivant des premiers que l'on a consacrés à la reproduction.

Les moyens à employer pour s'éclairer dans cette partie difficile de l'opération sont de plusieurs natures et sont généralement considérés comme étant du domaine de la zootechnie plutôt que de celui de l'hygiène. Il serait hors de propos de les envisager ici, d'autant plus qu'ils s'appliquent aussi à d'autres opérations qui n'ont plus de rapport avec l'acclimatation. Nous nous bornerons donc à indiquer simplement qu'ils se résument à l'observation scrupuleuse de trois grands principes d'une haute importance en zootechnie, qui sont :

1° L'examen attentif de la conformation, de la constitution, du tempérament des sujets qui suffit souvent à révéler des défauts incompatibles avec la conservation des caractères et des aptitudes auxquels on attache de l'importance ;

2° La constatation de la pureté de l'origine, qui, indépendamment de ce qu'elle permet d'écarter les animaux étrangers à la race que l'on veut conserver pure, offre encore l'avantage de faire présumer jusqu'à un certain point, d'après les mérites des ascendants, quelle sera la valeur des sujets que l'on se propose de consacrer à la perpétuation de la famille importée;

3° Enfin la mise en pratique, à l'égard des sujets dont on veut faire des reproducteurs, de systèmes d'épreuves qui doivent être en rapport avec la destination des animaux, et qui doivent être conçus non seulement de manière à écarter les indignes, mais encore de manière à révéler les meilleurs parmi les bons, afin de les employer presque exclusivement à la reproduction.

Les livres de généalogie comme le Stud-book, le Herd-book; les courses de vitesse, pour les chevaux de pur sang, les autres variétés de courses, les épreuves dynamométriques, les essais sérieux à des travaux plus ou moins pénibles, les renseignements acquis sur les descendants auxquels les animaux ont déjà donné naissance, l'étude de la laine, du lait relativement à sa qualité et à sa quantité, etc., sont les moyens auxquels on a recours pour remplir les indications que nous venons de formuler. Il nous suffit de les avoir énumérés pour faire comprendre de combien de soins doit être environnée l'opération qui a pour objet l'acclimatement d'une race ou d'une famille précieuse Nous devons simplement ajouter que, malgré leur emploi, on ne réussit pas également bien dans toutes les tentatives d'acclimatation. Dans bien des cas les races importées dégénèrent fatalement quoi que l'on fasse pour les conserver. Dans d'autres, au contraire, les efforts bien dirigés aboutissent au succès, comme le prouve surabondamment l'acclimatement de la race arabe en Angleterre dans l'espèce chevaline, l'acclimatement de la race mérinos sur des points très divers en Europe, en Amérique et en Océanie, la formation de la belle famille arabe de Pompadour, dont les éleveurs du Midi déplorent encore la perte, et d'autres exemples qu'il serait facile de multiplier.

Nous ne parlerons pas, dans cet ouvrage, de l'acclimatement dans nos fermes d'espèces animales nouvelles. En zootechnie, le progrès consiste à simplifier la nature des produits, à avoir des animaux qui exigent les mêmes soins et peuvent sans inconvénients vivre les uns avec les autres. Ainsi nous voyons, de plus en plus, les cultivateurs fonder leurs bénéfices, ici sur l'entretien des juments poulinières ou sur l'élevage des poulains; là sur l'engraissement de moutons que d'autres ont fait naître et élevés; ailleurs sur la production des génisses ou l'engraissement des bœufs.

A certains égards cependant l'acclimatement d'espèces étrangéres est digne de la plus sérieuse attention et des hommes très compétents s'en préoccupent beaucoup. Mais pour les cultivateurs, pour ceux qui exploitent les fermes, cette question offre peu d'intérêt. Nous dirons même que l'acclimatement de nouveaux herbivores en offre peu au point de vue de la richesse publique, malgré la pénurie de substances animales que nous subissons.

Comme nous l'avons démontré dans notre *Hygiène appliquée*, tome Ier, page 130, la cause de la rareté de la viande et des produits animaux utiles à l'industrie ne provient pas de ce que nous n'avons pas le moyen de faire consommer utilement nos fourrages.

Il n'existe pas d'espèces aussi propres au travail que le cheval, l'âne, le mulet et le bœuf, selon les pays; aussi productives en viande que le porc, le bœuf et le mouton; d'un goût plus exquis que nos oiseaux de basse-cour; aussi précieuses, au point de vue de la lactation, que nos bonnes races bovines et nos chèvres; aussi utiles pour leur toison que nos mérinos et nos métis mérinos.

A ces divers points de vue, nos devanciers ont choisi parmi les animaux connus ceux qui offrent les plus grands avantages, et ce que nous avons de mieux à faire, c'est de perfectionner les espèces qu'ils nous ont léguées.

Ce qu'il importerait d'acclimater dans l'intérêt de la production animale du pays, ce serait, s'il en existe, des plantes fourragères moins exigeantes que celles que nous cultivons, pouvant s'intercaler plus facilement dans la succession des cultures, et fournissant pour nos herbivores des aliments plus nutritifs; des plantes surtout mieux adaptées à notre climat, craignant moins ces sécheresses qui, dans beaucoup de nos départements, rendent l'entretien du bétail si difficile pendant deux ou trois mois de l'année et ont été jusqu'à ce jour un obstacle insurmontable à l'amélioration des races.

Cette différence entre les plantes et les animaux, quant au nombre d'espèces qu'il convient de multiplier, ne peut pas être méconnue. Elle ne l'a jamais été.

Depuis les temps historiques, nous avons cherché à importer des pays nouvellement connus les espèces végétales qui leur sont propres. Ainsi notre agriculture s'est enrichie et s'enrichit encore des espèces utiles de l'Asie, de l'Afrique, de l'Amérique et de l'Australie, qui peuvent résister à notre climat; tandis que nous n'avons emprunté aux contrées étrangères, sauf de très rares exceptions, que quelques animaux de luxe. La sagesse instinctive de nos pères obéissait aux lois qu'il convient de suivre à cet égard avant que la science les eût formulées.

FIN DU TOME PREMIER.

N

ou laviques, 49.—jurassiques, 78.

Terrains crétacés, 32. Constitution, formation, métamorphysme, 85. Pays où on les trouve, puissance de leurs couches, 85. Forment deux étages, 32 :.crétacé inférieur, crétacé supérieur ; fossiles qu'ils contiennent, 33, 34. Sols qu'ils forment, 35, 85.

Terrain crétacé inférieur. Formation ; trois étages : dépôt néocomien, sables ferrugineux, étage glauconieux, 32.

Terrain crétacé supérieur. Comprend trois assises : assise turonienne, — senonienne, — dannienne, 34.

Terrain de cristallisation. Formés par refroidissement, 7.

Terrains d'épanchement et d'éruption, 45. Position géologique, époque de leur formation, 47. Quatre groupes : terrains granitoïdes, porphyroïdes, trachitobasaltiques, volcaniques. Ne renferment pas de fossiles, 48.

Terrains de sédiment. Mode de formation, 7, 9. Leur métamorphysme, 10. Apparition des fossiles, 11. Quatre groupes terrains de transition, secondaires, tertiaires, quaternaires, 17.

Terrains de transition. Leur position géologique, 14. Mode de formation, 17. Quatre groupes : cumbrien, silurien, dévonien, carbonifère, 14, 17. Fossiles de ce terrain, 17. Pays où il se trouve, 18.

Terrains diluviens. Perturbations qui les ont formés ; matières qui les constituent, 41. Fossiles, 43.

Terrains granitoïdes, 48. Formation ; roches qui les constituent ; position que ces roches occupent, 48.

Terrains houillers. Leur formation, 17. Pays où on les trouve, 19.

Terrains oolithiques. Surface qu'ils occupent, 30. Fossiles qui s'y trouvent, 29, 30.

Terrain permien ou *pénéen.* Sa position géologique, 13. Epoque de sa formation ; description, 21. Trois étages : nouveau grès rouge, zechstein, grès vosgien, 21.

Terrain porphyroïde. Formation, rochers qui le constituent, 46. 49.

Terrains primitifs. Composition, 7 ; mode de formation, 8 ; leur position géologique, 14. Forment quatre étages : granite, gneiss ou granite stratifié, micachistes. talcschistes. 14. Description, 15, 15. Absence complète de fossiles, 14. Pays où on les trouve ; terres qui résultent de leur désagrégation, 15.

Terrains quaternaires. Leur position géologique, 12. Deux étages : alluvions anciennes ou formation pleistoïcène ; alluvions modernes. Description, 41. Comment ils se sont produits ; fossiles qui s'y trouvent, 43.

Terrains secondaires. Leur position géologique, 13 ; leur mode de formation, leur puissance, 19. Forment quatre groupes, 13, 20 ; terrain permien, trias, terrain juracique, terrain crétacé, 20, 21. Fossiles qui se trouvent dans ces terrains. 23, 24, 26, 27.

Terrain subalpin ou étage supérieur du terrain tertiaire, 36.

Terrains tertiaires. Leur position géologique, 13. Formation, description, composition, 36. Trois étages : parisien ou formation éocène, étage des molasses ou formation myocène, étage du crag ou formation pliocène, 36. Fossiles, 37. Pays où on le trouve, 39. Sols qu'il forme, 39.

Terrain trachyto-basaltique, 49. Comprend système feldspathique ou trachytique, système mixte ou feldspathique et pyroxénique, et système pyroxénique ou basaltique, 49.

W

Watteringues, 300.

X

Xiphodon fossile des terrains tertiaires, 38.

Z

Zechstein. Étage du terrain permien ; composition, 21.

Zinc. Ses composés altèrent l'air des lieux où on le travaille, 303.

Zones. Division de la France d'après la température, 439. — équatoriale, 433, — tropicale, 439. — tempérée chaude, tempérée froide, 439. — tempérée sous - arctique, arctique polaire, 440.

Zoophytes fossiles des terrains de transition, 11, 18; trias, 23.

FIN DE LA TABLE ALPHABÉTIQUE ANALYTIQUE.

ÉVREUX, IMPRIMERIE DE CHARLES HÉRISSEY